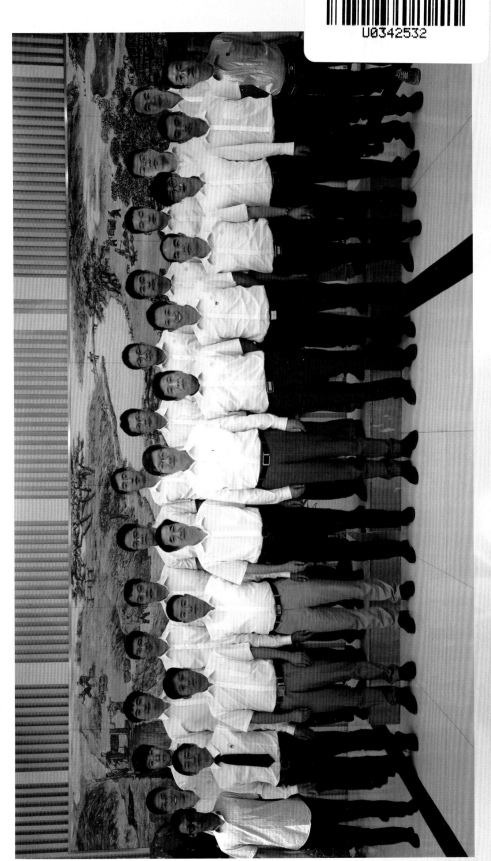

北京矿冶科技集团有限公司选矿装备研发团队（部分人员）合影

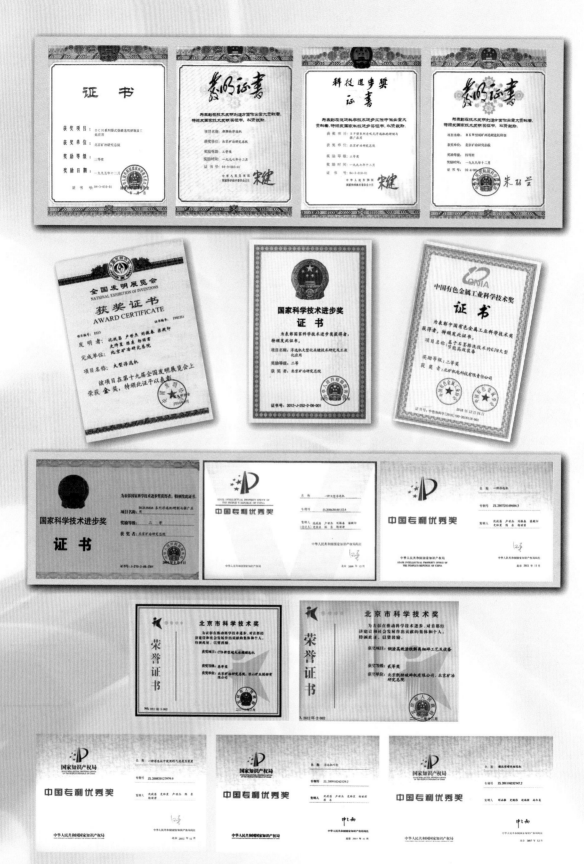

北京矿冶科技集团有限公司选矿装备类部分获奖证书

选 矿 装 备

夏晓鸥 沈政昌 史帅星 陈 帮 等著

北 京

冶 金 工 业 出 版 社

2019

内 容 提 要

本书详细介绍了选矿装备的基本原理、关键技术、工业应用和发展方向，并对我国在破碎装备、磨矿装备、分级装备、浮选装备、磁选装备、重选装备以及选矿过程检测控制技术等方面的创新性成果及应用情况进行了总结。本书可供从事选矿工作的科研人员、设计人员及矿山生产的工程技术人员参考。

图书在版编目（CIP）数据

选矿装备/夏晓鸥等著 . —北京：冶金工业出版社，2019. 10
ISBN 978-7-5024-8283-1

Ⅰ. ①选… Ⅱ. ①夏… Ⅲ. ①选矿机械—机械设备
Ⅳ. ①TD45

中国版本图书馆 CIP 数据核字（2019）第 247216 号

出 版 人 陈玉千
地 址 北京市东城区嵩祝院北巷 39 号 邮编 100009 电话 (010)64027926
网 址 www.cnmip.com.cn 电子信箱 yjcbs@cnmip.com.cn
责任编辑 程志宏 王梦梦 美术编辑 郑小利 版式设计 禹 蕊
责任校对 石 静 责任印制 李玉山
ISBN 978-7-5024-8283-1

冶金工业出版社出版发行；各地新华书店经销；三河市双峰印刷装订有限公司印刷
2019 年 10 月第 1 版，2019 年 10 月第 1 次印刷
787mm×1092mm 1/16；28.25 印张；1 彩页；686 千字；439 页
138.00 元

冶金工业出版社 投稿电话 (010)64027932 投稿信箱 tougao@cnmip.com.cn
冶金工业出版社营销中心 电话 (010)64044283 传真 (010)64027893
冶金工业出版社天猫旗舰店 yjgycbs. tmall. com
（本书如有印装质量问题，本社营销中心负责退换）

前　言

矿产资源是工业基础材料最主要的来源，是经济社会发展的重要物质保证，是国家安全的重要保证，是人类文明延续不可或缺的物质基础。选矿装备是实现矿物分离富集、矿产资源高效回收的最重要支撑，其水平的高低是衡量一个国家工业化能力和综合国力的重要指标。

1949 年新中国成立以后，我国就开始了选矿装备的自主研制开发，取得了巨大的成就。改革开放后选矿装备及技术更是取得了飞速的发展，表现为向大型化、高效、节能、绿色方向发展；向多学科、多领域交叉发展；数字化、智能化水平不断提高，应用领域不断扩宽，应用水平不断进步；新机型、新设备、新技术层出不穷。在很多领域达到了国际先进和国际领先水平，尽管如此，我国一直没有一本系统地介绍选矿装备成果的书籍出版。

北京矿冶科技集团有限公司（原北京矿冶研究总院）的选矿装备研发团队，历经 60 多年的发展，形成了一支由 150 余人组成的综合性队伍，研究方向涵盖破碎、磨矿、筛分分级、浮选、磁电选、拣选、重选、固液分离、检测和控制等领域。特别是近 10 年来成果卓著，取得了一系列成果，获国家奖 3 项，省部级奖 52 项，授权国家发明专利 43 项，获中国专利优秀奖 6 项，出版专著 5 部，在国内外发表学术论文 600 余篇。北京矿冶科技集团有限公司选矿装备研发团队总结国内外选矿装备的最新发展，结合自身的研究成果，编著出版这样一本书籍，以完成几代选矿工作者的心愿。

本书共分 11 章，基本涵盖了选矿流程用到的所有装备，对选矿装备的发展历史、结构原理、关键技术及工业应用情况进行了介绍，并着重介绍了研发团队在破碎、磨矿、分级、浮选、磁选和重选等装备及检测控制领域的创新性成果与应用情况，是国内第一本综合性选矿装备专著。全书由夏晓鸥策划，第 2 章由夏晓鸥、刘方明撰写；第 3 章由陈帮、王旭撰写；第 4 章由张峰、史帅星撰写；第 5 章由沈政昌、夏晓鸥、史帅星、陈东、杨义红、樊学赛撰写；第 6

章由王晓明、夏晓鸥撰写；第7章由尚红亮、史佩伟撰写；第8章由王青芬、刘国蓉撰写；第9章由王志国、陈飞飞、成磊撰写；第10章由杨文旺、武涛、刘利敏撰写；第11章由何建成、史帅星撰写。其中第2章由罗秀建、陈帮主审，第3章由夏晓鸥、刘方明主审，第4章由夏晓鸥、沈政昌主审，第5章由赖茂河、张跃军主审，第6章由梁殿印、刘永振、冉红想主审，第7章由夏晓鸥、王晓明主审，第8章由夏晓鸥、杨义红主审，第9章由王青芬、杨义红主审，第10章由史帅星、刘方明主审，第11章由沈政昌、王旭主审。全书内容由夏晓鸥统稿，何建成、杨义红、王晓明、尚红亮、张明等对本书编排及校对也做出了贡献。

本书得到国家自然科学基金、国家科技重大专项、国家科技支撑计划、863计划和政府间国际科技创新合作项目的资助。

本书在编纂过程中得到了许多专家学者的鼓励和帮助，另外，本书参考和引用了许多同行专家文献，在此一并表示衷心感谢。

希望本书的出版能对促进我国选矿装备的发展、提高资源综合利用率和建设绿色矿山等方面贡献微薄之力。科技的进步日新月异，选矿装备融合新的技术推陈出新步伐更快，由于作者水平所限，书中错漏之处，恳请广大读者及同行谅解和指教。

作　者
2018 年 3 月

目　　录

1 序　论

自然界蕴藏着极为丰富的矿产资源，选矿就是利用矿物的物理或物理化学性质固有差异，借助各种选矿机械将矿石中的有用矿物和脉石矿物分离，以达到有用矿物相对富集的过程。

选矿装备是用于各类选矿作业的设备总称，一般分为主体选矿装备和辅助选矿装备。主体选矿装备包括破碎机、磨机、分级设备、分选设备、浓密设备、过滤设备和干燥设备等；辅助装备主要包括给矿机、输送机、搅拌槽、脱磁器、加药机、矿浆泵和取样机等设备。根据不同的矿石类型和对选矿产品的要求，在实践中可使用不同的分选方法。常用的选矿方法有浮选法、重选法、磁选法、电选法等，对应的分选装备主要有浮选设备、重选设备、磁选设备和电选设备等。对于特殊的矿物材料。需要采用专门的选矿设备，比如拣选机和复合力场分选机等；黄金提取相对于常规选矿工艺有自身的特点，专用的设备有浸出槽、氧化槽等。虽然人类利用矿产资源已有数千年的历史，在利用矿产资源的各个历史时期出现了各种选矿工具，但直到 19 世纪末至 20 世纪 20 年代"选矿"技术才实现了向工业技术的真正转变，大部分的选矿装备就是在这一时期被发明出来的。我国近代的选矿始于清末的洋务运动，1949 年以前我国选矿工业极不发达，选矿装备主要依靠进口。1949年后选矿工业开始得到了迅速发展。1956 年我国成立了专门的选矿装备研制机构，极大地推动了我国选矿科学技术的发展。改革开放 40 年来，选矿装备发展很快，表现为以下 5个趋势：

(1) 向大型化、高效、节能、绿色方向发展。

(2) 向多学科、多领域交叉发展。

(3) 数字化、智能化水平不断提高。

(4) 应用领域不断扩宽、应用水平不断进步。

(5) 新机型、新设备、新技术层出不穷。

在选矿生产过程中，破碎和磨矿占整个选矿厂功耗 60% 以上，同时存在碎磨效率低下的问题，磨机的效率仅 1%~3%，破碎机的效率只有 10%。因此，通过优化破碎工艺流程、采用先进的破碎磨矿设备提高破碎磨矿效率，对选矿厂降低功耗，增加经济效益至关重要。近年来，新型碎磨设备不断进行结构创新，采用新技术、新材料对传统设备进行改进，以提高其可靠性、耐久性、稳定性以及产品特性，提升了作业效率。磨矿设备的大型化是磨矿设备发展的一个重要标志。到目前为止，全世界已经有很多台套的大型自磨/半自磨机在生产中应用。碎磨设备主要发展特点和方向：

(1) 伴随大型矿山的建设，设备大型化发展迅速，单机处理能力不断创新高。

(2) 随着搅拌磨机的快速发展和应用，细磨和超细磨成为研究热点。

(3) 粉碎理论和试验技术继续发展，离散单元方法被引入粉碎理论研究中。

　　筛分设备作为工业生产中的一种常用机械，主要用于矿业、煤炭、冶金等部门的筛选作业。为了适应快速发展需要，各筛分设备制造企业和科研单位借鉴国内外的最新成果，进行了自主创新，获得一系列成果，研制了一系列结构新颖，适合不同需要的产品。主要表现为：更加重视筛分设备运动轨迹的研究，同时派生出多种筛分设备，超细水力分级设备研究；筛分设备的大型化、自动化，筛分效率不断提高。

　　90%的有色金属和50%的黑色金属都需要采用浮选处理方法，我国约有上万台的浮选设备在运行。矿石品位下降，处理量增加，选矿成本的提高，推动浮选机向大型化、节能化、自动化发展。大型浮选机可以降低能耗、减少选矿厂占地面积、简化操作管理和减少维护成本等。在相当长的一段时间内，浮选机大型化发展速度缓慢，但进入 2000 年后，浮选机大型化发展迅速。目前，单槽容积大于 300m³ 的浮选机已在国内外多个选矿厂安装应用，680m³ 浮选机已经完成工业试验。另外，浮选柱也得到了进一步发展，主要包括：气泡发生器的研发、泡沫控制技术、液位控制技术、浮选柱高度、分选效率等。总体来说智能化和高效化依然是浮选设备研究的热点。

　　我国黑色金属资源普遍具有贫、细、杂的特点。为了提高我国黑色金属矿石的利用效率，近几年来，科研工作者针对黑色金属，如铁、铬、锰回收利用难难点，进行了大量的理论研究、设备研制和工艺试验等科研工作，很大程度上促进了磁电选矿工艺和装备的发展。磁选理论的研究热点主要集中在磁介质磁场磁选和高梯度磁选方面。磁选机的研发趋向于大型化、专用化和自动化的方向发展，出现了一批拥有自主知识产权的创新产品。近年来，国际上应用超导技术研制出多种磁选设备，并且生产出高品质的矿物产品。但是，具有高端技术的超导磁分离设备被国外垄断。中国科学院高能物理研究所与山东华特磁电科技股份有限公司等开发的工业型"低温超导除铁器"、超导磁分离器、低温超导磁选机等，目前已开始逐步取代进口产品。磁选柱是一种磁重复合力场磁选机，它是利用磁力、重力和上升水的冲击力进行分选。目前磁选柱正向大型化和自动化方向发展，大型磁选柱在线圈激磁方式和布置设计有较大技术突破，能够在大的空间实现磁场合理分布。

　　重力选矿作为一种无污染、低能耗、易操作、低成本的选矿方法，在选矿中一直扮演重要的角色。随着中国矿山规模的不断扩大，贫、细、杂等难选矿增多。近年来，重选设备主要在设备的大型化、适应性、多力场等方面有所发展。重选设备根据重力场的特点可大致分为流膜类重选设备、跳汰类重选设备和离心类重选设备。国内外科技工作者围绕提高重选装备分选精确度、增大处理能力及重选与其他工艺的联合使用等方面进行了大量的研究，其目的是利用重选工艺强化复杂难选细粒级高密度矿物的回收，提高精矿的品质。摇床和离心选矿方面的研究（流膜选矿）是重选领域的热点。

　　脱水设备在矿山、冶金、环保、化工等领域广泛应用，以满足精尾矿运输、水循环利用等要求。随着社会对环境的更高要求，尾矿膏体排放、膏体充填等技术得到了快速发展，推动了高效浓密脱水技术和设备的研究开发。主要体现在浓缩机大型化和高效化（高效浓密、膏体浓密、底流浓度自动控制、絮凝剂及自动添加等）。

　　选矿自动设备是选矿机械的重要组成部分。随着近十年来中国自动化水平及选矿技术的高速发展，与世界先进水平差距在不断缩小。近年来，北京矿冶科技集团有限公司在矿山自动化的研究及工程化方面走在了国内前列，2006 年成功开发 BPSM 矿浆在线粒度分析仪，同年与中国矿业大学合作成功开发了浮选泡沫图像分析仪；2009 年，成功开发 BOXA

型载流 X 荧光品位分析仪，与东北大学、清华大学共同开发了半自磨机、球磨机负荷监测技术，先后在冬瓜山铜矿 13000t/d 选矿厂、乌奴格吐山铜矿 30000t/d 选矿厂、焦家金矿 4000t/d 选矿厂进行了工业试验，解决了磨机筒壁振动检测的在线采集和无线传输问题以及根据振动信号识别磨矿负荷的问题。该项目在软测量技术研究方面取得了很突出的成果。

中国选矿机械经过多年的发展，已经取得长足进步，但是仍然存在一些问题。

（1）选矿装备自动化水平有待提高。中国的选矿厂自动化程度普遍较低。而在国外，如美国、俄罗斯、南非、澳大利亚、智利、加拿大等传统矿业大国在一些中大型选矿厂中普遍采用过程控制技术。BPSM 矿浆在线粒度分析仪及 BOXA 型载流 X 荧光品位分析仪。虽然国内对于选矿自动化的研究比较多，选矿厂也有了一定的应用规模，但对人员操作的依赖还比较高。

（2）破碎和磨矿能耗有待降低。破碎和磨矿的成本占据了选矿厂总成本的 60% 以上，给选矿企业特别是中小型选矿厂带来了很大的成本压力。先进的节能降耗破碎技术，如层压破碎、振动破碎、微波辅助破碎、爆炸破碎等，仍发展不足；国内的大多数选厂应用最多的仍是能耗较高的球磨机，而相对节能的高压辊磨机应用仍在推广阶段。

（3）微细粒级弱磁性铁矿物回收效果不佳。微细粒弱磁性铁矿的分选需要大分选空间、均匀捕收、高比磁力，设备造价高，运营成本高，精矿品位和回收率都不高，特别是对于 $-30\mu m$ 微细粒级弱磁性铁矿物的分选效率明显偏低。

总的来说，我国未来选矿装备的发展要适应科技发展的大趋势，更好地助力传统矿业的转型升级，支撑绿色矿山、生态矿山建设。预计未来 10~15 年内，通过开发矿物加工装备及过程智能优化共性技术，完成传统矿物加工试验设备自动化升级、传统矿物加工设备智能化升级、设备智能化运维机器人开发成功能替代人工大部分工作。智能化矿物加工装备达到较高水平，完全支撑智能选矿厂和智能绿色矿山建设。

2 破 碎 装 备

2.1 概述

破碎是依靠外力作用使物料几何尺寸从大变小的过程[1]。破碎装备是利用机械能达到挤压、折断、劈裂、剪切、冲击、研磨等作用方式实现物料破碎的装备。

矿山开采出来的原矿最大粒度一般为 60~500mm，这样的原矿不能在工业中直接使用，必须经过破碎和磨碎作业，使其粒度达到规定的要求。破碎就是将块状矿石变成粒度大于 1mm 产品的作业，小于 1mm 粒度的产品一般通过磨碎作业完成的。

破碎的目的是通过减小物料的几何尺寸，增加其比表面积，以便下一步加工或使用。破碎目的可归纳为 3 个方面：

（1）直接制备工业砂石。大块石料经破碎筛分后，可得到各种不同粒度的砂石。这些砂石可用于制备混凝土，在混凝土、充填、道路路基等行业中广泛应用。

（2）使矿石中的有用矿物与无用脉石解离。将矿石破碎后，可以使矿石中的有用矿物与脉石解离，作为选矿的原料，除去杂质而得到高品位的精矿。

（3）为磨碎工艺提供原料。磨碎工艺所需原料粒度一般不大于 12mm，通常由破碎流程提供。例如在炼焦厂、制团厂、粉末冶金、水泥等部门中，都是由破碎工艺提供原料，再通过磨碎使产品达到要求的粒度和粉末状态[2~5]。

物料破碎广泛应用于冶金、煤炭、建材、化工、能源、交通、陶瓷、医药、食品加工、农业林业等行业和部门。据统计，人类生活和生产中每年有数百亿吨固体物料需要经过各种程度的粉碎（破碎及磨碎）加工。资料表明，20 世纪 90 年代以来，全世界每年经碎磨的物料量达 100 亿吨以上，其中脆性物料年产量大约 15 亿吨。我国碎磨工程领域每年破碎矿石和各种物料约为 18 亿吨，用电量为 $(250~300)\times10^8$ kW·h，占全国总用电量的 10% 左右，其钢耗约为 250 万吨[6]。在矿物原料加工与利用中，破碎和磨碎是两个最关键，但也是能耗最高的工序，它的消耗构成了整个选矿厂生产成本的主要部分。仅以有色金属选矿厂为例，粉碎阶段处理原矿的电耗平均约为 16.0kW·h/t，占选矿厂总电耗的 60% 左右，钢耗平均约为 1.5kg/t，以此计算仅有色金属选矿厂每年粉碎电耗就达 16×10^8 kW·h，钢耗 15 万吨。另外，破碎和磨碎的作用原理也表明：强化破碎，尽量降低入磨粒度，是提高碎磨效率、降低选矿成本的重要途径。世界上约 12% 的电能用于碎磨物料，其中大约 15% 用于破碎，85% 以上消耗于磨碎。由于破碎设备与磨碎设备相比，破碎设备具有效率高、金属消耗量和电耗少、投资少等特点，因此研发新型高效破碎设备及"多碎少磨"工艺流程，实现节能减排，降低生产成本，可产生巨大的经济社会效益[7]。

破碎及破碎装备在国民经济中发挥着巨大作用，在提高破碎效率、降低破碎产品粒度、优化破碎筛分流程，最终实现高产低耗少排作业具有非常重要的意义。

2.1.1 破碎装备发展历史

在中国，据《六韬》记载两千多年前的商周时期就出现了最简单的粉碎工具——杵臼[8]，是用来舂捣粮食或药物等的工具。杵臼进一步演变为公元前 200～前 100 年西汉的脚踏碓（古称"践碓"）。这些工具运用了杠杆原理，初步具备了破碎机械的雏形，不过，它们的粉碎动作仍是间歇式的。采用连续粉碎动作的破碎机械是公元前四世纪由公输班[9]（鲁班）发明的畜力磨，另一种采用连续粉碎动作的破碎机械是辊碾，它的出现时期稍晚于磨。公元 200 年之后，杜预等[9]在脚踏碓和畜力磨的基础上研制出以水力为原动力的连机水碓、连二水磨、水转连磨等，把生产效率提高到一个新的水平。这些机械除用于谷物加工外，还扩展到其他物料的粉碎作业上。近代的破碎装备是在蒸汽机和电动机等动力机械逐渐完善和推广之后相继创造出来的。19 世纪初开始，辊式破碎机、颚式破碎机、旋回破碎机及冲击式破碎机陆续被开发出来。

颚式破碎机是由美国人埃里·布雷克[10]（E. W. Blake）在 19 世纪 50 年代发明的，其工作部分由固定颚板和活动颚板组成，利用活动颚板周期性地接近固定颚板实现物料破碎的一种最简单实用的破碎装备。目前，应用最为广泛的颚式破碎机主要是简摆颚式破碎机和复摆颚式破碎机两种，另外还有液压颚式破碎机、振动颚式破碎机、外动颚式破碎机等。我国于 1951 年开始制造复摆颚式破碎机[12]。现在国内外 1500mm×2100mm 规格的颚式破碎机已成为常规型号，最大规格简摆颚式破碎机已达 1500mm×3000mm，最大规格复摆颚式破碎机已达 1670mm×2100mm[13]。

旋回破碎机第一专利是由美国人查理·布朗[14]（Charles Brown）申请于 1878 年，1881 年美国盖茨铁工厂制成第一台旋回破碎机[15]。1953 年美国阿利斯-查默斯（Allis Chalmers）公司[16]推出液压旋回破碎机。19 世纪 70 年代末期，美国 Rex-nord 公司[17]推出超重型旋回破碎机。19 世纪 80 年代瑞典 Mor-gards hammer 公司[18]推出新型顶部单缸液压旋回破碎机。从 20 世纪 50 年代开始，我国仿制和自行设计了一些规格的旋回破碎机，但其生产使用效果并不理想。直到 20 世纪 70 年代末期，我国旋回破碎机的设计水平才接近了国际先进水平。

圆锥破碎机主要用于中细碎作业，于 1880 年开始用于工业生产。1923 年，美国西蒙斯（Symons）兄弟[19]获得 Symons 圆锥破碎机专利，因此很多人称弹簧圆锥破碎机为西蒙斯圆锥破碎机。随后出现各种类型和尺寸的圆锥破碎机得了广泛的应用。1948 年，美国阿利斯-查尔莫斯（Allis Chalmas）公司研制成功液压圆锥破碎机[20]。惯性圆锥破碎机是 20 世纪 80 年代苏联选矿研究设计院[7]（全名为"全苏有用矿物机械加工科学研究设计院"，简称"米哈诺布尔"，俄文"MEXAHOБP"）研制成功，并由北京矿冶科技集团有限公司（原北京矿冶研究总院）于 20 世纪 90 年代引进至国内。1954 年我国制造出规格为 1200 型的弹簧圆锥破碎机[21]；1958 年制造规格为 2200 型的大型弹簧圆锥破碎机[22]；20 世纪 70 年代后，在国外技术的基础上，设计出了 1200、1650、2200 等型号的单缸液压圆锥破碎机和 1200、1750、2200 等型号的多缸液压圆锥破碎机。目前圆锥破碎机有弹簧圆锥破碎机、液压圆锥破碎机和惯性圆锥破碎机等几类，弹簧圆锥破碎机有西蒙斯破碎机、耐斯特破碎机、旋盘式破碎机、卡里巴脱型圆锥破碎机等；液压圆锥破碎机有单缸液压圆锥破碎机、H 型圆锥破碎机、多缸液压圆锥破碎机等。弹簧圆锥破碎机和液压圆锥破碎机出现较早，大小种类较多，可统称为传统圆锥破碎机。

辊式破碎机是19世纪初发明的，1806年出现了用蒸汽机驱动的辊式破碎机[23]。液压辊式破碎机是在1977年由德国克虏伯-伯力鸠斯（Thyssenkrupp-Polysius）公司与该理论发明人K.逊纳特（Schonert）教授合作研制的[24]。1987年德国海得堡水泥厂（Heidelberg Cement）首次用于大工业生产粉碎加工，取得了良好的技术经济指标，引起了粉碎同行的极大兴趣[25]。同时西德洪堡（KHD HUMBOL）公司、美国富勒（Fuller）公司、丹麦的史密斯（FL Smidth）公司等也进行了此项研究开发，形成了各有特色的产品。1995年伯力勒公司 φ2400mm，宽度1400mm 的当时世界最大液压辊式破碎机在美国亚利桑那州铜矿投入应用，它由两台3000马力电机驱动，处理能力为1600t/h[26]。洪堡公司等生产的辊磨机在软物料等行业粉碎中已获得了日益广泛的应用，针对金属矿山矿石的特点开展了相关研究，以便向金属矿山行业推广。液压辊式破碎机的问世和应用也引起了国内有关单位和部门的重视，水泥行业进口了不少这些设备，取得了明显的经济效益。国内有些研究单位和企业也在引进的基础上开发、生产了不少水泥行业应用的辊磨机，取得了良好的经济效益和社会效益。

1895年，美国的威廉发明了能耗较低的冲击式破碎机[27]。1924年，德国首先研制出了单、双转子两种型号的反击式破碎机[28]，那时的破碎机的结构类似于现代鼠笼型破碎机，因为无论从结构上，还是从工作原理上分析，它都具备反击式破碎机的特点。由于物料需要反复冲击，破碎过程中可以自由无阻排料，但是由于受到给料粒度和反击式破碎机能力的限制，其机型渐渐转化为了鼠笼型破碎机，应用于中硬以下的细碎。我国在20世纪80年代末引进该种技术。

2.1.2 破碎装备的分类

常用的破碎装备一般根据结构和工作原理可分为颚式破碎机、旋回破碎机、圆锥破碎机、辊式破碎机、辊齿破碎机、盘式破碎机、冲击式破碎机等。各大类又根据结构和工作原理的差异分成多个小类，如颚式破碎机分为简摆颚式破碎机和复摆颚式破碎机；圆锥破碎机分为弹簧圆锥破碎机、底部单缸液压圆锥破碎机、多缸液压圆锥破碎机、复合圆锥破碎机、惯性圆锥破碎机等。

另外，破碎装备还可根据其在破磨流程中所处阶段及破碎产物粒度进行分类，一般分为粗碎破碎机、中碎破碎机及细碎破碎机。粗碎破碎机的排料粒度一般大于50mm，大部分范围在80~300mm；中碎破碎机的排料粒度一般大于20mm，大部分范围在30~80mm；细碎破碎机的排料粒度一般大于3mm，大部分范围在5~30mm。

2.1.3 破碎装备发展趋势

随着国民经济的快速发展，对物料破碎在质和量的方面都提出了更高的要求。今后，在以下几方面将是破碎机生产和研究工作的重点[7]。

（1）破碎机的大型化。随着国民经济各行业的快速发展，特别是采矿业规模的不断扩大，都要求破碎机向大型化发展，表现为不仅破碎机处理能力大，还要求破碎机能接受较大的入料块度。

（2）破碎机运行的自动化。随着破碎机处理能力加大以及对破碎产品质量要求的提高，人们对破碎机的安全可靠性和自动化程度的要求越来越高。实现破碎机的机电液一体化、自动连续检测以及实现自动调节给料速率、排矿口尺寸和破碎力等运行参数，将是破碎机的重点发展方向。

（3）应用计算机技术和现代设计方法提高破碎机的技术水平。借助于计算机技术，将现代设计方法应用于破碎机的结构优化、力学分析，如颚式破碎机及新型惯性圆锥破碎机破碎腔的优化。应用虚拟样机技术进行破碎机的运动学和动力学仿真，将会大大缩短新产品的开发周期，降低新产品的开发成本，提高产品的技术经济性能。

（4）基于"料层选择性破碎"原理的新型破碎机将成为破碎设备的发展方向。利用振动原理的振动颚式破碎机、惯性圆锥破碎机等新型破碎机都很好地应用了"料层选择性破碎"原理，使物料的细碎技术领域进入了崭新阶段，实现了物料的"多碎少磨"，扩大了破碎机的应用范围。进一步完善惯性圆锥破碎机等新型破碎设备的理论研究并使其向大型化、自动化发展，开发型式多样的具有"料层选择性破碎"性能的破碎设备，将成为破碎机领域的重点发展方向。

2.2 颚式破碎机

颚式破碎机俗称颚破，又名老虎口。颚式破碎机一般由动颚和静颚两块颚板组成破碎腔，因其运动方式与动物的两颚运动近似而得名。

颚式破碎机按照活动颚板的摆动方式不同，可以分为简单摆动式颚式破碎机（简摆颚式破碎机）和复杂摆动式颚式破碎机（复摆颚式破碎机）两种常见基本形式。经过长期的工程实践，对颚式破碎机的各种缺陷进行了改进，又出现了其他结构形式的颚式破碎机，主要有液压颚式破碎机和外动颚式破碎机、振动颚式破碎机。在复摆颚式破碎机的基础上还发展出 V 形腔颚式破碎机，相对普通 PE 颚式破碎机可提高产能 30% 左右。复摆颚式破碎机根据动颚悬挂中心与给料口水平面的相对高度 h，又可分为零悬挂（h=0），正悬挂（h>0）和负悬挂（h<0）。

颚式破碎机的规格是以给料口宽度 B 乘以长度 L 来表示，即 B×L。

颚式破碎机以其结构简单、安全可靠的优点问世百余年，仍广泛应用于矿山、冶金、建材、交通、水利和化工等行业的物料的破碎作业[28,29]。

2.2.1 简摆颚式破碎机

2.2.1.1 工作原理和关键结构

简摆颚式破碎机是因动颚绕悬挂点做简单摆动运动而得名。

其基本结构如图 2-1 所示，主要由机架、动颚、颚板、侧面衬板、心轴、偏心轴、肘板、肘板座，动颚拉紧装置、带轮和飞轮等组成。破碎腔是由固定颚板、动颚板和侧面衬板构成。动颚悬挂在心轴上，可绕心轴做左右摆动往复运动。动颚的摆动是靠曲柄双摇杆机构实现的，曲柄双摇杆机构由偏心轴、前肘板和后肘板组成。动力经皮带传递给偏心轴，使其做旋转运动，经偏心轴将偏心运动传递给动颚，使动颚相对固定颚周期性地靠拢与分开，从而实现物料的破碎。通过调整装置可调节排料口的大小，从而控制破碎产品的粒度，靠推力肘板的过载断裂实现对破碎机的保护。

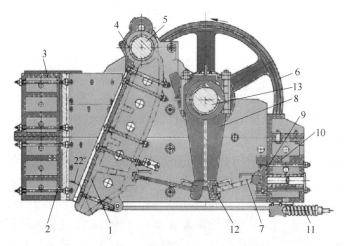

图 2-1　简摆颚式破碎机结构示意图

1—齿板座；2—静颚体；3—机架；4—动颚；5—心轴；6—皮带轮；7—肘板；8—摇杆；
9—肘板座；10—调整装置；11—拉杆装置；12—肘板座 A；13—偏心轴

2.2.1.2　工业应用

简摆颚式破碎机采用曲柄双连杆机构，尽管动颚上受有很大的破碎反力，而其偏心轴和连杆却受力不大，因此早期工业上多制成大型机和中型机（900mm×1200mm 以上规格），用来破碎坚硬的物料。但它结构复杂且设备重量大，动颚运动轨迹不理想，其破碎行程沿动颚颚板由上至下逐渐加大，上部破碎行程小，不能满足破碎大块物料的需要，下部破碎行程大，垂直行程小，不利于排料，处理能力比较低。20 世纪 90 年代以后，简摆颚式破碎机逐渐被复摆颚式破碎机取代。

2.2.2　复摆颚式破碎机

2.2.2.1　工作原理和关键结构

复摆颚式破碎机是动颚绕偏心轴转动的同时还绕同一中心做摆动构成一种复杂运动的颚式破碎机。

复摆与简摆颚式破碎机的不同之处是将简摆颚式破碎机动颚悬挂轴和前肘板去掉，并将动颚悬挂在偏心轴上，使连杆与动颚合二为一便构成了复摆颚式破碎机。其结构较简摆颚式破碎机简单、运动可靠、重量轻，安装、调试、维修方便，生产能力比简摆颚式破碎机增大明显。早期中小型破碎机采用这种结构，随着加工制造技术的进步，大型复摆颚式破碎机有很大发展，至 21 世纪初已基本取代简摆颚式破碎机。但相比简摆颚式破碎机，复摆颚式破碎机的动颚运动轨迹一般不够理想，动颚垂直行程大，加剧颚板与物料间的磨搓，加快了颚板的磨损、降低颚板的使用寿命。其结构如图 2-2 所示。

2.2.2.2　工业应用

复摆颚式破碎机由于其结构简单、使用维护方便，是现在应用最普遍的颚式破碎机，

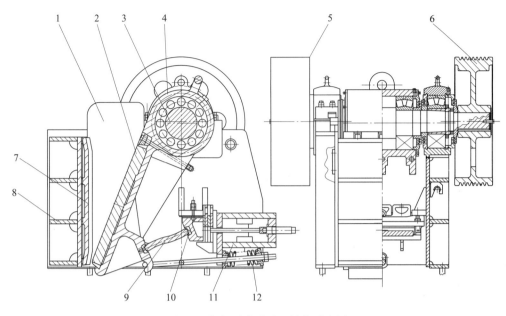

图 2-2 复摆颚式破碎机结构示意图

1—边护板；2—活动颚板；3—偏心轴；4—动颚；5—飞轮；6—皮带轮；7—固定颚板；

8—机架；9—肘板；10—肘板垫；11—调整部件；12—拉紧部件

广泛应用于矿山、冶炼、建材、公路、铁路、水利和化学工业等各领域各种物料的粗碎。其实物如图 2-3 所示。常用的复摆颚式破碎机技术参数见表 2-1[30]。

图 2-3 普通复摆颚式破碎机

表 2-1 复摆颚式破碎机技术参数

型　号	最大进料粒度 /mm	出料口调整范围 /mm	生产能力 /t·h⁻¹	功率/kW	重量/t
PE150×250	125	10~40	0.96~4.8	5.5	0.8
PE250×400	210	20~80	5~20	15	2.8
PE300×1300	250	20~90	16~90	75	11

续表 2-1

型　号	最大进料粒度 /mm	出料口调整范围 /mm	生产能力 /t·h⁻¹	功率/kW	重量/t
PE400×600	340	40~100	16~64	30	6.5
PE500×750	425	50~100	45.6~100	55	10.3
PE600×900	500	65~160	48~120	55/75	15.5
PE750×1060	630	80~140	51~208	110	25.1
PE900×1200	750	100~200	144~304	132	50
PE1000×1200	850	195~265	315~342	132	50.6
PE1200×1500	1020	150~350	300~800	220	83
PE1500×1800	1200	220~350	450~1000	355	122

2.2.3　外动颚式破碎机

为适应地下矿连续开采技术需要，满足"多碎少磨"和短流程破碎工艺需求，不断提高选矿厂处理能力，北京矿冶科技集团有限公司研发了外动颚式破碎机。

2.2.3.1　工作原理和关键结构

外动颚式破碎机外形如图 2-4 所示，它巧妙地采用边板将外置动颚与传动部分连接成一体，将静颚部（可调颚部）放置在动颚与偏心轴之间，其上部安装在悬挂轴上，绕悬挂轴做往复摆动，下部通过调整部拉杆调节倾斜角度，肘板对其进行保护。外动颚式破碎机不像传统复摆颚式破碎机那样，有偏心连杆套环装置将偏心运动直接传递到动颚上，而是通过边板或护板将偏心运动传到外侧的动颚上，如图 2-5 所示，使动颚在外部相对静颚做往复运动，实现物料的破碎，其结构原理如图 2-6 所示。

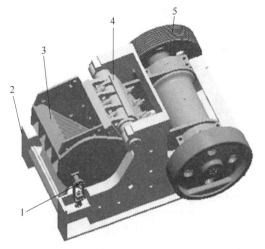

图 2-4　外动颚式破碎机外形图
1—拉紧部件；2—机架；3—动颚；
4—静颚；5—皮带轮

图 2-5　偏心轴-边板-动颚结构

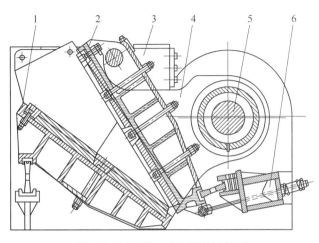

图 2-6　外动颚式破碎机结构简图

1—动颚；2—静颚；3—机架；4—动颚边板；5—偏心轴；6—拉紧部件

这种结构使得颚式破碎机具有如下优良性能特征[31]：

（1）具有理想的动颚运动轨迹。动颚的运动轨迹决定了破碎机性能的优劣，新型外动颚匀摆颚式破碎机的动颚运动轨迹规律是：破碎方向挤压行程大，磨损方向行程小，行程比小，轨迹的方向有助于给料和排料（如图 2-7 所示），是一种理想的动颚运动轨迹，大大提高衬板使用寿命。

（2）低矮的外形。外动颚匀摆颚式破碎机的动颚外置、倾斜腔型及负悬挂的结构设计，从而大大降低了设备的整体高度和喂料的高度，与同规格的传统破碎机相比，其高度降低了 1/4~1/3；破碎机可与喂料机械水平布置，而不是传统的阶梯布置，硐室高度降低 1/2~2/3，硐室的开凿量可减少 2/3。

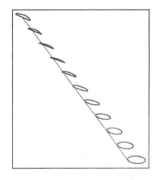

图 2-7　外动颚式破碎机动颚运动轨迹

（3）可以获得大的破碎比。外动颚匀摆颚式破碎机由于其自身独特的设计，破碎比高达 15~20，是传统颚破的 3~4 倍，大大简化了破碎工艺流程。

外动颚式破碎机在结构和性能特征方面都具有鲜明特色，在设备外形、齿板磨损、平稳性等方面明显地优越于传统颚式破碎机，市场的需求巨大。

2.2.3.2　关键技术研究

外动颚式破碎机和其他颚式破碎机一样，关键技术主要是动颚运动轨迹的优化、腔形的优化、强度优化等。下面就强度优化进行具体分析。

A　动（静）颚齿板的强度分析[32]

动（静）颚的材料为普通 45 钢，对于 45 钢来说，塑性变形为其主要失效形式。另一方面，破碎力为动态载荷，所以在强度校核的时候，应该考虑动载系数，对于软岩来说，动载因素较小，选择动载系数 $K_d = 1$。

动颚和静颚是直接参与机构运动的重要部件，过大的安全系数将造成材料使用上的浪费，因此合理、经济地选取安全系数，就有必要进一步优化其设计。动颚体的三维模型如图 2-8 所示。

在动颚体上作用分布载荷 $F(x, y)$ 时，得到的应力云图如图 2-9 所示，从云图上可以看出，动颚体上的应力分布不均匀，靠近筒体周边较大。

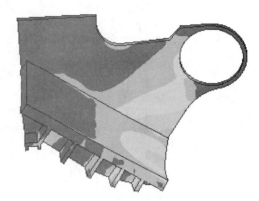

图 2-8　动颚体三维模型　　　　　　　　　图 2-9　动颚体在模糊随机分布载荷
　　　　　　　　　　　　　　　　　　　　　　　　　作用下的应变云图

当把分布载荷合成为一集中力进行有限元分析，得到的应力云图如图 2-10 所示。若根据传统破碎力公式进行应力有限元分析，动颚体的应力云图如图 2-11 所示。

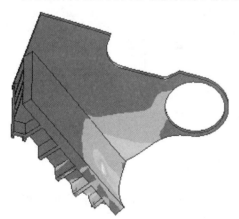

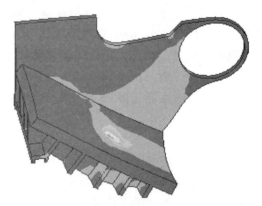

图 2-10　动颚体在分布载荷集中力　　　　　图 2-11　动颚体在传统破碎力
　　　　　　作用下的应变云图　　　　　　　　　　　　作用下的应变云图

动颚体在不同的破碎力作用下的有限元分析结果如表 2-2 所示。

表 2-2　不同破碎力作用下的有限元分析结果

破碎力情况	最大主应力/MPa	安全系数
分布载荷 $F(x, y)$	65.65	3.36
分布集中载荷 $F'(x, y)$	151.6	1.44

对于静颚部来说，在分布载荷 $F(x, y)$ 作用下的应力云图如图 2-12 所示。

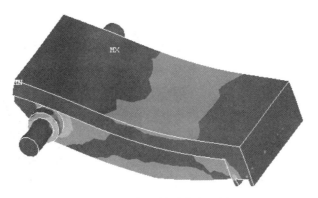

图 2-12　静颚体的应力云图

静颚部最大应力处安全系数为 1.76，在分布载荷作用下，动（静）颚最大应力处的主应力及部件安全系数如表 2-3 所示。

表 2-3　动（静）颚体有限元分析结果

部 件 名	静颚体	动颚体
最大主应力/MPa	131	65.65
安全系数（动载系数 $K_d = 1$）	1.76	3.36

从表 2-3 中数据看出，应力最大处的安全系数最小值就达到了 1.76，因此对于动（静）颚体来说，在分布载荷作用下有强度过剩的情况出现，因此很有必要考虑部件在满足不同工作条件下，进行机构的强度优化处理。

B　机架的强度分析

机架是颚式破碎机中非常重要的一个部件，几乎所有的部件都与之产生装配关系。考虑到机架体是由板筋零件构成，因此机构的强度优化处理就从研究机架开始。

颚式破碎机的机架结构有很多不同的形式，小型机（如 PD2575）大多是单体机架的形式，大型机（如 PD100120）多采用腔形机架的形式。腔形机架一般是由上下机架两个部件构成，动颚轴承的轴承孔需在上下机架装配完成后进行镗孔加工成形，因此对上下机架连接的装配要求非常高。若上下机架的装配误差不能保证，则颚式破碎机在工作过程中，很容易在上下机架的连接螺栓间产生剪切应力，进而发生剪切破坏，因此在设计机架时，应该首先考虑用单体机架。而对于单体机架来说，筋板的布置就在很大程度上影响着机架体的强度，因此就很有必要对单体机架的筋板布置进行研究。

机架的受力主要是静颚部和动颚部所施加的反作用力。静颚上施加的反作用力主要是静颚轴承和静颚肘板座所施加的，动颚对机架体的反作用力也主要集中在静颚轴承和静颚肘板座两部件上。

为了指导颚式破碎机的机架刚度设计的合理化，考虑用传统破碎力理论公式来进行机架的强度优化尝试，以满足硬岩破碎的场合。对于实际分布破碎载荷情况下，考虑到力与应力近似成正比可进行分析。

机架的下底板与地基相固连，基本可以认为下底板是固定约束。另外，由于机架采用了对称建模的方法，因此在对称面上需添加对称约束。静颚体的网格划分及最终有限元分析应力云图如图 2-13 和图 2-14 所示。从应力云图可以看出，腔型机架的应力较大处主要位于动颚肘板座、动颚轴承座及内侧板部分位置处，最大主应力 σ_{max} 为 149.3MPa 材料的屈服极限为：$[\sigma]_s$ 为 216~235MPa，其安全系数为 1.47，可推断出机架出现了应力过剩的情况。另一方面，从机架部的应力云图可以看出，机架部绝大部分的应力都很小，只有局部地方会出现应力较大的情况，因此有必要探索提高应力较大区域的强度，降低应力过剩区域的强度，尽可能使应力分布均匀。

C　机架强度的优化处理尝试

以降低机架的质量为目的，对机架做出如下修改尝试：内外侧板的厚度从原来的 30mm 分别减小到 25mm 和 20mm。以提高机架应力分布均匀系数为目的，在机架应力较大区域增加板筋提高机架强度。为了增强动颚轴承处的强度，故而增

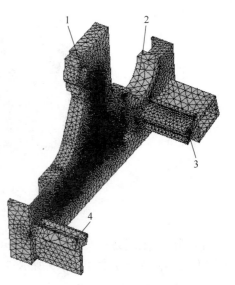

图 2-13　腔型机架的网格划分图

1—静颚轴承；2—动颚轴承；

3—静颚肘板座；4—动颚肘板座

加了三块 30mm 的筋板，如图 2-15 所示为修改后的 25mm 机架在模糊随机分布载荷作用下的应力云图。

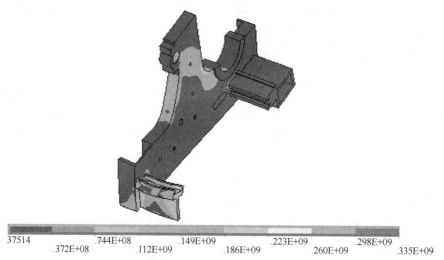

图 2-14　30mm 侧板机架的应力云图

不同机架模型下的各物理参数列于表 2-4。

表 2-4　不同机架模型下的应力比较

机架模型	最大主应力/MPa	应力分布均匀度	安全系数	质量/t
30mm 侧板机架	149.3	3.47	1.47	10.264
25mm 侧板机架	110.3	1.057	2.08	9.45
20mm 侧板机架	123.5	1.166	1.86	8.94

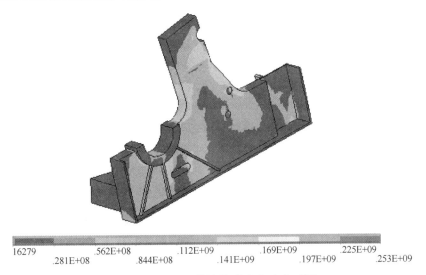

图 2-15　25mm 厚侧板加筋机架应力云图

| 16279 | .562E+08 | .112E+09 | .169E+09 | .225E+09 |
| .281E+08 | .844E+08 | .141E+09 | .197E+09 | .253E+09 |

由表中数据可以看出，随着侧板厚度的减小，由于在 30mm 处最大主应力增加了筋板，故 25mm 机架的最大主应力得到了降低。而机架部的质量得到了减轻，最大可减 1.34t 左右。而对于应力分布均匀度来说，25mm 机架的应力分布均匀度最小，显然应力分布均匀度不是随侧板尺寸的降低而降低的，侧板尺寸的选择还需综合考虑其他因素（安全系数、质量等）的影响。对比以上 3 种机架模型，选择 25mm 侧板机架较为合宜，其质量减轻了 0.8t 左右。

2.2.3.3　工业应用

外动颚式破碎机具有处理能力大、外形低矮、喂料高度及整机重心低、颚板磨损小、能量消耗低等突出优点。特别适于井下、隧道等空间受限制场所，实为地下矿山粗碎的理想选择。其实物如图 2-16 所示。常用的外动颚式破碎机技术参数如表 2-5 所示。

图 2-16　外动颚式破碎机

表 2-5　较大规格外动颚式破碎机技术参数

型　　号	最大进料粒度 /mm	出料口调整范围 /mm	生产能力 /m³·h⁻¹	功率/kW	重量/t
PWD6090	510	60~140	35~100	75	18.1
PWD75106	630	65~140	55~160	90	28.9
PWD75150	630	65~140	77~240	110	52.8
PWD90120	750	80~165	65~240	110	51.5
PWD100120	850	110~200	150~280	110	52.0
PWA120150	1020	150~300	275~575	200	102.0

2.2.4 液压颚式破碎机

液压颚式破碎机是使用液压缸作为保险装置，同时用于排矿口的调节的复摆颚式破碎机。

液压颚式破碎机具有过载保护功能，当遇到不可破碎物时，在机器负荷急剧上升的同时，通过液压保护装置又瞬间自动卸荷，从而避免由于突然增大的负荷对机体的冲击，有效解决破碎物料中的"卡铁"问题。其构造与复摆颚式破碎机的构造基本相同，其结构如图 2-17 所示，所不同的是液压保护装置，用液压缸作为保险装置，同时兼有排矿口的调节功能。其工作原理是液压站提供的高压油进入油缸高压腔，迫使油缸活塞处于极限伸出位置，活塞通过肘板座支撑肘板。正常破碎作业状态下，液压系统既定的油压足以使活塞为肘板提供稳定的支撑；当破碎机进入不可破碎物时，油缸活塞中油压迅速升高到设定值，触发卸载信号，系统自动卸压，动颚将在自重及弹簧拉拽下张大排料口，排出不可破碎物。该动作完成后，液压系统恢复至常态，动颚在液压油缸的推动下，恢复至原定的开口尺寸，设备又自动进入破碎作业状态。

液压颚式破碎机特别适用于破碎钢渣、铁渣和铜渣等冶金渣的粉碎，其实物如图 2-18 所示。某厂家液压颚式破碎机主要技术参数如表 2-6 所示。

图 2-17 液压颚式破碎机结构简图

1—拉紧弹簧；2—液压缸；3—机架；4—皮带轮；
5—动颚；6—边护板；7—静颚；8—拉杆；9—肘板

图 2-18 液压颚式破碎机

表 2-6 某厂家液压颚式破碎机主要技术参数

规格型号	最大进料粒度 /mm	出料口调整范围 /mm	生产能力 /m³·h⁻¹	油缸最大行程 /mm	功率/kW
PEY400×600	340	40~100	16~40	150	30
PEY400×750	340	20~80	20~50	150	45
PEY500×750	425	50~100	40~68	200	55
PEY600×900	500	75~150	60~120	200	75
PEY750×1060	630	75~200	110~150	320	110
PEY900×1200	750	95~220	140~280	320	132
PEY300×1300	250	30~90	15~70	150	75

2.2.5 振动颚式破碎机

2.2.5.1 工作原理和关键结构

振动颚式破碎机是依靠偏心质量高速旋转产生的离心力，带动动颚往复摆动冲击，实现物料破碎的设备。

振动破碎是一种高效、节能的破碎方式。根据结构不同，振动破碎机可分为单动颚、双动颚、水平式、倾斜式、颚板旋转振荡、颚板直线振荡破碎机等。该机可实现料层选择性破碎，破碎比大，过粉碎少，可带料启动及停车，尤其适用于坚硬难破碎脆性物料的破碎。该设备适用于矿山、冶金渣、合金材料、钢筋混凝土结构件等物料的破碎，实现金属与其他材料的解离。振动破碎机主要由动颚、激振器、蓄能弹簧、减振弹簧、支架、主轴、底架等部件组成。破碎机构两侧对称，中间区域为破碎腔。

振动颚式破碎机结构示意图如图 2-19 所示，两个动颚由两个电机驱动，两个电机相向旋转并通过弹性联接装置带动偏心轮转动，产生同步相向的激振力，由此引起高频振动，带动颚板对破碎腔内的物料施加高频脉动打击力，在颚板对物料的反复冲击作用下实现对坚硬物料的破碎。

其工作过程为两个动颚分别通过主轴悬挂在支架上，在两组动颚上分别安装激振器，旋转产生惯性离心力，驱动动颚围绕主轴往复摆动，对破碎腔内的物料进行多次击打。振动破碎不是一次性强制破碎，具有一定退让性，物料在破碎腔中承受多方位的挤压冲击，随着动颚高频率摆动不断调整受力方向，

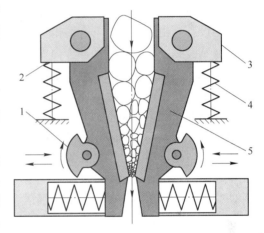

图 2-19 振动破碎机结构示意图
1—激振器；2—主轴；3—支架；
4—减振弹簧；5—动颚

有助于寻找到晶格裂纹缺陷处优先断裂，实现选择性破碎。

在一般的脆硬物料里，都含有一定数量的晶格缺陷，传统破碎方法是强力的一次挤碎，如能量施在强度最大的晶体栅上时，则将使用更多的能量进行强力破碎，而有缺陷的地方当力量达到时亦同时产生碎裂，导致能量消耗过多及粉料增加。而振动破碎，则是通过施加一定的力，对物料进行多次打击，使物料沿晶格缺陷处逐渐裂开并被破碎，这样，既降低了能量的消耗，又可减少过粉碎，还可降低机体的受力，延长机器寿命。

颚板振动时会带动悬挂颚板的扭轴转动，扭轴是振动颚式破碎机的关键部件之一，可以随着颚板的摆动积聚一定弹性势能，这部分能量会在接下来的破碎过程中转变为颚板运动的动能，加速两块颚板的靠近，充分利用破碎过程中多余的能量，提高破碎效率。

振动颚式破碎机的机体是悬挂在由弹簧支承的机架上，破碎机机体内部是动力学平衡的，在工作时振动和冲击载荷在破碎机构内部是闭合的，可以极大地降低振动向基础的传递，少量振动由减振弹簧吸收，因此无需庞大牢固的设备基础，从而减少了基建投资。

振动颚式破碎机是一种使用两台电动机相向旋转分别驱动的自同步振动设备，自同步

具有下列优点：

（1）利用自同步原理代替了强制同步式振动机中的齿轮传动，使传动部件的结构相当简单。

（2）由于取消了齿轮传动，而使机器的润滑、维护和检修等经常性的工作大为简化。

（3）可以减小启动和停车阶段通过共振区时的垂直方向和水平方向的共振振幅（但在一些自同步振动机中，通过共振区时的摇摆振动的振幅有时会显著增大，这是该种振动机的不足）。

（4）双电机驱动的自同步振动机虽然增加了一个电动机，但是目前工业中应用的自同步振动机不少采用激振电机直接驱动，使它的构造相当简单。

（5）自同步振动机激振器的两根主轴，可以在较大距离的条件下进行安装。

（6）该种振动机便于实现三化：通用化、系列化和标准化。

振动颚式破碎机特点：

（1）振动颚式破碎机是一种依靠工作机构对物料的快速冲击振动作用来强化物料的破碎过程的设备。由于作用力具有冲击特性，使作用力对物料产生较大的梯度，作用力非常快速而又具有脉动性。在振动冲击力作用下，破碎机沿物料最薄弱表面内层进行破碎，要求破碎物料的力比普通颚式破碎机小，可有效破碎坚硬的脆性物料，如铁钛合金、硬质合金、碳化硅、高冰镍、人工晶体、硅钙合金、硅铁、铬铁、硼铁、锰铁、冶炼渣等。

（2）颚板冲击频率高，可确保破碎比大。振动颚式破碎机产生高频脉动的振动力相当于一个固定冲量，如果物料相当硬，产生一个完全弹性碰撞，作用时间相当短，理论上可以达到非常高的作用力，物料在破碎腔内从上到下运动时，物料的角度在不停地变化，从而在不停改变作用力的作用角度。因此物料在破碎腔内受到不同方向的高频脉动激振力作用，使物料受到多次的粉碎作用，故有很大的破碎比。

（3）产品粒度的组成不受衬板磨损的影响。在一般的破碎机中，排料间隙是给定的，随着衬板磨损的增加，排料产品粒度也随之增加，此时应有调整机构来不断的调节，以满足所需的粒度要求。振动颚式破碎机的产品粒度则取决于料层的厚度、被破碎物料的性质以及激振力的大小（偏心质量、旋转半径和转速），不取决于排料口的大小，排料口的大小可根据产量及其他要求预先调整。

（4）在振动颚式破碎机中，由于电机直接驱动的是偏心块，电机启动时只需克服偏心块的不平衡静力矩即可完成启动工作，破碎腔内有没有物料对偏心块的静力矩丝毫没有影响，故可带负荷启动和停车，也可以在破碎腔完全满仓甚至于过载的情况下工作，故可方便地用在自动化生产线上。

（5）当不可破碎的物料通过破碎腔时，不会造成传动装置过载或损坏。振动颚式破碎机采用较高冲击速度的动颚，利用惯性实现柔性传动，两个动颚的位置不受运动学参数的限制，当物料不能被破碎时，随着破碎机的运动会自动从排料口排出，不需停机，也不会损坏设备机构，只会影响这一段时间的排料粒度和产能，同时还能利用共振来消除破碎腔被其他物料堵塞的情况，此时不损坏设备。而传统的颚式破碎机是严格按运动学轨迹完成刚性传动，如果外界的某一物体阻碍其完成运动学轨迹，则造成完成运动学轨迹的机构中的薄弱环节首先破坏，如颚式破碎机的肘板、安全销等。

（6）振动颚式破碎机由于具有较大的破碎比，可以减少破碎段数，简化工艺流程，减少辅助设备数量。

（7）振动颚式破碎机系统内是动力学平衡的并采用柔性隔振，从而可以消除动载荷对基础的传递，因此无需庞大牢固的设备基础，从而减少建设投资。

（8）振动颚式破碎机在振动的作用下，能够处理相当长度的产品，如钢筋混凝土预制板构件，并把钢筋和混凝土分开，可用于钢筋混凝土等建筑废料的处理回收。

振动颚式破碎机颚板相对严格的平行直线运动大大消除了破碎表面和被破碎物料块的相对位移，因而保证较高水平的均匀破碎，从而可大幅度降低衬板的磨损。此外，还可以往破碎机中投放块度等于进料口宽度的物料。传动装置与颚板的弹性联接可以在破碎腔满料的情况下启动设备，这种启动状态对于振动颚式破碎机是最佳的，因为这使系统更容易进入工作状态。振动颚式破碎机颚板的平面平行移动可以比普通颚式破碎机在更大的范围内调整排料口宽度，同时改变进料口宽度，而颚板抓取物料的啮合角仍保持不变。

2.2.5.2　关键技术研究

振动颚式破碎的关键技术研究主要是其运动学、动力学、自同步理论等的研究。

A　振动颚式破碎机运动分析[33]

对运动学分析以如下假设为前提，振动颚式破碎机应用了双电机驱动的自同步振动理论，设备在正常工作过程中实现动平衡，在运动学研究中对设备的工作状况进行适当简化，将破碎机视为平面单质体相向回转的自同步振动机，两个动颚和两激振器在运动过程中运动轨迹对称，分析过程中只考虑设备中心线一侧部件的运动情况，另一侧机构的运动轨迹可由对称轨迹得出。减振弹簧上面的破碎机构的运动简化为竖直平面内的运动，即动颚摆动和激振器旋转的运动轨迹为规则的平面运动。将振动颚式破碎机视为刚体系统，忽略主轴的弹性变形，只考虑其围绕轴线转动的旋转自由度。

如图 2-20 所示，建立运动学的物理模型，选取设备在静平衡状态下的机架质心位置为原点 O 建立笛卡尔坐标系，水平轴为 x 方向，竖直轴为 y 方向。运动学分析的广义坐标选取如下：减振弹簧上部支架质心在竖直平面内的两平移自由度 x、y，支架绕其质心的旋转自由度 θ；设备中心线右侧动颚绕其扭轴的摆角 θ_1，设备中心线右侧激振器转角 θ_2。

振动颚式破碎机工作过程中，动颚、激振器和机体产生位移。取机架质心 A 点、主轴中心 B 点、固定在动颚上激振器旋转中心 C 点和激振器质心 D 点四个点为研究对象。

运动学模型建立中，各点位移、速度、加速度的计算方法如以下建立的数学模型所示，式（包括图 2-20）中各参数意义首先说明如下：

AB ——机架质心到扭轴中心的距离，mm；

BC ——主轴中心到动颚质心的距离，mm；

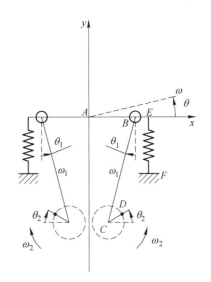

图 2-20　振动颚式破碎机运动学模型

CD ——激振器质心的旋转偏心距，mm；

θ ——机架在 x–y 平面内围绕质心的摆动角度，rad；

θ_1 ——动颚质心围绕扭轴中心摆动角度，rad；

θ_2 ——激振器质心旋转角度，rad；

ω ——机架在 x–y 平面内围绕质心的摆动角加速度，rad/s^2；

ω_1 ——动颚质心围绕扭轴中心摆动角加速度，rad/s^2；

ω_2 ——激振器质心旋转角加速度，rad/s^2。

以下为数学模型的建立过程。根据物理模型，建立运动学的数学模型。

设定机架质心 A 点坐标为：

$$\begin{cases} x_A \\ y_A \end{cases}$$

主轴中心 B 点坐标为：

$$\begin{cases} x_B = x_A + AB\cos\theta \\ y_B = y_A + AB\sin\theta \end{cases}$$

固定在动颚上激振器旋转中心 C 点坐标为：

$$\begin{cases} x_C = x_B - BC\sin\theta_1 = x_A + AB\cos\theta - BC\sin\theta_1 \\ y_C = y_B - BC\cos\theta_1 = y_A + AB\sin\theta - BC\cos\theta_1 \end{cases}$$

激振器质心 D 点坐标为：

$$\begin{cases} x_D = x_C + CD\cos\theta_2 = x_A + AB\cos\theta - BC\sin\theta_1 + CD\cos\theta_2 \\ y_D = y_C + CD\sin\theta_2 = y_A + AB\sin\theta - BC\cos\theta_1 + CD\sin\theta_2 \end{cases}$$

分析激振器旋转中心 C 点的坐标方程可以得知，该点的运动轨迹是由两种运动形式组合而成：即圆周运动与竖直方向的直线运动的合成。预测 C 点的运动轨迹可能是一段椭圆。

各点速度如下：

机架质心 A 点速度为：

$$\begin{cases} v_{Ax} = \dot{x}_A \\ v_{Ay} = \dot{y}_A \end{cases}$$

主轴中心 B 点速度为：

$$\begin{cases} v_{Bx} = \dot{x}_B = \dot{v}_{Ax} - AB\omega\sin\theta \\ v_{By} = \dot{y}_B = \dot{v}_{Ay} + AB\omega\cos\theta \end{cases}$$

固定在动颚上激振器旋转中心 C 点速度为：

$$\begin{cases} v_{Cx} = \dot{x}_C = \dot{v}_{Ax} - AB\omega\sin\theta - BC\omega_1\cos\theta_1 \\ v_{Cy} = \dot{y}_C = \dot{v}_{Ay} + AB\omega\cos\theta + BC\omega_1\sin\theta_1 \end{cases}$$

激振器质心 D 点速度为：

$$\begin{cases} v_{Dx} = \dot{x}_D = \dot{v}_{Ax} - AB\omega\sin\theta - BC\omega_1\cos\theta_1 - CD\omega_2\sin\theta_2 \\ v_{Dy} = \dot{y}_D = \dot{v}_{Ay} + AB\omega\cos\theta + BC\omega_1\sin\theta_1 + CD\omega_2\cos\theta_2 \end{cases}$$

各点加速度如下：

机架质心 A 点加速度为：

$$\begin{cases} a_{Ax} = \dot{v}_{Ax} = \ddot{x}_A \\ a_{Ay} = \dot{v}_{Ay} = \ddot{y}_A \end{cases}$$

主轴中心 B 点加速度为：

$$\begin{cases} a_{Bx} = \dot{v}_{Bx} = \ddot{x}_B = \ddot{v}_{Ax} - AB\dot{\omega}\sin\theta - AB\omega^2\cos\theta \\ a_{By} = \dot{v}_{By} = \ddot{y}_B = \ddot{v}_{Ay} + AB\dot{\omega}\cos\theta - AB\omega^2\sin\theta \end{cases}$$

固定在动颚上激振器旋转中心 C 点加速度为：

$$\begin{cases} a_{Cx} = \dot{v}_{Cx} = \ddot{x}_C = \ddot{v}_{Ax} - AB\dot{\omega}\sin\theta - AB\omega^2\cos\theta - BC\dot{\omega}_1\cos\theta_1 + BC\omega_1^2\sin\theta_1 \\ a_{Cy} = \dot{v}_{Cy} = \ddot{y}_C = \ddot{v}_{Ay} + AB\dot{\omega}\cos\theta - AB\omega^2\sin\theta + BC\dot{\omega}_1\sin\theta_1 + BC\omega_1^2\cos\theta_1 \end{cases}$$

激振器质心 D 点加速度为：

$$\begin{cases} \begin{aligned} a_{Dx} = \dot{v}_{Dx} = \ddot{x}_D = {} & \ddot{v}_{Ax} - AB\dot{\omega}\sin\theta - AB\omega^2\cos\theta - BC\dot{\omega}_1\cos\theta_1 + BC\omega_1^2\sin\theta_1 - \\ & CD\dot{\omega}_2\sin\theta_2 - CD\omega_2^2\cos\theta_2 \end{aligned} \\ \begin{aligned} a_{Dy} = \dot{v}_{Dy} = \ddot{y}_D = {} & \ddot{v}_{Ay} + AB\dot{\omega}\cos\theta - AB\omega^2\sin\theta + BC\dot{\omega}_1\sin\theta_1 - BC\omega_1^2\cos\theta_1 + \\ & CD\dot{\omega}_2\cos\theta_2 - CD\omega_2^2\sin\theta_2 \end{aligned} \end{cases}$$

研究中对振动颚式破碎机的运动过程进行适当简化，先说明了运动学分析的假设前提，在此基础上列出了位移、速度、加速度的计算公式。由于振动颚式破碎机是拥有多自由度的机械系统，机架、动颚和激振器之间的位置和相对运动关系的确定还需要对其进行动力学分析，通过对该设备的运动学和动力学的综合分析，可以得到实际运动情况。

B　振动颚式破碎机的动力学研究

动力学分析则是研究物体的运动变化与其所受的力之间的关系。动力学的研究对象是质点、质点系、刚体、刚体系，或质点与刚体组成的系统。与运动学不同，动力学研究的质点和刚体都必须考虑惯性，应理解为有质量的几何点或几何形体。对于刚体，还应考虑质量在体内的分布状况。

a　建立虚拟样机

利用软件，建立振动颚式破碎机零部件的三维模型，完成装配后，得到整机的三维模型，如图 2-21 所示。

b　基于虚拟样机技术的动力学研究

虚拟样机技术有着显著的特点和优点，而矿山设备制造成本高，国外从虚拟样机技术出现后不久就应用该技术对破碎机机构、腔型、产量及磨损等进行分析研究，并研制开发出无塞点、低高度、重量轻、破碎产品粒型好、产量高的高性能的新型颚式破碎机和操作简单、粒度细、产

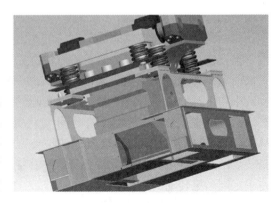

图 2-21　振动颚式破碎机的三维模型

量高的新型液压圆锥破碎机等产品，从而大大提高破碎机性能，缩短产品开发周期，提高

产品竞争力。

　　我国矿山机械的设计手段和技术比较落后，产品相对笨重，工作性能不够理想，衬板磨损严重，操作不方便，与国外同类产品相比还有相当差距。为提高产品质量，缩短与国外同类产品的差距，应加大虚拟样机技术在矿山设备研究中使用，建立了机构的多刚体动力学模型，得到了一些工作参数，分析了一些因素对工作的影响程度。

　　c　三维模型的导入

　　如前面所提到的 ADAMS 软件具有强大的运动学/动力学分析功能，但它的实体建模功能薄弱，因此在研究中用 Pro/Engineer 建立了振动颚式破碎机的三维实体模型，以此进行虚拟样机研究，需要将该 Pro/Engineer 模型转换到 ADAMS 环境下。

　　Pro/Engineer 与 ADAMS 是由两家不同公司开发的软件，从主要功能及程序内核等方面都不同，而且各自的数据很难被对方识别，但为了软件的彼此的联合，开发了有两种可以实现将 Pro/Engineer 三维模型导入 ADAMS 环境中的方法，即利用 MDI 公司专为两软件联合而开发的专用接口模块 Mechanical/Pro。

　　设置必要的系统环境变量后，进入 Pro/Engineer 界面，选择 MECH/Pro 菜单，逐步完成模型转换，具体操作步骤如下：

　　（1）在 Pro/Engineer 环境下打开三维实体模型的装配图。

　　（2）点击 MECH/Pro 下的 Set Up Mechanism 命令。

　　（3）点击 Set Up Mechanism 下的 Rigid Bodies 命令，定义模型中的刚体。

　　接着点击通过 Interface 将模型转换到 ADAMS/View 环境中，由于 Mechanical/Pro 模块中可完成一些本应在 ADAMS/View 环境中完成的工作，为了操作方便，尽可能在 Mechanical/Pro 模块下完成这些操作，于是接下来的操作是：

　　（4）标记点（Marker），定义要测量参数的标记点。

　　（5）添加约束（Constraints），逐一完成所有运动副约束的定义。

　　（6）检查模型（Verify Model），判断模型是否存在错误，如果没有错误将得到样机的自由度。结果显示，振动颚式破碎机虚拟样机的自由度个数为 16 个，但实际情况比这个结果多，原因是虚拟样机中定义的两个球面副是三个自由度，实际这两个球面副是小半球面接触，所以不是严格的球面副，可完全相对自由运动。

　　d　完善虚拟样机

　　研究中完成了部分虚拟样机定义的工作，并将模型导入了 ADAMS/View 环境。要得到完整的虚拟样机，还需进行其他的工作将之完善。

　　前面定义了运动副约束，实际上 ADAMS/View 提供了 3 种类型的约束：运动副约束、运动约束和接触约束。要得到非常接近实际的虚拟样机，还得定义运动约束和接触约束。

　　运动约束是定义零件运动随时间变化关系，可以是常量，也可以是函数等形式。ADAMS/View 提供了移动副和转动副两种类型的运动，本课题研究的振动颚式破碎机用到的是转动副运动约束，即定义第一个零件沿着运动副的 Z 方向相对于第二个零件转动，应用右手定则确定转动的正负。

　　考虑实际启动时转速是从 0 经过一定的降压启动时间 Δt_1 而逐渐达到要求的转速；在停止时，转速是经过一段时间间隔 Δt_2 变为 0 的。ADAMS 不能直接这种驱动模型，因此需要构造运动函数。ADAMS/View 提供了一个使用方便的构造函数对话框，能通过不同的方法进入构造函数对话框，进入对话框后可分为表达式和运行过程函数两种方式进行工作。对话框中有一项 Function（time）是用于描述该运动，后面的文本框便可输入运动函数表达式。

用 STEP 函数构造运动约束函数表达式，STEP 函数是阶跃函数，阶跃函数是数学计算中常用的函数，也是动力分析中的一类典型输入，因它具有特定的频率响应特性而广为应用。STEP 函数的表达形式为：STEP（x，Begin At，Initial Function Value，End At，Final Function Value），式中 x 为自变量，一般是时间 time，当 x 小于 Begin At 值时，因变量的值为初始值 Initial Function Value；当 x 在初始值和终止值 End At 值之间时，因变量依据一定规律光滑过渡，避免粗线数值过渡突变、微分值不连续；当 x 大于终止值时，因变量的值为终止值 Final Function Value。

振动颚式破碎机的驱动主轴正常速度为 136.07rad/s，启动过程一般为 2s，停机过程一般为 2.5s，为控制仿真时间，假设正常工作时间为 15s，对应的运动约束函数表达式为：

Velocity=STEP（time，0，0，2，136.07）+ STEP（time，17，0，19.5，-136.07）

其次，需要施加载荷，ADAMS/View 可定义 4 种力：作用力、柔性连接力、接触力和特殊力（如重力等）。定义力时，需说明力、力矩、力作用的构件和作用点、力的方向和大小。

研究振动颚式破碎机工作过程，需定义工作机构和底架之间的减振器为柔性连接力，可用线性弹簧阻尼器简化处理。工作中激振器轴和轴承柔性连接，它们间存在压力、摩擦力、扭矩等作用，可定义该柔性连接力为轴套力。

完成所有定义后，就得到了完成的虚拟样机，各构件之间的约束关系、接触约束和载荷均能确定。

e　仿真分析

完成约束定义后，就可以进行仿真分析。预处理就是设置仿真输出、仿真分析控制参数、测量等。仿真分析感兴趣的输出是主要零部件的位置变化信息、受力或力矩情况和运动状态（如速度、角速度等），这些都是系统默认的输出，其他还要输出如壳体质心位置变化在水平面的投影等，需要自定义此类输出。仿真分析需要设置的控制参数如下：

（1）仿真类型：动力学分析（Dynamic）；

（2）时间周期方式：仿真分析终止时间（End Time）；

（3）终止时间值（End Time）：20s；

（4）总步数（Steps）：2001。

该设置表示：进行动力学仿真分析；仿真从 0 时刻开始到第 20s 结束；仿真时总步数为 2001，即相邻两步的时间间隔为 0.01s。

仿真结束后，可根据需要测量各种对象的位置、速度和加速度、动能等有关特性，如果该特性没有被默认，则可以通过 ADAMS/View 表达式或 ADAMS/Solver 函数自定义测量的内容。

对振动颚式破碎机虚拟样机进行仿真调试和分析，为获得理想的仿真效果、输出和比较不同参数对仿真结果的影响，仿真中应用参数化控制，设置不同情况下的系统参数如柔性体减振弹簧、轴套力等的弹性系数、阻尼系数，还有改变破碎机的激振力，和定义不同运动约束（即驱动函数）等。按所设定的不同情况分别仿真，得到各种情况下系统的性能和输出，查看和比较仿真结果，并保存仿真结果为后面得出需要的数据和结论做依据。

主轴受力非常关键，关系到破碎机工作稳定性和主轴的寿命，仿真分析结果（图2-22）显示启动后，主轴始终受力，统计发现最小绝对值为 16111.6871N（见表 2-7），这个值接近动颚的重力以及动颚和激振器离心力竖直方向的分量。

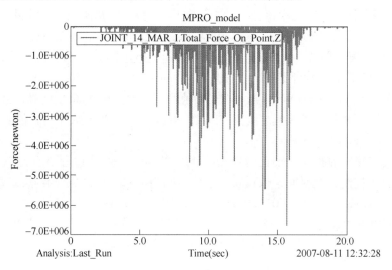

图 2-22　主轴受力仿真分析曲线

表 2-7　作用力统计值　　　　　　　　　　　　　　（N）

项　目	最小值	最大值	平均值	均方根值
数　值	16111.687	6.6627E+006	4.0489E+005	8.7158E+005

对激振力进行仿真分析，仿真结果显示激振器对动颚有 Z 方向作用力（如图 2-23 所示），且向+Z 方向分力最大达 $2.29×10^5$N，平均值为 $5.44×10^3$N。考虑到激振器安装轴的轴承存在摩擦力，但根据计算此力小于 $5×10^3$N，故可以忽略。因此，依据结果可判断工作中激振器自身存在+Z 方向的分力。

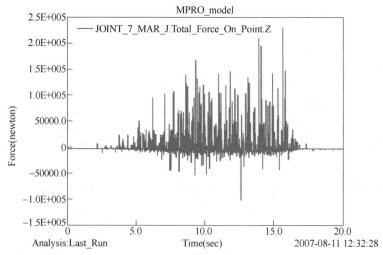

图 2-23　激振器对动颚作用力仿真分析曲线

　　振动颚式破碎机正常工作时，激振器转子的同步与动颚的摆同步都是依靠其自身的自同步特性实现的。分析振动系统的自同步特性，要先分析其运动状态。

　　振动颚式破碎机的力学模型如图 2-24 所示，动颚用轴颈悬挂在轴承上或机架的减速器上，在扭轴上摆动，其上镶有衬板，其表面为长条三角齿形，安装时保证齿峰与齿谷相对，这种表面有助于物料得到有效的破碎和达到较高破碎比。扭轴卡紧在动颚的中间，扭轴两端装有轴承座。扭轴的两端卡紧在杠杆中。可以通过杠杆沿扭轴移动改变扭轴的有效长度和刚度，因而也改变设备工作时动颚的行程。在两动颚上分别安装激振器，激振器通过电机的弹性轴旋转，弹性联接可以降低传到传动装置及其轴承上的冲击负荷。机架安装在弹性减振器上，通过减振器可以降低和吸收对基础的振动。

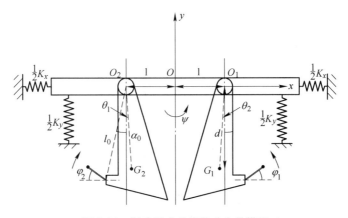

图 2-24　振动颚式破碎机动力学模型

　　坐标系 Oxy 的原点 O 是机体质心的平衡点。x、y、ψ（$\psi \ll 1$）分别表示振动颚式破碎机机体的在水平方向位移、竖直方向位移与绕几何中心摆动角，θ_1、θ_2 分别表示两动颚运动时其质心与扭轴中心连线与竖直方向的夹角，φ_1、φ_2 分别为两转子运动时与水平方向的夹角。为方便计算，分别作以下代换，并求出系统动能与势能，代入拉格朗日方程可得系统的运动微分方程。

　　系统的动能为：

$$T = \frac{1}{2}M\left[\left(\frac{\mathrm{d}x}{\mathrm{d}t}\right)^2 + \left(\frac{\mathrm{d}y}{\mathrm{d}t}\right)^2\right] + \frac{1}{2}I_{\mathrm{M}}\left(\frac{\mathrm{d}\psi}{\mathrm{d}t}\right)^2 + \frac{1}{2}I_{\mathrm{m}}\left(\frac{\mathrm{d}\theta_1}{\mathrm{d}t}\right)^2 + \frac{1}{2}I_{\mathrm{m}}\left(\frac{\mathrm{d}\theta_2}{\mathrm{d}t}\right)^2 + \frac{1}{2}J_0\left(\frac{\mathrm{d}\varphi_1}{\mathrm{d}t}\right)^2 +$$

$$\frac{1}{2}J_0\left(\frac{\mathrm{d}\varphi_2}{\mathrm{d}t}\right)^2 + \frac{1}{2}m_1\left[\left(\frac{\mathrm{d}x}{\mathrm{d}t} - l\frac{\mathrm{d}\psi}{\mathrm{d}t}\sin\psi + d\frac{\mathrm{d}\theta_1}{\mathrm{d}t}\cos\theta_1\right)^2 +\right.$$

$$\left(\frac{\mathrm{d}y}{\mathrm{d}t} + l\frac{\mathrm{d}\psi}{\mathrm{d}t}\cos\psi + d\frac{\mathrm{d}\theta_1}{\mathrm{d}t}\sin\theta_1\right)^2\bigg] +$$

$$\frac{1}{2}m_1\left[\left(\frac{\mathrm{d}x}{\mathrm{d}t} + l\frac{\mathrm{d}\psi}{\mathrm{d}t}\sin\psi - d\frac{\mathrm{d}\theta_2}{\mathrm{d}t}\cos\theta_2\right)^2 +\right.$$

$$\left(\frac{\mathrm{d}y}{\mathrm{d}t} - l\frac{\mathrm{d}\psi}{\mathrm{d}t}\cos\psi + d\frac{\mathrm{d}\theta_2}{\mathrm{d}t}\sin\theta_2\right)^2\bigg] +$$

$$\frac{1}{2}m_0\left\{\left[\frac{\mathrm{d}x}{\mathrm{d}t} - l\frac{\mathrm{d}\psi}{\mathrm{d}t}\sin\psi + l_0\frac{\mathrm{d}\theta_1}{\mathrm{d}t}\cos(\theta_1+\alpha_0) - r\frac{\mathrm{d}\varphi_1}{\mathrm{d}t}\sin\varphi_1\right]^2 +\right.$$

$$\left[\frac{\mathrm{d}y}{\mathrm{d}t} + l\frac{\mathrm{d}\psi}{\mathrm{d}t}\cos\psi + l_0\frac{\mathrm{d}\theta_1}{\mathrm{d}t}\sin(\theta_1 + \alpha_0) + r\frac{\mathrm{d}\varphi_1}{\mathrm{d}t}\cos\varphi_1\right]^2\right\} +$$

$$\frac{1}{2}m_0\left\{\left[\frac{\mathrm{d}x}{\mathrm{d}t} + l\frac{\mathrm{d}\psi}{\mathrm{d}t}\sin\psi - l_0\frac{\mathrm{d}\theta_2}{\mathrm{d}t}\cos(\theta_2 + \alpha_0) - r\frac{\mathrm{d}\varphi_2}{\mathrm{d}t}\sin\varphi_2\right]^2 +$$

$$\left[\frac{\mathrm{d}y}{\mathrm{d}t} - l\frac{\mathrm{d}\psi}{\mathrm{d}t}\cos\psi + l_0\frac{\mathrm{d}\theta_2}{\mathrm{d}t}\sin(\theta_2 + \alpha_0) + r\frac{\mathrm{d}\varphi_2}{\mathrm{d}t}\cos\varphi_2\right]^2\right\}$$

系统的势能为：

$$V = \frac{1}{2}\sum_{i=1}^{m}k_{xi}(x + \rho_{ix}\psi)^2 + \frac{1}{2}\sum_{j=1}^{n}k_{yj}(y + \rho_{iy}\psi)^2 + \frac{1}{2}k_{\theta1}\theta_1^2 + \frac{1}{2}k_{\theta2}\theta_2^2 +$$

$$g\{My + m_1[y + l\psi\cos\psi + (1 - \cos\theta_1)d] +$$

$$m_1[y - l\psi\cos\psi + (1 - \cos\theta_2)d] +$$

$$m_0[y + l\psi\cos\psi + \cos\alpha_0 l_0 - \cos(\alpha_0 + \theta_1)l_0 + r\sin\varphi_1] +$$

$$m_0[y - l\psi\cos\psi + \cos\alpha_0 l_0 - \cos(\alpha_0 + \theta_2)l_0 + r\sin\varphi_2]\}$$

式中 M, m_1, m_0——分别为振动颚式破碎机机体、动颚以及激振器的质量；

I_M——振动颚式破碎机机体关于其自身质心的转动惯量；

I_m——动颚关于其自身质心的转动惯量；

J_0——激振器关于其自身质心的转动惯量；

l——扭轴中心与机体在水平方向上的距离；

l_0——扭轴中心与激振器旋转中心的距离；

r——激振器的旋转半径；

α_0——扭轴中心与激振器旋转中心连线与扭轴中心与动颚质心连线的夹角；

k_{xi}, k_{yj}——分别为弹簧 i 和弹簧 j 在水平方向和竖直方向的刚度，有如下关系：

$$\sum_{i=1}^{m}k_{xi}\rho_{ix} = 0, \quad \sum_{j=1}^{n}k_{yj}\rho_{jy} = 0$$

ρ_{ix}, ρ_{jy}——分别为弹簧 i 和弹簧 j 与机体质心竖直、水平方向的坐标；

$k_{\theta1}$, $k_{\theta2}$——分别为扭轴 1 和扭轴 2 的转动刚度；

g——重力加速度。

根据拉格朗日方程：

$$\frac{\partial}{\partial t}\left(\frac{\partial T}{\partial q_i}\right) - \frac{\partial T}{\partial q_i} + \frac{\partial V}{\partial q_i} = Q_i$$

式中 q_i——广义坐标；

Q_i——相应的广义力。

建立系统振动微分方程如下：

$$(M_p + 2m_1 + 2m_0)\frac{\mathrm{d}^2 x}{\mathrm{d}t^2} + [m_1 d\cos\theta_1 + m_0 l_0\cos(\alpha_0 + \theta_1)]\frac{\mathrm{d}^2\theta_1}{\mathrm{d}t^2} -$$

$$[m_1 d\cos\theta_2 + m_0 l_0\cos(\alpha_0 + \theta_2)]\frac{\mathrm{d}^2\theta_2}{\mathrm{d}t^2} + f_x\frac{\mathrm{d}x}{\mathrm{d}t} + k_x x$$

$$= \left[m_1 d \sin\theta_1 + m_0 l_0 \sin(\alpha_0 + \theta_1) \right] \left(\frac{\mathrm{d}\theta_1}{\mathrm{d}t} \right)^2 -$$

$$\left[m_1 d \sin\theta_2 + m_0 l_0 \sin(\alpha_0 + \theta_2) \right] \left(\frac{\mathrm{d}\theta_2}{\mathrm{d}t} \right)^2 +$$

$$m_0 \left[r \frac{\mathrm{d}^2 \varphi_1}{\mathrm{d}t^2} \sin\varphi_1 + r \left(\frac{\mathrm{d}\varphi_1}{\mathrm{d}t} \right)^2 \cos\varphi_1 - r \frac{\mathrm{d}^2 \varphi_2}{\mathrm{d}t^2} \sin\varphi_2 - r \left(\frac{\mathrm{d}\varphi_2}{\mathrm{d}t} \right)^2 \cos\varphi_2 \right]$$

$$(M_{\mathrm{p}} + 2m_1 + 2m_0) \frac{\mathrm{d}^2 y}{\mathrm{d}t^2} + \left[m_1 d \sin\theta_1 + m_0 l_0 \sin(\alpha_0 + \theta_1) \right] \frac{\mathrm{d}^2 \theta_1}{\mathrm{d}t^2} +$$

$$\left[m_1 d \sin\theta_2 + m_0 l_0 \sin(\alpha_0 + \theta_2) \right] \frac{\mathrm{d}^2 \theta_2}{\mathrm{d}t^2} + f_y \frac{\mathrm{d}y}{\mathrm{d}t} + k_y y$$

$$= - \left[m_1 d \cos\theta_1 + m_0 l_0 \cos(\alpha_0 + \theta_1) \right] \left(\frac{\mathrm{d}\theta_1}{\mathrm{d}t} \right)^2 +$$

$$\left[m_1 d \cos\theta_2 + m_0 l_0 \cos(\alpha_0 + \theta_2) \right] \left(\frac{\mathrm{d}\theta_2}{\mathrm{d}t} \right)^2 -$$

$$m_0 \left[r \frac{\mathrm{d}^2 \varphi_1}{\mathrm{d}t^2} \cos\varphi_1 - r \left(\frac{\mathrm{d}\varphi_1}{\mathrm{d}t} \right)^2 \sin\varphi_1 + r \frac{\mathrm{d}^2 \varphi_2}{\mathrm{d}t^2} \cos\varphi_2 - r \left(\frac{\mathrm{d}\varphi_2}{\mathrm{d}t} \right)^2 \sin\varphi_2 \right]$$

$$(I_{\mathrm{M}} + 2m_1 l^2 + 2m_0 l^2) \frac{\mathrm{d}^2 \psi}{\mathrm{d}t^2} + l \left[m_1 d \sin\theta_1 + m_0 l_0 \sin(\alpha_0 + \theta_1) \right] \frac{\mathrm{d}^2 \theta_1}{\mathrm{d}t^2} -$$

$$l \left[m_1 d \sin\theta_2 + m_0 l_0 \sin(\alpha_0 + \theta_2) \right] \frac{\mathrm{d}^2 \theta_2}{\mathrm{d}t^2} + f_\psi \frac{\mathrm{d}\psi}{\mathrm{d}t} + k_\psi \psi$$

$$= - l \left[m_1 d \cos\theta_1 + m_0 l_0 \cos(\alpha_0 + \theta_1) \right] \left(\frac{\mathrm{d}\theta_1}{\mathrm{d}t} \right)^2 +$$

$$l \left[m_1 d \cos\theta_2 + m_0 l_0 \cos(\alpha_0 + \theta_2) \right] \left(\frac{\mathrm{d}\theta_2}{\mathrm{d}t} \right)^2 -$$

$$m_0 l \left[r \frac{\mathrm{d}^2 \varphi_1}{\mathrm{d}t^2} \cos\varphi_1 - r \left(\frac{\mathrm{d}\varphi_1}{\mathrm{d}t} \right)^2 \sin\varphi_1 - r \frac{\mathrm{d}^2 \varphi_2}{\mathrm{d}t^2} \cos\varphi_2 + r \left(\frac{\mathrm{d}\varphi_2}{\mathrm{d}t} \right)^2 \sin\varphi_2 \right]$$

$$\left[m_1 d \cos\theta_1 + m_0 l_0 \cos(\alpha_0 + \theta_1) \right] \frac{\mathrm{d}^2 x}{\mathrm{d}t^2} +$$

$$\left[m_1 d \sin\theta_1 + m_0 l_0 \sin(\alpha_0 + \theta_1) \right] \left(\frac{\mathrm{d}^2 y}{\mathrm{d}t^2} + l \frac{\mathrm{d}^2 \psi}{\mathrm{d}t^2} \right) +$$

$$(I_{\mathrm{m}} + m_1 d^2 + m_0 l_0^2) \frac{\mathrm{d}^2 \theta_1}{\mathrm{d}t^2} + f_{\theta 1} \frac{\mathrm{d}\theta_1}{\mathrm{d}t} + k_{\theta 1} \theta_1$$

$$= m_0 l_0 r \left[\frac{\mathrm{d}^2 \varphi_1}{\mathrm{d}t^2} \sin(\varphi_1 - \alpha_0 - \theta_1) + \left(\frac{\mathrm{d}\varphi_1}{\mathrm{d}t} \right)^2 \cos(\varphi_1 - \alpha_0 - \theta_1) \right] -$$

$$\left[m_1 d \cos\theta_2 + m_0 l_0 \cos(\alpha_0 + \theta_2) \right] \frac{\mathrm{d}^2 x}{\mathrm{d}t^2} +$$

$$\left[m_1 d \sin\theta_2 + m_0 l_0 \sin(\alpha_0 + \theta_2) \right] \left(\frac{\mathrm{d}^2 y}{\mathrm{d}t^2} - l \frac{\mathrm{d}^2 \psi}{\mathrm{d}t^2} \right) +$$

$$(I_m + m_1 d^2 + m_0 l_0^2) \frac{d^2\theta_2}{dt^2} + f_{\theta 2} \frac{d\theta_2}{dt} + k_{\theta 2}\theta_2$$

$$= m_0 l_0 r \left[\frac{d^2\varphi_2}{dt^2} \sin(\varphi_2 - \alpha_0 - \theta_2) + \left(\frac{d\varphi_2}{dt} \right)^2 \cos(\varphi_2 - \alpha_0 - \theta_2) \right]$$

$$(J_0 + m_0 r^2) \frac{d^2\varphi_1}{dt^2} + f_1 \frac{d\varphi_1}{dt}$$

$$= T_{e1} + m_0 r \left[\frac{d^2 x}{dt^2} \sin\varphi_1 - \frac{d^2 y}{dt^2} \cos\varphi_1 - l \frac{d^2\psi}{dt^2} \cos(\varphi_1 - \psi) - \right.$$

$$l \left(\frac{d\psi}{dt} \right)^2 \sin(\varphi_1 - \psi) - \frac{d^2\theta_1}{dt^2} l_0 \sin(\alpha_0 + \theta_1 - \varphi_1) -$$

$$\left. \left(\frac{d\theta_1}{dt} \right)^2 l_0 \cos(\alpha_0 + \theta_1 - \varphi_1) \right]$$

$$(J_0 + m_0 r^2) \frac{d^2\varphi_2}{dt^2} + f_2 \frac{d\varphi_2}{dt}$$

$$= T_{e2} - m_0 r \left[\frac{d^2 x}{dt^2} \sin\varphi_2 + \frac{d^2 y}{dt^2} \cos\varphi_2 - l \frac{d^2\psi}{dt^2} \cos(\varphi_2 - \psi) - \right.$$

$$l \left(\frac{d\psi}{dt} \right)^2 \sin(\varphi_2 - \psi) - \frac{d^2\theta_2}{dt^2} l_0 \sin(\alpha_0 + \theta_2 - \varphi_2) -$$

$$\left. \left(\frac{d\theta_2}{dt} \right)^2 l_0 \cos(\alpha_0 + \theta_2 - \varphi_2) \right]$$

式中　　T_{e1}，T_{e2}——分别是激振器1、2驱动电机对激振器转子的驱动力；

f_x——系统在水平方向上的阻尼，N·s/m；

f_y——机体在竖直方向上的阻尼，N·s/m；

f_ψ——机体绕其几何中心作转动时所遇到的阻尼，N·s/rad；

$f_{\theta 1}$，$f_{\theta 2}$——分别是动颚绕扭轴1与扭轴2转动时所受到的阻尼，N·s/rad；

f_1，f_2——激振器转子转动时的阻尼，N·s/rad。

$k_{\theta 1}$——动颚1的扭轴刚度，N/rad；

$k_{\theta 2}$——动颚2扭轴刚度，N/rad。

振动颚式破碎机的振动微分方程包含多个耦合项，动颚与机体之间、激振器转子与动颚之间都包含惯性力的耦合，这使系统的微分方程变得较为复杂。将其改写成矩阵形式有利于分析各个部件之间、各个自由度之间的耦合关系，同时易于进行数值计算。

通过观察可知，振动颚式破碎机的动力学模型是质量耦合的多自由度振动系统，同时若干自由度上作用力含有系统的惯性力，解出其解析解较为困难。对于该特定的振动系统，可以通过数值分析的方法研究其自同步性能。

C　振动颚式破碎机自同步研究[34]

系统的两个激振器转子同步运动时，系统就可以实现频率俘获。则：

$$T_{e1} + T_{e2} - (f_1 \omega_{m0} + f_2 \omega_{m0}) = 0 \tag{2-1a}$$

$$T_{e1} - T_{e2} + f_1\omega_{m0} - f_2\omega_{m0} - m_0 r\omega_{m0}^2 W\sin 2\bar{\alpha} = 0 \tag{2-1b}$$

式中，式（2-1a）$T_{e1} + T_{e2}$表示系统两个转子受到的外力矩之和，$f_1\omega_{m0} + f_2\omega_{m0}$表示激振器转子的阻尼力矩，式（2-1a）表示系统在一个周期上外力矩与系统阻力相互平衡。式（2-1b）$T_{e1} - T_{e2}$表示两个激振器转子所受力矩之差，$f_1\omega_{m0} - f_2\omega_{m0}$表示两个激振器转子所受阻力矩之差，$T_{e1} - T_{e2} + f_1\omega_{m0} - f_2\omega_{m0}$表示两个激振器转子在一个周期上所受驱动力矩与阻力矩之差。$m_0 r\omega_{m0}^2 W\sin 2\bar{\alpha}$表示由于系统振动耦合作用附加在两个激振器上的振动力矩。参照之前的推导，振动力矩在相位落后的转子上为正值，表示系统的振动力矩作为驱动力驱动转子以保持同步；振动力矩在相位超前的转子上为负值，表示系统的振动力矩作为阻力阻碍转子旋转。要使系统的两个转子可以同步，系统的振动力矩应该足以克服两转子之间的输入力矩之差以平衡两个转子的能量输入。

定义系统的振动力矩：

$$T_c = m_0 r\omega_{m0}^2 W\sin 2\bar{\alpha}$$

通过系统的频率俘获方程可以求出实现频率俘获时，两激振器转子的俘获频率以及相位差。实现频率俘获的相位差应满足：

$$2\bar{\alpha} = \arcsin\frac{1}{D}$$

$$D = \frac{m_0 r\omega_{m0}^2 W}{T_{e1} - T_{e2} + f_1\omega_{m0} - f_2\omega_{m0}}$$

式中，D称为系统的同步性指数。实现频率俘获的条件，即系统两个激振器转子实现自同步的条件是：

$$|D| > 1$$

此时：

$$T_{e1} - T_{e2} + f_1\omega_{m0} - f_2\omega_{m0} < m_0 r\omega_{m0}^2 W$$

由以上分析可以看出，振动颚式破碎机两激振器能否实现同步运行，取决于振动系统的俘获力矩的调节能力，即要求系统的俘获力矩大于两激振器输入力矩之差。两个电动机参数越相近，两激振器输入力矩差就越小，同步条件越容易满足。而当电动机参数差异较大，与系统频率俘获力矩相近时，系统的调节力矩会小于或约等于两激振器转子的输入力矩差，此时$|D| \approx 1$，系统不易实现同步。$|D| < 1$时系统就不会实现自同步，这时只能通过另外增加调节力矩使系统实现同步。

在系统可以实现频率俘获，即可以实现自同步时，根据系统的自同步指数可以得到两个相位差。在实际情况中，一般只会观测到一种相位差。这是因为其中一种相位差是不稳定的，当系统处于此相位时，系统是一种不稳定平衡。对那一种状态是稳定的需要进行判断，下文进行相关的分析。

下面需振动颚式破碎机模拟与仿真。建立系统的动力学模型，利用动力学软件进行模拟，建立模型如图 2-25 所示。

两个动颚的摆动之差如图 2-26 所示。

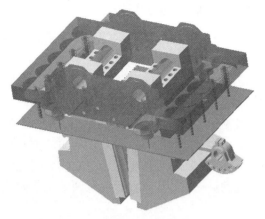

图 2-25　振动颚式破碎机动力学模型

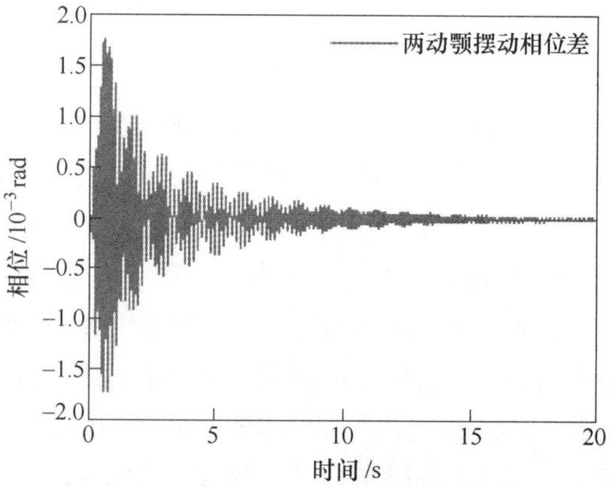

图 2-26　两个动颚摆动之差的变化

虽然两个动颚扭轴的刚度不同、驱动也不同，系统稳定工作后，两个动颚摆动仍然同步，摆动之差趋于零。如果将两个动颚其中一个电机的电源关闭，两个动颚摆动之差如图2-27 所示。

虽然只有一个电机驱动，两个动颚的摆动仍然可以实现同步运动，但是两个动颚摆动之差的波动比较厉害，如图 2-27 所示。事实上不仅仅是两个动颚摆动之差的波动较大，其他各个自由度上的振动都会有较大波动。

2.2.5.3　工业应用

振动颚式破碎机以其设计新颖、结构独特，能破碎坚硬的脆性物料，破碎比达 9 以上，能很好地实现"多碎少磨"，节能降耗，能破碎强度很高的物料（强度极限 ≥ 500MPa），比如合金、碳化硅等坚硬脆性物料和处理钢筋混凝土等特殊结构物料，可以得到高质量的物料产品。该设备用于破碎金属合金材料、含有不可破碎物体的有色和黑色金属炉渣、铁合金炉渣、钢筋混凝土及其他建筑废料、耐火材料炉衬、各种矿石和非金属材料等。在国内外应用推广该产品，能大幅提升破碎领域的装备水平，促进钢渣、钢筋混凝土等物料的回收和资源综合利用。其实物如图 2-28 所示。

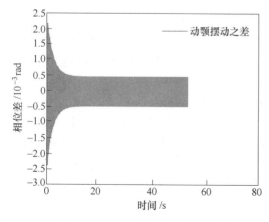

图 2-27　只有一个电机驱动时动颚摆动之差的变化

图 2-28　振动颚式破碎机

目前，在建筑工地和钢筋混凝土制品工厂中，积累了大量报废的和没有用上的预制板和各种制件。由于大预制板的广泛应用，处理和回收钢筋混凝土废料和老化件，已成为很突出的问题。面对城市的飞速发展，大量的建筑体的拆除，在当今强调循环经济，资源二次利用的时代，更迫切需要对废料进行处理（破碎及金属和混凝土的分离），包括破碎大尺寸的构件，如 3m×6m 尺寸的楼板、纵向长 10m 的主柱和其他报废的构件，部分钢筋混凝土构件在端部可能有弯曲的钢筋或者含有金属填充的部分。而标准的工业生产中使用的破碎粉碎装置无法完成对上述物体的破碎。振动颚式破碎机以其良好的破碎特性，能够很好的解决目前工业中的破碎难题，提高原材料利用效率，减少工业垃圾的排放量。

振动颚式破碎机是动力学平衡的，在其工作时振动和冲击载荷在破碎机构内部是闭合的，故整个设备可以安装在轻质基础或栈桥上，并可以设计能在露天工作的、紧凑的、可移动的装置，也可直接用于工作面的物料破碎，因此振动颚式破碎机很适合于冶金、矿山、选矿行业。

在国外目前已有数台振动颚式破碎机用于工业生产中，进料口 80mm×300mm 和 120mm×300mm 用于破碎坚硬脆性物料、铁合金、中间合金、边角钢料、韧性不良的金属大切屑，破碎砂轮用于再生砂轮的研磨材料。进料口 100mm×1400mm 的规格用于型砂的再生系统破碎铸造型砂。进料口 200mm×1400mm、进料口 400mm×1400mm 用于破碎钢筋混凝土构件，以获得碎石、骨料和钢筋。进料口 340mm×1200mm 的重型振动颚式破碎机用于破碎含有不可破碎物的炉渣及大块铁合金。更大规格的振动颚式破碎机还可用于露天矿山、地下矿井、选矿厂的矿石破碎，也可组成移动式破碎筛分机组。

2.3 旋回破碎机

旋回破碎机是借助做旋摆运动的动锥周期性地靠近固定锥，采用挤压、冲击等方式进行破碎的设备。根据调节排矿口的装置种类，旋回破碎机可分为液压旋回破碎机和机械式旋回破碎机。现在中大型旋回破碎机一般采用液压旋回破碎机，液压式的旋回破碎机又常分为顶部单缸和底部单缸的液压旋回破碎机。目前处理能力最大的旋回破碎机处理量已超过 10000t/h。

目前，世界上设计制造大型液压旋回破碎机的厂家主要有美卓（Metso）、FL 史密斯（FL Smith）、山特维克（Sandvik）和蒂森克虏伯（Thyssen-Krupp）等 4 家公司，其中又以美卓（Metso）公司和 FL 史密斯（FL Smith）公司所占的市场份额最大[35]。北方重工集团是我国旋回破碎机的主要生产厂家，它设计制造旋回破碎机已经有 50 多年的历史。该公司生产的旋回破碎机结构及技术性能与国内外其他公司类似。中信重工在旋回破碎机的研发也有长足进步，其研制的 PXZ-1750Ⅱ型液压式旋回破碎机，装机功率 1200kW，设备总重约达 600t，产量可达 8000t/h 以上，此机型是目前国内生产能力最大的粗碎设备。中信重工的旋回破碎机研发能力代表了国内研发旋回破碎机的最高技术水平。但在大型化与功耗的指标上，我国的旋回破碎机仍与国际最高水平有一定差距。

2.3.1 液压式旋回破碎机

2.3.1.1 工作原理和关键结构

液压式旋回破碎机结构如图 2-29 所示，主要包含偏心轴套、动锥、液压缸、定锥和传动轴等。机体下部的液压缸提供动锥上下运动的动力，当物料中含有不可破碎的杂物时，动锥下降，液压缸收缩，杂物排出破碎机，以保证破碎机正常工作。在定锥的内表面以及动锥的外表面，均装有衬板，以方便衬板更换。动锥轴安装于偏心轴套内，一方面能实现减少磨损，另一方面能将动锥上端支撑于横梁中部套筒内，保证动锥的旋摆运动，进而保证破碎机的持续高效运行。当物料中含有不可破碎的杂物时，杂物排出破碎机，动锥下降，液压缸收缩，一方面能保证破碎机正常运行，另一方面可提供动锥上下运动的推动力，满足排料尺寸不同的要求。旋回破碎机正常工作时，动锥轴跟随偏心轴套转动，动力经由传动系统带动偏心轴套转动。同时，由于动锥不断靠近和远离定锥，使得动锥做绕整机中心线的偏心转动，一旦物料受到动锥与定锥的挤压，挤压力大于物料内部的凝聚力，当动锥靠近定锥时，挤压破碎后物料就会下落，由于自重及物料相互间的挤压排出破碎腔，会成为旋回破碎机产品。

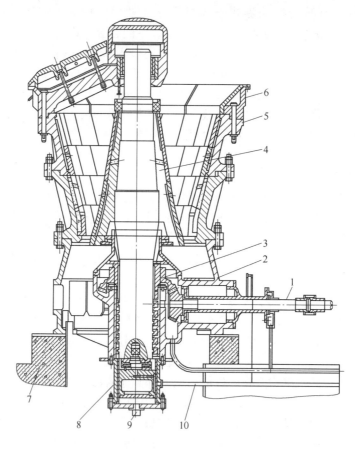

图 2-29　液压式旋回破碎机结构图

1—传动部；2—机座部；3—偏心轴套；4—破碎圆锥部；5—中架体部；6—横梁部；
7—基础部；8—液压缸部；9—液压部；10—稀油润滑部

　　液压式破碎机保险装置是液压系统中的蓄能器。当过载时，破碎力急剧上升，引起液压系统油压升高，当压力高过蓄能器里的氮气压力时，氮气被压缩液压油通过单向节流阀进入蓄能器，同时，液压缸中油量减少，活塞下落、动锥随之下落，排料口增大，排出造成过载的非破碎物，从而减载，动锥在油压作用下又复位。若非破碎物过大而未能排出时，则破碎力进一步增大，油压继续升高，蓄能器中氮气继续被压缩动锥下降，当液压系统的压力升高到调定值时，电触点压力表作用，引起主电机跳闸停止运转。

图 2-30　液压式旋回破碎机

2.3.1.2　工业应用

在破碎工艺流程中，旋回破碎机一般用于原矿的初级破碎作业，其特点是进料尺寸大，能够进行连续破碎作业，处理能力大、破碎效率高、体积大、结构复杂等。其实物如图 2-30 所示。某国内厂家的重型液压旋回破碎机技术参数如表 2-8 所示[36]。

表 2-8　某重型液压旋回破碎机技术参数

规格型号	给料口/排料口 /mm	最大进料 /mm	排料口调整范围 /mm	产量 /t·h⁻¹	电机功率 /kW
PXZ0506	500/60	420	60~75	140~170	130
PXZ0710	700/100	580	100~130	310~400	155
PXZ0913	900/130	750	130~160	325~770	210
PXZ1216	1200/160	1000	160~190	1500~2000	400/450
PXZ1417	1400/170	1200	170~200	2000~2500	400/450
PXZ1619	1600/190	1350	190~220	4300~4800	630

2.3.2　机械式旋回破碎机

机械式旋回破碎机结构基本与液压式旋回破碎机相同，由机架、工作机构、传动部、调整机构和润滑系统等部分组成。其中工作机构由固定锥和动锥组成，固定锥和动锥表面均镶有耐磨衬板，动锥装在主轴上，主轴上端悬挂在横梁上，主轴下端插入偏心套中。当电动机通过皮带轮及联轴器带动水平轴旋转时，主轴绕悬吊点做圆周运动，而主轴自身也在偏心轴套的摩擦力作用下自转，因此动锥的运动既有公转也有自转，即旋摆运动，旋回破碎机正是因此得名。动锥在破碎腔内沿定锥的周边滚动，当动锥靠近定锥时完成破碎工作，与之相对的一边则进行排料，因此，破碎和排料是连续的。

机械式旋回破碎机主要特点是排料口条件装置、报销装置是机械式的。排料口调节装置在悬挂部，调整时先取下横梁上的帽盖，再利用天车通过安装在主轴顶部的吊环吊起动锥，然后将压套与锥形开缝螺母分开，放松开缝螺母，取出楔键此时开缝螺母可以拧动，向下拧开缝螺母至合适位置。一般首先计算上下调整量，调整后放下动锥，然后测量下部的排矿口，若不合适，则可重复调整开缝螺母直至达到所需排矿口为止。最后，打入楔键放下动锥，装好帽盖。

当破碎机过铁卡在破碎腔下不能排出时，将造成破碎机停止运转，此时的破碎腔内充满了矿石。处理方法一般是先清理破碎腔中的矿石，露出卡铁，将其割成小块然后取出。此过程耗时耗力耗材，由于操作空间小，不但操作困难且不安全因素较多。

其保险装置是装在带轮上的保险销，通过计算确定销子剪断面的直径，当过载时，销子被剪断破碎机与电动机传动分开，破碎机停止运转。在实际使用中，此保险装置极不可靠，且装配麻烦费时，常出现承载能力低或过载后不断开的情况，起不到保险作用，曾出现因过载而使联轴器断裂的情况，偏心部分因过载而损坏轴承合金的情况也时有发生。

2.4 圆锥破碎机

圆锥破碎机是利用动锥相对定锥做旋摆运动，使物料受到挤压、折弯、剪切和冲击等作用而破碎的设备[1]。主要类型有弹簧圆锥破碎机、旋盘式圆锥破碎机、单缸液压圆锥破碎机、多缸液压圆锥破碎机和复合圆锥破碎机等。

圆锥破碎机规格通常以动锥工作面底部直径（mm）确定，常见有 600、900、1200、1750、2200 等型号，也有以主电机功率等参数来确定规格的。每个类型和规格又可根据破碎工作的需要，设计不同的腔型，分为标准型、短头型，或分为标准型、中碎型、细碎型。

相比其他类破碎机，圆锥破碎机有以下一些特点[35]：

（1）定锥和动锥均是正立的截头圆锥。

（2）主轴不是悬挂在横梁上，而是支撑在锥体下面的球面瓦上。

（3）转速高、冲程大，能快速破碎，具有效率高、产量大、产品粒度均匀等优点。也因这特点，需要对摩擦部件采用循环油润滑。

（4）由于圆锥破碎机属中、细碎设备，破碎比较大，工作时产生的粉尘较多，在球面支撑瓦、轴承等处设有防尘密封装置。

（5）可升降定锥或动锥来调节破碎腔尺寸和排矿口。

圆锥破碎机可以破碎中等以下硬度、中等硬度和中等偏上硬度的各种矿石和岩石等脆性物料。适用于矿山、冶金、建材、交通、水利和化工等行业中物料的破碎。

2.4.1 弹簧圆锥破碎机

最早出现的西蒙斯圆锥破碎机是采用弹簧保险，也称作弹簧圆锥破碎机，它由电机、传动部、调整套、动锥、定锥、机壳等组成，其结构图如图 2-31 所示。动锥、定锥分别安装有破碎壁、轧臼壁，其形成的空间为破碎腔。动锥整体由带有球面瓦的支撑架支撑，动锥轴与偏心套形成滑动轴承。静锥、支撑套与架体连接处靠弹簧压紧，起到保险作用。工作时，电机通过皮带轮、传动轴和锥形齿轮带动偏心套旋转，迫使动锥绕固定点作旋摆运动，从而使动锥与定锥周期性距离变大变小，使破碎腔内的物料不断受到挤压、折弯和剪切等作用力而被破碎。

当破碎机内落入金属块等不可破碎物体时（俗称"过铁"），弹簧即产生压缩变形，静锥、支撑套远离动锥，排料口增大排出异物，防止机器损坏。随后，圆锥破碎机在弹簧的作用下，排料口自动复位，破碎机恢复正常工作。这种破碎机的排料口大小采用液压或手动进行调整，调节较为不便。存在的缺点弹簧的"过铁"保护行程小，当出现较大不可

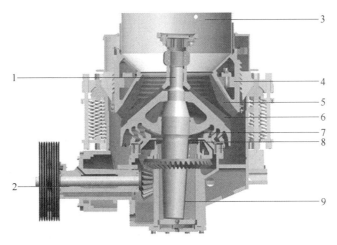

图 2-31 弹簧圆锥破碎机结构图

1—动锥；2—传动装置；3—进料斗；4—调整套；5—轧臼壁；6—破碎壁；

7—碗形瓦；8—配重盘；9—主轴衬套

破碎物时，可能会出现损坏设备的情形。弹簧圆锥破碎机当设备出现故障后，清理破碎腔中堵料较困难。其实物图如图 2-32 所示。

2.4.2 旋盘式破碎机

旋盘式破碎机是在弹簧圆锥破碎机的基础上发展起来的，它的主要结构和工作原理与弹簧圆锥破碎机相同，是一种细碎型弹簧圆锥破碎机。它具有独特的破碎腔，其由最上部环形缓冲腔、中部非控制破碎区和下部平行区所组成。它和普通弹簧圆锥破碎机的另一区别是它有旋转布料器，其结构如图 2-33 所示。

旋盘式破碎机的工作过程是，混合均匀的物料经溜矿槽和料箱，再经旋转布料器，沿圆

图 2-32 弹簧圆锥破碎机

周方向均匀分布在破碎机受料区，再进入缓冲区。布料器能够控制给料速度，保证破碎腔中料层高度的稳定。物料随动锥摆动及破碎腔中物料的压力，经缓冲腔，再进入中部破碎区和下部平衡区。随着动锥的摆动，使物料破碎。一部分物料随动锥的摆动，并由平行区喉口处动锥上的凸台控制物料，使其自由地进入研磨腔。动锥的冲击动作，借助于研磨及物料颗粒间冲击作用，导致物料的破碎。靠研磨腔中物料的高度所产生的压力使已被破碎的物料缓慢地逐步向外推进，通过研磨腔从破碎锥下部的排料口排出。

旋盘式圆锥破碎机破碎比较大、产品粒度较细、均匀，但产量偏小。旋盘式破碎机的应用范围较小。

2.4.3 单缸液压圆锥破碎机

单缸液压圆锥破碎机是美国阿利斯-查默斯（Allis Chalmers）公司 20 世纪 40 年代研

制的，俗称 A.C. 圆锥破碎机。单缸液压圆锥
破碎机的主要结构和破碎工作原理与弹簧圆锥
式破碎机相同。如图 2-34 所示，主要区别是在
支撑套与架体连接处安装了 1 套液压装置，它
们之间靠液压缸压紧。当破碎机内落入金属块
等不可破碎物体时，液压缸内的油压迅速上
升，当缸内油压超过一定极限时，液压缸的安
全阀打开，让部分液压油排出，动锥下降，使
排料口增大，让不可破碎物排出，避免设备发
生损坏。液压缸还能用于排料口调整、通过反
复起落排除堵矿和过载保护的作用。

　　单缸液压圆锥破碎机主要特点破碎比大、
效率高、能耗低，产品粒度均匀，排料口调整
方便，"过铁"保护性能较好。其实物图如图
2-35 所示。单缸液压圆锥破碎机应用较多的如
GP 系列单缸液压圆锥破碎机，其技术参数如
表 2-9 所示。

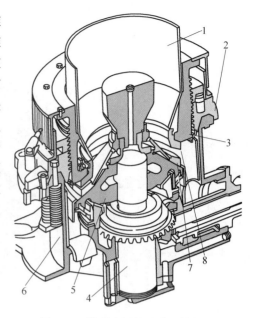

图 2-33　旋盘式圆锥破碎机结构图
1—入料口；2—支撑套；3—调整套；4—主轴；
5—驱体；6—机架；7—动锥衬板；8—定锥衬板

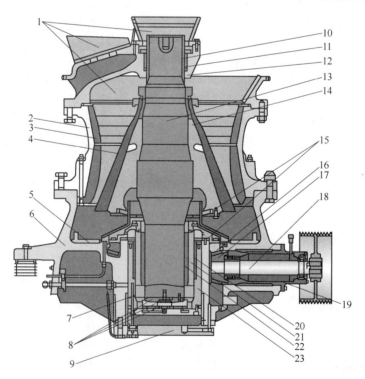

图 2-34　单缸液压圆锥破碎机结构
1—上机架防护装置；2—中机架；3—定锥衬板；4—动锥衬板；5—防护装置；6—下机架；7—传感器；
8—推力轴承；9—缸盖；10—主轴防护套；11—顶盖轴承；12—上机架；13—主轴；14—动锥；15—推力轴承；
16—齿轮；17—小齿轮；18—水平轴；19—水平轴套；20—衬套；21—偏心轴；22—轴承；23—油缸

图 2-35 单缸液压圆锥破碎机

表 2-9 GP 系列单缸液压圆锥破碎机技术参数

型号	GP100S	GP200S	GP300S	GP500S	GP7	GP100	GP220	GP330	GP550
功率/kW	75~90	110~160	132~250	200~355	375~560	75~90	132~220	250~315	250~400
自重/t	7	11	16	33	62	6	10	16	27
破碎腔形	给料口/mm								
EF						46	58		68
F						53	89	85	95
MF						95	101	107	113
M	206					141	118	135	152
C	239	222	247	321	335	142	182	184	192
EC		295	332	401	414		213	225	250
EC-LS/EC-TR			332	442	450		213	225	265
紧边排矿口/mm	产能/t·h⁻¹								
6						35~50			
8						40~65	70~90	105~145	
10						45~73	80~130	110~190	
15						50~95	105~175	130~260	160~310
20	80~90					65~105	120~230	155~300	190~340
25	105~155	110~160	180~200				150~265	180~350	230~410
30	120~195	150~265	170~290	350~450			165~280	210~390	250~450
35	135~220	190~330	200~400	430~640					280~510
40	145~230	210~365	215~440	500~840					

续表 2-9

型号	GP100S	GP200S	GP300S	GP500S	GP7	GP100	GP220	GP330	GP550
紧边排矿口 /mm				产能/t·h⁻¹					
45	155~250			300~470	580~970				
50				375~670	650~1140				
55				400~750	750~1260				
60				450~800	830~1380				
65				470~870	900~1500				

2.4.4 多缸液压圆锥破碎机

多缸液压圆锥破碎机是在西蒙斯（Symons）弹簧圆锥破碎机的技术上改进发明的，它的主要结构和工作原理与弹簧圆锥破碎机相同，主要区别是，使用多个液压缸取代弹簧锁紧静锥、支撑套与架体，其结构如图 2-36 所示。液压缸在发生"过铁"及瞬时闷车的情况下，能通过液压顶起静锥、支撑套，使不可破碎物或物料自动排出，减少了停机维护的操作过程，避免了设备损坏。破碎腔体采用高性能非接触式迷宫密封件，提高了阻挡粉尘的可靠性，降低了粉尘污染和设备的磨损周期，提高了设备使用寿命。多缸液压圆锥破碎机主轴固装在主机架上，偏心矩较大，偏心套转速远高于弹簧圆锥破碎机，增加了破碎锥的冲击作用和破碎次数，提高了生产能力。

图 2-36　多缸液压圆锥破碎机结构示意图

1—盖帽；2—锁紧螺钉；3—锁紧缸；4—支撑套；5—调整套；6—机架；7—球面轴承；8—上衬套；9—蓄能器；
10—平衡圈；11—主轴；12—伞齿轮；13—轴套；14—传动轴；15—下衬套；16—偏心套；17—破碎壁；
18—主轴衬套；19—轧臼壁；20—动锥体；21—液压马达；22—给料斗；23—垫环；24—球面瓦

多缸液压圆锥破碎机主要特点破碎比大、效率高、处理能力大、能耗低，产品粒度均匀，操作方便，"过铁"保护性能较好，可靠性更好。其实物如图 2-37 所示。多缸液压圆锥破碎机应用较多的是 H 系列和 HP 系列。表 2-10 为 HP 系列多缸液压圆锥破碎机技术参数表。

2.4.5 复合圆锥破碎机

复合圆锥破碎机是综合弹簧圆锥破碎机和单缸液压圆锥破碎机的特点设计的，即在弹簧圆锥破碎机的机壳外侧增加了 1 套液压缸装置，和单缸液压圆锥破碎机的区别是保留了弹簧保险装置，其结构如图 2-38 所示。在不可破碎物通过破碎腔或因某种原因机器超载时，弹簧保

图 2-37　多缸液压圆锥破碎机

险系统实现保险，排料口增大，异物从破碎腔排出。如有更大的异物卡在破碎腔，可使用液压清腔系统，使排矿继续增大，使异物排出破碎腔。异物排出后，在弹簧和液压缸装置的作用下，排料口自动复位，机器恢复正常工作。

表 2-10　HP 系列多缸液压圆锥破碎机技术参数

型号	HP3	HP4	HP5	HP6	HP100	HP200	HP300	HP400	HP500	HP800
功率/kW	250	315	375	500	90	132	220	315	355	600
自重/t	16	24	29	44.5	6	12	18	26	37	64
最大给料口/mm	220	252	317	331	150	185	241	304	351	353
紧边排矿口/mm	产能/t·h⁻¹									
6					45~55					
8	94~122	135~175	158~205		50~60					
10	108~147	155~210	181~246	220~300	55~70	90~120	115~140	140~175	175~220	260~335
13	136~185	195~265	229~311	280~380	60~80	120~150	150~185	185~230	230~290	325~425
16	164~220	235~315	275~369	335~450	70~90	140~180	180~220	225~280	280~350	385~500
19	182~241	260~345	304~403	370~490	75~95	150~190	200~240	255~320	320~400	435~545
22	199~262	285~375	335~439	410~535	80~100	160~200	220~260	275~345	345~430	470~600
25	210~279	300~400	352~460	430~570	85~110	170~220	230~280	295~370	365~455	495~730
32	217~307	310~440	380~500	440~630	110~155	190~235	250~320	325~430	405~535	545~800
38	251~349	360~500	422~550	515~715		210~250	300~380	360~490	445~605	600~950
45	279~388	400~555	468~600	570~790			350~440	410~560	510~700	690~1050
51								465~630	580~790	785~1200

复合圆锥破碎机主要特点是液压调整排料口，操作方便，"过铁"保护性能较好，干

油密封，粉尘少、工作环境良好。其实物如图 2-39 所示。

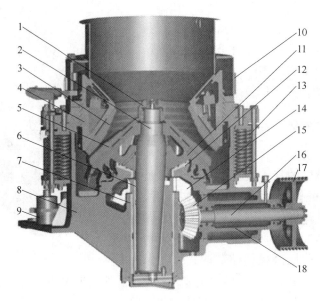

图 2-38　复合圆锥破碎机结构示意图

1—盖帽；2—主轴；3—轧臼壁；4—调整套；5—破碎壁；6—内铜套；7—外铜套；8—机架；
9—清腔油缸；10—帽架；11—动锥体；12—球面瓦；13—释放弹簧；14—大齿轮；
15—小齿轮；16—水平轴；17—皮带轮；18—传达轴架

图 2-39　复合圆锥破碎机

2.4.6　惯性圆锥破碎机

惯性圆锥破碎机是苏联选矿研究设计院的专家从 20 世纪 50 年代起，历经几十年的努力研制成功的一种基于层压破碎原理和惯性挤压破碎的高效、大破碎比的圆锥破碎机[7]。其产品粒度细、过铁能力强等出类拔萃的性能和优秀的应用效果令世人瞩目。20 世纪 90 年代初，由北京矿冶科技集团有限公司引进至我国，历经 20 余年的发展，惯性圆锥破碎机在中国取得了长足的进步和发展。

2.4.6.1 工作原理和关键结构

惯性圆锥破碎机结构如图 2-40 所示，主要由主电机、传动部件、激振器部件、工作机构和机壳等组成。工作机构由动锥部件和定锥部件组成，锥体上分别附有耐磨衬板，衬板之间的空间形成破碎腔。主电机带动激振器旋转产生惯性力，动锥靠近定锥时，物料受到冲击和挤压被破碎，动锥离开定锥时，破碎产品因自重由排料口排出。而且动锥与传动机构之间无刚性联接，发生过铁等情况时设备不会被损坏。

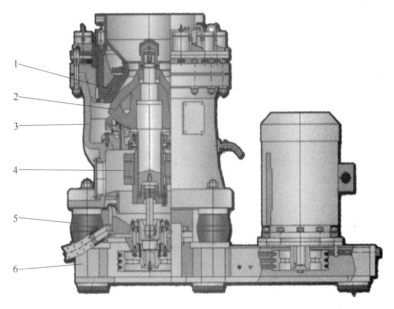

图 2-40 惯性圆锥破碎机结构示意图

1—定锥部件；2—动锥部件；3—机壳；4—激振器；5—减振器；6—机架

惯性圆锥破碎机和传统圆锥破碎机在结构和工作原理上主要有以下几点不同[11]：

（1）前者是皮带传动，轴套和传动轴间通过万向节轴连接；后者是伞齿轮传动，大齿轮固定于轴套上。

（2）前者的轴套无偏心，主轴不带锥度；后者是偏心轴套，轴套和主轴都有锥度。

（3）前者是通过激振器高速旋转的离心力来带动动锥产生冲击振动等破碎力；后者是通过偏心轴套迫使动锥做偏心运动来产生挤压等破碎力。

（4）当破碎腔中卡有大块不可破碎物时，前者的动锥停止摆动，激振器继续旋转，不会损坏设备；后者的动锥继续被迫强制运动，只能通过自身有限的调整定锥或动锥的位置来调整排放口间隙以试图排出不可破碎物，易造成设备损坏。

（5）前者满负荷启动与停车；后者须空负荷启动和停车。

（6）前者无需牢固的基础，无需地脚螺栓固定；而后者必须有强大牢固的基础，用地脚螺栓固定。

（7）惯性圆锥破碎机的破碎频率比传统的圆锥破碎机要高一倍左右。

按支撑偏心激振器的方式分为利用带球面接头的联轴节支撑偏心激振器型、利用动平衡方案的平衡偏心块支撑主激振器型、利用滑动止推轴承支撑激振器型及利用液压缸活塞支撑激振器型。

由于惯性圆锥破碎机是挤满给料，在由惯性力引起的强烈脉动冲击作用下，物料在破碎腔中承受挤压、剪切、弯曲和扭转等作用，从而实现"料层粉碎"和"选择性破碎"。它具有以下优点：

（1）破碎比大，产品粒度细且均匀。

（2）具有良好的"料层选择性破碎"作用。

（3）产品粒度可调，调节偏心静力矩、激振器转速和排料间隙，可获得所需的产品粒度。

（4）技术指标稳定，产品粒度几乎与衬板磨损无关。

（5）操作和安装方便，由于整机采用二次隔振，基础振动小，工作噪声小，安装时不需庞大基础和地脚螺栓。

（6）良好的过铁性能，由于动锥与传动机构之间无刚性联接，过铁时不会损坏机器。

（7）简化碎磨流程，减少辅助设备台数，由于产品粒度细，无需振动筛构成闭路，大大节省设备和基建投资。

（8）应用范围广，调节破碎机工作参数，可破碎任何脆性物料。

2.4.6.2　关键技术研究

惯性圆锥破碎机关键研究主要有运动学、动力学分析、虚拟样机研究等。

A　运动学和动力学分析[7]

如图 2-41 所示，把动锥和坐标系固定，球面支撑的球心视作定点 O，那么动锥的运动和坐标系的运动等价。设坐标系随动锥从初始位置（$Ox_0y_0z_0$）出发，先绕轴 z_0 转动角 θ 到达位置（$Ox_1y_1z_1$），然后绕轴 x_1 转动角 ϕ 到达位置（$Ox_2y_2z_2$），最后绕轴 z_2 转动角 φ 到达位置（$Ox_3y_3z_3$）。3 个广义坐标 ψ、θ、φ 欧拉角分别为动锥的进动角、章动角、自转角，对应的进动角速度 ω_1、自转角速度 ω_2、章动角速度 ω_3 如图 2-42 所示。此转动次序可表示为：

$$(Ox_0y_0z_0) \xrightarrow{z_0} (Ox_1y_1z_1) \xrightarrow{x_1} (Ox_2y_2z_2) \xrightarrow{z_2} (Ox_3y_3z_3)$$

设备工作开始时动锥的坐标系和定锥的坐标系重合，在动锥相对定锥三次转动后，动锥坐标系运动到了（$Ox_3y_3z_3$），用进动角 ψ、自转角 φ、章动角 θ 能确定动锥的相对定锥的具体位置，即（$Ox_3y_3z_3$）相对（$Ox_0y_0z_0$）的位置。动锥作定点转动时，在 t 与 $t+\Delta t$ 之间无限小时间间隔 Δt 内完成的无限小转动 $\Delta\theta$ 所对应的一次转动轴 p 为动锥在 t 时刻的转动瞬轴。将沿转动轴 p 的无限小转动是矢量 $\Delta\theta$ 除以 Δt，令 $\Delta t \to 0$，其极限为瞬时角速度，以矢量符号 ω 表示：

$$\omega = \lim_{\Delta t \to 0} \frac{\Delta\theta}{\Delta t} = \dot{\theta}p \tag{2-2}$$

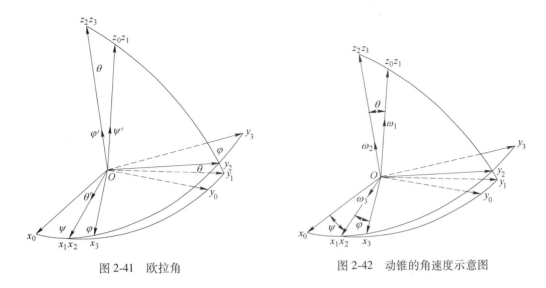

图 2-41 欧拉角　　　　　　　　图 2-42 动锥的角速度示意图

刚体的转动瞬轴位置可随时间改变，瞬时角速度 $\boldsymbol{\omega}$ 不仅改变模的大小而且改变方向，$\boldsymbol{\omega}$ 在坐标系（$Ox_0y_0z_0$）可表示为：

$$\boldsymbol{\omega} = \omega_x \boldsymbol{i}_0 + \omega_y \boldsymbol{j}_0 + \omega_z \boldsymbol{k}_0 \tag{2-3}$$

式中　　ω_x，ω_y，ω_x——$\boldsymbol{\omega}$ 在坐标轴 x_0、y_0、z_0 上的分量。

通过坐标变化，最终得到 $\boldsymbol{\omega}$ 和进动角速度 ω_1，动锥的自转角速度 ω_2，动锥的章动角速度 ω_3 的关系式（2-4）。

$$\boldsymbol{\omega} = \begin{pmatrix} \omega_3\cos\varphi & 0 & 0 \\ 0 & -\omega_1\sin\theta - \omega_3\sin\varphi & 0 \\ 0 & 0 & \omega_2 - \omega_1\cos\theta \end{pmatrix} \begin{pmatrix} \boldsymbol{i}_3 \\ \boldsymbol{j}_3 \\ \boldsymbol{k}_3 \end{pmatrix} \tag{2-4}$$

根据式（2-4）变换可得到动锥的角位移和角速度等运动学参数。

a　直观数学模型的建立和分析

用角度变化规律和矢径描述动锥上点 A 的轨迹能表示出动锥上的点运动的空间轨迹，但比较繁琐，也不够明显。为了后续试验检测的方便起见，需要直观地表示动锥表面上任一点的轨迹，在 $Oxyz$ 坐标系中这样描述动锥表面点的轨迹，可视动锥以 ω_1 公转同时以 ω_2 自转，将章动视为动锥上的点离球面支撑球心的距离不变来近似处理，建立点运动轨迹的数学模型如下：

$$\begin{cases} x = r_1\cos\omega_1 t + r_2\cos\omega_2 t \\ y = r_1\sin\omega_1 t + r_2\sin\omega_2 t \\ z = \sqrt{R^2 - x^2 - y^2} \end{cases} \tag{2-5}$$

式中　　ω_1——动锥进动角速度，rad/s；

　　　　ω_2——动锥自转角速度，rad/s；

　　　　R——点距离球面支撑球心的半径，m；

　　　　r_1——分析点到动锥中心轴线的垂足的运动轨迹的近似半径，m；

　　　　r_2——动锥上分析点距动锥中心轴线的距离，m。

其中，r_1 是把分析点到定锥轴线的垂点的运动轨迹投影到水平面上所包含圆的半径。

　　为更加明了的了解轨迹的特点，可把空间轨迹投影到水平面上。投影后的轨迹表达式可近似用式（2-5）的前两式组成的方程组表示。

　　从式（2-5）可得到这种情况下动锥表面上的点的速度为：

$$\begin{cases} x' = -\omega_1 r_1 \sin\omega_1 t - \omega_2 r_2 \sin\omega_2 t \\ y' = \omega_1 r_1 \cos\omega_1 t + \omega_2 r_2 \cos\omega_2 t \\ z' = \dfrac{1}{2}\{R^2 - r_1^2 - r_2^2 - 2r_1 r_2 \cos[(\omega_1-\omega_2)t]\}^{-\frac{1}{2}}\{2r_1 r_2(\omega_1-\omega_2)\sin[(\omega_1-\omega_2)t]\} \end{cases}$$

$$(2\text{-}6)$$

　　假设动锥没有自转，则动锥表面上的点的运动轨迹表达式为：

$$\begin{cases} x = r_1 \cos\omega_1 t \\ y = r_1 \sin\omega_1 t \\ z = \sqrt{R^2 - x^2 - y^2} \end{cases} \qquad (2\text{-}7)$$

　　b　振动物理模型的建立

　　惯性圆锥破碎机实际工作时，动锥的旋摆和振动频率很高，物料在破碎腔内被破碎多达几十次，机体、动锥和底架的振幅受物料的性质和形貌、填充情况等影响，实际的破碎力是随时变化的，因此要真正了解破碎工作的状况，需对振动系统进行结构动力学分析。

　　工作中动锥的运动状况十分复杂，除了绕 z 轴作水平面内的圆振动以外，它还绕平行于水平面的 x、y 轴两个笛卡尔坐标轴作高频微幅振动。绕 x、y 轴的振动较小程度上影响破碎力以及机器的振幅，但水平面内的圆振动更大程度上决定机器的振动特性，为介绍的简便主要考虑它的水平圆振动。

　　机体与底架之间以及底架与基础之间采用了隔振器，再考虑物料在动锥和定锥之间的作用，这个振动是多自由度强迫振动。又由于物料在破碎过程中所起的作用是非保守行为，而且这个过程是非线性的，故系统的振动是多自由度非线性的。系统的振动是在激振器的激励作用下引起的，属强迫振动，激振力的作用与时间 t 有关系，故振动是非自治强迫振动[27,28]。所以这个振动是多自由度非线性强迫振动，振动系统是非自治的、非保守的，离散系统后建立物理模型如图 2-43 所示。

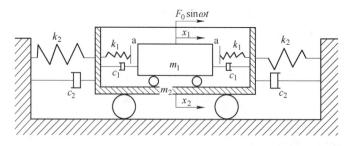

图 2-43　惯性圆锥破碎机系统振动物理模型

　　c　运动微分方程的建立

　　二次隔振采用的弹簧的变形较大，考虑它们的弹性，分别以 k_3、k_2 表示。物料的作用是非线性的，是一个关于原点对称的分段线性的奇函数，这个函数与动锥和定锥相对位置有关系。如果以动锥的绝对位置 x_1、机体的绝对位置 x_2、底架的绝对位置 x_3 为广义坐标，则物料的作用可以用 $F(x_1 - x_2)$ 表示。在振动过程中，弹簧有内摩擦作用，弹簧或与基础或与部件或与周围有摩擦阻尼作用，这些作用可以阻尼器 c 代替。多自由度阻尼强迫振动系统的运动微分方程一般可写成为：

$$[m]\{\ddot{x}\} + [c]\{\dot{x}\} + [K]\{x\} = \{Q\} \tag{2-8}$$

求出系统的动能和势能，用拉氏方程 $\dfrac{\mathrm{d}}{\mathrm{d}t}\left(\dfrac{\partial T}{\partial q_i}\right) - \dfrac{\partial T}{\partial q_i} = Q_i' - \dfrac{\partial V}{\partial q_i}(i = 1,2,\cdots,n)$ 建立系统的振动微分方程为：

$$\begin{cases} m_1\ddot{x}_1 + c_1\dot{x}_1 + F(x_1 - x_2) = F_0\sin\omega t \\ m_2\ddot{x}_2 + c_2\dot{x}_2 - F(x_1 - x_2) + k_2x_2 - k_2x_3 = 0 \\ m_3\ddot{x}_3 + c_3\dot{x}_3 - k_2x_2 + k_2x_3 + k_3x_3 = 0 \end{cases} \tag{2-9}$$

式中　　m_1——动锥的质量，kg；

　　　　m_2——机体的质量，kg；

　　　　m_3——底架的质量，kg；

　$F(x_1 - x_2)$——物料的作用力，N；

　　　　k_2——机体和底架之间的弹簧的抗弯刚度，N/m；

　　　　k_3——底架和地基之间的弹簧的抗弯刚度，N/m；

　　　　ω——激振器的频率，rad/s。

d　模态分析

由于惯性圆锥破碎机工作中的力很大，主要表现为惯性力（$m\ddot{x}$）和弹性力（kx），因阻尼力（$c\dot{x}$）相对很小、影响因素很多，简化计算时忽略，式（2-9）表示为：

$$\begin{cases} m_1\ddot{x}_1 + F(x_1 - x_2) = F_0\sin\omega t \\ m_2\ddot{x}_2 - F(x_1 - x_2) + k_2x_2 - k_2x_3 = 0 \\ m_3\ddot{x}_3 - k_2x_2 + k_2x_3 + k_3x_3 = 0 \end{cases} \tag{2-10}$$

式中，$F(x_1 - x_2)$ 为非线性弹性力，用等价线性化法将它作一次近似后可写为 $k_1 = f_k(A_1\sin\varphi)$，其中 A_1 是 m_1 的等价线性化振幅[27]，φ 只与动锥相对机体的位置有关。将式（2-10）写为矩阵形式：

$$\begin{bmatrix} m_1 & 0 & 0 \\ 0 & m_2 & 0 \\ 0 & 0 & m_3 \end{bmatrix}\begin{Bmatrix} \ddot{x}_1 \\ \ddot{x}_2 \\ \ddot{x}_3 \end{Bmatrix} + \begin{bmatrix} k_1 & -k_1 & 0 \\ -k_1 & k_1 + k_2 & -k_2 \\ 0 & -k_2 & k_2 + k_3 \end{bmatrix}\begin{Bmatrix} x_1 \\ x_2 \\ x_3 \end{Bmatrix} = \begin{Bmatrix} F_0\sin\omega t \\ 0 \\ 0 \end{Bmatrix} \tag{2-11}$$

根据式（2-11）中 m_1、m_2、m_3 的大小关系，以 GYP-900 型惯性圆锥破碎机为例进行计算，设定基准质量大小 m，则有 $m_1 = 2m$、$m_2 = 15m$、$m_3 = 3m$。同理，设定基准刚度大小 K，亦可得到 k_1、k_2、k_3 相对 K 的大小关系。求得模态振型矩阵 $\boldsymbol{P}$ 后，将式（2-11）用 $\{x\} = \sum\limits_{r=1}^{N} q_r\{\varphi_r\}$ 进行坐标变换，求得系统各阶模态质量和模态刚度，从而得到各阶模态坐标和系统的模态模型。使用模态模型，可计算出激励下结构的动力学特性，如系统的固有频率和位移响应等，将该响应经过反变换就可以求得原几何坐标下的响应。

B　虚拟样机仿真分析

a　三维建模及仿真

按实际设计尺寸进行了三维模型建立如图 2-44 所示，进行运动约束定义及载荷施加，进行虚拟样机仿真分析。图 2-45 和图 2-46 为正常工作阶段激振器及机体 X 位移波形。

图 2-44　整机三维模型

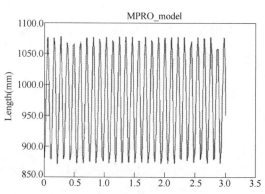

图 2-45　激振器 X 位移波形（正常工作阶段）

b　有限元分析

同时，对部分重要零部件进行了有限元分析及优化。采用扫掠的方法对主轴、动锥和动锥衬板的三维实体模型生成网格。动锥装配体有限元模型如图 2-47 所示。

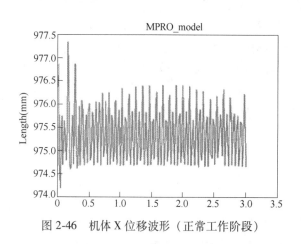

图 2-46　机体 X 位移波形（正常工作阶段）

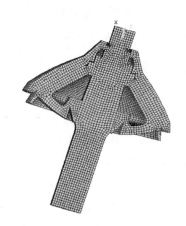

图 2-47　动锥装配体有限元模型

动锥的有限元计算结果如图 2-48 及图 2-49 所示。

由图 2-48 可知，动锥的最大应力发生在动锥与主轴下部接触的内表面上，而其他部位的应力均较小。由图 2-49 可知，动锥的最大位移也发生在动锥与主轴下部接触的内表面上。

c　模态分析

通过建模，采用 free 划分法进行网格划分，根据实际情况，不同部位施加不同约束。根据 Block Lanczos 法的应用场合与特点，采用 ANSYS 软件提供的 Block Lanczos 法提取零部件的频率与振型。根据惯性圆锥破碎机的实际工作频率范围，对主轴、动锥、动锥衬板及装配体的固有频率及振型进行分析计算，其结果如图 2-50 所示。

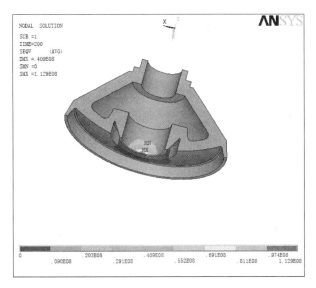

图 2-48 动锥应力分布云图

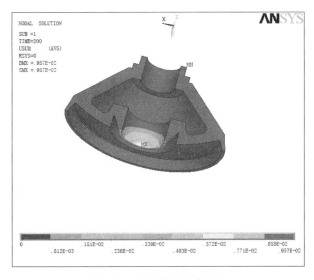

图 2-49 动锥位移分布云图

2.4.6.3 工业应用

惯性圆锥破碎机破碎力的大小不同于传统圆锥破碎机那样由被破碎物料的硬度和破碎腔物料充填率来决定，而是由不平衡转子及动锥的离心力产生和决定的[10]。因此，对于所选定的静力矩和不平衡转子的转速，其破碎力大小已经确定，几乎与物料硬度和破碎腔充填率变化无关，调整不平衡转子的静力矩和转速即可针对任何工作条件得到所需的破碎力。惯性圆锥破碎机动锥的振幅不像偏心圆锥破碎机那样受传动链限制，而取决于物料层抗压强度与破碎力的平衡条件。物料层的阻力大小与其压实度有关，因此，改变破碎力的大小可以使适当的料层压实，使物料颗粒在负荷作用下主要沿晶格间区域破坏而不破坏晶体本身，这样得到的主要是晶体形状的破碎产品，而且物料过粉碎小[37~39]。

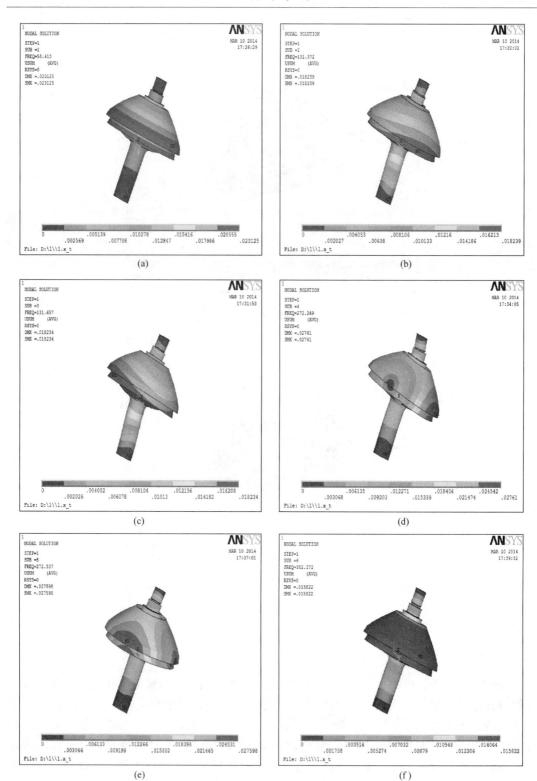

图 2-50　装配体的模态分析前六阶振型

（a）一阶振型；（b）二阶振型；（c）三阶振型；（d）四阶振型；（e）五阶振型；（f）六阶振型

被粉碎的物料在破碎腔中的移动大约持续几秒钟,受破碎作用达 30 次左右。物料颗粒在每个移动循环中改变其相对相邻颗粒的方位,使相互作用力的矢量也不断改变。由此达到改变被粉碎物料的负载方向的目的,同时造成强制性破碎条件,破碎相邻那些粒子键力弱的颗粒,在等强度的颗粒中,那些剪切力和错位滑动方向重合的颗粒发生破碎[40]。由于沿料层不均匀,动锥每滚动一周都伴随着 100 多次的振动,这种振动产生的脉动力加强了破碎作用[41]。

惯性圆锥破碎机既可用于粉碎任何硬度的脆性物料(合金、陶瓷、刚玉、SiC、铁氧体等),又可以选择性解离物料(钢渣、铜渣等)。这些物料的组成结构带有晶体特性,具有最小过粉碎的晶体选择性解离是靠向物料体积层施加严格定量的通常为惯性的压力,同时还要施加引起相间联系逐渐松散的脉冲振动剪切负载来达到[42]。

所以,惯性圆锥破碎机在矿山、冶金、金属材料、非金属材料、化工、磨料、建材等行业的物料破碎加工领域具有广阔的应用前景,能取代传统圆锥破碎机更好地完成破碎任务(如减小最终破碎粒度、提高破碎效率),能完成传统圆锥破碎机不能完成的破碎任务(如破碎碳化硅、硬质合金、钢渣、高冰镍等),还能满足耐火材料、磨料、建筑等行业的某些特殊产品形貌要求。其实物图如图 2-51 所示。

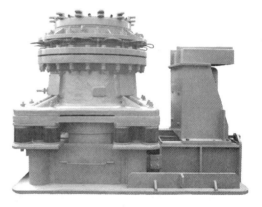

图 2-51　惯性圆锥破碎机

A　惯性圆锥破碎机在钢渣处理的应用[43]

钢渣根据来源分平炉渣、电炉渣、转炉渣。含铁量约为 10%~12% 的钢渣密度一般在 $(3.1~3.6)×10^3kg/m^3$,固定线渣道上的钢渣经强制打水冷却,钢渣含水率控制在 5%~6% 范围内,利于磁选加工线的粉尘控制。钢渣抗压性能好,压碎值为 20.4%~30.8%。由于钢渣结构致密和它的组成关系,钢渣较耐磨,用易磨指数表示,标准砂为 1、高炉渣约为 0.96、钢渣约为 0.7。

国内大多钢厂将钢渣进行一次颚式破碎机粗碎,回收铁块,卖出钢渣,这种钢渣的最大粒度为 300~500mm。很多钢渣处理厂买入钢铁厂处理过的钢渣,大多是用颚式破碎机进行一次中碎到 40~60mm,磁选出铁粒,尾渣作为筑路底料出售。这种处理方法由于破碎粒度较大,使得钢渣的附加值降低、资源流失。而水泥、冶金配料等行业需要的是最大粒度在 10mm 以下的尾渣,颚式破碎机预处理钢渣流程只能将它破碎到 40~60mm,倘若这种粒度的尾渣为了后续利用而直接进入球磨机加工,必然效率很低和浪费很多能量。改造后新的钢渣处理工艺流程见图 2-52,铁在各个破碎粒级中逐级被磁选机选出,做到钢渣的“零排放”。

该流程磁选出了 3 种渣铁产品,比国内原有处理流程多选出了渣铁比原有处理流程多选出近一倍,将尾渣控制在 95% 以上在 −5mm,且粒度均匀,故可直接当熟料用于水泥生产,或直接筛分作高等级高速公路沥青层骨料,也可用作冶金行业原料等。该钢渣处理工艺流程现已在河北、辽宁等地应用到了近 20 条生产线中,处理效果很好,给用户带来了可观经济效益和社会价值。

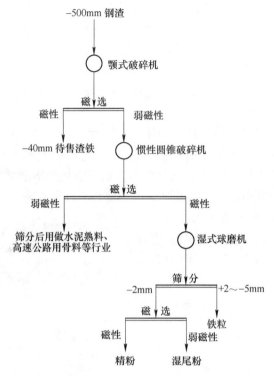

图 2-52　钢渣处理工艺流程

B　惯性圆锥破碎机在铜渣处理的应用[44]

赤峰某公司的铜渣是转炉渣，含铁较高 48%～52%，铜渣质地致密，密度大，硬度高，难破碎。主要矿物组成如表 2-11 所示。

表 2-11　赤峰铜渣的主要矿物组成及含量

矿物名称	铁橄榄石	磁铁矿、赤铁矿	玻璃体	硅灰石	辉铜矿、蓝辉铜矿	闪锌矿	黄铜矿、斑铜矿	其他
含量/%	46.49	26.18	20.05	2.90	1.89	1.63	0.35	0.51

该选场是新建选场，现有破碎生产工艺流程采用两段破碎，如图 2-53 所示。第一段用 PE400×600 颚式破碎机，第二段用 GYP-900 惯性圆锥破碎机。粒度为 -300mm 的原矿给入 PE400×600 颚式破碎机，破碎后物料直接进入 GYP-900 惯性圆锥破碎机，由于 GYP-900 惯性圆锥破碎机产品粒度细，可以开路破碎，产品直接进入粉矿仓，实现了破碎工艺的极大简化，大大节约了基建投资和设备采购成本。

在生产应用中多次取样测试，电流 110～140A，产量为 $(35.1～46.8)×10^3$ kg/h，在惯性圆锥破碎机的给料粒度为 -70mm 时产品筛分粒度见表 2-12。

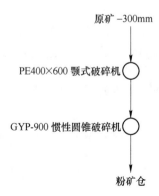

图 2-53　赤峰新破碎生产工艺流程

表 2-12　赤峰 GYP-900 惯性圆锥破碎机破碎产品筛分粒度

排矿间隙/mm	粒级/mm	+10	−10~+6.84	−6.84~+5	−5~+3.2	−3.2~+1.2	−1.2	产量/t·h⁻¹
35	产率/%	6.32	10.24	12.34	26.85	24.30	19.95	40.1

C　惯性圆锥破碎机在高硬度金矿的应用

堆浸法提金具有对矿石适用性比较强、能就地产金、工艺简单、操作容易、金回收率高、投资周期短、回报率高等优点，是处理低品位金矿石最直接有效的方法之一。堆浸法提金对矿石粒度有一定要求，金矿石粒度的大小直接影响到矿堆的渗透性进而影响到金的浸出率和浸出速度，矿石粒度的大小应根据柱浸试验来确定。破碎是堆浸法提金工艺获得合适粒度的主要方式。

新疆某极硬金矿是我国新疆地区规模较大的金矿。由于矿石含硅质较高且质地致密、坚硬，矿石硬度大、难破碎，属中等偏硬、难磨矿石。在前期生产过程中该矿购买的国外某供应商的圆锥破碎机调整套、机架出现不同程度的裂纹，足见其矿石硬度高，难破碎。该矿还试验了多种破碎设备，均未取得好的试验效果。GYP-1500 惯性圆锥破碎机在该矿进行了应用，取得了较好效果。

a　试验金矿的情况

矿石密度（2.5~2.7）×10³kg/m³，矿石含水量<4%，矿石松散系数 1.55，矿石破碎功指数平均值 9.4~20kW·h/t，抗压强度平均值 65~115MPa。该矿石含硅质较高且质地致密、坚硬，矿石硬度大、难破碎，属中等偏硬、难磨矿石。试验金矿为贫硫、半氧化、微细粒、低品位、较难处理的金矿石。该矿石矿物组成较简单，金属矿物以黄铁矿、毒砂、白铁矿、雄黄、雌黄、辉锑矿为主，少量闪锌矿、方铅矿及黄铜矿。非金属矿物以石英为主，次为重晶石、萤石、迪开石、高岭石、绢云母等。表生矿物主要为褐铁矿、黄钾铁矾和孔雀石。金矿物主要以裂隙金、包裹金、粒间金和连生金 4 种形式嵌布于各种载体矿物中[45]。该矿石中的金粒主要是微细粒金，粒度集中在 0.001~0.01mm 之间。

b　破碎工艺及给料情况

该金矿原有破碎工艺流程如图 2-54 所示。原矿经过三段一闭路的破碎流程后−6.8mm 产品直接用汽车拉倒堆场进行浸出。粗碎采用大型颚破，中碎采用国外某厂家的标准型液压圆锥破碎机 2 台（套），细碎采用短头型液压圆锥破碎机 5 台（套），综合处理能力最高可达 2500t/h。惯性圆锥破碎机取代原有 1 台短头型液压圆锥破

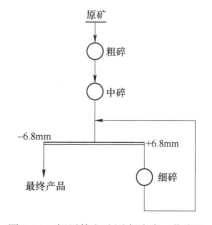

图 2-54　新疆某金矿原有破碎工艺流程

碎机，沿用原有破碎流程，给料为中碎及细碎混合经筛分后的矿石，12~30mm 矿石占比约 70%，粒度分布情况如表 2-13 所示。

表 2-13 给料粒级分布情况

粒级/mm	产率/%	负累积产率/%
+30	18.52	100.00
−30~+28	3.70	81.48
−28~+26	3.70	77.78
−26~+20	14.81	74.07
−20~+18	7.41	59.26
−18~+16	11.11	51.85
−16~+14	11.11	40.74
−14~+12	18.52	29.63
−12	11.11	11.11
累计	100	—

c 应用效果

试验期间 GYP-1500 惯性圆锥破碎机整体运行情况良好，产品粒度较好。在生产应用中多次取样测试，破碎机主机电流 420~500A，产量为 180~238t/h。当工作间隙为 75mm 时，产量约为 230t/h。

在同等给料粒度的前提下，GYP-1500 惯性圆锥破碎机产品粒度与国外某液压圆锥破碎机的对比情况如表 2-14 和图 2-55。可以得出 GYP-1500 惯性圆锥破碎机−8mm 产品粒度较国外液压圆锥破碎机绝对值高 5.7%，相对提高 16.12%。

惯性圆锥破碎机产品粒度优于国外液压圆锥破碎机，主要原因是两者采用不同破碎原理及结构形式。由于惯性圆锥破碎机是挤满给料，在由惯性力引起的强烈脉动冲击作用下，物料在破碎腔中承受挤压、剪切、弯曲和扭转等全方位作用，从而实现"料层粉碎"和"选择性破碎"，而国外某液压圆锥破碎机是空载启动，非挤满给料，工作过程中动锥运动轨迹固定。

表 2-14 破碎产品粒度对比

惯性圆锥破碎机			国外某液压圆锥破碎机		
粒级/mm	产率/%	负累积产率/%	粒级/mm	产率/%	负累积产率/%
+12	40.98	100.00	+12	44.12	100.00
−12~+10	9.84	59.02	−12~+10	11.76	55.88
−10~+8	8.20	49.18	−10~+8	8.82	44.12
−8~+6.3	8.20	40.98	−8~+6.3	8.82	35.29
−6.3~+3.2	11.48	32.79	−6.3~+3.2	11.76	26.47
−3.2~+1.6	8.20	21.31	−3.2~+1.6	5.88	14.71
−1.6	13.11	13.11	−1.6	8.82	8.82
累计	100	—	累计	100	—

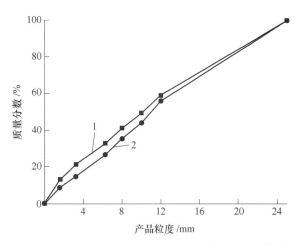

图 2-55 惯性圆锥破碎机与国外某液压圆锥破碎机破碎产品粒度对比图
1—惯性圆锥破碎机；2—国外某液压圆锥破碎机

2.5 辊式破碎机

辊式破碎机是利用辊子旋转产生的挤压和剪切等作用进行物料破碎的设备。按辊子的数量，辊式破碎机一般分为双辊破碎机和四辊破碎机；按是否含有液压机构，辊式破碎机可分为普通辊式破碎机和液压辊式破碎机。

2.5.1 普通辊式破碎机

2.5.1.1 工作原理和关键结构

有两个旋转辊的辊式破碎机，又称双辊破碎机。主要由电机、辊子、保险装置和调节装置以及传动装置等部分组成。

辊式破碎机结构及原理见图2-56，破碎机由电机通过传动装置带动两个破碎辊作相向旋转运动，破碎物料经进料口落入两辊子之间，进行挤压破碎，产品自然落下。通过调整装置调节两辊子之间的间隙大小控制破碎产品粒度，保险装置是靠弹簧的松紧程度或液压缸来保证机器的正常运转和过载保护作用。破碎辊是主要工作机构，由轴、轮毂和辊皮构成。

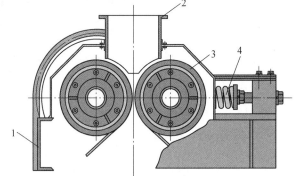

图 2-56 对辊破碎机结构示意图
1—机架；2—进料口；3—辊轮部件；4—保险装置

2.5.1.2 工业应用

辊式破碎机是一种非常古老的破碎设备，结构简单、易于制造，能破碎黏湿物料，维护方便，用于水泥、化工、电力、矿山等行业中、低硬度物料的破碎。其实物如图 2-57

所示。

2.5.2　液压辊式破碎机

2.5.2.1　工作原理和关键结构

液压辊式破碎机基于料层静压粉碎原理，在两个辊轮间通过液压系统施加巨大的破碎力，迫使物料在颗粒层破碎的一种新型粉碎设备，又称高压辊磨机、辊压机。

液压辊式破碎机如图 2-58 所示，主要由传动系统、辊子系统、液压系统等组成，

图 2-57　对辊破碎机

其中辊子系统由一个动辊和一个固定辊组成。电动机通过传动系统驱动辊子系统，动辊两端独立的液压系统将动辊推向定辊产生破碎所需的压力，动辊、固定辊间有防止辊子接触的间距块，固定辊和移动辊结构相同，可以互换。物料间的挤压力可通过动辊的液压系统来调节。

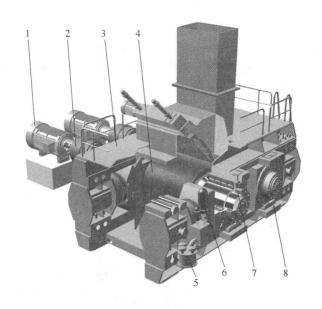

图 2-58　液压辊式破碎机结构示意图

1—电动机；2—传动系统；3—上机架；4—辊子；5—减震器；6—蓄冷器；7—主轴；8—下机架

液压辊式破碎机具有单位破碎能耗低、处理能力大、破碎产品粒度均匀、作业率高等特点，广泛适用于水泥原料、金属及非金属矿石粉碎。

如图 2-59 所示，物料在两个辊径相同，线速度相同，相向旋转的辊之间，由液压系统提供给料层的巨大压力下被粉碎的。具体粉碎过程如下：当符合高压辊磨机粒度要求的物料喂入料斗后形成一个料柱，物料在转动压辊的挤压作用下进入第一粉碎区段。在该区段内，较小的颗粒顺着物块间的缝隙靠重力下落，较大的颗粒在两辊的挤压、剪切作用下发生点破碎。破碎后的物料在两辊的带动下，加上自身的重力、惯性向下运动，进入第二

粉碎区段。由于两辊间的容积越来越小，物料在向下运动的过程中受到的挤压力逐渐增大，当压应力超过物料的抗压强度时，便发生破碎或内部损伤。随着物料粒度的减小，颗粒间的位动渐趋于零，物料密度迅速增大，构成料层。当料层进入高压粉碎区段即第三区段时，其速度已达到甚至超过辊面的线速度，同时压力持续增大，在最小间隙处压力达到最大 P_{max}。同时物料在高压作用下，颗粒间产生粘聚现象，形成料饼，最后由从辊隙间排除。由于压力的减小，料饼微微膨胀。

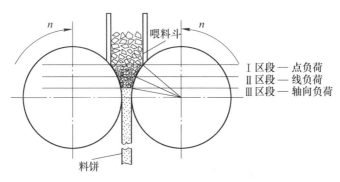

图 2-59 液压辊式破碎机工作原理示意图

图 2-60 为物料在液压辊式破碎机三个区段中的受力状态及应力应变的关系曲线。由此可以证明物料在辊磨机中的粉碎过程分为三个阶段，即压紧、粉碎和结饼，它们分别在辊磨机两辊间隙中的三个不同区段进行。由此可见，在第一区段内的少量大颗粒的粉碎属于单颗粒高压粉碎。在第二、第三区段的物料的粉碎属于高压料层粉碎。由于高压直接作用于颗粒上，物料与压辊表面几乎没有相对运动，所以能耗、钢耗小，效率高。

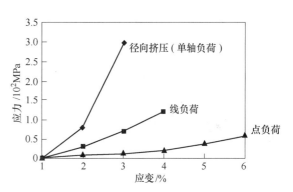

图 2-60 物料在高压辊磨机三个区段中的应力应变曲线

液压辊式破碎机具有以下几方面的优点：

（1）破碎效果显著。部分高压辊磨机 2mm 以下产品可达 60% 以上，将 1mm 以下细粉含量提高 20%~40%。新生成的大量微、细粒为高效早抛早选创造了条件。

（2）处理量大。生产能力高达 1000t/h，可使整个系统提产 20%~40%。

（3）效率高，能耗低。相对圆锥破碎机，效率提高约 15%~30%。

（4）可靠性高，作业率可达约 95%。

液压辊式破碎机也存在以下几方面的缺点：

（1）设备本身及配套设施大，占地面积广，一次性投资大。

（2）对物料本身性质及粒度等有较严格限制。

（3）辊面材料还需进一步优化，修复成本高。

2.5.2.2　关键技术研究[46]

液压辊式破碎机关键技术研究主要有关键结构的强度校核、液压系统的稳定性及辊面寿命等研究。

A　关键结构的有限元分析

根据高压辊磨机的工作原理及组合辊的结构形式，可利用有限元分析技术对高压辊磨机组合辊的零部件进行静态结构（Static Struture）分析，为组合辊的结构设计提供有价值的理论依据。

辊面的结构设计模型和有限元分析模型是同一对象的两个不同应用的特征模型，分析模型主要是创建边界约束特征和承载（力、压强和扭矩等）特征，可在 SolidWorks 中以结构设计模型为基础创建，然后直接读入到有限元分析系统平台。

不同工况的载荷及边界条件处理。针对辊面结构设计的复杂性，可将其工作状态理想化为两种状况，第一种工况为理想联结方式的工作状况，如图 2-61(a) 所示：其工作载荷 $F_r = 2500\text{kN}$、$F_t = 10.56\text{kN}$ 作用于辊面工作区域，此区域根据上述分析所述为辊宽 $B = 200\text{mm}$、弧长 $s = 13\text{mm}$，边界约束为内圆弧表面和另一端固定；另一种工况为图 2-61(b) 所示：因制造或装配误差而辊面之间的端面接触，使第一种工况（图 2-62）的工作载荷 $F_r = 2500\text{kN}$ 通过传递作用于另一辊面端面上，根据力学关系其大小与 F_r 相等，而此辊面的另一端面和与侧压板联结的凸弧面成为边界约束条件。

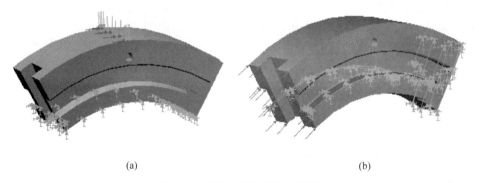

(a)　　　　　　　　　　　　　　　　(b)

图 2-61　不同工况加载及边界图
(a) 工况 1 载荷及边界；(b) 工况 2 载荷及边界图

根据辊面挤压强度的分析，可知第一种工况的辊面只受到工作压力的挤压，组合辊零件之间不会产生较大力的相互作用；而第二种工况（图 2-63）的辊面不但一个辊面受工作力作用，而且将挤压力传递给另一个辊面，使侧压板与辊面零件之间在设备工作时产生极大的相互作用力，从而产生结构的应力变形，导致辊面结构的工作性能不稳定，在大载荷作用下（如设备"闷车"时）会使辊面结构损坏，如图 2-64 所示第二种工况时在辊面分析模型的红色区域为损坏的危险区域。因此，在辊面的结构设计时，应考虑到辊面的弹性变形和周向延展性，保证辊面之间有足够的配合间隙，一般根据辊面的最大节点位移确定所留间隙在 1~1.5mm。

从选择材料的角度出发，在辊面设计时应选择机械性能好、耐磨和硬度高的材料，而对于材料硬度低、机械性能差的材料，则不适合用做辊面，例如 45 钢，其 $\sigma_s = 300\text{MPa}$，

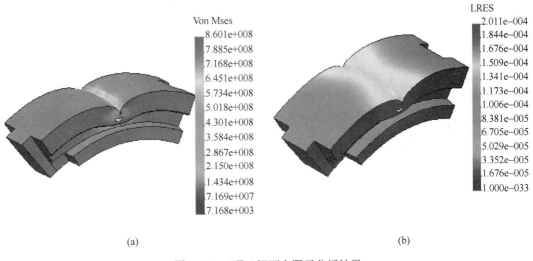

图 2-62 工况 1 辊面有限元分析结果

（a）工况 1 辊面应力云图；（b）工况 1 辊面位移云图

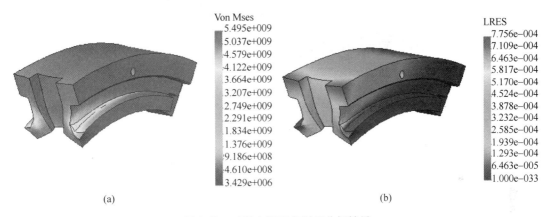

图 2-63 工况 2 辊面有限元分析结果

（a）工况 2 辊面的应力云图；（b）工况 2 辊面的位移云图

其挤压区最大应力为 749MPa，根据挤压强度校核理论，即 Von. Mises 强度理论，其最大安全系数为 $n=0.4$，从理论分析角度看，远不能达到矿山机械设备的设计要求。而辊面的材料为 42CrMoV，其表面硬度为 HRC69~71，在设计上基本达到设计要求，同时为增强辊面的耐磨性，防止粉碎较硬的铁矿石时辊面的快速磨损，在辊面基体表面采用镶嵌硬质合金柱的方式（硬质合金柱的硬度为 HRC89~93），以改善辊面的工作性能。为保证硬质合金柱镶嵌的牢固性，采用过盈的配合形式镶嵌硬质合金柱，其过盈量也可以用有限元分析法计算得到（图 2-66），据有关资料其过盈量可在 0.05~0.10mm 之间。

　　B　辊面柱钉的排布设计

　　为确保所研制的辊面上硬质合金柱钉镶嵌的可靠性，采用有限元法对镶嵌硬质合金柱进行系统的设计分析，经过多次反复的"设计—试验—再设计—再试验…"，最终给出了合理可行的结构设计方案和柱钉的优化排列分布形式（图 2-67）。图 2-68 给出了设计和研制的镶嵌硬质合金柱辊面。

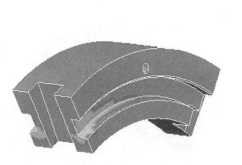

图 2-64　工况 2 辊面损坏形式

图 2-65　简化的压辊轴模型

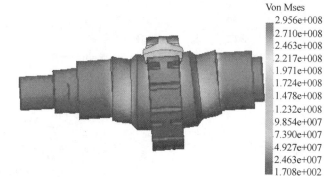

图 2-66　辊轴有限元分析的应力云图

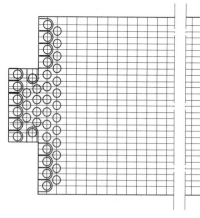

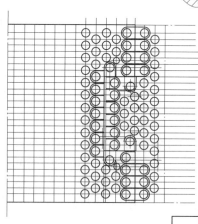

图 2-67　一种组合辊表面镶嵌硬质合金柱排列方案

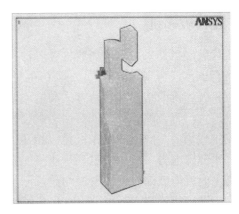

图 2-68 完善和改进的镶嵌硬质合金柱辊面及其有限元分析模型

2.5.2.3 工业应用

液压辊式破碎机经过近年来的不断优化，在国内外已普遍应用于水泥行业的粉碎，化工行业的造粒，以及球团矿增加比表面积的细磨，用于金属矿石的破碎，以实现简化碎矿流程、多碎少磨、提高系统生产能力等，是重要的选矿装备。其实物如图 2-69 所示。表 2-15 为某品牌液压辊式破碎机技术参数表[47]。

图 2-69 液压辊式破碎机

表 2-15　某品牌液压辊式破碎机技术参数表

型　号	200-160	180-120	180-100	170-120	170-100	150-90	140-65	140-40	140-30
辊子直径/mm	2000	1800	1800	1700	1700	1500	1400	1400	1400
辊子宽度/mm	1600	1200	1000	1200	1000	900	650	400	300
物料通过量 /t·h^{-1}	960~1550	650~1300	400~800	476~820	370~750	315~580	210~405	130~200	90~180
入料粒度（最大）/mm	$F_{95}\leqslant60$ $F_{max}\leqslant100$	$F_{95}\leqslant55$ $F_{max}\leqslant90$		$F_{95}\leqslant50$ $F_{max}\leqslant85$		$F_{95}\leqslant45$ $F_{max}\leqslant75$	$F_{95}\leqslant42$ $F_{max}\leqslant70$		
一次通过料饼料度平均值（石灰石）（<2mm/0.09mm）/%	80/25	75/25	75/25	75/25	75/25	75/25	75/25	75/25	75/25
线速度（最大）/m·s^{-1}	2.5	2.3	2.3	2.1	2.1	1.9	1.8	1.8	1.8
配套电机功率（最大）/kW	4500	3050	2860	2770	2400	1700	1150	710	500

2.6　辊齿破碎机

辊齿破碎机是采用辊齿高速旋转对物料进行劈裂、剪切、撕拉、挤压等方式进行破碎的设备，也称"齿辊破碎机"，主要由电机、传动装置、机架部分、破碎辊等组成。

辊齿破碎机的结构和运动方式和辊式破碎机相近，但它的破碎作用和用途与辊式破碎机区别较大。辊齿破碎机是以剪切、撕拉等作用为主，主要用在煤炭、橡胶、木材、电子废弃物处理领域。而辊式破碎机是以挤压、碾压等作用为主，主要用在金属及非金属矿、化工、水泥、电力、食品加工等行业。

常见的辊齿破碎机，按齿辊的数目可分为单辊式辊齿破碎机、双辊式辊齿破碎机及四辊式辊齿破碎机；按齿形可分为直齿式辊齿破碎机和螺旋齿式辊齿破碎机。

齿辊破碎机一般适用于破碎抗压强度小于70MPa的脆性或软质物料。齿辊破碎机的主要优点是构造简单，除辊齿外大部分零件可用一般的钢材制造，不需精加工，操作简单。缺点是破碎比不大，运转时噪声大，粉尘较多。

2.6.1　单辊式辊齿破碎机

2.6.1.1　工作原理和关键结构

如图2-70所示，单辊式辊齿破碎机工作机构是一个转动齿辊和一块带齿颚板，辊子上带齿圈或齿圈上镶嵌齿，辊齿磨损后可以更换。颚板一端安装在悬挂轴上，上面装有衬板，颚板另一端利用两根拉杆和弹簧拉向辊子，使辊子和颚板之间保持一定间距。

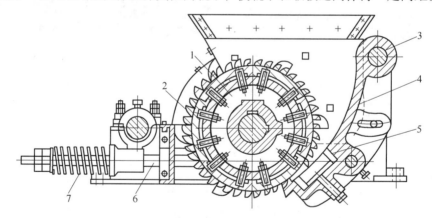

图2-70　单辊式辊齿破碎机结构示意图
1—辊衬；2—辊子；3—悬挂轴；4—颚板；5—衬板；6—拉杆；7—弹簧

物料从进口装入，在辊齿和颚板之间受到挤压而破碎、如遇难于破碎的物料进入，弹簧被压缩，卸料口张大，物料随之掉出。

单齿破碎机的进料口较大，辊子表面装有不同高度的齿，物料进入时，被齿咬住，除挤压外，还有劈裂和冲击作用，然后落到下部，被较小的齿进一步挤碎，故一台机械有一次破碎和二次破碎两个腔，破碎比可达15，卸料时，物料受到辊子上齿棱的拨动而排出，有强制卸料作用[48]。

2.6.1.2　工业应用

单辊式辊齿破碎机是将辊式破碎机和颚式破碎机的优点结合在一起，利用这两种破碎机的优点设计的一种粗碎设备，又称颚辊机，最大特点是以较小的辊子直径处理较大的物料，广泛用于钢铁、冶金矿山等行业较适合破碎中硬度粗料，通常用于将烧结机卸下的炽热烧结矿饼进行破碎，使炽热烧结饼破碎成适合冷却要求的粒度。为保证单齿辊破碎机在高温环境下的可靠性，采用空心主轴水循环等冷却方式将轴承温度控制在一定范围之内。常见的单辊式辊齿破碎机主要技术参数如表 2-16 所示。

表 2-16　单辊式辊齿破碎机主要技术参数表[21]

规格型号	最大进料 /mm	排料粒度 /mm	产量/t·h⁻¹	电机功率 /kW	重量/kg
PGC450×250	80~150	12~50	4~15	5.5	1000
PGC450×500	80~300	12~75	7~55	11	1900
PGC500×600	80~300	12~75	10~65	15	2500
PGC600×750	80~300	12~125	20~90	18.5	4800
PGC600×900	80~400	12~125	35~150	30	5200

2.6.2　双辊式辊齿破碎机

2.6.2.1　工作原理和关键结构

双辊式辊齿破碎机结构如图 2-71 所示，当物料给入破碎机时，细粒物料沿齿前空间和齿的侧隙及辊齿与侧面梳齿板之间的间隙直接通过破碎辊排出，齿对粗粒物料进行刺、剪切、撕拉等破碎，运动中的齿突遇大块物料，靠交错的齿尖首先对物料进行刺破及剪切作用，若大块物料未被击碎则进一步进行撕拉，破碎后的物料即被齿啮入。若物料仍未被粉碎，则齿沿物料表面强行滑过，靠齿的螺旋布置，将物料进行翻转，等待下一对齿的继续作用，直到破碎至物料能被啮入为止。物料已被初步破碎至粒度能被辊齿啮入的情况后主要靠当前一对齿的前韧和对面一对齿的后韧的剪切、挤压作用而破碎物料，从物料被啮

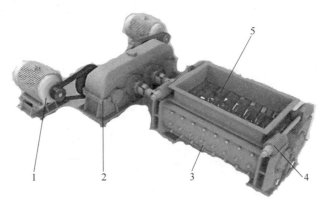

图 2-71　双辊式辊齿破碎机结构示意图
1—电机；2—减速机；3—机架；4—保险装置；5—辊子

入开始，到前一对齿脱离啮合终止。表现为一对齿包容的截面由大变到最小的过程，这一过程是边破碎边排料的过程，粒度大的物料由于包容的体积逐渐变小而被强行挤压破碎，破碎的物料被挤出，从齿侧间隙漏下。当前一对齿开始脱离啮合时，齿间包容的截面积开始从最小逐步增大。

在辊齿运转一周时，每周上有多少个齿，这样的过程就会进行多少次，将给入的物料重复进行筛分—刺、剪、撕拉—啮入—剪切、挤压的破碎作用。

2.6.2.2　工业应用

双辊式辊齿破碎机主要使物料在两辊之间被辊齿剪碎或轧碎，可用于破碎中等硬度物料。常见的双辊式辊齿破碎机主要技术参数如表 2-17 所示[49]。

表 2-17　双辊式辊齿破碎机主要技术参数表

规格型号	最大进料/mm	排料粒度/mm	产量/t·h⁻¹	电机功率(×台)/kW	重量/kg
2PGC450×500	200~500	15~100	30~60	5.5(×2)	3800
2PGC600×750	300~600	20~120	60~100	11(×2)	7200
2PGC600×900	300~600	30~150	60~120	18.5(×2)	7800
2PGC800×1050	500~800	30~150	100~160	22(×2)	12600
2PGC900×900	600~900	30~200	150~200	22(×2)	13500
2PGC1200×1500	800~1050	30~200	200~300	55(×2)	52000

2.7　盘式破碎机

盘式破碎机是依靠静圆盘与动圆盘的相对运动，对破碎腔中的物料进行碾压，使之破碎得到细粒级产品的设备。

依据结构不同，可分为普通盘式破碎机与盘式辊压破碎机。

2.7.1　普通盘式破碎机

2.7.1.1　工作原理和关键结构

普通盘式破碎机又称圆盘破碎机，其主要结构如图 2-72 所示，主要由机体、底座、

图 2-72　盘式破碎机结构示意图

1—入料口；2—静磨盘；3—动磨盘；4—电机；5—减速机；6—机架

主轴、活动磨盘、固定磨盘、端盖及料斗等构成。机内两个碟形圆盘的盘面相对安置，一个盘向某方向旋转，而另一个盘作偏心运动，使两个圆盘周边的间隙断续开闭。被碎料通过一个圆盘的中心开口进入由两个圆盘所组成的粉碎腔内，当物料被粉碎到足够细度时，便借离心力的作用从圆盘周边的间隙排出。间隙的宽度可以调节，由于排出的粒度由间隙宽度所控制，因此产品粒度较均匀。

其工作过程为：电动机带动主轴旋转，并使活动磨盘、固定磨盘相对运动产生挤压与搓磨作用，从而使进入磨盘中间的物料被粉碎。出料粒度可通过大小手轮、主轴等调整磨盘间隙来控制。机体、端盖和上盖组成一个工作室，物料在工作室内被粉碎。物料从端盖上方的加料口中加入，进入两磨盘中间，由于挤压磋磨作用被粉碎，粉碎后的试样从两磨盘中间的间隙内流出，落到下面的料斗中。该机性能稳定，噪声低，清扫方便。

2.7.1.2　工业应用

普通盘式破碎机主要应用于地质、建材、冶金和化工等行业的化验室中，用于煤和矿石等中等硬度物料的破碎，通常与颚式破碎机或制样研磨机等配合使用。该设备可以用在地质、建材、冶金、药材、农业和化工等行业的实验室中，用于煤和矿石等中硬度物料的破碎。

2.7.2　盘式辊压破碎机

2.7.2.1　工作原理和关键结构

盘式辊压破碎机实物如图 2-73 所示，工作机构为磨辊与加压辊，组成单个破碎机构或者多级破碎装置，得到较大破碎比。双层多级盘式辊压破碎机是一种新型的超细碎设备。不同于高压辊磨机和立式辊压机，双层多级盘式辊压破碎机是采用多级破碎单元串联的方式破碎物料。采用这种破碎方式破碎物料，不仅可以以一个较均衡的、远低于高压辊磨机的破碎力达到大破碎比的目的，同时还可以有效降低设备的磨损，降低设备工作过程的振动。

盘式辊压破碎机的结构简图如图2-74所示，该设备由动力传动部 1、主轴回转

图 2-73　双层多级辊压破碎机
1—机架；2—下磨辊及加压装置；3—主轴回转部；
4—动力传动部；5—上磨辊及加压装置

部 2、上磨辊及加压装置 3、机架部 4、下磨辊及加压装置 5 及电控和液压控制系统等组成。电动机经联轴器、减速箱将动力传递给主轴回转部，主轴的旋转带动上下磨盘与主轴同时转动，与此同时对上下磨辊同时加压，使磨辊与磨盘的工作间隙保持在设计的范围，物料通过进料口进入上层磨盘的破碎轨道，被带入磨辊之下，物料借助与磨盘和磨辊之间的相对运动被破碎。在上层磨盘上有一组对称布置的破碎磨辊，构成第一级破碎单元，经过第一级破碎辊破碎的物料由出料口滑出进入下层磨盘破碎轨道。下层磨盘上有两组破碎

单元，形成第二级和第三级破碎，这两组破碎单元的破碎比不同。物料在下层磨盘上经两次破碎后，经排料溜槽滑出，完成粉碎过程。

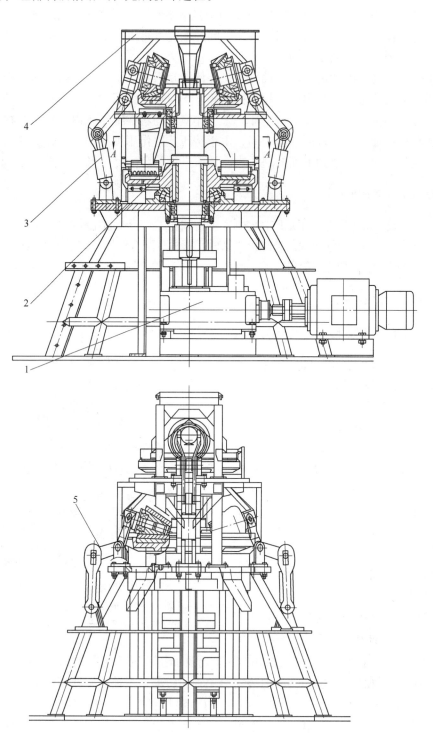

图 2-74　盘式辊压破碎机的结构简图

1—动力传动部；2—主轴回转部；3—上磨辊及加压装置；4—机架部；5—下磨辊及加压装置

双层多级盘式辊压破碎机的工作原理如图 2-75 所示。图中圆心为 O 的是压辊，圆心为 O_1 的是入料最大粒度。

上层磨盘上由一组对称放置的破碎辊组成，构成第一级破碎单元。下层磨盘上由两组破碎单元构成，形成第二级和第三级破碎。这三组破碎单元的破碎比不同。

物料通过进料口进入上层磨盘的轨道上，在摩擦力的作用下，随磨盘运动到破碎挤压通道而被破碎。破碎产品在离心力作用下向外滑动，并在磨盘的边缘的挡料板导向下由出料口滑出并进入下层磨

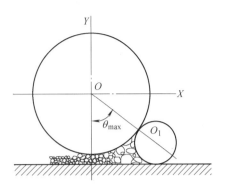

图 2-75　双层多级盘式辊压破碎机的工作原理简图

盘轨道。物料在下层磨盘上经两次破碎后，经由下层出料口排出。

双层多级盘式辊压破碎机的破碎过程中既有中细碎的作用，也有粗磨的作用。双层多级盘式辊压破碎机是以准静压破碎原理破碎物料，所以破碎产品的细粒级物料含量高，粗粒级破碎产品的内部也会存在大量裂纹，降低了后续粉磨作业的入磨粒度，提高了可磨性和粉磨系统的生产能力，并大幅度降低能耗。双层多级盘式辊压破碎机细碎和粗磨的工作过程采用的是层压破碎的方式破碎物料，物料颗粒在一个受限制的空间相互挤压破碎，因此破碎效率比常规碎磨效率高。

双层多级盘式辊压破碎机与传统的破碎技术相比有三点本质的不同：基于多碎少磨的技术路线，实现了多级连续串联破碎，可以有效降低破碎力，降低设备的磨损；双层多级盘式辊压破碎机实施的是准静压破碎原理，相对于冲击破碎的方式可以降低能耗；双层多级盘式辊压破碎机在细碎粗磨阶段实施的是层压破碎的方式，相对于传统的碎磨效率有明显的增加，磨损也明显的减少。

2.7.2.2　关键技术研究[50]

A　盘式辊压破碎机粉碎机理

双层多级盘式辊压破碎机是一种新型的超细碎设备。不同于高压辊磨机和立式辊压机，双层多级盘式辊压破碎机是采用多级破碎单元串联的方式破碎物料。采用这种破碎方式破碎物料，不仅可以以一个较均衡的、远低于高压辊磨机的破碎力达到大破碎比的目的，同时还可以有效降低设备的磨损，降低设备工作过程的振动。

a　高压连续破碎与多级串联破碎

高压辊磨机的破碎力一般最高可达到 20000kN，对物料的破碎属于一次破碎。设备的强度和刚度要求较高，且在金属矿山的应用中存在设备磨损严重，破碎中设备振动大等问题。

双层多级盘式辊压破碎机采用多级串联破碎的方式破碎物料，将一次破碎分为几次进行，可以有效降低破碎力。

图 2-76 和图 2-77 分别为高压连续破碎与多级串联破碎的示意图。

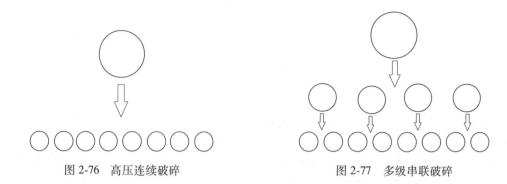

图 2-76　高压连续破碎　　　　　　　　图 2-77　多级串联破碎

假设物料破碎前的粒度均为 D，破碎后的破碎产品粒度均为 d，高压连续破碎的做功行程与多级串联破碎的每次的做功行程均为 s。高压连续破碎的破碎力做功为 W_1，多级串联破碎的破碎力每次做功为 W_i。根据基克理论，将几何形状相似的同类物料破碎成几何形状也相似的产品时，其破碎功耗与破碎物料的体积或重量成正比。从理论上，高压连续破碎和多级串联破碎的方式破碎物料的做功是相等的。由于多级串联破碎经过 n 次破碎，则由如下等式：

$$W_1 = nW_i \tag{2-12}$$

所以可以推导到高压连续的破碎力 F 与多级串联破碎的破碎力 f 的关系为：

$$Fs = n \cdot fs \tag{2-13}$$

即：

$$F = nf \tag{2-14}$$

故采用多级串联破碎这种方式可以有效降低设备的破碎力，所以双层多级盘式辊压破碎机的这种方式破碎物料的路线是可行的。

在实际的破碎过程中，由于大颗粒物料与破碎辊面或者衬板是点接触，所以设备在破碎大颗粒物料时的磨损最严重。采用多级串联破碎可以有效降低破碎力，使得物料对破碎辊面或者衬板的压力值要小于高压连续破碎方式下的压力值。所以，高压连续破碎的破碎辊辊面或者衬板的磨损量要远大于采用多级串联破碎的磨损量。

b　压力作用下物料的变形

物料在压力的作用下将产生变形并进一步发生破碎。由于压力在物料内部的传递，导致其内部晶格的伸长或缩短，表现在宏观方面就是产生了变形。当压力较小时，这种变形具有可恢复性，表现为具有弹性特征。当压力较大时，这种变形具有不可恢复性，即产生了塑性变形。图 2-78 为压力作用下物料的应力-应变曲线。

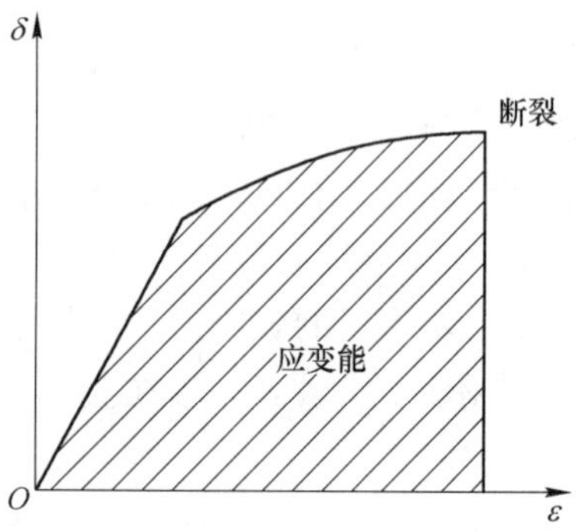

图 2-78　物料的应力-应变曲线

曲线下的面积代表了破碎之前物料内贮存的变形能，从图中可以看出弹性变形阶段的变形量较小，吸收的能量也小。进入塑性变形阶段，物料要发生破碎则需要吸收较多的能量。

　　当作用在物料上的外力足够大时，物料内部将产生裂纹。同时由于物料本身也存在一些晶格缺陷，其内部存在着许多细小的微裂纹，在外力的作用下，这些裂纹也得到了扩展，物料中贮存的较高的应变能迅速转化为裂纹扩展所需要的功。根据格里菲斯裂缝学说，当作用在物料上的压力达到物料的抗拉强度时，物料内部裂纹将扩展，随着裂纹长度的不断增加，裂纹尖端的应力集中将更加明显，最终导致物料发生破碎。

　　B　有限元分析

　　a　上层磨盘的有限元分析

　　根据双层磨的结构，对磨盘底面添加固定约束，盘面与磨辊线接触，上层磨盘在轴对称的盘面上受到两个垂直向下的压力 338kN，对磨盘进行静力分析，得到如下应力分布云图（见图 2-79），最大应力值为 660.47MPa。

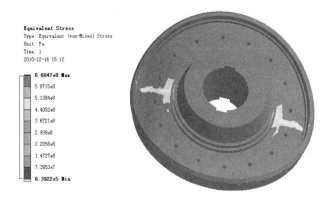

图 2-79　上层磨盘应力分布云图

　　b　下层磨盘的有限元分析

　　下层磨盘的分析和上层一样，只是磨辊多了两个，受力的大小和位置有了变化，静力分析后，应力分布云图如图 2-80 所示。

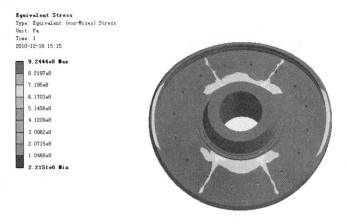

图 2-80　下层磨盘应力分布云图

c　轴的有限元分析

将轴浮动一端添加固定约束，与电机联接的一端添加扭矩，静力分析后，应力分布云图如图 2-81 所示。

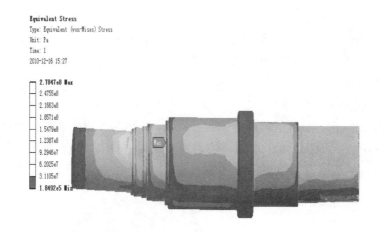

图 2-81　主轴应力分布云图

d　上盘破碎辊及加压臂结构的有限元分析

破碎辊及加压臂是双层辊压破碎机主要受力部件之一，上层破碎辊受到竖直向上的压力为 338kN，由于破碎辊部分零件多，结构复杂，首先将结构简化后再进行分析。最终分析结果应力分布云图如图 2-82 所示。

e　下盘破碎辊及加压臂结构的有限元分析

下盘破碎辊与上盘破碎辊主要是尺寸上的差别，分析过程相同，压力 440kN，应力分布云图如图 2-83 所示。

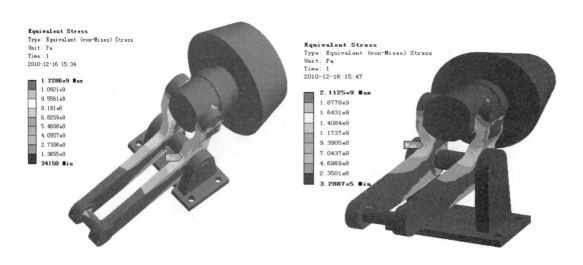

图 2-82　上盘破碎辊及加压臂的应力分布云图　　　图 2-83　下盘破碎辊及加压臂的应力分布云图

2.8 反击式破碎机

反击式破碎机是依靠高速旋转的工作部件冲击作用物料，使之实现破碎的设备。反击式破碎机主要有反击板式破碎机、反击锤式破碎机等。

2.8.1 反击板式破碎机

2.8.1.1 工作原理和关键结构

反击板式破碎机利用打击板的高速冲击和反击板的回弹作用，使物料受到反复冲击而破碎的破碎设备。即利用反击破碎的原理对物料进行粉碎，又名反击破。

一般反击板式破碎机转子轴横向设计。根据转子数量的不同可分为单转子与双转子。双转子反击式破碎机根据其转子的转向又可分为两个转子反向、同向以及呈高差配置三种。

反击式破碎机结构如图 2-84 所示，主要工作部件有转子、打击板、反击板、机架以及传动机构。机器工作时，转子高速旋转，安装在转子上的打击板随转子高速旋转；物料进入破碎腔受到打击板的打击，受到冲击破碎的同时，还以一定的速度向反击板撞击；物料撞向反击板会受到再次冲击破碎，并被反弹回打击板。物料经过多次这类破碎过程，直到物料块的粒度小于第一个破碎腔的排料尺寸后，进入下一个破碎腔继续破碎，物料除了受到打击板和反击板的冲击破碎作用外，物料之间也会发生冲击破碎作用。最终物料块的粒度小于最后一个破碎腔的排料粒度后排出设备，形成产品。

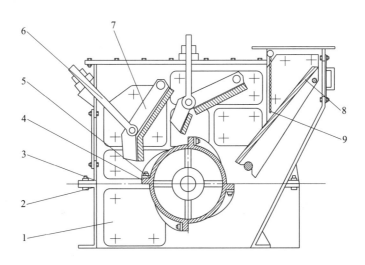

图 2-84 单转子反击板式破碎机结构图

1—机架保护衬板；2—下机体；3—上机体；4—打击板；5—转子；6—拉杆螺栓；
7—反击板；8—给料溜板；9—链幕

打击板与反击板之间的间隙即为破碎腔的排料口尺寸，可通过调节拉杆螺母进行调节。

反击式破碎机在破碎的过程中有以下几方面的优势性能：

（1）反击式破碎机处理湿量大的物料更有效，有效防止物料堵塞。在处理物料含水量过大时，反击式破碎机的进料溜槽和反击板可配备加热装置，防止物料的黏结。

（2）反击式破碎机适用的物料硬度更加广泛。相对于锤式破碎机，反击式破碎机的转子具有更大的动量，适应破碎更坚硬的物料，们同时能耗较低。

（3）可以方便灵活调节出料粒度，调节范围广。反击式破碎机可通过多种方式调节出料粒度，如调节转子速度、调节反击板和研磨腔的间隙等。间隙调节可通过机械式或液压式进行调节。

（4）易损件的金属利用率高。反击式破碎机板锤的金属利用率可达40%以上。

（5）反击式破碎机备件更换简便。反击式破碎机转子上的板锤，用设计的专用工具可方便地进行板锤的更换，花费时间短。

2.8.1.2　工业应用

由于反击板式破碎机结构简单，质量轻，体积小，维护简便，破碎比大，反击式破碎机应用范围广，在冶金、矿山、建材、化工、耐火材料等行业都有应用，适用于中低硬度的矿石物料的粗碎、中碎以及细碎过程。在处理高硬度矿石时，由于易损件消耗量较大的原因，受到限制。其实物如图2-85所示。

图2-85　反击板式破碎机实物图

2.8.2　锤式破碎机

锤式破碎机于19世纪末发明的，随后得到快速发展。在中国，从20世纪50年代末开始，经过技术人员的不断努力，中国的锤式破碎机规格品种逐渐增加，性能也得到较大提高，与国外差距不断缩小。

反击锤式破碎机是利用反击破碎原理的破碎设备，利用其高速旋转的锤头冲击破碎物料，又将其抛向反击装置上再次破碎，如此重复多次进行破碎，直到物料被破碎至所需粒度，由出料口排出。其规格一般用转子工作直径 D 和转子长度 L 表示，即 $D×L$。

根据转子数目可分为单转子锤式破碎机和双转子锤式破碎机，单转子锤式破碎机又可分为可逆式与不可逆式两种；根据锤头的数量分为单排头、多排头锤式破碎机。将转子轴竖直放置的成为立轴式锤式破碎机。

2.8.2.1　工作原理和关键结构

锤式破碎机结构如图2-86所示，主要由电机、转子、反击装置、格筛、机架以及传动装置等部分组成。锤头是最易磨损的零件，通常采用高锰钢或者其他耐磨材料制成。一般通过铰接地悬挂在销轴上，高速旋转时锤头在离心力的作用下向外张开，遇到难破碎物时，锤头回收、内退。其主要形状有板状和块状，近年来又开发出圆环状锤头。锤式破碎机的格筛由弧形筛架和筛板组成，设置在转子的下方。可通过调节螺栓改变锤头与筛板的相对位置，控制产品的粒度。

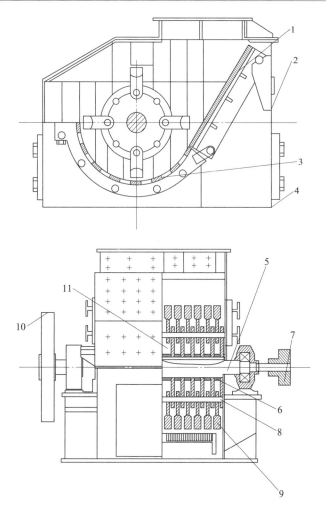

图 2-86　锤式破碎机结构图

1—破碎板；2—上机体；3—隔筛；4—下机体；5—主轴；6—间隔套；
7—联轴器；8—销轴；9—锤头；10—飞轮；11—云盘

当物料进入破碎腔后，受到高速旋转的锤头的冲击作用产生破碎，又被抛向反击装置和格筛上进一步破碎，如此重复多次进行破碎，过程中也会发生矿石之间发生碰撞破碎作用，物料落到格筛上，直到物料被破碎至所需粒度，由出料口排出。

2.8.2.2　工业应用

锤式破碎机具有结构简单、维护方便、处理能力大、破碎比大以及能耗低等优点；主要缺点在于易损件磨损快，同时当物料含水较多时易堵塞格筛缝。装有环锤的破碎机叫做环锤式破碎机，主要用于破碎煤炭等物料。

反击锤式破碎机能处理边长不超过 500mm 、抗压强度不超过 350MPa 的各种粗、中、细物料（花岗岩、石灰石、混凝土等），广泛用于水电、高速公路、人工砂石等行业。由于冲击过程对锤头、破碎板与格筛的磨损较为严重，故锤式破碎机适用于破碎中低硬度、脆性物料。其实物如图 2-87 所示。

2.9 立轴冲击式破碎机

冲击式破碎机是依靠工作部件对物料及物料对物料的冲击作用而实现破碎的设备。它的工作原理和反击式破碎机类似，但设计理念和给料方式存在较大区别。根据转子轴的安装方式，冲击式破碎机可分为立轴冲击式破碎机和卧轴冲击式破碎机。常见的是立轴冲击式破碎机，它是一种将转子轴竖直设计的冲击式破碎机；卧轴冲击式破碎机应用较少不做介绍。

图 2-87　反击锤式破碎机实物图

2.9.1 工作原理和关键结构

立轴冲击式破碎机结构如图 2-88 所示，主要由电机、机架、立轴部件、衬板等组成。物料由进料斗进入，经分料器将物料分成两部分，一部分由分料器中间进入高速旋转的叶轮中，在叶轮内被迅速加速，其加速度可达数百倍重力加速度，然后以很高的速度从叶轮均布的流道内抛射出去，首先同由分料器四周落下的一部分物料冲击破碎，然后一起冲击到涡动腔内物料衬层上，被物料衬层反弹，斜向上冲击到涡动腔的顶部，又改变其运动方向，偏转向下运动，从叶轮流道发射出来的物

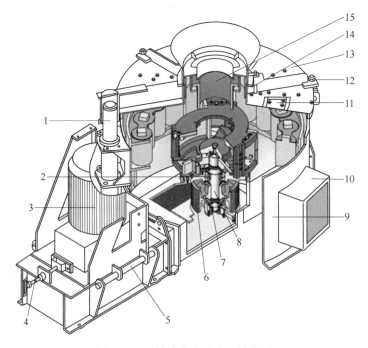

图 2-88　立轴冲击式破碎机结构图

1—启盖装置；2—上部轴承；3—电机；4—皮带张紧器；5—电机支撑轴；6—皮带轮；7—底部轴承；8—主轴；9—机架；10—润滑装置；11—观察口；12—盖锁；13—盖；14—入料调节装置；15—入料口

料形成连续的物料幕。这样物料在涡动破碎腔内受到两次以至多次机率撞击、摩擦和研磨破碎作用。被破碎的物料由下部排料口排出。在整个破碎过程中，物料相互自行冲击破碎，不与金属元件直接接触，而是与物料衬层发生冲击、摩擦而粉碎，这就减少了污染，延长机械磨损时间。涡动腔内部巧妙的气流自循环消除了粉尘污染。

2.9.2　工业应用

冲击式破碎机俗称"制砂机"，设备结构简单，维护方便，噪声小，广泛应用于建筑骨料、机制砂等行业，也适用于建材、化工、电力、冶金等行业中等硬度物料的细碎作业。适用中细碎不同硬度的各种矿石和岩石，如铁矿石、有色金属矿石、金刚砂、铝矾土、石英砂、棕刚玉、珍珠岩、玄武岩等高硬度物料的中细碎作业，是国内外建筑、矿山、冶金行业以及高速公路、铁路、桥梁、水电、矿物粉磨领域及机制砂行业的核心设备。其实物如图2-89所示。

表 2-18 为几种常见冲击式破碎机的技术参数[51]。

图 2-89　立轴冲击式破碎机

表 2-18　冲击式破碎机的技术参数表

型　号	最大入料/mm	功率（×台）/kW	叶轮转速/r·min^{-1}	处理量/t·h^{-1}	重量/t
PCL-600	30	30(×2)	2000~3000	12~30	6
PCL-900	40	55(×2)	1200~2000	55~100	12
PCL-1250	45	132~180(×2)	850~1450	160~300	22

参 考 文 献

[1] 中国大百科全书总编辑委员会．中国大百科全书［M］．北京：中国大百科全书出版社，2012．

[2] 廖汉元，孔建益，钮国辉．颚式破碎机［M］．北京：机械工业出版社，1998．

[3] 郎宝贤，郎世平．颚式破碎机设计与检修［M］．北京：机械工业出版社，1990．

[4] 李启衡．碎矿与磨矿［M］．北京：冶金工业出版社，1995：12．

[5]《破碎粉磨机械》编写组．破碎粉磨机械［M］．北京：机械工业出版社，1978．

[6] 古德生．知识经济与21世纪的矿业［J］．矿业研究与开发，1999（1）：1-5．

[7] 夏晓鸥，罗秀建．惯性圆锥破碎机［M］．北京：冶金工业出版社，2015．

[8] 黄老．六韬．古籍．

[9] 宋应星．天工开物．古籍，1637．

[10] 孙传尧．选矿工程师手册［M］．北京：冶金工业出版社，2015．

[11] Sadrai S, Meech J A, Ghomshei M, et al. Influence of impact velocity on fragmentation and the energy efficiency of comminution [J]. International Journal of Impact Engineering, 2006, 33: 723-734.

[12] Tang C A, Liu H Y, Zhu W C, et al. Numerical approach to particle breakage under different loading conditions [J]. Powder Technology, 2004, 143-144: 130-143.

[13] 赵昱东. 破碎机械在金属矿山的使用与发展 [J]. 矿业快报, 2004 (5): 1-6.

[14] Unland G, Szczelina P. Coarse crushing of brittle rocks by compression [J]. International Journal of Mineral Processing, 2004, 74: 209-217.

[15] 韩春笑, 郭希群. 冲击式破碎机在砂岩加工系统中的应用与探讨 [J]. 玻璃, 1998, 25 (5): 4-9.

[16] 母福生. 破碎粉磨技术进展 [J]. 矿山机械, 2003 (4): 6-8.

[17] 齐国成. 立式冲击破碎机的破碎机理研究 [J]. 中国建材装备, 1996 (11): 16-21.

[18] 孙成林. 破碎机的新发展 [J]. 硫磷设计与粉体工程, 2001 (3): 34-40.

[19] 郎宝贤. 圆锥破碎机现状和发展方向 [J]. 矿山机械, 2001 (1): 21-22.

[20] 郎宝贤. 对引进国外新型圆锥破碎机的分析 [J]. 冶金矿山设计与建设, 1998 (5): 49-54.

[21] 郎宝贤. 国内圆锥破碎机的现状与发展创新 [J]. 矿山机械, 2011 (6): 80-84.

[22] 瓦斯别尔格. 选矿前矿石准备技术与工艺新进展 [J]. 国外金属矿选矿, 2002 (9): 34-39.

[23] Lindqvist M, Evertsson C M. Prediction of worn geometry in cone crushers [J]. Minerals Engineering, 2003, 16: 1355-1361.

[24] 赵昱东. 高效节能破磨设备的进展 [J]. 冶金矿山设计与建设, 1999 (5): 33-36.

[25] 肖六钧, 银纪普. 高效细碎机生产应用现状与发展趋势探讨 [J]. 中国矿业, 2001 (4): 66-69.

[26] 任德树, 译. 辊压破碎机在智利洛斯科罗拉多斯铁矿选矿厂的应用经验 [J]. 国外金属矿选矿, 2001 (6): 9-13.

[27] 奚树材, 杨庆林, 钱士湖, 等. GM1000×200 高压辊磨机在姑山选矿厂试生产及提高辊面耐磨性攻关试验 [J]. 金属矿山, 2003 (增刊): 155-159.

[28] 郎宝贤. 颚式破碎机现状与发展 [J]. 冶金设备, 2004 (1): 9-10.

[29] 孙永宁, 葛继, 关航健. 现代破碎理论与国内破碎设备的发展 [J]. 江西冶金, 2007 (5): 5-8.

[30] 上海建设路桥机械设备有限公司. 颚式破碎机技术参数 [EB/OL]. http://www.shanbao.com/p.asp?cid=562.

[31] 饶绮麟. 新型破碎设备——外动颚匀摆颚式破碎机 [J]. 有色金属, 1999 (8): 1-6.

[32] 张峰. 新型颚式破碎机 PD100120 虚拟样机的研究 [D]. 北京: 北京科技大学, 2006.

[33] 王旭. 振动颚式破碎机工作机理研究 [D]. 北京: 北京矿冶研究总院, 2010.

[34] 王晓波. 惯性振动破碎机自同步技术研究 [D]. 北京: 北京矿冶研究总院, 2014.

[35] 邱静雯, 郭文哲, 付晓蓉. 国内外大型液压旋回破碎机的发展现状 [J]. 金属矿山, 2013 (7): 126-134.

[36] 北方重工股份有限公司. 旋回破碎机技术参数 [EB/OL]. http://www.china-sz.com/xuanhuiposuiji/.

[37] Ревнивпев В И, 等. 粉碎任何强度物料的振动惯性选择性粉碎的工艺和设备 (张国柱, 叶振声 译) [J]. 国外金属矿选矿, 1992 (8): 1-10.

[38] 罗秀建, 王健, 等. 利用惯性圆锥破碎机加工钢渣粉的研究 [J]. 有色金属, 2002 (6): 23-25.

[39] 唐威. 惯性圆锥破碎机概述 [J]. 金属矿山, 2001 (9): 40-43.

[40] 刘子河, 王永福. 大型惯性圆锥破碎机在金属矿山的应用 [J]. 金属矿山, 1997 (8): 25-27.

[41] 唐威, 夏晓鸥, 等. 惯性圆锥破碎机在粉体加工领域的应用研究 [J]. 中国粉体技术, 2000, 6 (1): 72-74.

[42] 唐威. 惯性圆锥破碎机在矿业中的应用前景 [J]. 中国矿业, 2001, 10 (4): 61-66.

［43］ 唐威. 惯性圆锥破碎机结构原理与应用研究［J］. 矿山机械，2001，29（1）：31-33.

［44］ 陈帮，夏晓鸥，刘方明. 高硬度铜渣综合利用研究［J］. 铜业工程，2009（1）：4-6.

［45］ 朱炳玉，刘家军，朱亿广，等. 新疆伊宁金山金矿床金的赋存状态［J］. 地质通报，2010（7）：1049-1055.

［46］ 沈阳东工装备科技有限公司. 铁矿石高压辊磨高效节能粉碎装备［R］. 沈阳东工装备科技有限公司，2011.

［47］ 成都利君股份有限公司. 辊压破碎机技术参数［EB/OL］. http：//www. cdleejun. com/chanpinzhongxin/shuinijiancaixingye/CLFchanpinxilie/.

［48］ 齿辊式破碎机［EB/OL］. https：//baike. baidu. com/item/.

［49］ 河南开拓机械有限公司. 辊齿破碎机技术参数［EB/OL］. http：//www. hnktjx. com/product/posuiji/2015/05/14/DanChiGunShiPoSuiJi/.

［50］ 杨福真，郎平振，等，PG2025双层多级盘式辊压破碎机研制报告［R］. 北京矿冶研究总院，2011.

［51］ 冲击式破碎机［EB/OL］. https：//baike. baidu. com/item/PCL%E5%9E%8B%E5%88%B6%E7%A0%82%E6%9C%BA/853907？fr=aladdin.

3 磨矿装备

3.1 概述

磨矿是破碎过程的继续，是使矿石粒度继续减小的过程，也是各种有用矿物颗粒产生解离的过程。在选矿生产中，大多数金属矿石嵌布粒度细，需要经过磨矿使矿石中各种有用矿物获得较理想的单体解离度，才能顺利地进行选别。选矿指标在很大程度上取决于磨矿作业的操作。磨碎产品的合适粒度，取决于选矿方法、有用矿物的嵌布粒度及用户对产品的要求等，并需要通过试验方法确定[1]。

磨矿作业广泛用于冶金、建材、煤炭、化工、陶瓷、医药等工业部门。磨矿设备指借助介质（钢球、钢棒、砾石等）和矿石本身的冲击、剪切、磨剥作用，使破碎后的块状或粒状矿石粒度进一步减小，变成粉状物料的设备，是选矿厂的核心装备。磨矿功耗约占选厂功耗的 30%~70%，其技术进步对选矿厂经济指标影响巨大。

3.1.1 磨矿装备历史简述

在远古时代，古人用硬石碰撞、金属锤敲打来实施矿石破碎、磨细作业[2]。1512 年正式出现了湿法捣磨机，采用捣磨机将金矿磨细后再用混汞法回收黄金。1790 年出现了第一台辊式磨。19 世纪初期出现了现在广泛使用的球磨机。1870 年在球磨机的基础上，发展出排料粒度均匀的棒磨机。1891 年科诺（Konow）和戴维森（Davidson）申请了第一台连续生产的管式球磨机专利，1908 年又研制出不用研磨介质的自磨机。1906 年，C. V. 库伯（C. V. Grueber）发明了雷蒙磨。1910 年，法斯丁（Fasting）发明了振动磨机。1920 年安德鲁（Andrew Szegvari）申请了搅拌磨机专利。1935 年，美国霍华德（Harding）发明了瀑落式自磨机。1952 年日本河端重胜开发了塔磨机。1977 年德国施耐德（Schneider）研制成功了高压辊磨机。1994 年澳大利亚开发了艾莎磨机（Isa）[3]。美卓（Metso）公司生产了 SMD 搅拌介质磨机。

我国的磨矿设备研发和制造始于 20 世纪 40 年代，最初是引进消化国外设备，1958 年开始自行设计制造，1966 年进行磨矿设备的系列设计。20 世纪 70 年代末以来，我国的磨矿设备开始逐步采用国外技术，如气动离合器、动静压轴承、先进润滑方式、顶起装置、高铬耐磨钢衬板、磁性衬板、橡胶衬板和 PLC 自动控制装置等，同时增加了规格和品种，扩大了应用范围，使中国磨矿设备制造提高到了新的水平[4]。

3.1.2 磨矿装备主要分类

磨矿设备的分类方法很多，通常按施力方式不同分为滚筒形磨机、搅拌磨机、辊磨机、振动磨机、气流磨机等几大类。其中滚筒型磨机又可根据磨矿介质不同来划分：介质采用钢球的为球磨机；采用钢棒的为棒磨机；以被磨矿石本身为介质的为自磨机；加少量钢球和被磨矿石本身为介质的为半自磨机；以矿石或砾石为介质的为砾磨机。

棒磨机常用于粗磨作业；球磨机用于细磨作业或也常被用于粗磨作业；自磨机一般用于矿石破碎后的粉磨作业，可代替中碎、细碎及粗磨作业；搅拌磨机用于再磨细磨作业或超细磨矿作业；辊磨机用于干式细磨作业；振动磨机用于易燃、易爆以及易于炭化等固体原料的细磨或超细磨作业；气流磨机用于非金属物料超细磨作业。

3.1.3 磨矿装备发展趋势

最近十年来的磨矿设备发展以大型化、高效化为显著特征，因而进一步提升了磨矿系统的生产能力、降低了系统能耗和钢耗，主要有以下几个方面发展趋势：

(1) 伴随大型矿山的建设，设备大型化发展迅速，单机处理能力不断创新高。

(2) 随着搅拌磨机的快速发展和应用，细磨和超细磨成为研究热点。

(3) 重视提高磨矿过程作业率、加强磨机筒体防护的磁性衬板，使其得到更多重视。

(4) 粉碎理论和试验技术继续发展，离散单元法被引入粉碎理论研究中。

(5) 更加重视筛分设备运动轨迹的研究，同时派生出多种筛分设备。

(6) 超细分级逐渐成为水利分级设备的研究热点[5]。

随着计算机以及自动控制技术的发展以及多学科交叉的不断加强，磨机的结构、原理和衬板的几何形状的最佳设计都成为现实，这些为磨矿技术的发展应用创造了优越的条件。针对磨机建立的数学模型也在经历着从简到繁的发展过程，从最开始的单相流体运动到后来的介质群再到如今的多相耦合，其理论模型与实际情况越来越接近，不合理的假设越来越少，人们对磨机磨矿过程的认识逐渐深入，基于模型所进行的设备参数与结构优化以及合理放大选型将更具有实际指导意义[6]。随着科学技术的发展，以及对冶金产品提出的要求愈加严格，磨矿技术也得到不断进步。

3.2 自磨机

自磨机是一种依靠物料在磨机内自身互相冲击和磨剥作用进行粉碎的磨机。其基本工作原理是利用回转筒体将物料带到一定高度下落，使其相互之间产生挤压、冲击和磨剥等作用而粉磨物料。自磨机的最大特点是可以将来自采场的原矿或经过粗碎的矿石直接给入。自磨机可将物料一次磨碎到 -0.074mm 含量占产品总量的 20% ~ 50% 以上，粉碎比可达 4000 ~ 5000。

给入自磨机的最大块矿为 300 ~ 350mm（$F_{80} \geqslant 250$mm），在自磨机中大于 100mm 的矿块起研磨介质作用，小于 80mm 且大于 20mm 的矿粒磨碎能力差，其本身也不易被大块矿石磨碎，这部分物料通常称为"难磨矿石"或"顽石"。

自磨机最初以干式为主，其筒体直径较小，易于制造。为了满足工业生产和选矿厂大型化的需要，克服干式自磨机所存在的缺点，如自磨工作系统不易控制，能耗大；由于有粉尘污染，还需增设除尘设备，致使设备费用增加等，因此湿式自磨机发展较快，目前国内外已很少使用干式自磨机，原来使用的干式自磨机大部分已改为湿式自磨机。

3.2.1　发展历程

自 1880 年出现圆筒式磨机并于 1899 年在金矿试用后，人们就发现矿石可以自磨。1932 年，美国制造了世界上第一台 ϕ7.3m×0.9m 的湿式自磨机[7]。

20 世纪 50 年代瑞典波立登（Boliden）公司对湿式自磨机结构进行了系统的研究；后来美国哈丁（Harding）公司生产的湿式自磨机在工业上应用较多，故湿式自磨机又俗称哈丁（Harding）式自磨机。此时，工业型自磨机开始用于矿业，干式自磨机占 65% 以上。

1959 年，中国试制成功第一台 ϕ4m×1.2m 干式自磨机。

20 世纪 60 年代，国外自磨技术逐渐完善，铁矿采用了自磨工艺，促进了湿式自磨机迅速发展，达到自磨机的 70% 以上，当时规格达到 ϕ9.75m。

20 世纪 70 年代，自磨已成为矿山碎磨作业设计和设备选用中必须考虑的磨矿方式，自磨机规格达到 10.75m（36 英尺），这一时期是自磨机发展最快的时期。中国自 70 年代末以后自磨技术才日趋成熟。

20 世纪 80 年代，国外大型选矿厂中多数采用了自磨工艺，但由于受齿轮传动功率的限制，大型化停滞不前，在此后一段较长时间内自磨机规格没有新的突破。直到 1987 年，第一台功率为 15000 马力的环形电动机或称无齿轮传动装置用的 ϕ10.198m×5.118m（ϕ36 英尺×17 英尺）半自磨机的出现，拉开了自磨机大型化发展序幕。

20 世纪 90 年代，自磨机仍呈现出蓬勃发展的局面。1996 年，制造了 ϕ12.12mm×6.11mm（ϕ40 英尺×20 英尺）半自磨机，安装功率为 26000 马力。21 世纪以来，国外生产的自磨机规格达到了 ϕ12.19m。

21 世纪以来，国外生产的自磨机规格达到了 ϕ12.8m，装机功率 28000kW。2011 年，中国中信重工设计和制造了 ϕ12.19m×10.97m，电机功率为 28000kW 的自磨机[8]。

按磨矿工艺方法不同，自磨机可分为干式（气落式）和湿式（瀑落式）两种。目前，中国广泛使用的是湿式自磨机。自磨机有变速和定速两种拖动方式，有的自磨机还配备有微动装置。

3.2.2　干式自磨机

3.2.2.1　结构与工作原理

干式自磨机的筒体直径很大，长度很短，其长径比（L/D）一般为 0.3~0.35 左右，其结构如图 3-1 所示。由于矿石密度远远小于研磨介质，欲使矿石获得相当于金属介质的冲击和研磨作用力，需将自磨机筒体直径增大。筒体较短，主要是为了防止自磨过程中产生矿石的"偏析"（大块矿石集中在一端，小块矿石集中在另一端）现象。此外，筒体较短，可以降低风流流过筒体时的阻力损失，并增加风携量（每立方米风量每小时携带出的干料物量）。自磨机筒体两段中空轴颈的直径大、长度短，通常中空轴颈内径约为最大给矿粒度的 2 倍。直径大是为了适应自磨机给矿块度大，同时便于风流运输物料。自磨机筒体安装有"T"形提升衬板，其主要作用是为了提升矿石，严防大块矿石向下滑动，同时与下降矿石碰撞时起尖劈作用。

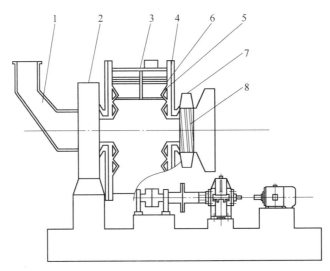

图 3-1 干式自磨机结构示意图

1—给矿漏斗；2—轴承；3—磨机筒体；4—端板；5—波峰衬板；6—T 形衬板；
7—排矿端轴承；8—排矿衬套及自返装置

干式自磨机工作原理如图 3-2 所示。给矿中的小颗粒由给矿端进入后，沿 A 面均匀地落于筒体的中心，然后向两侧扩散；给矿中的大块动能较大趋向于到达较远一端，其中一部分必然与 A、B 处衬板相撞返回至另一侧，因此也使大块得以均匀分布。A-A、B-B 的作用是防止矿料发生偏析，自排矿端沿机壁下端返回的矿粒如同新给料中的细颗粒一样均匀地落于筒体底部中心，然后向两边扩散。大块和细粒在筒体底部沿着轴向运动，方向正好相反，于是产生剥磨作用。

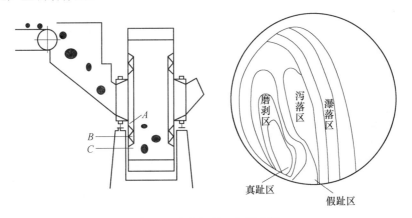

图 3-2 自磨机的工作原理图

提升板 C-C 和波峰衬板 B-B，有锁住矿石的作用，均匀分布在筒体底部的矿石，在"真趾区"集中，如图 3-2 所示。由于筒体的回转和筒体长度很短，筒体转动时，矿石首先在 C-C 处锁住，并且沿轴向挤成"拱形"，并逐渐向上发展，在 B-B 之间也形成"拱型"，使在"真趾区"的所有矿石处于受压状态。

矿石随筒体转动，位置迅速提高，矿石由压力状态转入张力状态。当重力克服离心力时，矿石就脱离筒体在磨机内循环运动。粗颗粒按滑落状态运动，细粒级按抛落状态运动。粗颗粒除自转外还向磨机中心运动，对于小颗粒产生剥磨作用。

采用自磨工艺，可以使碎磨流程极大简化，减少了物料运转过程，减少了粉尘污染，节省占地面积。但是由于矿石自身性质（如硬度、含泥量、含水量等）的不均匀性，导致了处理能力波动较大，对控制水平要求较高，生产操作要求水平较高。

3.2.2.2　工业应用

目前自磨机主要应用于铁矿石、金矿石、金刚石以及早期采用的有色金属矿石（如铜矿石）等磨矿作业。图 3-3 为外形尺寸 ϕ12.2m×11m，电机功率 28MW 的自磨机在中信泰富澳大利亚 SINO 铁矿的应用。

3.2.3　湿式自磨机

湿式自磨机又称瀑落式自磨机，其结构如图 3-4 所示。其特点如下：

（1）筒体直径大、长度短，但其长径比较干式自磨机大，一般为 0.3~0.5。

（2）端盖为锥体，锥角约 150°。

（3）筒体中间衬板微向内凹，这样可促使筒体内物料向中央积累，避免被磨物料产生粒度偏析而导致自磨效率降低。

（4）湿式自磨机均为格子排矿，调节格子板的高低可调节排矿速度。

（5）自磨机排矿端外装圆筒筛和自返装置，细物料过筛后进行下步处理，粗大颗粒借自返装置返回磨机再磨。

图 3-3　自磨机在澳大利亚 SINO 铁矿的工业应用

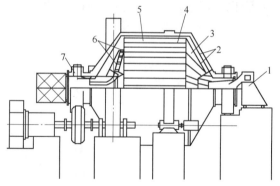

图 3-4　湿式自磨机的结构示意图
1—给矿小车；2—波峰衬板；3—端盖衬板；
4—提升衬板；5—筒体衬板；6—格子板；7—主轴承

湿式自磨机的排矿格板在靠近筒体内衬趋向筒体中心处有一段高度的挡板上没有格孔。根据这个高度的不同，湿式自磨机又分为低水平排矿、中水平排矿、高水平排矿，可根据生产要求借助更换无格孔挡板来调整排矿水平。有时，格子板上开设尺寸为 80mm×20mm 左右的砾石窗，以排出磨机中难磨颗粒，提高自磨机产量。

湿式自磨机的工作原理与干式自磨机基本相同。湿式自磨机细磨时产量很低，不能发挥其效能，故常与球磨机连用，自磨产品进入球磨机再细磨处理。湿式自磨机的优点是分级系统较干式自磨机简单得多；含泥多的矿石采用湿式自磨机处理可省去洗矿作业，更为适宜。

由于自磨技术具有节省钢耗（不装介质或装少量介质），简化流程，节省基建投资，磨碎产品不受铁污染，单体解离较好和对矿石的适应性强等明显的优越性，因此已广泛用于铁矿、铜矿和其他稀有金属矿，以及化工、建材和其他工业部门。

3.3 半自磨机

3.3.1 结构与工作原理

半自磨机是一种依靠磨矿介质和物料在筒体内实现物料-物料、物料-磨介之间互相冲击和磨剥作用进行粉碎的磨机。

半自磨机在自磨机基础上发展而来，在20世纪60年代后自磨机的应用过程中，对于原矿性质硬度变化比较大的矿石，明显影响了自磨机运行过程中的磨矿效率，给矿性质的波动导致了磨矿介质的不稳定，进而导致了自磨机工作状态的变化。为了提高自磨机的处理能力，往自磨机中添加少量钢球，以加速破碎难磨颗粒、提高自磨效率。根据实践经验加入的钢球尺寸为100~120mm，太小效果不大，太大则易砸坏磨机衬板。钢球添加量一般占磨机有效容积的2%~20%。半自磨机在考虑矿石性质的同时，还要考虑所添加钢球的最大直径、最大钢球填充率，并在此基础上进行功率计算和配置。因此，同种规格下，半自磨机的机械强度和驱动功率要比自磨机大得多。

半自磨机依据其工作过程中是否加水，可分为干式和湿式两种。由于干式半自磨机对设备的密封性能要求严格，工作过程中粉尘污染严重，需配备通风系统，一般用于一些水资源紧缺的地区。湿式半自磨机具有明显优势，在生产实践中取得了广泛应用。

半自磨机的工作性能受较多因素影响，主要包括半自磨机的结构设计参数、磨机运行控制参数和物料的性质参数。其中结构参数主要包括半自磨机直径、提升衬板几何参数、排料方式等；控制参数主要包括半自磨机的转速、给料速率、介质填充率等；物料性质参数主要包括硬度、粒度等[9]。半自磨机具有如下4个特点：

（1）流程简单，易于操作。半自磨流程省去了常规的二、三段破碎及筛分作业，解决了常规流程处理湿而粘的矿石易导致流程不畅的难题，省去了破碎产生的粉尘回收及处理，同时也为整个流程的控制自动化创造了条件[10]。一个半自磨-球磨系列的生产能力可达到5000t/d，而常规磨矿单系列的生产能力不超过15000t/d。另外，有的现场可不用粗破碎，如菲律宾的Dizon铜矿选矿厂、美国内华达州的McDermitt汞矿选矿厂及许多铀矿山，都将矿山采出的矿石直接给入半自磨机。

（2）投资和经营费用低。半自磨具有冲击破碎和研磨兼有的磨矿特点，使其设备不断大型化，为大型选矿厂的投资和经营费降低提供了更大的空间[11]。和常规的碎磨流程相比，在同比价格下，半自磨流程由于省去了中细碎厂房、筛分厂房和多条带式输送机及其相应的收尘设备、设施等，在基建投资、占地面积方面具有优越性；在经营费方面，和常规的碎磨流程相比，半自磨流程的单位能耗高，但其金属消耗较低。美国的Pima选矿厂采用常规碎磨流程和半自磨流程处理同样的矿石，从1974年到1977年进行了4年的比较，结果表明，半自磨流程和常规流程相比，电力消耗高15.5%，但衬板消耗低6.7%，球的消耗低 14.5%，平均钢耗低 13.5%，总的生产费用低。

（3）改善了矿浆的电化学性质，有利于矿物的选别。与常规碎磨流程相比，采用矿石自身作为磨矿介质，在处理复杂的硫化矿时，铜、镍、钴、金、钼、铅、锌等矿物的浮选回收率都相应的提高，可能是采用钢球作为介质磨矿时，剥蚀下来的 Fe^{2+} 易在矿浆中形成 $Fe(OH)_2$，$Fe(OH)_2$ 吸附到矿物表面，使矿物表面的电化学性质发生变化而受到抑制，影响可浮性。而采用半自磨工艺，特别是对多金属矿石，可以减少磨矿介质给矿物浮选带来的不利影响。

（4）要求的自动控制水平高。由于半自磨机主要靠矿石自身形成的介质进行磨矿，回路的磨矿效率受所磨矿石性质的影响很大，给入矿石的硬度、粒度、含泥量等的变化，都会导致磨机的处理能力波动，因此，要求给矿量和磨矿能力均能进行调节，以适应矿石性质（硬度、粒度）的变化。生产实践中为了更好地稳定半自磨机的工作状态，除半自磨机的给矿量可以灵活调节外，大多数的半自磨机采用了变速驱动装置，可以根据给入矿石的硬度和粒度调节磨机转速，保持磨矿产品的性质稳定。

3.3.2　工业应用

半自磨机能提高磨机处理量、减少自磨生产波动，故工业上以半自磨代替自磨机日趋增多，在有色、黑色金属矿、建材、煤炭等行业应用广泛。半自磨工艺对矿石的适应性很好。它能处理软的或硬的、湿的或粘的，致密的或疏松的任何矿石，可替代常规中细碎、筛分以及矿石运转环节，使流程缩短，改善环节，节省投资，劳动生产率提高，综合运行成本降低。因此，在近 20 年来，半自磨机已经被广泛应用于各种金属、非金属及炉渣等各种物料的粉磨。随着制造技术和控制水平的发展，在国外大型矿山的建设或扩建改造中，除矿物选别的特殊要求外，新建或改造的项目大部分采用半自磨-球磨工艺作为碎磨工艺的首选[12]。2004 年，我国第一个半自磨+球磨生产工艺在冬瓜山铜矿建成投产，此后，大红山铁矿、乌奴格图山铜矿、德兴铜矿等一些冶金矿山选矿厂在其扩建或新建工程中相继采用了半自磨+球磨工艺[13]。图 3-5 为半自磨机在澳大利亚 Cadia 选矿厂的应用照片。

图 3-5　半自磨机在澳大利亚 Cadia 选矿厂的应用

3.4　球磨机

球磨机是利用回转筒体将研磨介质和物料带到一定高度下落，使其相互之间产生挤压、冲击和磨剥等作用而粉磨物料的设备。球磨机既可湿磨又可干磨，可用于处理各种矿物原料，广泛应用于水泥、硅酸盐制品、新型建筑材料、耐火材料、化肥、黑色金属与有色金属选矿以及玻璃陶瓷等生产行业，对各种矿石和其他可磨性物料进行干式或湿式粉磨。磨矿介质尺寸可随使用场合方便调节，可用于粗磨、细磨和超细磨等场合。目前球磨机一般用于给料粒度小于 20mm 和排料粒度小于 0.074mm 占 45% ~ 75% 的场合。

自 19 世纪意大利 ICF 公司设计制造的用于陶瓷工业的连续式球磨机问世以来，球磨机在矿山生产中应用已有 100 多年的历史，是矿山磨矿工艺的常用设备。

近年来，根据球磨机的工作原理，以节能降耗为目标，在传动方式、衬板、磨矿介质材料和磨机结构等方面得到了长足的发展，球磨机呈现出大型、高效、节能的特点。球磨机的生产厂家主要有芬兰美卓矿业公司（Metso）、奥托昆普公司（Qutokumpu）、德国克虏伯公司（Krupp）、洪堡公司（KHD）、丹麦史密斯公司（Smith）、日本川崎重工和中国中信重工、北方重工等[14]。

1998 年，奥托昆普公司（Qutokumpu）公司制造了 $\phi6.71m \times 11.13m$、装机功率 4500kW/台的球磨机；2001 年，FFE Minerals 公司制造了 $\phi7.32m \times 11.0m$ 球磨机，装机功率 11200kW/台；2002 年，FFE Minerals 公司与瑞士 ABB 公司合作，制造了 $\phi7.62m \times 11.58m$ 球磨机，装机功率 13420kW/台；2004 年，FE Minerals 公司制造了 $\phi7.92m \times 11.58m$ 球磨机并投入运行，装机功率 15500kW/台；2007 年，FE Minerals 公司制造了 $\phi7.92m \times 12.2m$ 球磨机，装机功率 17500kW/台；2011 年中信重工制造了 $\phi7.93m \times 13.6m$ 溢流型球磨机，装机功率 15600kW/台；至 2015 年底，世界上最大的球磨机型号为 $\phi8.50m \times 13.4m$，装机功率 22MW，由 Outotec 公司制造。

球磨机结构如图 3-6 所示，由给料部、出料部、回转部、传动部（减速机，小传动齿轮，电机，电控）等主要部分组成。球磨机的筒体主要为圆筒（圆锥球磨机除外），介质通常为钢球或钢段，直径一般为 25～150mm，其尺寸可根据待磨物料的性质及产品粒度要求选择，并按照筒体有效容积的 35%～50% 添加，一般磨机尺寸越大，钢球的充填率越低。

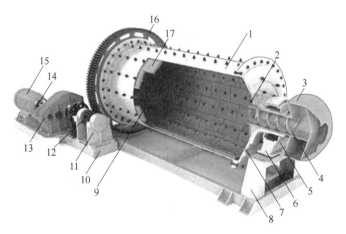

图 3-6　球磨机的结构示意图

1—筒体；2—石板；3—进料器；4—进料螺旋；5—轴承盖；6—轴承座；7—辊轮；8—支架；9—花板；10—驱动座；11—过桥轴承座；12—小齿轮；13—减速机；14—联轴器；15—电机；16—大齿圈；17—大衬板

当磨机以一定的速度作旋转运动时，装入筒体内的钢球在筒体衬板和磨矿介质之间的摩擦力、研磨介质的重力以及由在磨机旋转而产生的离心力的作用下，将随着筒体作旋转的上升运动，被提升到一定的高度，然后当研磨介质的重力（重力的径向分力）大于或等于离心力时，开始脱离筒体内壁，按照一定的轨迹降落，这种周而复始的运动，就产生了连续的冲击和研磨作用，从而粉碎物料。球磨机的介质运动状态如图 3-7 所示。

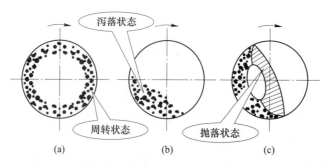

图 3-7　球磨机的介质运动状态

按装入的介质形状球磨机分为：

（1）球磨机：磨机筒体内装钢球或者钢段；

（2）棒磨机：磨机筒体内装入钢棒；

（3）自磨机：矿块本身作为介质；

（4）砾磨机：磨机筒体内装入砾石或瓷球。

按排矿方式球磨机分为：

（1）溢流排矿球磨机（排料通过中空轴排出）；

（2）格子排矿球磨机（磨机排料端设置有格子板）；

（3）筒体周边排矿球磨机（产品通过筒体周边的排料口排出）。

按筒体长度 L 与直径 D 之比球磨机分为：

（1）短筒型球磨机（$L/D \leqslant 1$）；

（2）长筒型球磨机（$L/D \geqslant 1 \sim 1.5$ 甚至 $2 \sim 3$）；

（3）管磨机（$L/D \geqslant 3 \sim 5$）。

按筒体形状球磨机分为：

（1）圆筒型球磨机；

（2）圆锥型球磨机。

依据传动装置所在位置球磨机分为：

（1）中心传动型球磨机；

（2）边缘传动型球磨机；

（3）托辊传动或者叫做摩擦传动球磨机。

3.4.1　溢流型球磨机

溢流型球磨机是一种依靠矿浆本身高过中空轴的下缘而自流溢出的球磨机。溢流型球磨机排料端中空轴径稍大于给料端中空轴径，磨矿机内矿浆面向排料端有一定倾斜度，当矿浆液面高于排料口内径最低母线时，矿浆便溢流排出球磨机。

3.4.1.1　结构与工作原理

溢流型球磨机结构如图 3-8 所示。筒体为卧式圆筒形，筒体长径比（L/D）较大，经法兰盘与端盖相接，两端有中空轴，给矿端中空轴内有正螺旋以便筒体旋转时给入物料，排矿端中空轴内有反螺旋以防止筒体旋转时球介质随溢流排出。给矿端安装给料器，排矿端安装传动大齿轮。筒体设有检修孔，以便检修。筒体端盖及内壁上敷设衬板，筒体内装入大量研磨介质。磨机的轴承负载着整个设备（包括钢球），并将负荷传递给基础，因此轴承必须有良好的润滑以免磨损。由于筒体较长，物料在磨机中停留时间较长，且排矿端排料孔内的反螺旋能阻止球介质排出，故可以采用小直径球介质。基于上述原因溢流型磨机更适用于物料的细磨。两段磨矿时通常一段用格子型球磨机，二段用溢流型球磨机，中矿再磨或第三段亦都采用溢流型球磨机。此外，溢流型球磨机排矿主要靠矿浆充满磨机后自动溢流而出，矿粒的排出很大程度上受矿石自身密度及粒度的影响。密度大的矿粒因沉降速度快而不易从磨机中空轴颈排出，而易沉入磨机底层经磨碎到较细粒度后方能排出；密度小的矿粒因沉降速度慢，所以能在较粗的粒度下从磨机排出。造成磨机产品粒度不均匀，其中密度大的粒度细，密度小的粒度粗，大密度矿物的过粉碎现象严重，这对密度大的金属矿物回收不利。

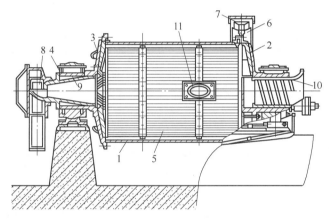

图 3-8 溢流型球磨机的结构示意图

1—筒体；2，3—端盖；4—主轴承；5—衬板；6—小齿轮；7—大齿圈；

8—给矿器；9—锥形衬套；10—轴承衬套；11—检修孔

溢流型球磨机结构简单，易于维修，产品粒度较细（一般小于 0.2mm）。由于排料液面较高，物料在磨机中停留时间长，生产能力比同规格格子型球磨机低 10%，易产生过粉碎，适用于粒度较细的场合。

3.4.1.2 工业应用

溢流型球磨机除了在选矿行业得到广泛应用，还可用于工业生产、硅酸盐制品、新型建筑材料、耐火材料、化肥、黑色与有色金属选矿以及玻璃陶瓷等生产行业，对各种矿石和其他可磨性物料进行干式或湿式粉磨。在选矿行业中常用于磨矿细度较细的矿石，或是精矿再磨作业。溢流型球磨机工业应用如图 3-9 和图 3-10 所示。

3.4.2 格子型球磨机

格子型球磨机是通过磨机排料端的格子板强制排出物料的一类球磨机。除排矿端安装有排矿格子板外，其他都与溢流形球磨机相似。

图 3-9　溢流型球磨机在鹿鸣钼矿的应用

图 3-10　中信重工制造的 φ7.9m×13.6m 溢流型球磨机

3.4.2.1　结构与工作原理

　　格子型球磨机结构如图 3-11 所示，在排矿端带有中空轴颈的端盖内，装有轴承内套和排矿格子。排矿格子由中心衬板、格子衬板和簸箕形衬板等组成。在端盖的内壁上铸有八根放射状的筋条，将端盖分成八个扇形室，在每个扇形室内安装簸箕形衬板，并用螺钉固定在端盖上，然后将格子板安装在由簸箕衬板所形成的每个扇形室上。格子型球磨排矿端和格子板如图 3-12 所示。

　　格子衬板上的孔是倾斜排列的，孔的宽度向排矿端逐渐扩大，可以防止矿浆倒流和粗粒堵塞。矿浆在排矿端下部通过格子衬板上的孔隙流入扇形室，然后随筒体转到上部并沿孔道排出。

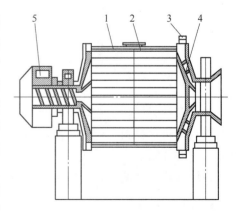

图 3-11　格子型球磨机结构示意图
1—筒体；2—筒体衬板；3—大齿环；
4—排矿格子；5—给矿器

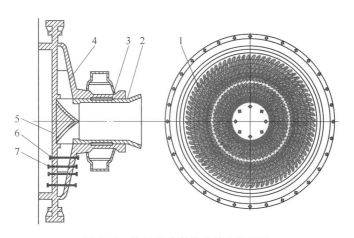

图 3-12 格子型球磨排矿端和格子板

1—格子衬板；2—轴承内套；3—中空轴颈；4—簸箕形衬板；5—中心衬板；6—筋条；7—楔铁

中空轴颈内镶有耐磨内套，且一端制成喇叭形叶片，以便引导矿浆顺叶片流出磨机。由于矿浆是通过格子板排矿装置排出，因此称为格子形球磨机。

格子形球磨机在排料端采用格子板进行强制排矿，这种加速排料作用可保持筒体排矿端矿浆面较低，从而使矿浆在磨机筒体内的流动加快，可减轻物料的过粉碎和提高磨机生产能力。

3.4.2.2 工业应用

格子型球磨机广泛应用于水泥，硅酸盐制品，新型建筑材料、耐火材料、化肥、黑色与有色金属选矿以及玻璃陶瓷等生产行业，对各种矿石和其他可磨性物料进行干式或湿式粉磨。格子形球磨机工业应用如图 3-13 所示。

3.4.3 周边排料球磨机

通过筒体筒壁周边上的圆孔将矿浆排出筒体的磨机，结构如图 3-14 所示。由于周边排料球磨机是采用筒体周边进行排矿，大密度矿物虽然同样易于沉积于磨机底层，但亦能

图 3-13 乌山二期应用现场

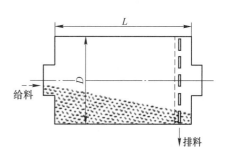

图 3-14 周边排料球磨机示意图

沿着筒壁顺利排出，所以可以在较粗粒度情况下从磨机内排出，减少大密度矿物的过磨及过粉碎；同样，小密度矿物也要进入磨机底层经过强烈的磨碎作用方能排出磨机，故产品粒度比较细。因此，周边排料磨机磨矿时软硬两种矿物的粒度差小，产品粒度均匀，大密度的金属矿物受到选择性保护，降低了过磨及过粉碎，有利于它们的回收。

周边排料球磨机内矿浆液面很低，矿浆对介质的破碎阻力小，故破碎作用强，介质能充分发挥作用，能量利用率提高。

周边排料磨机有过粉碎程度轻、磨矿速度快等优点，应用于矿山、冶金、建筑等行业。20世纪70年代中期用于硫酸渣球团工艺和有色冶炼厂的铅锌冶炼制团工艺，与过去所采用的干式格子型球磨机相比，可以缩短团矿的制作工艺，省去柴、煤等原料的干燥，减少了设备、降低了能耗，且能提高团矿质量和金属回收率，改善劳动条件和环保条件等显著效果。

3.4.4 边缘传动球磨机

利用磨机筒体周边大齿圈的转动而带动筒体转动的球磨机。边缘传动球磨机有左旋和右旋两种传动方式，在两台并联使用的球磨机中，采用一左旋一右旋球磨机可节省空间，方便维护保养。

目前，大型磨机很多是通过斜齿轮啮合驱动的，即通过由螺栓固定在其筒体上的大齿圈与一个或两个小齿轮啮合，而小齿轮则由低速同步电机驱动，这样就将动力由电机传到筒体上，从而带动筒体旋转。边缘传动球磨机的主要优点为齿轮加工精度要求低，因而制造成本低。边缘传动球磨机结构示意图结构如图3-15所示。

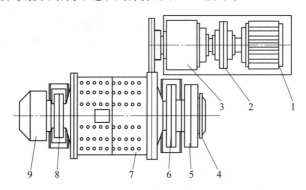

图 3-15 边缘传动球磨机结构示意图
1—电机；2—液力耦合器；3—行星齿轮减速机；4—联轴器；5—排料器；6，8—滚动轴承；
7—筒体；9—给料器

3.4.5 中心传动球磨机

筒体与其传动机构水平中心线重合的球磨机，结构如图3-16所示。中心传动球磨机采用液力耦合器，能隔离扭振和冲击，使负载启动平稳，故改善磨机的启动性能。而且使用硬齿面齿轮减速器传动，传动比大，运行平稳，噪声小，且便于维护。此外，中心传动球磨机由于采用圆柱滚子轴承，减少了摩擦阻力和静阻力矩，加上使用了液力耦合器和齿轮减速器，电动机功率较常规磨机小，节能效果显著。

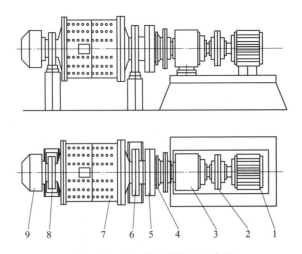

图 3-16 中心传动球磨机示意图

1—电机；2—液力耦合器；3—行星齿轮减速机；4—联轴器；5—排料器；6，8—滚动轴承；
7—筒体；9—给料器

与边缘传动球磨机相比，中心传动球磨机具有以下特点：

（1）结构紧凑，占地面积小；

（2）整机质量较小；

（3）机械效率高，一般为 0.92~0.94，最高可达 0.99。

中心传动球磨机较先进，当功率较小（2500kW 以下）时，两种传动型式均可选择。

3.4.6 锥形球磨机

筒体为圆锥型的一种球磨机。锥形球磨机由哈丁治氏发明，因此也称为哈丁治球磨机。锥形球磨机的筒体由圆筒和圆锥结合而成，靠近给矿口的圆锥，顶角约120°，向外张开，靠近排矿口的圆锥，顶角约为60°，向圆筒部逐渐收缩。这两种锥顶角之所以不同，是根据矿石由给矿到排矿，其粒度要由大逐渐变小，而球磨机的粉碎力的强度也须相应地逐渐减弱原理设计的。这种球磨机的直径越接近排矿口越小，因此，不但能改变球的运动状态，而且可以在排矿口附近利用直径较小的球，磨细粒的矿石，因而达到减弱球磨机粉碎强度的目的。球的运动也随球磨机直径不同而不同，在圆筒部分循抛物线的轨迹运动，但在排矿口直径较小的地方，则成滑动式的运动。排矿端的锥形还起着帮助粉碎完的矿石迅速排出的作用。两者中间的圆筒较短，约为直径的 1/3 ~ 1/4。锥形球磨机结构示意图如图 3-17 所示。

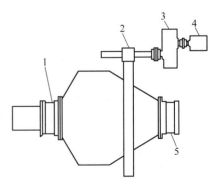

图 3-17 锥形球磨机结构示意图

1—给矿端；2—齿轮圈与小齿轮；
3—减速机；4—电机；5—排矿端

20 世纪 90 年代，国内罗山金矿，招远黄金等选矿厂都采用了锥形球磨机。与哈丁治锥形球磨机不同的是，新开发的锥形球磨机只在圆柱筒体的出料端增加了一段圆锥筒体，这样既增加了有效容积，又使筒体内介质分布合理，从进料端到出料端，矿块和磨球按由大到小分级排列，因而可充分发挥各类磨球作用，提高磨机效率，增加处理量。

锥形球磨机具有较高的圆锥频率和振幅，因此其抗振性能有较高的要求，锥形球磨机的部件应满足大的启动扭矩和抗振的特性。由于锥形球磨机具有较大的偏心重量，启动时要克服偏心距和摩擦力矩，往往用较长的启动时间才能启动起来，使球磨机在这段时间里可能过载发热而引起保护装置断开，使球磨机启动困难。锥形球磨机尺寸一般均较小，太大的可靠性较低。

3.4.7 风力排料球磨机

依靠风力将被磨物料排出磨机筒体的球磨机。风力排料球磨机为干式球磨机，被磨物料通过风力输送由给料口进入球磨机，经过磨矿介质的冲击与研磨后，从磨机的进口逐渐向出口移动，出口端与风管连接，有时在系统中还串联着分离器、选粉机、除尘器及风机的进口，当风力排料开始运作时，球磨机机体内相对的处于低负压，破碎后被磨细的物料随着风力从出料口进入管道系统，由选粉机将较粗的颗粒分离后重新送入球磨机进口，已经破碎的物料则由分离器分离回收。风力排料球磨机结构示意图如图 3-18 所示。

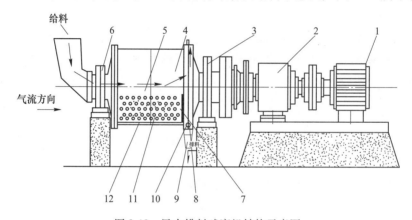

图 3-18　风力排料球磨机结构示意图

1—电机；2—减速机；3—支撑装置；4—筒体；5—检修人孔；6—进料装置；7—出料箅板；
8—出料腔；9—集料罩；10—甩料孔；11—破碎介质；12—衬板

风力排料球磨机主要应用于水泥成品及原料粉磨，也适用于冶金、化工、电力等工矿企业粉磨、各种矿石及其他可磨性物料。

3.5 棒磨机

棒磨机是采用钢棒为研磨介质的滚筒式磨矿机。棒磨机是依靠棒的压力和磨剥力磨碎矿石的。当棒打击矿石时，首先打碎粗粒，然后才磨碎较小的矿粒；棒与棒之间是线接触，因此，当棒沿筒壁转动上升，其间夹着粗粒，类似棒条筛作用，让细粒从棒缝间通过，这也有利于夹碎粗粒和使粗粒集中在磨矿介质打击的地方。因此，棒磨机有选择性磨矿作用，产品粒度均匀，过粉碎较小。

棒磨机结构与溢流形球磨机大致相同，结构如图 3-19 所示，主要由筒体、端盖、传动齿轮、主轴承、筒体衬板、端盖衬板、给矿器、给矿口、排矿口、法兰盘、检修口等组成。依据排矿位置的不同，有溢流型棒磨机、端部周边排矿型棒磨机和中心周边排矿型棒磨机之分。排矿端中空轴颈的直径比同规格的溢流型球磨机大得多，可降低矿浆水平和加速矿浆通过棒磨机速度。

溢流型棒磨机是排矿靠矿浆本身自流溢出的一类棒磨机。与溢流型球磨机不同，溢流型棒磨机的排矿端没有中空轴颈，只是在排矿端的中央开有一个孔径很大的喇叭形的溢流口，为避免矿浆飞溅和钢棒从磨机筒体

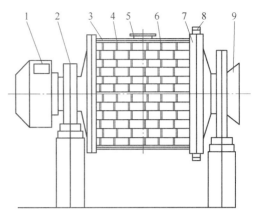

图 3-19　溢流型棒磨机的结构示意图
1—给矿口；2—主轴承；3—筒体；
4—筒体衬板；5—检修口；6—检测仪器；
7—端盖衬板；8—传动齿轮；9—排矿口

内滑出，排矿口用固定的锥形盖挡住，矿浆经喇叭形溢流口与盖子之间的环状空间溢出。溢流型棒磨机应用最为普遍，产品粒度比其他两种细，一般用来磨细破碎后的产品，再供给球磨机使用，产品粒度为-2～+0.5mm。

端部周边排矿棒磨机通过磨矿机轴颈从一端加料，并借助若干圆周孔从磨矿机的另一端将磨矿产品排至紧挨着的环形槽中的一类棒磨机。这种棒磨机主要用于需要得到中等粒度产品的干磨和湿磨过程。端头周边排矿棒磨机属于周边排矿棒磨机的一种，除排矿方式不同外，其他结构与溢流型棒磨机基本相同。采用端头周边排矿棒磨机可以获得高的速度梯度和更好的流动率，产品粒度为-5～+2mm。

中心周边排矿棒磨机是通过磨矿机两端的轴颈给矿，并通过圆筒中部的圆周孔口将磨矿产品排出的一类棒磨机。矿浆行程短，坡度陡，因此这种磨机能进行粗磨，细粒产量很少，故磨碎比较小。中心周边排矿棒磨机可用于湿式和干式，其最大用途是制备砂石，以获得高处理量和粗产品。中心周边排矿棒磨机较溢流型棒磨机具有更高的磨矿效率，鉴于这种棒磨机具有磨矿效率高、节省能耗和提高产品质量等优点，目前已在中国某些工业生产中得到应用。可用作湿磨及润湿磨矿作业。润湿磨矿过程中磨矿浓度可达 87%～92%，球团作业常用。

棒磨机的用途主要包括：

（1）用于钨锡矿和其他稀有金属矿的重选厂或磁选厂。

（2）当用二段磨矿流程时，如果第一段是从 20～6mm 磨到 3～1mm，采用棒磨作第一段磨矿设备时，生产能力较大，效率也较高。

（3）在某些情况下可以代替短头圆锥碎矿机作细碎。

3.6　砾磨机

砾磨机是利用砾石等作为研磨介质的磨矿设备。砾磨机又称作细粒自磨机，作为棒磨和自磨的二次磨矿设备。砾磨机在结构方面与球磨机或棒磨机极为相似，故现有选矿厂的球磨机改装成砾磨机时，结构不需进行根本改变，但是，为了保持选矿厂原有的处理能

力，需要增加磨机容量或台数（因砾石密度比钢球小得多）。砾磨机一般与水力旋流器构成闭路磨矿作业。

砾磨机的结构与球磨机一样，二者可以通用。只是由于所用砾石介质密度比金属介质低得多，单位容积的产量较低，因此砾磨机的处理能力比球磨机低得多。砾磨机采用格子型而不采用溢流型，其原因是格子排矿时矿浆面低，可充分发挥介质的冲击作用；排矿较快减少了过磨现象；矿量及介质量有变化时，排矿亦较均衡而不会涌出大块矿石。

砾磨机的给料一般是经过棒磨机、球磨机或一段自磨机粗磨后的细粒。如用于棒磨机后的二次磨矿，给矿粒度一般是 0.8~0.2mm；若处理自磨或球磨机的排矿，则给矿粒度一般为 0.30~0.075mm 左右。有时用砾磨作一次磨矿，给矿为细碎后的产物，最大粒度为 20~10mm。

砾磨机采用的介质简称砾介。砾介的尺寸是依据砾介的质量与普通钢球磨矿介质的质量相等的原则而决定的。也就是说砾介的大小与矿石的密度成反比。粗磨时，砾介的粒级范围为 80~250mm。细磨时，如砾介来自上段自磨机中，则粒级范围为 25~60mm；如砾介由破碎产物筛分而得，粒级范围一般为 40~80mm，若砾介消耗量大，粒级范围可扩大到 30~100mm。经验表明，砾介范围应尽可能的窄，磨矿效果才好。

砾介的供给方式有两种：通常是从中碎产物中筛出，若砾介消耗量大，还可以从粗碎产物中部分筛出；另一种方式是取自自磨机，在一段自磨机的排矿格子板上开有数个砾石窗，将"顽石"引出后进行筛分，提取理想的粗粒级作砾介。后一种情况所得到的砾介在自磨机内经过"考验"，硬度高，形状好，是较理想的砾介。

砾磨机的介质充填率比球磨机略高，耗量也较大，而磨矿浓度比球磨机略低，磨机转速则较高，转速率为 80%~90%。砾石来源主要有 3 种：

（1）由破碎作业专门制取；

（2）自磨过程中产生的难磨颗粒；

（3）其他方式获取，如取自天然卵石。

影响砾介消耗的因素较多，不同情况下砾介的耗量差异很大，处理铁矿石时，砾介的消耗量一般为处理能力的 2%~7% 左右，处理有色金属矿石时，砾介的消耗量较高，个别达 20% 以上。

砾磨机筒体衬板可用瓷砖、硅砖等非金属材料，但采用橡胶衬板尤为适宜。当砾石介质的粒度小于 90mm 时，砾磨机使用橡胶衬板比钢质衬板更为经济。

砾磨工艺参数选取具有如下特点：

（1）转速率和填充率。砾磨的转速率一般为 75%，充填率为 40%~50%。

（2）砾磨浓度。砾磨的磨矿浓度一般要比球磨机低 10%。且砾磨的磨矿浓度一般以固体体积百分浓度计算，在球磨机中为使钢球消耗至最小，其固体体积百分浓度保持在 45%~50% 左右，而砾磨矿浆浓度一般为 35%~45%（相当于重量百分浓度的 60%~70%）。此外，最佳砾磨浓度还取决于砾介的大小和质量。

（3）产品粒度。砾磨用于细磨时最经济，当细度要求越细时，砾磨单位处理能力与球磨机越接近，其优越性越显著。如磨到 75%~85%-0.074mm 时，砾磨比球磨低 25%~35%，当磨到 95%-0.074mm 时，仅降低 10%，当磨到 90%~95%-0.05mm 时，单位处理能力基本相等。目前世界各工业原料国家争相采用砾磨作细磨设备，它可以充分利用在一段自磨中矿石自生的砾石作为磨矿介质，取得节省钢耗而功耗不增加的经济效果。

砾磨机主要应用于下述三种场合：

（1）被磨物料严禁铁质金属的混入，以免影响产品质量或下步加工工序，如化工、陶瓷等工业。

（2）某些有用矿物很软，采用金属磨球作研磨介质易造成过粉碎，如钼精矿或中矿的再磨作业。

（3）为了提高湿式自磨机产量，由自磨机中排出的难磨颗粒作为砾磨介质。砾磨机主要用于二段磨矿需要尽可能降低矿物受污染程度和运行成本的应用场合。砾磨机还用于矿石能够产生适当砾石的情况。

3.7 搅拌磨机

搅拌磨机是一种利用搅拌装置带动研磨介质运动而产生研磨、冲击、剪切作用粉磨物料的设备。搅拌磨机由一个固定的磨矿室、一套旋转的搅拌器及小尺寸磨矿介质组成。其最显著的特点是通过搅拌装置直接将动力作用于研磨介质和被磨物料，能量有效地用于研磨，而不是损耗于转动或振动笨重的筒体，因此，其效率数倍于借助重力场做功的球磨机与振动磨机；另外搅拌磨机依靠高强度搅拌作用，有效带动小的磨矿介质，形成很多压缩的旋转介质层，产生压力和扭转力，这两个力亦比球磨机中产生的冲击力和研磨力对物料的粉碎作用要有效得多。

1928 年，美国安德鲁·赛格瓦力博士（Dr. Andrew Szegvari）用一把鹅卵石，一个金属加仑桶，一台小型钻床做成了一台简易的设备，用来将硫搅拌至所需分散度，此为世界上第一台搅拌磨机。由于其兼具搅拌与磨矿功能，因而叫搅拌磨机。

1952 年，杜邦公司开发了将渥太华硅砂作为介质的超细介质搅拌磨—立式砂磨机；日本人河端重胜发明了塔磨机，并成立 Kubota Tower Mill 公司进行塔磨机的推广；20 世纪 70 年代，为了克服立式砂磨机因介质偏析，研磨不匀、不易启动等缺点，开发了卧式砂磨机，使用更细的介质进行粉磨，有效提高了卧式砂磨机的粉磨效率[15]。20 世纪 80 年代，德国道莱士公司（Drais）开发成功 DCP 环隙式搅拌磨机，其能量密度，采用大流量、高转速、小介质球，实现了设备体积小、处理量大、粒度细且分布均匀；美卓矿物公司（Metso）获得塔磨机专利技术，并经过改进，发展了 Verti Mill；20 世纪 90 年代，开发了小介质球（0.3~0.5mm）的超细磨机，使粉碎分散效率大大提高；1994 年，世界上第一台艾莎磨机（M3000）在 Mount Isa 铅锌选矿厂投入运行；2003 年，最大的艾萨达姆磨机 M10000 在南非的英美铂业公司运行，用于铂族元素的回收，该机容积 10m^3，装机功率为 2600kW；2010 年，美卓矿业公司生产的 2250kW 的立磨机安装于澳大利亚 Newerest 公司的 Cadia Valley 铜金矿，处理能力 780t/h。

与美、日、德等工业发达国家相比，中国搅拌磨机的研制起步较晚，始于 20 世纪 70 年代初期，经过几十年的发展，取得了较大的进步。重庆化工机械厂研制了中国第一台砂磨机，应用于涂料、染料、油墨及颜料等工业。随后相继开发了卧式砂磨机、双筒砂磨机、窄隙砂磨机和密闭型砂磨机等设备。20 世纪 80 年代初，长沙矿冶研究院和秦皇岛冶金设计院相继开发了 JM-600 型、JM-1000 型及 MQL-500 型立式螺旋搅拌磨机（塔式磨机）。20 世纪 90 年代中期中科院金属所开发成功塔浸磨机，用于金矿再磨作业。随着国内重质碳酸钙、高岭土等非金属矿行业的发展和需求，苏州非金属矿工业设计院联合江苏一些制造厂家研制了 BP 系列剥片机，成功用于高岭土、重钙、膨润土等行业。2010 年以来，北京矿冶科技集团有限公司成功开发出 KLM 型立式螺旋搅拌磨机，并实现了装机功率从 3kW 到 1250kW 之间产品的系列化。

搅拌磨机综合了动量和冲量因而可以快速有效地进行超细粉磨使产品达到微米亚微米级，且其能耗绝大部分直接用于搅动介质球，减少不必要的损耗，因此能量利用效率高。在磨碎物料的同时，兼具搅拌和分散功能，是一种兼具多种功能的高效粉碎设备[16]。

搅拌磨机种类较多，按安装方式分为立式搅拌磨机和卧式搅拌磨机；按搅拌器结构可分为盘式搅拌磨机、螺旋搅拌磨机、棒式搅拌磨机及环式搅拌磨机等，见图 3-20；按作业模式可分为干式搅拌磨机、湿式搅拌磨机；按产品粒度可分为超细搅拌磨机、纳米搅拌磨机。

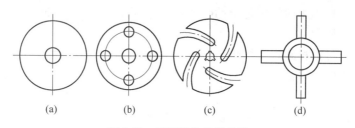

图 3-20　不同结构的搅拌器
（a）圆盘式搅拌器；（b）圆环式搅拌器；（c）螺旋叶片式搅拌器；（d）棒式搅拌器

3.7.1　立式搅拌磨机

立式搅拌磨机是筒体、搅拌装置及动力装置均为垂直安装的搅拌磨机。立式搅拌磨机由于采用垂直安装，磨矿过程中，重力参与做功，因此其最突出的优点是占地面积小、磨矿效率高。广泛用于铁矿、铜矿、铅锌等金属矿山以及碳酸钙、高岭土、石墨等非金属矿行业的再磨、细磨、超细磨工艺中。

3.7.1.1　结构与工作原理

立式搅拌磨机结构如图 3-21 所示，主要由电机、减速机、传动系统、支架、搅拌装置及筒体等组成。筒体多为敞开式，出料以溢流方式排出。一些立式搅拌磨出料口装有格栅，避免磨矿介质从筒体排出。由于立式搅拌磨机自身没有分级装置，因此在很多情况下需与水力旋流器组成闭路，以获得合格粒度产品。

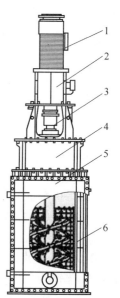

图 3-21　立式搅拌磨机结构示意图
1—电机；2—减速机；3—传动系统；
4—支架；5—筒体；6—搅拌装置

根据搅拌器形状不同，立式搅拌磨搅拌器转速会有变化，如立式螺旋搅拌磨为中低转速，而棒式、盘式立式搅拌磨为高转速。立式螺旋搅拌磨机，采用螺旋叶片式搅拌器，主要用于铁、铜、铅锌、钼等金属矿再磨、细磨、超细磨工艺中。相对其他立式搅拌磨机,立式螺旋搅拌磨机的螺旋搅拌器转速较低(30~120 r/min),研磨介质通常为 ϕ12~30mm 钢球。

立式螺旋搅拌磨机螺旋轴低速旋转时,离心力、重力、摩擦力的共同作用使磨矿介质与物料间产生有序的运动循环和宏观上的受力基本平衡。在螺旋叶片表面,磨矿介质螺旋式上升;在筒体内衬与螺旋叶片外缘间,磨矿介质螺旋式下降。在微观上,矿粒和磨矿介质受力的不均匀性形成动态的运动速差和受力变化,造成物料被强力挤压、研磨以及物料之间的受力折断、微剪切、劈碎等综合作用,从而实现矿物颗粒的高效粉磨。磨机采用电机驱动,经减速机减速后带动下部轴做低速旋转运动,下部轴上的螺旋衬板搅拌并提升介质。筒体分为上下两个部分,颗粒的搅拌与研磨主要发生在下半部分,而上半部分则为分级区。粒度小、质量轻的颗粒在螺旋的搅拌作用下向上运动并经溢流口溢流出来,减少过磨;粒度大的颗粒则在重力作用下向下运动并进入搅拌研磨区,越靠近筒体底部,介质受到的压力就越大,颗粒受到的研磨作用也就越强,正是在这种细颗粒上升溢流、粗颗粒下降研磨的作用下构成了整个磨机磨矿过程的有序循环[17,18]。

随着入磨物料越来越细,颗粒上的裂纹也越来越小,冲击粉碎的作用也越来越小,而研磨则占主导地位,立磨机的螺旋在旋转时不断搅拌和提升介质,强化了颗粒与介质之间的研磨作用,粉碎颗粒的有用功增加,提高了磨矿效率。在整个磨矿过程中,主要的磨矿区域是螺旋叶片的上表面以及螺旋与筒体之间的环形间隙,介质与介质之间、介质与螺旋衬板之间以及介质与筒体衬板之间的研磨起主要的磨矿作用。

为了提高磨矿效率,在工艺流程中通常将立磨机与旋流器组合在一起构成闭路磨矿,立磨机的排矿与流程中的新给矿一起进入到泵池中,然后通过渣浆泵输送到旋流器进行分级,分级后溢流进入到下一个选别流程,沉沙返回到立磨机中继续研磨,从而构成整个闭路磨矿流程。通过调节旋流器的参数来改变沉砂量,进而改变整个闭路磨矿的循环负荷,从而实现高效磨矿。立式螺旋搅拌磨机最大给矿粒度可达 6mm,产品粒度 2~74μm,最适宜的、磨矿效率最高的给矿粒度小于 2mm,产品粒度 20~65μm。KLM 型立式搅拌磨机参数见表 3-1。

表 3-1 KLM 型立式搅拌磨机参数表

型 号	功率/kW	容积/m³	处理量/t·d⁻¹	外形尺寸/m		
KLM-3	3	0.05	3~4	1.7	1.3	2.6
KLM-22	22	0.8	30~40	1.5	1.2	3.8
KLM-45	45	2	80~90	2.1	1.8	4.7
KLM-75	75	2.5	100~150	2.4	2.4	5.1
KLM-160	160	5	300~350	3.2	2.8	6.8
KLM-280	280	10	400~550	3.4	3	9.6
KLM-355	355	15	600~750	3.8	3.2	11.8
KLM-500	500	23	800~950	4.3	3.8	12.5
KLM-630	630	29	1000~1150	4.7	4.1	13.2
KLM-800	800	35	1200~1400	5.2	4.6	13.7
KLM-1000	1000	45	1500~1700	5.5	4.8	14.2
KLM-1250	1250	50	1900~2200	6.2	5.2	15.2

3.7.1.2 工业应用

立磨机工作时，磨矿介质与物料之间的充实度高，球与球、球与立磨机衬板及螺旋轴的碰撞很少，整个运动部件在宏观上受力平衡，从而使得基础受力很小；合格的物料总是较未合格的物料先到达溢流口附近，立磨机很容易就实现了粉碎过程的内部分级，过粉碎现象大为减少。与外部的旋流器构成闭路，通过控制旋流器的沉砂即可控制磨机的返砂量，从而调节磨机的处理量，大大增加了磨机的磨矿粒度范围，可用于有色、黑色金属及非金属矿的细磨和再磨作业中。立式搅拌磨机的工业应用如图 3-22 和图 3-23 所示。

图 3-22　VTM-4500-C 型 Vertical Mill 搅拌磨机 在哈萨克斯坦某铜矿应用　　　　图 3-23　KLM-630 型立式螺旋搅拌磨机生产现场

3.7.2 卧式搅拌磨机

卧式搅拌磨机是指研磨筒体、搅拌装置及动力装置均为水平布置的一类搅拌磨机。

3.7.2.1 结构与工作原理

卧式搅拌磨机结构如图 3-24 所示，由电动机、减速器、轴承座、筒体和机架等组成。搅拌轴呈水平放置，主轴上等间隔分布多个圆盘形搅拌元件构成搅拌器，搅拌主轴为悬臂

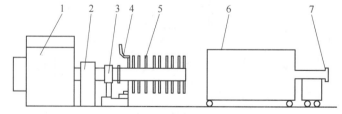

图 3-24　卧式搅拌磨机结构示意图

1—电机；2—减速机；3—传动系统；4—进料口；5—搅拌器；6—筒体；7—排料口

结构，主轴的悬臂端安装介质分离装置。通常情况下，物料从筒体前端进料口给入，从后端排料口排出，筒体上带有滚动装置和液压驱动装置，可以沿着机架上的滑轨向后拉开，筒体下部的机架是介质收集装置，可提高设备检修效率。卧式搅拌磨机与球磨机相比，具有占地面积小、基础结构简单等特点。

卧式搅拌磨机内部充填 1~6mm 左右的磨矿介质，介质在搅拌器的带动下高速运动，沿着搅拌轴公转的同时自身还在自转，并形成多级研磨区域：一是与搅拌器旋转方向相同的周向运动，形成了磨机筒体与搅拌器外圆之间的"筒状"研磨区域，介质的运动速度从外圆到筒壁的间隙呈逐渐降低的趋势，形成了较大的速度梯度；二是等间隔分布的圆盘将磨机腔体内部分割成多个研磨区域，矿物从进料口流向出料口的过程中经过多级研磨，磨矿过程高效；三是"瓣状"研磨区域，圆盘带动介质运动时，盘面附近的介质离心速度大，向磨机筒壁加速运动，介质运动到筒壁后沿磨盘的中间区域向主轴方向回流，在两盘之间形成两个对等的"瓣状"循环。

卧式搅拌磨机与普通球磨机相比有以下特点：

（1）卧式搅拌磨机通过高速搅拌装置使研磨介质获得动力，磨矿过程完全摆脱了依靠介质自身重力实现矿物粉碎的作用机理，介质的离心加速度可以达到重力加速度的数十倍甚至百倍，介质在离心加速运动下相互间产生剪切、挤压、摩擦作用，使矿物破碎。

（2）搅拌磨机能够使用更小的研磨介质，这是超细磨作业高效的关键因素，最小的介质直径可以在 1mm 以下，极大地提升了研磨介质的表面积，其介质单位体积的表面积可以达到球磨机相同体积磨矿介质表面积的数百倍，因而介质间的作用概率显著提升，对细颗粒矿物的粉碎作用更加突出。

（3）通常情况下，卧式搅拌磨机的能量输入密度大于 $300kW/m^3$，而球磨机的能量输入密度仅为 $20kW/m^3$ 左右，所以在同等输入功率下，卧式搅拌磨机的有效磨矿体积只相当于球磨机的 1/10 左右，磨矿强度大幅提升。

（4）卧式搅拌磨机筒体内部自带分级装置，保证排矿粒度具有分布窄的特点，因而在浮选作业前用卧式搅拌磨机磨矿，不仅能有效提高单体解离度，还能改善后续的浮选环境[19]。

卧式搅拌磨机电机功率一部分用于驱动搅拌器搅动研磨介质和被磨物料从而粉碎物料，另一部分则用于使研磨介质和被磨物料实现流态化，因此就能量利用效率而言，稍不及立式搅拌磨机。但是由于其转速高，可获得更细的产品粒度，立式搅拌磨机只能获得亚微米级产品，而卧式搅拌磨机则可获得纳米级产品。

卧式搅拌磨机的出料端通常有分级装置，自身具备分级功能，因此，可以获得粒度分布较窄的产品。筒体端面需要采用密封装置，对制造的要求相对较高。艾莎磨机为卧式搅拌磨机的典型机型，搅拌器采用盘式结构。主要由筒体、机架、传动机构、磨盘和产品分离器等组成。有一组水平安装在悬臂轴上的圆盘，搅拌器转速高达 1000r/min 以上，圆盘外缘线速度达到 15~20m/s，使介质与物料呈流态化运动。电机经过减速箱带动磨盘转动，磨盘搅动介质和物料进行连续工作，产品分离器的作用是将介质控制在磨机里而将合格产品顺利排出。与常规球磨机和塔磨机相比，艾莎磨机磨矿效率更高。艾莎磨机自 1994 年开发成功以来，已经成功应用于铅锌、铜、钼、金、铂族金属等矿石细磨，目前磨机最大功率为 3.0MW。艾莎磨机是一种用于细磨和超细磨的高速卧式搅拌磨机，磨矿细度 P_{80} 能达到小于 $7\mu m$，其结构示意图如图 3-25 所示。

3.7.2.2 工业应用

卧式搅拌磨机主要用于矿物超细磨工艺，微、纳米材料、涂料、食品、药物等制备。图 3-26 为耐驰 Netzsch Alpha 新一代搅拌研磨机实物图。

图 3-25　艾萨（ISAMILL）磨机结构示意图　　　图 3-26　耐驰 Netzsch Alpha 新一代搅拌研磨机

3.8　辊磨机

辊磨机是一种利用两个或多个滚压的滚压面之间或滚压着的研磨体（球、辊）和一个轨道（平面、球、盘）之间压力而粉碎物料的粉磨设备。辊磨机的结构多样，但基本结构包括磨轨、研磨体、力的产生和传递机构、空气的流动和方便更换易换件的装置。辊磨机可分为立式辊磨机、卧式简辊磨机、雷蒙磨机以及柱磨机等。

研磨体所施加的力由离心力、外加的液压力或弹簧的弹性力提供。磨矿区域位于封闭的机箱内，颗粒形成物料层，由压力和剪切力向颗粒施加应力。辊磨机主要特征为高压、满速、满料、料床粉碎，广泛地应用在化工原料、非金属加工、耐火材料等行业中处理莫氏硬度 6 以下的矿物原料的干式细磨，例如滑石、轻烧镁粉、高岭土、硅灰石、石膏、石灰、膨润土等物料。

3.8.1　立式辊磨机

立式辊磨机是磨盘为立式布置的一类辊磨机。立式辊磨机是干法磨矿装备，具有能耗低、产量高、维修工作量小等优点，已在水泥、钢铁和电力行业、非金属矿超细微粉制备和锰矿的细磨等领域得到广泛应用。

立式辊磨机的型号很多，如来歇磨，国产为 TRM 型、MPS 型、HRM 型、PRM 型、ATOX 型辊磨机等。磨辊和磨盘的组合形式有：锥辊-平盘式、锥辊-碗式、鼓辊-碗式、双鼓辊-碗式、圆柱辊-平盘式、球-环式等。

立式辊磨机包括机体、磨盘装置和传动装置，机体与磨盘装置之间设置有确定回转中心的定心结构，磨盘装置的底部设置有回转导轨，磨盘装置通过回转导轨可回转支撑在机体上，磨盘装置与传动装置连接。

立式辊磨机可以广泛应用于矿物加工行业，并可以简化碎磨流程，同时可以将入磨粒度由 15~30mm 降低到 6mm 以下，实现以碎代磨，大幅度节能降耗。与传统流程和设备相比，因其在工程投资、运营成本（备件消耗、设备维护、人工成本、停机时间等）、生产效率、节能降耗和环境保护等方面优势明显，因此具有极大的市场潜力及产业化前景。图 3-27 为 TRM 型立式辊磨机的工业应用照片。

3.8.2　卧式筒辊磨机

卧式筒辊磨机是一种辊面与辊筒均为卧式布置的辊磨机。卧式筒辊磨机由法国 FCB 公司首先研制成功，并于 1993 年应用于实际生产。筒辊磨作为一种新型节能粉磨设备，综合了辊压机的节能效果、立式磨的结构紧凑及球磨机的运转可靠性等优点。

图 3-27　TRM 型立式辊磨机工业应用

3.8.2.1　结构及工作原理

卧式筒辊磨机结构如图 3-28 所示，工作时，被磨物料依靠重力经进料口进入到水平回转的圆柱形筒体内，在离心力作用下均匀分布于圆柱形筒体内表面，经刮板装置刮下后，落到给料装置上，通过带有倾角的给料装置将物料送到筒体与压辊构成的挤压区，旋转压辊在液压系统的作用下对物料进行挤压粉磨。物料在挤压区完成一次粉磨作业后，经由给料装置实现向磨机出口方向运动，进行下一次挤压粉磨作业。经多次挤压粉磨后的物料从出料口排出磨机。

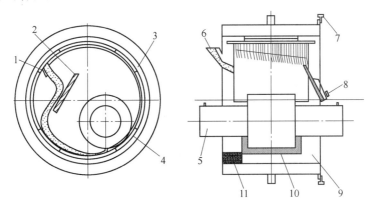

图 3-28　筒辊磨机结构原理图

1—刮板装置；2—给料装置；3—筒体装置；4—衬板；5—压辊；6—进料口；
7—大齿轮；8—出料口；9—出料区；10—挤压区；11—进料区

筒辊磨与其他粉磨设备相比，最大的区别在于它是以回转中空圆柱体的内壁作为通道，造成挤压通道，筒辊磨为"柱面+内环面"，而立磨的挤压通道形式为"柱面+平面"，辊压机的挤压通道形式是"柱面+柱面"，由几何关系可以看出，筒辊磨其挤压通道收缩率最小，这种挤压通道一方面能形成较宽的压力区，使压力分布均匀。另一方面，被挤压物料在通道内流变行为较稳定，可以采用较高的磨辊辊面速度，从而改善了机械的功率输入性能和磨辊轴承工况。

3.8.2.2　工业应用

2004 年 4 月 ϕ1.6m 筒辊磨预粉磨水泥熟料系统在中国开始运行。目前中国许多设计单位也正在积极研究和开发筒辊磨。北方重工集团公司于 2008 年已成功研发出筒辊磨试验系统和日产 2500t 水泥生产线配套用的 SG3800 筒辊磨，筒辊磨试验系统将逐渐用于水泥熟料及矿渣的生产实验，有望在水泥行业和炉渣中应用。

3.8.3　雷蒙磨

雷蒙磨是由带有梅花架的中心主轴旋转，带动梅花架上安装的多个磨辊在离心力的作用下向外摆动，压向安装在机壳内壁上的磨环，使物料粉磨的辊磨机。

雷蒙磨是一种中等速度的细磨设备，根据辊子数目，分为 3 辊（通称 3R）、4 辊（4R）、5 辊（5R）三种结构，其工作情况基本相同，而以 4 辊的最为常用。雷蒙磨主要用于磨碎煤炭、非金属矿石、玻璃、陶瓷、水泥、石膏、农药和化肥等物料，其产品细度在 0.125~0.045mm 范围内。

雷蒙磨结构简图如图 3-29 所示，主要由梅花架、辊子、磨环、铲刀、给料部、返回风箱、排料部等组成。梅花架上悬有 3~5 个辊子，辊子在传动装置带动下绕机体中心轴线快速公转，同时辊子本身又自转。公转所产生的离心力作用使辊子向外张开而压紧于圆盘的磨环上。经机体侧部的给料机和溜槽给入的物料一部分落到盘底，由铲刀铲起并送入辊子与圆盘之间，由辊子磨碎。铲刀与梅花架连在一起，随梅花架和辊子一同转动。每个辊子前面都有一把倾斜安装的铲刀。

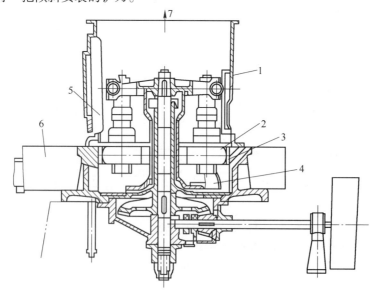

图 3-29　雷蒙磨结构简图

1—梅花架；2—辊子；3—磨环；4—铲刀；5—给料部；6—返回风箱；7—排料部

物料研磨后，风机将风吹入主机壳内，吹起粉末，经置于研磨室上方的分离器进行分选，粗的物料又落入研磨室重磨，细度合乎规格的随风流进入旋风收集器，收集后经出粉口排出，即为成品。风流由大旋风收集器上端的回风管回入风机，风路是循环的，并且在负压状态下流动，循环风路的风量增加部分经风机与主机中间的废气管道排出，进入小旋风收集器，进行净化处理。

3.8.4 柱磨机

柱磨机是一种利用高速、中压和连续反复碾压粉磨的立式磨机。具有结构简单、运转平稳、高效节能和维护方便等优点，广泛应用于金属和非金属矿石的碎磨作业，产品粒度可达-10mm、-5mm 或更细。

柱磨机由皮带轮、变速箱、主轴、进料装置、出料装置、撒料盘、箱体、辊轮和衬板组成。工作时由机器上部减速装置带动主轴旋转，主轴带动数个辊轮在环锥形内衬中碾压并绕主轴公转与自转（辊衬间隙可调）。物料从上部给入，靠自重和推料在环锥形内衬中形成自行流动的料层。该料层受到辊轮的反复脉动碾压而成粉末，最后从磨机下部自动卸料并输送至分级设备。细粉成为成品，粗粉返回柱磨机再磨。由于辊轮只做规则的公转和自转，且料层所受作用力主要来自弹性加压机构，从而避免了辊轮与衬板因撞击而产生的能耗、磨损及机件损伤。另外辊轮与衬板的材质是高合金的耐磨钢，最大限度地减少了易损件的磨耗。图 3-30 为柱磨机结构示意图。

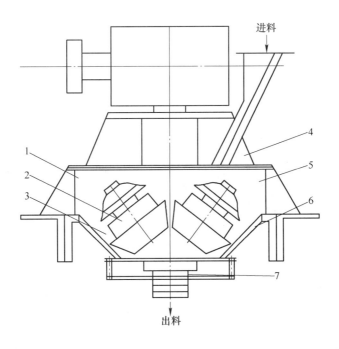

图 3-30 柱磨机结构示意图

1—衬板；2—辊轮；3—物料；4—上筒体；5—中箱体；6—下箱体；7—排料筒

3.9　其他磨矿设备

3.9.1　振动磨机

振动磨机是一种借助筒体振动而使筒体内研磨介质获得加速度，对物料进行高频碰撞和研磨从而使物料粉磨的细磨或超细磨设备[20]。振动磨机于 20 世纪 30 年代由德国开始研制，20 世纪 60 年代在建材、化工、医药等部门广泛应用，并形成系列化产品。振动磨机工作方式为：装有物料和磨矿介质的筒体支撑在弹性支座上，电机通过弹性联轴器驱动平衡块回转，产生极大的扰动力，使筒体作高频率的连续振动，导致研磨介质产生抛射、冲击和旋转运动，物料在研磨介质的强烈冲击下和剥蚀下，获得均匀粉碎。振动磨机主要包括惯性式振动磨机、偏旋式振动磨机和立式振动磨机。图 3-31 为振动磨机示意图。

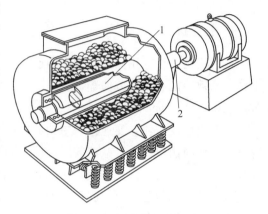

图 3-31　振动磨机示意图
1—振动器；2—挠性联轴节

振动磨机具有单位容积产量大、磨碎效率高、占地面积小、设备重量轻和流程简单等优点。近年来，随着对粉末冶金、化工染料、特种陶瓷和高级耐火材料等产品细度的特殊要求，振动磨机又有新的较快的发展。改进磨机筒体使之便于密闭，或加入惰性气体进行超低温保护性磨矿，这些特性适合于易燃、易爆以及易于炭化等固体原料的超细磨碎。振动磨机用于干式磨矿时，可将粒径为 $1 \sim 2mm$ 的物料，粉磨为 $85 \sim 5\mu m$ 的产品粒度；用于湿式磨矿时，产品粒度可达 $5 \sim 0.1\mu m$ 的微细颗粒。

3.9.2　行星磨机

行星磨机是磨筒既随着转盘进行公转，同时还可自转的一类磨机。筒体运动轨迹与行星运动轨迹相似，故而得名。磨筒内的介质球与磨料在同一平面内受到公转、自转两个离心力和重力的共同作用，相互之间猛烈碰撞、挤压，将物料快速粉碎、磨细。该设备体积小、功能全、效率高，是科研单位、高等院校、企业实验室获取微颗粒研究试样（每次实验可同时获得四个样品）的理想设备，可配用真空球磨罐在真空状态下磨制试样。

行星球磨机广泛应用于水泥、硅酸盐制品、新型建筑材料、耐火材料、化肥、黑色有色金属选矿以及玻璃陶瓷等生产行业，对各种矿石和其他可磨性物料进行干式或湿式粉磨。行星球磨机按照其转筒的安装方式，可分为立式行星球磨机与卧式行星球磨机。图 3-32 为立式行星球磨机结构简图。

3.9.3　气流磨机

气流磨机利用高速气流的能量使颗粒之间或颗粒与设备之间相互冲击、碰撞和摩擦，从而导致颗粒粉碎的一种超细粉磨设备，又称流能磨机、喷射磨机[21]。

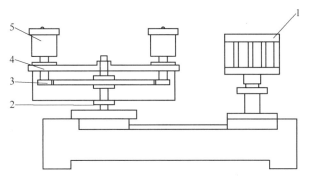

图 3-32 立式行星球磨机简图
1—电机；2—主盘轴；3—行星齿轮组；4—公转盘；5—研磨筒

这种设备的特点是物料以气体（压缩空气或加热蒸汽）为载体通过喷嘴或其他方式射入磨机，气流射入后由于降压或其他原因使物料产生高速（很多情况下为超声速）运动。在这种高速运动的体系中，物料由于本身之间或与其他器械的碰撞而粉碎，这种粉磨方式不仅能产生极细的颗粒，同时，也避免被磨物料受污染。1882 年戈斯林申请了撞击板式气流粉碎机的专利，首次提出来利用气流进行粉碎的概念；1927 年，威洛比提交了对喷式气流磨机专利；1936 年，安德鲁获得了具有粉碎和分级功能的扁平式气流磨专利，首次生产的商品名为"Micronizer"，开启了气流磨机在工业上应用的纪元；1941 年出现的圆截面循环管式气流磨，其商品名为"Reductionizer"；"Jet-O-Mizer"于 1941 年生产，是目前应用最广泛的机型之一；1956年生产的"Trost"磨机，由特罗斯特气流磨公司推出；20 世纪 70 年代德国 Alpine 公司开发了 AFG 磨机（流态化床气流磨）。经过多年的改进发展，气流磨结构不断更新，机型已由最初的水平圆式，发展到循环管式、对喷式和流化床式五大类，规格数十种。图 3-33 为循环管式气流磨机结构示意图。

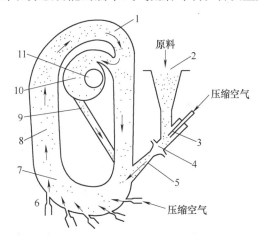

图 3-33 循环管式气流磨机
1—分级腔；2—进料口；3—加料喷射器；4—混合室；
5—文丘里管；6—粉碎喷嘴；7—粉碎腔；8—上升管；
9—回料通道；10—二次分级腔；11—产品出口

气流磨机主要粉碎作用区域在喷嘴附近，而颗粒之间碰撞的频率远远高于颗粒与器壁的碰撞，因此气流磨机中的主要粉碎作用以颗粒之间的冲击碰撞为主。与其他超细粉碎机相比，气流磨机具有如下优点：

（1）粉碎仅依赖于气流高速运动的能量，无须专门的运动部件。

（2）粉碎过程在低于常温下瞬时进行，不会改变物料的化学性质，特别适合脆性、低熔点、热敏性物料粉碎。

（3）粉碎主要是粒子碰撞，几乎不污染物料，且物料粒度分布范围窄，颗粒表面光滑，纯度高，分散性好。

　　气流磨机广泛地应用在化工原料和高纯非金属等物料的超细粉碎中，产品细度可达 $1\sim5\mu m$。

　　超细气流磨机种类较多，结构各有不同，目前工业上应用较广泛的主要类型是：扁平（水平圆盘）式气流磨机、循环管式（跑道式）气流磨机、对喷式（逆向式）气流磨机、冲击式（靶式、冲击环式）气流磨机、超声速气流磨机和流态化床逆向气流磨机等。

3.9.4　胶体磨机

　　胶体磨机是用于粉碎液体中的悬浮固体颗粒或减小混合溶液中液滴尺寸的设备。胶体磨同时具有粉碎、分散、混合、乳化和均质性能，适用于流体、半流体的物料加工。自20世纪70年代末进入中国至今已初步形成系列产品，并已广泛应用在食品、建筑涂料、塑料、日用化妆、化学、制药、印刷、造纸、油漆等行业。

　　胶体磨机结构如图3-34所示，主要由磨头、底座、传动部件、电机、料斗等组成。磨头主要由定磨盘和动磨盘组成，二者锥度不同，形成环形间隙，间隙大小可以调节，一般介于 $0.05\sim1.5mm$；动磨盘转速 $1500\sim20000r/min$，转速越高，产品粒度越细，可根据不同物料要求选择不同磨头和转速。

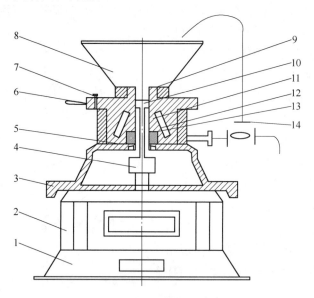

图 3-34　立式胶体磨系列结构

1—底座；2—电动机；3—壳体；4—主轴；5—机械密封组件；6—手柄；7—定位螺丝；8—加料斗；
9—进料通道；10—旋叶刀；11—调节盘；12—静磨盘；13—动磨盘；14—循环管

参 考 文 献

[1] 李启衡. 碎矿与磨矿 [M]. 北京：冶金工业出版社，1980.

［2］ F·法巴什，李长根，崔洪山．矿物加工简史［J］．国外金属矿选矿，2007，44（4）：7-11.

［3］ 杨旭升，林明国，章恒兴，等．艾砂磨机在某冶炼厂的试验应用［J］．黄金，2018，39（4）：44-47.

［4］ 杨忠高．强化选矿厂磨矿技术的发展趋向［J］．中国矿山工程，1989（6）：32-37.

［5］ 孙传尧．矿产资源高效加工与综合利用：第十一届选矿年评（上册）［M］．北京：冶金工业出版社，2016.

［6］ 卢世杰，刘佳鹏，何建成，等．几种典型搅拌磨机磨矿机理的研究进展［J］．有色金属（选矿部分），2017（21）：13-21.

［7］ 吴建明．自磨（半自磨）的进展［C］∥全国选矿新技术及其发展方向学术研讨与技术交流会，2004.

［8］ 杨琳琳，文书明．自磨机和半自磨机的发展和应用［J］．国外金属矿选矿，2005，42（7）：13-16.

［9］ 王俊．基于离散单元法的半自磨机工作性能研究［D］．赣州：江西理工大学，2015.

［10］ 杨松荣．半自磨（自磨）工艺的选择及应用［J］．有色金属（选矿部分），2013（B12）：41-43.

［11］ 邹志毅．半自磨机及其半自磨流程的应用［C］.∥全国选矿新技术及其发展方向学术研讨与技术交流会，2004.

［12］ 李冬．大型半自磨机在冬瓜山选矿厂的应用［J］．现代矿业，2008，24（12）：107-108.

［13］ 杨松荣，蒋仲亚，刘文拯．碎磨工艺及应用［M］．北京：冶金工业出版社，2013.

［14］ 李文亮，杨涛，于向军，等．国外大型球磨机发展现状［J］．矿山机械，2007（1）：13-15.

［15］ 张国旺，黄圣生，李自强，等．超细搅拌磨机的研究现状和发展［J］．有色矿冶，2006（s1）：127-129，131.

［16］ 张国旺．超细搅拌磨机的流场模拟和应用研究［D］．长沙：中南大学，2005.

［17］ 卢世杰，周宏喜，何建成，等．KLM 型立式螺旋搅拌磨机的研究与应用［J］．有色金属工程，2014，4（2）：69-72.

［18］ 周宏喜，卢世杰，袁树礼，等．KLM-630 型立磨机在铁精矿细磨中的应用［J］．现代矿业，2016（7）：233-234.

［19］ 袁树礼，卢世杰，周宏喜．KWM 卧式搅拌磨机的研制及应用［J］．矿山机械，2016（5）：34-37.

［20］ 张更超，应富强．超细粉碎技术现状及发展趋势［J］．煤矿机械，2003（5）：35-37.

［21］ 郑水林．中国超细粉碎和精细分级技术现状及发展［J］．现代化工，2001，21（11）：10-15.

4 筛分与分级装备

在矿物加工过程中通常需要将松散或破碎后的物料分成不同的粒级，然后采用不同的分选方法和设备进行加工。筛分设备是把松散的、粒度范围较宽的物料分成若干个不同且粒度范围较窄的设备。分级设备是根据物料的粒径、比重等大小差异，在介质（水或空气）中沉降速度的不同把物料分离成两个或两个以上粒度级别的设备。随着筛分设备技术发展，新型设备不断涌现，筛分设备也可以用于分级作业中[1]。

筛分设备按照筛面工作状态的不同，可分为固定筛和运动筛两大类。固定筛一般应用在破碎作业前，以便待碎物料中大于破碎机入料尺寸的物料进入破碎机，固定筛由筛面和筛体（或筛框）组成，常见的固定筛主要有格筛、弧形筛。运动筛除了筛面和筛体外，还有驱动装置，常见运动筛有振动筛、概率筛、弛张筛等[1]。

分级设备与筛分设备工作原理不同，筛分设备的分离粒度是以筛孔尺寸表示；而分级设备不仅与物料粒度大小，还与矿粒的密度和形状有关，故分级设备分离矿物粒度按轻、重矿物颗粒计，各不相同，一般以给料中占大多数的那种矿物颗粒计，也有用重矿物表示的。常规的分级设备有水力分级机、水力旋流器、螺旋分级机等[2]。

选矿过程离不开设备，选矿技术水平和生产实践的发展促进了选矿设备的发展，同时新型先进的选矿设备促进了选矿技术水平的提高，因此选矿设备在选矿过程中起到越来越重要的作用，形成了一个选矿设备分支，特别是进入 21 世纪，筛分与分级设备的大型化、高效化、自动化水平迅速提高，大大促进选矿技术水平的进步。

4.1 筛分设备发展历史简述

人类接触筛分历史悠久，当古代人类开始知道利用金属材料的时候就有运用筛分方法获得金属材料的记录，如利用兽皮在河溪中淘洗获得自然金属或天然矿物。工业上使用筛分装备可追溯到 16 世纪英国在煤炭工业使用固定筛[3]。随着大工业生产的发展，到 19 世纪相继出现了滚轴筛、滚筒筛和摇动筛[3~5]。但这些筛分装备的运动速度较慢，筛分性能较差，直到 20 世纪 40 年代才研制出了结构简单，工作可靠的振动筛，并在煤炭筛分中得到广泛的应用。而中国的筛分设备发展大致经历了 5 个阶段：

（1）1950~1960 年为测绘仿制阶段，主要测绘仿制了 1950 年前留下的筛分设备和苏联、波兰等国家的筛分设备，该阶段生产的设备一般结构笨重、传给基础的动力大、处理能力低[4,5]。

（2）1960~1970 年为自行设计阶段，在生产实践的基础上自行设计制造了圆振动筛、直线振动筛和共振筛[7]，这些设备具有功耗高、筛分效率高、基础受力小、结构复杂、安装和调校复杂、机件易损坏、故障多等特点。

（3）1970~1980 年为系列化阶段，在总结圆形振动筛和直线振动筛制造和使用经验的基础上，对直线振动筛进行改进设计，形成系列产品[10]。

(4) 1980~2000 年为新产品开发阶段[4~13]，研制了大型圆振动筛、直线振动筛、等厚振动筛、弛张筛、直线振动概率筛、旋转概率筛、振网筛和各种细筛等新产品，通过引进、吸收、消化发达国家振动筛的先进材料、结构及生产技术，使国内筛分设备的品种、规格和质量上升至新高度[10,15]。

(5) 21 世纪以后为解决难筛分物料研制开发了多种新型高效的筛分设备，如高频振动筛[3]。随着工业的发展，筛分在国民经济各行各业中的应用越来越广泛，在冶金、矿山、煤炭、水电等部门的工艺流程中，筛分起着分选、分级、脱泥、脱水和脱介等作用[4,5]。

4.2 主要筛分设备

筛分设备种类繁多，一般常用的有固定格筛、振动筛、共振筛。根据物料特性设计的有弧形筛、弛张筛、概率筛、振网筛、滚轴筛等[3,5]。

4.2.1 固定格筛

固定格筛（简称固定筛）在工作中无运动部件，是由平行排列的钢条或钢棒、横杆等组成。钢条或钢棒又称为格条，格条用横杆联接在一起，常见的固定格筛如图 4-1 所示（L 表示格筛长度，B 表示格筛宽度）。

固定筛是一种简单的筛分设备，筛面按照一定的倾角放置，筛面在工作过程中固定不动。物料由筛网上部给入，靠物料自重完成筛分过程。安装倾角过小，筛上物料无法

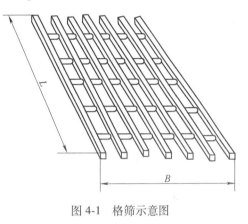

图 4-1 格筛示意图

自行滑落；安装倾角过大，筛分效率降低。合适的倾角还与物料的水分、粒度等因素相关，当水分较高时，安装倾角宜加大些。

固定筛主要用于粗碎和中碎前作预先筛分，筛孔尺寸一般不小于 50mm，并要求筛孔尺寸应为筛下物料粒度的 1.1~1.2 倍，而固定格筛的宽度取决于给矿机、运输机以及碎矿机给矿口的宽度，一般应大于给料中最大块粒度的 2.5 倍。

4.2.2 滚轴筛

滚轴筛是筛面由多根辊轴排列而成的筛分设备。滚轴筛是由固定筛逐渐演化而来，固定筛（棒筛）的筛条，后来增加了传动机构，转变为滚轴筛（图 4-2），主要包括给料装置、辊轴、传动装置等[7,8]。

滚轴筛的各辊轴用电机通过链传动或齿轮传动而同向旋转，筛轴按不同的工作角度布置，上部筛轴工作角度较大，下部筛轴工作角度近乎水平。当物料从入料口进入筛箱后，在自重和筛轴转动的作用下，物料向下运动，由于上部筛轴工作角度大，物料运动速度较快，完成初筛过程；当运行到下部时，物料前进速度变缓，完成精筛过程。滚轴筛上下部两种不同速度运行下的物料，在筛面某一位置相汇时开始做轴向运动，物料可均匀地分布

在筛面上，达到了提高筛分效率的目的。

　　滚轴筛结构坚固、工作可靠、运行平稳，但结构较为复杂、笨重，生产能力和生产效率低，适用于给料粒度较大的预筛分场合，其实物图如图4-3所示。

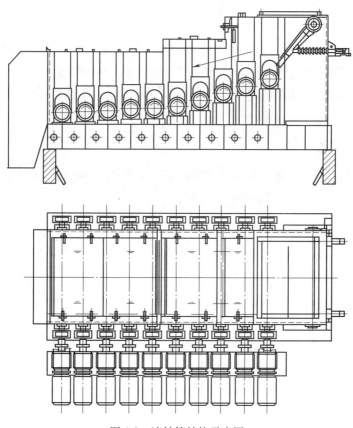

图 4-2　滚轴筛结构示意图

图 4-3　滚轴筛实物图

4.2.3　弧形筛

　　弧形筛（工作原理如图4-4所示）主要由一组布置在圆弧面上的固定筛条组成，筛条的方向与料浆在筛面上运动方向垂直，筛条与筛条之间的间距为筛孔尺寸[9]。料浆通过给料器下部的窄缝排料口，以一定的速度沿圆弧面切线方向送到筛面上，料浆在筛面上受到重力、离心力及筛条对料浆的阻力作用，使料浆紧贴着筛面运动。靠近筛条附近的下层料浆的运动速度较低，在由一根筛条流到另一根筛条的过程中，由于每根筛条的边棱对料层的切割作用，约为 1/4 筛孔尺寸厚度的一层料浆及其中的细粒级，将被边棱切割而从筛下排出，成为筛下产品，而未受边棱切割的料浆及粗粒级将越过筛面，从筛面末端排出，成为筛上产品。

弧形筛的结构和工作原理看似简单，但包含颗粒群在内的料浆在筛面上受力是复杂的。初始，料浆按给料高差的势能所产生的切线速度比较快，在筛面上颗粒受到的离心力 C 就比较大。随着矿浆被筛条切割，大量流体透过筛缝后，切线速度急剧变小，离心力 C 也就急剧减小，因此作用在颗粒上的离心力 C 和重力 G 的合力 F 也相应变小，颗粒受力的方向也随之变动（如图 4-5 所示）。而且矿浆因泄水量的增大，流动性也越来越差，形成了颗粒透筛的阻力。

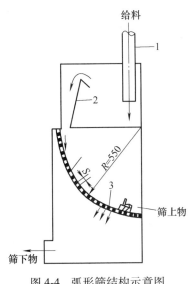

图 4-4　弧形筛结构示意图

1—受料箱；2—溢流板；3—弧形筛面

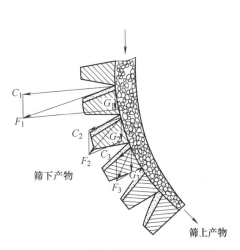

图 4-5　颗粒沿弧形筛筛面受力示意图

按给料方式可分为压力式给料及无压力式（自流式）给料两种。压力式弧形筛的给料是用泵送入给料器，给料器的出口装有喷嘴，物料经喷嘴给在筛面上。我国选矿厂多采用自流式弧形筛。

弧形筛的规格以筛面的曲率半径 R、筛面宽度 B 和弧度 α 表示，即 $R \times B \times \alpha$。弧形筛多用于选矿厂的分级、脱泥、脱水作业。

4.2.4　振动筛

振动筛自 1900 年问世以来，至今已有 100 多年的历史，由于具有处理量大、筛分效率高、结构简单、工作可靠、成本低等优势，逐步成为筛分机械的主流[10,11]。我国对振动筛的研制主要经历了仿制、自行研制和提高、共同发展 4 个阶段。仿制阶段主要仿制了苏联的系列圆振动筛、摇动筛，波兰的 WK-15 振动筛，WPI、WPZ 型吊式直线振动筛，为中国振动筛的发展奠定了坚实的基础。1966~1980 年为自行研制阶段，研制了一批性能优良的新型振动筛分设备，如 1500mm×3000mm 系列重型振动筛，15m^2、30m^2 系列共振筛，煤用单轴、双轴振动筛，自同步直线振动筛，等厚概率筛等。1980 年以后为提高阶段，成功研制了振动概率筛、旋转概率筛、弛张筛、螺旋三段筛、物料直线振动筛、琴弦振动筛等[9~12]。21 世纪以来为共同发展阶段，运用新的筛分理论与研究方法，开发出了新型振动筛，工作性能可与国外振动筛相媲美，解决了某些难处理物料的筛分问题，如高频振动筛。

振动筛的种类繁多，按照其筛箱的运动轨迹类型进行划分，可分为圆运动轨迹振动筛（圆振动筛）、直线运动轨迹振动筛（直线振动筛）。按是否接近或者远离共振频率又分为共振筛和惯性筛；按激振力的不同可以将振动筛分为偏心式振动筛、惯性式振动筛和电磁式振动筛。在实际工业生产中，以直线振动筛、圆振动筛、高频振动筛的使用最为广泛。

4.2.4.1　圆振动筛

圆振动筛是一种在垂直于筛面的纵剖面内，筛子参振质量的重心运动轨迹为圆形或近似圆形的振动筛。其主要结构如图 4-6 所示，由筛箱、筛网、支撑装置、激振装置等部件组成，其中筛箱是圆振动筛的主要组成部分，也是参振部件之一[13,14]。工作时，在激振力作用下筛箱做近似于圆的轨迹运动。当物料从筛箱上端的进料口进入筛箱，在筛

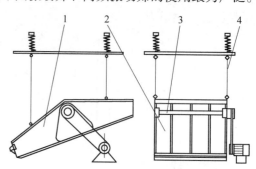

图 4-6　悬挂式自定中心圆振动筛的结构图
1—筛箱；2—筛网；3—激振装置；4—支撑装置

网上做平抛运动，大于筛网口径的物料会从出料口排出，小于筛网口径的物料则会落入下一层筛网上或下段工序。

圆振动筛按工作原理不同主要有单轴圆振动筛、双轴强迫同步圆振动筛和三轴强迫同步椭圆振动筛 3 种形式；振动器的结构有轴偏心式和块偏心式；轴承润滑方式分脂润滑和油润滑 2 种；筛框结构有托架式和横梁式；筛面层数有单层、双层和多层之分[13]。

圆振动筛可用于各种筛分作业，主要用于物料粒度分级，广泛应用于矿山、冶金、煤炭、筑路和建材等行业。

4.2.4.2　直线振动筛

直线振动筛是一种采用惯性激振器产生振动，使物料在筛网上被抛起，且向前作直线运动的振动筛。直线振动筛的主要结构如图 4-7 所示，包括底座、筛箱、筛网、激振装置、支撑装置等。激振装置有两个轴，每个轴上有质量相同、偏心距相同的偏心块，在振动筛工作时，这两个偏心块以相反方向旋转，从而产生在 x-x 轴合力为零，在 y-y 轴离心力加倍的激振力，筛箱在 y 轴方向产生往复的直线运动，受力分析如图 4-8 所示[15]。当物料从给料口进入筛箱，物料离心力与重力作用下随筛箱向前作直线运动，大于筛网口径的物料会从出料口排出，小于筛网口径的物料则会落入下一层筛网上或下段工序。

直线振动筛筛网的安装倾角多小于 8°，筛面在激振器的作用下作直线往复运动。筛子的筛分效率和生产能力同筛面的倾角、筛面的振动角度及物料的抛射系数有关。为了保证适宜的筛分效率和大生产能力，应选择合宜的抛射系数。

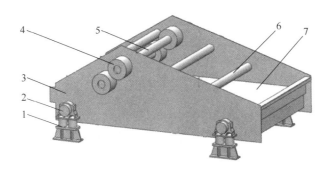

图 4-7 直线振动筛结构示意图

1—底座；2—激振器横梁；3—筛箱；4—激振装置；5—支撑装置；6—加强梁；7—筛网

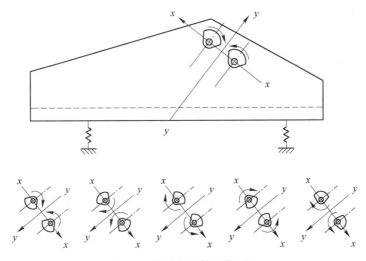

图 4-8 直线振动筛工作原理

直线振动筛可用于粉状、颗粒状物料的筛选和分级，广泛应用于矿山、化工、医药、建材、粮食、化肥等行业。

4.2.4.3 共振筛

共振筛是一种筛面的工作振动频率与筛面固有振动频率一致的振动筛[16]。共振筛是振动筛的一种，结构如图 4-9 所示，包括筛箱（质量系统Ⅰ）、机架（质量系统Ⅱ）、传动连杆、主振弹簧、机座、支撑弹簧等。机架通过支撑弹簧固定在机座上，筛箱与机架间通过主振弹簧相连接，筛箱、主振弹簧和机架组成了双质量振动系统。共振筛在接近共振区的条件下工作，工作频率接近其自身的共振频率。故可采用较小的激振力来驱动较大面积的筛箱，具有动力消耗小，而生产能力大的特点。共振筛筛箱的运动轨迹是直线或接近直线，运动方向与筛面呈一定的抛射角，筛面一般水平布置或微倾斜。

共振筛的型式众多，按其质量系统的数目，可分为单质量、双质量和多质量三种。选煤厂多采用双质量系统的共振筛。

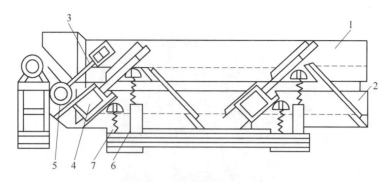

图 4-9　共振筛结构示意图

1—质量系统Ⅰ；2—质量系统Ⅱ；3—传动连杆；4—主振弹簧；5—偏心传动轴；6—机座；7—支撑弹簧

4.2.4.4　高频筛

高频筛是筛网采用高频率、小振幅的振动方式完成筛分作业的一种筛分设备。在工作过程中，通过高频振动破坏矿浆表面的张力、微细粒物料颗粒之间的黏附力、分子吸引力和静电引力，促使小于分级粒度物料的分离、透筛；由于物料在筛面上高速振动，加速了小于分级粒度颗粒，特别是密度大的有用矿粒的离析作用，增加了它们与筛面接触和透筛的概率，加快了筛分速度；高频振动减少了筛孔堵塞现象，提高了筛分效率，高频振动细筛筛分效率达 70%左右。高频筛主要用于细粒物料的分级和选矿厂磨矿分级回路，以取代击振细筛、水力旋流器或螺旋分级机。实物图如图 4-10 所示。

4.2.4.5　振网筛

振网筛是一种通过筛网振动使物料抛起和向前弹跳，实现物料分级的筛分设备，其结构如图 4-11 所示，包括筛箱、筛网、激振装置、减振装置和底座等[17]。

图 4-10　高频筛实物图

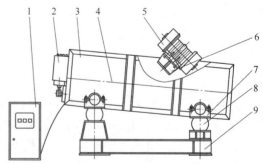

图 4-11　振网筛结构示意图

1—控制系统；2—激振装置；3—筛箱；4—筛网；
5—振动电机；6—电机座；7—支撑系统；
8—减振装置；9—底座

物料从振网筛上部给料斗给入，筛网在振动电机牵引下产生上下振动，物料随筛网上下振动，在重力作用下使物料抛起向前弹跳实现分级。振网筛筛网振幅可调，以适应不同物料的筛分。

　　振网筛筛面振动，筛箱基本不参与振动，激振器驱动振动系统激振筛面，设备基本在近共振状态工作，因此振网筛拥有能耗低、振动频率高、振幅可调和筛分效率高等优点。此外，筛面高频振动，自清洗能力强，筛孔不易堵塞，适宜于各种松散细物料的干、湿法筛分场合，在金属矿山、非金属矿山和煤炭等领域均可采用，其结构如图4-12所示。

4.2.4.6 无网孔振动筛

　　无网孔振动筛是利用物料分层析离原理实现物料上粗下细分级的一种筛分设备，其结构简图如图4-13所示，主要包括入料口、槽体、激振电机、导板、支撑系统、出料口等。无网孔振动筛的槽体为一平底槽，槽底设有筛网。槽体下部安装着两台旋转方向相反的振动电机，当电机运转时，偏心块振动力就会引起槽体沿着图示的方向（图4-13中10）振动。当待筛分物料从入料口进入振动筛，物料在沿槽体跳跃运动过程中，逐渐因粒级不同而产生上层颗粒大、下层颗粒小的一种有规律的分层偏析的层析规律。在物料流中，横向设有若干个导板，它把粒级不同的各层物料从几个出料口分别导出。导板数目与高度可根据筛分要求、粒度要求进行相应的调节。

图4-12　振网筛实物图

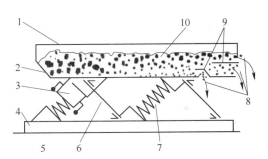

图4-13　无网孔振动筛分机结构简图
1—入料口；2—槽体；3—激振电机；
4—底座；5—基础；6—导向板簧；7—支承系统；
8—出料口；9—导板；10—振动方向

　　无网孔振动筛采用振动平面槽实现多粒级的筛分，突破了传统振动筛需有筛网的局限，具有体积小、能耗少、成本低等优点，然而层析现象受颗粒形状、材质、密度、含水率状态等多因素影响，因此应用的场合受到一定限制。

4.2.4.7 曲面振动筛

　　曲面振动筛是筛面由呈弧形曲面和直线筛面组成的一种筛分设备[9]。其实物图如图4-14所示，其筛网由两部分组成，一段筛网由呈弧形曲面组成，另一段筛网为直线筛网组成。曲面振动筛结合了直线筛与弧形筛的性能优点，物料通过弧形筛面时产生离心力，脱水效果更佳。与常规直线筛不同，曲面振动筛入料段设置了弧形筛板，在不增加筛机长度的情况下增加了筛分面积。直线段采用叠层不锈钢粘接，提高了筛网寿命。

曲面振动筛结构简单、坚固可靠、维修方便、生产效率高，被广泛应用于煤炭、冶金、建材等领域的筛分作业，也可用于部分脱水、脱泥场合。

4.2.5　概率筛

概率筛是一种基于大筛孔、大倾角概率筛分原理设计的具有多层筛面的筛分设备。由于这种筛分机械是瑞典人摩根森（Mongensen）于 1950 年代研制成功，又称摩根森筛[18]。概率筛分原理是 20 世纪 50~60 年代，瑞典学者摩根森提出来的，之后相继设计了摩根森 S 系列和 E 系列概率筛分机。它的出现整体提高了筛分效率和生产量，不易堵孔且能筛分微细物料。除了摩根森概率筛，其他国家也研发了其他形式的概率筛，如惯性共振式概率筛（见图 4-15）、琴弦概率筛（见图 4-16）、旋转概率筛、概率等厚筛、离心概率筛、自同步概率筛（见图 4-17）等。

图 4-14　曲面振动筛实物图

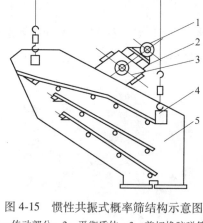

图 4-15　惯性共振式概率筛结构示意图

1—传动部分；2—平衡质体；3—剪切橡胶弹簧；
4—隔振弹簧；5—筛箱

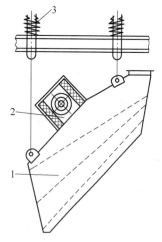

图 4-16　琴弦概率筛结构简图

1—筛箱；2—激振器；3—吊挂装置

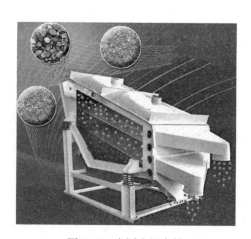

图 4-17　自同步概率筛

概率筛具有处理能力大、筛孔不易堵塞、结构简单、便于维修、生产费用低等优点,广泛地应用于煤炭、冶金、建材、化工等工业的中粒度物料筛分作业。

4.2.6 等厚筛

等厚筛是一种采用组合筛面,使物料从入料端各筛面的物料呈等厚形式分布的筛分设备[19]。其结合了直线振动筛与圆振动筛的优点,其核心设计思想是使物料在筛面上呈等厚形式分布,结构上是采用组合筛面,改变筛面各段的倾角,实现抛掷加速度的不同,因其形状与香蕉类似,又名"香蕉筛"[20],其实物图如图4-18所示。

等厚筛分法是法国 E. 布尔斯特莱因(E. Burstlein)于1972年提出的一种筛分方法[21]。等厚筛第一段倾角大,物料流速很大,对筛面有净化作用,对水分高的原煤适应性强,后续分段倾角逐渐减小,典型的三分段筛面等厚筛如图4-19所示,其第一段筛面倾角为30°,二段三段筛面倾角分别为20°、10°。香蕉筛主机主要由筛框、筛面、振动器、减振支撑装置、电机传动装置五大部分组成[22]。

图 4-18 等厚筛实物图

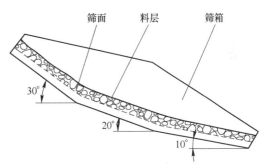

图 4-19 三分段筛面的等厚筛

德国优斯特跃狮[23](Joest)研制的 SREN 单层等厚振动筛和 SRZN 双层等厚振动筛,它们与传统的筛机相比在重量、筛分效率和筛机寿命上均有很大的改善,其中筛机的整体质量减轻40%以上,激振所使用的电动机功率节省15%以上。

美国康威德[23](Conn-Weld)等厚筛经过现场使用证明,筛分效率90%~95%,相同效率下处理量较同类产品高20%。目前,其筛分面积最大达长9.15m×宽4.27m,其特点是全部采用 H 型横梁和外置式可微调偏心块的大功率螺旋齿轮激振器。

澳大利亚约翰芬雷(Johnfinlay)公司[23]采用优质 Honert 激振器驱动的 BRU 等厚筛,相对常规振动筛可增加50%的处理量。

等厚筛具有处理量大、效率高、性能可靠等优点,可用于湿式与干式筛分场合,被广泛应用在煤炭、矿山、化工等领域中[22]。

4.2.7 弛张筛

弛张筛是利用筛网作周期性松弛和张紧运动而实现物料分级的一种筛分设备[24]。弛张筛主要包括筛框、筛网、激振装置、减振系统等[25]。当筛机启动时,偏心块做圆周运动产生基本振动,经过一段时间,系统进入稳态强迫振动阶段,弛张筛进入正常工作过程。固定筛框和浮动筛框横梁间发生的相对运动,使安装在横梁上的聚氨酯筛面做连续不断的弛张运动[26]。

弛张筛设计理念 1951 年由德国人韦纳（A. Wehner）提出[27]，其将内、外筛框的设计理念引入双质体振动给料机中，从而产生了弛张筛的设计雏形。弛张筛筛网采用可伸缩的聚氨酯弹性体材料制成，工作时弛张筛作周期性的松弛和张紧运动，筛面产生挠曲变形，筛孔因此发生变形。促使物料不但有一个沿着筛面的滑动运动，还产生一种向前的弹跳运动，能很好的适用于粘湿细粒物料的筛分作业。由于弹性筛面的往复挠曲运动，弛张筛的振幅和加速度远大于使用刚性平面筛面的传统筛分机械[28]，弛张筛结构示意如图 4-20 所示。

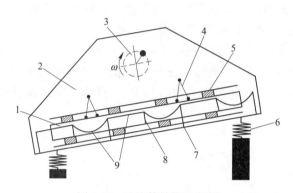

图 4-20　弛张筛结构示意图

1—浮动筛框；2—固定筛框；3—激振装置；4—板簧平衡器；5—剪切橡胶弹簧；6—减振系统；
7—固定筛框横梁；8—浮动筛框横梁；9—筛面

随着弹性好耐磨性高的聚氨酯筛网材料的问世，弛张筛技术得到了快速的发展。按照实现弛张运动原理的不同，目前工业应用中的弛张筛可分为两大类：曲柄连杆式和振动式。曲柄连杆式弛张筛主要有德国的 Torwell 型弛张筛和 Liwell 型弛张筛（见图 4-21）。振动式弛张筛有德国 Eurocam 香蕉型弛张筛（见图 4-22）、美国 BFS 型圆振动弛张筛、奥地利 BIVITEC 弛张筛等[29]。

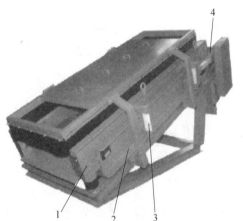

图 4-21　Liwell 型弛张筛

1—内筛箱；2—外筛箱；3—板弹簧；
4—曲轴连杆驱动装置

图 4-22　Eurocam 型弛张筛

弛张筛多应用在煤炭行业，如神华集团、晋煤集团、淮北矿业集团、平煤集团、河南煤化集团等。

4.3 分级设备发展历史简述

物料的分级现象可以追溯到远古时代，我们人类祖先早就有分级的行为活动。分级设备真正在工业上的应用开始于 18 世纪 60 年代。在中国分级设备的应用起步比较晚，螺旋分级机是一种老式的分级设备，国外应用比较早，直到 1954 年沈矿首先试制了 ϕ1400 的双螺旋分级机，此后规格逐渐增多，到 20 世纪 60 年代已初步形成系列，基本上满足了生产要求，但在产品性能、制造结构方面尚存在一些问题。后来经过多年不断改进和使用，在中国生产的螺旋分级机基本定型，并于 1976 年制定了 FG、FC 螺旋分级机系列参数标准。现在我国选矿工业，磨矿分级中螺旋分级机主要用于预先分级和检查分级，但螺旋分极机笨重、占地面积大、分级效率低，尤其是细粒分级时溢流浓度太低，不利于下段选别作业，由于这些缺点，已基本用水力旋流器或细筛取代螺旋分级。20 世纪 90 年代以后螺旋分级机没有大的进展，而旋流器分级设备的研究得到飞速发展[32~39]。

1891 年，布雷特尼（Bretney）在美国申请了世界上第一个水力旋流器的专利[33]。1914 年水力旋流器正式应用于磷肥工业的生产，20 世纪 30 年代后期，苏联对水力旋流器的研究取得了巨大的成果，并使水力旋流器在金属选矿厂、选煤厂得到广泛应用。在 20 世纪 40 年代前期，荷兰国家矿产部开始资助大吨位的选煤和矿石处理方面的研究。1943 年，美国原子能委员会的 Tepe 和 Woods 将水力旋流器用于乙醚—水系统的分离[32]。20 世纪 60 年代，各种类型的水力旋流器已被广泛应用于许多工业领域，石油、化工、轻工、环保、矿业行业的分级、浓缩、选别作业等。但是质量差，不耐磨，并且缺乏自动控制装置。20 世纪 80 年代英国的莫兹列（Mozley）公司和德国的固可曼（AKW）公司都生产了以聚氨酯为衬里的耐磨小直径水力旋流器[39]。

20 世纪 90 年代初，中国开始进入水力旋流器研制高潮，也研制出小直径水力旋流器，用于超细粉体湿法分级。比较有代表性的是美国克莱博斯（Krebs）公司生产的旋流器，其橡胶沉砂口大小可用压缩空气控制调整，从而改变溢流粒度和沉砂浓度。设备可以倾斜安装，以达到最佳工艺指标。内衬可用钢、橡胶、陶瓷等多种材料制造，以适应不同用途。1990 年 Krebs 公司研制成世界最大规格的旋流器，直径为 ϕ838mm（目前也是最大的），可用于粗磨分级和脱水作业，可直立或水平安装。国内使用的最大规格的旋流器是Krebs 公司生产的 ϕ660mm 旋流器，用于德兴铜矿二、三期工程[40]。国内比较有代表性的企业有威海海王，其生产的最大规格的水力旋流器 ϕ1600mm 应用到煤炭行业中，针对矿山企业制造的最大规格为 ϕ840mm。

随着更多矿产资源的开发、利用及对产品质量的要求进一步的提高，分级设备需进一步发展，在有色、黑色、非金属矿和其他有用矿物的处理及二次资源综合利用方面，分级设备将向大型化、精确化、自动控制、高效节能、低环境污染和更安全的方向发展。

4.4 主要分级设备

分级设备种类繁多，根据其采用介质（水或空气）不同，可分为湿式分级设备与干式分级设备。湿式分级设备通常以水作为分级介质，通过旋转或离心的方法使物料按粒径的不同分离开来，从而实现粉体物料的分级，常见的湿式分级设备有螺旋分级机、圆锥分级机、水力旋流器等[32~35]。干式分级以空气作为分级介质，在分级力场的作用下，待分级的物料按粒径不同实现分离，粗粉进入到粗粉收集装置中，细粉则被细粉收集装置收集。干法分级的特点是以空气作为流体介质，成本低，生产能力大，但干法分级的分级精度不高，且超细粉体不易被收集而进入到空气中造成粉尘污染。常见的干式分级设备有旋风分离器、涡流分级机、射流分级机等[36,37]。

4.4.1　螺旋分级机

螺旋分级机是我国选矿厂使用最广泛的一种机械沉降分级设备，结构简单，操作简便，便于与磨矿自流连接，对细粒级产品分级效率不高，粗细混杂现象严重。螺旋分级机通常由以下几部分组成：水槽、螺旋装置、传动装置、升降机构等，其工作原理如图 4-23 所示。经过细磨的矿浆从给料口给入水槽，倾斜安装的水槽下端为矿浆分级沉降区，螺旋低速回转，搅拌矿浆，使大部分细颗粒悬浮于上面，流到溢流边堰处溢出成为溢流，进入下一道选矿工序，粗重颗粒沉降于槽底，成为沉砂，由螺旋输送到排矿口排出[38]。

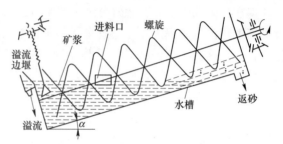

图 4-23　螺旋分级机工作原理

螺旋分级机的规格用螺旋直径来表示。螺旋分级机水槽倾角的大小关系到沉降区面积，而沉降区面积与溢流粒度有关，所以水槽倾角可根据处理物料的性质及溢流粒度来确定，一般在 $12° \sim 18°30'$ 之间。当需要获得较细粒度的溢流时，倾角宜取较小值，反之取较大值。溢流堰的高度 h 也可根据溢流粒度来确定，当需要较细溢流粒度时，宜采取较大值，反之取较小值，对于高堰式螺旋分级机，$h = (1/4 \sim 3/8)D$，D 为螺旋直径；对于沉没式螺旋分级机，$h = (3/4 \sim 1)D$。

螺旋分级机按其螺旋轴的数目可分为单螺旋和双螺旋分级机，单螺旋分级机实物如图 4-24 所示。按其溢流堰的高度可分为高堰式、沉没式和低堰式三种。

高堰式螺旋分级机溢流堰位置高于螺旋轴下端的轴承中心，但低于溢流端螺旋的上缘，具有一定的沉降区域，螺旋的搅拌作用较强，适用于处理较粗物料或密度较大物料。

浸没式螺旋分级机下端的螺旋叶片全部浸没在矿浆面之下，其沉降区具有较大的面积和深度，适用于细粒级的分级。

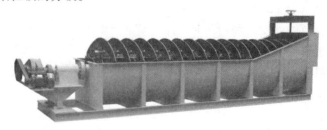

图 4-24　螺旋分级机实物图

低堰式螺旋分级机的分级面积最小，沉降区面积小，溢流生产能力低，低堰式螺旋分级机一般不用于分级处理，常用来冲洗矿砂进行脱泥。

4.4.2　圆锥分级机

圆锥分级机是在锥形容器中依据物料颗粒和重量大小不同，物料在水浮力、自身重力和其他力的共同作用下把轻相物料和重相物料分离的分级设备[35,43,44]。

圆锥分级机的锥体中间有上升水流，矿浆一般从上部中心给矿筒均匀连续给入，充满锥体，细而轻的物料在上升水流的作用下在锥体上部周边流出，成为细粒级产品；粗而重的物料在重力的作用下，从锥体底部排出成为粗颗粒产品。

圆锥分级机结构简单，操作方便，便于安装，广泛应用于细粒级物料的脱泥、浓缩作业。

根据排料方式的不同，圆锥分级机可分为分泥斗、自动排料圆锥分级机、胡基圆锥分级机和虹吸排料圆锥分级机四种。

分泥斗是较为典型的圆锥分级设备，其结构见图4-25。在矿物加工中应用较广，主要用于重选厂中，在分选和分级之前，对给料进行脱泥和浓缩。它是一种最简单的圆锥分级机，矿浆从上部中心的给矿筒中连续给入，充满锥体，并从上部周边溢出，锥体中存在上升和水平液流。沉降速度大于上升液流速度的矿粒沉下后从沉砂管中排出，为沉砂；沉降速度小的矿粒，被上升液流带上，从上面周边溢至溢流槽中，汇集后由溢流管排出。其给矿的最大粒度为 2~3mm，溢流粒度一般为 0.074mm。分泥斗主要用在水力分级机前对原矿进行脱泥，以提高分级效率；也可用在磨矿设备前为矿浆浓缩、脱水，提高磨机给矿浓度；还可用在各种矿泥选别

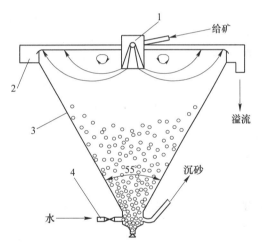

图 4-25　分泥斗工作原理图
1—给矿筒；2—环行溢流槽；
3—圆锥体；4—压力水管

设备前控制给矿浓度和矿量；在生产流程中还兼有储矿作用。分泥斗的特点是结构简单，容易制造，不需要动力，操作方便。缺点是配置高差较大，溢流横向流造成细粒回流或二次沉降现象发生，沉砂夹细严重，分级效率低。

自动排料圆锥分级机利用浮漂杠杆原理，使沉砂口阀门打开增大或关闭缩小，来控制沉砂浓度和排出量的大小。

胡基（Hukki）圆锥分级机[35,40]是一种装有搅拌装置和自动控制沉砂排出装置的水力分级设备，其结构如图4-26所示。工作时，电机带动皮带传动，带动主轴转动。主轴下端装有叶轮，在叶轮转动时，由中心向外甩出矿浆，叶轮腔内部形成负压，产生抽吸作用，上部抽吸给矿，下部抽吸循环矿浆。原矿经过给矿管由重力和抽吸作用流向叶轮中心，由叶轮的搅拌离心作用，将矿浆甩向四周，通过叶片的导向作用均匀流向筒壁。大部分矿浆转变成上升矿流，矿浆中轻、细颗粒被上升矿浆流带到分级区。在上升矿浆流的作

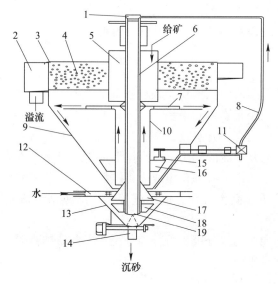

图 4-26   胡基圆锥分级机

1—给矿筒；2—放射状固定隔板；3—溢流堰；4—溢流槽；5—圆锥体；6—环形洗水管；7—收集锥；
8—沉砂管；9—空心转轴；10，11—分配盘；12—中心股流管；13—上搅拌叶片；14—锥形罩；
15—下搅拌叶片；16—浓度传感器；17—阀门；18—压力水管；19—接头

用下，沉降速度小于上升矿浆流速的矿粒流入溢流槽而形成溢流产品。反之，重、粗矿粒则沿圆锥内壁下沉，当下降至圆锥口时，受到中间小锥体的阻碍，同时受上升水流的冲洗作用，将该重、粗矿粒中夹带的轻、细矿粒分出。而重、大矿粒产品继续沉降，最后通过沉砂口排出成为沉砂产品[41]。

4.4.3   箱（槽）式分级机

箱（槽）式分级机是一种物料在重力和水流作用下，依据沉降速度的不同分离出多个粒级的重相物料和一个轻相物料的重力沉降式分级设备。

箱（槽）式分级机外形多为角锥形和长方形，分级机内部一般含有多个分级室或者由多个分级箱串联成一个分级机组，可以同时产出多个不同粒级的沉砂和一个溢流，这类设备主要用于矿物加工行业的重选设备前的多级别分级作业，该类设备具有结构简单、工作可靠、不耗动力等优点，但分级效率低。较典型的箱（槽）式分级机有用于摇床作业前的水力分级箱。

工作时，上升水流由箱（槽）式分级机底部均匀给入，起主要分级作用，分级室上部近于水平的液流将各室的溢流输送至下一室中分级，同时起到辅助分级作用。上升水流使一些沉降速度与上升水速相等的矿粒在分级室中悬浮，并发生分层作用，形成的悬浮粒群，对后来进入分级室的矿粒受到较强的干涉作用，可以减少不合格矿粒进入沉砂和溢流的量，提高分级效率。

箱（槽）式分级机分为云锡式水力分级箱、机械搅拌式水力分级机、筛板式槽型水力分级机、斯托克斯水力分级机、水冲箱、倾斜板水力分级箱等。

云锡式水力分级箱结构见图 4-27，其外观呈倒立的锥形，主要包括矿浆溜槽、分级箱、阻砂条、阀门等。阻砂条安装上分级箱上部，与流动方向近似垂直。分级箱底部的一侧设有压力水管，另一侧有沉砂排出管。分级箱常由小到大规格的多个分级箱串联起来工作，中间用矿浆溜槽相连接。工作时，矿浆水平流经分级箱时，沉降速度大的粗颗粒离开上层液流而进入到阻砂条缝隙中，随后在分级箱内沉降过程中，粗颗粒群受到上升水流的冲洗，粗颗粒在箱内继续下降，直到落在箱底部，由沉砂口排出成为沉砂。而细颗粒经上升水流的冲洗被带出，随水平液流一起成为溢流产品。各级分级箱是按从粗到细的分级粒度对矿浆物料分级作业，各级分级箱的沉砂也是由粗到细。

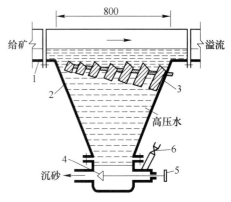

图 4-27　云锡式水力分级箱结构示意图
1—矿浆溜槽；2—分级箱；3—阻砂条；
4—砂芯（塞）；5—手轮；6—阀门

　　机械搅拌式水力分级机如图 4-28 所示，主要包括分级管、压力水管、缓冲箱、搅拌叶片、沉砂排出孔等。主体部分由角锥形分级室及机械搅拌装置等组成，各室由给矿端向排矿端依次增大并在高度上呈阶梯状排列，分级室一般可有 1~8 个。分级室下面还有圆筒、分级管及压力水管。矿浆由分级机的给矿端给入，微细粒级随表层液流向溢流端流去。较粗颗粒依沉降速度不同分别落入各分级室中。下沉的粗颗粒在沉降过程中受到分级管中上升水流冲洗，再次分级。分级后粗颗粒经锥形阀排出成为沉砂产品。悬浮层中的细颗粒随上升水流进入到下一个分级室。以下各分级室上升水速逐渐减小，沉砂粒度也相应变细。机械搅拌式水力分级机分级效率高，沉砂浓度大，耗水量少。

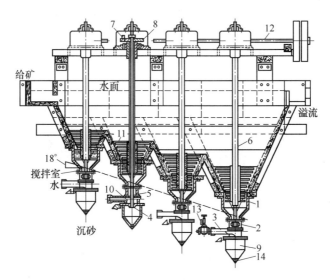

图 4-28　机械搅拌式水力分级机（说明）
1—圆筒；2—分级管；3—压力水管；4—锥形塞；5—连杆；6—空心轴；7—凸轮；8—涡轮；9—缓冲箱；
10—涡流箱；11—搅拌叶片；12—传动轴；13—活瓣；14—沉砂排出孔

　　筛板式槽型水力分级机结构如图 4-29 所示，主要包括给料槽、分级室、筛板、压力水室、排矿口、挡板、调节阀等。其由 3~8 个断面近于正方形的分级室组成，各室底部装有孔径 3~6mm 的筛板，其下为压力水室，由水管供入的压力水穿过筛孔形成上升水流，在分级室中造成悬浮粒群，使分级在干涉沉降下进行。

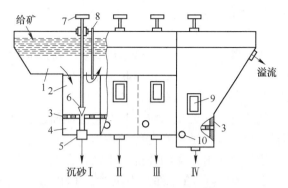

图 4-29 筛板式槽型水力分级机

1—给矿槽；2—分级室；3—筛板；4—压力水室；5—排矿口；
6—调节阀；7—手轮；8—挡板（防止粗粒越室）；
9—玻璃窗；10—压力水管

斯托克斯水力分级机一般有 4~10 个分级室，各室的沉砂排出和分级室中的矿浆浓度能自动调节控制，可以保持稳定或波动较小。

水冲箱主要由分级室和恒压水箱两部分组成，分级室下部装有筛板，其上铺设有用重矿物制成的人工床层，用调节阀控制水量，在分级室中造成均匀的上升水流，水冲箱可以单独使用，也可以将 2~4 个串联起来，串联的水冲箱组，先分出最细的溢流，沉砂再进行分级，由细到粗，最后得出最粗粒级沉砂。

倾斜板水力分级箱主要由两个上部为长方形，下面为角锥形的箱体组成，每个箱的上部装有倾斜板，下层箱还装有脱泥室，下面供以压力水，以减少沉砂中混入的细粒量。

4.4.4 斜板浓缩分级机

斜板浓缩分级机是一种根据物料密度和粒度的差别，在斜板沉降单元内上升水流的拖曳力和重力的作用下把物料分成粗粒级物料和细粒级物料的水力分级设备。

斜板浓缩分级机大多用于物料脱泥和浓缩作业。主要分为普通倾斜板浓缩箱和萨拉型倾斜板浓缩箱。

普通倾斜板浓缩箱的结构如图 4-30 所示，分级箱为斜方形箱体，下接一角锥形漏斗，箱内装有一层或两层由许多块平行排列的光滑平板组成的板组，板间距离相同，约 15~30mm。双层的浓缩箱，下层板称稳定板，上层板称浓缩板；单层的浓缩箱，高度要小些。工作时，矿浆沿整个箱的宽度均匀地给到倾斜板的下端，或者上下两层倾斜板之间，然后沿倾斜板之间的空隙向上运动，在此过程中发生了矿粒的沉降，沉到下面倾斜板上的矿粒，靠自重沿板面滑下，进入下面漏斗中，或者滑到下层稳定板之间，进一步浓缩后进入漏斗中，最后从漏斗底部的沉砂口中排出。调节沉砂口闸阀，可控制沉砂的排出量和浓

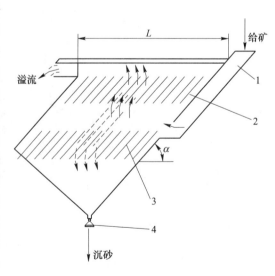

图 4-30 倾斜板双层浓缩箱示意图

1—给矿槽；2—浓缩板；3—稳定板；4—排砂口

度，不能沉下的矿粒则从上部的溢流槽中排出。

萨拉型倾斜板浓缩箱的倾斜板分两排，给矿分为两股，分别给到两排倾斜板上下层之间，倾斜板上方顶部附近的板上有许多排列有序的节流孔，溢流通过节流孔均匀流出，进入溢流槽，沉砂口设在角锥箱底部中央，附有油压调节口装置，浓缩箱还装有振动器，能产生振幅为 0.3mm 左右的高频振动，使沉积在板面上的矿泥能顺利滑下，防止堵塞。

4.4.5 水力旋流器

水力旋流器是 1891 年由美国人布雷特尼（E. Bretney）发明[44]，旋流器自发明之日起就因它的构造简单、操作方便、生产能力大、分离效率高等优点，在国民经济的许多领域得到广泛应用。近年来，为了使旋流器的分级性能有所提高，国内外科研工作者对其进行了优化设计，开发出多种新型水力旋流器。

4.4.5.1 常规水力旋流器

水力旋流器是利用离心力进行颗粒分级的设备，它是根据物料的密度和粒度的差别，在离心力、向心浮力和流体曳力的共同作用下，物料按等降比进行分级的设备。其结构如图 4-31 所示，主要包括给矿口、溢流管、沉砂嘴等。水力旋流器主要由一个空心圆柱体和圆锥连接而成，圆柱体的直径代表旋流器的规格，它的尺寸变化范围很大，圆柱体中心装有溢流管。

图 4-32 为水力旋流器的工作原理图，待分离的两相混合液以一定的切向速度从旋流

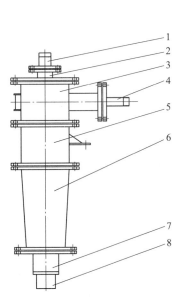

图 4-31 水力旋流器结构图

1—溢流出口管；2—溢流管；3—给矿段；

4—给矿口；5—柱段；6—锥段；

7—沉砂嘴；8—挡矿圈

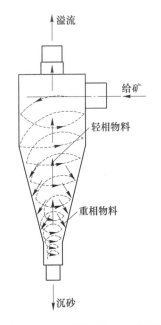

图 4-32 水力旋流器工作原理图

器上部给矿口给入，产生强烈的旋转运动从而形成离心力场，由于轻相物料和重相物料存在密度差，所受的离心力、向心浮力和流体曳力的大小不同，混合液在离心沉降的作用下先进行分散，然后颗粒按等降比形式进行分离，大部分密度和粒度小的轻相物料由中心向上运动，从溢流管排出成为溢流产物，而大部分密度和粒度大的重相物料在离心力的作用下沿器壁向下运动，从下部沉砂嘴排出成为沉砂产物，从而达到分离的目的。

水力旋流器广泛应用于矿山企业中的分级、脱泥、浓缩、选别等作业。随着水力旋流器结构形式的优化、耐磨材质的改进、自控技术的采用和计算机的普及，其在其他领域的应用变得越来越广泛，应用现场如图 4-33 所示。

图 4-33　水力旋流器应用现场

4.4.5.2　复合力场型水力旋流器

复合力场型水力旋流器是在水力旋流器的基础上再增加其他形式作用力的分级设备。

复合力场型水力旋流器主要有磁力水力旋流器、磁流体水力旋流器、电化学水力旋流器和充气水力旋流器 4 种。

磁力水力旋流器是在旋流器内的径向力系中，除原有离心力，向心浮力和流体阻力外，再增加一个磁力，通过离心力场和磁力场的共同复合作用来强化或优化含磁性颗粒物料的分级与分离过程的一种水力旋流器。

磁力水力旋流器按其设计和功能可分为两种类型，即溢流型磁力水力旋流器和底流型磁力水力旋流器。

溢流型磁力水力旋流器磁场分布特征是磁场强度沿径向从周边向中心逐渐增强，磁性颗粒所受磁力指向中心，使磁性颗粒能克服离心力而向中心部位移动，最后从溢流口排出，从而使磁性颗粒在溢流中得到富集。主要用于从含铁矿石中富集钛-磁铁矿，还可用于提高含磁铁矿物料的分级效率。

底流型磁力水力旋流器如图 4-34 所示，其磁场强度从中心向周边逐渐增强，磁性颗粒所受的磁力指向器壁，使磁性颗粒的沉降得到强化，从而使磁性颗粒在底流中得到富集。

磁流体水力旋流器利用磁流体静力悬浮原理，使用水力旋流器来分选处于磁流体介质中的磁性颗粒。将旋流器置于一个外磁场中，磁流体介质通过旋流器时由于受到磁场力的作用，从而实现人为的"增重"，结果使矿物按照各自的密度和磁化率，在分选空间内不同位置处悬浮，从而实现分选或分离。磁流体水力旋流器用离心作用补偿了常规磁流体分选技术的不足，它不仅可以处理粗粒级物料，也可以处理细粒级物料。

电化学水力旋流器把电解沉淀过程与离心分离过程相结合，主要用于从稀溶液中电解回收有用金属，电解沉积物因离心分离作用而从底流排出，液体则从溢流口排出。电化学水力旋流器内存在动态电化学反应及离心分离过程。

　　充气水力旋流器如图 4-35 所示，其壁面设有多个充气孔，充入的气体用于破坏边界层对细粒的屏障作用，从而减少底流中细粒的混杂，提高分级效率。后来米勒（Miller）等人将充气旋流器进行改进用于浮选作业；国内有学者也有将充气水力旋流器改进后用于控制磨矿分级回路中大密度有用矿物的过磨[44]。

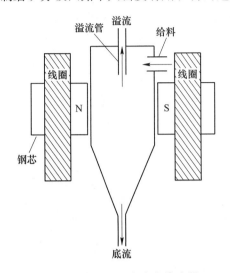

图 4-34　底流型磁力水力旋流器

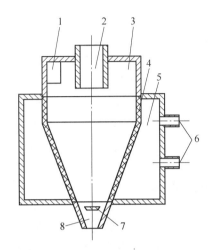

图 4-35　充气水力旋流器

1—进料口；2—溢流管；3—进料室；4—多孔器壁；
5—夹管；6—进气嘴；7—底座挡板；8—底流锥

4.4.5.3　组合式水力旋流器

　　组合式水力旋流器是一种由两个或多个旋流器直接组合在一起进行联合分级的水力旋流器。组合式水力旋流器可以分为双涡水力旋流器（图 4-36）、圆柱-圆锥两段组合式水力旋流器和母子旋流器三种。

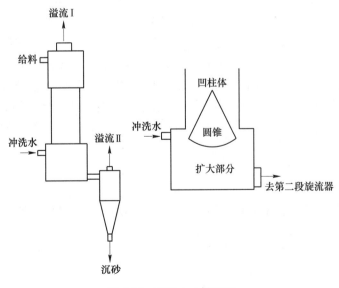

图 4-36　双涡水力旋流器

双涡水力旋流器在第一个圆柱旋流器的下内部设有一个位置可调的中心圆锥体，其直径大于主筒体，筒壁上带有冲洗水管。工作时，沉降到第一圆柱旋流器下部的粗粒物料，从中心圆锥体和主筒间的缝隙进入二次冲洗部分，补加到圆筒扩大部分的冲洗水，一部分转而向上流动，将向下粗粒流中的微细粒冲洗出来，向上进入主筒体的溢流，另一部分冲洗水在缝隙处形成较低的矿浆浓度带，携带粗粒物料从冲洗部分的一侧沿切向进入第二级旋流器进行二次分级。第二段为一普通水力旋流器，能够脱除大部分的水而保持较高的底流浓度。

圆柱-圆锥两段组合式水力旋流器第一段为圆柱型水力旋流器，第二段为普通水力旋流器，连接两旋流器的管道上装有一个流量控制阀，调节这个阀门，旋流器的分离粒度可以得到控制。由于第一级旋流器为柱状，可有效地抑制粗粒物料混入溢流，能较好地保证溢流产品质量。

4.4.5.4 旋流细筛

旋流细筛是将水力旋流器与弧形筛结合在一起的筛分设备，其主要结构如图 4-37 所示，主要由给矿体、筛网、锥体、筛下管、溢流管等部分组成[49]。

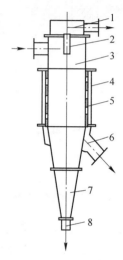

图 4-37 旋流细筛结构简图
1—溢流帽；2—溢流管；3—给矿体；
4—筒体；5—筛网；6—筛下管；
7—锥体；8—沉砂口

旋流细筛的分级综合了重力离心分级和细粒筛分原理，矿浆以一定的压力给入给矿体，悬浮颗粒受到切向、径向和轴向三个分力的作用。从径向速度分量看，矿粒若受到大于向心力的离心力作用，就趋向圆柱筒筛，否则它就趋向中心；同时矿粒又受到切向力和轴向力的作用[50]。在旋流细筛内，除了由上往下的第一旋转流和由下往上的第二旋转流之外，还有在第一旋转流的途径中被每一条小筛孔的边棱"切割"的作用，正是由于这种筛下物料的排出，可以调节由第一旋转流转至第二旋转流之间形成一圈零位包迹线的位置。因此，由于在第一旋转流中筛下一些细粒物料，这样就改善了沉砂，即沉砂（筛上）质量；又因为控制筛下量的多少，可以改变零位包迹线的位置，因此对溢流产品质量也可能有所改善。由于旋流细筛在外旋流中筛下一些细粒物料，能够减少沉砂的细粒含量。通过控制筛下量的多少，可以改变零位包迹面的位置，对溢流产品质量也可能有所改善。

旋流细筛可同时分出粒度不同的粗、中、细三种产品，适于石墨、萤石等硬度较低的物料分级[51]。

4.4.6 卧式离心分级机

卧式离心分级机是一种根据物料的密度和粒度差别，在水平转鼓产生的离心力场作用下，实现物料分离的分级设备。

卧式离心分级机结构主要由圆锥形转鼓、内转鼓、外罩、矿浆导管、堰板、溢流口和卸料口等组成。

卧式离心分级机呈截头圆锥形的外转鼓横卧，水平安装在两端的轴承上，由传动机构带动作高速旋转。外部装有螺旋叶片的内转鼓，由同一传动机构带动与外转鼓一起旋转，但转速要比外转鼓小。分级时，矿浆经给矿斗沿导管进入到内转鼓，然后经鼓壁上的开口抛到外转鼓中。因外转鼓大直径端周边有堰板，在其附近形成一环状矿浆池。在外转鼓中不能沉下的矿粒，经矿浆池越过堰板，抛向四周，经外罩汇集溢流而出。底部的矿粒被螺旋叶片沿底刮上，经一段脱水区后形成浓度大的沉砂从卸料口排出。

卧式离心分级机中矿粒受到的离心力很大，一般为重力的 $100\sim400$ 倍，分离粒度最小可达 $5\sim10\mu m$，沉砂浓度可达到 80% 以上，主要用于细粒物料的脱泥和浓缩作业。

4.4.7 旋风分离器

旋风分离器是一种利用风力、重力和离心力共同作用下进行分离的干式分级设备[52~54]。其主体由上部的圆筒和下部的截锥组成，圆筒顶部从上到下沿中轴线插入一个芯管，截锥底部有粗产品出口，如图 4-38 所示。

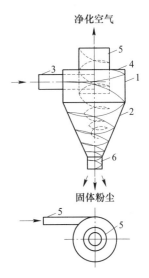

图 4-38 旋风分离器
1—圆筒；2—锥体；
3—进气管；4—上盖；
5—排气管；6—排尘管

工作时，给料随气流从圆筒上部靠近外圆周处切向进入，受分级腔形状制约形成旋流运动，物料颗粒在气流中产生径向离心沉降运动[28]。粗颗粒离心沉降速度较快，运动到靠近筒壁处，然后沿筒壁下滑从底部排出。细颗粒离心沉降速度较慢，悬浮到靠近轴心部，随气流进入芯管向上排出。实际应用中有许多改进型产品，以适应不同的分级要求和获得更高的分级性能。旋风分离器的分级粒度与其规格（筒体直径）有关，规格越小，分级粒度越细。

气流进入的速度是重要的影响因素，它与分离粒度、分级效率和生产率密切相关[55]。

4.4.8 涡流空气分级机

涡流空气分级机是目前应用最广泛的干式超细分级设备之一[56~62]，其结构和分级原理与离心式分级机、旋风式分级机完全不同，具有分级效率高、节能的特点，也称为第三代分级机。涡流空气分级机的开发及应用，首创于 20 世纪 70 年代末、80 年代初的日本[63,64]。1979 年日本的小野田公司研制出的 O-Sepa 高效分级机（见图 4-39）通过了工业实验，1980 年第二台工业用 O-Sepa 高效分级机投入运行。涡流空气分级机结构原理如图 4-40 所示。主要包括蜗壳、转笼、锥筒、导风叶片、撒料盘等。气体从入气口进入蜗壳内，经过导流叶片后，进入由该叶片与笼形转子组成的环形分级室，被分物料从上部入料槽进入机内撒料盘，物料撒散又经缓冲板撞击后得以松散均匀，落入环形分级室内，与导流后的气流汇合，得到均匀的混合气料流。颗粒在环形区内主要受到空气曳力、惯性离心力及重力作用。粗颗粒受到的惯性离心力大于空气曳力，将向外运动碰到导风叶片和蜗壳壁后沉降，最终由粗粉收集口被收集为粗粉；细颗粒受到的空气曳力大于惯性离心力，将随气流向内运动进入转笼到达细粉收集口，最终被收集为细粉[62]。

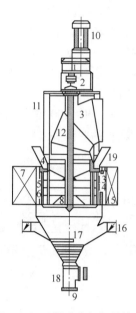

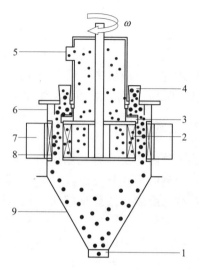

图 4-39　O-Sepa 涡流分级机结构示意图

1—减速器；2—减速器底座；3—细粉出口；

4—撒料盘；5—涡流调整叶片；6—分格板；

7—一次风管；8—转子；9—粗粉出口；10—电机；

11—传动支架；12—主轴部件；13—缓冲板；

14—导流板；15—二次风管；16—三次风管；

17—锥形漏斗；18—翻转阀；19—喂料口

图 4-40　涡流空气分级机结构示意图

1—粗粉收集口；2—转笼；3—撒料盘；

4—喂料口；5—细粉收集口；6—蜗壳；

7—进风口；8—导风叶片；9—锥筒

目前涡流空气分级机应用更加广泛，并不断开发出不同类型的涡流空气分级设备，结构如图 4-40 所示。如日本的 O-Sepa 型、德国的 Sepal 型和 Sepmas ter S. K. S 型、丹麦的 Sepax 型等[65,66]。国内涡轮分级机产品有 FYW、FQZ 型、FJJ 型分级机、QF 型、WFJ 型等分级机[67~69]。

涡流空气分级机具有工作稳定、分级效率高、分级精度高和生产能力大等优点，被广泛应用在矿物加工、建材、化工、粮食加工、食品、医药等行业。

4.4.9　射流分级机

射流分级机是利用射流技术、惯性原理和附壁效应的干式超细分级设备，是一种典型的干式惯性分级设备[70,71]。其工作原理如图 4-41 所示，射流给入物料和压缩空气，使给料颗粒获得必要的进口速度和使气流更好地产生附壁效应[72]。在向前的运动过程中，受

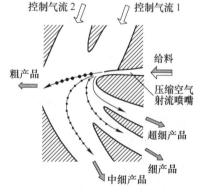

图 4-41　射流分级机

到上方依次控制气流 1、控制气流 2 的作用，粗颗粒矿物由于惯性大从排料口排出，超细产品惯性小，由于强烈的附壁效应随气流由最近的通道排出。射流分级机主要用于超细粉体的分级过程。

参 考 文 献

[1] 谭兆衡. 国内筛分设备的现状和展望 [J]. 矿山机械, 2004 (1): 34~37.

[2] 赵跃民, 刘初升. 干法筛分理论及应用 [M]. 北京: 科学出版社, 1999.

[3] 刘星海. 选煤机械 [M]. 北京: 煤炭工业出版社, 1994.

[4] 任德树. 粉碎筛分原理及设备 [M]. 北京: 冶金工业出版社, 1984.

[5] 《选矿设计手册》编委会. 选矿设计手册 [M]. 北京: 冶金工业出版社, 1988.

[6] 王峰. 筛分机械 [M]. 北京: 机械工业出版社, 1997: 17-19.

[7] 王昆. 变直线轨迹等厚筛的设计与研究 [D]. 兰州: 兰州理工大学, 2015.

[8] 陶培生, 王军. 采用篦条筛替代九轴辊轴筛 [J]. 燃料与化工, 2007, 38 (5): 22.

[9] 李晓臣. 不同筛缝弧形筛对粗精煤泥分级回收效果的试验研究 [D]. 合肥: 安徽理工大学, 2016.

[10] 刘东坡. 振动筛筛分过程的 ADAMS 模拟研究 [D]. 南宁: 广西大学, 2014.

[11] 杨秀秀. 影响大型振动筛可靠性的制造工艺因素分析 [J]. 选煤技术, 2018 (3): 47-49.

[12] Paul Moore. Screening solutions [J]. International mining, 2011, (2): 70-79.

[13] 周靖皓. 圆振动筛的结构有限元分析及优化 [D]. 合肥: 安徽理工大学, 2013.

[14] 徐文彬, 杨永柱, 李素妍. 圆振动筛的发展及其技术分析 [J]. 矿山机械, 2018, 44 (4): 47-53.

[15] 程云芬. 直线振动筛的结构优化设计及模态分析 [D]. 太原: 太原理工大学, 2014.

[16] 王晓明. 大型反共振振动筛的设计与研究 [D]. 沈阳: 东北大学, 2011.

[17] 朱满平, 宋庆环, 董瑞宝. 无跑粗复频振网筛在磨料行业中的应用 [J]. 煤矿机械, 2006, 5: 21-22.

[18] 康娅娟. 大型概率筛筛箱动态特性分析及筛分性能评价 [D]. 湘潭: 湘潭大学, 2016.

[19] 王宏. 大型变直线轨迹等厚筛的结构动力学与动态设计研究 [D]. 江苏: 中国矿业大学, 2015.

[20] 张东晨. 等厚筛分原理实质的探讨 [J]. 矿山机械, 2003, 31 (1): 35-36.

[21] 王帅. 四轴变轨迹等厚筛噪声源识别及降噪研究 [D]. 徐州: 中国矿业大学, 2016.

[22] 徐文彬. 香蕉筛的发展及其技术分析 [J]. 煤炭加工与综合利用, 2015, 9: 6-11.

[23] 赵环帅, 侯磊. 国内外香蕉筛的研究现状及今后我国重点研究方向 [J]. 矿山机械, 2010, 38 (5): 85-89.

[24] 任晓玲. 弛张筛在宁东洗煤厂原煤深度筛分的应用研究 [J]. 煤炭与化工, 2018, 41 (7): 115-118.

[25] 宫三朋, 王新文, 于驰, 等. 有阻尼振动弛张筛主浮筛框运动规律的研究 [J]. 煤炭工程, 2018, 50 (8): 126-132.

[26] 王皓巍. 张弛振动筛的振动分析及结构优化 [D]. 北京: 北京化工大学, 2013.

[27] 武继达. 振动式弛张筛动力学特性及疲劳寿命分析 [D]. 徐州: 中国矿业大学, 2016.

[28] 王皓巍. 张弛振动筛的振动分析及结构优化 [D]. 北京: 北京化工大学, 2013.

[29] 王培路. 惯性弛张筛的动力学分析 [D]. 太原: 太原理工大学, 2016.

[30] 吴建民. 当前技术水平的干式分级设备 [J]. 有色金属（选矿部分）, 2010, 5: 25-29.

[31] 万小金, 杜建明. 选矿物料分级技术与设备的研究进展 [J]. 云南冶金, 2011, 40 (6): 13-19.

[32] 王升贵. 水力旋流器分离过程随机特性的研究 [D]. 成都: 四川大学, 2006.

[33] E. BRETNET. Water Purifier [P]. United States Patent: US453105, 1891-05·26.

[34] 陶珍东, 郑少华. 粉体工程与设备 [M]. 北京: 化学工业出版社, 2010: 1-2.

[35] 赵庆国, 张明贤. 水力旋流器分离技术 [M]. 北京: 化学工业出版社, 2003: 275.

［36］韩寿麟. 二次分级和圆锥分级机性能的研究［J］. 有色金属（选冶部分），1982（5）：13-16.

［37］O. P. Bhardwaj. 作为第二段分级设备的水力圆锥分级机性能研究［J］. 国外金属矿选矿，1990：43-46.

［38］周恩浦，等. 矿山机械（选矿机械部分）［M］. 北京：冶金工业出版社，1992.

［39］卢寿慈. 粉体技术［M］. 北京：中国轻工业出版社，1998.

［40］刘惠中，郑荣田. 细粒级物料的湿式分级技术［J］. 矿冶，2005，14（3）：25-29.

［41］夏晓鸥. 圆锥水力分级机的实验研究［D］. 北京：北京矿冶研究总院，1988.

［42］周兴龙，张文彬，王文潜. 国内外水力重力分级设备研究应用进展［J］. 矿冶工程，2005，25（1）：23-26.

［43］曹雨平，姜临田. 水力旋流器的研究现状和发展趋势［J］. 工业水处理，2015，35（2）：11-14.

［44］肖春开. 新型 G-max 水力旋流器在大山选矿的应用研究［J］. 金属矿山，2007（3）：66-67.

［45］蒋明虎. 旋流分离技术研究及其应用［J］. 东北石油大学学报，2010，35（5）：101-108.

［46］孙盈. 水力旋流器取代螺旋分级机的研究及其湍流场仿真计算［D］. 西安：西安建筑科技大学，2005.

［47］张少明，马振华，吴其胜. 碟式离心机湿法分级超细粉的研究［A］. 中国颗粒学会第四届颗粒制备与处理学术会议. 徐州，1995：154-157.

［48］牛福生，张晋霞，刘淑贤，等. 铁矿石选矿技术［M］. 北京：冶金工业出版社，2012.

［49］方志刚，宋凤岗，杨群. 旋流细筛分级砂状氢氧化铝的研究与应用［J］. 有色金属，1989，41（3）：22-29.

［50］王青芬，宋凤岗，李桂鑫. 应用旋流细筛改进塔拉营子洗煤厂粗煤泥回收工艺［J］. 矿冶，1997，6（4）：76-77.

［51］宋凤岗，王青芬. 直径 450mm 旋流细筛的研制［J］. 有色金属，1999，1：72-80.

［52］赵斌. 涡流空气分级机转笼结构对分级性能的影响［D］. 北京：北京化工大学，2015.

［53］刘家祥，夏靖波，何廷树. 涡流空气分级机分级功能区研究［J］. 北京化工大学学报，2002，29（6）：50-53.

［54］杨庆良，刘家祥. 涡流空气分级机内流场分析及转笼结构改进［J］. 化学工程，2010，38（1）：79-83.

［55］黄强，于源，刘家祥. 涡流空气分级机转笼结构改进及内部流场数值模拟［J］. 化工学报，2011，62（5）：1264-1268.

［56］张宇，刘家祥，杨儒. 涡流空气分级机回顾与展望［J］. 中国粉体技术，2003（5）：37-42.

［57］黄强. 涡流空气分级机转笼及导风叶片结构改进的研究［D］. 北京：北京化工大学，2011.

［58］K. J. Dong, A. B. Yu, I. Brake. DEM simulation of particle flow on a multi-deck banana screen［J］. Minerals Engineering, 2009, 22（11）：910-920.

［59］Schubert H, Bohme S, Neesse T, et al. Classification in tubulent two phase flows［J］. Aufbereitung Technik, 1986（6）：295-306.

［60］蒋明虎. 旋流分离技术研究及其应用［J］. 大庆石油学院学报，2010，34（5）：101-105.

［61］沈丽娟，陈建中，胡言凤. 细粒矿物分级设备的研究现状及进展［J］. 选煤技术，2010，3：65-68.

［62］胡海洋. 中矿选择性分级再磨新技术磨-浮新工艺［D］. 武汉：武汉理工大学，2011.

［63］武树波. 涡流空气分级机颗粒分离过程数学模拟及双层撒料盘设计［D］. 北京：北京化工大学，2017.

［64］曾川. 涡轮气流分级机工艺参数的优化与研究［D］. 绵阳：西南科技大学，2017.

［65］王争印．多产品旋流器分离机理及其性能研究［D］．青岛：山东科技大学，2014.

［66］T. Chmiehiak，et al. Method of Calculation of New Cyclone—Type Separator with Swirling Baffle and Bottom Take of Clean Gas—Part Ⅰ：Theoretical approach［J］. J. Chem. Eng. Process，2000，391（5）：441-448.

［67］林亮．涡流空气分级机的发展与应用［J］．化学工程与装备，2014（10）：164-166.

［68］张佑林．粉体的流体分级技术与设备［M］．武汉：武汉工业大学出版社，1997.

［69］曹建华．金刚石微粉高精度分级技术研究［D］．太原：华北工学院，2001.

［70］许建蓉，王怀法．分级技术和设备的发展与展望［J］．洁净煤技术，2009，16（2）：25-28.

［71］张璐凡．气流分级机分级过程的数值模拟［D］．青岛：中国海洋大学，2015.

［72］李秋萍，邵国兴．气流分级技术的进展［J］．化工装备技术，2014：10-15.

5 浮 选 装 备

浮选法是利用矿物表面物理或化学性质的差异，并借助油滴或气泡等疏水性介质，从水的悬浮体（矿浆）中浮出固体矿物颗粒的选矿过程。全世界约 90% 的有色金属矿物和 50% 的黑色金属矿物通过浮选法选别。浮选装备是实现泡沫浮选工艺、将目的矿物与脉石矿物分离的机械设备，通常，根据是否有机械搅拌装置可将浮选装备分为浮选机和浮选柱两种类型。

1904 年浮选装备在澳大利亚首次获得工业应用[1]，1917 年中国建成了第一个浮选厂——辽宁青城子铅锌浮选厂。浮选装备问世 100 多年来，应用领域逐步拓展，目前已被广泛应用于冶金、造纸、农业、食品、医药、微生物和环保等行业。

5.1 浮选装备概述

5.1.1 浮选装备历史概述

5.1.1.1 浮选机历史概述

1903 年，Elmore 提出了混合油浮选法，该方法被认为是现代浮选技术的起点。随后，浮选工艺取得了快速发展，各种浮选设备也相继被研制出来。1909 年，Goover T 制造了用于泡沫浮选的多槽叶轮搅拌装置。1913 年，John Callow 发明了充气式浮选机，Robert Towne 和 Frederick Flinn 发明了充气式浮选柱。1914 年，Callow G 获得从槽子多孔假底喷入空气的浮选设备专利。1915 年 Durrel 制造出喷射式浮选机的样机[2]。20 世纪 20 年代，为了满足当时蓬勃发展的电力行业对铜的需求，各种类型的机械搅拌式浮选机和充气机械搅拌式浮选机被开发出来，并应用到工业生产。从 1930 年开始，随着市场对金属原材料需求的显著降低，新型浮选机的研制一度停滞。20 世纪 40 年代，一个大型选矿厂需采用数百台的小容积浮选槽，如美国当时最大的选矿厂莫伦西选矿厂，处理能力为 4.08 万吨/天，使用单槽容积为 $1.7m^3$ 的 Fagergren 浮选机，其数目竟多达 432 台，建设、运行和管理成本非常高。因此，为了简化浮选流程、提高浮选效率、节约运行成本，浮选机的单槽容积开始逐渐增大，浮选机的大型化成了浮选机发展的重要方向。

20 世纪 60 年代，随着世界经济的复苏，对金属原材料的需求骤增，浮选机的发展再次遇到契机，从事浮选机研发的机构也逐渐增多。60 年代早期，为了提高槽内循环量和气泡矿化效果，丹佛 DR 充气机械搅拌式浮选机研制成功，第一台 DR 浮选机在 1964 年安装应用于 Endako 煤矿集团在哥伦比亚和加拿大的选矿厂。DR 浮选机的特点在于，矿浆通过一根从叶轮延伸到槽体顶部的矿浆循环管流入叶轮区，矿浆与空气在进入叶轮区之前在循环管中充分混合[3,4]，其结构如图 5-1 所示。丹佛浮选机最初大型化的方法是将两个较小的槽体连接在一起并去除中间隔板，第一代大型浮选机被命名为丹佛 DR 600（17m³），它由两个丹佛 DR 300 的槽体背对背拼接而成，一个槽体中有两个主轴机构。1967 年丹佛 DR 600 在 Columbia 的 Endako 矿区一个钼矿投入应用。1972 年，布干维尔铜矿粗颗粒精选作业 108 台丹佛 DR 600 浮选机投入使用，该浮选生产线处理量达到 9 万吨/天。

目前在全球范围看，浮选机的研究设计机构主要是艾法史密斯、奥图泰和北京矿冶科技集团有限公司（原北京矿冶研究总院）等，以下重点介绍上述公司的主要机型。

A　奥图泰（Outotec）浮选机

奥图泰公司于 2006 年从其母公司奥托昆普（Outokumpu）公司分离出来，奥托昆普公司从 1958 年开始从事浮选设备的研究设计。1959 年 1.5m³ 和 3m³ 的 OK 浮选机首次在 Kolatahti 选矿厂投入使用[5]。奥托昆普开发了用于磨矿回路的闪速浮选机 Skim-Air、用于粗扫选的 OF 浮选机和用于精选的 HG 浮选机[6]，其代表性机型为 TankCell 型浮选机。1983 年，首台 TankCell 型 60m³ 浮选机在皮哈萨尔米选矿厂投入使用。1995 年第一台 TankCell 型 100m³ 浮选机在智利 Escondida 矿的 Los Colorados 选矿厂安装使用。1997 年，TankCell 型 160m³ 浮选机首次应用于智利 Chuquicamada 选矿厂。2002 年，第一台 TankCell 型 200m³ 浮选机在澳大利亚的 Century 矿山投入使用。2007 年，奥图泰公司研发出当时世界上最大的浮选机，其单槽容积为 300m³，在新西兰的 Macraes 金矿安装使用。2014 年 1 月，第一台 TankCell e500 型浮选机在芬兰的 First Quantum Minerals' Kevitsa 矿投入使用。2014 年 10 月研制成功了当时世界上最大容积的 TankCell e630 型浮选机，其单槽容积为 630m³。TankCell 浮选机在世界范围内应用广泛，可用于浮选流程的粗选、扫选和精选作业。

TankCell 型浮选机是圆柱形槽体的充气机械搅拌式浮选机，结构如图 5-2 所示，槽体

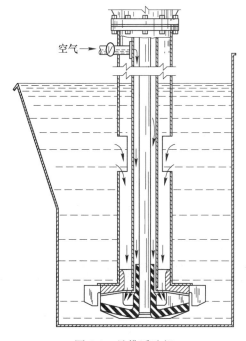

图 5-1　丹佛浮选机

图 5-2　OK-TankCell 型浮选机

为圆柱形，矿浆在叶轮的泵吸作用下由槽体底部进入叶轮区，空气经空心轴进入叶轮腔后经剪切形成微小气泡并弥散到矿浆内，矿化气泡上浮到液面形成泡沫，从槽体上方的溢流堰溢出。

B　艾法史密斯（FLSmidth）浮选机

艾法史密斯浮选机主要有威姆科（Wemco）自吸气机械搅拌式浮选机和道尔-奥立弗（Dorr-Oliver）充气机械搅拌式浮选机，其中威姆科浮选机代表机型为威姆科 1+1 浮选机和威姆科 Smart_Cell™ 浮选机。

a　威姆科浮选机

1960 年后，由于威姆科 Fagergren 浮选机市场占有量不断减少，Fagergren 浮选机技术升级衍变为威姆科浮选机，如图 5-3 所示，该设备与 Fagergren 浮选机相比的不同之处：

（1）保留了 Fagergren 浮选机的假底、引导空气流进叶轮的立筒和斜坡；

（2）将 Fagergren 浮选机的鼠笼型叶轮改成叶片型叶轮，该叶轮截面为星形，鼠笼型定子开有椭圆形孔。

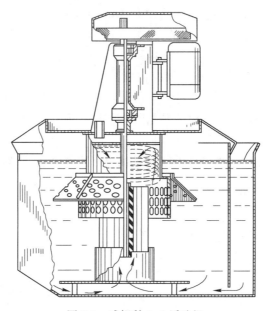

图 5-3　威姆科 1+1 浮选机

随着叶轮的旋转，周围的空气经立管被吸入叶轮并与矿浆混合，通过分散罩形成细小的气泡，均匀地弥散于整个矿浆中。威姆科浮选机的旋转机构位于槽体的中上部，可将矿浆提升到槽体上部区域，从而促进矿浆在槽内的循环[7~10]。

1996 年，125m³ 的 Smart_Cell™ 型威姆科浮选机研发成功，2003 年和 2004 年，257m³ 的 Smart_Cell™ 型威姆科浮选机和 300m³ 的 Super_Cell™ 型威姆科浮选机问世。

b　道尔-奥立弗充气式浮选机

道尔-奥立弗浮选机是充气式机械搅拌式浮选机，结构示意如图 5-4 所示，工作原理类似于 TankCell 浮选机。2015 年，艾法史密斯公司研制出当时世界上最大容积的 660m³ 道尔-奥立弗充气式浮选机，如图 5-5 所示。

图 5-4　道尔-奥立弗浮选机

图 5-5　660m³ 的道尔-奥立弗充气式浮选机

C　北京矿冶科技集团有限公司（BGRIMM）浮选机

北京矿冶科技集团有限公司目前已有 CHF-X、JJF、KYF、SF、XJZ、XCF、LCH-X、CLF、YX 和 BF 等十余种型号、近百种规格的浮选机及浮选机联合机组[11,12]。从充气方式来分，有充气机械搅拌式浮选机和自吸气机械搅拌式浮选机；从选别的矿物来看，既能满足有色金属和黑色金属矿物选别的需要，又能满足非金属及污水处理等的需要；从处理能力来看，既能满足处理量 10 吨/天的需求，又能满足 10 万吨/天级选矿厂的需求；从选别矿物的粒度来看，既能选别常规粒级矿物，又能选别粗粒级矿物；从适用场合来看，既能用于粗扫、扫选和精选等作业，也能用于磨矿回路的闪速浮选；从浮选车间配置方式上看，既能采取常规的阶梯配置，也可实现水平配置，BGRIMM 独创的水平配置方式，能有效降低浮选车间的系统复杂度，减小厂房高度。北京矿冶科技集团有限公司的代表性产品为 KYF 浮选机、XCF 浮选机、XCF/KYF 联合机组、GF 型浮选机、BF 型浮选机、CLF 型浮选机和闪速浮选机。

KYF 型浮选机是一种充气机械搅拌式机型，如图 5-6 所示，这一机型是 BGRIMM 浮选机大型化的典范。2000 年成功研制了单槽容积为 50m³ 的机型[13,14]，在国内外迅速推广使用近千台，2005 年研制成功了单槽容积为 160m³ 的机型，在中国黄金集团乌努格吐山铜钼矿 34000 吨/天项目中投入应用[15,16]；2008 年初成功研制了 200m³ 容积的机型，并在江西铜业集团公司大山选矿厂 90000 吨/天工程中使用[17,18]。2008 年底，BGRIMM 研制成功了单槽容积为 320m³ 的 KYF-320 充气机械搅拌式浮选机，该浮选机是当时世界上工业应用的单槽容积最大的浮选机之一，当年中铝秘鲁 Toromoch 项目即采用了 28 台[19]。2018 年，BGRIMM 研制成功了全球单槽容积最大的 KYF-680 超大型充气机械搅拌式浮选机，并在亚洲最大的露天铜矿德兴铜矿投入工业应用，其独特的结构形式能显著提高粗颗粒矿物的回收率。

常规充气机械搅拌式浮选机不具备自吸矿浆的能力，因此浮选机须阶梯配置，中矿需通过泵返回，阶梯配置系统复杂、基建投资或改造费用高。BGRIMM 的 XCF 型充气机械搅拌式浮选机不仅具有一般充气式浮选机的优点，而且具有自吸矿浆能力[20]。XCF 浮选机和 KYF 浮选机可形成联合机组，实现浮选流程的水平配置，目前这一配置形式已广泛应用于有色金属、黑色金属和化工等行业，产生了显著的经济效益和社会效益。

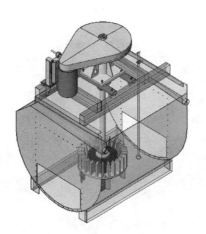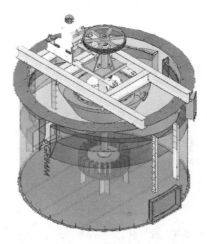

图 5-6　KYF 型浮选机结构图

　　BGRIMM 机械搅拌式浮选机还有很多其他型号,其中 GF 和 BF 浮选机技术性能较为突出,应用较为广泛,尤其适用于中小型矿山。

　　BGRIMM 宽粒级浮选机是一种既能选别常规粒级颗粒,又能选别较大密度、较高浓度和较粗粒度颗粒的充气机械搅拌式浮选机,特别适用于石英砂和冶炼炉渣等粗粒级矿物的选别[21]。

5.1.1.2　浮选柱历史概述

　　1909 年,T. M. Owen 设计了直径为 0.3m,高为 0.9m 的柱形浮选设备,叶轮安装在柱体的下半部分,空气通过位于叶轮附近的小口径胶管注入,该设备被认为是浮选柱的雏形。

　　1914 年,G. M. Callow 设计了第一台从多孔假底喷射出空气的浮选柱。

　　1915 年,C. T. Durrell 开发了矿浆射流吸入空气技术,形成的气泡尺寸达到 0.1mm。

　　1919 年,M. Town 和 S. Flynn 首次提出了气泡和矿浆逆向碰撞矿化的设计思路,矿浆从浮选柱中部给入,空气从浮选柱底部通过多孔材料给入。

　　浮选柱在 20 世纪 20~30 年代得到过工业推广应用,但是由于充气器容易堵塞、粗颗粒选别效果差、过程自动控制系统不可靠等原因,后来完全被机械搅拌式浮选机取代。

　　1961 年加拿大的布廷(Boutin)研制出新一代逆流浮选柱[2,3],于 1963 年取得专利,并在加拿大的谢菲维尔铁矿选矿厂进行了工业试验。此后,中国、美国、苏联和澳大利亚等国也相继开展了浮选柱的研究和应用工作。后因气泡发生器容易堵塞和破裂以及浮选柱放大方法和技术不成熟等原因,浮选柱的发展和应用受到了限制,处于停滞不前的状态。

　　20 世纪 80 年代初,浮选柱在工业应用中重新得到重视。1980~1981 年加拿大魁北克省的加斯佩矿选矿厂用两台浮选柱代替钼精选作业中的 13 台常规浮选机,选矿效果良好。随后加拿大大不列颠哥伦比亚省的许多选矿厂开始采用浮选柱进行铜钼精选。此后,世界范围内相继涌现出多种新型高效的浮选柱,比较有代表性的有美国戴斯特公司生产的 Flotaire 浮选柱、英国利兹大学研制的利兹浮选柱、美国的 VPI 微泡浮选柱、美国密西根技术大学杨锦隆研制的 MTU 型充填介质浮选柱、苏联研制的 ФП 系列浮选柱和美国犹他大学的米勒发明的旋流充气式浮选柱等。浮选柱在气泡发生器、充气性能和运行稳定性上均有了显著的进展。

1987 年澳大利亚詹姆森教授发明设计了詹姆森浮选柱，该浮选柱是浮选柱研究的分水岭，不仅柱体高度下降很大，仅为相同处理量同直径传统浮选柱的 1/4，而且在结构、给矿方式和分选机理上有了全新的突破，解决了因柱体高度过大所带来的一系列问题。

2002 年，柱浮选技术的发展进入第三个阶段。浮选柱在气泡发生技术、矿化方式的多样化及过程控制技术等方面发展迅速。国外有代表性的浮选柱有加拿大的 CPT-Cav 浮选柱、德国的 KHD 浮选柱、芬兰 Metso 公司的 CISA 浮选柱和俄罗斯的 RIVS 浮选柱等；国内有北京矿冶科技集团有限公司的 KYZ 浮选柱、长沙有色研究总院的 CFCC 浮选柱和中国矿业大学的 FCSMC 旋流微泡浮选柱等。浮选柱的液位自动控制技术、气量自动控制技术、冲洗水自动控制技术和泡沫图像识别技术日趋成熟，工业应用日益广泛。

2005 年后，柱浮选技术向更深层次推进，浮选柱技术更加多样化，浮选柱全（短）流程技术得到了推广。在硫化矿物（黄铜矿、辉钼矿等）、氧化矿物（氧化钨矿、磁铁矿、赤铁矿等）、工业矿物（硫酸盐矿、钾盐矿和磷酸盐矿物等）、石墨及其他非金属矿物的分选中都得到了应用。浮选柱还从精选作业向粗扫选作业推广，从细颗粒矿物到粗颗粒拓展。具有代表性的浮选柱有美国 Erize 公司的 HydroFloat 浮选柱[4]、西门子矿业部门的 Hybrid 浮选柱[5,6]和 Imflot G-cell 浮选柱[7]。2014 年智利第二十六届国际矿物加工大会上，詹姆森教授详细阐述了流态化浮选柱技术特点，并提出了在半自磨机排矿端回收粗颗粒矿物选的柱浮选新方法[8]。

5.1.2 浮选装备发展趋势

浮选设备发展一百多年来，技术得到了很大的发展，逐步实现了浮选设备的多样化、系列化、大型化和自动化，应用领域不断扩展，基本上满足了有色金属、黑色金属、水处理、生物分离及其他方面的应用需求。但随着原生矿产资源的不断贫化、细化和杂化，选矿工艺日趋复杂，生产成本不断上升，这对浮选设备的研制提出了更高的要求，近些年来，浮选设备主要有以下 4 个方面发展趋势。

（1）智能化。随着微电子技术的发展，浮选设备自动控制技术取得了长足的进步。目前对浮选设备的矿浆液面、充气量、矿浆浓度、药剂添加以及泡沫成像分析等工艺过程控制实现了自动化。智能化是浮选设备的发展趋势，智能化的一个表现是深度学习功能，浮选机可以对影响工艺指标的关键历史数据进行机器学习，深度了解自身能力和属性，并能够根据给矿变化自动调节浮选机运行操作参数，如转速、液位、充气量和药剂添加，从而实现整个流程的自动优化，达到最佳浮选指标。智能化的另一个表现是强大的自诊断功能，每台浮选机能实时存储和分析自身机械性能数据，定期向客户推送诊断报告以及维护建议，主动让客户了解设备性能的变化情况，实现预防性维护。

（2）专用化及大型化。在常规金属和非金属矿的选别方面，目前的浮选设备已基本能满足需求，但是，目前矿产资源禀赋不断变差，随着对矿产资源需求的不断增加，选矿厂规模日益增大，为了提高资源的综合利用效率，对设备的专用化和大型化的要求也随之不断提高，以使其能够满足不同矿种、不同处理量的需求。针对不同矿石的可浮性和粒度分布特性，研究和提出差异化的装备技术方案，将是今后浮选机的重要研究方向之一。

（3）配置多样化。浮选是一个复杂化学物理过程，影响浮选指标的因素非常多，涉及矿物性质、药剂制度、设备性能和人员操作等，作业配置的方式也是重要的影响因素。设计人员需根据粗扫选作业的不同特性，选择不同特点的浮选设备，以达到整个浮选流程的最优配置。比如机械搅拌式浮选机、充气机械搅拌式浮选机和柱式浮选设备的高效配合使用，磨矿回路闪速浮选机、尾矿回收专用浮选机等系统的合理选型等，仍具有重要的研究意义。

（4）新型浮选设备崭露头角。浮选设备经过一个多世纪的发展，形成了自吸气机械搅拌式浮选机、充气机械搅拌式浮选机和柱式浮选设备三大种类。近些年一些新型浮选装备技术开始萌芽，如阶段浮选反应技术和瀑布浮选技术等。随着对浮选微观现象机理研究的不断深入，我们必将在浮选装备领域迎来颠覆性的设计理念。

5.1.3　浮选装备的分类

浮选设备根据有无搅拌方式通常分为两大类，即机械搅拌式浮选设备（浮选机）和无机械搅拌式浮选设备（又称浮选柱）。浮选机和浮选柱因其结构设计及工作原理的差异，浮选效果及所应用的浮选流程也不同。浮选机根据供气方式的不同又可分为两大类：充气机械搅拌式浮选机和自吸气机械搅拌式浮选机，因其设计结构、工作原理等方面的差异，又细分为不同的型号。

充气机械搅拌式浮选机是一种气体由外力作用给入，叶轮仅起搅拌、混合作用，无须通过叶轮抽吸空气的浮选机，其主要优点是充气量可按需要进行精确调节，转速要求较低，能耗较少。充气机械搅拌式浮选机是目前应用最广泛的浮选机，适用于铜、铅、锌、镍、钼、硫、铁、金、铝土矿、磷灰石、钾盐等有色、黑色和非金属矿的选别，特别适用于充气量小且需对充气量进行精确控制的矿物，比如铝土矿和磷矿等。自吸气机械搅拌式浮选机是一种靠叶轮旋转产生的负压来吸入空气的浮选机，其主要优点是可以自吸空气，不需外加充气装置；缺点是吸气量调节范围窄，难以精确控制，主要适用于气量范围要求较宽的金属矿和非金属矿物的选别。

浮选设备根据配置方式可分为直流槽和吸浆槽两种。直流槽浮选机不能抽吸矿浆，具有磨损小、电耗低的特点；吸浆槽浮选机具有抽吸矿浆的能力，可与直流槽浮选机配套使用以实现水平配置，中矿无须泡沫泵返回，简化了选厂流程。

中国最常用的浮选机有 KYF、XCF、BF、JJF、GF、CLF、CGF、YX 等类型，它们的功能侧重、功耗、流程配置方式及对矿石选别的适应性等都存在一定的差异。

5.1.3.1　浮选机功能差异

KYF 和 CLF 型充气机械搅拌式浮选机不能自吸矿浆，其叶轮仅搅拌矿浆和分散空气；XCF 型充气机械搅拌式浮选机由于特殊的结构设计，在充气的同时可以自吸矿浆。国外威姆科自吸气浮选机不能自吸矿浆，但 BF 与 GF 型等自吸气机械搅拌式浮选机，由于特殊的结构设计，可以实现自吸给矿。这些具有多种功能的浮选机为浮选机选型与配置提供了很大的灵活性。

5.1.3.2　浮选机功耗对比

相同容积规格的浮选机，具有自吸浆或自吸气能力的浮选机由于其兼顾吸浆和吸气的功能，装机功率和运行功耗一般大于充气机械搅拌式浮选机。

5.1.3.3 浮选流程配置

由于国外浮选机通常不具备自吸矿浆的功能，基本浮选流程以阶梯配置为主，这种布局需配备中矿返回泵。中国浮选机功能多样化，配置也多样化。KYF 和 JJF 型浮选机单独使用需采用阶梯配置，中矿返回需用泡沫泵；GF、BF、CGF 和 XCF 型浮选机则可实现水平配置，中矿返回不需要泡沫泵，流程配置得到简化。从浮选机的容积看，50m³ 及以下单槽容积的浮选机采用水平配置的较多，70m³ 容积以上的浮选机则都为阶梯配置。对于 50m³ 及以下浮选机，由于中矿矿浆量不大，建议采用水平配置，这样可降低厂房的高度，浮选机布置比较整齐和美观。

5.1.3.4 矿石选别的适应性

对于粒度分布比较粗或比重大的矿物可选用 CLF 浮选机或者 CGF 浮选机；由于盐类矿物和氧化矿浮选有其特殊性，需选用专用浮选机。

浮选柱多用于有色金属浮选流程的精选段，对于提升最终产品的品位效果明显，浮选柱的类型划分方式也比较多，根据不同的划分标准有如下划分方式：

（1）按气泡发生方式可划分为空气直喷式、矿浆和空气混流式、水和气混流式；
（2）按矿气混合方式可划分为逆流碰撞式、顺流式和逆流-顺流混合式；
（3）按柱体的高度可划分为高柱式和矮柱式；
（4）按浮选柱产品形式分为多产品和单产品型式；
（5）按不同的用途可以分为粗选浮选柱、扫选和精选浮选柱；
（6）按有无充填介质分为充填浮选柱和非充填浮选柱；
（7）按借助其他力场的情况分为磁浮选柱、超声波浮选柱和离心浮选柱等。

5.2 充气机械搅拌式浮选机

充气机械搅拌式浮选机是目前应用最广的浮选机，适用于铜、铅、锌、镍、钼、硫、铁、金、铝土矿、磷灰石、钾盐等有色、黑色和非金属矿的选别。

充气机械搅拌式浮选机充气量可精确调节，设备结构相对简单，对不同矿物有较好的适用性。虽然充气机械搅拌式浮选机机型众多，但主要工作原理相似，但具体结构设计及功能侧重略有不同，如 CHF-X 型浮选机是我国在丹佛 DR 浮选机和 A 型浮选机的基础上研制的一种充气机械搅拌式浮选机，其叶轮盖板结构形式与丹佛 DR 浮选机近似，矿浆在垂直方向上循环，与 A 型浮选机相比不同之处是，空气由盖板上方进气筒周围的一个倒锥形的矿浆循环筒进入叶轮区，该机具有矿浆通过能力大、充气量可调范围大、叶轮转速低等特点；LCH-X 型浮选机是可实现双向循环矿浆和双向充气，混合区大，具有更强的循环能力；中南大学研制的 HCC 型浮选机由环射式浮选机改进而成，叶轮为单层半封闭螺旋形叶片，叶轮下部设有锥形导流台，槽体内部设有定子，侧壁设有稳流板。

本节主要介绍我国自主研发应用最为广泛的 KYF、XCF 型充气机械搅拌式浮选机，以及磨矿分级回路中应用的闪速浮选机。

5.2.1　KYF 型充气机械搅拌式浮选机

　　KYF 型充气机械搅拌式浮选机是由北京矿冶科技集团有限公司在大量研究和长期实践积累的基础上研发成功的机型，是中国目前应用最为广泛的浮选机类型之一，在世界各地也有大量的工业应用。KYF 型浮选机规格从容积为 5L 的实验室机型到容积为 $680m^3$ 的超级浮选机，可满足研究机构和不同规模选矿厂的需求。

5.2.1.1　工作原理和关键结构

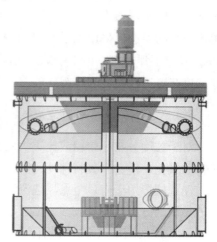

　　KYF 型浮选机结构图如图 5-7 所示，主要由叶轮、定子、主轴、电机、传动部件和槽体等组成，槽体结构可分为圆形槽体和 U 形槽体，传动方式可分为皮带传动和齿轮传动。

　　叶轮旋转使槽内矿浆从四周经槽底吸入叶轮叶片间，由鼓风机给入的低压空气从空心主轴进入叶轮腔内的空气分配器中，通过空气分配器的孔进入叶轮叶片间，矿浆与气泡在叶轮叶片间进行充分混合后，由叶轮上半部分排出，经定子稳流和导向，矿浆由旋转流转变为径向流。矿化气泡上升到槽子表面形成泡沫层，通过刮板或自流到泡沫槽中，矿浆再返回叶轮区进行再循环。

图 5-7　KYF 型浮选机结构图

　　KYF 浮选机叶轮设计借鉴了离心泵的叶轮设计理论，与常规充气机械搅拌式浮选机相比，具有运行功耗低等优势。对于后倾叶片而言，当流量大时产生的理论压头低，总理论压头中动压头成分相应较小，即速度头较低，有利于保持矿浆液面的稳定，符合浮选机流体动力学的要求。另外，后倾叶片流量较大，功耗较低，因此，采用后倾叶片形式完全符合浮选机流体动力学的要求。

　　叶片的方向确定后，进一步需要确定叶轮形状。比转数是确定叶轮叶片形状的主要依据，高比转数泵具有流量大、压头小的特点，反之，则流量小、压头大。浮选机叶轮的情况与高比转数泵相似，由于高比转数泵叶轮进口直径和出口宽度相对较大，出口直径和进口宽度相对较小，因此 KYF 浮选机采用了类似于高比转数泵的叶轮。

　　叶轮的重要作用之一是分散空气，KYF 浮选机叶轮在叶轮腔中设有空气分配器，空气分配器能预先将空气较均匀地分布在叶轮叶片的大部分区域内，提供大量的矿浆-空气界面，从而大大改善叶轮弥散空气的能力，提高浮选机空气分散度。

　　确定叶轮结构参数是一个复杂的过程，除了进行理论计算外，还必须利用以往经验，进行大量实验，逐步取得合理的参数。图 5-8 和图 5-9 所示为 KYF 型浮选机的叶轮主要结构参数。由于确定叶轮结构之间的关系一般要进行大量的试验，为了减少试验费用，通常只在实验室小型浮选机内进行，待叶轮结构参数之间的关系确定后，再用叶轮直径这个表征叶轮结构的特征参数进行放大设计，并在工业型浮选机内进行试验，最后得出所需的合理参数。

　　KYF 浮选机定子为低阻尼直悬式定子，采用径向短叶片，如图 5-10 所示，安装在叶

图 5-8 KYF 浮选机叶轮

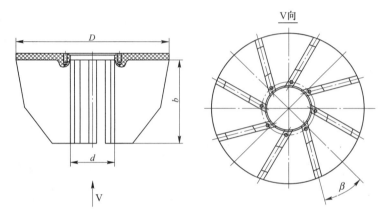

图 5-9 叶轮主要结构参数

D—叶轮直径；d—进浆口径；b—叶片高度；β—叶片倾角

轮周围斜上方，由支脚固定在槽底。这样可使得定子下部区域周围的矿浆流通面积增大，消除了下部零件对矿浆的不必要干扰，有利于矿浆向叶轮下部区域流动，同时降低了矿浆循环阻力，降低动力消耗，增强了槽体下部循环区的循环和固体颗粒的悬浮能力。叶轮中甩出的矿浆-空气混合物可以顺利地进入矿浆中，空气得到了很好的分散。定子的关键参数直径，可通过放大方法放大得到。

空气能否均匀弥散是衡量浮选机优劣的重

图 5-10 KYF 型浮选机定子

要指标。KYF 叶轮的空气分配器，通过多孔结构预切割空气，利用大速度梯度形成小气泡，实现叶轮腔内气泡与颗粒的预矿化和浮选槽内气泡的均匀分布，KYF 浮选机空气分散度高达 4.6，与常规浮选机相比，其气泡表面积通量提高近 30%。根据不同的矿物类型，空气分配器形式也有不同，如图 5-11 所示。

KYF 型浮选机的槽体可分为 U 形槽体和圆形槽两种结构，这两种槽体结构都能减少矿砂沉积区域、促进粗重矿粒向槽中心运动以便返回叶轮区再循环，减小矿浆短路概率。单槽容积 70m³ 及其以下的 KYF 型浮选机，根据其配置方式的不同选择相应的槽体结构，

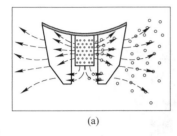 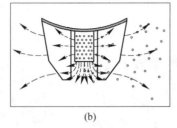 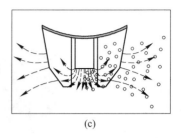

图 5-11　空气分配器形式

（a）硫化矿物型；（b）氧化矿物型；（c）盐类矿物型

若浮选机作业采用水平配置，则槽体结构为 U 形槽体，这种槽体结构可方便地设置泡沫刮板装置；若浮选机作业采用阶梯配置，则槽体结构以圆形槽为主，泡沫通过自身溢流进入泡沫槽。单槽容积大于 $70m^3$ 的浮选机，浮选机作业一般为阶梯配置，底板设计为平底，为保证矿浆均匀分散，一般采用圆形槽体结构。

　　大型浮选机存在泡沫输送路径长、目的矿物脱落概率高和泡沫难以及时回收等难题，根据浮选工艺的要求可在槽体近液面区域设置两个推泡锥，其中外推泡锥兼做外泡沫槽（图5-12），靠近槽体边缘的泡沫从外泡沫槽溢流出去，而靠近中间的泡沫通过内泡沫槽溢流出去，这样就把泡沫一分为二，缩短了泡沫输送距离，减少了局部停滞。这一设计可显著减少泡沫输送距离，同时提高泡沫迁移速度，有效缩短了泡沫回收时间。此外由于泡沫面积减小，泡沫层厚度增加，可有效增强泡沫层中的二次富集作用，从而提高目的矿物分选的工艺指标。

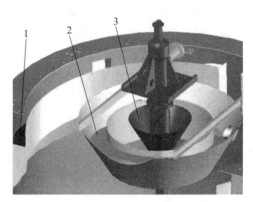

图 5-12　内置推泡锥及双泡沫槽

1—外泡沫槽；2—内泡沫槽兼推泡锥；3—内推泡锥

5.2.1.2　关键技术

A　关于 KYF 型浮选机的流场特征

KYF 型系列浮选机具有相似的流场特性，这里以实验室型 KYF-0.2m^3 浮选机为例介绍这一机型的流场特征，其整体三维速度矢量如图 5-13 所示。叶轮区内的流体经叶轮驱动后在离心力的作用下被高速甩出，每个定子叶片均起到导流作用。随着流体离开叶轮-定子区域，流体速度逐渐减小，在槽体内形成同定子叶片数量相同的多股向上和向下的循环结构。值得注意的是，原有的浮选理论虽指出槽内存在上、下循环流场结构，但从整体的三维速度矢量图看，循环流场结构受定子影响较大，在每个定子叶片处会形成一股循环流动。

　　图 5-14 为 KYF 型浮选机在纵截面上的循环流动细节。流体被叶轮叶片甩出后，在流场内形成了显著的上部循环流场和下部循环流场。根据浮选机设计理论，叶轮的特殊结构设计目的之一就是形成循环流场结构，以保证矿浆浮选过程的高效进行。

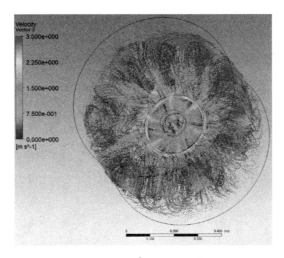

图 5-13 实验型 KYF-0.2m³ 浮选机的整体三维速度矢量

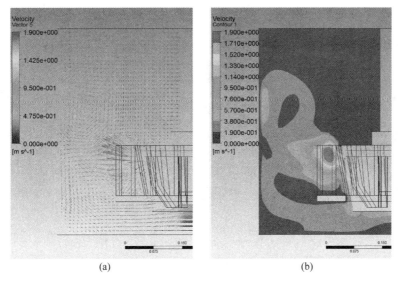

(a)   (b)

图 5-14   KYF-0.2m³ 浮选机纵截面速度场
（a）速度矢量图；（b）速度云图

图 5-15 为叶轮盘下方横截面处流体流动细节。由于叶轮的旋转，流体在离心力的作用下甩出叶轮区，随后流体击打在定子叶片迎浆面上并沿定子叶片方向射流出去。速度云图中，流体沿各定子叶片迎浆面有明显的射流效应，说明定子具有很好的导流和稳流作用。

图 5-16 进一步揭示了叶轮叶片间的流动特征。值得注意的是，在叶轮叶片靠近背浆面形成了明显的、同叶轮旋转方向相反的漩涡。在背浆面附近出现了全场的最大速度区，甚至高于叶片尖端速度。

B   关于 KYF 型浮选机叶轮

KYF 型浮选机叶轮采用后倾式叶片设计，叶片相对旋转方向（浮选机叶轮旋转方向为顺时针）有一个后倾角度 $\beta=30°$，如图 5-17 所示。为了掌握后倾角度叶轮的动力学性能，选取后倾叶轮、径向叶轮和前倾叶轮三种叶轮开展比较研究。图 5-18 给出了三种叶轮的试验功耗和 CFD 的功耗对比。结果表明：三种叶轮中，在相同转速下，后倾叶轮功耗最低，这验证了后倾叶轮浮选机的能耗优势。

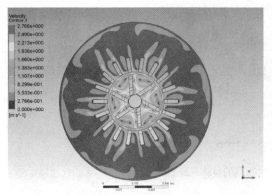

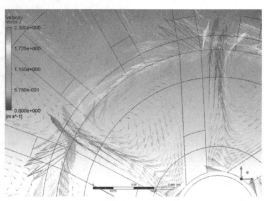

图 5-15　叶轮盘下方横截面　　　　　图 5-16　叶轮盘下方横截面处叶轮叶片间
　　　　的速度云图　　　　　　　　　　　　　局部流场速度矢量图

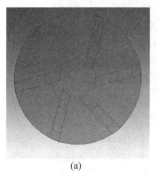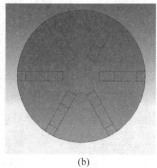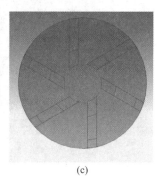

(a)　　　　　　　　　　　　(b)　　　　　　　　　　　　(c)

图 5-17　KYF 浮选机叶轮特征结构（俯视图顺时针旋转）
（a）后倾叶轮；（b）径向叶轮；（c）前倾叶轮

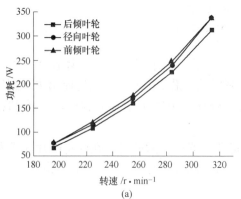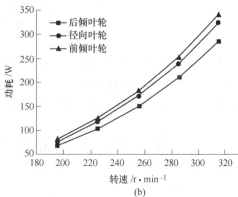

(a)　　　　　　　　　　　　　　　　　　(b)

图 5-18　三种叶轮的功耗对比
（a）试验；（b）CFD

不同叶轮后倾角度的叶轮（$\beta = 0°$、$15°$、$30°$、$45°$、$60°$、$69°$、$75°$）（图 5-19）对浮选机性能也有较大影响。图 5-20 给出了在 315r/min 转速条件下功耗与后倾角度的关系。随着叶片后倾角度的增加，浮选机功耗有先变小后变大的规律，后倾 69°叶轮的浮选机功耗最小，并且出现了拐点。

图 5-19 不同倾角试验叶轮

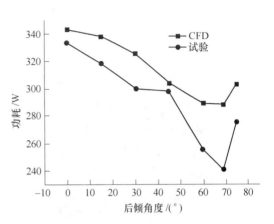

图 5-20 315r/min 功耗与后倾角度的关系

C 关于 KYF 型浮选机定子研究

浮选机容积的不断放大，浮选机定子尺寸随之放大，但结构形式变化不大。定子叶片高度不断变大，导致定子叶片受矿浆的冲击力增加，定子叶片上端的变形势必增大。从力学角度考虑，超大型浮选机定子叶片上部需增加加强环以保证结构可靠性，如图 5-21 所示，但加强环的引入会对流场结构产生影响，为此，研究人员研究了不同加强环结构对流场的影响。

图 5-22 为定子结构对流场的影响。研究表明四种定子条件下，浮选机流体流态分布略有不同。环形加强环定子水平射流更为明显，叶轮区和定子水平射流区出现了高流速区域。立式加强环导致了部分流体由加强环内侧向上流动，因此在定子内侧上部区域也出现了流体高流速区域。由于环形加强环的存在，原有的斜向上射流不太明显，流体受到阻挡，水平流出定子区域。此处流速较大，冲击到环形加强环或导致叶轮区已矿化颗粒的脱落，另一方面也会造成能量的浪费。由于立式加强环的存在，原有的斜向上射流受到阻挡，向上甩出，定子的稳流导向作用受到了弱化，相当于只有部分定子叶片起作用，并且定子上部出现了高流速区域，水平射流效果明显变差。45°立式加强环对流体起到了导向作用，流体斜向上甩出。综上，加强环的加入对流体也起到了一定的导向作用，导致流场变化。

5.2.1.3 工业应用

A 德兴铜矿大山选矿厂 KYF 型浮选机的应用情况

德兴铜矿大山选矿厂是中国规模最大的铜选矿厂，主要处理斑岩型铜矿石，处理量为90000t/d。浮选流程由 3 个系列组成，1 系列、2 系列应用 KYF-200m³ 浮选机，3 系列粗扫选作业应用 KYF-160m³ 浮选机，精扫选作业应用 KYF-70m³ 浮选机。浮选机作业采用阶梯

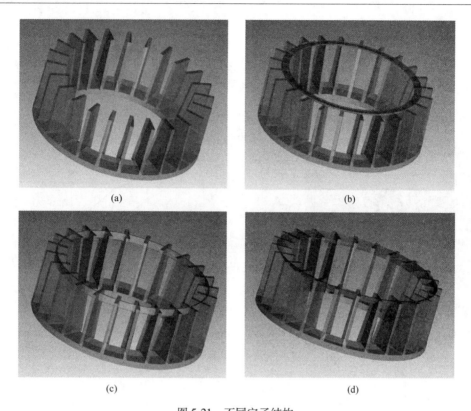

图 5-21　不同定子结构

（a）标准定子；（b）环形加固环定子；（c）立式加固环定子；（d）45°立式加固环定子

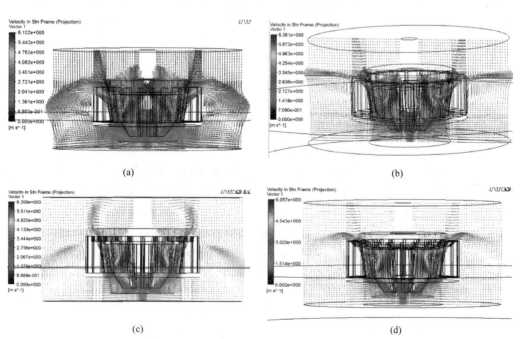

图 5-22　定子结构形式对流场的影响

（a）标准定子；（b）环形加固环定子；（c）立式加固环定子；（d）45°立式加固环定子

配置，中矿采用泡沫泵返回，其工艺流程如图5-23所示。从现象来看，浮选流程泡沫层稳定，没有翻花现象；搅拌力强，矿浆流向稳定；浮选槽内没有死区，无矿浆沉积现象；空气分散均匀，分散度高，气泡大小分布合理；浮选机液位自动控制系统可以根据需要任意调节，控制精度满足工艺要求；浮选机泡沫层厚度可根据工艺调节；满负荷停车后浮选机能够正常启动。

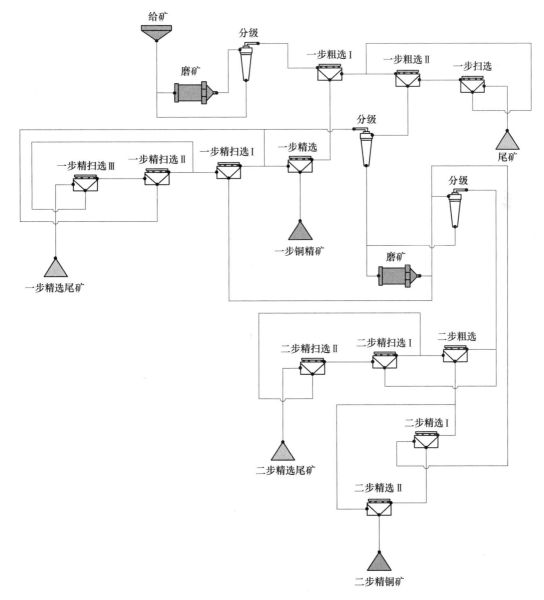

图5-23 德兴铜矿大山选矿厂的工艺流程

B 乌努格土山铜钼矿 KYF 型浮选机的应用情况

乌努格土山铜钼矿是2008年新建的大型铜钼矿山。浮选基本流程为：原矿磨矿、分级后经混合浮选获得铜钼混合精矿，混合精矿脱药、脱水浓缩后经再磨、分级进入铜钼分离浮选作业，分别获得铜精矿和钼粗精矿。钼粗精矿经立式磨机擦洗再磨后进入精选作业，获得最终的钼精矿。乌努格土山铜钼矿一期处理量为 36000t/d，铜钼混合浮选流程由两个系列组成，单系列的处理量为 18000t/d。由于处理量大，原矿品位低，考虑到大型浮选机具有安装台数少、占地面积小、易于实现自动控制、基建投资费用少、单位容积的安装功率小和综合经济效益高等突出优点，粗、扫选作业共采用了 32 台 KYF-160m³ 浮选机，且配置有液位自动控制系统和充气量控制系统。二期处理量 45000t/d，粗、扫选作业共采用了 16 台 KYF-320m³ 浮选机。具体工艺流程如图 5-24 所示。

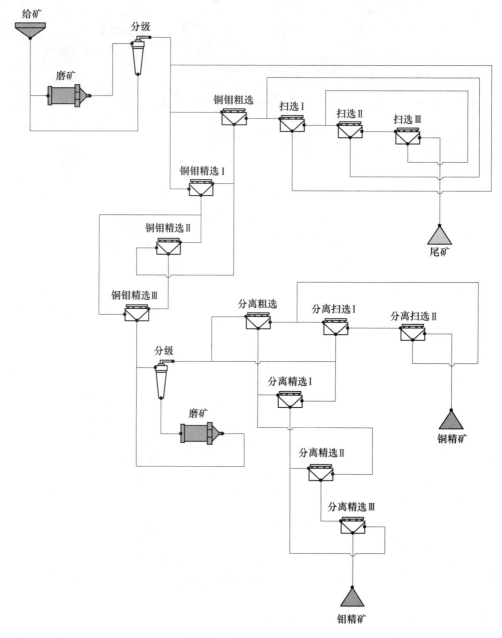

图 5-24　铜钼混选流程图

C 伊春鹿鸣矿业 KYF 型浮选机的应用情况

伊春鹿鸣矿业处理量为 50000t/d，其磨矿系统采用半自磨加球磨工艺，磨矿产品分级后进入快速浮选，以尽早获得合格精矿。快速浮选尾矿进入粗扫选作业，泡沫产品进入预精选作业，预精选泡沫经再磨进入精选作业，精选作业采用浮选柱，精扫选采用浮选机。选厂选用了单槽容积为 320m³、130m³ 和 100m³ 的 KYF 型大型浮选机。其工艺流程如图 5-25 所示。

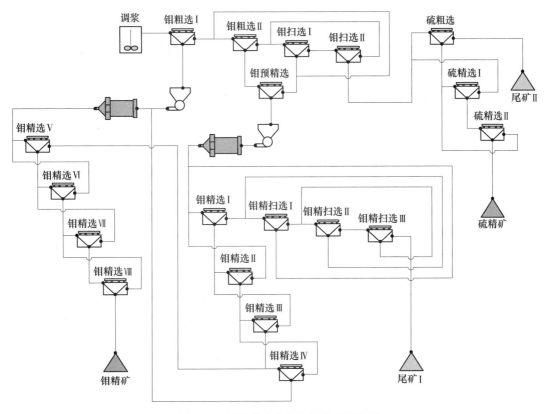

图 5-25 伊春鹿鸣矿业选厂的工艺流程

D 德兴铜矿泗洲选厂 KYF 型浮选机的应用情况

德兴铜矿尾矿选矿厂的处理量仅占德兴铜矿尾矿总量的很小部分，无法满足全部尾矿的再处理需求，亟须开发超大处理能力的尾矿浮选装备技术。北京矿冶科技集团有限公司经过不断研究积累，开发了 680m³ 超大型浮选机技术，可以实现对尾矿资源的大规模高效回收。

680m³ 超大型浮选机在泗洲选矿厂一期 18000t/d 系统处理原选别流程的尾矿，680m³ 超大型浮选机泡沫经再磨返回原浮选流程的粗选作业。工业实践表明，当入选原矿的品位基本相当时，同期泗洲选厂一期系统比二期系统铜的综合回收率提高了 1.48 个百分点，最终精矿品位基本相当。680m³ 超大型浮选机工业试验现场如图 5-26 所示。

E 石墨选矿上 KYF 型浮选机的应用情况

大鳞片石墨（一般指 +0.3mm、+0.18mm）经济价值比细粒级高，石墨选别过程中要

图 5-26　680m³ 超大型浮选机的工业试验情况

求最大限度地保护大鳞片。由于石墨产品的质量要求鳞片愈大愈好，精矿品位越高越好，石墨浮选工艺一般具有如下特点：为了保护大鳞片石墨不受或少受破坏，采用阶段磨矿阶段选别工艺；为了达到 85% 以上的固定碳含量，需要经过多次精选作业。

莫桑比克 Balama 石墨矿处理量 6000t/d，采用阶段磨矿、阶段选别的作业流程，原矿经粗选、扫选、预精选和 3 次精选作业得到粗精矿，粗精矿经筛分，粗、细分选，分别得到大鳞片精矿和细粒精矿。针对精矿产率高，泡沫黏自流不便和安全防护要求高等特点，浮选机采用了双横向和四径向泡沫溜槽组合，泡沫溜槽与槽体一体化，多槽连体，全封闭防护的新颖结构设计方案。全流程共采用 30 台 KYF-20m³ 浮选机、15 台 KYF-10m³ 浮选机和 6 台 KYF-6m³ 浮选机。2017 年底该选厂已投产，石墨精矿产品固定碳含量大于 95% 的，其工艺流程如图 5-27 所示。

5.2.2　XCF 型充气机械搅拌式浮选机

充气机械搅拌式浮选机具有浮选工艺指标好，功耗低，结构简单，操作、维护、管理方便等特点。传统的充气机械搅拌式浮选机无吸浆能力，浮选作业采用阶梯配置，中矿返回必须采用泡沫泵。由于泡沫泵易磨损，对黏而不易破碎的泡沫难以扬送，流程难以完全畅通，且对于复杂流程及精选作业配置困难；对于新建选矿厂而言，浮选作业采用阶梯配置，使基建投资增加，如图 5-28 所示；而对于老旧选矿厂改造而言，由于厂房高度和流程高差均固定，阶梯配置实施较为困难，这在一定程度上限制了充气机械搅拌式浮选机的应用。为此，北京矿冶科技集团有限公司研制了一种兼具充气机械搅拌式浮选机优点和吸浆能力的自吸浆充气机械搅拌式浮选机，这一机型既可以单独使用，也可以与常规充气机械搅拌式浮选机组成联合机组，实现使不同浮选作业的水平配置。这一配置方式可节省中矿返回泵、降低厂房高度、减少基建费用等，对新老矿山的建设和改造具有重要意义，如图 5-29 所示。

5.2.2.1　工作原理和关键结构

XCF 型自吸浆充气机械搅拌式浮选机结构如图 5-30 所示，由槽体、带上下叶片的大

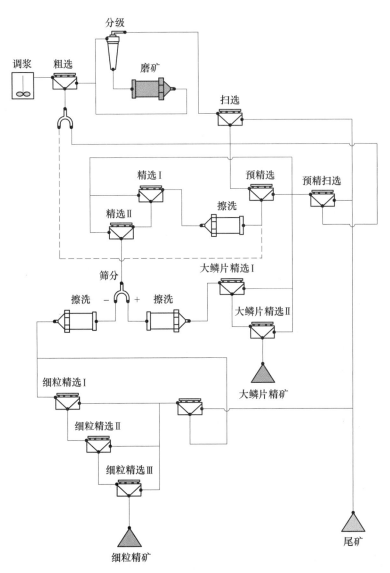

图 5-27 Balama 石墨矿浮选工艺流程

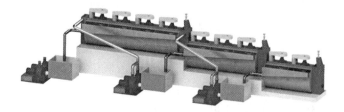

图 5-28 浮选作业阶梯配置

隔离盘叶轮、径向叶片的座式定子、对开式圆盘形盖板、中心筒、连接管和空心主轴等组成。图 5-31 为 XCF 型自吸浆充气机械搅拌式浮选机与 KYF 型充气机械搅拌式浮选机形成的联合机组。

图 5-29　浮选作业水平配置

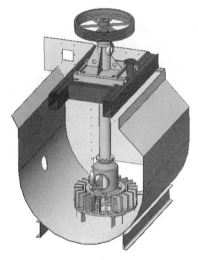

图 5-30　XCF 浮选机结构图

图 5-31　XCF/KYF 联合机组
1—给矿箱；2—XCF 浮选机；3—KYF 浮选机；4—尾矿箱

　　电机通过传动装置和空心主轴带动叶轮旋转，矿浆经叶轮下叶片内缘吸入到叶轮下叶片间，由外部给入的低压空气，通过空心主轴进入下叶轮腔中的空气分配器，然后通过空气分配器周边的小孔进入叶轮下叶片间，矿浆与空气在叶轮下叶片间进行充分混合后，由叶轮下叶片外缘排出。在叶轮旋转和盖板、中心筒的共同作用下，叶轮上叶片内产生一定的负压，使中矿泡沫和给矿通过中矿管和给矿管流入中心筒内，并进入叶轮上叶片间，最后从上叶片外缘排出。叶轮上下叶片排出的矿浆经定子稳流定向后，进入槽内中。矿化气泡上升到槽子表面形成泡沫层。

　　XCF 型浮选机的槽体设计为 U 形，有利于粗重矿粒返回叶轮区进行再循环，避免矿砂堆积、减少矿浆短路现象。为了便于制造及安装，槽容积小于 3m 时一般采用梯形槽。XCF 型浮选机是浮选机实现水平配置的重要基础，可与其他 U 形槽充气机械搅拌式浮选机组成联合机组。一般充气机械搅拌式浮选机由于压入低压空气，降低了叶轮中心区的负压，使之难以吸浆。XCF 型浮选机的叶轮-定子区域可分为充气搅拌区和吸浆区两个区域，两区由隔离盘隔开。吸浆区由叶轮上叶片、圆盘形盖板、中心筒和连接管等组成；充气搅拌区由叶轮下叶片和空气分配器等组成。

　　为了使 XCF 型浮选机具有一般充气机械搅拌式浮选机的优点，且易于与一般充气机械搅拌式浮选机组成联合机组，其槽体采用深槽结构，这给自吸浆带来困难，加大了叶轮-定子机构的研制难度。XCF 型浮选机叶轮具有上下两组叶片，叶轮上叶片设计成辐射状平直叶片，可产生合适的吸力和静压头，减少叶片间的回流，避免主槽中的空气返回中心筒和连接管内。叶轮下叶片为后倾式高比转数离心式叶片，具有较低的动压头、较大的流量，只循环矿浆和分散空气，满足浮选工艺对浮选机的要求。充气量范围及空气分散度对浮选机的适用范围及工艺指标影响极大。为了进一步提高充气量和空气分散度，在叶轮的下叶片腔中设计了空气分配器。空气分配器为壁上带有小孔的圆筒，它能预先将空气较均匀地分布在转子叶片的大部分区域内，提供大量的矿浆-空气界面，从而改善叶轮弥散空气的能力。

XCF 型浮选机采用悬空式径向短叶片开式定子，安装在叶轮周围斜上方，由支脚固定在槽底。定子与叶轮径向间隙较大，定子下部区域周围的矿浆流通面积大，消除了下部零件对矿浆的不必要干扰，有利于矿浆向叶轮下部区的流动，降低了动力消耗，增强了下部循环区的循环和固体颗粒的悬浮。

5.2.2.2 关键技术

A 关于 XCF 浮选机的流场特征

自吸浆充气机械搅拌式浮选机具备两方面的性能，一方面为浮选分选性能，另一方面是抽吸矿浆性能。XCF 型浮选机可根据浮选流程的需要开启或关闭吸浆功能。这里以 XCF-0.2m³ 浮选机为例介绍自吸浆浮选机内的流体动力学特性。图 5-32 揭示了单相纯水条件下不抽吸中矿时自吸浆充气机械搅拌式浮选机的流态。浮选机内部出现上、下两个流动循环，这是保证优异分选性能的基础。与常规浮选机类似，矿浆从叶轮下方进入叶轮区。流体被叶轮叶片做功排出后分离为向上和向下的两种流动。图 5-33 揭示了单相纯水条件下有抽吸中矿的自吸浆充气机械搅拌式浮选机的流态。对比浮选机整体流态，循环流场结构是相当的，也就是说，抽吸中矿并未破坏槽内的流体动力学状态，这对于保证自吸浆充气机械搅拌式浮选机的分选性能至关重要。在中矿管或给矿管内流体从外界抽吸进入，通过中心筒进入叶轮区，而后被叶轮排出。中矿和叶轮下方抽吸进入的矿浆在叶轮排出区产生激烈的碰撞混合，可以预见，这对于提高浮选机搅拌混合区的湍流强度，改善颗粒与气泡的碰撞是有利的。

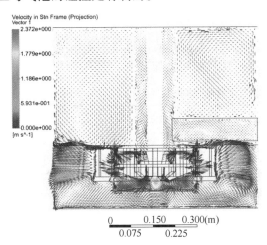

图 5-32　单相无抽吸中矿时流态

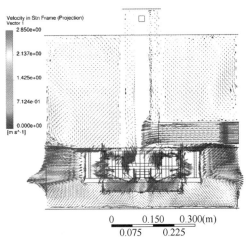

图 5-33　单相抽吸中矿时流态

B　关于 XCF 型浮选机叶轮

相较于一般的充气式浮选机，自吸浆充气机械搅拌式浮选机的叶轮具有双重作用。如图 5-34 为自吸浆充气机械搅拌式浮选机的叶轮结构及负压分布。叶轮由上、下叶片组成，

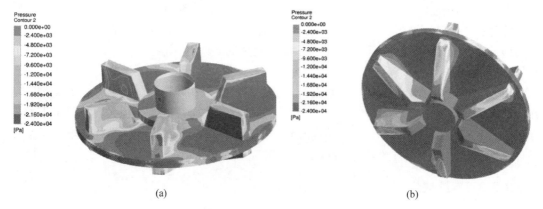

(a)　　　　　　　　　　　　　(b)

图 5-34　自吸浆充气机械搅拌式浮选机叶轮负压分布
(a) 上叶片；(b) 下叶片

中间由隔板隔开。不论上叶片还是下叶片，叶片的背浆面均产生了较大范围的负压区。因此，在负压驱动力的作用下，下部叶片循环槽内矿浆，上部叶片则实现抽吸中矿，如图 5-35 所示。理论上，在低压充气的环境中形成负压抽吸是矛盾的。而自吸浆浮选机通过一系列的工程设计实现了低压充气路径和中矿抽吸路径的相对隔离，从而解决了充气式浮选机抽吸中矿。

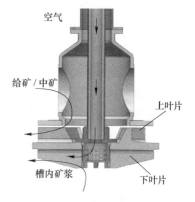

图 5-35　自吸浆充气机械搅拌式浮选机空气与矿浆的流动路径

图 5-36 揭示了不吸浆时，定子环中截面内的轴向流动分布情况。二者的流动形态是相似的，仅有局部速度有一定差异。表 5-1 则分析对比了有无抽吸中矿时的主要动力学性能参数。可以看出，叶轮循环量的变化不大。这对于保持自吸浆充气机械搅拌式浮选机在不同工况下的性能稳定非常重要。从数据可以看出，自吸浆充气机械搅拌式浮选机中矿泵吸效应未对浮选机内的流体动力学流态产生显著影响，但运行功耗相对增加较大，提高了约 15%。

表 5-1　吸浆对流体动力学性能的影响

序　号	项　目	不吸浆	吸　浆
1	扭矩/N·m	26	29.7
2	循环量/m³·min⁻¹	1.84	1.73
3	中矿吸浆量/m³·min⁻¹	0	0.82

5.2.2.3　工业应用

A　厂坝铅锌矿 XCF 型浮选机的应用情况

厂坝铅锌矿矿处理量 4500 吨/天，原矿比重约 2.85t/m³。选厂采用两段磨矿流程，磨

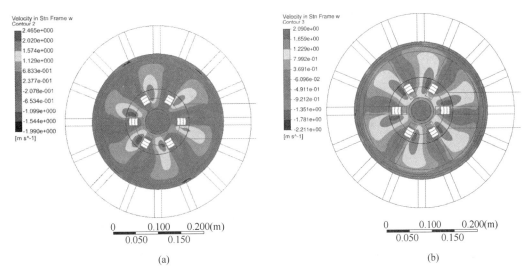

图 5-36　定子环中截面内的轴向流动分布

（a）不吸浆；（b）吸浆

矿细度-0.074mm 约占 85%，给矿浓度不大于 30%，先进入铅粗选作业；铅粗选精矿再磨达到 0.074mm 占 92.5%，经过四次精选作业产出铅精矿；铅粗选的尾矿经过扫选后进入锌粗选作业，锌粗选精矿再磨细度达到-0.043mm 占 92.5%，经过四次锌精选作业产出锌精矿，工艺流程见图 5-37。

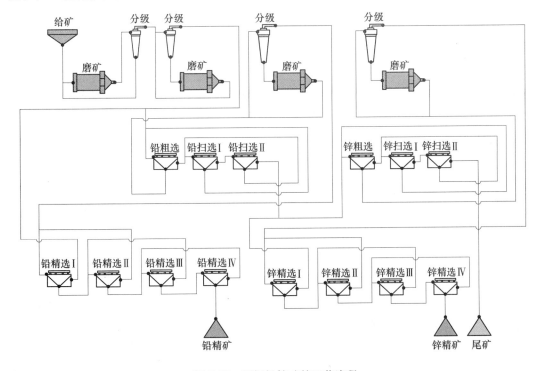

图 5-37　厂坝铅锌矿的工艺流程

选厂浮选流程由单系列组成，采用了 18 台 XCF/KYF-50 浮选机进行铅锌粗、扫选作业，采用了 15 台 XCF/KYF-10 浮选机分别进行铅、锌的精选作业。其中，XCF 浮选机作为吸浆槽使用，KYF 浮选机作为直流槽使用，浮选机采用水平配置方式。选厂投产以来，浮选机运行稳定，生产指标达到了设计要求。整个选厂浮选机的配置情况如图 5-38 所示。

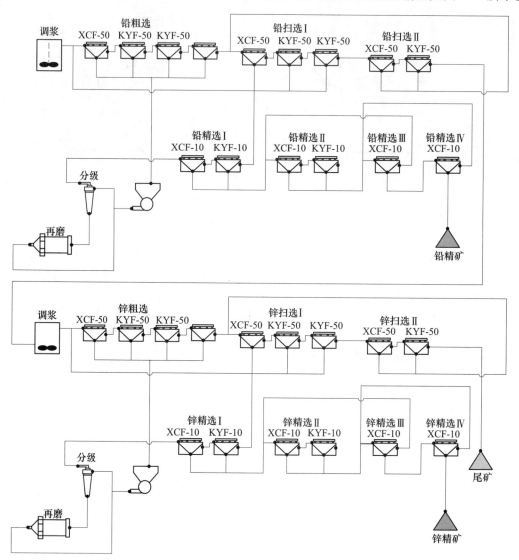

图 5-38　厂坝铅锌矿的浮选机配置情况

B　金川集团三选厂 XCF 型浮选机的应用情况

金川集团三选厂处理量为 6000t/d，金属矿物主要是磁黄铁矿、镍黄铁矿和黄铜矿。脉石矿物主要是蛇纹石、橄榄石和辉石。

该矿选矿流程如下：两段磨矿后，给入一段粗选，一段粗选精矿品位较高，经过两次精选后获得镍精矿；一段粗选尾矿再磨后进入二段粗、扫选作业，中矿顺序返回，二段粗选的精矿经过两次精选后获得镍精矿。一段和二段镍精矿合并为总精矿进入脱水作业。磨矿产品粒度一段磨矿产品 P_{80} 为 $100\mu m$；二段磨矿产品 P_{80} 为 $74\mu m$，再磨回路产品 P_{80} 为 $50\mu m$。入选矿浆浓度约 30%。粗、扫选作业采用 XCF/KYF-50 浮选机，精选作业采用 XCF/KYF-24 浮选机。详细配置如图 5-39 所示。

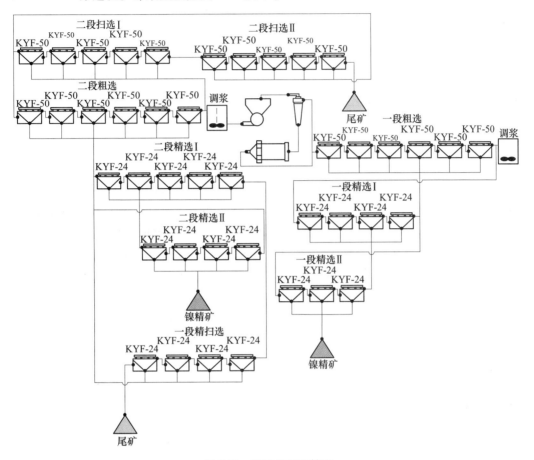

图 5-39　浮选机配置情况

C　酒泉钢铁选矿厂 XCF 型浮选机的应用情况

酒钢镜铁山矿，矿物组成复杂，矿石可选性差，采用了"弱磁选-二磁精矿再磨-一粗、一精和四扫反浮选工艺流程"。浮选作业由两个系列组成，采用了 38 台 XCF/KYF-50 浮选机，并配置了液位自动控制系统。单系列都采用了浮选机水平配置，省去了中矿返回所需的泡沫泵，使得整个工艺流程简洁。自 2008 年投产以来，已经实现满负荷生产，选矿工艺指标均已达到设计要求。生产实践表明：在满负荷生产的条件下，入浮给矿中铁品位 55.04%，SiO_2 品位 10.55% 时，浮选精矿中铁品位 59.56%，SiO_2 品位 6.4%。精矿品位提高了 4.52 个百分点，SiO_2 降低了 4.15 个百分点。

D　磷矿选矿 XCF 型浮选机的应用情况

浮选一直被认为是磷矿选矿中最有效的方法，磷矿浮选法包括直接浮选、反浮选、正反浮选、反正浮选以及双反浮选工艺。在分选过程中，单一正浮选工艺往往会因泡沫产量大、泡沫发黏和流动性差等原因，不能完全满足选别要求。因此，对于磷矿石选别，常采用反浮选工艺，或正反浮选工艺相结合的方法。

　　磷矿自身性质决定了选别工艺，而选别工艺的特点决定了浮选设备的特殊性。多年的生产实践表明，适合于选磷工艺的浮选设备应具备小气量、大槽深、循环性好、易于操作和维护等特点。对于浮选机来说，充气部件阀门灵敏度要高，并易于控制；叶轮应有合适的搅拌强度，并需要保证足够的循环量；吸浆槽浮选机还应具备足够的吸浆能力，吸浆与分选作用不应产生矛盾。

　　国内代表性磷矿山有湖北黄麦岭磷矿、大峪口磷矿、王集磷矿、翁福磷矿，云南磷化集团的海口磷矿及安宁磷矿和昆阳磷矿等多家矿山。采用的浮选机以 XCF/KYF 型充气式浮选机为主，浮选作业多采用水平配置。

5.2.3　YX 型闪速浮选机

　　YX 型闪速浮选机是一种用于磨矿分级回路中的充气机械搅拌式浮选机，如图 5-40 所示，用于分选螺旋分级机或旋流器的沉砂，提前获得已单体解离的粗粒矿物，适用于从水力分级作业的沉砂中回收金、银和铂等贵金属，以及选别其他密度差较大的矿物。目前，闪速浮选工艺在国外认可度较高，应用比较广泛，然而，国内闪速浮选工艺应用较少。究其原因，一方面是因为国内选厂长期以来粗放式的生产管理难以保证闪速浮选机的适用性，另一方面是因为国内学者对闪速浮选机缺少持续深入的工业应用研究。当前国内应用较多的闪速浮选设备主要是奥图泰的 Skim Air 型闪速浮选机和北京矿冶科技集团有限公司 YX 型浮选机，其工作基本原理相同，但具体设计形式各有特色。

5.2.3.1　工作原理和关键结构

　　YX 闪速浮选机结构如图 5-40 所示，主要由槽体、定子、叶轮、主轴和传动机构等组成，与常规浮选机相比，闪速浮选机的结构特点在于锥形槽体及给矿方式的不同。

　　闪速浮选机整体流线和常规浮选机类似，均形成上、下循环的流场结构，如图 5-41 所示。但闪速浮选机给矿为旋流器的沉砂，难免会出现过粗颗粒，为了保证流程的畅通和浮选机不出现沉槽，闪速浮选机的给矿位置在槽体锥部上方，且给矿流向方向为锥体的切向，过粗颗粒进入浮选机内后，由于离心力的作用会直接进入锥体，并由底部排矿口排出。而常规粒级矿物颗粒会进入浮选机叶轮区与气泡碰撞矿化，进行正常的浮选行为。

YX 型闪速浮选机的特点在于：

　　（1）叶轮-定子下安装矿浆循环筒，用于促进叶轮下部的矿浆循环，同时使微细粒多次进入叶轮区，增加捕收概率。

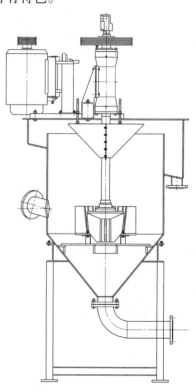

图 5-40　YX 闪速浮选机示意图

（2）槽体采用锥形底设计，消除槽内死角，同时可起到一定程度的浓密作用，增大槽体内部轴向的浓度梯度。

（3）矿浆切向给入槽体锥形底上部，在叶轮的搅拌作用下，在槽体内矿浆发生析离分层现象，即微细颗粒多分布于槽体中上部，而大部分的粗颗粒通过锥体底部排出。

（4）底部管路上安装了胶管阀，避免粗颗粒堵塞管路。

（5）槽体内采用大推泡锥，有利于形成相对稳定的泡沫层，并促进精矿泡沫的快速排出。

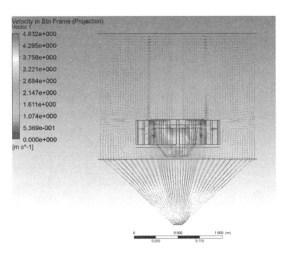

图 5-41　浮选机纵截面速度矢量图

（6）增加中部排矿口，以适应快速多变的给矿波动。

（7）通过优化液位控制系统，提高了液位反馈的灵敏度和精度。

5.2.3.2　工业应用

1982 年 6 月，第一台闪速浮选机安装在芬兰奥托昆普公司哈玛斯拉蒂（Hammilsah-ti）选矿厂。该选厂处理量为 40 万吨/年，主要矿物为黄铜矿，并伴生有金、银和锌，用 SK-80 闪速浮选机处理砾磨机水力旋流器的底流，给矿品位为铜 1.1%、锌 0.8%、金 0.5×10^{-4}%、银 8×10^{-4}%，浮选矿浆浓度为 60%~70%，浮选药剂为黄药、起泡剂、石灰，得到的闪速浮选精矿含铜 21%、锌 1%、银 240g/t，作业回收率为 30%~60%，精矿粒度为 $-74\mu m$ 含 45%；常规生产的精矿（包括闪速浮选）含铜 20%、锌 1.3%、银 200g/t，精矿粒度为 $-74\mu m$ 含 80%。试验结果表明，采用闪速浮选技术后，在铜精矿中铜品位与以前相同的条件下，锌含量减少，金品位从 3.8g/t 提高到 4.8g/t；处理高品位矿石，提高铜回收率约 3%；过滤后的最终精矿水分下降 1%；浮选槽容积减少了一半，由此每处理 1t 矿石节约电耗 2kW·h。

国内北京矿冶科技集团有限公司从 1990 年开始研究设计工业型闪速浮选机，YX 型闪速浮选机在德兴铜矿泗洲选矿厂投入应用，精矿含金达到 8.348g/t，比选厂总金矿高 1.384 g/t，金矿中 $+74\mu m$ 占 68.89%，远远高于常规浮选精矿的 27.79%，底流浓度达 70%~75%。甘肃某金矿闪速浮选机工业试验流程配置见图 5-42 所示，二段磨机排矿自流入泵池，并由砂泵输送至水力旋流器进行分级，溢流进入浮选主流程进行选别，工业试验时截流部分沉砂给入 YX 型闪速浮选机进行选别，底流排矿直接进入二段磨机再磨，中部排矿自流至泵池，闪速浮选精矿即为最终精矿。在处理量和原矿品位变化不大的条件下，YX 型闪速浮选机工业试验期间比工业试验前（没有应用闪速浮选机），综合精矿金品位提高 5.95%，金综合回收率增加了 2.42%，工业试验取得了较好的选别指标。

国内外的实践表明，采用闪速浮选技术可获得如下效果：

（1）由于减少了有价矿物的过粉碎，从而减少了有价矿物在矿泥中的损失，提高了有价矿物特别是金、银等贵重金属的回收率。

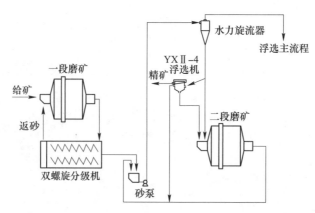

图 5-42　YXⅡ-4 闪速浮选机在磨矿分级流程中的配置

（2）由于增加了浮选的选择性，从而提高了精矿的质量。

（3）由于浮选给矿的粒度分布范围变窄，提高了整体的浮选速率。

（4）由于在磨矿分级回路中已将一部分有价矿物选出，因而降低了浮选负荷，减少了后续浮选槽的容积，降低了能耗。

（5）由于减小了给矿品位和给矿粒度的波动，放宽了对浮选机性能的要求，改善了浮选作业的操作条件。

（6）由于精矿中粗粒增加，细泥含量减少，使精矿脱水较容易，过滤后的精矿含水量下降，降低了脱水成本。

（7）由于闪速浮选机起着"均质器"的作用，把高品位的矿石预先浮选出来，使后续常规浮选的给矿品位趋于稳定，工艺流程中的各参数更容易测定和调整，使整个操作系统处于稳定的良性循环之中。

5.3　自吸气机械搅拌式浮选机

自吸气机械搅拌式浮选机具有空气自吸的功能，无须配套供气系统，特别是具备自吸矿浆的机械搅拌式浮选机，由于具备自吸矿浆的功能，省去了中矿返回的流程管路，流程得以进一步简化，浮选机配置更为灵活[4,5]，得到了大规模应用。但自吸气机械搅拌式浮选机存在吸气量调节范围小和难以精确控制气量等缺点。目前，自吸气机械搅拌式浮选机主要适用于对充气量大小及调节精度要求低的金属矿和非金属矿物的选别。

世界范围内投入工业应用的自吸气机械搅拌式浮选机有多种机型，虽然其内部结构如叶轮形式和槽体结构等有所差异，但其工作原理类似。ZLF 轴流式浮选机叶轮采用螺旋桨形式，在螺旋叶片的上、下面各具有一个翼片；针对粗粒浮选特点研制的沸腾层浮选机，槽体被格子板分成上下两区，上部是沸腾层区，使气泡矿化，并保证它进入泡沫层里，下部是搅拌区实现对矿浆搅拌循环和分散气泡；选煤用 XJM 浮选机采用了三层伞形叶轮和伞形定子，广泛用于煤泥的浮选，但对可浮性差的煤泥，选择性较差，同时对粗粒煤泥浮选效果不佳，尾煤中损失较大。

本节主要介绍我国自主研发的应用广泛的 BF、GF 和 JJF 型机械搅拌式浮选机技术及其工业应用。

5.3.1　BF 型机械搅拌式浮选机

BF 型浮选机是北京矿冶科技集团有限公司在总结 A 型和 SF 浮选机基础上，开发的一种全新的高效自吸气自吸浆浮选机。具有水平配置、自吸空气、自吸矿浆、中矿泡沫可自返等特点，不需要配备任何辅助设备[9,10]。与 A 型浮选机相比，功耗能节省 15%～25%，吸气量可调，矿浆液面稳定，选别效率高，易损件使用周期长，操作维修管理方便。

5.3.1.1　工作原理和关键结构

BF 型浮选机结构如图 5-43 所示，主要由主轴、叶轮、定子、槽体、循环筒、假底、吸气管等组成。

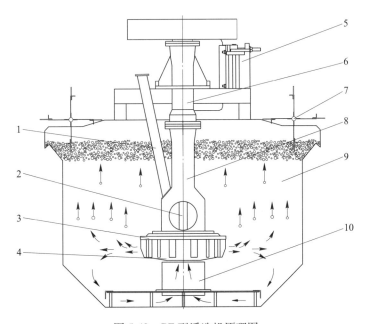

图 5-43　BF 型浮选机原理图

1—吸气管；2—主轴；3—盖板；4—叶轮；5—电机装置；6—轴承体；
7—刮泡装置；8—中心筒；9—槽体部件；10—导流管

当电机驱动主轴带动叶轮旋转时，叶轮腔内的矿浆受离心力的作用向四周甩出，叶轮腔内产生负压，空气通过吸气管吸入。与此同时，叶轮下面的矿浆通过叶轮下锥盘中心孔吸入，在叶轮腔内与空气混合，然后通过定子与叶轮之间的通道向四周甩出，空气和一部分矿浆在离开定子通道后，向浮选槽上部运动参与浮选过程。而另一部分矿浆向浮选槽底部运动，受叶轮的抽吸再次进入叶轮腔，形成矿浆的下循环。矿浆下循环的存在有利于粗颗粒矿物的悬浮，能最大限度地减少粗砂在浮选槽下部的沉积。

BF 浮选机的槽体设计为梯形断面的浅槽型结构，槽底部设计假底、循环筒装置，促使矿浆强制产生下部大循环，如图 5-44 所示。

BF 浮选机关键部件是叶轮和定子，其中定子有三个重要的作用：同叶轮一起组成一个有机的整体，在叶轮旋转时使叶轮腔内产生真空，以抽吸空气、给矿和中矿；在叶轮周

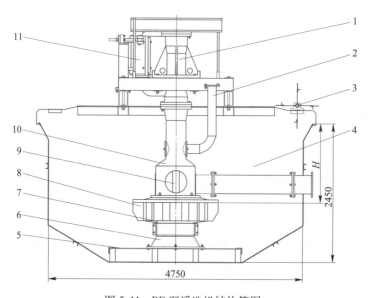

图 5-44　BF 型浮选机结构简图

1—轴承体；2—吸气管装置；3—刮泡装置；4—槽体；5—假底；6—循环筒；
7—叶轮；8—定子；9—主轴；10—中心筒；11—电机装置

围和定子叶片间产生一个强烈的剪力环形区，促进微细气泡的形成；将叶轮产生的切向旋转的矿浆流转化为径向矿浆流，防止矿浆在浮选槽中打旋，促进稳定的泡沫层的形成，并有助于矿浆在槽内进行再循环。

　　BF 型浮选机的定子形式如图 5-45 所示。

　　中心筒是保证 BF 型浮选机能够自吸空气、自吸矿浆的重要部件之一，浮选作业中的给矿和中矿泡沫都通过中心筒上的给矿孔和中矿孔吸入上叶轮腔，给矿孔和中矿孔的直径要能够满足浮选机处理能力的要求。通过几何分析并计算给矿孔面积、中矿孔面积和叶轮上入口面积，综合确定给矿孔和中矿孔直径。

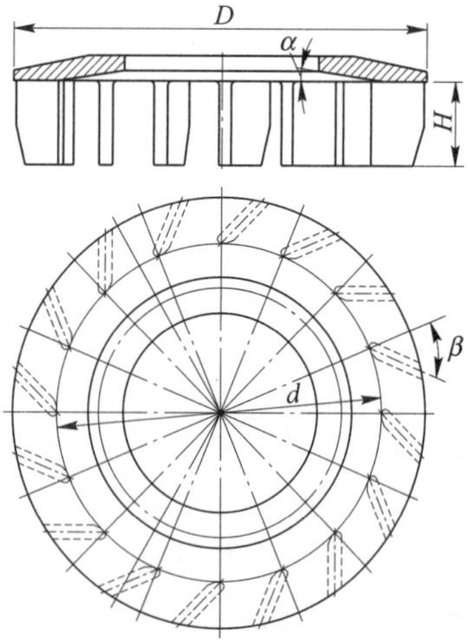

　　吸气管是空气进入浮选机叶轮的通道，吸气管的内径不仅影响浮选机的吸气量，还影响浮选机的能耗。确定吸气管内径时需要综合分析各种因素，包括浮选机叶轮所能达到的真空度、浮选工艺所需的气量等。在自吸式浮选机放大过程中，浮选机所能达到的真空度基本保持一致，假定空气在吸气管内的流速相同，根据所需吸气的大小来计算吸气管的内径，考虑到工业生产中要在吸气管上端安装碟阀来控制浮选机的气量，吸气管内径要适当放大。

图 5-45　BF 型浮选机定子

α—定子锥盘角度；β—定子叶片倾角；
D—定子直径；d—定子叶片内径；
H—定子叶片高度

　　浮选机假底和循环筒如图 5-46 所示，假底和循环筒配合能使浮选机产生下部大循环，在较低的转速下浮选机不沉槽；在浮选机容积一定的情况下可以适当增加槽深，进而减小浮选槽的长度和宽度，减小占地面积；增加假底能很好

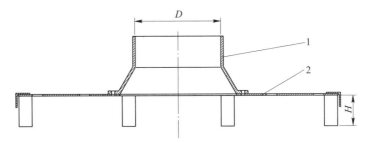

图 5-46 BF 型浮选机假底和循环筒简图
1—循环筒；2—假底

地解决小吸气量和搅拌强度适中的矛盾；假底能减小浮选槽底部的磨损，延长浮选机的使用寿命。

假底的高度 H 必须保证足够量的矿浆能通过假底和槽底之间并通过循环筒进行下循环。研究表明混合型循环筒能很好地保证粗颗粒矿物的悬浮，而浮选指标和能耗基本没有变化。

5.3.1.2 关键技术

机械搅拌式浮选机较充气机械式浮选机功耗高，为降低运行功耗，BF 型浮选机采用了后倾式叶轮设计。浮选机根据离心泵的设计理论，叶轮叶片出口安装角 β 有三种情况，即叶片前倾（$\beta>90°$）、叶片径向（$\beta=90°$）和叶片后倾（$\beta<90°$），见图 5-47。这三种叶轮的压头 H_t 与理论流量 Q_t 的关系曲线和功率 N_t 与理论流量 Q_t 的关系曲线如图 5-48 所示。

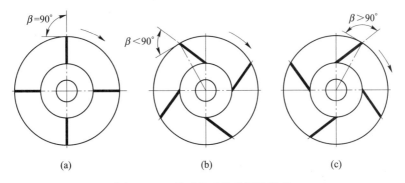

图 5-47 三种叶轮叶片的倾角形式
（a）径向式；（b）后倾式；（c）前倾式

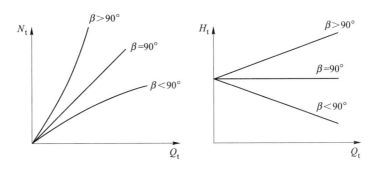

图 5-48 三种叶轮的 N_t-Q_t 和 H_t-Q_t 曲线

　　由图 5-48 可以看出，对于 $\beta<90°$ 的后倾式叶轮，当流量大时产生的理论压头低，总理论压头中动压头成分相应较小，速度头较低，这对于稳定矿浆液面有好处。后倾叶片在流量较大时，功耗较低，而浮选机需要大的吸入量，不需要高的压头，因此，BF 型浮选机的叶轮采用后倾叶片形式，符合浮选机低压头大流量的要求。

　　根据离心泵的结构分析，闭式叶轮不存在液体的滑漏现象，效率高，结合浮选机的实际情况，BF 型浮选机的叶轮设计成双锥盘后倾闭式叶轮，图 5-49 为最终选定的叶轮形式。

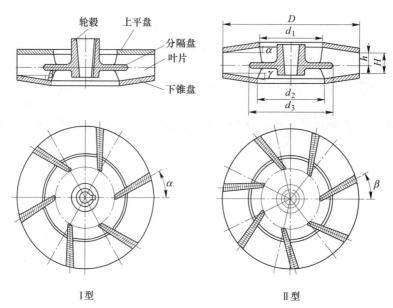

图 5-49　BF 型浮选机叶轮

α—上锥盘角度；β—叶片倾角；γ—下锥盘角度；H—叶片高度；h—上叶片高度；

D—叶轮直径；d_1—叶轮上口直径；d_2—叶轮下口直径；d_3—叶轮分割盘直径

5.3.1.3　工业应用

A　会泽铅锌矿 BF 型浮选机的应用情况

　　会泽铅锌矿是国内少有的几家高品位铅锌矿之一，处理量为 2000t/d。矿体中硫化矿和混合矿 500 多万吨，氧化矿约 200 万吨，平均地质品位 Pb 为 8.35%、Zn 为 17.41%；铅锌氧化率为 4%～90%，铅金属 48.67 万吨、锌金属 101.42 万吨，伴生稀贵元素白银 404.29t、锗 154.41t、镉 2010.39t。

　　浮选流程采用先选硫化矿再选氧化矿，先选铅矿再选锌矿的原则。在硫化矿浮选中采用"异步等可浮—锌硫混选—分离"工艺，即采用异步等可浮流程结构，并应用高选择性捕收剂进行硫化铅铁异步等可浮浮选，粗精矿再磨后精选，产出铅精矿；而后进行硫化锌与硫化铁混合浮选，混合精矿经锌硫分离，分别获得硫化锌精矿和硫精矿。该工艺流程获得了高质量的铅精矿、锌精矿和硫精矿。在铅锌氧化矿浮选中针对氧化铅锌的可浮性，采用不脱泥硫化浮选新技术和电化学控制浮选新技术高效回收铅锌金属的新工艺。其工艺流程如图 5-50 所示。

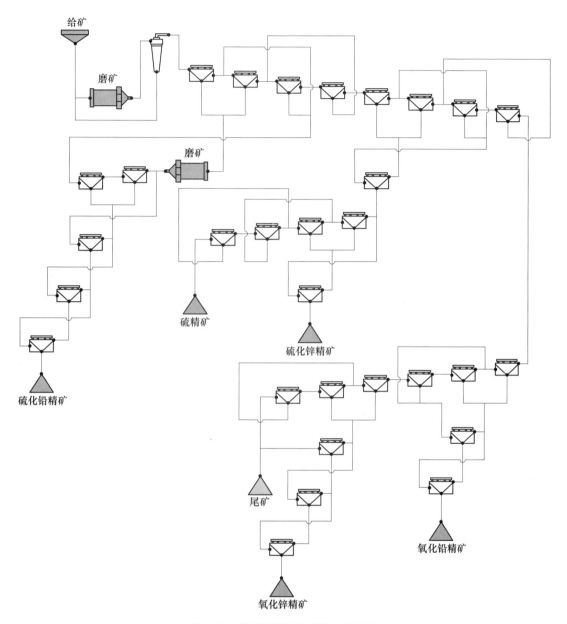

图 5-50 会泽铅锌矿的设计工艺流程

由于流程复杂，该选厂采用了具有自吸空气和自吸浆能力的 BF 型浮选机，BF 型浮选机兼作直流槽和吸浆槽。根据泡沫产率的大小，配置了单边刮泡和双边刮泡兼用的 BF-16 浮选机。硫化矿的粗选作业采用 54 台 BF-16 浮选机，精选作业采用 21 台 BF-8 浮选机。会泽铅锌矿于 2004 年投产，BF 型浮选机取得了较好的选别指标。

B 昭通铅锌矿 BF 型浮选机的应用情况

昭通铅锌矿 2009 年建成投产，处理量 2000t/d。采用两段磨矿，磨矿细度 -0.074mm 占 60%~85%，给矿浓度 30%，先进入铅硫粗选作业；铅硫粗选精矿再磨达到 -0.043mm 占 90%，经过两次铅硫精选的精矿进入铅硫分离作业，经过一次粗选作业、两次扫选作业和两次精选作业分别获得铅精矿和硫精矿；铅粗选的尾矿经过扫选作业后进入锌粗选作业，经过一次粗选、三次扫选和两次精选生产出锌精矿。工艺流程如图 5-51 所示。

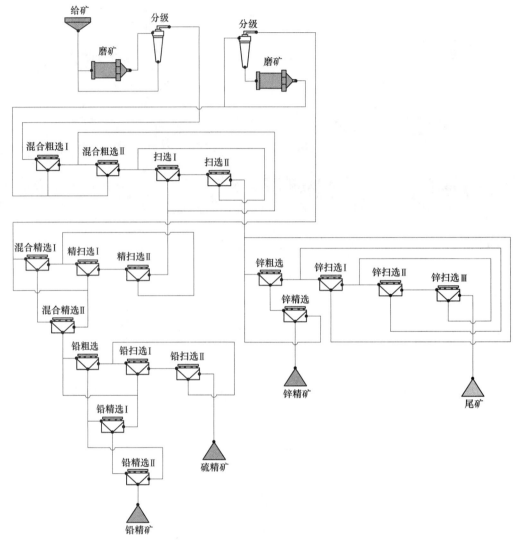

图 5-51　昭通铅锌矿的工艺流程

选厂浮选流程由两个系列组成，采用了 7 台 BF-16 和 103 台 BF-8 的浮选机。BF 型浮选机可作为直流槽又可作为吸浆槽使用，浮选机均采用水平配置，简洁美观；浮选机可实现液位自动控制，浮选机操作简单，维护方便。浮选机运行稳定，生产指标实现了工艺设计要求。

C　太原钢铁（集团）有限公司尖山铁矿 BF 型浮选机的应用情况

太原钢铁（集团）有限公司尖山铁矿的原矿属于鞍山式沉积变质类型的贫磁铁矿，2003 年尖山铁矿采用"阶段磨矿、弱磁选、阴离子反浮选工艺"进行了选矿工艺流程改造，反浮选作业采用 BF/JJF-16 型和 BF/JJF-10 型浮选机组，改造前精矿中铁品位 65.5%左右，SiO_2 品位 8%左右，改造后获得浮选精矿中铁品位 68.9%以上，SiO_2 含量降至 4%以下，反浮选作业的回收率约 98.5%。

D BF 型浮选机在鞍山钢铁集团的应用

鞍钢集团弓长岭矿业公司二选厂处理的原矿石是鞍山式磁铁矿，2003 年鞍钢集团弓长岭矿业公司实施"提铁降硅"反浮选工艺技术改造，采用阳离子反浮选工艺，对磁选铁精矿进行反浮选提铁降硅，采用了 39 台 BF/JJF-20 型浮选机组。铁精矿品位由改造前的 65.55% 提高到 68.89%，铁精矿品位提高了 3.34 百分点；铁精矿中 SiO_2 品位由原 8.31% 降低到 3.90%，降低了 4.41 个百分点；反浮选工艺流程铁的回收率达到 98.50%，铁精矿质量跻身于世界一流水平行列。

鞍钢集团弓长岭矿业公司三选厂是一个年产 100 万吨赤铁精矿的选厂，处理的原矿石是赤铁矿，应用成熟的阴离子反浮选工艺，采用了 44 台 BF/JJF-20 型浮选机。自投产以来，可获得赤铁精矿 2500t/d，精矿品位达到 66.5% 以上。

5.3.2 GF 型机械搅拌式浮选机

GF 型机械搅拌式浮选机是由北京矿冶科技集团有限公司研制成功的一种高效、节能、自吸空气型浮选机[11~13]。GF 浮选机弥补了 BF 型浮选机分选粗重矿物效率低的缺点，成功解决了含金、银等多种重矿物的浮选难题，适合用于选别有色、黑色、贵金属和非金属矿的中、小型规模的企业。该机处理物料粒度范围为 -0.074mm 占 48%~90%，矿浆浓度低于 45%。具有上、下叶片，上叶片的作用在于抽吸空气、给矿和中矿，而下叶片的作用则在于形成底部矿浆循环；定子采用了折角叶片，对矿浆流动进行稳流和导向，从而取消了稳流板。这一切都保证了 GF 型浮选机槽内矿浆循环特性良好，上下粒度分布均匀；液面平稳，槽内矿浆无旋转现象，分选区及液面平稳，无翻花现象；分选效率高，有利于提高粗粒和细粒的回收率，节省能耗幅度大致为 20% 左右。

5.3.2.1 工作原理和关键结构

GF 型浮选机的结构如图 5-52 所示。主要由叶轮、定子、主轴、中心筒、槽体及轴承体组成，整个叶轮机构安装在槽体机架上。

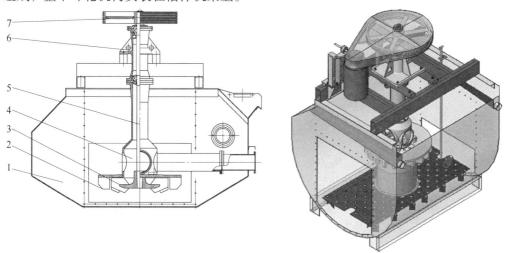

图 5-52 GF 型机械搅拌式浮选机结构简图

1—槽体；2—定子；3—叶轮；4—中心筒；5—主轴；6—轴承体；7—皮带轮

　　叶轮旋转使叶轮上叶片中心区形成负压，在此负压作用下，抽吸空气、给矿和中矿，空气和矿浆同时进入上叶片间，与此同时下叶片从槽底抽吸矿浆，进入下叶片间，在叶片中部上下两股矿浆流合并，继续向叶轮周边流动，矿浆、空气混合物离开叶轮后流经定子，并由定子上的折角叶片稳流和定向，而后进入槽内主体矿浆中，矿化气泡上升到表面形成泡沫层。

　　GF 型浮选机槽体形状随着浮选机容积大小而有所改变，对于 $1m^3$ 以下的浮选机多采用矩形槽体，而对于大于 $1m^3$ 的浮选机槽体多设计成多边形。这样有利于粗重矿粒向槽中心移动，以便返回叶轮区再循环，可减少矿浆短路现象，并有效避免矿砂堆积。

　　在常规浮选机中，槽内矿浆循环路线为：从底部通过叶轮到达槽壁，然后在返回到槽底。因此，槽体底部为一个没有空气充入的矿浆循环区域，故此区域并不参加浮选过程。这样就造成了槽体容积有效利用系数的降低，并减少了沿槽体底部做轴向运动的大颗粒矿物的浮选概率，造成浮选机生产效率的下降。GF 浮选机要求即吸入空气又可循环矿浆，为此，特采用由分隔盘、上叶片和下叶片组成的叶轮，如图 5-53 所示，从而保证在吸入空气的同时，保证矿粒充分悬浮及气泡完全分在全部矿浆中，使浮选槽内具有较高的浮选概率。

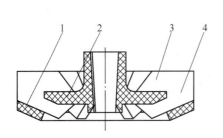

图 5-53　叶轮结构
1—底锥盘；2—分隔盘；3—上叶片；4—下叶片

　　定子的主要作用首先必须能够将叶轮产生的切向旋转的矿浆流转化为径向矿浆流，防止矿浆在浮选槽中旋转，促进稳定泡沫层的形成，并有助于矿浆在槽内再循环。其次，在叶轮周围和定子叶片间产生一个强烈的剪力环形区，促进细气泡的形成。GF 型浮选机采用具有折角叶片的定子如图 5-54 所示，定子与叶轮径向间隙较大，定子下部区域周围的矿浆流通面积大，以消除下部零件对矿浆的不必要干扰，降低动力消耗，增强槽下部循环区的循环和固体颗粒的悬浮。叶轮中甩出的矿浆-空气混合物可以顺利地进入矿浆中，使空气得到很好分散。

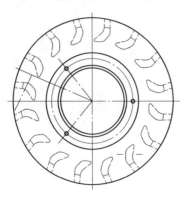

图 5-54　定子结构

该机型的主要特点是：槽内矿浆具有双循环流动结构，自吸空气、自吸矿浆，水平配置，不需增设泡沫泵；叶轮与定子之间的径向间隙要求不严，随着磨损间隙增大，吸气量变化不明显；槽内矿浆按固定的流动方式进行上、下循环，有利于粗粒矿物的悬浮。

5.3.2.2 关键技术

A 关于 GF 型浮选机流场特征研究

采用 CFD 与试验研究的方法研究了 GF-24 浮选机的流体动力学性能。图 5-55 为 GF 浮选机的三维流线图，直观地反映了 GF 浮选机内矿浆的三维流动情况。矿浆流线从定子叶片稳流流出后在槽体形成了多个向上的流动循环，循环的数量同定子叶片间的流道数量相当。图 5-56 为 GF 浮选机中心截面流线图。GF 浮选机形成显著的循环流场结构，分为上、下两个循环流动。循环流场结构是浮选机最为基本和重要的流动特征，径向叶轮结构设计往往以形成上、下两个流动循环为特征流动。

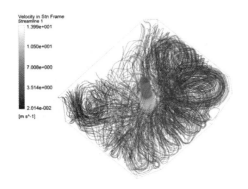

图 5-55 GF 浮选机三维流线图   图 5-56 GF 浮选机中心截面流线图

图 5-57 为 GF 浮选机横截面速度云图。从叶轮区甩出的高速矿浆流在折角叶片的强力作用下，在叶片间的流道内逐渐转变为径向流。这说明 GF 特殊的定子结构设计具有显著的导流、稳流作用，对于形成稳定的分离区起到了重要作用。

B 关于 GF 型浮选机叶轮研究

图 5-58 为 GF 浮选机叶轮叶片上的压力分布。可以看到，在上叶片中心区域形成了整

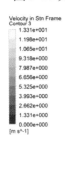

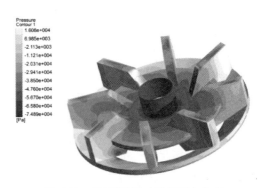

图 5-57 GF 浮选机横截面速度云图   图 5-58 GF 浮选机叶轮区压力分布

个叶轮区最大的负压区，这一负压区是抽吸中矿和卷吸空气的驱动力。因此，GF 叶轮的上叶片设计达到预期的设计目标。压力场的分布特征对于判断设备运行中的磨损趋势同样具有重要意义。图 5-59 为 GF 浮选机中心筒吸浆口吸浆流速的分布情况。由于上叶片的抽吸效应，中矿将被抽吸进入浮选机内。从速度分布图看，抽吸速度有一定波动，整体的平均值约为 2.3m/s，充气量在 10m³/min，这一试验结果吻合。

图 5-60 则反映了 GF 浮选机中心截面湍流耗散率分布。湍流耗散率对于颗粒的碰撞矿化具有重要意义。对于浮选机而言，控制浮选机内的搅拌强度是非常重要的。湍流耗散率分布从很大程度反映了设备的搅拌强度，一个适宜的搅拌强度对于矿物颗粒的悬浮、分选具有重要意义。从图中可以看出，叶轮区湍流耗散率是最大的区域，而其余部分均较小，与浮选理论是吻合的。

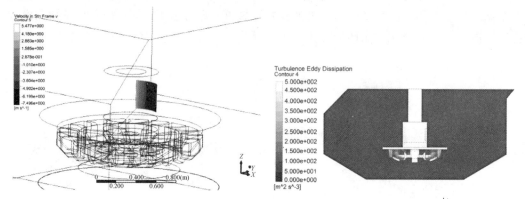

图 5-59　GF 浮选机中心筒吸浆口吸浆流速　　　图 5-60　GF 浮选机中心截面湍流耗散率分布

5.3.2.3　工业应用

A　中州铝厂 GF 型浮选机的应用情况

中州铝厂浮选流程共有 7 个系列，每个系列的矿石处理量 2000t/d，7 个系列共计 14000t/d，是中国应用选矿拜耳法工艺规格最大的铝土矿选厂，一共采用了 126 台套容积为 40m³ 的浮选机。中州铝厂采用正浮选工艺，粗、扫选系统由 1 次粗选作业和 2 次扫选作业组成，精选系统由 2 次精选作业和 1 次精扫选作业组成，扫选作业和精扫选作业的尾矿合并为最终尾矿，第 2 次精选作业的精矿为最终精矿。其工艺流程如图 5-61 所示。

基于铝土矿的矿石性质，浮选机配置有如下特点：

（1）主体浮选设备采用充气机械搅拌式 KYF 型浮选机，浮选机的充气量可以精确调节。

（2）根据不同作业的特点设置了 GF 型和 XCF 型吸浆槽浮选机，通过对叶轮和盖板的优化设计，提高了空气分散度，并使浮选机的吸浆能力大大提高，同时提高了大流量黏性泡沫的输送能力，从而有利于提高选矿指标。

（3）浮选机作业采用水平配置，选择 GF 型和 XCF 型吸浆槽浮选机实现了中矿的返回功能，节省了泡沫泵。

（4）粗选作业的第 1 台浮选机采用了 KYF 型浮选机，避免第 1 个浮选槽出现泡沫产率过大、品位难以控制的现象。

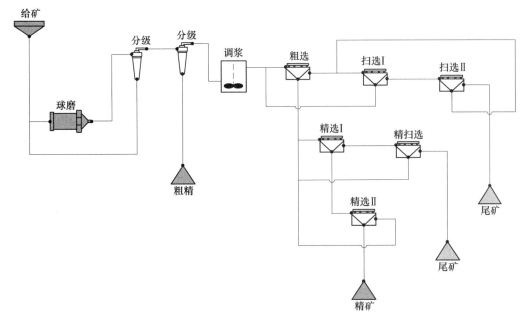

图 5-61 中州铝厂的浮选基本流程图

（5）采用高精度的浮球-激光液位测量装置和特殊设计的泡沫隔离装置，使得矿浆液面趋于稳定更加迅速，波动更小，为铝土矿正浮选工艺提供良好的环境。

根据以上特点，浮选机的配置方式如图 5-62 所示。

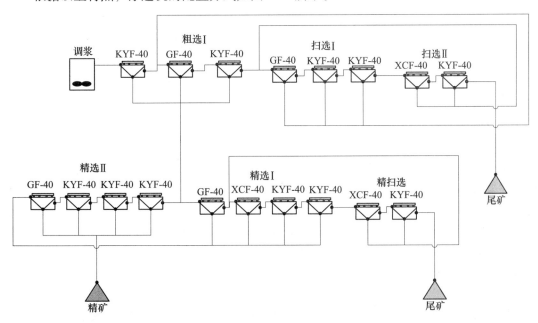

图 5-62 浮选机的配置方式

B 包头钢铁公司选矿厂 GF 型浮选机应用情况

GF/KYF 浮选机组是属于 XCF/KYF 机组的一种特殊机组，可适用于中矿返回量大及泡沫发黏的场合。包头钢铁公司选矿厂 3 号、6 号系统反浮选流程长期使用 BF/JJF-20m³ 浮选机，存在设备数量多、能耗高、维修管理困难和经济效益低等诸多问题。为进一步提高精矿质量，降低生产成本，包钢公司首先对 3 号系统进行了技术改造。针对包钢铁矿反浮选工艺流程特点，选择具有自吸气、自吸浆功能的 GF-50 型浮选机作为吸浆槽，KYF-50 充气式浮选机作为直流槽。2004 年 3 号系统改造成功，中矿可实现自流返回，整个选矿工艺流程顺畅，选矿工艺指标获得明显提高，经济效益显著。此后，包钢公司于 2006 年又对 6 号系统进行了技术改造，同样获得成功。两个系列共改造共采用了 20 台容积 50m³ 浮选机。

5.3.3　JJF 型机械搅拌式浮选机

JJF 型浮选机是北京矿冶科技集团有限公司研制的自吸气机械搅拌式浮选机[14,15]。该机是目前国内应用最广泛的机械搅拌式浮选机之一，单槽容积最大达 320m³，主要应用于铜、钼等充气量要求范围较宽的金属矿和非金属矿物的选别。

5.3.3.1　工作原理和关键结构

大型机械搅拌式浮选机在降低能耗，简化流程配置，提高矿物分选效果方面有较明显的技术优势，在大规模低品位矿产资源的开发中发挥着重要作用。目前，工业应用的 JJF 型浮选机单槽容积从为 1m³ 到 320m³。

JJF 浮选机属于采用槽内矿浆下部大循环方式的机械搅拌式浮选机。其结构如图 5-63 所示，主要由叶轮、定子、分散罩、竖筒、主轴、轴承座和槽体等组成。

叶轮旋转时，使叶轮附近的矿浆产生漩涡，这个漩涡的气液界面向上扩展到竖筒的内壁，向下穿过叶轮的中心延伸到循环筒，在漩涡中心形成负压区，其负压大小主要取决叶轮转速和叶轮浸没深度。由于竖筒与周围的大气相通，漩涡产生的负压使空气吸入竖筒和叶轮中心。与此同时，矿浆从槽子底部通过循环筒向上进入

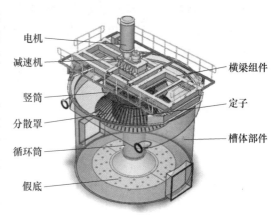

图 5-63　JJF 型机械搅拌式浮选机结构示意图

叶轮叶片之间，与吸入到叶轮中心的空气混合。三相混合物以较大的切向及径向动量离开径向叶轮叶片，通过定子上的通道时，切向部分转变为径向，同时产生一个局部湍流场，使空气与矿浆进一步混合。三相混合物离开定子后进入浮选区，浮选分离过程就在该区内完成，矿化气泡上升到泡沫区，剩下的矿浆向下返回到槽底进入再循环。

JJF 型浮选机的叶轮为工形径向辐射叶片叶轮，如图 5-64 所示。叶轮上下对称，可颠倒使用。由于叶轮的上部起吸气作用，磨损较小；由于上部叶片顶部是自吸空气的关键部位，加大直径设计，通过大线速度来提升吸气能力。下部叶片搅拌矿浆。由于下部叶片底部是起到搅拌抽吸矿浆的关键部位，加大直径设计，通过大线速度来提升搅拌抽吸能力。通过对称设计，叶轮可以调转过来继续使用，延长使用寿命。

JJF 型浮选机的定子为大流道高稳流定子，如图 5-65 所示。定子外形为圆筒形，设计

有间隔排布的马蹄形圆柱，形成周向分布的长条形流道。纵向方向采用扁钢间隔设计，配合马蹄形圆柱，形成了一个个独立的大孔深流道，可以实现流体的高效稳流和流道附近的大速度梯度，以促进微气泡产生。该型定子有效抑制了槽内的周向流动，可取消浮选机槽壁的稳流板设计。

图 5-64　JJF 型浮选机叶轮

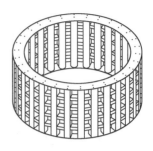
图 5-65　定子

JJF 型浮选机的分散罩为锥形，其表面均布小孔，起分散空气和矿浆、稳定液面的作用。JJF 型浮选机叶轮安装位置较高，浸没深度较浅，矿浆甩出后容易引起矿浆表面的波动，不能保证良好的浮选环境。分散罩的作用就是稳定矿浆液面，维持一个相对静止的分离区，使矿浆流由强烈混合区过渡到相对静止的分离区，从而使矿化气泡能比较均匀稳定地上升到泡沫区。

小容积的 JJF 型浮选机一般采用方形槽体，槽下部设有假底和循环筒装置。假底距槽底一定距离，固定在槽底上，其上开有矿浆循环孔。循环筒位于槽体中心，固定在假底上，调节环装在循环筒上，与叶轮下部配合。当调节环磨损后，可调节调节环与叶轮配合的轴向尺寸。假底和循环筒装置起引导循环矿浆进入叶轮，促进矿浆大循环的作用，有助于槽子下部矿粒的循环，防止沉槽。容积为 50m³ 及以上 JJF 型浮选机一般采用圆柱形槽体。槽底设计为锥底形，有利于粗颗粒矿物返回槽底中部进入再循环；槽内设计有锥形推泡器加速泡沫的回收。

5.3.3.2 关键技术

A　对 JJF 型浮选机流场特征研究

流态是浮选机流体动力学和浮选动力学性能的基础。图 5-66 为 JJF 型浮选机的流态，分散罩外侧形成了上部循环流动，液相主要由叶轮的中部甩出。槽体上部的循环是由于通过定子和分散罩稳流后的径向流斜向上甩向壁面，从而在槽体内形成一个与浮选过程中泡沫流动方向相反的一个循环。在中下部槽体区域则形成了一个影响范围很广的下循环流动。假底和导流筒的设计迫使矿浆从假底与槽体的流道进入叶轮下部。

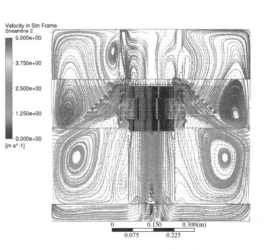
图 5-66　浮选机的矿浆流态

气相卷吸作用是机械搅拌式浮选机叶轮的核心功能之一。图 5-67 为竖直平面内气含率云图，气相的分散与实验室观察的现象一致，主要集中在分散罩区及以上的槽体内，同时一部分气体也能到达槽体中下部。液相能在竖筒内很好地形成漩涡，与实验现象匹配。液体通过叶轮和定子间的间隙流向竖筒内，在离心力和重力的作用下，水的压头不断升高，到达竖筒顶部时，达到最大，并在重力的作用下抛落，同时包裹一定空气，下落到叶轮的上端面，被旋转的叶轮甩

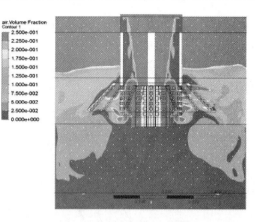

图 5-67　竖直平面气含率云图

向四周，实现空气卷吸及分散，进而实现自吸空气。气体主要在分散罩的上排孔喷射出去，同时在定子和分散罩的小孔之间与液相充分混合，形成小气泡。

图 5-68 为叶轮横切面气含率云图，分析可知，$h = 0\text{m}$ 时（定义为接近叶轮底面），基

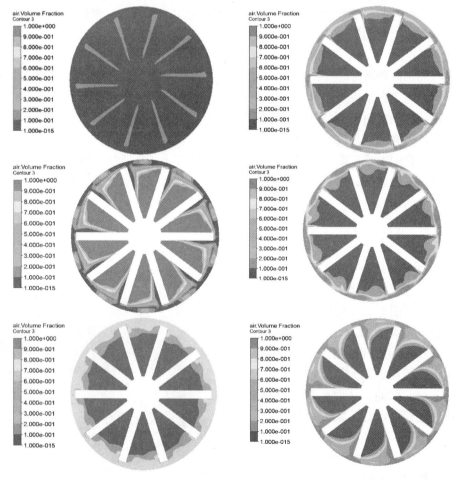

图 5-68　叶轮横切面气含率云图

($h = 0\text{m}$ 位于叶轮下端面)

本上没有气体从槽体内进入循环筒，少量气体积聚在叶轮的背浆面，大量的水覆盖在叶轮的迎浆面；$h = 0.03\mathrm{m}$ 时，可以看出叶轮腔内的气含率已经达到了一定值，气含率分布比较均匀，接下来随着高度的增加快速增加，在 $h = 0.09\mathrm{m}$ 时达到最大值，接下来随着 h 的增大而降低，这从侧面印证了气体和液体的混合流是在叶轮的中部排出。

　　B　对 JJF 型浮选机叶轮研究

　　叶轮是浮选机的核心部件，不同叶轮的结构形式可体现不同的动力学性能，图 5-69 为不同的叶轮结构。研究者对比分析了不同浸没深度条件下机翼叶轮、工型叶轮、外凸叶轮和标准叶轮的吸气量。在吸气量方面机翼叶轮、工型叶轮、外凸叶轮均略大于标准叶轮。在功耗方面，三种新叶轮也有大于标准叶轮的趋势，说明循环量方面具有一定优势。

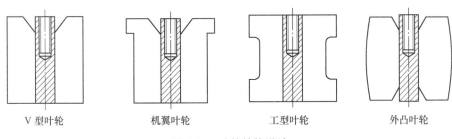

　　V 型叶轮　　　　　机翼叶轮　　　　　工型叶轮　　　　　外凸叶轮

图 5-69　叶轮结构设计

5.3.3.3　工业应用

　　A　金川集团镍矿 JJF 型浮选机的应用情况

　　金川集团新选厂的处理量为 14000t/d，设计为两个系列，采用了当时中国单台容积最大的 KYF-160m^3 浮选机，精选作业采用了 GF/JJF-24 和 GF/JJF-28 联合机组。

　　B　某铜矿 JJF 型浮选机的应用情况

　　在某选厂铜硫分离浮选段进行了工业应用，以 JJF-130 浮选机代替原采用的某同类型同容积浮选机，JJF-130 浮选机在原矿品位相当的情况下，精矿品位高 0.22%，尾矿品位低 0.07%，回收率高 3.82%。

　　C　太原钢铁（集团）有限公司尖山铁矿 JJF 型浮选机的应用情况

　　太原钢铁（集团）有限公司尖山铁矿的原矿属于鞍山式沉积变质类型的贫磁铁矿，2003 年尖山铁矿采用"阶段磨矿、弱磁选、阴离子反浮选工艺"进行了选矿工艺流程改造，反浮选作业采用 BF/JJF-16 型和 BF/JJF-10 型浮选机组，改造前精矿中铁品位 65.5% 左右，SiO_2 品位 8% 左右，改造后获得浮选精矿中铁品位 68.9% 以上，SiO_2 含量降至 4% 以下，反浮选作业的回收率约 98.5%。

5.4　宽粒级浮选机

　　随着矿产资源的大规模开采，资源禀赋越来越差，这成为矿物加工领域面临的最重要挑战之一，其中矿石的粒度分布变化是面临的新问题之一[1~3]。矿物中难选的粗、细粒级所占比例显著增加，而常规粒级的占比相对减少，呈现宽粒级分布，如图 5-70 为一般矿物与宽粒级矿物的粒度分布示意图。一般矿物的粒级分布中常规粒级的矿物占比多，粗粒和细粒矿物的占比小，因此常规浮选设备的设计理念主要是针对常规粒级矿物颗粒的回收，而粗粒和细粒特别是微细粒级的回收较为困难，因此当矿物粒级分布中粗、细粒级增加时，传统浮选设备选别性能降低，甚至无法分选。为解决宽粒级矿物浮选回收难题，我国自主研发了 CLF、CGF 型宽粒级浮选机。

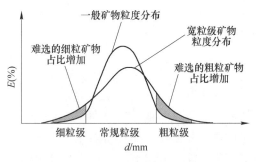

图 5-70　一般矿物与宽粒级分布矿物示意图

5.4.1　宽粒级浮选机关键技术

5.4.1.1　宽粒级浮选机的设计原则

一般浮选机的设计原则可以归纳如下[4,5]几点：

(1) 保证浮选槽内足够的充气量，获得适当的气泡尺寸，并使气泡在槽内均匀弥散，以增大浮选槽的有效反应容积。

(2) 保证矿浆充分悬浮。

(3) 搅拌区搅拌强度和矿浆循环量适中，以增加气泡与矿粒碰撞黏附概率。

(4) 建立一个相对稳定的分离区和平稳的泡沫区，减小矿化气泡上矿粒的脱落概率。

而对于粗粒矿物分选所用的浮选设备一般应遵循如下设计原则：

(1) 要求较大的气量，形成相对较大的气泡，以确保有足够的浮力带动粗颗粒上浮。

(2) 输入功率低，叶轮对矿浆的搅拌力相对弱，矿浆湍流强度低，以避免粗粒矿物与气泡在湍流环境中脱附。

(3) 低搅拌力下保证空气均匀弥散和颗粒充分悬浮。

(4) 浮选机浅槽化，减小粗粒矿物矿化气泡的上升距离，使分离区和泡沫区更平稳，以减少颗粒从矿化气泡上的脱落概率。

不同粒级矿物浮选机的设计原则是有矛盾之处的，为此，研究人员在研究不同粒级矿物矿化行为的基础上，提出了"差异化分选"理念来解决粗、细粒级矿物同时回收的难题，即在同一体系内构建不同的动力学分区以满足各粒级矿物矿化的需要。

宽粒级浮选机的概念设计如图 5-71 所示，其槽体分为内外两层，内层气含率大，密度小，粗颗粒多，而外层气含率小，密度大，细颗粒多，从而形成一个选择性循环通道。矿浆经叶轮搅拌后通过稳流栅板，在栅板的间隙内形成流速较高的向上矿浆流，粗粒矿物被这一矿浆流顶托而稳定悬浮，在栅板上方形成气液固三相沸腾层。

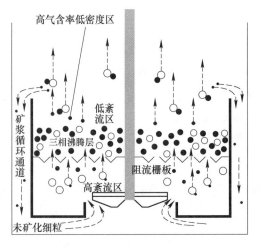

图 5-71　宽粒级浮选机设计理念

由于栅板的整流作用，栅板上方区域的湍流强度大幅降低，形成低紊流水力学环境，易于粗颗粒矿物与气泡的碰撞黏附，可提高粗粒矿物的回收效率。栅板下方区域形成以高紊流为特征的细粒矿物分选区，细粒矿物通过选择性循环，多次在叶轮搅拌区循环流动，可增加与气泡的碰撞、黏附概率。

5.4.1.2 宽粒级浮选机关键技术

当浮选机叶轮旋转时，低压空气（充气或自吸）通过分配器周边的孔进入叶轮叶片间，与此同时假底下面的矿浆由叶轮下部被吸入到叶轮区，矿浆和空气在叶轮叶片间充分混合后，从叶轮上半部周边排出，排出的矿浆空气混合物由定子稳流后，穿过稳流栅板，进入槽内上部区。此时浮选机内部区矿浆中含有大量气泡，而外侧循环通道内矿浆中不含气泡或含有极少量气泡，于是内外矿浆就形成密度差，在此密度差及叶轮泵吸力作用下，内部区矿浆和气泡在设定的流速下一起上升通过稳流栅板，将非常规粒级矿物带到稳流栅板上方，形成粗重矿物悬浮层，而矿化气泡和含有较细矿粒的矿浆则继续上升，矿化气泡升到液面形成泡沫层。未矿化的细矿粒则越过隔板经循环通道，进入叶轮区加入再循环[6]。

A 槽体

宽粒级浮选机槽体设计如图 5-72 所示。槽体由前、后循环通道，槽内区和假底组成。槽内区由格子板分成上、下两个区域。前、后循环通道和假底组成前、后两个矿浆循环回路，在槽内下部区域与前、后循环通道之间分别设有短路循环孔。

为满足宽粒级矿物浮选的要求，槽体分成充气区（槽内区）和不充气区（前、后循环通道），可以利用两区的密度差来增加槽内矿浆循环流量，以减小叶轮搅拌强度，保证粗粒矿物充分悬浮。槽内部区产生较大的与矿化气泡上升方向一致的上升流，可缩短矿化气泡的

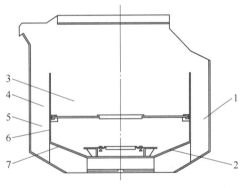

图 5-72 槽体设计
1—后循环通道；2—槽内小部区；
3—槽内上部区；4—前循环通道；
5—稳流栅板；6—短路循环孔；7—假底

上升时间，保证矿化气泡快速排出，减少颗粒从矿化气泡上脱落。稳流栅板的设计，使通过稳流栅板区的流速增大，从而在稳流栅板上方形成一层粗颗粒沸腾层，使粗粒矿物悬浮在浅槽状态，并在槽内上部区产生一个适宜粗颗粒矿物浮选的流体动力学环境。较细的颗粒通过循环通道和假底的矿浆循环回路返回到叶轮区，叶轮搅拌区矿浆湍流强度高，气泡与颗粒碰撞概率高，有利于常规粒级和细粒级矿物的浮选。通过改变矿浆循环通道上的短路循环孔的开度可以调节稳流栅板的矿浆循环量和上升速度，使悬浮层中的矿物颗粒范围得以调节，同时防止开车过程中，矿砂堵死循环通道。

槽体设计参数主要包括容积、槽长、槽宽、循环通道面积和假底高度等。

（1）槽长、宽、深设计：浮选槽的槽长可由下面的公式初步确定。槽宽尺寸为槽长加上前、后循环通道宽度。槽深则通过几何容积可以较容易确定。

（2）循环通道截面积：循环通道截面积可根据通道内矿浆流速和所通过的矿浆量来确定。

（3）假底高度：假底是整个矿浆循环回路的一部分，在假底内的最小流速不能小于最大颗粒的沉降速度，但也不能太大，会导致磨损加重。通过假底的矿浆量和短路循环孔的矿浆量之和即为叶轮的矿浆循环量。

B　稳流栅板

a　稳流栅板的作用和结构

稳流栅板结构最早是在苏联研制的沸腾层浮选机中采用的，其作用为：

（1）稳流栅板空隙处矿浆的上升流速大于最大颗粒的沉降速度，可以形成粗颗粒悬浮层，气泡上浮穿过粗颗粒悬浮层时与粗粒矿物产生多次碰撞，由于粗粒矿物运动路径与气泡的上升方向一致，延长了粗粒矿物与气泡的碰撞接触时间，增加黏附概率。当矿化气泡上升到悬浮层上面时已接近泡沫区，上升的距离较短，粗颗粒处于浅槽浮选状态。

（2）稳流栅板可以减少槽体上部区的紊流，建立一个较为平稳的分离区和泡沫区，减少颗粒的脱落概率。

（3）由于粗颗粒在悬浮层，返回叶轮区的矿浆浓度低，粒度细，可以减少设备磨损，提高充气性能，为常规粒度矿物浮选创造适宜的条件。

b　稳流栅板结构参数的选择与计算

稳流栅板结构参数主要有两个：栅板间通道宽度和通道总面积。栅板间通道宽度一般需要保证选矿中的杂物如木屑、胶皮等不会堵塞，通常工业上通道宽度设计为 $30 \sim 35mm$。稳流栅板总面积设计是一个相对复杂的问题，与工业参数、操作参数等有关。若矿浆与空气混合物通过格子板缝隙的速度为 v_1，所处理矿物中粗粒矿物上限粒度的沉降速度为 v_1'，矿浆和空气混合物通过槽上部区横截面的流速为 v_2，所处理矿物中粗粒级下限颗粒的沉降速度为 v_2'，则需要形成格子板上的悬浮层的条件为：

$$v_1 > v_1' \tag{5-1}$$

$$v_2 < v_2' \tag{5-2}$$

5.4.2　CLF 型充气式宽粒级浮选机

CLF 型浮选机是北京矿冶科技集团有限公司研制的一种充气式宽粒级浮选机[7]。这一机型适用于比重大、入选矿浆浓度高和易沉槽等工况，研究人员通过对选别所需的槽内特殊流体动力学环境的大量探索，对浮选槽内粗重矿物与气泡的碰撞、黏附和脱落等过程以及影响这些过程的原因进行了深入研究，确定了提高粗重矿物回收率的流体动力学环境要求并将之作为 CLF 浮选机的设计指导原则。

5.4.2.1　工作原理和关键结构

CLF 型浮选机采用新式叶轮-定子系统和全新的矿浆循环方式，其叶轮采用了中比转数后倾叶片叶轮，搅拌力弱，在较低的叶轮转速下即能保证矿浆沿着规定的通道进行内循环，上部矿浆通过循环通道向下流往假底下部，在充气区与非充气区产生的密度差及叶轮泵吸力的联合作用下进入叶轮区，然后通过格子板，在稳流栅板上方形成悬浮层，粗颗粒矿物可悬浮在稳流栅板上方，稳流栅板使粗粒矿物的矿化气泡上升距离变短，使粗粒矿物处在浅槽浮选状态下，栅板还可减弱槽内上部区矿浆的紊流，建立了一个稳定的分离区和泡沫层。这种矿浆循环方式为矿化气泡上升和输送到泡沫层创造了良好的流体动力学条件，提高了矿化气泡的负载能力和被浮矿粒的粒度，而返回到叶轮区的矿浆浓度较低、粒度细、功耗低。

CLF 型浮选机针对矿浆浓度高、比重大和粗细粒级两端集中分布的特点，结合粗重矿物颗粒在浮选机内与气泡的碰撞、黏附、脱落过程的规律，采用了具有中比转速高梯度叶轮和下盘封闭式定子系统，可在槽内形成强力定向循环流，矿浆循环量大，矿粒悬浮能力强，浮选机充气量大。具有多循环通道和稳流栅板的创新性槽体结构设计使浮选机中上部形成了粗重矿物悬浮层，增加了粗重矿物与气泡附着的机会，泡沫层稳定，无翻花和沉槽现象。

宽粒级浮选机的槽体设计如图 5-73 所示，它由内、外循环通道和假底组成。槽内区被稳流栅板分成槽内上部区和槽内下部区两部分。内、外循环通道和假底组成了两个矿浆循环回路，在槽内下部区与内、外循环通道之间分别开有短路循环孔，短路循环孔大小可以调节，槽侧板上开有合适的流通孔。

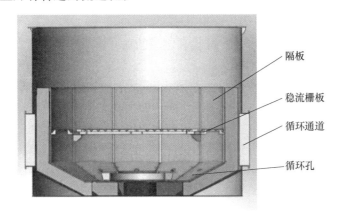

隔板

稳流栅板

循环通道

循环孔

图 5-73　宽粒级浮选机槽体结构简图

槽体被分割成充气区（槽内区）和不充气区（外循环通道），这可以利用充气区和不充气区矿浆之间所产生的压差来增加槽内的矿浆循环流量，在尽量减小叶轮搅拌强度的前提下，仍能保证大比重矿物的充分悬浮，解决大比重矿物所要求的弱搅拌力与易沉淀之间的矛盾。槽内部区可产生较强的与矿化气泡上升方向一致的上升流，减少已附着在气泡上的粗重矿物的脱落力，缩短了矿化气泡的上升时间。通过多循环通道和假底的矿浆循环回路，返回到叶轮区的是比重较小、粒度较小的矿物，叶轮搅拌区矿浆紊流度高，气泡与矿粒的碰撞概率高，从而有利于提高常规矿物的浮选效果。矿浆短路循环孔可以用来调节通过稳流栅板的矿浆量和矿浆上升速度，使悬浮层中的矿物比重范围粒度范围得以调节，扩大浮选机的适用范围，同时短路循环孔可防止开车起动时，矿砂堵死循环通道。

叶轮是 CLF 型浮选机最主要的部件，它担负着搅拌矿浆、循环矿浆和分散空气的作用，其结构如图 5-74 所示，叶轮设计主要考虑了下列问题：

（1）搅拌力要适中，不应在槽内造成较大的速度头。这是因为速度头大会造成分选区不稳定、液面翻花，影响气泡矿化，降低有用矿物的回收率，同时增加不必要的功率消耗。

（2）叶轮采用中比转数后倾叶片形式，流量大、压头低。通过叶轮的矿浆循环量要

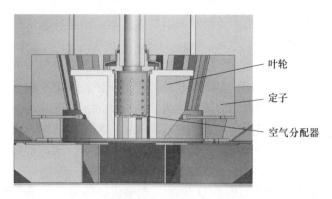

图 5-74　CLF 型宽粒级浮选机叶轮定子结构

大，这有利于矿粒悬浮、空气分散和改善选别指标。

（3）矿浆在叶轮中的流线合理，磨损轻且均匀。

（4）形式合理，结构简单，功耗低。

（5）叶轮与定子间的速度梯度，叶轮和定子的联合作用产生径向高梯度速度场，有利于气泡分散和细粒回收。

宽粒级浮选机中采用了稳流栅板，如图 5-75 所示，类似装置在苏联研制的沸腾层浮选机中已采用，采用稳流栅板主要有下列作用：使上升矿流经过稳流栅板处时上升速度加大，即稳流栅板处矿浆上升速度大于所设定的最粗重矿粒的沉降速度，以保证在稳流栅板上面形成粗重矿物悬浮层。气泡连续通过粗重矿物悬浮层时，与粗重矿物产生多次碰撞，由于粗重矿物与气泡的上升方向一致，延长了粗重矿物与气泡碰撞接触时间，使之与感应时间相接近，从而增加了粗重矿物与气泡有效附着的机会。而当矿化气泡上升到悬浮层上面时已快接近泡沫区，因此附着有粗重矿物的气泡上升到泡沫区的距离短，使粗重矿物处在浅槽浮选状态下。

图 5-75　稳流栅板

5.4.2.2　工业应用

A　高纯度石英砂的制备

高纯度石英砂制备一般采用棒磨擦洗-脱泥-磁选-浮选工艺。20 世纪 60 年代普遍采用氢氟酸法去除长石，该方法虽有一定的效果，但含氟废水排放产生了严重的环境污染问题，目前该工艺已被彻底抛弃。现在无氟浮选工艺技术已经成功应用到大规模工业化选矿生产中，是中国硅砂选矿技术研发上的重大突破。

石英砂浮选的特殊性包括：

（1）石英砂浮选入料粒度较粗且粒级单一，入选粒度一般介于 0.2~0.7mm 之间，矿浆浓度一般为 30%~40%。

（2）气泡与矿粒黏附力较弱。

（3）药剂与目的矿物需要较长的调浆作用时间。

（4）目的矿物浮选速率快。

（5）需要较大的充气量。

（6）泡沫产品产率大。

（7）槽内产品必须及时顺畅地排出或进入下一作业。

（8）叶轮-定子使用环境恶劣，磨损严重，且必须解决由于磨损下来的铁屑进入精矿产品而导致的二次污染问题。

通过对石英砂浮选特殊性的分析可知，对浮选设备而言，石英砂浮选在不同阶段甚至同一阶段内对流体动力学状态的要求不尽相同。因此石英砂选矿专用浮选机应遵守的原则是：

（1）建立一个相对稳定的分离区和平稳的泡沫层，减小矿粒的脱落机会。

（2）要求较大的吸气量（或充气量），以形成部分相对大一点的气泡，利于背负粗粒矿物上浮，提高矿粒与气泡的接触机会。

（3）要有较强的搅拌区，保证矿浆充分悬浮。如矿粒不能有效悬浮，则会出现矿物沉淀或分层现象，严重影响浮选过程的进行。

（4）通过叶轮的矿浆量要适当大，以利于物料的悬浮和增加气泡与矿粒的接触机会。

（5）输入功率要低，叶轮对矿浆的搅拌力相对要弱，降低矿浆的湍流强度，以利于粗粒石英砂矿粒与气泡的稳定粘附和顺利上浮。

（6）在低搅拌力下，要保证气泡能均匀地分散在矿浆中，同时要保证较石英砂颗粒充分悬浮。

（7）浮选槽要尽量浅，使背负大比重矿物的气泡升浮距离短，同时使分离区和泡沫层更加平稳。

2004 年通辽矽砂工业公司建成了国内第一条年产 30 万吨的浮选精砂生产线。采用了 CLF-8 和 CLF-4 型浮选机联合使用，生产出了 $w(SiO_2) \geqslant 98\%$、$w(Ai_2O_3) \leqslant 1.0\%$、$w(Fe_2O_3) \leqslant 0.1\%$ 的产品，达到国家玻璃质量一级标准。

B 江铜贵溪冶炼厂 CLF 型浮选机的应用情况

江铜贵溪冶炼厂于 2005 年建成国内第一家处理贫化电炉渣的选矿厂，原矿由转炉渣和电炉渣按 1∶4 的比例混合而成的，比重约为 $3.75g/cm^3$，原矿经分级得到 $-43\mu m$ 占 80% 以上的浮选原矿。一段粗选浮选浓度为 70% 左右，不仅远高于常规浮选的入选矿浆浓度，而且高于一般的炉渣浮选浓度。选矿厂采用 CLF 型浮选机，每天可处理贫化电炉渣 2500t，在渣浮选法铜精矿品位平均为 26% 的情况下，每年可以从废弃电炉渣中回收铜金属 5000 余吨，同时还回收大量的金、银等稀贵金属。其选别工艺流程如图 5-76 所示。

C 菲律宾 PASAR 应用 CLF 型浮选机的概况

菲律宾联合熔炼与精炼公司（PASAR 公司）是瑞士嘉能可公司（AG，Glencore Inter-

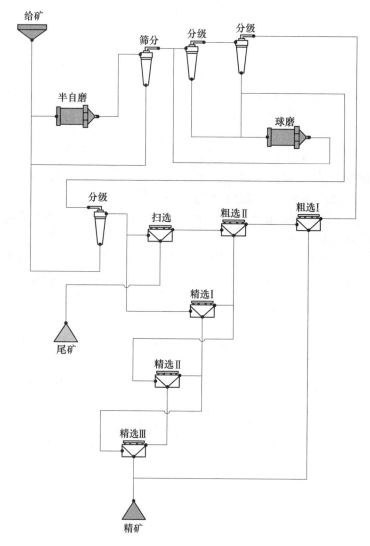

图 5-76　江铜贵溪冶炼厂炉渣再选的浮选工艺流程

national）所属全资子公司，是菲律宾唯一的铜生产商。菲律宾 PASAR 铜冶炼厂渣选厂是在拆除原有渣选厂（处理水淬渣和中间物料）后新建的渣选系统，处理缓冷后的闪速熔炼炉渣和转炉渣的混合渣，设计处理能力为 3000t/d。

其工艺流程为：磨矿后的含铜炉渣矿浆经旋流器分级，溢流（ $-45\mu m$ 粒级含量占80%）经搅拌槽搅拌后进行一次粗选作业，精矿作为最终精矿，一次粗选尾矿进入二次粗选。二次粗选精矿进入精选作业，尾矿进入扫选作业。粗选二精矿经过二次精选作业得到最终精矿，而粗选二尾矿经二次扫选作业得到最终尾矿。扫选作业精矿和精选一尾矿合并后作为中矿进入中矿再磨系统，中矿再磨分级溢流（ $P_{80}=22\mu m$ ）矿浆经搅拌后进入精扫选作业，精扫选作业精矿返回精选二浮选柱，精扫选作业尾矿进入二次粗选。

由于入选炉渣比重达 $3.5g/cm^3$ ，入选矿浆浓度约 40%，所以选择采用了 CLF 型宽粒级浮选机。其中，粗选 I 、粗选 II 作业分别采用了 2 台、4 台 CLF-40 浮选机，扫选 I 、扫

选 Ⅱ 作业分别采用了 4 台、3 台 CLF-40 浮选机。生产实践表明：渣选厂工艺流程运行稳定，浮选机性能可靠，实际生产中给矿混合渣中铜品位 2.5% 时，获得了最终铜精矿品位 26.22%，铜回收率 88.52% 的较好指标。详细的浮选工艺流程如图 5-77 所示。

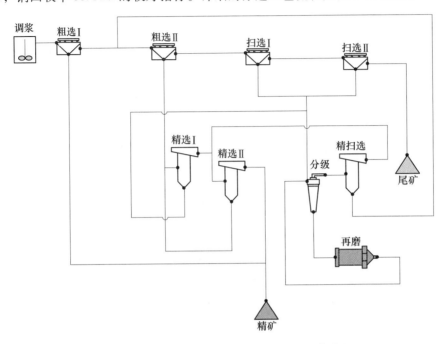

图 5-77　菲律宾 PASAR 炉渣再选的浮选工艺流程

D　CLF 型浮选机在老挝开元公司钾盐项目的应用

老挝开元公司钾盐项目位于甘蒙省他曲地区，设计产能为 50 万吨/年的氯化钾选厂于 2014 年 5 月投入正常生产，2015 年生产了 48 万吨精矿。一期选别设计时以钾石盐为主，目前生产中钾石盐开采量少，多是钾石盐与光卤石的混合矿。当原矿中含 KCl 品位为 18%~22% 时，最终精矿 KCl 品位可达 95%，平均回收率约 73%~75%。原矿经棒磨、筛分和冷分解作业后进入浮选流程。浮选流程分为两个系列，单系列粗选作业采用了 6 台 CLF-30 浮选机，精选 1 和精选 2 作业各采用了 3 台 CLF-16 浮选机，其工艺流程如图 5-78 所示。

5.4.3　CGF 型自吸气式宽粒级浮选机

CGF 型机械搅拌式浮选机是由北京矿冶科技集团有限公司自主研制成功的一种高效、节能、自吸空气型浮选机，可广泛用于选别贵金属、有色、黑色及非金属粗重颗粒矿物。

5.4.3.1　工作原理和关键结构

CGF 浮选机主要由槽体、叶轮、定子、中心筒与吸气管、稳流栅板等组成。槽体由内、外循环通道、稳流栅板和假底组成。多循环通道，使细粒矿物与气泡多次碰撞，实现宽粒级回收。中心筒与吸气管是 CGF 型宽粒级浮选机能够自吸空气、自吸矿浆的重要部件。

CGF 型浮选机采用由分隔盘、上叶片和下叶片组成的叶轮，可在吸入空气的同时，保

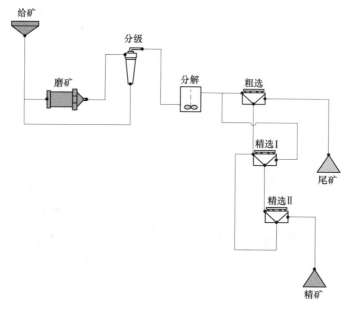

图 5-78 老挝开元钾盐选厂的工艺流程

证矿粒充分悬浮及气泡完全分在全部矿浆中，同时采用具有折角叶片的定子，定子与叶轮径向间隙较大，定子下部区域周围的矿浆流通面积大，可消除下部零件对矿浆的不必要干扰，降低动力消耗，叶轮中甩出的矿浆-空气混合物可以顺利地进入矿浆中，使空气得到很好分散，如图 5-79 所示。

为了满足宽粒级矿物选别要求，在充分研究已有浮选机槽体优缺点的基础上，CGF 型宽粒级浮选机槽体设计成如图 5-80 所示，与 CLF 型浮选机是基本一致。该槽体由前、后循环通道，槽内区和假底组成。槽内区由格子板分成槽内上部区和槽内下部区。前、后循环通道和假底组成前后两个矿浆循环回路，在槽内下部区与前、后循环通道之间分别开有短路循

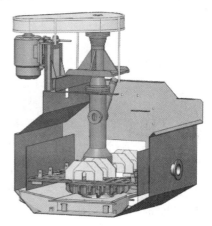

图 5-79 CGF 型自吸气式宽粒级
浮选机结构简图

环孔，短路循环孔大小可以调节。后循环通道上方的斜板能起推泡板的作用，促进泡沫向溢流堰移动。槽侧板上开有合适的流通孔。

在大多数机械搅拌式浮选机中，黏附矿粒的气泡只占总数的 30%~55%，这是由于槽内矿浆的高度湍流而造成的，这些都直接导致浮选机的单位容积生产能力下降并使得大颗粒矿物浮选困难，因此，CGF 型宽粒级浮选机要求即吸入空气又可循环矿浆，为此，采用有分隔盘、上叶片和下叶片组成的叶轮，如图 5-81 所示，它可保证在吸入空气的同时，保证矿粒充分悬浮及气泡完全分在全部矿浆中，使浮选槽内具有较高的浮选概率，满足宽粒级浮选的工艺要求。

CGF 型宽粒级选机采用具有折角叶片的定子，定子与叶轮径向间隙较大，定子下部区域周围的矿浆流通面积大，以消除下部零件对矿浆的不必要干扰，降低动力消耗，增强槽

下部循环区的循环和固体颗粒的悬浮。叶轮中甩出的矿浆-空气混合物可以顺利地进入矿浆中，使空气得到很好分散。CGF 型宽粒级浮选机叶轮-定子系统示意图如图 5-82 所示。

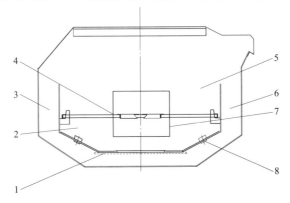

图 5-80　CGF 型宽粒级浮选机槽体结构简图

1—假底；2—槽内下部区；3—后循环通道；4—稳流栅板；5—槽内上部区；
6—前循环通道；7—流通孔；8—短路循环孔

图 5-81　CGF 型宽粒级浮选机叶轮

图 5-82　CGF 型宽粒级浮选机叶轮定子

中心筒是 CGF 型宽粒级浮选机能够自吸空气、自吸矿浆的重要部件之一，浮选作业中的给矿和中矿泡沫都通过中心筒上的给矿孔和中矿孔吸入上叶轮腔，给矿孔和中矿孔的直径要能够满足浮选机处理能力的要求，如图 5-83 所示。

CGF 型宽粒级浮选机中采用了稳流栅板，与 CLF 浮选机所采用稳流栅板相同，类似装置在苏联研制的沸腾层浮选机中已采用。CGF 型宽粒级浮选机的稳流栅板用间隔均匀、水平排列的角钢制成，稳流栅板为可卸式，以方便叶轮、定子、给矿管、中矿管等零部件的维护和更换。

图 5-83　CGF 型宽粒级浮选机中心筒

5.4.3.2　工业应用

A　浮选机在宜春钽铌锂矿的工业应用

宜春钽铌锂矿是中国重要的钽铌锂原料生产基地，目前处理量约 2500t/d，是目前世界上最大的锂矿山。早期锂云母浮选采用 6A 型浮选机,由于设备陈旧,其选别效果差,尤其是针对粗粒给矿,适应性不强,自吸气能力明显不足。经过流程改造,浮选机更换为专门针对粗颗粒浮选的 CLF-4 型浮选机后,锂云母精矿品位趋于稳定,产品合格率达93%,平均回收率约提高了 8.5%,显著提高了选厂的经济效益。此后,针对生产中锂云母的嵌布粒度变粗,又开展了 CGF-2 型浮选机进行了锂云母浮选工业试验。工业试验结果表明:在浮选给矿锂品位为 1.43% 时,锂云母精矿品位达到了 3.82%,尾矿品位仅为0.63%,浮选作业回收率达到了 70%,该宽粒级型浮选机进一步提高了粗粒级锂云母的回收率,并且能够同时满足不同粒级锂的高效回收。

　　B　浮选机在德兴铜矿尾选厂的应用

　　德兴铜矿选厂选铜综合回收率 86.5% 左右,仍约有 13.5% 的铜金属损失在尾矿中。其中大约 50% 损失在 +125μm 的粒级上,每年约有 10000 吨铜金属损失在粗颗粒级上。为进一步回收尾矿中的铜金属,所以建立了尾选厂,以泗洲和大山选矿厂的小部分尾矿作为入选原料。为尾矿选别提高粗粒级含铜矿物的回收率,开展了 CGF-40 机械搅拌式浮选机的工业试验应用研究。工业试验结果表明:CGF-40 机械搅拌式浮选机作为选厂一段尾矿再选预先浮选作业,设备性能稳定,可有效回收选厂一段尾矿中粗颗粒目的矿物,预先浮选作业铜富集比达到 3.018,铜回收率达到 21.13%,铜富集比累计值达 2.63 倍,其工艺流程如图 5-84 所示。

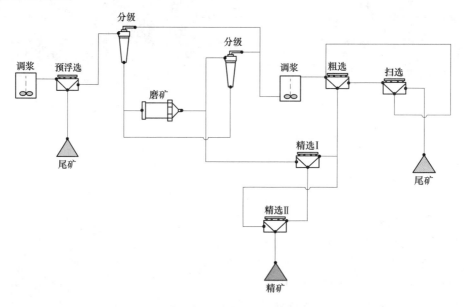

图 5-84　德兴铜矿尾矿再选的浮选工艺流程

5.5　浮选柱

　　浮选柱一般没有搅拌装置,圆柱形或者方形结构,具有较大的高径比,高度范围 6~16m(詹姆森型浮选柱除外),空气从浮选柱的底部给入产生气泡,矿浆从浮选柱的上部给入,向下的矿浆流与向上运动的气泡对流碰撞,矿化气泡在气泡浮力作用下向上到达泡沫区,在泡沫冲洗水的作用下,进行二次富集,最终从溢流堰排出。浮选柱由于截面积相对较小，泡沫层一般较厚。泡沫层上部设置泡沫冲洗水减少泡沫的非目的矿物的夹带，形成正偏流弥补泡沫带走的水分，维持矿浆浓度的平衡。

浮选柱因其内部没有机械搅拌装置，由气泡发生器产生气泡，因此，气泡发生器是浮选柱的核心部件，有效的气泡发生装置应当能够在最大的可能充气量下产生细小而均匀的气泡。根据发泡方式的不同将浮选柱划分为空气直喷式、水和空气混流式、矿浆和空气混流式浮选柱[22]。

5.5.1 空气直喷式浮选柱

空气直喷式浮选柱是工程实践中应用最为广泛的浮选柱之一。空气直接式浮选柱是将空气直接压入浮选柱内，常见的空气直接式气泡发生器有空气直喷式气泡发生器、微孔气泡发生器、过滤盘式发生器和砾石床层发生器等。因其他形式空气分配器易堵塞故障，应用较多的是空气直喷式气泡发生器。一般高径比较大，采用微孔充气器或者喷嘴充气器。该型浮选柱经过多年的发展，形式呈现出多样性。比较有代表性有：CPT-Slamjet 浮选柱、KYZ-B 型浮选柱、CFCC 浮选柱、RIVS 浮选柱和 Eimco Pyramid 浮选柱等。

5.5.1.1 工作原理和关键结构

CPT-Slamjet 浮选柱是一种逆流浮选设备如图 5-85 所示。其工作原理是调浆后的矿浆从距柱顶部以下约 1~2m 处给入柱内，气泡发生器安装在柱体下部，可在线拆装和检修，其产生的微泡在浮力作用下自由上升，而矿浆中的矿粒在重力作用下自由下降，上升的气泡与下降的矿粒在捕收区接触碰撞，疏水性矿粒则被捕获粘着在气泡上，负载有用矿粒的矿化气泡继续浮升进入泡沫区，并在柱体顶部聚集形成厚度可达 1m 的矿化泡沫层，在泡沫冲洗水的作用下，被夹带而进入泡沫层的脉石颗粒从泡沫层中脱落，从而获得更高品位的精矿，尾矿矿浆从柱底部排出[23]。

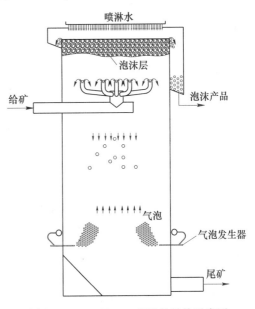

图 5-85 CPT-Slamjet 浮选柱结构示意图

Slamjet 气泡发生器（见图 5-86），向柱内注入气体，气体经过喷嘴加速后喷入矿浆内，气体流在矿浆的剪切作用下弥散成微小气泡。供气系统由一组环绕浮选柱槽体的主管及若干根支管组成，支管与气泡发生器相连，气泡发生器配有独立的气动自动流量控制及自动关闭装置，该装置可保证气泡发生器在未加压或意外断气时能保持关闭和密封状态，防止矿浆倒灌，堵塞充气器或影响充气器的使用寿命。气泡发生器可根据矿石性质配备不同规格的喷嘴，并通过调气泡发生器的开启数量、供气压力、流量，确保柱内空气弥散均匀。Slamjet 气泡发生器可以在线更换，检修和维护方便。

KYZ-B 型浮选柱是北京矿冶科技集团有限公司的浮选柱系列的一种。在铜矿、钼矿、铅锌矿、铁矿、钾盐矿、磷矿、萤石矿等多种矿物上，在全球范围内应用了100 多台套。

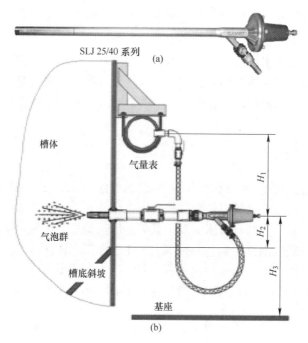

图 5-86 SlamJet 充气器及其安装示意图
(a) 充气器；(b) 安装示意图

KYZ-B 型浮选柱是一种逆流型浮选柱，其结构如图 5-87 所示。其工作原理与 CPT-Slamjet 有所相似。空气压缩机作为气源，气体经总气管分配到各个充气器，直接喷射空气产生微泡，气泡群从柱体底部缓缓上升；矿浆距顶部柱体约 2m 处给入缓慢向下流动，矿粒与气泡在柱体中逆流碰撞，被粘着到气泡上的目的矿物上浮到泡沫区，经过泡沫冲洗水的作用消除杂质夹带，二次富集后产品从泡沫槽流出。其余矿粒随矿流下降经尾矿管排出。液位的高低和泡沫层厚度由液位控制系统进行调节。

　　其气泡发生器结构更加简洁，可以在线进行更换如图 5-88 所示，内部的分区及稳流栅板如图 5-89 和图 5-90 所示。

5.5.1.2　工业应用

A　泗洲选矿厂

　　泗洲选矿厂分两个系统，原矿石处理量 3.8 万 t/d。由于选厂投产时间早、改扩建次数多，原流程存在设备规格小、数量多、设备老化、过程控制差、效益低和能耗高等问题。2011 年对原流程进

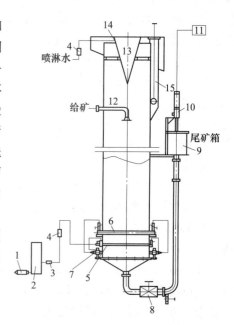

图 5-87　KYZ-B 型浮选柱结构示意图
1—风机；2—风包；3—减压阀；4—转子流量计；
5—总水管；6—总风管；7—气泡发生器；
8—排água管；9—尾矿箱；10—气动调节阀；
11—仪表箱；12—给矿管；13—推泡器；
14—喷水管；15—测量筒

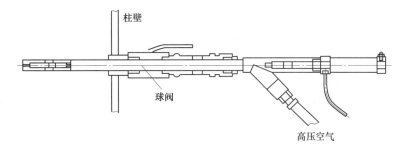

图 5-88　KYZB 气泡发生器结构及其安装型式

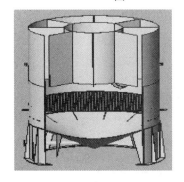

图 5-89　内部的分区图

图 5-90　稳流栅板

行技术改造，粗、扫选作业采用 KYF-130 浮选机，一段精选作业采用 1 台 KYZ-B 浮选柱替代原来的 GF/JJF-8 浮选机，精选段选用 1 台 ϕ4.3m×15m 浮选柱，1 台 ϕ3.6m×12m 浮选柱和 1 台 ϕ3.0m×9.0m 浮选柱，分别作为二段粗选，二段精选一和二段精选二作业。两个系统共 8 台浮选柱取代了原流程中的 88 台 SF/JJF-8 浮选机。改造后的浮选工艺流程如图 5-91 所示。

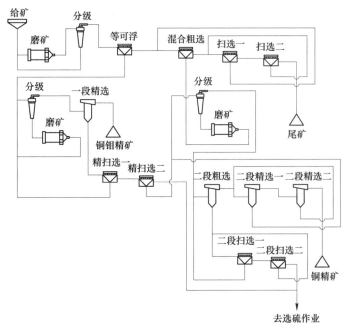

图 5-91　泗洲选矿厂浮选工艺流程图（改造后）

　　经过一年多的稳定生产，浮选柱应用取得了较好的选别指标。2011年全年累计二段作业浮选柱入选铜平均品位8.25%，最终精矿平均品位25%，精选段铜回收率平均为98%，生产指标达到了设计要求。

　　B　雷门沟钼矿

　　丰源雷门沟钼矿选矿厂设计处理能力3000t/d，于2005年投产。粗、扫选作业采用XCF/KYF-30充气机械搅拌式浮选机组，3段钼精选作业采用了KYZ-1612、KZY-1212、KYZ-0912浮选柱。投产后的生产实践表明：钼精矿中含铜量从3%降到0.1%以下，钼精矿品位稳定，回收率提高了9.5%，Mo回收率达到了82.22%。2009年为提高扫选段钼回收率，又增加了1台KYZ-4380浮选柱[11]。浮选工艺流程如图5-92所示。

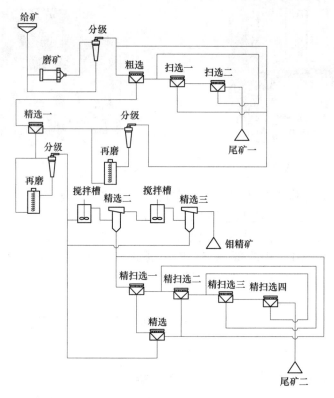

图5-92　丰源雷门沟钼矿浮选工艺流程

　　C　秘鲁Toromocho铜钼矿

　　秘鲁Toromocho铜钼矿位于海拔高度4300m以上，设计原矿处量150000t/d，矿石类型为铜钼矿。粗、扫选段分为四个系列，平行布置。其中，铜精选作业采用了4台KYZ-4314浮选柱，钼精选作业采用了2台KYZ-2514浮选柱。图5-93是铜精选作业流程，图5-94是钼精选作业流程。

5.5.2　水和空气混流式浮选柱

　　水和空气混流式浮选柱的工作原理和前面所描述的浮选柱相似，主要的不同点是水和气在气泡发生器内预先混合，依靠水流的剪切形成微小气泡，再注入浮选柱柱体的矿浆内，达到高效选别的目的。本节主要介绍CoalPro浮选柱和KYZ-F型浮选柱。

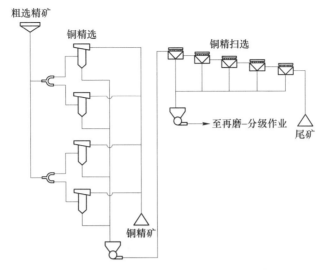

图 5-93　秘鲁 Toromocho 铜钼矿铜精选作业流程

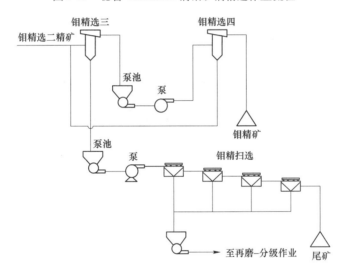

图 5-94　秘鲁 Toromocho 铜钼矿钼精选作业流程

5.5.2.1　工作原理和关键结构

CoalPro 浮选柱是选煤专用浮选柱，其结构如图 5-95 所示。该型浮选柱主要采用 SLJ-75 气泡发生器。水首先注入环形的总气管道中，并与高压空气初步混合，然后分配到各个气泡发生器中。初步形成的气泡喷射后在矿浆中与矿物逆流碰撞发生矿化。SLJ-7.5 气泡发生器的安装形式如图 5-96 所示。

KYZ-F 浮选柱的充气系统采用了外部气泡发生器，充气器工作时，高压水对透过微孔材料的高压空气进行剪切而形成微泡，气水比高达 25 左右，充

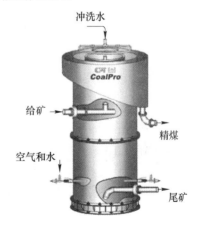

图 5-95　秘鲁 CoalPro 浮选柱结构示意图

气器结构如图 5-97 所示。形成气泡尺寸小于 1mm,充气系统可底层布置,也可底层和中层两层布置。进料由柱的上部给入给料分配盘,气体从柱的底部给入,气泡与矿粒通过逆流碰撞完成矿化。泡沫产品从上部排出,尾矿从底部排出。在上部设计了冲洗水装置,在内部设计了稳流板。该型浮选柱设计了先进的液位控制系统和充气量控制系统。

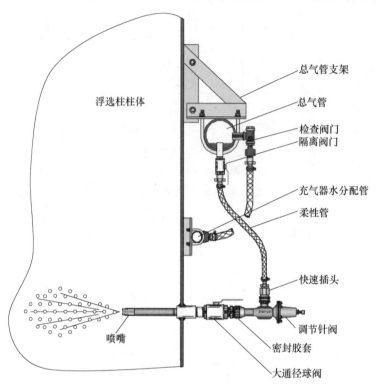

图 5-96　SLJ-7.5 气泡发生器的安装形式

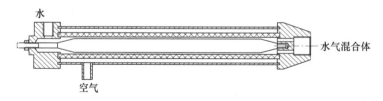

图 5-97　KYZ-F 型充气器结构简图

5.5.2.2　工业应用

俄罗斯阿帕基德磷矿 2 号选厂磷灰石处理量 22000t/d,粗扫选作业采用 18 台 38m³ 浮选机,精选作业采用 6 台 φ4600mm×8000mm 规格浮选柱,其中 4 台为加拿大 CETCO 浮选柱(水+气充气形式),另外 2 台为 BGRIMM 浮选柱,浮选柱泡沫产品为最终精矿,浮选柱底流与扫选浮选机泡沫合并返回粗选作业。单台浮选柱给矿量 80t/h,矿浆质量浓度 30%,矿物粒度 $P_{80}=200\mu m$,矿石密度 3.2~3.9g/cm³,P_2O_5 品位 32.5%,最终精矿 P_2O_5 品位 38.5%,回收率 70%。

5.5.3 矿浆和空气混流式浮选柱

矿浆和空气混流式浮选柱工程实践中使用较多，其高径比一般比空气直接式浮选柱小，按照充气方式可分为外加空气式和自吸空气两种方式。采用的气泡发生器的基本类型有文丘里管形式、静态混合器形式、渐缩管形式等三种。该型浮选柱经过多年的发展，形式呈现出多样性，比较有代表性有：詹姆森浮选柱、旋流微泡浮选柱（FCSMC）、CPT-Cav 浮选柱、CISA 浮选柱、KYZ-E 型浮选柱等。

5.5.3.1 工作原理和关键结构

詹姆森浮选柱是典型的矿浆和空气混流式浮选柱为顺流式矮浮选柱，实践了高效矿化与降低浮选柱高度的概念，给浮选柱技术的发展注入了新的活力。

詹姆森浮选柱工作原理如图 5-98 和图 5-99 所示。其工作原理是：泵将矿浆经入料管打入下导管的混合器内，通过喷嘴喷射产生负压区，从而吸入空气产生气泡，矿粒和气泡在下导管内进行碰撞矿化，向下进入分离柱内，矿化气泡上升到柱体上部形成泡沫层，经冲洗水冲洗后流入精矿溜槽，部分尾矿经柱体底部排出，部分尾矿和新鲜矿浆混合作为新的给矿。该设备优点在于：

（1）矿粒与气泡的碰撞矿化主要发生在下导管内，柱体主要是实现矿化气泡与尾矿分离的作用以及少量的二次矿化，基本实现了矿化与分离的分体浮选策略。

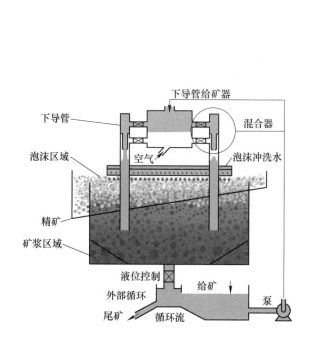

图 5-98 詹姆森浮选柱

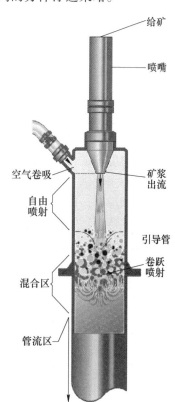

图 5-99 詹姆森浮选柱混合器工作示意图

（2）浮选柱高度低，由于气泡矿化过程不发生在柱体内，省去了常规浮选柱中的捕收区高度（约占总高度的80%）。

（3）矿粒在下导管内滞留时间短，一般粗选作业连同柱体内总驻留时间为1min，因而浮选效率高。

（4）下导管内矿浆含气率高达40%~60%，而普通浮选柱气溶率为4%~16%。

（5）矿浆通过混合头的喷嘴以射流状进入下导管，从而形成负压将空气吸入，省去了充气设备，唯一动力设备是给料泵，节省了生产投资和电耗。

该型浮选柱虽然有许多优点，但也存在不足：

（1）只对给料充气没有中矿循环，影响了浮选精矿的回收，尾矿也必须经过多级反复再选才能保证得到合理的指标。

（2）分离槽相对"静态"的层流环境虽然防止了矿浆扰动过大造成的矿化颗粒脱落，提高了矿物回收率，但也无法克服细粒矿物之间的非选择性团聚以及细粒脉石在气泡团中的夹杂，这又降低了精矿品位。

（3）下导管在分离槽内插入深度较大，易造成矿化气泡短路，使有用矿粒丢失于尾矿中等。

旋流-静态微泡浮选柱（FCSMC）是由中国矿业大学开发成功的一种矿浆和空气混流式浮选柱。其主要特点是浮选柱将管流矿化、旋流力场和逆流碰撞结合在一起，增加了浮选柱的适应性能。旋流-静态微泡浮选柱的主体结构包括浮选柱分选段、旋流分离段、气泡发生与管浮选三部分，如图5-100所示。整个设备为柱体，柱浮选段位于柱体上部，其采用逆流碰撞矿化的浮选原理，在低紊流的静态分选环境中实现微细物料的分选，在整个柱分选方法中起到粗选与精选作用；旋流分选与柱浮选呈上、下结构连接，构成柱分选方法的主体；旋流分选包括按密度的重力分离以及在旋流力场背景下的旋流浮选。这不仅提供了一种高效矿化方式，而且使浮

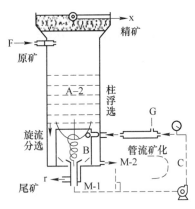

图5-100　旋流-静态微泡浮选柱
结构示意图

选粒度下限大幅降低，提高了浮选速度。旋流分选以其强回收能力在柱分选过程中起到扫选、柱浮选中矿作用。管流矿化利用射流原理，通过引入气体及粉碎成泡，在管流中形成循环中矿的气-固-液三相体系并实现了高度紊流矿化。管流矿化沿切向与旋流分选相连，形成中矿的循环分选。该设备具有运行稳定、分选选择性好、效率高、处理能力大、电耗低、适应性强等特点。

其技术特点如下：

（1）采用自吸射流成泡方式形成微泡，过饱和溶解气体析出，提高了细颗粒矿化效率。

（2）三相旋流分选与柱浮选相结合，产生了按密度分离与表面浮选的叠加效应，保证了微细旋流分选作用的发挥。

（3）利用矿物的密度与可浮性的联系，将浮选与重选方法相结合，形成多重矿化方式为核心的强化分选回收机制。

（4）高效多重矿化方式是提高整个矿化效率的关键，管流矿化进一步提高了难浮物料的分选效率。

（5）静态化与混合充填构建了柱体内的"静态"分离环境，实现微细物料的高效分离。

（6）形成了有利于提高浮选精矿质量的合理分选梯度和泡沫层厚度，强化了二次富集作用的。

KYZ-E 型浮选柱是北京矿冶科技集团有限公司针对微细粒矿物高效选别开发的一种矿浆和空气混流式浮选柱[25]，可以产生微细气泡，以紊流矿化为主，兼有逆流碰撞矿化，从柱体高度来说属于大高径比类型，底部配置有中矿循环泵，混流式充气器均布安装在浮选柱底部。

KYZ-E 型浮选柱结构如图 5-101 所示，浮选柱的结构主要由柱体、气泡发生系统、液位控制系统、泡沫喷淋水系统等构成。

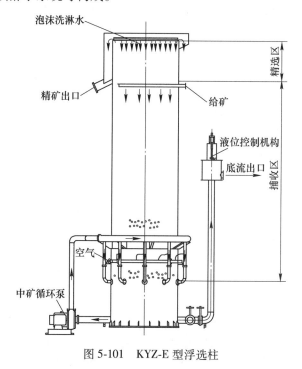

图 5-101　KYZ-E 型浮选柱

5.5.3.2　工业应用

A　内蒙古能源中心选煤厂

新矿内蒙古能源中心选煤厂为一期设计能力 3000000t/a 的炼焦煤选煤厂，设计工艺为 50~1mm 粒级物料有压给料，两产品重介质旋流器再选，1~0.25mm 粒级物料 TBS 分选机分选，0.25~0.125mm 粒级物料二次浓缩，小于 0.125mm 粒级物料浓缩压滤。中心选煤厂试运行后发现煤泥灰分偏低、发热量较高，部分细颗粒精煤损失在尾煤泥中；与此同时，入选原煤煤质发生了较大变化，煤泥含量由原来的 8% 增加至 12%，不仅导致洗水浓度偏高，影响煤泥水处理，而且致使分选精矿下降，精煤综合产率降低。采用 FCMC 型旋流微泡浮选柱对原生产工艺进行改造后的实践结果表明，旋流微泡浮选柱分选工艺在该厂的应用不仅满足了精煤灰分不大于 8.50% 的要求，还提高了精煤的综合产率[24]。选别工艺流程如图 5-102 所示。

　　B　太西洗煤厂

　　太西洗煤厂二分区原设计煤处理能力为 600000t/a，经 2001 年改建后，原煤处理能力已达 150 万吨/年。该厂采用 0~80mm 原煤不脱泥无压给料三产品重介旋流器主选、煤泥直接浮选的联合工艺流程，选别工艺流程如图 5-103 所示。该厂浮选系统采用 4 台 FCSMC-3000 旋流-静态微泡浮选柱。在通常入料条件下，入料灰分小于 20% 时，浮选精煤灰分一般低于 6.5%。特别是对细粒煤泥的选择优势明显对入料粒度、浓度、灰分均具有较强的适应性[25]。

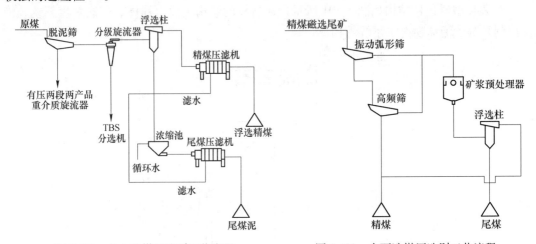

　　图 5-102　中心选煤厂选别工艺流程　　　　　图 5-103　太西洗煤厂选别工艺流程

参 考 文 献

[1] N. 阿尔比特尔. 大型浮选机的研制和按比例放大 [J]. 国外金属矿选矿, 2000 (7): 2-7.

[2] 王淀佐, 姚国成. 中国古代的矿物加工技术——传承与发展 [J]. 中国工程科学, 2009 (4): 9-13.

[3] Taggart A F. Handbook of Mineral Dressing, John Wiley & Sons, Inc. ,: New York , 1945, Sections 12-53.

[4] Barlin B, Keys N J. Concentration at Bancroft [J]. Mining Engineering, 1963, 15 (9): 47-53.

[5] X. 奥拉瓦伊年. 芬兰奥托昆普公司浮选机的研究与开发 [J]. 国外金属矿选矿 .2002 (4): 13, 32-34.

[6] Outokumpu Mintee. 奥托昆普的浮选理论研究与实践 [J]. 有色矿山, 1994 (5): 31-35.

[7] A. 维别尔. 大容积浮选设备的按比例放大和设计 [J]. 国外金属矿选矿, 2002 (4): 24-27.

[8] M. G. 尼尔森. 127. 5m³ Wemco Smart Cell™ 大型浮选机的能耗测定 [J]. 国外金属矿选矿, 1998 (10): 22-25.

[9] M. G. Nelson, D. Lelinski. Hydrodynamic Design of Self-Aerating Flotation Machines [J]. Minerals Engineering, 2000 (10-11): 991-998.

［10］ D. Lelinski, J. Allen, L. Redden, A. Weber. Analysis of the residence time distribution in large flotation machines ［J］. Minerals Engineering, 2000 （15）：499-505.

［11］ 沈政昌，刘桂芝，卢世杰，等，BGRIMM 系列浮选机的特点与应用 ［J］. 有色金属 （选矿部分），1999 （6）：31-33.

［12］ 刘桂芝，沈政昌，卢世杰 . BGRIMM 现代浮选机技术 ［J］. 有色金属 （选矿部分），1999 （2）：17-20.

［13］ 沈政昌，刘振春，卢世杰 . KYF-50 型充气机械搅拌式浮选机设计研究 ［C］//第四届全国选矿设备学术会议，122.

［14］ 沈政昌，刘振春，卢世杰 . KYF-50 充气机械搅拌式浮选机研制 ［J］. 矿冶，2001 （3）：31-36.

［15］ 沈政昌 . 160m³ 浮选机浮选动力学研究 ［J］. 有色金属 （选矿部分），2005 （5）：33-35.

［16］ 沈政昌 . KYF-160 型浮选机工业试验研究 ［J］. 有色金属 （选矿部分），2006 （3）：37-41.

［17］ 沈政昌 . 200m³ 超大型充气机械搅拌式浮选机设计与研究 ［J］. 有色金属，2006 （5）：100-103.

［18］ 谢卫红 . 200m³ 超大型充气机械搅拌式浮选机的研究应用 ［J］. 有色设备，2010 （2）：5-8.

［19］ 沈政昌 . 320m³ 大型充气机械搅拌式浮选机研制 ［C］//中国工程院化工冶金与材料工程学部第七届学术会议论文集，北京：化学工业出版社，2009：788-793.

［20］ 沈政昌，刘振春 . XCF 自吸浆充气机械搅拌式浮选机 ［J］. 矿冶，1996 （4）：41-45.

［21］ 沈政昌，杨丽君，陈东，等，大型冶炼炉渣专用浮选机的研制及应用 ［J］. 有色设备，2007 （3）：14-16.

［22］ 沈政昌，陈东，史帅星，等 . BGRIMM 浮选柱技术的发展 ［J］. 有色金属 （选矿部分），2006 （6）：33-37.

［23］ 张兴昌 . CPT 浮选柱工作原理及应用 ［J］. 有色金属 （选矿部分），2003 （2）：22-24.

［24］ 方义恩，侯玉茂，杨文娣 . 中心选煤厂煤泥浮选工艺改造 ［J］. 选煤技术，2012 （10）：49-51.

［25］ 魏英华 . FCSMC-3000 旋流-静态微泡浮选柱在太西洗煤厂二分区的应用 ［J］. 选煤技术，2009 （5）：28-30.

6 磁、电选装备

磁选和电选是物理选矿重要的组成部分，磁选装备主要利用磁场，电选装备主要利用电场作为分选场。其中磁选是根据矿物具有不同的磁性能，在矿物经过磁场时，利用作用在这些矿物上的磁力和机械力的差异进行选矿，磁选在当今的选矿领域占有重要地位，广泛应用于黑色金属矿石的选别，例如在重介质选矿中介质的回收，非金属矿物中去除含铁杂质等[1]。电选是根据各种矿物具有不同的介电常数，在矿物经过电场时，利用作用在这些矿物上的电力和机械力的差异来进行分选的选矿方法。虽然电选的物料预处理较为复杂，但电选法以其设备结构简单、易操作维护、生产费用不高、分选效果好，在稀有金属的精选中普遍使用，在有色金属矿、非金属矿分选中也常得到了应用。此外，电选也可应用于矿石或原料的分级和除尘作业[2,3]中。

在本章我们将对磁选装备和电选装备分别阐述。

6.1 磁选装备概述

关于磁石和磁石吸铁，在中国最早记载于《管子·地数篇》。管仲之后相关记录不断出现，《吕氏春秋·精通》上说："慈石召铁，或引之也"。唐代，中国出现了白瓷，邢窑（今河北邢台）以产白瓷闻名全国。邢窑产的白瓷，洁白无瑕。陆羽在《茶经》中描述邢窑白瓷"类银""类雪"，而别处烧制的白瓷，往往带黑斑。清代朱琰在《陶说》中解释了这一现象：古代烧制白瓷的时候，必先用磁石在釉水搅动，吸走铁屑，因为白瓷胎上贴有铁屑，火烧后就留下黑斑。这种运用磁石吸铁特性过滤釉水的方法，开创了磁选的先河[4,5]。

磁选装备工业化的起步开始于 1792 年的 W. Fullarton 获得磁吸引力分离铁矿石的英国专利[6]；19 世纪 80 年代和 90 年代爱迪生的实验室曾专注于贫铁矿用磁选机的开发，并在美国新泽西州进行了试验；1895 年 Wetherill 磁选机的发明，实现了两种矿物分离，自 19 世纪末以来，圆盘式磁选机、筒式磁选机不断被发明出来。

20 世纪 60 年代以前中国以电磁带式、电磁筒式磁选机以及电磁盘式、带式强磁场磁选机等电磁类磁选机为主，60 年代后陆续从瑞典、苏联等国家引进了永磁筒式磁选机，20 世纪 70 年代后通过结构上的改进，永磁筒式磁选机开始向大型化发展，并研制出干式的永磁筒式磁选机、永磁磁滚筒以及永磁磁力脱水槽等，实现了弱磁场磁选装备的永磁化，并通过采用高性能钕铁硼磁性材料，显著地提高了永磁装备的磁感应强度，改善了设备性能，扩大了永磁磁选装备的应用范围[7]。

20 世纪 60 年代后中国开始研制电磁高梯度强磁选机，目前已有包括立环式、平环式、盘式等多种类型的电磁强磁选机，用来分选弱磁性矿物，或者从非磁性产品中除去磁性杂质。

磁选作为一门重要的应用分选技术，特别是近几十年得到了重要的发展，主要体现在应用范围不断扩大，由矿物加工领域逐渐向环保领域、煤炭领域扩展，处理对象也由粗颗粒强磁性矿物向微细颗粒顺磁性矿物的方向发展。具体主要体现在：（1）磁源的发展，特别是高性能稀土磁性材料的大规模商业化应用，推动了永磁中高磁场磁选技术的发展；（2）导磁介质引入磁场产生局部高梯度磁场的思路引入磁选技术，推动了高梯度磁选技术的发展；（3）新型磁路设计的出现，主要是基于新材料的磁路设计及结合工艺要求进行的创新性磁路设计。

在磁选技术的应用实践中，由于所处理物料的磁性、粒度以及其他物理性质的不同，需要采用不同性能和结构的磁选装备。随着磁选技术的进步，磁选装备也在不断发展和完善。目前国内外应用的磁选装备类型众多，规格也比较复杂。磁选装备按磁源形式可分为电磁和永磁两类；按作业方式分为干式和湿式两类；按结构特征可分为带式、筒式、柱式、盘式等类别；也可按照磁场强度将磁选装备分类为弱磁场磁选装备、中磁场磁选装备、强磁场磁选装备（包括高梯度磁选装备）。1960 年后出现的超导磁选机也属于强磁场磁选装备，其背景磁场强度可达 5T，甚至更高。本章将以磁源和结构特征对磁选装备进行分类，重点关注目前仍在大量使用的磁选装备以及在工业试验中取得较大突破的磁选装备。

6.2　永磁类磁选装备

永磁类磁选装备是磁选装备中的大类，高性能永磁磁性材料的大规模商业化应用促进了永磁磁选装备的发展。自 20 世纪 50 年代开始随着永磁磁性材料的发展，磁选装备的磁源逐步由电磁改为永磁，随着永磁材料性能的不断进步，永磁磁选装备也在不断的更新换代，目前永磁类磁选装备已经成为强磁性矿物分选的主流设备，也是磁选装备领域商业化应用最广泛的一类。在永磁磁选装备的发展历史进程中，不同类型的磁选装备在不同历史时期发挥了不同的作用，本节列举几类目前选厂规模化应用的磁选装备加以叙述。

6.2.1　永磁磁滚筒

磁滚筒主要应用于黑色金属矿石的预先抛废或者围岩中矿石的回收，也可应用于煤炭、钢渣、耐火材料等行业的除铁作业。磁滚筒通常作为皮带运输机的传动滚筒使用，与皮带运输机、分矿箱等组成干式分选系统。

6.2.1.1　工作原理

由磁滚筒组成的干式分选系统工作时，分选物料随皮带输送进入磁场区域，在磁场作用下产生分离现象，强磁性矿石或磁性铁含量较高的矿石由于受到磁力作用大，被吸附在磁滚筒皮带表面，随滚筒皮带运转，作为精矿排出，废石则由于运动惯性作用直接抛出，进入尾矿，从而实现磁性物与非磁性物的分离并达到分选目的，如图 6-1 所示。

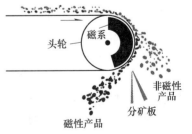

图 6-1　磁滚筒分选示意图

6.2.1.2　基本结构及关键技术

磁滚筒主要由磁系、筒体、轴等部件组成，如图 6-2 所示。磁滚筒作为传动滚筒时多采用短轴方式传动，旋转动力通过短轴依次传给端盖、筒体，运输皮带借其与滚筒之间的摩擦力运行。工作时，筒体部分在电机减速机的驱动下旋转，驱动皮带运动，而磁系固定不动。

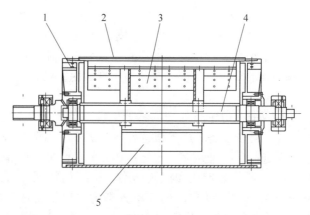

图 6-2　磁滚筒结构示意图

1—端盖；2—筒体；3—磁系；4—轴；5—配重

正常工作时，磁系应调至滚筒上方，即磁系上边缘调到超过滚筒垂直中心线 5°~10° 左右，磁系角度调整好后，通过销轴将其固定在支座上。为了达到精矿品位控制目的，可以利用物料在磁场区域抛物线轨迹的不同，调节精尾矿间的挡料板，从而控制有用矿物产率，实现精矿品位及产率有效调节。并可利用变频调速装置改变物料运行速度，以获取最佳选别指标[8]。

永磁磁滚筒的核心是磁系，磁系主要指在圆筒内组成的磁极组，磁系圆周方向的角度（简称磁包角）通常为 140°~160°，磁系和配重固定在轴上可通过调整装置将磁系调整至合适的位置。针对不同矿石和分选目的不同，磁极组可以沿着圆周方向有不同的排列方式，多数情况下磁极组沿圆周方向交替排列，矿石受磁场作用翻动或抖动。

6.2.1.3　工业应用

永磁磁滚筒作为铁矿石预选关键设备已经在磁铁矿山大规模推广应用，磁滚筒可用于粗破碎后块状原生磁铁矿石的干式磁选，抛除混入矿石中的废石围岩，恢复地质品位，也可用中、细破碎部分解离脉石抛废或用于剥离围岩中矿石的回收[9]。

鞍钢大孤山铁矿是国内大型深凹露天铁矿山，矿石属典型的鞍山式磁铁矿，矿石总储量近 4 亿吨，具有 80 多年的开采历史，随着矿山采矿重心的下移，导致多个采矿部位出现低品位矿石或混岩，矿石地质品位 22%~24% 左右，要回收这部分矿石，实际组织生产存在很大难度，不得不与围岩一起抛弃，造成矿石资源的流失和浪费。为了有效回收采矿剥离及废石中的磁铁矿，采用永磁磁滚筒进行回收作业（图 6-3）。

图 6-3　CT-1424 磁滚筒在大孤山铁矿应用现场

2006 年该矿选用北京矿冶科技集团（原北京矿冶研究总院）研制的 CT-1424 磁滚筒

作为分选滚筒，在处理量 2000t/h 情况下，回收矿石品位在 24%～26% 左右，每年回收矿石约 80 万吨，经济效益相当显著。生产考查还表明，该永磁磁滚筒最大选别矿石粒度可达 400mm，而对 75mm 以下粒级的磁铁矿也能有效回收，可以认为，对于混入贫磁铁矿石的围岩废石，该磁滚筒能够有效地回收其中的有用磁铁矿，并具有较强的宽粒级回收能力[8]。

6.2.2 永磁筒式干选机

永磁筒式干选机多用于低品位贫磁铁矿石细碎后的干式预选作业，磁场强度可根据矿石品位、尾矿磁性铁品位等要求确定，处理量可达到大约 100t/(m·h)，主要目的是在入磨前抛出尾矿，提高入磨磁铁矿品位，减少入磨量，实现低品位贫磁铁矿石的经济开发，由于该种类型设备具有分选转速高、料层薄等特点，分选指标优于磁滚筒，常规分选粒度 -15mm，在某些矿山分选粒度 -20mm[11]。

6.2.2.1 工作原理

如图 6-4 所示，矿石由给料斗给入，均匀地给到磁筒表面上部磁场区域，磁性颗粒与非磁性颗粒受到的磁力不同，在分选筒的转动下，强磁性颗粒和弱磁性颗粒产生不同的运动轨迹，强磁性颗粒被吸附磁筒上或向磁筒方向偏移，最终进入强磁性矿物接矿斗内；而弱磁性或非磁性颗粒由于受磁场力较弱，在离心力、重力等作用下被抛到非磁性物出口，从而完成物料的分选过程[12]。

6.2.2.2 基本结构和关键技术研究

永磁筒式干选机主要由磁筒、箱体、机架、磁系调整机构、分矿装置、传动系统等组成。磁筒结构中磁极组安装在固定不动的磁轭上，组成磁系，形成的磁包角 140°～200°。磁系外面有非磁性材料制成的筒皮，滚筒直径有 ϕ1050mm、ϕ1200mm 多种规格，设备结构示意图如图 6-5 所示。

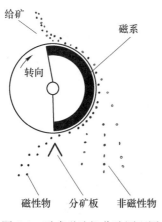

图 6-4 干式磁选机分选原理图

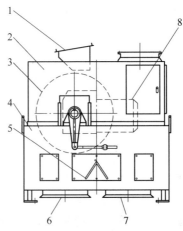

图 6-5 永磁筒式干选机结构图
1—给料口；2—箱体；3—磁筒；
4—机架；5—分矿板；6—磁性物料出口；
7—非磁性物料出口；8—减速机

由于矿石性质的复杂性，筒式磁干选机的筒体线速度、分矿板位置都可以调整。在实际分选过程中，不同磁性的矿石会产生不同的运动轨迹，在矿石分选过程中矿石在抛离筒体时会形成扇形抛物面。通常对于磁筒由近及远，矿石产品磁性依次降低，如对于磁铁矿而言，靠近磁场区域矿石品位高于远离磁场区域的矿石品位[13]。同时根据工艺条件要求，可增加为中矿收集点，提前获得所需合格精矿或尾矿，并对中矿另行针对性处理。在工业应用中，单筒分选时通常设置单一分矿点，将入选矿石分离为两种产品后进入后续流程。

6.2.2.3　工业应用

永磁筒式干选机在河北省承德地区的细粒低贫钒钛磁铁矿细粒预选中大量应用，承德地区赋存大量低贫钒钛磁铁矿，其矿石储量达到 100 亿吨，常规磁性铁品位为 5%~6%、钛（TiO_2）平均品位 1%~6%、磷（P_2O_5）平均品位 2%~3%、钒（V_2O_5）平均品位仅 0.15%。

2016 年承德某选厂启动 17Mt/a 超贫钒钛磁铁矿选矿改造工程（图 6-6），改造工程采用高压辊磨-干式筛分-干式磁选工艺，高压辊磨超细碎过筛后（-6mm）产品达到 2800t/h，其中干式磁选

图 6-6　永磁筒式干选机在承德某矿的应用

采用 ϕ1050mm ×3000mm 永磁筒式干选机。在给矿 TFe 品位 7%~9%、含水率约 2% 的条件下，精矿 TFe 品位大于 14%，合格抛废率高达 60% 以上，且尾矿 MFe 品位控制在 0.6% 以下[13]。

6.2.3　永磁上吸式干选机

永磁上吸式干选机是依据细粒（细碎后产品）磁性矿石的悬浮干选理论研制而成的。俄罗斯的 B.B. 契热夫斯基等人针对普通干式磁选出现的筒皮粘附、非磁性矿粒夹杂等问题，提出了颗粒在悬浮状态下的分选，在这种状态下磁性颗粒多次被磁系吸引和脱落，颗粒从磁系上脱落过程中分离出机械夹杂的非磁性颗粒，而脱落颗粒和被吸引颗粒之间的相对运动和碰撞将小的非磁性颗粒自净化出来，并从磁性产品表面上除去粘附的非磁性细颗粒，从而对磁性产品进行多次分选[14]，根据上述悬浮干选理论，在近几年国内出现了多种类型的永磁上吸式干选机。

6.2.3.1　工作原理

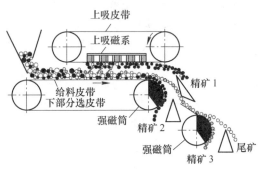

永磁上吸式干选工作原理如图 6-7 所示。首先采用上吸式分选，将料层上部的高品位磁铁矿上吸，并在分选带上悬浮翻滚，将其与脉石及连生体充分分离，获得高品位粗精矿。位于料层下部的强磁性矿通过多磁极磁滚筒再次分选，由于通过上吸分选，料层厚度降低，同时物料分散性

图 6-7　永磁上吸式干选机分选原理图

效果得到改善，分选精度大大提高。在实际应用过程中为保证分选效果，会根据矿石的类型增加上吸分选的层数。在含弱磁性矿物的分选过程中，可增加强磁筒分选作业。

6.2.3.2 基本机构及特性

永磁上吸式干选机主要由给矿装置、磁力头轮、给料皮带、上悬式平面磁系、精矿皮带、下皮带、精矿箱、尾矿箱等构成，如图6-8所示。

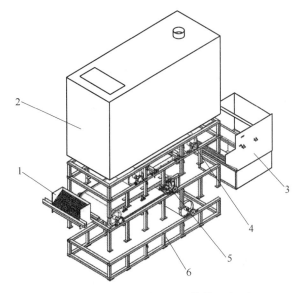

图 6-8 永磁上吸式干选机结构示意图
1—给料斗；2—防尘外罩体；3—接料斗；4—主选带；5—辅选带；6—强磁扫选带

永磁上吸式干选机重要的部件是上吸平板磁系，其功能在于吸附运料皮带上的强磁性矿物，并使强磁性矿物在运输过程中产生翻滚。上吸平板磁系磁极表面距离运输皮带物料层的正常距离需要保持在85mm以上，以保证输送皮带表面磁场强度满足上吸的要求。

扫选磁滚筒用于回收上吸磁系未能吸附的强磁性矿物，该部分矿物或处于物料层底部或脉石连生相对较多，但其分选的目的矿物仍属于强磁性矿。该磁系通过设计中场强多磁极磁系以满足分选要求。上吸式干选机多采用多层分选，易于实现模块化、单元化结构设计，特别是各级分选皮带，要方便拆卸。

6.2.3.3 工业应用

永磁上吸式干选机多用于磁性矿石入磨前的预选作业，或用于细粒尾矿中磁性颗粒的回收作业，也可通过与强磁筒结合用于钒钛磁铁矿的预选作业。

2011年承德某铁矿利用上吸式干选机完成工业试验，与原流程中的磁滚筒设备相比，抛废率由5.2%提高到20.24%，入磨矿石平均铁品位和平均磁性铁含量增加1.12%和1.04%，2012年上吸式干选机在该铁矿全面应用[15,16]。

北京矿冶科技集团研制的上吸式干选机采用上吸式磁系与扇形磁系相结合，一方面可直接获得品位较高的磁性铁精矿，同时可加强扫选作业控制尾矿中的钛含量。试验结果表明，在给矿粒度 - 20mm、给矿铁品位 20.68%、钛含量 9.83% 条件下，抛废率达到 26.13%、精矿铁品位 25.07%，铁回收率 90.27%。

6.2.4　永磁辊式强磁选机

永磁辊式强磁选机是一类重要的永磁强磁选机，开创了干式永磁强磁选机大规模工业应用的新时代，这种强磁选机操作运行简单，能实现物料在永磁辊上的直接分选。1982年，南非巴特曼（E. E. Bateman）公司首次提出了采用挤压磁路结构的"PERROLL"永磁磁选机，使用的永磁材料为钐钴磁性材料，在第一台工业样机研制成功后，其后有 450多台用于各种工业非金属矿物的除铁作业[17]。后续多家公司开发了不同磁性材料，不同耐磨形式的辊式强磁选机[18]。

6.2.4.1　工作原理

永磁辊式强磁选机在工作过程中，物料通过给料器均匀给入分选带面，在均匀带速的拖动下进入分选磁辊，非磁性颗粒由于不受磁力作用，在惯性力的作用下呈抛物线运动，落入非磁性产品接料槽中。而磁性颗粒则由于受到较大磁力的吸引粘附于分选磁辊区的带面上，并在分选带离开磁辊区后落入磁性产品接料槽中，从而实现了磁性与非磁性物料的分离。分选原理如图 6-9 所示。

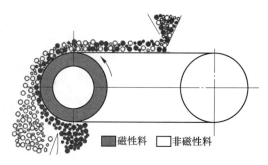

图 6-9　永磁辊式强磁选机工作原理图

6.2.4.2　基本结构及特性

以北京矿冶科技集团研制的 3-RGC 辊式强磁选机为例，其结构如图 6-10 所示。总体结构包括给矿器、分选辊（磁辊）、薄皮带、传动部分及箱体等。总体布局为上、中、下三辊布置，给矿器保证布矿的均匀，薄皮带既保证物料向前运动同时尽量减小磁场的损失，分矿板的主要作用是通过调整不同位置，获得不同产率和品位的产品，每个磁辊配有变频器，可根据不同物料的属性调整磁辊的转速以满足不同的分选要求。设备配有除尘口，便于粉尘的排出，以减小对环境的粉尘污染。

辊式强磁选机中磁辊设计是关键，国内学者构建了磁辊比磁力的数学模型，进行了磁辊参数与磁场力的参数化计算，获得了不同磁环厚度与轭铁厚度下的 336 种组合形式的比磁力[19]（图 6-11）。长沙院计算得出了弱磁性矿物在辊式磁选机上的分离角曲线。摩擦系数相同时，分离角随转速的增大逐渐减小；在磁辊转速相同的情况下，摩擦系数大分离角大，反之则小[20]。

6.2.4.3　工业应用

磁辊表面磁场强度根据设计参数的不同，可达 1.5T，入选粒度最大可达 50mm。可用于粗粒弱磁性矿物（赤铁矿、褐铁矿、锰矿等）抛尾或精选提纯，也可用于非金属矿物原

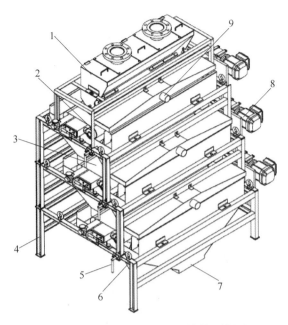

图 6-10 永磁辊式强磁选机结构示意图

1—给料箱；2—分选辊；3—薄皮带；4—机架；5—分矿板；6—磁性物出口；
7—非磁性物出口；8—电机减速机；9—除尘口

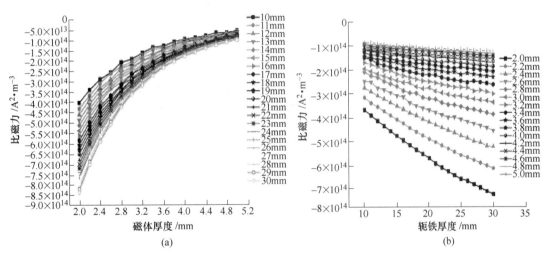

图 6-11 磁辊比磁力与磁体厚度、轭铁厚度之间的关系

（a）比磁力随磁体厚度变化规律；（b）比磁力随轭铁厚度变化规律

料（红柱石、硅线石、蓝晶石、石榴石、长石、石英、金红石、锆英石、刚玉、金刚石等）的提纯。

新疆某红柱石选厂年产 50kt 红柱石精矿，粒度为 -5+1mm，作为红柱石骨料销售。工艺流程为破碎-分级-重选抛尾-强磁选抛尾，其中强磁选抛废采用永磁辊式强磁选机，在原矿（红柱石品位 12%～17%）条件下，可获得精矿为 Al_2O_3 55%～58%，Fe_2O_3 小于 1.0%，精矿产率 12%，回收率 62% 的良好指标[21]。

在云南某铁矿用于褐铁矿分选，该铁矿石类型主要为褐铁矿，其次为赤铁矿，其余为硅酸盐、硫化物和碳酸盐含铁矿物，褐（赤）铁矿约占总铁矿的 95% 以上，主要回收矿物以褐铁矿为主。工艺流程为破碎-分级-分粒度强磁选，年生产能力 200kt，经生产实践表明，精矿铁品位可达到 50% 以上，回收率 80% 以上[22]。

6.2.5　永磁筒式强磁选机

利用永磁体产生强磁场是磁选技术发展的一个重要方向，永磁辊式强磁选机的发明开创了干式永磁强磁选机大规模工业应用的新时代，在生产实践过程中永磁辊式强磁选机的可靠性难题逐渐暴露出来，为解决磁系防护、卸料等难题，结合永磁筒式磁选机的特点，研制了永磁筒式强磁选机，在永磁辊式强磁选机的基础上采用不锈钢圆筒防护，并在不锈钢圆筒旋转表面上进行分选。

6.2.5.1　工作原理

永磁筒式强磁选机工作时，物料通过给矿口直接给到分选筒上部磁场区，磁系颗粒与非磁性颗粒受到的磁力不同，分选筒转动，强磁性颗粒和弱磁性颗粒产生不同的运动轨迹，强磁性颗粒被吸附磁筒上或向磁筒方向偏移，最终进入强磁性矿物接矿斗内；而弱磁性或非磁性颗粒由于受磁场力较弱，在离心力、重力等作用下被抛到非磁性产品收集箱内，从而完成物料的分选过程，如图 6-12 所示。

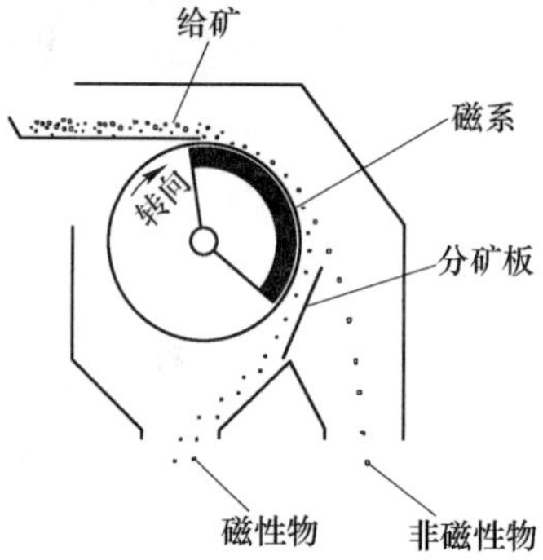

图 6-12　永磁筒式强磁选机
工作原理示意图

6.2.5.2　基本结构及特性

永磁筒式强磁选机采用筒式结构如图 6-13 所示，和传统的永磁筒式干选机类似，基本结构包括磁筒、箱体、传动系统、机架等主体部件。工作时磁筒筒皮旋转，磁系固定不动，筒皮采用薄不锈钢材料制作，并在筒皮表面喷涂耐磨防护层，设备可以连续长时间稳定运转。磁系磁路采用三面挤压磁路或周向挤压磁路设计，磁系表面磁场可达到 1.4T，磁筒表面磁场可达到 1.05T；设备传动多采用通轴结构，以减小筒体所受扭矩，降低筒体变形量，在选别矿石作业时，也能有效保持筒体与磁系间隙，避免擦碰现象[23]。

6.2.5.3　工业应用

永磁筒式强磁选机适用于弱磁性矿石，例如赤铁矿、褐铁矿的回收分选作业。以安徽马鞍山某矿应用为例，该矿分选矿石包括富赤铁矿和贫赤铁矿，需要从富赤铁矿中提前选出合格块矿（-45+14mm）产品，为保证块矿产品的质量，利用永磁筒式强磁选机进行分选（图 6-14）。

富矿分选工艺线采用两段破碎-筛分-磁选工艺，其中筛上产品返回中碎，筛下转入贫矿处理工艺，中间粒级产品粒级范围-45+14mm，进入永磁筒式强磁选机入选。在入选品位 43.82% 时，通过对分选筒转速、分矿板位置的调整可以获得品位 55.47%，回收率 46.91% 的较好指标。

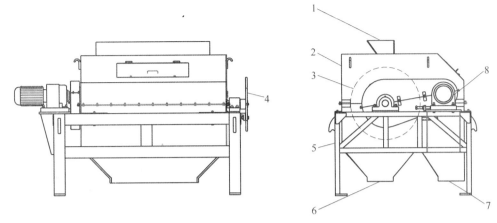

图 6-13 永磁强磁选机结构图
1—给矿口；2—箱体；3—磁筒；4—磁系调整轮；5—机架；
6—强磁性出料口；7—弱磁性出料口；8—减速机

6.2.6 永磁湿式筒式磁选机

永磁湿式筒式磁选机是永磁类装备中应用最广泛的一种，被广泛应用于磁铁矿选厂、重介质洗煤厂等。筒式磁选机磁系最初采用电磁磁源，从 20 世纪 60 年代开始逐步采用永磁磁性材料取代电磁磁源。根据工艺条件的变化，发展出了多种类型的永磁湿式筒式磁选机[24,25]。

6.2.6.1 工作原理

永磁湿式筒式磁选机工作过程是矿浆经给

图 6-14 永磁筒式强磁选机工业应用现场

矿箱进入槽体后，在给矿分散水作用下，矿粒呈悬浮状态进入分选区，磁性矿粒在磁系产生的磁场力作用下，克服作用在颗粒上的阻力（与磁力相对抗或竞争的力），如重力、水流体动力、摩擦力及惯性力等，被吸附在圆筒表面上，随着圆筒一起向上移动，在移动过程中，由于磁系的极性沿圆周方向交替，使成链的磁性矿粒进行翻动（或称之为磁翻滚），在翻动过程中，夹在磁性矿粒中的一部分脉石被清洗出来。磁性矿粒随着圆筒转动，离开磁场作用区域时，在自身重力及卸矿冲洗水的辅助作用下进入精矿槽。非磁性矿粒和磁性较弱的矿粒不受磁力作用或受磁力作用较小，从尾矿口进入尾矿箱。由于矿浆不断给入，精矿和尾矿不断排出，形成一个连续的分选过程，如图 6-15 所示。

6.2.6.2 基本结构及特性

永磁湿式筒式磁选机主要由给矿装置、磁筒、槽体、传动机构、机架等部分组成。其中磁筒包含磁系和圆筒，磁系设在圆筒内且固定在芯轴上不转，圆筒绕磁系旋转。磁极组可用锶铁氧体磁块、钕铁硼磁块的一种或几种复合组成。磁极极性沿圆周交替变化，两极间可镶嵌楔形磁块提高磁场的作用深度。磁包角通常为 106° ~ 150°。筒体由不锈钢板卷成，一般筒表面加耐磨材料。基本结构如图 6-16 所示。

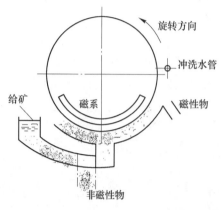

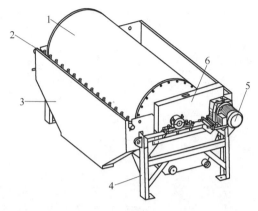

图 6-15　永磁湿式筒式磁选机分选原理图　　　图 6-16　永磁湿式筒式磁选机基本结构

1—磁筒；2—卸料装置；3—槽体；4—机架；5—传动装置

永磁湿式筒式磁选机槽体有多种类型，一般按照矿浆的流向可分为顺流型、逆流型、半逆流型三种。顺流型磁选机中矿浆的流动方向与圆筒旋转方向或磁性产品移动的方向一致，该种槽体分选带短，粗颗粒不易沉槽，因此常用于粗粒强磁性矿物的粗选和细粒强磁性矿物的精选。其槽体如图 6-17 所示。

在逆流型槽体中，给矿方向和磁筒旋转方向相反，矿浆流经分选带距离长，磁性物料有被磁筒多次吸引的机会，所以磁性物料的回收率较高，精矿品位相对较低，因此可用于一段磨后较粗矿粒选别和重介质洗煤中磁性介质的回收。其槽体如图 6-18 所示。

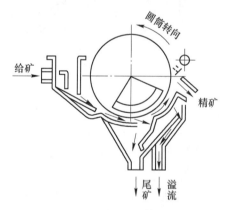

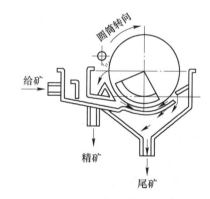

图 6-17　顺流型槽体示意图　　　　　　图 6-18　逆流型槽体示意图

半逆流型槽体中矿浆在分散冲洗水的作用下，以松散悬浮状态从槽体下方进入分选空间，磁性颗粒随着磁筒运动方向排出，非磁性颗粒则从相反方向的尾矿出口排出，在半逆流型槽体中，由于尾矿的流向与磁筒转向相反，尾矿中夹杂的磁性颗粒有多次被磁筒吸附的机会，所以磁性物料的回收率和精矿品位都较高。其槽体结构见图 6-19。

磁体是磁选机的核心部件，是磁选机设计的关键技术。分选工作空间的磁场强度、磁场作用深度以及磁场的分布形状是由磁极的极性排列和使用的磁性材料等要素确定的，它决定了磁场力的大小和矿物分选效果[26]。

6.2.6.3 工业应用

磁铁矿分选应用，在南美洲某铁矿中用于全流程分选，在粗磁选段统计结果表明，在给矿品位53.9%时，可获得精矿品位61.9%，尾矿品位15.3%，精矿回收率达到95.12%；在精选段统计结果表明，在给矿品位61.9%时，可实现精矿品位69.3%，尾矿品位18.1%，精矿回收率95.77%的指标。

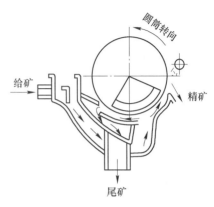

图 6-19 半逆流型槽体示意图

洗煤厂重介质回收应用，由于磁性重介质在整个洗煤流程中循环利用，降低磁性介质在工艺流程中的损耗，提高介质回收率一直是洗煤企业追逐的目标之一。筒式磁选机在山西临汾某洗煤厂在给入矿浆质量浓度 220kg/m³ 时，一次磁选回收率可达到 99.9%。

非金属矿去除的铁磁性杂质具有磁性弱、含量低、去除难的特点，因此所用的磁选装备必须保证磁性物的回收率。在给入矿浆铁含量为 0.18% 时，经过一次分选，获得硅砂精料含铁量低于 0.05%，除铁效果明显。

有色金属除铁应用，在云南某锡石多金属硫化矿除铁应用中，使最终精矿含铁量稳定在 1% 以下，实现锡石矿中铁的有效脱除[27]。

6.2.7 外磁内流式筒式磁选机

为解决筒式磁选机用于粗颗粒（-20mm）磁性矿石湿式分选存在的难题，提高磁性矿回收率。在苏联哥拉尼柯发明的管式磁选机[28]基础上，国内开展了大量研究，研制成功了外磁内流式湿式筒式磁选机[29,30]。该类磁选机以其分选带长、卸矿间隙大的优点，应用在黑色金属矿尾矿再选、黑色金属矿磨前湿式预选、强弱磁混合矿石强磁前的清渣等作业流程，外磁内流式磁选机卸矿采用自重卸矿，卸矿间隙大，所以不存在粗颗粒堆积挤压分选筒的现象；磁系分选区长度明显长于筒式磁选机的分选长度，磁性矿物的捕收概率高，可有效提高磁性产品的回收率。

6.2.7.1 工作原理

外磁内流式磁选机工作时，物料通过给矿器给入旋转筒内，磁性物受到磁力和重力的联合作用，紧贴分选滚筒的内壁随筒一起旋转，当被吸附的物料转至顶部无磁区时，在磁性物自身重力和冲洗水的作用下，卸落至磁性物收集溜槽内，流入接矿斗中。非磁性物则沿筒壁直接进入非磁性物接矿斗中，实现了磁性物与非磁性物的分离[31]，如图6-20 所示。

6.2.7.2 基本结构及特性

外磁内流式磁选机其主体结构包括给矿箱、磁系装置、分选筒、支撑轴承等，如图6-21所示。

外磁内流式磁选机为开放式磁路，分选空间呈内敛分布状态。磁选工作区包角 160°~210°，分选筒内表面磁感应强度 0.18~0.75T，卸矿区排料间隙大，粗粒级矿物易通过，不存在粗颗粒堵塞和刮破分选筒的现象，此外，根据不同分选矿物比磁化系数及粒度特点，磁路结构可设计为轴向交变磁路或径向交变磁路。同时根据分选状态的不同，将磁系周向进行分区设计，每个区磁场力强弱不同。

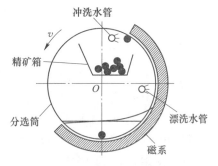

图 6-20　外磁内流筒式磁选机工作原理

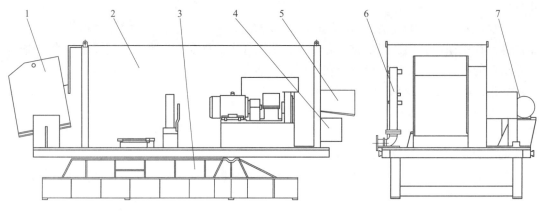

图 6-21　外磁内流式磁选机结构示意图
1—给矿箱；2—水管组件；3—分选筒及磁系；4—底座；5—尾矿箱；6—精矿箱；7—传动系统

外磁内流式筒式磁选机采用端部给矿，为保证入选物料的充分分散，将给矿箱设计成均等的给矿口，同时为防止入选颗粒粗导致给料箱和排料箱内部磨损快缩短使用寿命，设计了不同类型的耐磨措施，北京矿冶科技集团研制了磁性衬板自吸沉积耐磨技术，给矿装置底部设置磁性衬板和溢流板，磁性衬板上方自然吸附一层磁性矿石保护层，减小粗颗粒矿石在重力和矿浆流速作用下对给矿箱底板的磨损，同时设备所有过流面均采用耐磨陶瓷片保护。在分选筒轴向分选带上设置多通道给矿出口，出矿口采用二次溢流布矿，保证矿浆在整个给矿带上的均匀布矿，利于实现高精度分选。

6.2.7.3　工业应用

外磁内流式筒式磁选机已成功应用于钒钛磁铁矿选厂的预选[32]，我国钒钛磁铁矿资源主要集中在攀西地区，四川某公司是四川攀西地区主要的钒钛磁铁矿基地之一，经过多年的强化开采，矿物嵌布粒度较细的低品位矿以及低品位表外矿被陆续开发，为了更好地控制选矿成本，入磨前的预选抛尾至关重要。目前，该公司选厂的选铁和选钛主体流程分别为湿式预选抛尾-阶段磨矿、阶段磁选流程和弱磁选-高梯度强磁选-浮选流程[33]。

外磁内流式筒式磁选机安装在入磨前的粗颗粒矿石预选工段，代替原有两台 BKY1230筒式粗、扫选磁选机，破碎后-10mm 产品经过外磁内流式筒式磁选机一次选别后，选别精矿给入精矿筛，选别尾矿入尾矿筛，筛上物可直接抛尾，工艺流程简单。

6.2.8 永磁湿式旋转磁场磁选机

永磁湿式旋转磁场磁选机可用于焙烧矿、钒钛磁铁矿、磁铁矿精选作业，磁场强度约180mT，处理量可达到15t/(m·h)，主要目的是通过剔除精矿中的脉石矿物，从而提高最终精矿铁品位[34]。2017年由北京矿冶科技集团研制的大筒径永磁湿式旋转磁场磁选机在四川攀枝花地区的钒钛磁铁矿精选作业完成工业试验并进行了规模化工业应用[35]。

6.2.8.1 工作原理

永磁湿式旋转磁场磁选机的磁系为360°包角结构，磁系与筒体异步旋转，当矿浆送到磁筒下方时，磁场将磁性矿物吸出并附着在筒体表面，磁性颗粒在高速旋转的动态磁场中受交变磁场作用发生磁翻滚产生剧烈的磁搅拌作用，夹杂在其间的非磁性矿粒和贫连生体不断被暴露出来，经冲洗水的作用，随矿浆进入尾矿箱体；磁性颗粒随磁筒转动至卸矿区，在组合式卸矿装置作用下脱离磁筒进入精矿箱中，从而实现分选，如图6-22所示。

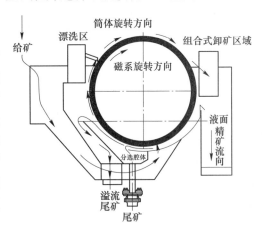

图6-22 旋转磁场磁选机分选示意图

6.2.8.2 基本结构及特性

永磁湿式旋转磁场磁选机主要由磁筒、给矿装置、矿浆分散装置、漂洗水箱、漂洗水管、复合材料筒体、上箱体、组合式卸矿装置和驱动装置等部件组成，其中磁筒内置可旋转磁系，筒体为非金属材质，防止在磁场中运动产生涡流和磁滞。圆筒和磁系分别传动，可以相同方向不同转速运动，也可以相反的方向运动。由于磁系全圆周排布，精矿排出借助于辅助卸料装置。该机的基本结构如图6-23所示。

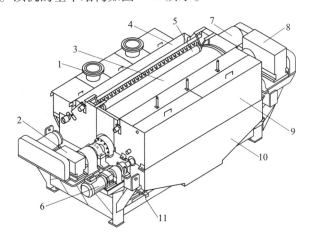

图6-23 永磁湿式旋转磁场磁选机结构图

1—管式给矿装置；2—磁系传动；3—磁筒；4—漂洗水管；5—复合材料筒体；6—卸矿装置传动；
7—磁筒传动；8—减速机；9—组合卸料；10—槽体；11—机架

6.2.8.3　工业应用

四川某公司选铁工艺采用阶段磨矿-阶段选矿工艺，三段弱磁精选后获得最终精矿，采用永磁湿式旋转磁场磁选机后，仅需在三段精选增加一段精选，无需改变原有流程，即可获得合格精矿。

2017 年至今，永磁湿式旋转磁场磁选机在该选厂使用期间，在处理量不低于 45t/h 的条件下，实现了难选矿精矿品位提升幅度超过 1.8%，TFe 回收率不低于 94%，铁精矿质量由不合格产品变为合格产品，另一方面钛铁矿在尾矿中富集，返到选钛流程提高了钛的回收率[35]。

6.2.9　永磁立盘式磁选机

永磁立盘式磁选机（简称盘式磁选机）主要用于回收尾矿中的强磁性矿物。20 世纪 60 年代，瑞典萨拉（SALA）公司最早研制出只有 1 个工作磁盘的盘式磁选机，20 世纪 80 年代俄罗斯研制出多工作磁盘的设备，20 世纪 90 年代我国研制出首台盘式磁选机。盘式磁选机依其分选空间大、回收率高的优势，在国内得到了发展与工业应用，特别是在黑色金属矿山、多金属矿山中的尾矿磁性铁回收工艺流程中。近年来，在环保方面配合磁絮凝污水处理工艺也得到了应用。

6.2.9.1　工作原理

盘式磁选机磁盘装在槽体中，矿浆从槽体的一端流入，并通过磁盘与磁盘的缝隙，矿浆中磁性矿物被吸附在磁盘表面，盘式磁选机的磁盘转动，吸附在磁盘表面磁性矿物被带出矿浆液面，当进入卸矿区时，由卸矿装置将磁盘表面吸附的磁性矿物抛入精矿槽中，非磁性矿物随着矿浆从槽体另一端流出。

6.2.9.2　基本结构及特性

盘式磁选机主要由磁盘组、卸料装置、传动装置、槽体等结构组成（图 6-24）。盘式磁选机优先需要保证的是精矿回收率，故在磁系设计上一般采用沿磁盘径向设计"NS"极交替的单盘面自闭合式开放式磁路，磁性颗粒团聚后基本无翻转，精矿品位低，但回收

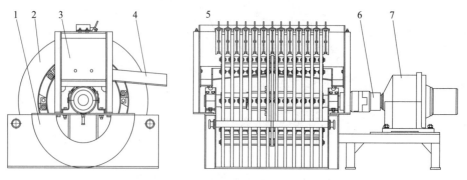

图 6-24　盘式磁选机结构外形图

1—槽体；2—磁盘组；3—副机架；4—导料槽；5—卸料装置；6—联轴器；7—电机减速机

率较高。另外，盘间距受磁系影响，间距太小，则相邻盘磁系相互干涉，破坏磁路，且处理量低；间距过大，则相邻盘间存在较大的磁场空区，降低工作效率。故铁氧体磁性材料的盘式设备盘间距约为单个分选盘的 1.2~1.5 倍，以钕铁硼为磁源材料的中强磁场盘式设备盘间距则可设计更大。

实现精矿彻底、快速卸料一直是盘式磁选机的大难题。盘式磁选机沿盘面设计成 360° 全磁系，无弱磁场或零磁场区，卸料装置多采用刮板强制卸料，刮板磨损相当严重，盘面一直吸附并携带着超过 3mm 厚的致密精矿层，占据了最佳有效回收区，极大降低了回收效果与效率。为解决卸料难题提出了高压水卸料、感应盘卸料等改进方式，近几年，为彻底解决卸料难题，提出了类似筒式磁选机扇形磁系设计理念，并研发出了相应的设备，解决了卸料难题。

6.2.9.3 工业应用

盘式磁选机多用于尾矿回收磁性铁作业，在陕西某含铁有色金属选厂中工业应用表明，在平均给矿 TFe 品位 8.62%（mFe 品位 1.25%）时，一次开路分选可获得产率 6.56%、TFe 品位为 21.16% 的粗精矿，且尾矿中 mFe 品位低于 0.5%，作业段 mFe 回收率超过 70%。该部分粗精矿返回原流程再磨再选，按选厂平均回收率计算每年可回收约 10kt 铁精粉，最终铁精粉产率可增加 2.5% 以上[36]。

6.2.10 磁力弧

自 20 世纪 90 年代之后，半自磨机得到了快速发展，设备规格不断大型化。采用半自磨机替代中细碎、筛分、矿石转运环节等作业，在有色、黑色、非金属矿山以及炉渣选矿厂得到广泛应用，尤其是在半自磨机+球磨机+破碎机（SABC）组成的矿石磨矿回路流程系统，以其工艺稳定、磨矿效率高，能耗低，适用范围广，已经逐步成为矿山建设优先选择的工艺流程，该工艺中除铁（碎钢球）效果直接影响到顽石破碎机的安全可靠运转。传统工艺流程中除铁方法是在顽石破碎机的给料皮带上方使用悬挂式电磁除铁器，这种除铁器由于磁力较小，压在料层下边的碎钢球不能被完全清除，从而导致整个工艺流程作业率低。为了解决上述问题，美国艺利（ERIEZ）公司和北京矿冶科技集团分别发明了针对球磨机和半自磨除铁作业的磁力弧产品[37,38]。

6.2.10.1 基本结构及工作原理

磁力弧主要由提升筒、磁系、接铁槽及底座组成，整体结构如图 6-25 所示。提升筒由不锈钢制成。提升筒一端通过螺栓联接安装在磨机出料衬套上，随磨机一起转动，另一端配有出料喇叭口以方便排料。磁系部分主要由高性能磁性材料组成，磁系安装在底座上并以近 198° 大包角包围提升筒，从而在提升筒内形成强弱有序的弧形磁场。当磨机排料时，矿浆中的碎钢球等铁磁性物质被捕获并吸附到筒体内表面上，随提升筒转动、提升，当碎钢球到达提升筒顶部无磁场区域时，在惯性和重力作用下，落入漏斗形接铁槽中排出，实现物料与碎钢球的分离[39]。

6.2.10.2 关键技术研究

磨机特别是大型磨机排矿通过量大，排出矿浆中碎钢球数量多、体积大，而且多为球形体，因此配套使用的磁力弧在进行设计时需要考虑磁场作用区域的磁场强度和磁场深度的匹配关系，矿浆过流面的耐磨性，磁系的防护，同时还要考虑整体的稳定性等问题。

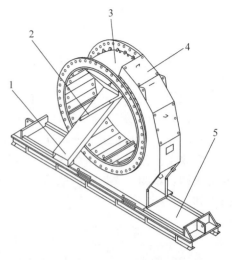

图 6-25　磁力弧结构示意图
1—排铁溜槽；2—冲洗水管；3—提升筒；
4—磁系；5—底座

　　针对磨机排矿特点，对应磁力弧磁系需要磁场深度大、磁场强度高、捕收区域长。矿浆通过区域的磁场深度大是为了吸附矿浆中上层的碎钢球，保证距离磁极表面较远处就能受到较大的磁力作用，磁场强度高是为了克服高速流动的矿浆对吸附钢球冲击，避免重新冲入矿浆中，捕收距离长是为增加碎钢球的吸附概率，以保证碎钢球在捕收区内能被充分回收。同时考虑到碎钢球虽然磁性较强，但由于形状多样，不宜采用极性交替的磁系结构，以避免"磁翻动"，重新掉入矿浆中[40]。

　　磨机排出矿浆量大、流速快、粗颗粒含量高，因此对矿浆过流面的材质即磁力弧提升筒的内表面耐磨性、耐冲击性要求高，至少保证提升筒体的使用寿命不能低于磨机衬板的使用寿命。为实现上述目的，磁力弧的提升筒设计成筒体和耐磨层两部分，筒体采用不锈钢板制造，筒体内表面衬耐磨衬板或橡胶等耐磨材料，增强提升筒的耐磨性，并保证耐磨层不导磁，同时内表面采用特殊设计，保证吸附的碎钢球顺利卸落。

6.2.10.3　工业应用

　　磁力弧安装在磨机出料端，在第一时间有效去除磨矿回路中产生的碎钢球，经实践考察表明在磨机正常工作条件下，磁力弧除铁效率达到95%以上，配合顽石破碎机给料皮带上方的悬挂式电磁除铁器作业，有效防止了顽石破碎机产生"过铁"现象；同时，由于使用了磁力弧，还大大减少了较细粒碎钢球进入矿浆池，避免对砂浆泵、旋流器及连接管路的磨损。

　　大型的磨机特别是大型的半自磨机排矿基本采用直线筛进行分级，磁力弧直接安装在半自磨机的出料端，碎钢球通过溜槽直接排出。

　　在我国，磁力弧的第一次工业应用是在中国黄金集团内蒙古矿业公司。该公司自2008年带矿投产至今，磁力弧运行平稳、可靠，有效控制了半自磨机排矿中的碎钢球量，避免了顽石破碎机的"过铁"损坏。

　　磁力弧除铁技术在中国黄金集团内蒙古矿业公司的成功应用，在一定程度上推动了SABC工艺的发展。2009年江西铜业集团大山选矿厂开始进行90kt/d技术改造工程，其中老系统67.50kt/d，增加一个22.5kt/d的新系统。新增加的系统磨矿流程采用单系统SABC流程，并采用磁力弧作为磨矿回路中的主要除铁设备，同时借鉴已有工程实践，更改磨矿除铁系统。

6.3 电磁类磁选装备

工业化磁选装备的磁源最初类型为电磁类磁源，电磁类磁选装备按磁场类型可以分为开放磁场和闭合磁场，其中开放磁场磁选装备包括电磁带式磁选机、电磁筒式磁选机等；闭合磁场的应用，主要是在闭合磁场中增加介质产生高梯度磁场，根据介质的不同可分为辊式、齿板式、棒式等高梯度磁选装备。随着永磁磁性材料的发展，电磁类开放磁场磁选装备已经被永磁类装备取代，而电磁类高梯度磁选装备以其分选空间大、磁场力高、磁场强度可控等优点，依然在弱磁性矿物分选中占据重要位置。在本章将对目前在工业中规模化应用的，具有代表性的几类电磁类磁选装备进行叙述。

6.3.1 电磁立环式磁选机

电磁立环式磁选机广泛应用于以赤铁矿、钛铁矿为代表的黑色金属矿分选作业中，同时应用于以长石、石英砂为代表的非金属除铁提纯作业中，是目前电磁类磁选装备中应用最为广泛的一类。20 世纪 80 年代末，我国科技工作者在捷克立环高梯度磁选机（VMS）的基础上研制出连续工作的电磁立环式高梯度磁选机，应用铁铠螺线管作为磁源，高压水对磁介质连续清洗，增加矿浆脉动减少介质夹杂，特别是矿浆脉动提高了精矿品位，满足了工业应用的要求[41]。赣州有色冶金研究所在 SLon 脉动高梯度磁选机的大型化、节能化已经应用领域扩展等方面进行了大量的研究工作[42~46]。

广东资源综合利用研究所（原广州有色金属研究院）根据分选过程原理，在单脉动电磁立环高梯度磁选机的基础上，升级为双脉动[47]，同时根据磁力方向的不同研制了水平磁场电磁高梯度磁选机。

6.3.1.1 工作原理

电磁立环高梯度磁选机采用激磁线圈作为磁源，通以直流电，在分选区产生感应磁场，位于分选区的棒介质表面产生非均匀磁场即高梯度磁场。转环旋转，将棒介质不断送入和运出分选区。矿浆从给矿斗给入，沿上铁轭缝隙流经转环，矿浆中磁性颗粒吸附在磁介质表面，被转环带至顶部无磁场区，被冲洗水冲入精矿斗；非磁性颗粒在重力、脉动流体力的作用下穿过棒介质堆，沿下铁轭缝隙流入尾矿斗排走。电磁立环高梯度磁选机采用立式旋转方式，对于每一组磁介质而言，冲洗磁性精矿的方向与给矿方向相反，粗颗粒不必穿过磁介质堆便可冲洗出来，脉动机构驱动矿浆产生脉动，可使分选区内矿粒保持松散状态，使磁性矿粒更容易被磁介质捕获，使非磁性矿粒尽快穿过磁介质堆进入尾矿中，反冲精矿和矿浆脉动可防止介质堵塞，脉动分选可提高磁性精矿的质量。

6.3.1.2 基本结构及特性

电磁立环高梯度磁选机主要由激磁线圈、转环、磁系、接矿斗、给水给矿装置和机架脉动机构组成，其结构如图 6-26 所示。

电磁立环磁选机的核心在于磁系，不同设备供应商提供的线圈材质、冷却方式不同，总体而言，电磁磁系需要减少漏磁、降低电阻使其具有良好的激磁性能。以 SLon 立环磁选机为例，该设备磁系采用空心铜管绕制，水内冷散热，冷却水直接贴着铜管内壁流动，同时冷却水的流速较高，微细泥沙不易沉淀，可保证激磁线圈长期稳定工作。

6.3.1.3　工业应用

电磁立环高梯度磁选机具有富集比大、回收率高、分选粒度宽、性能稳定和便于操作维护等特点，广泛应用于国内外各大金属矿山及非金属矿山。

东鞍山烧结厂一选厂车间年处理 4300kt 贫赤铁矿，原采用两段连续磨矿单一正浮选流程。由于该矿石矿物结晶粒度细、氧化程度深、矿物组成复杂，精矿品位一直徘徊在 60% 左右，经过技改将工艺流程调整为两段连续磨矿-粗细分选-中矿再磨-重选、磁选、阴离子反浮选工艺改造，反浮选前的抛尾脱泥设备选用电磁立环式磁选机。新工艺改造投产后，在保持回收率不降低的前提下，铁精矿由 60% 提高到 64.5% 以上。电磁立环磁选机大幅降低强磁作业尾矿品位为全流程取得较高回收率提供了保证，用于粗、细粒抛尾作业，其尾矿品位均达到 12.5% 左右[48]。

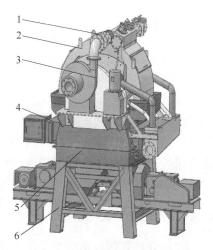

图 6-26　双脉动电磁立环高梯度
磁选机结构示意图
1—气水联合卸矿器；2—转环；3—传动部件；
4—激磁线圈；5—磁系；6—机架

6.3.2　电磁平环式强磁选机

电磁平环式强磁选机是湿式强磁选机重要的一类，该类型磁选机在 20 世纪 80 年代发展迅速，出现了以琼斯型（Jones）强磁选机为代表的一系列设备。该类型磁选机合理的磁路设计和齿板介质提供了较高的磁感应强度、磁场梯度、足够的分选时间和矿物捕收表面，为经济有效分选比磁化系数为 $(20 \sim 600) \times 10^{-8} \mathrm{m}^3/\mathrm{kg}$ 的细粒弱磁性矿物提供了技术支撑。

6.3.2.1　工作原理

在电磁平环式强磁选机进行工作时，矿浆自给矿点给入分选箱，随即进入磁场内，非磁性颗粒随着矿浆流通过齿板的间隙流入下部的产品接矿槽中，成为尾矿。磁性颗粒在磁力作用下被吸引在齿板上，并随着分选室一起转动，当转到离给矿点 60° 位置时受到 0.2 ～ 0.5MPa 压力水的清洗，磁性矿物中夹杂的非磁性矿物及连生体作为中性产品排入接矿槽中。当分选室转到 120° 位置时，即处于磁场中性区，介质间的感应磁场消失，用 0.4 ～ 0.5MPa 压力水将吸附在齿板上的磁性颗粒冲下，成为精矿，至此完成一个选别过程。

6.3.2.2　基本机构及特性

电磁平环式强磁选机类型很多，其结构如图 6-27 所示，由北京矿冶科技集团研制的 DCH-10 磁选机[49]为单环结构，整体包括电机减速机等传动部分、机架、线圈磁体、接矿槽、分选环、磁轭等部分。其中机架部分为门框结构，线圈磁体外部有密封保护壳，采用水冷，环体装配在垂直中心轴，环体内部设置多个分选室，内装不锈钢导磁材料制成的齿

板，分选间隙的最大磁场强度可到达 640 ~
1600kA/m。结构如图 6-27 所示。

DCH 型强磁选机采用了低电压、大电流、水
外冷激磁线圈，水冷线圈冷却效果好，温升可由
冷却水量控制在较低水平，电流密度可提高到2~
10A/mm² 以上，可缩短磁路，减少漏磁且方便可
靠。DCH 型强磁选机是单分选环磁选机，分选环
在进出磁场时容易产生点动现象，通过对分选室
数量、隔板厚度与磁包角之间的最佳匹配，使得
分选环的每一瞬间都有且有一个隔板进入或者脱
离磁场区域，也就是说，对于两个极头的四个进
出点，隔板的进入或者脱离是相互衔接的，即不
迭加、也不间断。

6.3.2.3　工业应用

电磁平环磁选机主要用于非金属弱磁性矿物
的分选或者用于弱磁性铁矿的分选。黑龙江某非
金属选厂主要由石榴硅线石、片麻岩组成，硅线
石具有一组较发育的解理和裂纹，与石榴石、长
石、石英等矿物密切相关，由于铁质污染，部分
硅线石含铁 0.38% ~ 0.83%，无法用机械选矿方法使其分离，这将使硅线石精矿含铁。经

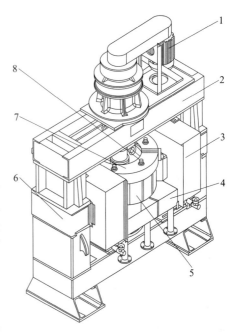

图 6-27　电磁平环磁选机结构图
1—电机减速机；2—机架；3—线圈磁体；
4—接矿槽；5—分选环；6—磁轭；
7—卸矿水入口；8—给矿入口

一次湿式强磁选即能抛除产率 10.24%、SAl_2O_3 品位 4.98% 的最终尾矿，SAl_2O_3 作业回收
率为 93.50%，入浮选的 SAl_2O_3 品位提高 14.10%；Fe_2O_3 品位降至 3.51%。降低了 Fe_2O_3
对浮选过程的干扰，改善了浮选工艺状况[50]。

6.3.3　电磁感应辊式强磁场磁选机

电磁感应辊式强磁场磁选机是利用辊在磁场中产生感应磁场的一种强磁选装备，具有
磁场强度高、磁场梯度大的特点，主要用于弱磁性矿物的干式分选。与棒介质、齿板介质
不同，感应辊既起到提高磁场的作用，同时自身旋转作为分选部件存在[51~54]。

电磁感应辊式强磁选机研制之初主要为弱磁性矿石的分选作业，例如苏联国立有用矿
物机械处理科学研究设计院和金属矿科学研究所设计了上给矿辊式磁选机，用于干选粒度
在 3mm 以上的弱磁性矿石。随着多层介质感应磁场强磁场磁选机的出现，电磁感应辊式
强磁场磁选机的应用范围逐步转移至非金属除铁作业领域。

6.3.3.1　工作原理

电磁感应辊式强磁选机类型繁多，以北京矿冶科技集团研制的 GCG 型电磁感应辊式
强磁场磁选机[55]为例，介绍该类设备的工作原理，在磁选机工作时，将直流电给入线圈
时，在磁轭和感应辊组成的磁回路中产生磁通，在磁轭与感应辊之间的工作间隙处产生很
高的磁场。开启给料斗上的给矿旋钮，物料开始均匀地给入工作间隙，弱磁性物料被感应

辊吸附并随感应辊一起运动，当被带至感应辊下部时，在重力作用下落入接矿槽排出；非磁性物料由于不受磁场力的作用，沿抛物线方向落入接矿槽，并进入下感应辊进行二次分选，从而获得更纯的非磁性矿物，分选过程如图6-28所示。

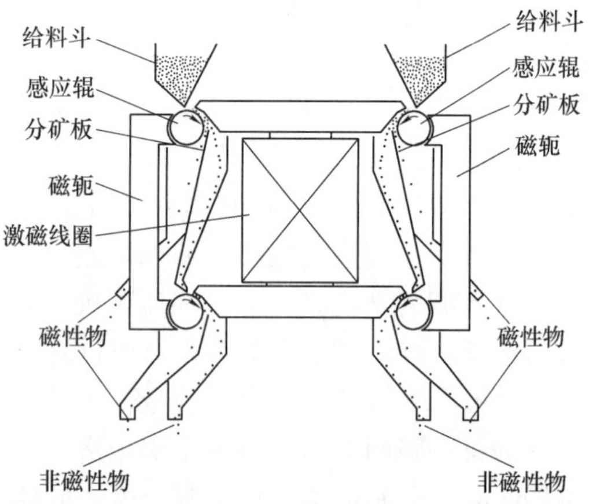

　　磁性矿物与非磁性矿物的产率比例可根据分矿板位置来进行调节，由于具有两个完全相同的分选通道，并且这两个通道之间可以独立运行，互不干涉，可以同时分选两种不同的矿物。

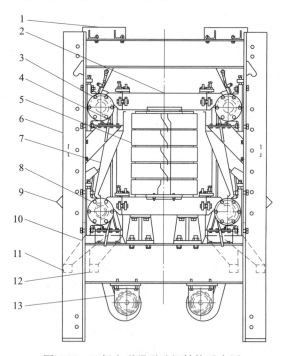

图6-28　四辊电磁强磁选机的工作原理

6.3.3.2　基本结构及特性

　　电磁感应辊式强磁场磁选机由给料斗、磁轭、感应辊、激磁线圈、机架、上接矿槽、下接矿槽、电机减速机、电控柜等部件组成，共有两个分选通道，每个通道上布置两个感应辊，可以连续完成两次分选，该机的基本结构如图6-29所示。

图6-29　四辊电磁强磁选机结构示意图

1—给料斗；2—磁轭；3—上感应辊；4—分矿板；5—激磁线圈；6—机架；7—上接矿槽；8—下感应辊；
9—上磁性物出口；10—下接矿槽；11—下磁性物出口；12—非磁性物出口；13—电机减速机

　　电磁感应辊式强磁场磁选机的核心是磁路部分，GCG型强磁选机的磁路采用"日"字形磁路，磁路结构如图6-30所示，整个磁路采用铠装结构，激磁线圈设在中心的磁轭上，感应辊分布在磁路的四周。采用该磁路形式磁能利用率高、漏磁少。

感应辊是电磁感应辊型强磁选机的关键部件，感应辊多采用齿状结构，工作时，在磁场中齿尖处产生很高的磁场强度和磁场梯度，弱磁性矿经过时受到很大的磁场力作用被吸附在辊体表面或迫使其运动轨迹发生偏离，从而实现与非磁性矿矿物的分离。但是，在齿状结构感应辊表面，仅齿尖处磁场高，可达 2000mT 以上，但在齿根处磁场强度要低得多，仅有约 800mT，而工作时大多数物料首先从凹槽中通过，处于底部的弱磁性物受磁场力较小，且距离磁场齿尖处较远，难以被磁场捕获，从而对分选效果造成了一定的影响。

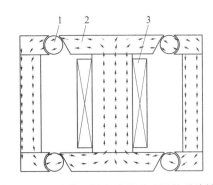

图 6-30　双通道四辊电磁强磁选机的磁路结构
1—感应辊；2—磁路；3—线圈

6.3.3.3　工业应用

高纯石英砂中主要矿物是石英，另外还常含有一些其他杂质矿物，其中含铁元素的杂质矿物镶嵌于石英颗粒中或附于石英表面。这些含铁杂质的存在大大降低了石英砂的使用价值，影响产品的质量，例如在玻璃生产中，含铁杂质对玻璃的生产和质量都会产生较大的危害，特别是对玻璃熔制过程中的热力学性质和玻璃成品的透光性。因此在生产过程中提高石英砂的品位降低铁元素的含量就显得非常重要。在现实生产中先把原料进行水洗脱泥，再采用机械擦洗、磁选、浮选、超声波清洗、酸浸等工艺来除去石英砂中的铁元素，提高石英砂的使用价值。

磁选的目的是除去原料中的磁性矿物，如褐铁矿、钛铁矿、黄铁矿和石榴子石等，也可除去带有磁性矿物包裹体的颗粒。浮选的主要目的是除去石英砂中伴生的非磁性矿物，如云母、长石等。酸洗是为了去除原料中的铝、铁等微量易溶杂质。

石英砂除铁一般有两段磁选，其中第一段磁选一般选用永磁强磁选机，磁场强度在 800mT 左右，目的是除去物料中的强磁性矿物，以避免影响下一步作业；第二段磁选为电磁感应辊型强磁选机，主要用于除去含量极少的弱磁性杂质，强磁选设备对产品的质量等级起着决定性的作用。

江苏某公司使用 GCG 型电磁感应辊强磁选机用于高纯石英砂的除铁作业，对经过处理后的石英砂进行干式强磁选，用电磁感应辊式强磁选机两次分选可获得 Fe_2O_3 含量小于 0.0001% 的超纯石英砂[56]。

6.3.4　磁选柱

磁选柱是一种磁力与重力相结合的弱磁场磁选装备，能有效解决常规磁选机的"磁性夹杂"和"非磁性夹杂"问题。磁选柱利用磁团聚的同时施加外力破坏磁团聚，能有效解决单体有用矿物与贫连生体的分离问题，使得物料可在分选筒内被多次精选，中贫连生体和单体脉石可被有效地分选出来，提高精矿品位；同时磁团聚对细粒磁性矿物也有一定捕集作用，有利于提高磁性矿物回收率。主要应用于磁选矿厂最后一段精选作业，提质降杂[57]。

6.3.4.1　工作原理

磁选柱由上至下设多组线圈，借助直流供电系统对线圈由上至下循环激磁，形成时有时无，使铁磁性矿物反复进行团聚-分散过程；其下部进水口采用自下而上切向供水，水流在柱体内旋转，利用水流的剪切力和上升力不断冲洗被选物料，其中夹杂的连生体和单体脉石被上升水流带到溢流槽排出，形成磁选柱尾矿，而强磁性矿物磁团在由上至下循环磁场力和重力的作用下向下运动，在磁选柱底部聚集并由排矿口排出得到高品位铁精矿。从而达到强磁性矿物与非磁性矿物的分离的目的[58,59]，如图 6-31 所示。

6.3.4.2　基本结构及特性

磁选柱主要包括给矿管、溢流槽、分选柱、电磁磁系、底箱、给水管等组成，磁选柱结构如图 6-32 所示。

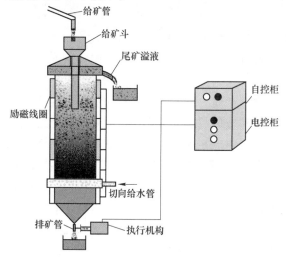

图 6-31　磁选柱工作原理示意图

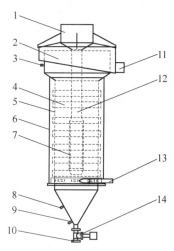

图 6-32　磁选柱结构示意图

1—给矿斗；2—溢流槽；3—压力传感器（上）；
4—线圈；5—内柱体；6—外柱体；7—隔离筒；
8—压力传感器（下）；9—冲洗水管；10—精矿口；
11—溢流口；12—给矿管；13—底水管；14—电动阀

磁选柱中的磁系除设置固定磁场和循环磁场外，增设了补偿磁场，补偿磁场的设计，避免了"磁空洞"区域的出现，为磁选柱的大型化提供了支持。同时磁选柱的磁系是由多组线圈组成的，依次向下，使得磁性颗粒在分选区内经历了"团聚-分散-团聚"的过程。磁性矿物在高磁场区域"团聚"，在低磁场区域"分散"[60]。

磁性颗粒分散重要条件是上升水流的作用，因此给水器设计影响着分选指标。使得上升水在选别区域任何一点水速相同，与其他磁选设备相比，矿粒在选别区域内的运动轨迹更趋于一致，不会破坏矿粒的均匀分散、悬浮。

6.3.4.3　工业应用

磁选柱在山西某铁矿作为最终精矿经提精设备，该铁矿有用矿物主要为磁铁矿，呈不均匀细粒嵌布，嵌布粒度多在 0.01~0.1mm。通过采用磁选柱在给矿品位 61.40% 条件下可以实现精矿品位 65.80%，精矿产率 87.22% 的指标[61,62]。

6.3.5 磁浮选柱

磁浮选柱是我国独创的选矿设备，设备的最初构想来自于孙传尧院士在 20 世纪 90 年代的一次选矿实验，随后北京矿冶科技集团开展了磁、浮复合力场分选的研究，并获得矿冶总院基金、北京市科技创新基金、国家十一五课题的支持，于 2004 年获得磁浮选柱发明专利。

6.3.5.1 工作原理

磁浮选柱集多种分选方法于一体，将传统的磁选和浮选结合起来，在同一台设备形成磁浮力场，在磁铁矿精选过程中，利用矿物的磁性和可浮性的差异，使磁性矿物在脉冲磁场力和重力作用下向下运动，作为最终精矿从底部排出，而对于非磁性的脉石矿物，在捕收剂作用下被气泡带到顶部泡沫层作为尾矿排出，从而实现了磁性矿物与非磁性矿物的高效分离，如图 6-33 所示。磁浮选柱一次分选相当于以前的磁选柱和浮选柱的两磁分选，明显提高了分选效率，缩短了分选流程，降低了生产成本[63]。

6.3.5.2 基本结构及特性

磁浮选柱其主要由柱体、电磁线圈、充气系统、液位控制系统和激磁控制系统组成，如图 6-34 所示。其中电磁线圈分别产生固定磁场和脉冲磁场，在分选区设置交变磁场目的是提高品位，在回收区上部尾矿溢流处设置捕收磁场的目的是加强对细粒磁性矿物的回收，避免磁性矿物的流失，提高回收率。另一方面，由于在柱体上部设置了电磁磁场，矿浆中的磁性物在上升过程中受到磁场向下的作用力，附着在气泡上或被非磁性夹杂的磁性矿物很难被带入泡沫区，起到了抑制磁性矿物的作用。电磁线圈空心化也是需考虑解决的

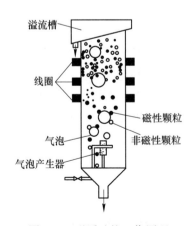

图 6-33 磁浮选柱工作原理

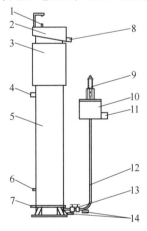

图 6-34 磁浮选柱的基本结构

1—液位探测器；2—泡沫槽；3—电磁线圈；4—给矿口；5—柱体；
6—补加水管；7—给气管；8—冲洗水；9—底阀；10—精矿管；
11—精矿出口；12—接矿槽；13—气缸；14—泡沫出口

重点问题，大直径空心通电线圈，在线圈内部水平面内，中心区磁场强度低，靠近线圈内壁磁场强度高，水平磁场梯度方向由磁场中心发散指向线圈内壁，磁性颗粒沿着磁场梯度的方向向内壁靠拢，使大量磁性矿物聚集在线圈内壁周围。这种聚集作用对于分选十分不利，精矿品位得不到有效提高，还使得有效分选区集中在线圈内壁附近，降低了的处理能力，因此需在柱体内部增设补偿磁场，避免柱体中心的磁空洞现象。

磁浮选柱的控制系统分为磁场控制系统和液位控制系统。磁场控制系统用于控制激磁线圈，产生适合脉冲磁场，磁场强度、脉冲时间及磁场顺序可以进行调节；液位控制系统主要用于控制液位和底部补加水，使液位保持在一定的水平，以便产生合适的溢流。液位控制系统主要由 PLC、排精矿电动阀、补加水电控阀及激光探测器等元器件组成，其原理是通过探测液位的高度来调节排精矿电动阀和补加水电动阀，使液位保持在恒定位置，为分选过程的稳定创造条件[64]。

6.3.5.3　工业应用

磁浮选柱主要用于细粒难选磁性矿物的提精作业，2012 年在河北某矿山开展了工业试验，该矿属鞍山式沉积变质贫磁铁矿，主要金属矿物为磁铁矿，其次为赤铁矿和假象赤铁矿，偶尔有黄铁矿和磁黄铁矿；脉石矿物主要为石英和铁闪石，其次为镁铁闪石、透闪石和阳起石。矿物构造以条带状为主，磁铁矿结晶粒度粗细不均，结晶粒度在 0.08 ~ 0.25mm 的矿石占总量的 30% 左右，0.08mm 以下的占 70% 左右，粒度在 0.038mm 以下时，单体解离度才能达到 95% 以上，绝大多数矿石属难磨难选矿石。

该选厂采用常规精选设备分选，精矿 Fe 品位在 63% ~ 65% 之间，其中 SiO_2 含量在 7% 以上。采用磁浮选柱进行了工业试验，在平均给矿品位 65.63%，磨矿细粒 -0.045mm 占 90%，给矿浓度 30% 条件下可以得到平均精矿品位 67.85%，平均尾矿品位 33.8%，精矿回收率 >96% 的指标。

6.4　超导类磁选装备

超导类磁选装备与常规磁选机的重要区别是以超导磁体代替普通电磁铁或者螺线管线圈，超导磁选机主要特点是磁场强度高，背景磁场可达到 6T 甚至十几特斯拉，并且能量消耗低，唯一的能耗是系统中保持超导温度所需的能量。超导磁选机在近几十年的发展过程中出现了不同类型，包括超导筒式、往复腔式、螺线管式、四极头式等，其中超导筒式磁选机和往复腔式超导磁选机已经实现了工业应用，其他类型磁选机也开展了实验室试验或者半工业试验。

6.4.1　超导筒式磁选机

在磁选领域，开梯度磁选机例如筒式磁选机以其结构形式的优势，实际工作中操作简单、工作效率高，几乎独占了磁铁矿选矿的分选，但是筒式磁选机受制于磁性材料，只能设计为中、低磁场强度的磁选机。德国洪堡·韦达格公司利用超导技术实现筒式结构与强磁场的结合，研制了目前世界上唯一实际应用的超导筒式磁选机 DESCOS[65]。

6.4.1.1 工作原理

DESCOS 筒式超导磁选机其工作过程与普通干式筒式磁选机类似，工作时，矿石由给料斗给入，均匀地给到磁筒表面磁场区域，弱磁性颗粒与非磁性颗粒受到的磁力不同，在分选筒的转动下，弱磁性颗粒和非磁性颗粒产生不同的运动轨迹，弱磁性颗粒被吸附磁筒上向磁筒方向偏移，最终进入弱磁性矿物接矿斗内；非磁性颗粒在离心力、重力等作用下被抛到非磁性物出口，从而完成物料的分选过程。

6.4.1.2 基本结构

DESCOS 磁选机，由 D 形线圈组成的分选筒、真空泵冷却系统（包括真空管路、真空槽、辐射屏等）、压缩系统三大部分组成。磁系由 5 个梭型线圈沿轴向按极性交替排列而成，磁系包角为 120°，线圈用 Nb-Ti 线绕制，最高场强大于 4.25T。超导线圈放置在液氦容器中由液氦制冷，液氦容器外面有辐射屏和真空层[66]。

外部制冷系统将液氦经输氦管给入磁体容器的底部，挥发的氦气从容器上部排出，循环使用。磁体的液氦输送管、气化氦的返回管、抽真空的真空管路、磁体的电源线和液位表、湿度表的引线都在机器一端的轴承中间穿过。

DESCOS 磁选机的磁系通过管套固定在不导磁的钢架上，管套用法兰连接到圆柱形真空槽的任意一侧。可塑性材料滑动轴承固定在这些管套上。分选筒围绕磁系旋转。分选筒由同步带传动，每分钟转速 2～30r/min，磁系可与真空槽一起转调至对分选最合适的位置。

筒式超导磁选机设备的结构如图 6-35 所示。

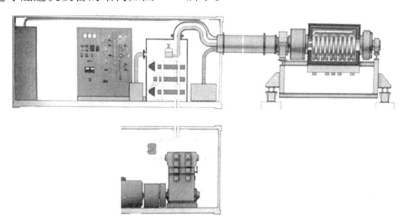

图 6-35 筒式超导磁选机设备示意图

6.4.1.3 工业应用

1988 年初由土耳其伊斯坦布尔某公司订购，用于菱镁矿的干式粗选（图 6-36）。把弱磁性的蛇纹石（与菱镁矿一起采出的围岩）与非磁性的有价组分分离，分选粒度范围 4～100mm，最大处理能力不小于 100t/h。进料品位约为 20%SiO_2 和 4%Fe_2O_3，即仅通过一个阶段分离获得到低于 1.5%SiO_2 和 0.3%Fe_2O_3 的精矿[67]。

6.4.2　往复式超导磁选机

往复式超导磁选机最早在欧洲产生的，是目前应用最广泛的超导类磁选机，20世纪70年代英国瓷土公司和捷克布拉格制冷工程研究所分别研制了往复式超导磁选机[69,70]。

与普通电磁高梯度磁选机相比，往复式超导高梯度磁选机可以产生更高的磁场，并通过双分选腔体交替进入磁场区域，解决了分离的长占空比。

6.4.2.1　工作原理

双腔往复式超导磁选机的分选有两个独立

图 6-36　DESCOS 磁选机使用现场

的分选腔，其中当一个在磁场中进行物料分离时，另一个分选腔在磁场外清洗精矿。然后清洗后的分选腔返回磁场区中，而另一个移到磁场外清洗（图6-37），重复以上步骤。为了能用不大的力将分选腔移入和移出，在腔内设平衡机构，使分选腔保持磁力平衡。在这些条件下，超导磁体可连续在高磁场中运行，因而冷却能耗低，空载时间可减少到几秒钟。在这种情况下，在给矿时间不超过1min 的前提下，即可保持高的利用系数，又可使磁场强度达到5~8T[70]。

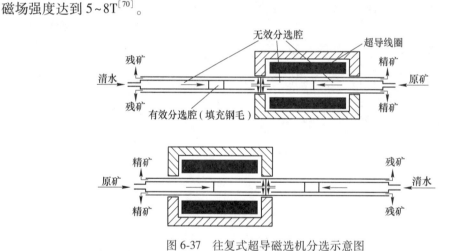

图 6-37　往复式超导磁选机分选示意图

6.4.2.2　基本结构及特性

往复式超导磁选机主要由超导磁体部分、分选系统、电控系统、给料系统等（图6-38）。其中超导磁体部分可分为磁体、磁屏蔽、冷头等。

超导磁选机的核心是超导磁体，一般采用单螺线管的结构，磁体系统包括线圈、低温恒温器、制冷机、电流引线和控制系统组成，冷却方式可分为浸泡式和直接冷却式，其中直接冷却式所需外部辅助部件少，维护相对简单，更适合矿业的应用。

超导磁体有超导开关构成闭环运行，无需供电可保持磁场，制冷机用具有失超安全保护的计算机软件进行监视与调控，随时显示运行状况。所以，现场操作工人可不需要低温工程方面的专业知识，只要按钮开机，约 24h 达到超导磁体工作温度，经励磁、闭环后可进行选矿操作，使用上简单易行[71]。

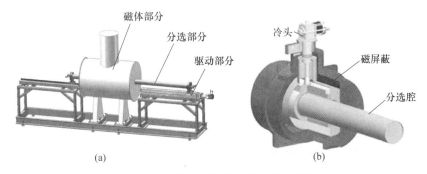

图 6-38　往复式超导磁选机结构示意图

(a) 基本结构；(b) 超导磁体

6.4.2.3　工业应用

世界上两大超导磁选机生产商 Outotec 和 Eriez 都在原有的 Cryofilter、Powerflux 两大系列超导磁选机。

Outote 的产品遍及世界各大洲，世界上最大型高岭土公司几乎都使用了它的 Cryofilter 产品。我国山东兖矿集团在广西北海投资了一高岭土项目，成立了兖矿北海高岭土有限公司。北海高岭土属于未彻底风化的花岗岩风化残积型矿床，原矿中含铁量较高，赋存较多的云母以及其他弱磁性的矿物杂质，难以提升产品品质，影响了该矿的开采价值。该公司采用 Cryofilter 超导磁选机，磁场强度高达 5T。生产考查表明，高梯度超导磁选机使铁、钾、白度、黏度等指标均得到了明显改善。

超导磁选机继在高岭土、碳酸钙之后，又用于滑石除去铁染杂质上。Cryofilter 5T/360 工业超导磁选机已在法国 IMERYS 总部投资芬兰 OMYA 滑石处理厂正常运行[72]。

山西某公司对当地低品位铝土矿资源进行综合开发利用浮选脱硅技术提高铝土矿的品位，以满足拜耳法生产氧化铝的原料要求，同时为了解决浮选尾矿再利用的难题，对浮选尾矿进行以超导磁选为核心的多极除铁，以生产铝系高温材料的优质原料，如人工合成焦宝石、合成莫来石等。

6.5　电选装备概述

从历史上来看，电选的发展经历了相当长的一段时期。矿物间电学性质的差别是实现电选分选的基础，而电选机电极产生的高压静电场、电晕电场或复合电场，则是分选的必要条件。

早在 1880 年就有人在静电场中分选谷物：将碾过的小麦吸到辊子上，从而与较重的颗粒分开[73]。1886 年卡尔潘特曾用摩擦带电的皮带来富集含有方铅矿和黄铁矿的干矿砂。1901 美国萨顿（H. M. Sutton）与斯蒂尔（W. L. Steel）将电晕电场与静电场结合，发明了筒式电选机，为当今广泛使用的筒式电选机奠定了基础[74]。

20 世纪 20 年代，泡沫浮选技术的发展减缓了工业对静电分选技术的依赖。但是，第二次世界大战时，钛资源不足又提出了从海滨砂矿中静电选钛和其他有价重矿物，使得高压电选机的制造快速发展，新一代高压电选机问世。

20 世纪 50 年代，摩擦电选机在钾盐工业中得到广泛应用，特别是在德国制盐工业中得到应用。1958 年以后，世界工业发展迅速，对各种海滨砂矿及脉矿中的钛矿物、锆英石、独居石等稀有矿产的需求量增加，因此又激发了电选的发展。

1989 年美国 STI 公司开始致力于工业矿物、面粉、粉煤灰的摩擦电选，于 1995 年成功研制出 STI 带式摩擦电选机应用于工业生产，能连续有效地分选细粒粉煤灰。在最近 20 年内，电选研究的方向是开发出一种分选细粒矿物（−40μm）的电选工艺，新一代电选机（STI 摩擦电选机）可用于选别 5μm 的细颗粒[75]。

北京矿冶科技集团于 1960 年研制成功 φ120mm×1500mm 复合电极双筒电选机。该机运行可靠、操作方便，能满足一般选矿要求。中南矿冶学院于 1971 年联合湖北长石矿共同设计成功了 DX-I-φ320mm×900mm 高压电选机，采用这种电选机处理重选后的钽铌粗精矿，可得到合格精矿。

广州有色金属研究院分别于 1991 年和 1992 年成功研制了 SDX-1500 型筛板式电选机和 HDX-1500 型弧板式电选机，为中国海滨砂矿的精选提供了有效的电选设备[76,77]。

中国矿业大学在国内率先进行了煤粉摩擦电选技术研究，自 1993 年起，中国矿业大学在煤的摩擦电选方面进行了大量研究，承担了多项国家课题研究，并建立了摩擦电选中试研究系统。中国矿业大学发明的摩擦静电分选机可制备出灰分小于 2% 的超低灰精煤，黄铁矿硫脱出率达 50%~85%[78,79]。

1961 年以来长沙矿冶研究院先后研制了 YD-1 型、YD-2 型、YD-3 型和 YD-4 型电选机。1963 年研制出 YD-2 型高压电选机主要用于实验室及半工业试验。20 世纪 70 年代，长沙矿冶研究院成功研制出国内最大的 YD-3 型和 YD-4 型电选机[80~82]。

电选作为一种物理方法，以其环保的特性，应用领域不断发生着变化，逐步从传统的矿业分选向固废资源领域扩展，同时在冶金、电子、陶瓷领域对于细粒级物料的电分级也是重要的一项。电选设备整体在向大型化、高效节能、不断拓展分选粒级方向发展。随着对电选产品的产量和质量要求更高，原有小型电选设备已不能适应要求，提高电选机台时处理能力和分选效率方面的研究日益引起人们的重视，世界各国开展了大量广泛而深入的研究；细粒电选也是研究的重要方向，特别是小于 0.1mm 的细粒物料，目前干式细粒电选机可用于分选粒度−5μm 的物料。

电选装备种类多达几十种，常用的分类方式为：按矿物带电方法可分为传导带电分选机、摩擦电选机、介电分选机和热电粘附分选机；按电场特征分类可分为静电场分选机、电晕电场电选机和复合电场电选机；按设备结构特征可分为筒式电选机、室式电选机、自由落下式电选机、板式电选机、带式电选机、摇床式电选机和旋流式电选机等。人们普遍采用以结构特征为主，并加上其他分类含义相结合，例如筒式高压电选机、自由落下式电选机等，以与其他电选机区别。目前国内外使用的电选机多为鼓筒电选机。在本章节中将重点叙述三种类型的电选装备。

6.6 电选装备

6.6.1 辊筒式电选机

辊筒式电选机是目前国内外应用最普遍的电选机，广泛适用于白钨与锡石分离、海滨砂矿、原生钛铁矿、原生金红石、铁矿等有色、黑色和金刚石等非金属矿的精选，也是粉煤灰电选脱碳，废旧电子线路板、金属冶炼渣、各类切削加工的钢屑等固体废弃物资源综合回收的首选设备。

6.6.1.1 工作原理

辊筒式电选机的分选，是借助物料在导电性能方面的差异，在高压电晕—静电复合电场中，利用电场力为主，辅之以其他力的作用来实现的。其分选过程如图 6-39 所示。

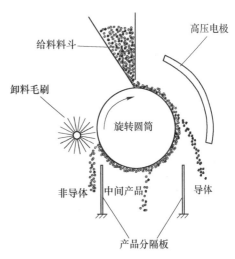

图 6-39 辊筒式电选机分选原理图

在弧形电晕电极上加上高压直流负电后，弧形电晕电极与接地鼓筒电极之间形成离子化电场区。入选物料进入电场区后，均荷上负离子电荷，导电性能良好的物料颗粒在与接地鼓筒接触时，能迅速地将所带电荷经接地鼓筒释放，呈电中性或正电性，受静电引力、自身重力和镜象电荷的斥力，以及离心力的作用，作抛物运动脱离鼓筒，落入导体接料槽中；非导体物料颗粒则因不能释放或非常缓慢地释放其所带电荷，较牢固地吸附于接地鼓筒表面，随鼓筒一同作匀速运动，被滚动毛刷刷入非导体接料槽中；而导电性能介于导体和非导体之间的中间产品颗粒，则落入中间产品接料槽中。如此，物料便按导电性能的差别实现了分离[2]。

6.6.1.2 基本结构及特性

辊筒式电选机设备结构如图 6-40 所示，主要由给料装置、主机、高压直流电源和控制系统四大部分组成，具体结构包括机架、自动给料器、同步分料装置、振动布料器、下料嘴、圆筒电极、复合电极、滚动毛刷和分隔板等部件。

筒式电选机给料装置包括加热仓和给料箱两部分。加热仓为物料提供辅助除去湿气的热能，通过给料装置来调整物料流量。主机中二列六只接地筒垂直配置，结构紧凑，具有较高单机处理能力。具有与接地筒呈近似同心圆的弧形电极，构成较宽的高压电场区，有利于强化入选物料的荷电和分选。高压电极为电晕-静电复合电极，呈弧形分布的电晕极数量、静电极的位置、与接地筒电极的间距，均可根据使用要求进行调节。采用滚动毛刷卸料装置，既有良好卸料效果，又有较长使用寿命。采用全密闭防尘结构，三面开设带观察窗的机门。可借助产品分隔板，调节分离产品数量质量，导引产品走向。分选产品由设于底部的非导体出口、导体出口和中间产品出口排出。

澳大利亚公司 OreKinetics 研制的 Carara 高压辊式电选机，与传统的高压辊式电选机相

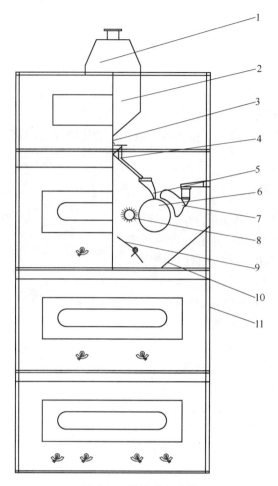

图 6-40　辊筒式电选机

1—给料箱；2—加热仓；3—自动给料器；4—同步分料装置；5—落料控制装置；
6—圆筒电极；7—复合电极；8—滚动毛刷；9—分隔板；10—接矿槽；11—机架

比新增了绝缘板静电电极，该电极可以增加非导体在辊上的固定力，增加导体颗粒电荷的衰退速率，从而产生两种颗粒流的更大分离距离，从而获得更好的分离效果[83]，如图6-41所示。

6.6.1.3　工业应用

攀钢钛业公司选钛厂是中国最大的钛精矿生产厂家，在生产过程中，将进入电选选别的物料进行了分级电选，其分级粒度为 0.1mm，主要电选设备为 YD-3A 高压电晕电选机，在电选作业段，在给矿 TiO_2 为 47% 以上，电选精矿 TiO_2 回收率大约为 80%。

6.6.2　板式静电分选机

板式静电分选机是结合鼓筒式电选机的优缺点，利用溜槽接触传导荷电形式研制的一种新型静电选矿机，具有结构简单、没有运动部件、安全可靠、使用寿命长、操作和维修费用低等优点。

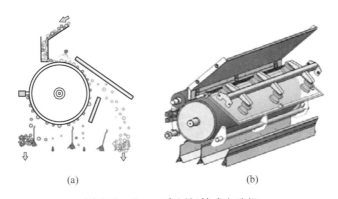

(a)   (b)

图 6-41 Carara 高压辊筒式电选机

（a）新增绝缘板静电电极后分选原理；（b）新增绝缘板静电电极结构示意图

  板式电选机分为筛板式电选机和弧板式电选机。筛板式电选机多用于非导体矿物的精选，如锆石的精选；弧板式电选机用于导体矿物的精选，如金红石的精选。这两种电选机配合鼓筒电选机使用，可以弥补鼓筒电选机的缺点。在鼓筒电选机的导体产品中常常混入粗颗粒非导体，而在非导体产品中混入细颗粒导体。采用筛板式电选机，非导体产品中的细颗粒导体可被筛网筛除，解决了鼓筒电选机非导体产品中含有细颗粒导体的问题。而弧板式电选机则可解决导体产品中含有粗颗粒非导体的问题[84,85]。

6.6.2.1 工作原理

  这两种电选机适用于含有大量非导体的场合，并设计成非导体矿粒被多次分选的形式。非导体矿粒从上而下通过电选机的所有各极。纯净的导体产品逐次地在每一级被排出。利用这种形式，每一级的处理量逐渐减少，选择性逐级增加。

  矿粒通过给矿板进入接地弧板和高压椭圆电极组成的电场作用区域，导体矿粒被电极感应而带电，所带电荷符号与椭圆电极相反，从而吸向椭圆电极，但由于同时受到重力及惯性力的作用，导体矿粒以抛物线轨迹从前方排出。非导体矿粒虽然受到电极的电场作用。但只能极化而不显电性，不会吸向椭圆电极，在弧板式电选机中非导体矿粒同时受到重力及砂流向下流动力的作用，继续向下流动，由分矿板分开，从而达到分离目的。在筛板式电选机中非导体矿粒同时受到矿流向下流动力的作用，继续向下流动，从筛网上掉下成为非导体产品，如图 6-42 所示。

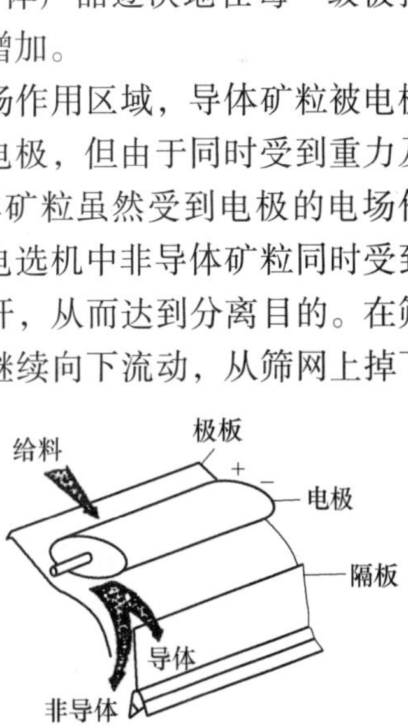

6.6.2.2 基本结构及应用

  弧板式电选机的结构如图 6-43 所示，弧板式电选机实行两路给料，电极结构为两排五层或七层分布，由给料装置、主机、高压直流电源和控制系统四大部分组成，包括弧板电极、自动给矿器、同步分料装置、分隔板、机架、接矿槽和控制系统等部件。

图 6-42 板式磁选机工作原理

  筛板式电选机同样实行两路给料，电极结构有两排五层或八层分布，电极分选长度超过 2m，调整电选机中各层筛网孔径变化以改善分选指标。筛板式电选机由给料装置、主机、高压直流电源和控制系统四大部分组成，包括椭圆电极、给料仓、自动给矿器、同步分料装置、分隔板、机架、接矿槽和控制系统等部件，其结构示意图如图 6-44 所示。

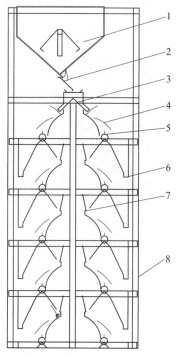 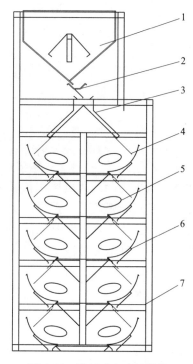

图 6-43　弧板式电选机结构
1—给料仓；2—自动给料器；
3—同步分料装置；4—弧板电极；
5—分矿板；6—分料斗；
7—给矿漏斗；8—机架

图 6-44　筛板式电选机结构
1—给料仓；2—自动给料器；
3—同步分料装置；4—给矿漏斗；
5—椭圆电极；6—筛网；
7—机架

近几十年来钛矿石和其他重砂矿物的电选得到改善。电晕电选机和板式感应电选机配合辊筒式电选机在海滨砂选矿中得到广泛应用。

6.6.3　皮带式摩擦电选机

一般情况下，物料介电常数大于 12 属于导体，用常规电选可作为导体分出；若介电常数小于 12，常规电选难以分离，而采用摩擦电选则可使之分开。摩擦电选的原理是利用两种矿物互相接触、碰撞和摩擦，或使之与某种材料做成的给矿槽摩擦，产生大小不同而符号相反的电荷，然后给入到高压电场中，由于颗粒带电符号不同，产生的运动轨迹也明显不同，从而使两种矿物分开[86]。

6.6.3.1　工作原理

皮带式摩擦电选机工作过程中，分选物料被送入两个平面电极间隙中，颗粒通过接触产生摩擦带电。例如，在粉煤灰的分选过程中，带正电的碳颗粒和带有负电的矿物颗粒分别被相反的电极吸引，并被连续运动的皮带传动到相反的方向，皮带将移动电极附近的颗粒到分选机的一端,如图 6-45 所示。在皮带式摩擦电选机中电场只需将粒子移动约 1cm 的微小距离就能将带正电的颗粒从原颗粒流中分离出来,并且在单一运动皮带上就可以因碳颗粒碰撞连续摩擦带电实现多段分选,实现回收矿物高品位和高回收率[87]。

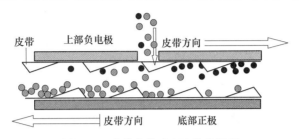

图 6-45 皮带摩擦式电选分选原理

6.6.3.2 基本结构及特性

皮带式摩擦电选机结构如图 6-46 所示,其结构相对简单,主要由给料系统、上下电极、分选皮带等组成。其中皮带和对应的滚筒是唯一运动部件;电极是固定的,由相对可靠材料组成;皮带由塑料材料制作;工业型皮带摩擦电选机电极的长度接近 6m,宽度 1.25m。

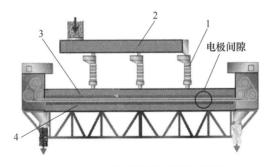

图 6-46 皮带式摩擦电选机结构图
1—进矿口;2—进矿分配器;3—负电极;4—正电极

6.6.3.3 工业应用

与其他可用的静电分选不同,皮带式摩擦电选机分选粒级范围宽,单台设备可以达到 40t/h 的处理能力。

自 1995 年以来,这种摩擦电技术已广泛应用于粉煤灰选矿。可从粉煤灰原料中生产碳含量固定的两种粉煤灰产品,带正电的高碳产品(含 40% 以上碳)主要作为可再生燃料,含碳低于 3% 的带负电的产品用于水泥或混凝土工业中。目前已经在美国、加拿大、英国使用,近些年来在韩国也有安装[88]。

参 考 文 献

[1] 袁致涛,王常任. 磁电选矿 [M]. 北京:冶金工业出版社,2015:1-2.

［2］长沙矿冶研究所电选组．矿物电选［M］．北京：冶金工业出版社，1985：1-2.

［3］Manouchehri H R，Rao K H，Forssberg K S E．Review of electrical separation methods—Part 1：Fundamental aspects［J］．Minerals and Metallurgical Processing，2000，17（1）：23-36.

［4］孙浩行．中国古代的磁应用［J］．学园：教育科研，2011（16）：127.

［5］李国栋．中国古代磁学上的成就［J］．磁性材料及器件，1974（3）：1-10.

［6］R. S. Dean，C. W. Davis：Magnetic Separation of Ores．US Bureau of Mines Bulletin 425，Washington D. C.，1941，417.

［7］孙传尧．选矿工程师手册［M］．北京：冶金工业出版社，2015.

［8］史佩伟．CT-1424永磁磁滚筒研制及应用［J］．矿冶，2008，17（4）：88-90.

［9］郑九龄．磁铁矿石预选在我国的发展［J］．矿冶，1994（1）：42-50.

［10］尚红亮．CT-1627大型永磁磁滚筒的研制及工业应用［J］．有色金属（选矿部分），2012（5）：67-69.

［11］田忠诚．瑞典来华选矿技术座谈会资料综合报道［J］．湖南冶金，1978（4）：26-46.

［12］蔡怀智．苏联筒型干式弱磁场磁选机的研制和应用进展［J］．矿产综合利用，1986（1）：71-79.

［13］王芝伟，胡永会，尚红亮，等．干式筒式磁选机联用技术研究及实践［J］．有色金属（选矿部分），2018（2）：82-86.

［14］В·Б·契热夫斯基，李长根，崔洪山．悬浮状态下小粒物料的干式磁选法的研究［J］．国外金属矿选矿，2006，43（9）：12-14.

［15］纪莹华，王德志，王艳玲，等．悬浮式干选机在柏泉铁矿的工业试验［J］．金属矿山，2012，41（12）：54-56.

［16］宋彦利，周立辉，张锦瑞．柏泉铁矿超贫磁铁矿选矿工艺改进实践［J］．现代矿业，2013，29（3）：104-105.

［17］Arvidson B R，Barnea E．Recent advances in dry highdensity permanent-magnetic separator technology［C］．XIVth International Mineral Processing Congress，Tornto，1985. 10.

［18］汪淑慧．一种新型稀土永磁强磁选机［J］．湿法冶金，1996（1）：27-31.

［19］刘国强．Ansoft工程电磁场有限元分析［M］．北京：电子工业出版社，2005.

［20］庞运娟，李小静，周岳远．CRIMM稀土永磁辊式强磁选机分选原理——分选弱磁性矿物时分离角的计算［C］//全国选矿专业学术年会，2008.

［21］赵瑞敏，董恩海．永磁辊式强磁选机研制及应用［J］．非金属矿，2009，32（1）：64-66.

［22］周岳远，李小静，余兆禄，等．CRIMM稀土永磁辊式强磁选机分选褐铁矿的生产实践［J］．矿冶工程，2002，22（2）：64-66.

［23］冉红想．多筒干式强磁选机的研制及应用［J］．有色金属（选矿部分），2010（3）：42-44.

［24］刘永振．近几年我国磁选装备的研制和应用［J］．有色金属（选矿部分），2011（s1）：24-33.

［25］史佩伟，陈雷，王晓明．CTB1245永磁磁选机工业试验研究［J］．有色金属，2009（4）：41-44.

［26］王晓明，史佩伟，陈雷．永磁筒式磁选机磁系设计及应用［J］．金属矿山，2010（增刊）：682-685，688.

［27］魏红港，史佩伟．逆流型永磁筒式磁选机关键结构的优化设计［J］．矿山机械，2014，42（2）：92-97.

［28］卡尔马津．黑色金属矿石的现代磁选法［M］．中国工业出版社，1965.

［29］曾维龙，柳红旗，陈志强．一种重-磁选矿机：CN203899735U［P］.2014.

［30］尚红亮，史佩伟，刘永振．一种外磁式磁选机的磁系：CN103623920A［P］.2014.

［31］柳衡琪，曾维龙，陈志强．新型磁力预选设备——ZCLA磁选机［J］．矿冶工程，2016，36（1）：49-51.

[32] 于元进，曾尚林，曾维龙．ZCLA 选矿机在毕机沟钒钛磁铁矿尾矿综合回收铁、钛中的应用 [J]．现代矿业，2015，31（3）：47-49.

[33] 尚红亮，史佩伟，李国平，等．新型外磁式磁选机对复合铁矿石的粗粒预选 [J]．金属矿山，2017，46（7）：147-150.

[34] 邱中珏，张振宇，郑九龄．湿式永磁旋转磁场磁选机及提高铁精矿品位的工业试验 [J]．有色金属（冶炼部分），1978（1）：13-21.

[35] 李国平，赵海亮，尚红亮．BGRIMM 新型磁选装备在攀西钒钛磁铁矿中的应用 [J]．有色金属（选矿部分），2017（S1）：88.

[36] 胡永会，王晓明．国内盘式尾矿回收磁选机的现状与发展 [J]．矿山机械，2014，42（2）：5-8.

[37] Norrgran D，Shuttleworth T，Rasmussen G．Updated magnetic separation techniques to improve grinding circuit efficiency [J]．Minerals Engineering，2004，17（11-12）：1287-1291.

[38] 张振权，杨保东，景维和，王晓明．MA-2211 型磁力弧在 SABC 破磨工艺流程中的应用 [J]．有色金属（选矿部分），2011（S1）：122-123.

[39] 王志国，王晓明，李国平．MAS 系列磁力弧的研制及应用 [J]．矿山机械，2012，40（10）：91-93.

[40] 王晓明，刘永振，史佩伟．大型磁力弧的设计与应用 [C]// 中国矿业科技文汇，2014.

[41] 熊大和．SLon-1000 脉动高梯度磁选机的研制 [J]．金属矿山，1988（10）：37-40.

[42] 熊大和．SLon-1500 立环脉动高梯度磁选机的研制 [J]．金属矿山，1990（7）：43-46.

[43] 熊大和，杨庆林，谢金清．SLon-1750 立环脉动高梯度磁选机的研制与应用 [J]．金属矿山，1999（10）：23-26.

[44] 熊大和，张国庆．SLon-2000 磁选机在调军台选矿厂的工业试验与应用 [J]．金属矿山，2003（12）：37-39.

[45] 熊大和．SLon-2500 立环脉动高梯度磁选机的研制与应用 [J]．金属矿山，2010（6）：133-136.

[46] 熊大和．SLon-3000 高梯度磁选机的研制与应用 [J]．金属矿山，2013（12）：100-104.

[47] 汤玉和．SSS-Ⅱ湿式双频脉冲双立环高梯度磁选机的研制 [J]．金属矿山，2004（3）：37-39.

[48] 熊大和．SLon 立环脉动高梯度磁选机分选红矿的研究与应用 [J]．金属矿山，2005（8）：24-29.

[49] 冯桂婷．DCH 型电磁环式强磁选机的研制 [J]．矿冶，1994（3）：48-54.

[50] 冯桂婷．系列高效磁选机提纯蓝晶石族矿物研究 [J]．有色金属（选矿部分），1995（5）：21-29.

[51] 梁殿印，冯桂婷．干式感应辊强磁选机：CN1115691 [P]．1996.

[52] 梁殿印，徐翔．GCG 型干式电磁感应辊强磁选机的研制 [J]．矿冶，1995（4）：46-54.

[53] 杨念钦．CS-2 感应辊式强磁选机在桃江锰矿的应用效果 [J]．中国锰业，1996（3）：23-26.

[54] 刘仲康，汤复华．CS-2 型粗粒湿式电磁感应辊强磁选机的研制及生产使用 [J]．金属矿山，1989（9）：36-42.

[55] 冉红想，魏红港．双通道电磁感应辊强磁选机的研制及应用 [J]．矿山机械，2012，40（10）：87-91.

[56] 冉红想，张振权．GCG 型干式电磁感应辊强磁选机在高纯石英砂生产中的应用 [J]．有色金属（选矿部分），2007（3）：43-46.

[57] 刘秉裕，朱巨建．磁选柱的磁场和分选原理 [J]．矿冶工程，1997（2）：31-34.

[58] 刘秉裕，赵通林，杨蓓德．磁选柱的研制和应用 [J]．金属矿山，1995（7）：33-37.

[59] 陈广振，刘秉裕，周伟，等．磁选柱及其工业应用 [J]．金属矿山，2002（9）：30-31.

[60] 王青，智晓康，王志东．全自动淘洗磁选机的研制与应用 [C]// 中国矿业科技大会，2010.

[61] 范素月，马卫东，高磊．淘洗磁选机在某些磁铁矿精选中的应用 [J]．现代矿业，2012，28（12）：96-99.

[62] 杨海龙，马嘉伟，包士雷．全自动淘洗磁选机在提铁降杂工程中的应用 [J]．矿业工程，2016，14

(3)：33-35.

[63] 冉红想，梁殿印.磁铁矿在磁浮力场中的分选试验研究 [J].矿冶，2004，13 (3)：30-33.

[64] 连晓圆，冉红想，杨文旺，等.电磁精选机智能控制及故障预测系统研究 [J].现代矿业，2015 (12)：222-225.

[65] Wasmuth H D，Unkelbach K H.Recent developments in magnetic separation of feebly magnetic minerals [J].Minerals Engineering，1991，4 (7-11)：825-837.

[66] Jüngst K P，Ries G，FRster S，et al.Magnet system for a superconducting magnetic separator [J].Cryogenics，1984，24 (11)：648-652.

[67] Wasm，刘宗林.DESCOS—带超导磁系高处理能力高场强筒式磁选机 [J].国外金属矿选矿，1991 (2)：1-7.

[68] Svoboda J.Magnetic Techniques for the Treatment of Materials [M].2004.

[69] Watson J H P.Status of superconducting magnetic separation in the minerals industry [J].Minerals Engineering，1994，7 (5)：737-746.

[70] Zhu Z，Wang M，Feipeng Ning，et al.The Development of 5.5T High Gradient Superconducting Magnetic Separator [J].Journal of Superconductivity and Novel Magnetism，2013，26 (11)：3187-3191.

[71] Lee P.Engineering superconductivity [M].2001.

[72] 孙传尧.选矿工程师手册 [M].北京：冶金工业出版社，2015.

[73] Osborne，T.B.，U.S.Pat.No.224，719，Feb.17，1880.

[74] Wentworth，H.，E.S.，1913.Concentration or Separation of Ores AIME，Jan.，pp.411-426.

[75] Bittner J D，Hrach F J，Gasiorowski S A，et al.Triboelectric Belt Separator for Beneficiation of Fine Minerals [J].Procedia Engineering，2014，83：122-129.

[76] 向延松，赖国新.HDX-1500 型板式电选机的研制 [J].材料研究与应用，1997 (1)：6-10.

[77] 朱远标，赖国新，向延松.HDX-1500 型弧板式电选机的研制 [J].有色金属 (选矿部分)，1997 (2)：20-23.

[78] 高孟华，章新喜，陈清如.应用摩擦电选技术降低微粉煤灰分 [J].中国矿业大学学报，2003，32 (6)：674-677.

[79] 何鑫，章新喜，李超永，等.摩擦电选技术的现状与进展 [J].煤炭技术，2015，34 (2)：334-336.

[80] 周岳远.YD 系列高压电选机应用研究新进展 [J].冶金矿山与冶金设备，1996 (3)：85-89.

[81] 龚文勇，林德福.YD31200-23 型高效电选机的研制及应用 [J].矿冶工程，1996 (2)：40-42.

[82] 龚文勇，张华.电选粉煤灰脱碳技术的研究 [J].粉煤灰，2005，17 (3)：33-36.

[83] Germain M，Lawson T，Henderson D K，et al.The application of new design concepts in high tension electrostatic separation to the processing of mineral sands concentrates.Heavy Minerals 2003；SAIMM，p.101.

[84] 叶孙德，戴惠新.电选技术的应用现状与发展 [J].云南冶金，2007，36 (3)：15-19.

[85] 封金鹏，马少健.电选机应用的新进展 [J].有色矿冶，2005，21 (S1)：11-12.

[86] 何鑫，章新喜，李超永，等.摩擦电选技术的现状与进展 [J].煤炭技术，2015，34 (2)：334-336.

[87] STEVETRIGWELL，Tennal K B，Mazumder M K，et al.Precombustion Cleaning of Coal By Triboelectric Separation of Minerals [J].Particulate Science & Technology，2003，21 (4)：353-364.

[88] Bittner J D，Hrach F J，Gasiorowski S A，et al.Triboelectric Belt Separator for Beneficiation of Fine Minerals [J].Procedia Engineering，2014，83：122-129.

7 拣 选 装 备

拣选是利用矿物之间的磁性、导电性、光性、放射性等物理特征的差异进行分选，即分选时物料呈单层（行）排队逐一受到检测器件检测，检测信号通过现代电子技术进行信息运算处理，然后驱动分选执行机构，使有用矿物（矿石）或脉石矿物（废石）从物料流中偏离出来，从而实现矿物分选的一种选矿方法。拣选最初源自手选。手选是最古老、最简单的一种分选方法，即根据物料颗粒之间的颜色、光泽、密度、硬度、形状等物理性质的差异进行分选的。在手选时，人的眼睛起检测作用，大脑起鉴别作用，手起分选作用[1]。自20世纪50年代以来，拣选装备开始发展并得到工业应用[2]。

拣选装备用于块状和粒状物料的分选。其分选粒度上限可达250~300mm，下限可小至0.5~1mm。常用于矿石的预富集，也可以用于矿石的粗选和精选。

目前应用拣选法处理的矿石和物料有黑色金属、有色金属、稀有金属、贵金属、非金属以及放射性矿石，同时也应用于煤炭、建筑材料、种子、食品等领域。

在矿山行业，拣选技术装备主要应用于矿石预选作业，特点如下：

（1）拣选可在磨前分选出废石或已解离的脉石，提高入磨品位，符合"能抛早抛、节能降耗"的理念。

（2）拣选使低品位矿石变为资源，可有效降低开采边界品位，提高资源利用率，延长矿山寿命，不必采用成本较高的选择性开采方法，从而提高采矿效率。

（3）拣选分选出的块状废石，可以用作充填材料或筑路及建筑材料，既综合利用矿产资源，又减少了对环境的污染，符合矿山循环经济发展策略。

（4）拣选装备易于安装，对厂房要求不严格。有些拣选机甚至不需要厂房，仅电子部件等部分需安装在可移动式集装箱内，拣选机可安装在露天采场或矿井旁。它也适用于小矿山及边远矿山。

（5）拣选工艺的深入发展，使地质勘探工作效率和质量有所提高，在稀有、锡、镍等一系列矿床，拣选所得结果对储量的评价、采矿方法的设计等都能提供基础技术资料[3]。

7.1 拣选装备概述

拣选机是一种集光电传感技术、机器视觉智能识别、自动控制于一体的综合性新型选矿装备，也称为基于传感器分选机。自第一台拣选机研制成功并应用后，随着电子扫描技术、信息处理技术以及高速驱动分离技术的发展，拣选技术应用日益广泛。

7.1.1 拣选装备历史

早在1905年奥地利就利用物料颜色差异研制出第一台光电分选设备[4]，从20世纪30

年代末期，已利用 X 射线照射金刚石后所发射的强荧光进行金刚石矿床的勘探和分选；40
年代开始利用含铀矿石本身的 γ 放射性，将其与废矿石分开等[5,6]。直到 20 世纪 60～70
年代，矿石拣选设备的发展达到一个高峰，索特克斯、RTZ 等公司相继开发出多种规格的
矿石拣选机，索特克斯开发了 XR 系列金刚石分选机、MP-80 型光电分选机等多达 17 种以
上型号拣选机，RTZ 公司也开发了 13、16、17 等型号的光电分选机[7]。

　　同期我国也研制出一些拣选机，如江西冶金学院研制的 CGX-1 型光电分选机、江西有
色冶金研究所研制的 GS-2 型、GS-3 型光电选机、GFJ-3 型无线电波分选机、武汉建材学
院研制的 GXJ-2 型 X 射线分选机、核工业总公司研制的 201 型放射性分选机，5421-Ⅱ 型
放射性分选机等[8,9]，在国内矿山也获得了不少应用。

　　从 20 世纪 80 年代末至 21 世纪初，国外在拣选所需传感器技术的研究上取得了很多
成就，因此开发了多种机械结构和检测技术的拣选机。但这一时期国内该技术的发展由于
各种原因出现了停滞[10]。国内当时的电气硬件、传感器、软件算法以及程序控制等技术
水平相对较低，拣选机性能指标无法满足生产要求，致使拣选机推广受阻，进而导致相应
的研究人员减少。自 20 世纪 90 年代以后，与国外的差距持续拉大。目前世界范围内主要
的拣选机生产厂家主要有俄罗斯拉道斯公司（RADOS）、挪威陶朗集团（TOMRA）旗下
矿物分选公司（原德国汉堡的 Commodas 公司）、德国 STEINERT 公司、奥地利 BT-GROUP
下属公司 BT-Wolfgang Binder GmbH 公司及挪威 Comex 公司等。自 2000 年后，国外设备厂
商逐渐向国内进行市场推广。

　　随着国外拣选机在国内的市场开拓，我国对于拣选技术及装备的认识不断提高，逐渐
认识到该技术的应用前景，并开始了各种尝试。在 2010 年，东北大学与俄罗斯拉道斯公
司（RADOS）合作成立了"中俄国际辐射分选科技技术研发中心"，该中心致力于 X 射线
辐射分选机在中国制造、推广和应用[11]。北京矿冶科技集团有限公司（原北京矿冶研究
总院）自 2008 年逐步开始拣选技术装备的自主研发，目前已完成实验室建设及样机研制。
另外还有用于粮食加工等领域的光电拣选机厂家也把其应用扩展向非金属矿石及金属矿石
分选领域。

7.1.2　拣选装备发展趋势

　　目前金属及非金属矿山的有用矿物品位越来越低，厚大、易采矿体越来越少，薄矿
体、难采矿体越来越多，不仅采矿难度大，而且采矿贫化率高，增加了后续破碎、磨矿以
及分选等工序的能耗、材料消耗等，导致生产成本提高。如果在矿石进入中细碎和磨矿之
前能将混入其中的围岩或废石及早抛除，必将大大降低选矿能耗、材料消耗，提高企业经
济效益和竞争力。但由于我国有色金属矿石具有金属含量低、嵌布粒度细以及多元素伴生
等特点，根据目前在金属矿石方面的拣选技术及其发展情况，金属矿石采用拣选技术时，
主要存在以下几个问题：

　　（1）金属矿石差异较小，尤其像国内有色金属矿，如铜矿、钼矿等，有用矿物含量
低，单一的特征信息判断可靠性差，不管对检测传感器硬件方面开发，还是智能识别算法
软件方面的开发均存在较大难度。

　　（2）金属矿石预选抛废处理量和粒级范围均较大，拣选检测和分离所要求的单层布
置，制约了处理量的提升。

（3）金属矿石复杂多样，适宜的传感器类型差异也较大，造成拣选智能识别算法模型普适性差，试验和开发周期长。

光电传感、智能识别、机器视觉、大数据处理等技术的高速发展，为拣选技术提供了契机，出现了新的发展方向，主要体现在以下几个方面：

（1）3D扫描技术。目前拣选机主要应用的是线扫描技术，从平面图像中通过数据算法判断矿石体信息，由于缺失其他面信息，线扫描技术需要数据处理以及优化算法来提高判断准确度。3D扫描技术可获得被检测物体的立体信息，基础数据量大大增多，从而可进一步提高识别率。

（2）高速宽皮带式大处理量检测技术。高速皮带式平面布料检测识别技术可大大提高矿石检测的通过量，可以满足有色金属矿石如铜、铅、锌、钼、钨等低品位矿石预选抛废的大处理量要求。

（3）多类型传感器组合应用技术。单一传感器只能检测一种物理特性，但铜、铅、锌等多种有色金属矿矿物工艺特性复杂，单一传感器存在检测精度不高的难题。根据矿石的物理特性，综合应用多种物理特性传感器技术，可克服有色金属矿差异小、特征不明显的检测难题。

（4）智能拣选大数据技术。通过对大批量多类型金属矿石的拣选识别试验，结合大数据、深度学习技术，提升智能拣选的算法自主学习能力，不断优化升级矿石与废石分选标准，积累建立丰富智能拣选识别数据库，减少现场矿样检测数据采集开发及试验周期，有效提高智能识别算法的应用精度和适用范围，提升智能拣选技术的效率。

金属矿山智能拣选技术应用目前尚处于发展初期，拣选装备的应用市场尚处于开发阶段，借助于目前高效光电传感、机器视觉、大数据数据处理、人工智能等技术的发展，有色金属矿智能拣选的应用将逐步得到实现。

7.1.3 拣选装备分类及选型

拣选不同性质的矿石需要采用不同的方法及不同类型的拣选机。但各种类型的拣选机其组成部分都基本相同。主要组成部分为：给料系统、照射及探测系统、信息处理系统、分选执行系统，如图7-1所示。附属部分为：给料仓、传动机构、机架、空气压缩机等[3]。

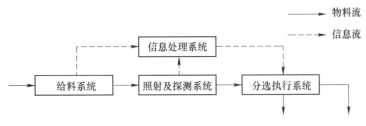

图 7-1 拣选机的组成方框图

7.1.3.1 拣选机结构及特性

A 给料系统

拣选机的给料方式通常为皮带式、斜槽式等，如图7-2所示[12]。给料系统的作用主要是输送矿石，并让矿石间隔、稳定地单层通过照射和检测、分离区域，以保证检测和分离的精准性。皮带式给料系统对矿石进行一段距离的加速，使其稳定地通过照射检测区域。斜槽式给料系统利用整个斜槽面导矿，给矿面大，矿石沿着滑板平面下落完成检测和分离过程。这种给矿系统适合于粒度大、形状相对规则、不易翻转、干燥的块矿，具有结构简单、紧凑、可靠的特点[13]。除此之外，通道式给料系统也有所应用，这种给矿系统每个槽道具有较好的单列单层排列效果，结构紧凑，但不利于设备处理量的提高。如俄罗斯Rados 公司生产的 CPO-2-300 型 X 射线辐射分选机设备采用四个槽道，分选 150~300mm粗粒度矿石时处理量也仅为 20~50t/h [14]，较一般的分选机处理量要小。

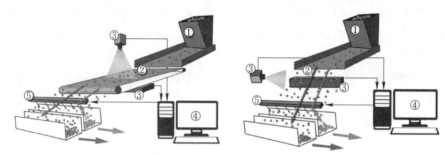

图 7-2　两种给料系统

（左图为皮带式，右图为溜槽式）

1—料斗；2—皮带或斜槽式给料系统；3—照射和检测系统；4—信息处理系统；5—分离系统

B　照射和检测系统

照射和检测系统是矿石拣选机的核心部分，其作用是对矿石的特征信息进行收集以作为矿石分选的依据。特征信息包括矿石的光学性质、导磁性、导电性、放射性以及各种射线照射下的吸收或辐射射线等。照射部分主要功能是提供光源或射线源（部分拣选机不需要照射部分），检测系统主要功能是利用传感器检测矿石在光源、射线等外部条件作用下的反馈信息，其准确性的影响因素为传感器的采集时间、灵敏度、空间分辨率等参数[2]。

C　信息处理系统

信息处理系统是矿石拣选机的大脑中枢神经，具有分析和决策功能。信息处理系统对检测系统获取的特征信息进行高速处理，主要是形成矿块的检测图像，并对图形或数据进行基本的噪声处理，然后运用一系列算法分析加工图像或数据，得到的分析结果与预定的阈值进行对比，完成废石和矿石识别工作，进而做出分离动作的决策，如果需要分离，则产生驱动信号，经过延时和功率放大过程，最终驱动分离系统精准动作，将目标矿石或废石分离出来，反之则不，工作基本流程如图 7-3 所示。

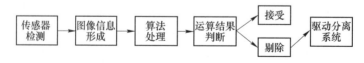

图 7-3　信息处理系统的基本工作流程

信息处理系统主要由工控机、操作显示屏、传输数据线等构成。信息处理系统除了基本的分析处理、判断、发送指令等功能外，还有分选过程监测、工作条件异常报警等功能。

D 分离执行系统

分离执行系统的作用主要是接收信息处理系统的信号，及时启动分离执行机构动作，将矿石或废石从原有运动轨迹中分离出来。目前应用成熟的分离执行系统主要是打板式和喷射式分离执行系统[15]，两者的对比结果如表 7-1 所示，机械结构如图 7-4 所示[16,17]。

打板式分离执行系统主要结构为电磁线圈、推杆、打板、机架、复位弹簧等。信号处理系统产生信号，启动电磁线圈充电产生磁场吸附推杆，推杆带动打板动作完成对矿石和废石的击打分离过程，击打完成后打板由复位弹簧控制复位。这种分离系统结构简单，推动力较大，但相对喷气式分离执行系统其动作频率要低很多，目前主要应用在大块矿石的分离上。

表 7-1 两种分离执行系统的对比

类 型	频率范围	粒度范围/mm	排料方式	特 点
打板分离	低 低	10~50 50~300	击打	分离力大 结构简单
喷射分离	高 中 低	0.3~10 10~50 50~300	喷射	响应迅速 精准性高

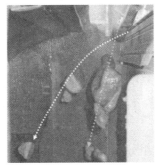

图 7-4 两种分离执行系统

(左侧为电磁打板式，右侧为气动喷射式)

喷射式分离执行系统是目前拣选设备应用最为广泛的一种分离形式。该喷射分离系统主要由供气系统、高速电磁阀、高压喷嘴板等部件组成。供气系统主要由空压机、储气罐、空气净化装置等组成。高速电磁阀和高压喷嘴是喷射执行机构。当反应频率每秒高达数百次的高速电磁阀接收到信息处理系统的驱动信号，开启一对一控制的喷嘴气阀，使高压空气通过喷嘴喷出，从而使被喷射矿石偏离原来的运动轨迹。整套分离系统可通过调节或设计不同工作气压、高速电磁阀响应频率、喷嘴的结构和间距、喷射位置、喷射时间来提高喷射分离精度，实现对不同粒度的矿石进行有效分离。

7.1.3.2 拣选装备分类

拣选机组成中给料系统及分选执行系统基本相同，主要不同之处在于传感器的种类及相应的数据处理系统，其主要决定了设备的分选性能；所以拣选机主要以照射与探测系统中的检测技术来分类，现有拣选方法根据检测技术对应传感器探测信号的电磁波谱范围划分，可分为色选法、放射法、X 射线辐射法（分为 X 射线衍射法（XRF）、X 射线穿透法

（XRT））、近红外光谱法、电磁法等。目前正在研究或已经成功应用的矿石分选的检测技术就多达十几种，主要的检测技术详见表 7-2[18~22]。

表 7-2　拣选设备主要应用的检测技术

检测技术	分选特征	检测元器件	检测穿透性	空间分辨率
颜色等表面光性（Color）	颜色、亮度、透明度，反射率	CCD 线扫描摄像机	表面	0.1mm
X 射线透射（XRT）	吸收 X 射线	闪烁计数器	穿透	0.5mm
X 射线荧光（XRF）	辐射 X 射线荧光	闪烁计数器	表面	—
近红外射线（NIR）	近红外射线的反射和吸收	光谱仪	表面	5mm
电磁感应（EM）	导电、磁化系数	电磁场产生和感应线圈	穿透	3mm
放射性（Radiometirc）	放射性	闪烁探测器	穿透	—

7.1.3.3　拣选装备选型

拣选是通过矿石本身的物理特性如磁性、导电性、光性、放射性等与金属矿物元素含量建立关系，从而实现矿石品位差异的识别。矿石拣选方法的选择是基于矿石可拣选性研究基础上的，根据拣选特征确定对应的拣选方法，然后再采用相当数量的矿样进行实验验证，最后通过工业装备运行调试确定最佳分选参数。

A　矿石拣选特性

矿石可拣选性是指矿石本身具有采用拣选方法进行分选的性质，影响可拣选性的矿石特性主要有：矿石中有用组分的分布情况、矿石可拣选粒度、拣选特征与矿石中有用组分的相关度。

a　矿石中有用组分的分布情况

有用组分在矿石中的分布的不均匀性是拣选的基础。有用组分在矿石中的存在形式、有用矿物在矿体中的分布特征（是粗粒嵌布还是浸染状分布）、矿体的形状、大小以及矿体与围岩的接触状态等情况，直接影响采出矿石品位的分布，对能否进行拣选及拣选可能获得的工艺指标有重要影响。

大型海相沉积矿床的矿化均匀，其采出矿石间的品位差别很小，不能进行拣选。热液矿床、脉状矿床、矿体形状复杂及矿体薄的矿床，其矿化不均匀，采出矿石间的品位差别很大，易于拣选。

b　矿石可拣选粒度

拣选是粗粒级矿石选矿的一种方法。一般处理矿石的粒度上限为 250~300mm，下限为 20~30mm，随着技术的发展，处理矿石的粒度下限可以降至 10mm，甚至更小（1~0.5mm）。在矿石可选性确定的前提下，入选的粗粒产率愈大，能拣选出来的废石愈多，经济效益就愈明显。然而，从经济角度来看，拣选厂（车间）处理矿石粒度下限并不是愈小愈好。因为矿块粒度小，则需要探测器的灵敏度高，且矿块小，拣选机的处理量也低，所以成本提高。

矿石的可拣选粒度与矿石嵌布粒度有直接关系，粒度范围的确定需要通过实验确定，也可通过现场已有的选矿数据缩小相应范围；另外粒度范围也受传感器技术限制，比如 X

射线透射拣选机适宜的有色金属矿石粒级最大为100mm，若粒级大于100mm，X射线源能量等级需要提高，X射线源能量等级的提高将需要更高等级的辐射防护措施。

c 矿石拣选特性值与矿石中有用组分的相关度

拣选是利用矿石的某个特征来分选矿石和废石，有时是直接利用有用组分的特征，如选铀矿时，当矿石中的铀和镭处于放射性平衡状态，就可利用铀矿石放射性的γ射线强度将矿石和废石分开。但有时是间接利用其他特征与建立有用组分的关系来拣选，所以要求选定的拣选特征与有用组分之间应有很好的相关关系。为了了解拣选特征与有用组分的相关程度，需要取一些代表性矿样，根据拣选特征求出品位，然后再求出每个矿块的实际品位，绘制出相关曲线，如曲线有很好的相关关系，就可利用此选定的拣选特征进行拣选[3]。

B 矿石的拣选实验

通过矿石的可拣选性研究，可以找出与矿石有用组分相关的矿石特性，根据此特性，可以初步确定拣选方法的范围；实验室拣选实验是进一步确定拣选方法的关键步骤，通过实验结果，可进一步评估最佳拣选方法，也可初步估算出拣选工艺的经济效益。

由于不同矿区矿石的差异性，实验矿样量比常规实验所需矿样要大。实验采用标准重量的矿样，按照理论特征值与实际化验品位建立匹配关系，绘制特征值与品位的关系曲线，验证识别的准确性及准确度，判断方法可行性；最后采用剩余矿样进行验证实验。

7.2 常用拣选装备

根据检测技术或传感器技术分类的拣选机种类较多，已应用在矿石分选的拣选机就多达十几种，常用的拣选机有色选机、放射性拣选机、X射线荧光拣选机、X射线透射拣选机、近红外拣选机等；其中色选机发展最早，其应用的颜色表面光学性质检测是发展最早、应用较广泛的一种检测技术；放射性拣选机主要应用于自身具有放射性的矿石，如铀矿等；X射线荧光技术可直接获取矿石表面1~2mm厚度的品位分布，国内也开展了这一方面的研究[23]；X射线透射拣选机检测矿石对X射线吸收情况，对矿石具有穿透性检测能力，不受灰尘、水分、表面污渍、形状和尺寸等因素制约，检测精度较高[24]。其他如近红外、电磁及微波加热等拣选设备，虽有开展相关研究，但少有应用。

7.2.1 色选机

色选机是根据物料光学特性的差异，利用光电探测技术将块状矿石中的异色矿石自动分选出来的拣选机。该设备可用于钨矿、菱镁矿、滑石、长石、石膏、白云石、金刚石等。我国色选机生产厂家较多，之前主要应用于粮食行业，随着矿石拣选工艺的发展，粮食加工用色选机也逐渐把其应用扩展向非金属矿石及金属矿石分选领域。

7.2.1.1 工作原理

不同的矿物甚至不同含量的同一种矿物，在颜色或光泽上有差异，色选法就是利用矿石的光学信息（反射率、吸收率及透射率）来实现矿石与废石的识别[25]。物料颜色差异，其原理是它们对自然光中不同波长的光波吸收程度不一样，这些差异包括颜色深浅、颜色种类的不同，使得物料在理论上具备了色选的基础[26]。物料发生反射时，可以分为漫反射和镜面反射，其中漫反射应用较多。漫反射是指物体将平行光线沿各个方向反射回去，研究表明，只要两种物料的反射率差异大于 5%~10%，就能实现对它们的分选[27]。

色选法包括漫反射单光拣选法、漫反射双光拣选法、透明度法和表面荧光法等[28]。其中以某一光区发射率差异为分选依据的称为漫反射单光拣选法，对于颜色比较单一的矿石和废石，采用漫反射单光拣选法便可；但由于颜色比较复杂，这时就需要采用漫反射双光拣选法；透光法可将透明性或半透明性的矿石与其他脉石矿物分开，如无色水晶、冰洲石、黄玉等[1]。

7.2.1.2　发展史

20 世纪初，奥地利研制出第一台色选机[29]，但是初期的色选机选出的产品质量不如熟练的工人手选的结果，因为颜色、色度差异较小的时候，色选机的灵敏度不够，难以分辨。随着技术的发展，到 20 世纪 60 年代以后，色选机应用开始变得成熟，此时主要以矿石的亮暗程度为拣选依据。当时国际上应用较为广泛的色选机主要集中在两大制造公司：英国的冈森·索特克斯（Gunson's Sortex Ltd）公司，共研制出 6 个系列的色选机；RTZ 矿石分选机公司，主要生产 M16 型色选机[30]。到了 20 世纪 80 年代末，由于灵敏度高的彩色固体摄像机及高速计算机的出现，瑞士明门金融（Minmet Financing Campany）等几个公司共同研制出一种按照矿石真正颜色进行分选的 Spectra-Sort 型分选机[31]。到了 20 世纪末，德国的莫根森（Mogensen）公司生产的 MikroSort 型号色选机逐渐发展起来，根据分选粒级的不同，衍生出 AF、AX、AL、AS、AT、AG 等型号[32]，可以同时从颜色和亮度两个方面进行分选，采用多个摄像机，多角度探测。如今，除了莫根森（Mogensen）公司之外，澳大利亚的 UltraSort 公司生产的 UFS 和 ULS 系列也应用非常广泛[9]。

7.2.1.3　结构及特性

针对不同的分选对象及检测要求，光电色选机型式多样，结构各异，但归纳起来，光电色选机主要由供料系统、光学系统、分选系统和电控系统四部分构成[33]，如图 7-5 所示。

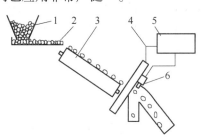

图 7-5　色选机结构示意图
1—原矿；2—给料机；3—传送装置；
4—光源；5—计算机；6—喷嘴

A　给料系统

色选机供料装置有多种形式，如振动喂料器、溜槽、传送带、滚筒和转盘等，供料系统一般由其中一项或两项加上料斗等组成[34]。

B　光学系统

光学系统为色选机的核心部分，直接影响到后续信号的处理，其光路结构、观察方式等直接影响到整机的性能特点、成本寿命等。它主要由光学照明和光学成像系统组成[34]。

a　光学照明系统

照明系统指由光源、光阑、集光镜、聚光镜等组成的一组照明装置。光学系统的成像质量与对物体的照明有很大关系，照明光是由光源提供的，它通过照明系统实现对物体的照明，照明系统是光学系统中一个重要的组成部分，研究不发光的物体都要配备照明系统。为了提供必要的照明视场和孔径，光源和照明系统组成的光管必须充满后继光学系统的入瞳和物面，主要有两种情况：（1）光源直接照明，需要光源发光大，如图 7-6 所示，光源离开物面愈远所需尺寸愈大；（2）采用聚光照明系统，可以以小面积光源照明物体，缩小光源尺寸，物面靠近聚光镜更有利，如图7-7[35]所示。

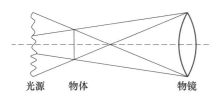

图7-6　光源直接照明系统原理图　　　　　图7-7　采用聚光照明系统原理图

b　光学成像系统

成像系统采光路主要分为物方远心光路和像方远心光路。远心光路如图7-8所示，在物方远心光路中，孔径光阑处在像方焦点处，这时候，入射光瞳处在物方无穷远处，而出瞳与孔径光阑重合，物方远心光路的主要作用是消除或减少由于视差所引起的测量误差。在像方远心光路中，孔径光阑处在物方焦点处，这时候，出射

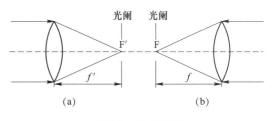

图7-8　远心光路
（a）物方远心光路；（b）像方远心光路

光瞳处在像方无穷远处，而入瞳与孔径光阑重合，像方远心光路的主要作用是消除或减少测距误差[29]。

c　电控系统

电控系统一方面控制全部机器各机构，另一方面是把来自光学系统提取到的信号通过调理电路的调理，模数转换，存储等过程，最后进入信号处理器进行处理，将光电脉冲信号放大变成功率脉冲信号，启动驱动电路，驱动执行机构动作，从而达到分选的目的[29]。

C　分选系统

分选系统的作用主要是将光学系统检测到的异色矿石分选剔除，由电控系统控制。物料从检测点到分选点的运动时间，要与分选信号发出到分选机构动作这一延时时间相匹配。物料进入分选系统后，合格品沿正常的轨道落入接料口内，而不合格品或杂质则被喷嘴发射出的脉冲式压缩空气吹离正常的运动轨道，落入废料通道而被剔除[36]。

7.2.1.4　工业应用

某萤石矿为开采多年的老矿山，采用平硐开拓，开采能力0.5~1.0万吨/年。最初选矿只是在平硐口开拓一平地进行简单的手选，把CaF_2品位大于80%，块度大于50mm的选出来，块度大于50mm的与其余的碎矿（平均品位CaF_2为70%左右）出售；1990年以后至今，矿山比较规范的开采与选矿工作，专门建设了手选场（生产能力10万吨/年）与浮选厂（生产能力：日处理原矿300t）。但手选工作还是停留在只选CaF_2大于70%，块度大于50mm的块矿，块度小于50mm的与其余的碎矿（平均品位CaF_2为70%左右）送浮选厂。块度为10~50mm无法用手选进行回收。

2016年矿山引进了某机械公司生产的履带式色选机（图7-9）专门对块度为10~

50mm 无法用手选的小块矿进行色选。

图 7-9　色选机外形图

经过色选：每天可以选出精矿约 25 吨/天，CaF_2 达到 80%左右，具体指标如表 7-3 所示。尾矿约 25 吨/天，CaF_2 达到 50%左右，这些再送浮选厂进行选择回收。色选后的精矿及尾矿物料图片如图 7-10 所示[37]。

图 7-10　精矿及尾矿照片
（左侧为精矿，右侧为尾矿）

表 7-3　色选后矿石品位和数量抽查情况

批　次	好矿品位（CaF_2）/%	数量/t	差矿品位（CaF_2）/%	数量/t
1	90.51	27.50	50.58	26.5
2	83.62	26.30	48.62	25.20
3	85.58	25.70	49.32	26.80
4	82.65	26.68	47.53	25.37
5	83.69	25.59	48.12	26.57
6	89.98	26.90	46.98	25.30
7	84.12	24.68	48.86	24.68
8	85.32	23.69	51.36	24.87
9	86.36	26.62	48.67	25.69
10	85.67	25.37	46.89	24.31
11	83.65	27.98	49.34	26.99

7.2.2　放射性拣选机

放射性拣选机是利用矿石本身的天然放射性特征来实现矿石与废石分开的分选设备，该设备根据矿块中金属发射的 γ 射线和矿块尺寸确定金属品位或与之相关的有用组分含量。

7.2.2.1 工作原理

放射法即天然放射法，是利用含有用元素的矿石与废石本身放射性的差异（如含铀的矿石和废石），从而将矿石与废石分开。含有放射性元素的矿石在发生 α、β 衰变时，处于激发状态的元素，能够辐射出 γ 射线，利用检测装置进行信号收集以把有价值矿石与废石区别开来，将信号进行放大处理再用执行机构实现二者分离[38]。

7.2.2.2 发展史

放射性选矿是一种对铀矿石预选的方法，第一代放射性分选机是按矿块中铀的金属量进行分选的。放射性分选一般是指采出的粗粒级铀矿石，经筛分成几个粒级后，分别进入相应的放射性分选机进行分选，以除去废石的分选方法[39]。

自 20 世纪 40 年代加拿大研制出第 1 台放射性分选机以来，世界上很多国家陆续开展了放射性分选的研究工作，到 20 世纪 80 年代已研制出几十种型号的放射性分选机。美国、加拿大、法国、苏联、澳大利亚、南非、英国、捷克、南斯拉夫、德国等都公开发表过有关文章，前 6 个国家还报道了放射性分选机在生产中的使用情况。我国从 1958 年开始研制放射性分选机，也生产出几种型号，并在铀矿生产中得到应用[40]。

20 世纪的 70~80 年代，铀矿石的放射性分选得到较大的发展，很多国家研制出了多种型号的放射性分选机。在美国、加拿大、法国、澳大利亚、南非、苏联等国约有 20 座铀矿山都有放射性分选的应用。放射性分选机的研制工作在苏联开始较早，在 1955 年已经有几个铀矿山开始应用放射性分选机来选矿，以后又研制出 10 余种型号的放射性分选机[40]。后来，由于世界铀工业的萧条，放射性分选在一段时间发展受到影响。放射性分选机的发展，对放射性分选厂的建立和完善也起了促进作用。如跨国的放射性分选机公司（RTZ Ore Sorters）于 1979 年研制出处理量大、灵敏度高的 M17 型放射性分选机后，仅 1 年多时间就在美国、加拿大、法国、澳大利亚、南非等国家的 9 个铀矿山安装使用了 11 台[41]。到 1990 年，在世界各地已安装使用了 23 台。

但是，U_3O_8 价格从 20 世纪 80 年代最高的每公斤约 150 美元下降到 2000 年的每公斤约 15 美元，致使不少铀矿山关闭。世界铀工业的萧条，对放射性分选的研究产生了较大的负面影响，如国际上知名的放射性分选机生产厂 RTZ Ore Sorters，已多年没有新消息[40]。

7.2.2.3 结构及特性

以 70 年代末期由某公司研制的 M17 型放射性拣选机为例，设备主要结构如图 7-11 所示，包括入料斗、振动给料器、给料皮带、分选主皮带、光源、探测器及喷气阀等结构[8]。

A 给料系统

放射性拣选机给料系统通常采用皮带式，同时结合一级或二级振动给料机使用。

B 照射和探测系统

对于铀矿石来说，它本身发射的 γ 射线就可为探测器所利用。放射性分选机的探测系

统包括两个部分：γ射线活度探测系统和矿
块质量探测系统。较普遍采用闪烁计数器测
量γ射线的强度，探测器所测得的信号与矿
块中铀的品位成正比[42]。在求矿块的品位
时，需测出矿块的质量，而直接测量快速运
动中的矿块质量是困难的，一般是采用测量
某一个与矿块质量有关的参数，如矿块的长
度、截面积等，再换算出矿块的质量。

C 信息处理系统

信息处理系统的主要任务是对矿块的射
线强度和质量两个信号进行处理。两个信号
经比较（运算）后，即可得到矿块的品位。
此品位与预先确定的品位值进行比较，如高

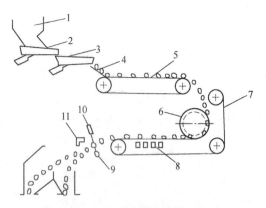

图 7-11 M17 型放射性拣选机结构
1—入料仓；2，3—振动给料机；4—滑板；
5—上皮带；6—多槽稳定器；7—主皮带；8—探测器；
9—光源；10—固体摄像器；11—喷气阀

于预定值则确定为精矿，否则为尾矿。主控单元发布指令，使执行系统（如电磁喷气阀）
打开或继续关闭，从而将矿石分成精矿和尾矿。信息处理系统还可以有其他功能，如根据
给料速度信号控制整机的处理量，以保证给矿均匀；根据矿块大小的信号确定执行机构的
延续时间，使分离大小矿块的时间恰到好处；根据矿块位置信号，确定在一排执行机构
（如喷气阀）中哪几个应该打开；根据通过矿块的总质量确定选机的实际处理量；根据每
个矿块的质量及品位信号分别累积后得到精矿和尾矿的产率和品位。信息处理系统还可以
有各种报警功能[42]。近年来，高精度的微型电子计算机的先后应用，使放射性分选机可
靠性提高，体积变小，使用、维修更加方便。

D 分选执行系统

目前多采用电磁喷气阀，每秒动作次数可以从几十次到数百次。阀启动后，压缩空气
将矿石吹离其正常轨道，实现矿石与废石分离[42]。

7.2.2.4 工业应用

放射性拣选机不仅广泛应用于铀矿石等放射性矿石的拣选，也可以用来分选与铀等紧
密共生的其他矿石。如南非某金、铀矿床，建立了放射性分选厂，用铀作示踪元素，在选
铀矿的同时，金矿石也得到了富集[1]。

由于各国铀矿资源的特点不同，各国对放射性分选工作重视的程度也就不同。对于矿
化很均匀的大矿、富矿，不适合采用放射性分选。例如美国多数铀矿床为砂岩型，矿化较
均匀且易碎，不适合进行放射性分选。而在俄罗斯的铀矿床中，热液型铀矿床占较大比
例，矿化不均匀，粗粒级矿块产率高，因而建有较多的放射性分选厂。在有些矿山，从采
矿开始，在坑道内就采用了矿石分选，就能分出富矿石、一般矿石和废石。在俄罗斯，在
地质勘探、矿石开采阶段就重视矿石放射性分选的可行性。如对 Приморское 铀矿床的矿
石，就做了放射分选的可行性试验，矿石的可选性很好，经放射性分选可废弃产率为
67.8%~88.5%的尾矿，其中铀品位仅 0.004%~0.016%，俄罗斯对很多铀矿山都做过类似

的工作[43]。铀矿地浸的发展，使选矿的应用受到一些影响，因为采用地浸作业就不用将矿石开采运输出来，当然就不需要放射性分选。但根据 2009 年统计，在世界铀矿产量中，露天开采和地下开采的产量占 57%，地浸产量占 36%，副产品铀产量占 7%，这说明适合地浸的砂岩型铀矿山还不很多。而常规露天和地下开采的矿石，为了提高铀品位，往往需要采用选矿作业，尤其是放射性分选作业。如纳米比亚的罗辛（Rossing）铀矿，它是全世界第三大铀矿，已经开采了 30a，而在 2009 年就新建了 1 个放射性分选厂。2009 年，国际上三大公司（Geo Testervicel LLC、CommoDas、UltraSort）在莫斯科专门建立了 1 个研究铀矿石放射性分选可选性的试验中心，并由它们提供高效的放射性分选机，以进行各地铀矿石的放射分选试验，该分选机的处理量可达 60t/h，可分选出精矿、尾矿两个产品[44]。

7.2.3　X 射线荧光拣选机

X 射线荧光拣选机是指利用矿石受到 X 射线照射后所激发的二次 X 射线（也称特征 X 射线）来分选矿石的分选设备。X 射线荧光拣选机可应用于金、银、铁、镍、铜、锌、钨、钼等金属、非金属矿和其他稀有矿石的预选。

7.2.3.1　工作原理

X 射线荧光光谱法（XRF）检测矿石品位是利用放射性同位素作为激发源，照射被测矿石，使之产生特征 X 射线，由于每一种元素被激发跃迁时释放出 X 射线的能量是特定的，通过测定特征 X 射线的能量及其强弱便可通过光电转换获知该元素信息[45]，进而测定样品所含元素及其品位（含量）。

该方法可直接取得矿石中品位信息，但由于 X 射线荧光法的 X 射线能量较低，只能激发矿石表面 1~2mm 的深度，无法反映矿石内部品位信息，所以工业生产前需做大量矿石检测试验，以从数据处理算法方面尽可能提高识别精度。

7.2.3.2　发展史

X 射线荧光拣选机应用于金刚石分选比较早，由于金刚石在 X 射线照射下能够发出荧光，其发光效率较高，而其他脉石大多不发光或者发射的光谱与金刚石不同，所以能够较经济方便的应用于生产。苏联及俄罗斯在矿石拣选理论研究上突破较早。20 世纪 90 年代新型 X 射线辐射分选机由俄国的拉道斯（RADOS）公司研制成功，经过后续不断更新升级，生产出了多种型号的分选机[46]。澳大利亚的 UltraSort 公司，尤其以生产 X 荧光金刚石分选机的型号居多。20 世纪 60 年代末期英国的岗森-索特克斯公司成功研制出了 XR 系列金刚石 X 射线分选机。在 20 世纪 50 年代，我国开始应用 X 射线荧光拣选机对金刚石进行拣选。于 1985 年我国自行研制成功的 GXJ-Ⅱ型金刚石 X 射线荧光拣选机，其性能与国外相比并不逊色[47]。国外大部分选矿学者都是在基于俄罗斯在矿石拣选理论研究的基础上进行探索和应用，国内选矿学者也是如此。东北大学 2011 年与俄罗斯 RADOS 合作，通过引进和吸收 X 射线辐射分选技术，对国内钼矿、铜矿、铅锌矿等多种矿样进行了试验研究，但未查到在国内的工业应用[48]。随后在国内，某公司引进了俄罗斯拉道斯（RADOS）公司的 X 射线荧光分选技术。

7.2.3.3　结构及特性

不同型号的 X 射线分选机，虽在构造、处理量、价格等方面有较大差异，但其结构组成是类似的。X 射线荧光拣选机的结构简图见图 7-12，主要由给料槽、X 射线产生装置、检测系统和分离装置组成。

矿石给入接收料槽，借助振动输送装置进入到振动溜槽，在振动力的作用下，矿石沿着溜槽分散形成矿石流。矿石流在溜槽中形成单块流，以保证矿石逐个从槽边缘下落到 X 射线组件测量区。在测量区每块矿石都要受到 X 射线的第一次辐射（X-1），受 X 射线第一次辐射激发后，矿石表面会产生第二次辐射射线的激发（X-2），然后在检测组件上记录射线（X-2）形成光谱，该光谱由元素 X 射线辐射曲线和第一次辐射的散射曲线组成。分选机的测控系

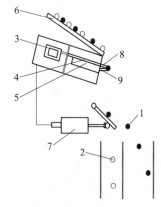

图 7-12　X 射线分选机的工作原理图[21]
1—精矿；2—尾矿；3—检测系统；
4—X 射线产生装置；5—计数器；
6—给料槽；7—分离装置；
8—原级 X 射线；9—二次 X 射线

统对光谱进行分析，按照设定的参数得出分析结果，确定每块矿石中是否存在测定元素的分析值。当超过这个参数值时，操控系统形成控制信号启动执行机构。执行机构启动时，依靠挡板的击打作用，使分选矿石偏离轨道，落入接收槽，最后进入矿石输送带（精矿）；小于这个参数值的贫矿石，自然下落到另一个接收槽，进入另一条输送带（尾矿）[23]。

A　给料系统

常用给料形式有多通道溜槽式和皮带式。

B　照射和探测系统

照射系统一般选用钨、铜、银、铝、铑等阳极的 X 射线源，电压 10~60 keV，管电流 5~70mA，探测器采用闪烁计数器。

C　信息处理系统

对于每一种化学元素的原子来说，都有其特定的能级结构，其核外电子都以各自特有的能量在各自的固定轨道上运行，内层电子获得足够能量之后脱离原子的束缚，成为自由电子，并在内层电子轨道上形成空位，此时原子就被激发了，处于激发态。这时其他的外层电子便会补充这一空位，也就是所谓跃迁，同时以发出 X 射线的形式放出能量。由于每一种元素的原子能级结构都是特定的，它被激发后跃迁时放出的 X 射线的能量也是特定的，通过测定特征 X 射线的能量，便可以确定相应元素的存在，而特征 X 射线的强弱（或者说 X 射线光子的多少）则代表该元素的含量。由于 X 射线荧光法本身能级特性，无法检测矿石内部特征信息，需要通过数据处理确定合理分选阈值。

信息处理系统通过 X 射线确定矿石的质量，计算分析参数，确定分析元素的含量（根据这种元素的 X 射线曲线特征）。之后将测定的数值与设定的临界值分析比较，形成操控信号，启动执行装置，从矿石流中选出符合分选条件的矿。同时还具备调节分选及动力设备的运行，振动筛、给矿器和执行装置；在操控室的控制台上显示分选的过程和结果[21]。

D　分选执行系统

目前工业应用的 X 射线荧光拣选机主要采用电磁或气动击打式、高速喷气阀式的执行机构。

7.2.3.4　工业应用

俄罗斯某公司生产的 CPO 型 X 射线荧光拣选机，采用多通道溜槽式给矿，有 CPO-4-150、CPO-3-300、CP04-3H-150 等多型号，分选粒度上限可达 300mm，受限于溜槽式给矿结构所限，处理量为 20～50 t/h。部分矿山的生产指标如表 7-6 所示，对含金、铜、锌、铅、钼、锡、钨的矿石进行了全方位考察。从大量的生产实际数据可以看出，这些矿山的矿石经 X 射线辐射分选后，可以抛去 60%～70% 的尾矿，同时极大地提高入选矿石的品位。表 7-4 中金矿的入选品位提高了近一倍；而当应用于铅锌矿、铜锌矿的分选时，也能将入选品位提高一倍以上。这样就可以大大减少选厂的破碎、磨矿及后续处理的费用。现场应用照片如图 7-13 所示[23]。

表 7-4　ЛС 型金刚石分选机的主要技术指标

矿石类型	粒度/mm	产品名称	产率/%	品位/%		回收率/%	
金矿	−100+24	精矿	57.6	3.79g/t		93.4	
		尾矿	42.4	0.36g/t		6.6	
		原矿	100.0	2.34g/t		100.0	
铅锌矿	−50+25 (Zn)	精矿	8.3	Pb 0.105	Zn 2.81	Pb 20.6	Zn 42.8
		尾矿	9.17	0.037	0.34	79.4	57.2
		原矿	100.0	0.043	0.54	100.0	100.0
铜锌矿	−50+25 (Cu、Zn)	精矿	76.8	Cu 1.98	Zn 1.62	Cu 98.2	Zn 96.2
		尾矿	23.3	0.12	0.21	1.8	3.8
		原矿	100.0	1.55	1.29	100.0	100.0
锡矿	−150+75 (Sn)	精矿	23.8	0.13		44.7	
		尾矿	76.2	0.05		55.3	
		原矿	100.0	0.069		100.0	
钨矿	−150+25 (WO$_3$)	精矿	16.8	0.58		72.0	
		尾矿	83.2	0.04		28.0	
		原矿	100.0	0.14		100.0	
钼矿	−50+25 (Mo)	精矿	59.4	0.125		91.0	
		尾矿	40.6	0.018		9.0	
		原矿	100.0	0.082		100.0	

7.2.4　X 射线透射拣选机

X 射线透射拣选机是利用矿石受到 X 射线照射后产生的不同物理效应来分选矿石的拣选设备，该方法通过 X 射线透射被检测矿石，可探测出矿石的体信息，从而全面反映矿石中有价金属含量。该设备应用前景广阔，具有高效、环保及清洁的特点；可用于铜矿、铅矿、锌矿、钨矿、金矿等有色金属矿石的预选抛废、围岩回收等作业。

图 7-13　CPO 型 X 射线荧光拣选机在某铜矿现场

7.2.4.1　工作原理

X 射线透射拣选法是利用高能 X 射线穿透矿石产生的不同穿透特性来分选矿石的方法。当 X 射线照在物质上时，一部分被物质所吸收。X 射线的穿透力与物质密度有关，产生的强度衰减特性满足朗伯-比尔定律，利用衰减特性这种差别可以把密度不同的物质区分开来[49]，该技术已成功应用于铜矿、镍矿、锌矿、钼矿、钨矿等多种矿石拣选中。

X 射线透射系统根据透射探测器数量可分为单能及双能。单能采用单一的透射探测器，输出为一种能量等级透射数据；双能采用高、低能两组透射探测器，输出一高一低两种能量等级透射检测数据[50]。根据朗伯比尔定律，相同密度的物质若厚度不同，X 射线的衰减就不同，所以仅靠单能 X 射线无法准确识别物质种类。双能 X 射线系统通过两个透射检测模块输出两组衰减数据，通过两组数据处理，可以同时得到被测物质的外形及原子序号信息，以消除物质厚度的影响，提高识别的准确性。双能系统根据射线源的不同，又可分为真双能和伪双能两种。其中真双能系统采用两个独立的能够产生高低两种不同能量的 X 射线源和两组响应不同能谱的透射检测模块；伪双能系统采用单一 X 射线源产生连续的 X 射线能谱，使用上下高、低能两组探测器[48]。现有 X 射线拣选机主要应用的是伪双能系统，伪双能探测器通过在低能探测器后设置铜过滤片将低能信号过滤，从而实现高低能两组信号探测，其原理图如图 7-14 所示[51]。

7.2.4.2　发展史

从 20 世纪 60 年代初期第一次出现利用 X 射线衰减现象进行分选煤和页岩的方法研究后，X 射线透射分选原煤技术逐渐发展，英国国家煤业局和冈生索特克斯公司即曾合作创制了一套工业生产型拣选设备以供采煤场使用[52]。国外伪双能 X 射线拣选机起步较早，发展比较成熟，德国 Commodas 公司、摩根森公司，挪威的

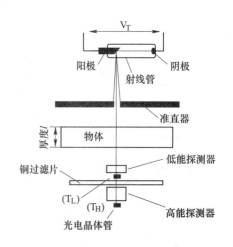

图 7-14　伪双能 X 射线透射探测系统原理图

Comex 公司，奥地利的 BT-WolfgangBinder GmbH 公司等的 X 射线拣选机已经在工业上成熟应用，其中以 Commodas（该公司目前被 Tomra 集团收购）拣选机应用最为广泛，此类拣选机通过构造特征属性建立被检测物质和透射前后能量的联系进行物质识别。

但是由于技术垄断的原因，在复杂有色金属矿石的特征属性计算方法方面国内未获得突破性进展，所以国内伪双能 X 射线拣选技术一直处于试验阶段，目前只有少数的理论研究，尚无成熟的工业应用设备报道，山东大学李振华教授等发表了基于伪双能 X 射线成像的矿石分选系统的相关专利，此分选系统利用低能透射能量和高、低能吸收系数比值拟合的曲线作为特征属性，结合图像识别和模式识别，完成矿石品位的识别，进行分选，但尚未有应用实例[53]；北京矿冶科技集团有限公司（原北京矿冶研究总院）自 2008 年以来开始 X 射线透射法的研究，目前已建立实验室拣选系统，可进行半工业试验，探索矿石可拣选性参数。

7.2.4.3 结构及特性

X 射线透射传感器的分选设备结构组成如图 7-15 所示[19]。经筛分后的被检测矿石，通过振动给料器以单层状态给入到以一定速度运转的检测皮带上，当矿石经过 X 射线照射区域后，信息处理系统将收到的传感器信号进行分析处理，并将判断结果发至执行系统，执行系统通过改变目标矿石的运动轨迹，从而实现矿石的分选。

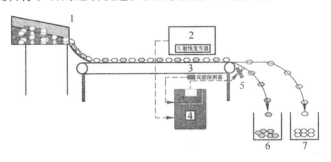

图 7-15 伪双能 X 射线透射分选设备组成

1—给料；2—X 射线发生器；3—双能探测器；4—信息处理系统；5—执行机构；6，7—产品

7.2.4.4 工业应用

某白钨矿是目前最大的中欧洲钨矿床，于 1967 年发现该矿床，1976 年开始露天开采，直到 1986 年结束。1978 年开始井下开采，与露天开采并行。目前精矿每年产量达 48 万吨。随着开采品位的不断下降，由最早的 WO_3 品位 0.7%，已降至目前 0.27%，同时随着环保要求的提高，对其进行预选抛废就显得十分必要。该矿自 2007 年就在现场安装了 X 射线透射（XRT）分选设备，经过 18 个月的调试及试验，在给料粒度−28+16mm 条件下，实现了尾矿 WO_3 品位小于 0.04%，抛废率不小于 30% 的优良指标。2009 年，该设备并入生产线中，处理量达到 20t/h，实际生产指标超过预期。X 射线透射分选机年产生尾矿 3 万吨，可作为市政工程原料，同时降低了最终尾矿量。

在首台 X 射线透射分选机分选应用成功后，该选厂进行了大粒级矿石分选研究，购买安装了第二台皮带式 X 射线透射分选机，分选粒度−60+28mm，处理量增大至 65t/h。

目前两台 XRT 分选机每年实现 15 万吨抛废。下图是两台 X 射线透射分选机现场照片如图 7-16 所示[54]。

　　德国亚琛工业大学针对南非某金矿 100kg 矿样进行了伪双能 X 射线透射法试验，该矿样取自重介质分选的尾矿，这部分尾矿是作为原工艺系统的最终尾矿。矿样粒级为 −22+6mm，含金 1.45g/t，经过 X 射线透射法拣选机分选后，精矿品位达到 3.83g/t，回收率约为 84%。这部分精矿可以给入到原分选流程，以提高金回收率[20]。根据试验情况，该金矿已建立中试线。如图 7-17 所示。

图 7-16　X 射线透射拣选机现场照片　　　　图 7-17　南非某金矿 X 射线透射法中试线

　　加拿大英属哥伦比亚大学针对某铅锌矿进行了多种传感器分选试验，其中伪双能 X 射线透射法针对该矿石具有良好的分选性[20]。试验中为了验证最佳分选粒级，将矿样筛分为包括+75mm、−75+53mm、−53+37.5mm、−37.5+26.5mm、−26.5+19mm、−19+13.2mm 以及−13.2mm 共七个粒级，通过对多粒级分选试验，最佳分选粒级为−37.5+26.5mm，分选指标如表 7-5[55] 所示。

表 7-5　**Pend Oreille 矿山铅锌矿分选指标/%**

粒级/mm	原矿		精矿		尾矿		回收率		抛废率	
	Pb	Zn	Pb	Zn	Pb	Zn	Pb	Zn	Pb	Zn
−37.5+26.5	3.65	9.52	9.92	13.56	0.17	0.88	99.0	96.1	38.1	38.1

7.2.5　近红外拣选机

　　近红外光谱是介于可见光和中红外光之间的电磁波，美国材料检测协会（ASTM）将近红外光谱区定义为波长 780~2526nm 的光谱区，最初于 1800 年被英国物理学家赫谢耳（William F Hershel）发现，是人们最早发现的非可见光区域[56]。近红外分选技术及装备在金属、废纸、塑料、玻璃、电子废弃物、市政固废等多种分选领域应用较为成熟和广泛。随着研究和应用的深入，逐步推广到矿物分选方面。目前国内应用该技术开展矿物方面的研究工作报道较少，国外相关机构深入开展了一些研究和工业应用的工作。

7.2.5.1　工作原理

　　近红外光谱法是依据被检测样品中某一化学成分对近红外光谱区的吸收特性而进行定

量检测的一种方法。近红外光谱主要通过两种技术获得：透射光谱技术和反射光谱技术。透射光谱波长一般在 780~1100nm 范围内；反射光谱波长在 1100~2526nm 范围内[56]。

在近红外光谱分析中，被测物质的近红外光谱取决于样品的组成和结构。样品的组成和结构和近红外光谱之间有着一定的函数关系。使用化学计量学方法确定出这些重要函数关系，经过校正，就可以根据被测样品的近红外光谱，快速计算出各种数据[57]。

应用近红外光谱进行矿物检测的技术关键是建立训练样本集，采用化学计量学方法，在化学成分和光谱吸收之间建立一种定量的函数关系，在此基础上，从待分选矿块的近红外光谱中求出矿块的成分和含量，然后建立数学模型预测其品位等信息。

对于特定矿物，在不同的波长位置可以观察到所分选矿物的属性特征。了解矿石中的近红外活性组分矿物吸收特征，是研究近红外传感技术在矿物拣选富集中应用的一个重要的初始阶段。根据研究表明：大量矿物可根据其在近红外光谱中的响应进行分类，大多数判断吸收特征发生在 1300~2550nm 之间，部分矿物的近红外光谱吸收特征如表 7-6 所示[58]。

表 7-6 部分矿物的近红外吸收特征

分 类	矿 物	分子吸收特性/nm		
		—OH	H_2O	CO_3^{2-}
硅酸盐	硅孔雀石	1415, 2270	1415, 1915	—
	白云母	1415, 2205, 2350	1415, 1840, 1915	—
	高岭土	1400, 1415, 2160, 2200	1415, 1840, 1915	—
	黑云母	2255, 2370	1920	—
	绿泥石	1415, 2265	2360	—
碳酸盐	方解石	—	—	1920, 2000, 2150, 2340
	孔雀石	2360	—	2275, 2360
氧化物	赤铁矿			

7.2.5.2 结构及特性

近红外拣选机主体结构与上述色选机、X 射线分选机大同小异，最重要的区别在于传感器的差异，近红外拣选机采用的传感器为近红外发射与接收系统。如图 7-18 为奥地利某公司 MINEXX-NIR 型光学分选机采用近红外成像系统作为传感器，给矿形式采用溜槽型，在矿物抛出下落阶段进行近红外检测分析，整机结构紧凑[59]。图 7-19 为德国某公司的分选设备近红外光谱结构示意图，物料采用皮带输送形式，采用多通道输送和分选结构。

7.2.5.3 工业应用

A 纳米比亚锌矿近红外拣选应用[61]

2008 年，德国亚琛大学针对纳米比亚某锌矿开展近红外拣选研究，该锌矿是位于纳米

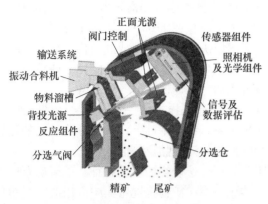

图 7-18　奥地利某公司 MINEXX 型
光学分选机结构示意图

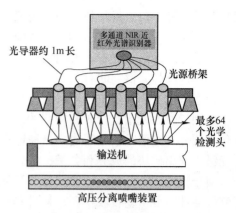

图 7-19　德国某分选设备近红外
光谱结构示意图[58]

比亚的露天锌矿，年产超高纯锌精矿 15 万吨。

该锌矿包括含锌矿物，如羟锌矿、异极矿、菱锌矿和水锌矿。这些矿物在近红外射线作用上可显示出特征反应。由于有价矿物中 OH 和 H_2O 基团的存在，反射光谱有三个主要的吸收特征。废石主要指非含锌黏土矿物、方解石和不纯石英。采用的拣选设备为某公司制造的 PLOYSort 近红外分选设备，该类型近红外检测分析系统能够实现该设备工作宽度为 600~1800mm，可允许的分选矿块粒级范围为 12~300mm。分选矿块粒度约为 110mm，工作宽度为 1200mm，单机处理量为 130t/h。

　　B　德国铜页岩近红外拣选试验应用[62]

德国亚琛大学针对德国某铜页岩的矿产资源进行可选性研究探索。

该矿石的主要组成为白云石、铜页岩和砂岩。所分选的物料粒度为 20~50mm；表面状况清洁、湿润；原矿铜品位为 1.25%；分选过程中，所丢弃的物料为砂岩，接受物料为白云石和铜页岩。近红外拣选机整机参数为：整机处理量为 20t/h，其结构示意图如图 7-20 所示。

近红外拣选试验表明，砂岩的分离是具备可行性的（图 7-20）。在清洁的岩石表面和

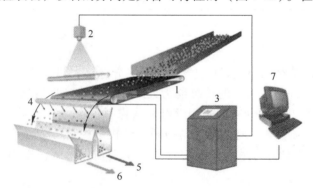

图 7-20　近红外拣选试验分选示意图

1—输送系统；2—近红外发射源与探测器；3—信息处理系统；4—喷吹电磁阀；
5—矿石箱；6—废石箱；7—控制、监测单元

潮湿的条件下，分选机能够从探测到的 NIR 光谱中提取出足够的分选特征，以区分砂岩和白云石和铜页岩矿石。砂岩的产率可达到 20%，并可获得 95% 的砂岩回收率。

7.2.6 电磁拣选机

首台电磁拣选机由当时 RTZ 矿石拣选公司率先研制成功，应用范围广，拣选指标较好。可适用的矿石类型有：硫化矿石和氧化矿中含镍矿石、铅锌矿、铜矿、锡钨矿、铁锰矿石、金刚石等，尤其适宜于有色金属矿石预选。电磁拣选技术主要利用矿石与废石之间体积比磁化系数的差异进行识别和分选，分选对象主要为弱磁性矿物，依靠执行机构进行直接分离。可以解决由于磁场力太弱，磁选技术难以实现分离的问题。

7.2.6.1 工作原理

电磁拣选技术关键在于检测采用电磁感应技术，矿石进入探测系统区域，探测系统产生一定强度的电磁场，当矿石经过电磁场空间时，对探测系统的电磁场产生扰动，扰动的大小取决于导电矿块的导电性和导磁性，而导电性和导磁性又取决于所含矿物元素的种类及含量。因此，扰动电磁场的大小，也就间接反映出矿块所含元素的含量。图 7-21 为电磁拣选机原理示意图[19]。

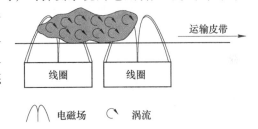

图 7-21　电磁拣选机原理示意图

7.2.6.2 发展史

首台电磁拣选机由当时 RTZ 矿石拣选公司率先于 20 世纪 70 年代末 80 年代初研制成功，应用范围广，拣选指标较好。国内早期也出现了原江西冶金学院研制的磁光分选机、原西北矿冶研究院研制的 CDJ-1 型电磁拣选机等[63]。目前国外电磁拣选机发展相对较为成熟。

7.2.6.3 结构特性及应用

A　国内磁光电磁拣选机[63,64]

20 世纪 70 年代末期原江西冶金学院研制成功了磁光拣选机，在当时画眉坳和大吉山钨矿得到试验应用。磁光选矿机工业样机的外形尺寸（长×宽×高）为：1890mm×830mm×2230mm，其结构和工作示意图如图 7-22 所示。整机由四部分组成：给矿排队系统、检测系统、信号处理系统和分选执行系统。该设备的检测系统组成特点为：在靠近出矿端的 V 形皮带的下面，装有由磁敏元件、磁源和磁轭构成的磁探头。矿石经过这个具有恒定磁场的检测区时，由于块钨具有弱磁性，它被磁化后改变了磁敏元件所在处的磁场分布，磁敏元件将这种磁增量转换成电增量传递给信号处理系统。而石英、板岩等脉石矿物比磁化系数较小，磁敏元件的感应的电信号变化较小。该系统中采用的磁敏元件主要为霍尔元件，完成磁信号与电信号的转化。

从磁光分选机试验地点下垄大平钨矿矿物磁性参数（表 7-7）可以看出：（1）钨锰铁矿的体积比磁化系数为 $(60 \sim 100) \times 10^{-6} cm^3/g$，比纯石英、砂岩、板岩要大 $40 \times 10^{-6} cm^3/g$ 以上，这是电磁拣选的可行的主要原因；（2）钨锰铁矿属于弱磁性矿物，对于粗粒单体块

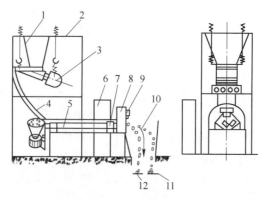

图 7-22　磁光拣选机结构示意图

1—漏斗；2—机架；3—电磁振动给料器；4—弧形溜槽；5—运输皮带；6—控制柜；7—磁探头；
8—光箱；9—喷射阀；10—分隔板；11—尾矿皮带；12—精矿皮带

钨而言，直接利用磁场力吸附作用将其从围岩中分离出来，相对较难实现。通过拣选喷吹执行机构来拣选则较为简单[65]。

表 7-7　部分矿物的磁性参数表

矿石名称	钨锰铁矿	石英	石英质砂岩	板岩	千枚岩	闪长岩
体积比磁化系数 /10^{-6}cm^3 · g^{-1}	60~100	10~20	20~30	20~30	50~100	200~1000

　　磁光分选机在大吉山钨矿和下垄钨矿开展了半工业或工业试验，所得到的分选指标如表 7-8。表中数据波动较大，与原矿表面性质、粒度分布均匀性、执行机构性能均有重要关系，现场经过试验调整在第二期工业试验中也取得了脉石选出率 90.1%，块钨选产出率 89.3%，废石丢弃率 90.5% 的指标。但是也可以看出，由于受当时技术水平限制，单槽道的处理量较难以满足现场工业需求量。

表 7-8　磁光选矿机分选指标

试验名称	试验地点	粒级 /mm	有用矿物含量 /%	脉石选出率 /%	块钨选出率 /%	废石丢弃率 /%	尾矿中含废石 /%	精矿中含废石 /%	单槽处理量 /kg · h^{-1}
半工业试验	大吉山钨矿	20~45	17.0	94.2	90.4	67.9	1.7	61.7	1770
第一期工业试验	下陇钨矿	20~30	22.7	86.7	70.6	80.9	4.6	40.8	690
第二期工业试验	下陇钨矿	20~30	15.6	90.1	89.3	90.5	2.0	34.0	600

B　德国某公司 EM 型电磁拣选机

德国某公司开发了 EM 型电磁拣选机，主要针对锰矿、镍矿、多金属矿进行分选。主要利用电磁传感器来检测电导率和磁导率来判别矿物差异。目前该公司开发的第二代 EM

电磁拣选机，设备外形如图 7-23 所示，处理矿石粒度为 20~75mm，单机处理能力最大为 75t/h。

7.2.7 微波加热拣选机

图 7-23　德国某公司 EM 电磁拣选机

微波是频率大约为 300MHz~30GHz、波长在 100cm~1mm 范围内的电磁波。微波是一种具有电场和磁场的电磁能。微波加热将电磁能转化成热能的过程，实际上是微波对于处于微波场内物质发生作用，物质中的分子在电场作用下被电离而极化，形成具有方向性的极化分子。物料内的极化分子随着微波电磁场极性交替变化而取向发生交变。极性分子的高频分子运动，摩擦产生热量，使得电磁能转化为热能，使得物料被加热。

微波加热处理由于具有即时性、整体性、选择性、高效性、安全、卫生、无污染等特点，研究人员在碎矿、磨矿、浮选、磁选、浸出等矿业领域方面开展了大量的研究工作[66]。近几十年来，选择性微波加热矿物在选矿中的应用可行性得到了研究。国内学者研究了 40 多种矿物和化合物的加热速率。结果表明，大多数硫化物矿物对微波辐射有较好的加热效果，金属硫化物，如方铅矿（PbS）、黄铜矿（$CuFeS_2$）、铁矿，如赤铁矿（Fe_2O_3）和富石墨矿物，在微波激发下可达到几百摄氏度的温度，而常见的脉石矿物如石英、方解石和钠长石，微波对其加热效果不明显。这表明微波加热后，由于温度的差异，硫化物矿物从脉石中分离出来具有可行性。表 7-9 概述了这些矿物的加热速率。

表 7-9　部分矿物在微波中升温速率

矿物名称	化学组成	温度 T/K	时间 t/s	$\Delta T/\Delta t$
黄铁矿	FeS_2	1292	405	2.45
磁黄铁矿	$Fe_{1-x}S$	955	40	16.43
黄铜矿	$CuFeS_2$	980	60	11.37
斑铜矿	Cu_5FeS_4	1250	150	6.35
辉钼矿	MoS	1060	150	5.08
方铅矿	PbS	1010	150	5.93
闪锌矿	ZnS	430	150	0.89
磁铁矿	Fe_3O_4	1026	150	4.85
赤铁矿	Fe_2O_3	450	420	0.37
钛铁矿	$FeTiO_3$	1260	150	6.41
五氧化二铌	Nb_2O_5	387	360	0.25
石英	SiO_2	346	150	0.32
方解石	$CaCO_3$	347	255	0.19
钠长石	$NaAlSi_3O_8$	342	420	0.10

注：各矿物的起始温度为 298K。

7.2.7.1　工作原理

不同于微波加热技术在矿业其他领域的应用，国内微波加热应用于矿石拣选目前研究报道较少，但早在 20 世纪 80 年代，国外研究人员已经对铅锌硫化物、金、硫化铜、硫化钼和铁矿石进行了微波加热与红外热成像（MW-IRT）相结合的研究工作。

微波加热与红外热成像分选原理为：利用目标待选矿物在微波辐照加热预处理，由于微波加热对特定矿物选择性加热特性，有价金属元素矿物与围岩或脉石温升上存在可区分的差异，利用红外成像技术检测到这种差异性，从而为拣选分离提供判断依据。微波加热技术的应用通常与红外成像相结合一起，共同完成微波对特定金属矿石的加热和检测过程。

7.2.7.2　结构特性及应用

目前国内外微波加热红外成像拣选机试验或应用种类相对不多，最早于 20 世纪 80 年代 Berglund 和 Forssberg 两位研究人员对瑞典硫化矿物利用微波加热分选尝试性研究，但由于所丢弃围岩所含 Pb 和 Zn 品位较高而造成较大损失而停止[66]，后续在从事微波加热红外成像技术研究及其工业试验工作的研究人员中，最具有代表性的应该是英国诺丁汉大学学者 A. R. Batchelor 等所开展的微波加热红外成像分选研究工作。

2016 年左右诺丁汉大学工程学院在应用了一套连续中试线微波加热处理系统（不含有分离系统部分）[67]，主要结构包括微波腔、输送皮带、红外摄像头等。微波腔是配有集成反射和电阻扼流圈的五边形谐振腔，由工作在频率为 896MHz 的功率可变范围 10 ~ 100kW 的 e2v 型微波发生器供电。该发生器通过矩形 WR 975 波导法兰与喷头之前的三根自动阻抗匹配装置（或调谐器）相连。该喷头的设计是为了加热目标矿块，输送皮带为水平薄型硅胶输送带，矿块粒级为 12.7 ~ 76.2mm（名义为 50.8mm），皮带速度范围为 0.3 ~ 1m/s 可调，入射微波功率在 10 ~ 55kW 之间调节，处理量可达到 15 ~ 80t/h，微波处理能量剂量为 0.3 ~ 1kW·h/t。其工作过程为四步：微波加热启动、微波加热处理、微波加热关闭、红外成像检测。矿石微波加热处理红外成像如图 7-24 所示，试验分选结果如表 7-10 所示。

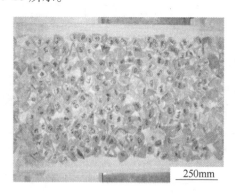 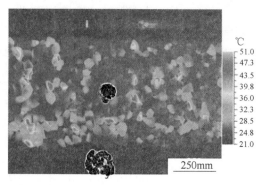

图 7-24　微波加热处理红外成像

表 7-10 试验分选结果

批 次	组 号	产品类型	产率/%	铜品位/%	回收率/%
I	1	原矿	100	0.385	100
		精矿	74.9	0.480	93.7
		尾矿	25.1	0.102	6.6
	2	原矿	100	0.385	100
		精矿	82.6	0.447	95.9
		尾矿	17.4	0.091	4.1
	3	原矿	100	0.385	100
		精矿	60.9	0.551	87.2
		尾矿	39.1	0.126	12.8
II	1	原矿	100	0.265	100
		精矿	75.5	0.300	85.5
		尾矿	24.5	0.157	15.5
	2	原矿	100	0.265	100
		精矿	49.2	0.391	72.6
		尾矿	50.8	0.143	27.4
	3	原矿	100	0.265	100
		精矿	56.3	0.398	84.4
		尾矿	43.7	0.055	15.6
III	1	原矿	100	0.046	100
		精矿	75.0	0.055	89.3
		尾矿	25.0	0.020	10.7
	2	原矿	100	0.046	100
		精矿	25.8	0.079	44.2
		尾矿	74.2	0.035	55.8
	3	原矿	100	0.046	100
		精矿	11.2	0.094	22.9
		尾矿	88.8	0.040	77.1

A. R. Batchelor 等在实验基础上继续对斑岩铜矿进行微波加热红外成像分选工业试验研究，微波加热红外成像拣选系统如图 7-25 所示[68]。与常规的拣选机结构不同之处在于：（1）有三段输送皮带，即微波加热处理皮带、加速皮带、分选皮带；（2）微波加热处理系统与红外成像系统不在同一位置，相隔一定间距匹配，并且红外成像系统在加热前和加热后各安装一套。在为期一年半的试验性工业试验期间，对 11 种不同类型的矿石完成了大约 300 次试验，总共处理了约 15500t 矿石。

总体而言，微波加热红外成像矿石分选目前仍处于发展阶段，由于微波加热的选择性，针对部分硫化物的分选具有明显优势，未来可能成为一种重要的拣选技术。

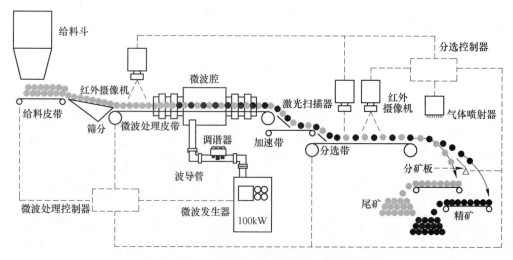

图 7-25   微波加热红外成像拣选整机结构示意图

参 考 文 献

[1] 崔国治. 拣选技术 [M]. 北京：中国建业工业出版社，1993.

[2] Wotruba H, Harbeck H. Sensor-Based Sorting [J]. Ullmann's ENCYCLOPEDIA OF INDUSTRIAL CHEM-ISTRY. German. 2012, Vol. 32：395-404.

[3] 孙传尧. 选矿工程师手册 [M]. 北京：冶金工业出版社，2015.

[4] 佚名. 国外光电选矿概况 [J]. 有色金属（冶炼部分），1973.

[5] Мокроусов В А，Лилеев В А. Радиометрическое обогаше ниенерадиоактивных руд [M]. Москва，Недра，1979.

[6] Окроусов В А，Гальвбек Г Р，Архипов Р А. Теоретичёские основы радиометрического обогашения радиоактивных руд [M]. Москва，Недра，1968.

[7] 崔国治，杨靖. 拣选及其综合技术经济效益 [J]. 国外金属矿选矿，1994（6）：51-54.

[8] 《选矿手册》编辑委员会. 选矿手册 [M]，第三卷，第一分册. 北京：冶金工业出版社，1993，3-72.

[9] Ma Debiao, Lu Wei, Model 5421-II Radiometric Sorter [C]//International Conference on Uranium Extraction. Oct. 22-25, 1996, Beijing：China，146~150.

[10] 朱道瑶，梁殿印，史佩伟，冉红想，尚红亮. 矿石拣选技术和设备的研究和进展 [J]. 矿山机械，2016，44（7）：5-10.

[11] http：//www. csteelnews. com/sjzx/yjjs/201307/t20130720_ 193612. html.

[12] Duffy K A, Valery W, Jankovic A, et al. In Search of the Holy Grail-Bulk Ore Sorting [C]//Austmine 2015 International Conference and Exhibition：2015. Brisbane，Australia.

[13] Harmut Harbeck, Harald Kroog. New developments in sensor-based sorting [J]. Aufbereitungs Technik 2008，49（5）：4-11.

[14] 印万忠，刘明宝，韩跃新，等. 矿石拣选及 X-射线辐射预选技术评述 [C]//2011 中国矿产资源综合利用与循环经济发展论坛. 2011.

［15］费德罗夫 IO. O，张岩. X 射线分选技术及分选机［J］. 矿山机械，2008（23）：110-113.

［16］Carl Bergmann. Development in Ore Sorting Technologies［DB/OL］. http：//www. mintek. co. za/Mintek 75/Proceeding/M02-Bergmann. pdf. 2019-04-03.

［17］Gerald Luttrell. Upgrading Potential Using Ore Sorting Technologies［DB/OL］. http：//www. ceecthefuture. org/up-content/uploads/2015/03/sorting_2015_SME. pdf. 2019-04-03.

［18］汪淑慧. 分选矿石的 X 射线辐射分选法［J］. 国外金属矿选矿，2007，44（8）：4-8.

［19］Knapp H，Neubert K，Schropp C，Wotruba H. Viable Applications of Sensor-Based Sorting for the Processing of Mineral Resources［J］. ChemBioEng Reviews，2014（1）：86-95.

［20］Tong Y. Technical amenability study of laboratory-scale sensor-based ore sorting on a mississippi valley type lead-zinc ore［D］. Vancouver：the University of British Columbia（Vancouver），2012：41-51.

［21］Manouchehri H R. Sorting：possibilities，limitations and future［C］//Proc. of Conference of Mineral Processing，Luleå. 2003，1：17.

［22］Simon Walker. Ore Sorters and Analyzers：The Technology Develops［J］. Engineering & Mining Journal，2014，46（4）：46-54，52.

［23］印万忠，吴尧，韩跃新等. X 射线辐射分选原理及应用［J］. 中国矿业，2011，20（12）：88-92.

［24］De Jong T P R，Harbeck H. Automated sorting of minerals：current status and future outlook［C］// Proc. of the 37th Canadian Mineral Processors Conference. 2005：629-648.

［25］徐昌彦. 光电色选机在某矿分选中应用实践及优化［J］. 世界有色金属，2016（9s）：31-32.

［26］刘丽娜. 颗粒物料颜色分选系统的设计［D］. 哈尔滨：哈尔滨理工大学，2006.

［27］贾春兰. 基于反射偏振分析滤除漫反射成分［D］. 长春：长春理工大学，2006.

［28］艾·格·里特维采夫，勃·斯·高罗别茨，阿·阿·罗戈瑞恩，等. 非金属矿石的荧光分选［J］. 现代矿业，1999（5）：19-22.

［29］黄勇，李江波，王一兵. 光电色选机介绍［J］. 现代农业装备，2007（10）：60-61.

［30］Alekhin A A，Chertov A N，Petuhova D B. Optical-electronic system for express analysis of mineral raw materials dressability by color sorting method［C］// Spie Optical Metrology，2013.

［31］Kamradt A，Borg P，Schaefer J，et al. An Integrated Process for Innovative Extraction of Metals from Kupferschiefer Mine Dumps，Germany［J］. Chemie Ingenieur Technik，2012，84（10）：1694-1703.

［32］谢光彩，廖德华，陈向，等. 黑钨矿选矿技术研究进展［J］. 中国资源综合利用，2014（5）：39-41.

［33］陈智歆. 基于串口通信的色选机系统［D］. 泉州：华侨大学，2007.

［34］张麟. 光电色选机及其应用［J］. 粮油加工与食品机械，1997（5）：22-27.

［35］李江波，坎杂，张若宇，等. 基于线阵 CCD 的脱绒棉种色选机光学系统的设计［J］. 石河子大学学报（自然科学版），2007，25（6）：128-131.

［36］周国欣. 色选机控制系统的设计与实现［D］. 无锡：江南大学，2004.

［37］叶鑫，叶芩沁. 色选机选矿在萤石矿的应用［J］. 内燃机与配件，2018，260（8）：243-244.

［38］汪淑慧，王瑞德. 铀矿的选矿问题［J］. 原子能科学技术，1960，2（Z1）：535-535.

［39］汪淑慧. 分选铀矿石及有色金属和稀有金属矿石的新型拣选机［J］. 国外金属矿选矿，2008，44（6）：9-11.

［40］汪淑慧. 铀矿选矿技术研究进展与展望［J］. 铀矿冶，2009，28（2）：70-76.

［41］吴冬，包峰，程文娟，等. 数字铀矿山技术研究进展与展望［J］. 铀矿冶，2017，36（S1）：1-6.

［42］汪淑慧. 铀矿的需求与选矿［J］. 国外金属矿选矿，2007，44（1）：18-20.

［43］Chen X. Development and application of radiometric sorting to uranium ore［J］. Uranium Mining & Metallurgy，1989.

［44］汪淑慧. 国外铀矿石放射性分选的现状［J］. 铀矿冶，2013，32（1）：31-33.

［45］谢荣厚，高新华，盛伟志，等. 现代 X 射线荧光光谱仪的进展［J］. 冶金分析，1999，19（1）：32-36.

［46］刘明宝，印万忠，高莹. X 射线预选技术［J］. 有色金属（选矿部分），2011（增刊）：177-180.

［47］Shemyakin V，Skopov S，Klimentenok G，et al. Theory and Practice of Bauxite X-Ray Sorting［M］// Light Metals 2015.

［48］成磊，尚红亮，朱道遥，等. 基于传感器的矿石拣选技术研究现状与发展趋势［J］. 有色金属（选矿部分），2017（S1）：160-163.

［49］Retz T，Quicker P，Wotruba H. Sensor technologies：impulses for the raw materials industry［M］. Shaker，Aachen，2014：54-63.

［50］孙丽娜，原培新. X 射线安检设备中探测技术研究［J］. 中国测试技术，2006，32（3）：20-22.

［51］Richard D. R. Macdonald. Design and implementation of a dual-energy X-ray imaging system for organic material detection in an airport security application［J］. Proceedings of SPIE，2001，4301：31-41.

［52］Jenkinson D E，孙善抡. X 射线透射法选煤［J］. 国外金属矿选矿，1975（Z2）：71-80.

［53］李振华，徐胜男. 一种伪双能 X 射线线阵成像系统：CN 104065889 B［P］. 2017.

［54］Christopher R，Alexander M. X-ray-transmission-based sorting at the Mittersill tungsten mine［C］. XXVII International Mineral Processing Congress（IMPC），2014，Chapter 16：1-10.

［55］Lessard J，Bakker J D，Mchugh L. Development of ore sorting and its impact on mineral processing economics［J］. Minerals Engineering，2014，65（2）：88-97.

［56］姚宁，程顺国. 近红外光谱分析技术及发展前景［J］. 现代制造技术与装备，2012（5）：71-74.

［57］高荣强，范世福. 现代近红外光谱分析技术的原理及应用［J］. 分析仪器，2002（3）：9-12.

［58］Iyakwari S，Glass H J. Mineral preconcentration using near infrared sensor-based sorting［J］. Physicochemical Problems of Mineral Processing，2015，51.

［59］Gschaider H J，Huber R. 基于传感器原理的矿物分选技术的应用与发展［J］. 煤炭加工与综合利用，2016（9）：20-23.

［60］常中龙，常燕青. 固体废物资源回收现代智能分选技术［J］. 环境卫生工程，2014，22（1）：64-66.

［61］Robben M，Buxton M，Dalmijn W，et al. Near-infrared Spectroscopy（NIRS）Sorting in the Upgrade and Processing of Skorpion Non-sulfide Zinc Ore［C］. XXV International Mineral Processing Congress（IMPC），2010.

［62］Romm，Christoph Steppuhn，Christian Korsten and Hermann Wotruba Separation of German Kupferschiefer lithology with NIR sorting［C］. XXVI International Mineral Processing Congress（IMPC），2012.

［63］杨何忠. 电磁拣选机［J］. 甘肃有色金属，1993（1）：20-25.

［64］刘世胜，施逢年. 磁光拣选机对某些脉金矿石预选丢废的探索试验［J］. 南方冶金学院学报，1980：9.

［65］施逢年. 磁光选矿机［J］. 有色金属（选矿部分），1979（4）：8.

［66］John R S，Batchelor A R，Ivanov D，et al. Understanding microwave induced sorting of porphyry copper ores［J］. Minerals Engineering，2015，84：77-87.

［67］Batchelor A R，Ferrari-John R S，Katrib J，et al. Pilot scale microwave sorting of porphyry copper ores：Part 1-Laboratory investigations［J］. Minerals Engineering，2016，98：303-327.

［68］Batchelor A R，Ferrari-John R S，Dodds C，et al. Pilot scale microwave sorting of porphyry copper ores：Part 2-Pilot plant trials［J］. Minerals Engineering，2016，98：328-338.

8 重 选 装 备

8.1 重选装备概述

8.1.1 重选装备发展历史

重力选矿是根据物质之间的密度差异进行矿物分选的方法[1]。古人类使用兽皮在河流中淘洗自然金属或矿物，后来用木制溜槽进行矿物分选，约 400 年前出现了原始形式的跳汰机，第一次工业革命后，人类对金属材料的需求量日益增加，同时蒸汽机的出现为机械化生产提供了动力，重选得到快速发展，在相当长的一段时间内，重选是最重要的选矿方法[2]。

1830~1840 年间，在德国的哈兹（Harz）矿区出现了机械式活塞跳汰机，它一问世就得到广泛推广使用并不断获得改进优化，1892 年第一台气动无活塞跳汰机——鲍姆（Baum）跳汰机问世。美国于 1890 年制造了第一台选煤用打击式摇床，1896~1898 年威尔弗利（A. Williey）发明了利用偏心轮连杆机构传动的现代机械摇床。1921 年用重介质选矿法分选块煤工艺成功用于工业生产，1936 年美国的马斯科特（Mascot）矿山首次成功利用重介质选矿法分选铅锌矿石。1939 年，荷兰将离心力引入到选矿工艺，使用水力旋流器进行浓缩和分级。1941 年，美国汉弗莱（Humphreys）研制了螺旋选矿机。至此，涵盖垂直流、斜面流、静力分选以及回转流的现代重选工艺基本格局正式确立[3]。现代重选工艺模式——溜槽选矿、跳汰选矿、摇床选矿、离心选矿和重介质选矿由此建立。

溜槽是最早出现的重选设备，19 世纪中叶出现了机械传动的带式溜槽和圆形溜槽，成为当时细粒金属矿的主要选别设备。20 世纪 40 年代出现了多层溜槽，50 年代出现了尖缩流槽，60 年代在尖缩溜槽基础上演变而成的圆锥选矿机被澳大利亚用于工业生产，并从 1964 年开始大规模工业应用，这开启了溜槽现代化的道路。圆锥选矿机从单层锥发展为双层锥，并且相互联合、竖直叠加、多段使用，这样组合起来后可以在 1 台设备上连续完成粗、精、扫选作业，大大提高了分选效率，从 1964 年开始大规模工业应用。2003 年我国研制的三段七锥圆锥选矿机投入使用，处理能力达到 200~300t/h，后续得到不断改进优化，极大地促进了圆锥选矿机在国内的应用和发展[4]。

北京矿冶科技集团有限公司（原北京矿冶研究总院）于 20 世纪 70 年代研制成功了直径 1200mm 的螺旋溜槽，螺旋槽断面曲线采用立方抛物线，同时采用了 2~4 头给矿设计，处理细粒级物料获得良好选别指标，单机处理能力大幅提高。1989 年又成功开发了直径为 2000mm 的螺旋溜槽，采用复合曲线作为螺旋槽断面曲线，在粗颗粒预选方面取得满意效果并得到应用。1999 年 BL1500 系列螺旋溜槽研制成功，对不同物料有针对性地设计了断面曲线和结构参数，解决了大直径螺旋溜槽对细粒级物料的分选难题，在工业中获得大量推广应用[5]。

跳汰机最原始的结构是一个在水中上下移动的筐子，1830 年出现了手动跳汰机，1830~1840 年间，德国出现了偏心传动的固定筛网跳汰机。1892 年第一台气动无活塞跳汰机——鲍姆（Baum）跳汰机问世，该机利用压缩空气产生脉冲，提高了跳汰机的有效筛选面积和处理能力，分层效果得到优化。1955 年日本研制出筛下空气室跳汰机，使得跳汰室中的液体在全宽度上的运动规律一样，振幅均匀[6]。1970 年由荷兰 MTE 公司研制的旋转耙液压圆形跳汰机开启了跳汰机大型化的发展，该机首次将液压传动应用于重选设备中。我国于 20 世纪 80 年代初开始研制圆形跳汰机并在 1984 年成功推出 YT7750 型跳汰机。

摇床是分选细粒矿石的常用设备，处理金属矿石时其有效分选粒度下限可达 0.02mm。摇床分选的突出优点是分离精确性高，可以经过一次选别得到高品位精矿或者废弃尾矿，但处理能力低。最初的摇床利用撞击的方式为床面提供往复不对称运动，因此称为撞击式摇床。1898 年威尔弗利（A. Williey）发明了利用偏心轮连杆机构传动的现代型式机械摇床。1918 年普兰特奥（Plat-O）利用凸轮连杆的机构替代偏心轮连杆机构改进了威尔弗利摇床。20 世纪 50~60 年代开始，多层摇床的发展解决了摇床处理量小的问题，由于最早多层摇床采用落地安装方式，限制了多层摇床的发展。1957 年美国在原有的多层摇床的基础上采用多偏心惯性齿轮床头，成功地研制出了悬挂式多层摇床，将摇床的发展带入了新的高度[7]。随即制成了 3~4 层床面叠置的悬挂式摇床。苏联研制的 KrI-22 型三层四联摇床，用一个传动机构可以带动 12 个床面运动。摇床已在我国发展应用一百多年，我国自行研制并广泛使用的 6-S 摇床和云锡摇床在钨、锡、钽等金属矿和煤矿中获得广泛使用。

离心选矿设备可使分选矿粒的惯性离心力比其重力大数十倍甚至数百倍，以提高矿粒分层速度，拓展回收粒度下限。1868 年美国亨蒂选矿机获得专利并在金矿中成功应用，这是离心选矿机最早的记载，这类设备后来也被用来连续分离胶状材料和污水中黏质颗粒。1935 年澳大利亚设计出从锥底压入液态化水的离心选矿机，成为现代离心选矿机的雏形[8]。20 世纪 60 年代后，应用离心力场提高颗粒沉降速度来改善微细矿粒的回收成为国内外研究的热点。1966 年我国研制成功的离心选矿机获得广泛应用，1985 年北京矿冶科技集团有限公司研制成功了 SL 型射流离心选矿机，用于微细粒重矿物的回收[9]。1980 年加拿大尼尔森选矿机公司研制出尼尔森选矿机（Knelson Concentrator）。1994 年加拿大拉普兰特等人在尼尔森选矿机的基础上研制开发了法尔康选矿机（Falcon Concentrator），转速更高[10]。除了卧式和立式离心选矿机的发展和应用，离心选矿技术和其他重选技术相互融合，出现了摇床类和跳汰类的离心选矿机，扩展了离心选矿的设备类型，使得离心选矿得到更广泛的应用[11]。

8.1.2　重选装备发展趋势

科技文献计量学表明[13]，21 世纪以来，重选并没有走到末路，相反其仍具有强劲的生命力。重选与浮选和磁选一起，仍然是选矿最重要的三种工艺。最近十年和上一个十年相比，重选、磁选和浮选的文献增长率分别为 113%，168% 和 104%，这说明重选依然是选矿研究的热门领域。然而，单一重选工艺在钨、锡、铁、金等传统利用重力分选领域的应用及研究有所减少，而重-磁、重-浮、重-磁-浮等联合分选工艺的应用及研究有所增加。重选设备相对其理论工艺而言发展更为迅速，尤其是特种重选设备，其采用磁力、离心力、重力等形成复合力场对矿物进行分选,为微细粒矿物分选做出了巨大贡献。

重选装备能够有效地处理粗、中粒及部分细粒级矿物,设备结构简单实用、节能环保。重选设备在我国的研究进展和趋势归纳如下:

(1) 重选设备的大型化与高效化;

(2) 离心力强化重选设备;

(3) 多力场联合作用的重选设备;

(4) 细粒重介质重选设备;

(5) 细泥重选设备;

(6) 粗粒抛废重选设备。

8.1.3 重选装备分类

重选设备可大致分为流膜类重选设备、跳汰类重选设备和离心类重选设备[14]。具体分类如下:

(1) 溜槽在斜面水流中,借助流体动力和机械力的作用,使物料实现按密度分离。

(2) 跳汰机介质流作交变运动,使物料实现按密度分离。

(3) 摇床在倾斜摇动的平面上,颗粒借助机械力与水流冲洗力的作用而产生运动,使物料实现按密度分离。

(4) 离心选矿机利用离心力场来强化矿物颗粒的重力作用,通过离心机转鼓的高速旋转产生非常大的离心力,使物料实现按密度分离。

(5) 重介质分选机介质的密度介于待分选物料中高密度颗粒和低密度颗粒之间,使物料有效的按密度分离。

(6) 洗矿机利用水力浸泡、冲洗并辅以机械搅动,将被胶结的矿块解离并与黏土分离。

8.2 溜槽

溜槽选矿是借助在斜槽中流动的水流进行选矿的方法。溜槽选矿应用较早,古代用淘洗方法分选重砂矿物使用的工具就是原始的溜槽,有些人工操作的溜槽如固定溜槽至今仍在沿用。19 世纪中叶出现了机械传动的带式溜槽和圆形溜槽,在浮选方法出现以前,溜槽是分选细粒有色金属矿的主要设备,在矿砂粗选和矿泥分选中占重要地位,广泛用于金、铂、锡、钽铌、钨等矿物分选,是处理低品位矿石常用的选矿设备。

根据处理物料的粒度,可把溜槽分为粗粒溜槽、细粒溜槽和微细粒溜槽(又称矿泥溜槽)三种类型,粗粒溜槽用于处理给矿粒度在 2~3mm 及以上的物料;细粒溜槽常用来处理粒度为 2~0.074mm 的物料;微细粒溜槽用于处理粒度小于 0.074mm 的物料[15]。粗粒溜槽和细粒溜槽并称矿砂溜槽,其构造简单,设备投资和操作费用较省,处理能力大;微细粒溜槽则是回收粒度下限最低的重选设备之一。此外溜槽还包含叠加了离心力作用的螺旋溜槽、离心溜槽和悬振选矿机等设备。

常用粗砂溜槽有固定粗粒溜槽、螺旋溜槽、扇形溜槽和圆锥选矿机等,矿泥溜槽有固定细粒溜槽、摇动翻床、皮带溜槽、横流皮带溜槽和振摆皮带溜槽等。本节重点介绍以下五种典型的溜槽分选装备。

8.2.1 固定溜槽

8.2.1.1 工作原理

在溜槽内，矿粒的运动包括在垂直方向的沉降和沿槽底运动两个方面。不同密度的矿粒在水流冲力、矿粒重力（或离心力）、矿粒与槽底间的摩擦力等的因素作用下发生分层。密度大的矿粒集中在下层，以较低的速度沿槽底向前运动，连续排出槽外（无沉积型溜槽），或者是滞留于槽底，间断地排出槽外（沉积型溜槽）；密度小的矿粒分布在上层，以较大的速度被水流带走。由此实现不同密度矿粒的分选。

固定溜槽分为固定粗粒溜槽和固定平面细泥溜槽。粗粒溜槽的分选过程如图 8-1 所示，颗粒垂直方向的沉降主要受颗粒性质和水流法向脉动速度的影响，粒度粗或密度大的矿粒首先沉降到槽底，而细小的低密度矿粒则因沉降速度低于水流的法向脉动速度成悬浮状态。颗粒沉到槽底以后，基本上成单层分布，颗粒按照沿槽底运动速度的不同发生分离。

矿泥溜槽选别原理如图 8-2 所示，矿粒在细泥溜槽中呈多层分布，其分选过程首先是颗粒在水流中按密度分层，然后再按不同层的运动速度差分离。在槽面上形成流速不同、浓度不同和性质不同的矿浆层。最上层为稀释表流层，只含微细的小密度矿粒，该层浓度稀，流速最大，矿粒不能沉到底部，而是直接流出槽外作为尾矿。最下层为沉积层，集中了大部分大密度矿粒，该层浓度大，流速小，甚至滞留于槽面不动，收集起来即为精矿。中部为浓缩悬浮层，介于上述两层之间，它在分选过程中起重要作用。

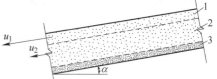

图 8-1　固定粗粒溜槽的工作原理图　　　图 8-2　固定矿泥溜槽的工作原理
　　　　　　　　　　　　　　　　　　　1—稀释表流层；2—浓缩悬浮层；3—沉积层

8.2.1.2 结构特性

溜槽槽体一般由木材、铁板或者混凝土制成，根据处理物料性质的不同，床面结构会有所不同。

粗粒溜槽槽底装有挡板或设置粗糙的铺物，如图 8-3 所示[1]。工作时槽内的水层厚度可达 10mm 以上，水流速度较快。

细粒溜槽槽底一般不设挡板，仅有少数情况下铺设粗糙的纺织物或带格的橡胶板。工作时槽内水层较厚的有数毫米，较薄的有 1mm 左右。矿浆以较小的速度呈薄层流过溜槽表面，能有效处理细粒和微细粒级物料。

8.2.2 扇形溜槽

槽体宽度从给矿端向排矿端呈直线收缩，排矿口矿浆流呈扇形，故称扇形溜槽，又称尖缩溜槽。扇形溜槽适合于处理含泥少的物料（如海滨砂矿和湖滨砂矿），其有效处理粒

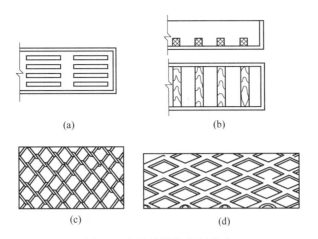

图 8-3　粗粒溜槽的挡板形式

（a）直条挡板；（b）横条挡板；（c）网格状挡板；（d）网格状挡板

度范围为 0.01~3.0mm，扇形溜槽的富集比较低，所以主要用作粗选设备，其特点是结构简单，不需要动力，且处理能力大。

8.2.2.1　工作原理

扇形溜槽分选原理如图 8-4 所示。扇形溜槽槽底一般是平的，与水平成 16°~20°角，给入的矿浆浓度较高，固体重量浓度达到 50%~60%。物料和水一起由宽端给入，在沿槽流动过程中发生分层[16]。由于扇形溜槽槽体坡度较大，高密度颗粒不发生沉积，而是以较低的速度沿槽底运动，上层矿浆流则以较高流速带着低密度颗粒流动。由于槽壁收缩，矿浆流的厚度不断增大，在窄端

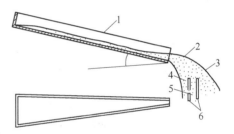

图 8-4　扇形溜槽的结构及原理

1—槽体；2—扇形面；3—低密度产物；
4—高密度产物；5—中矿；6—分料楔形块

向外排出时，上层矿浆流冲出较远，下层则接近垂直下落，矿浆流呈扇形展开，用截取器将扇面分割，即得到高密度产物、低密度产物及中间产物。

矿浆流态方面[1]，在溜槽上半部区域内，矿浆流基本呈层流流动，在接近排料端约 1/4 区域内矿浆流变厚，矿粒变为多层运动，并出现了明显的湍流。在层流区段，物料借剪切运动产生的压力差松散，高密度颗粒在离析作用下转入下层，低密度粗颗粒则转移至上层。到了湍流区段，在法向脉动速度作用下，颗粒按干涉沉降速度差重新调整，高密度粗颗粒下降至最底层，而之前混杂在高密度粗颗粒中间的低密度细颗粒则转移至最上层，使高密度产物进一步增加，矿浆浓度和黏度均达到很大值，继续保持层流流动。

底部层流流动的重矿物层对分选有重要意义，这也是扇形溜槽需要较大的坡度和高浓度给矿的原因，前者保证不产生沉积层，后者可借黏度的增加减小矿流湍流度，底部保持着厚的层流。生产实践也表明，待分选物料中高密度组分的含量对分层过程有重要影响，当高密度组分的含量低于 1.5%~2.0% 时，不能形成足够厚度的高密度物料层，分选指标明显变差。

8.2.2.2　结构特性

　　扇形溜槽的结构如图 8-4 和图 8-5 所示，主要包含槽体和接矿器两部分，接矿器则有三种形式。采用扇形板排矿时，将一个侧壁延伸，在排矿口外制成扇形板，分隔产物的楔形块安装在扇形板上，改变楔形块的位置即可调节产物的产量和质量。采用接料槽排矿最为简单，改变接料槽高度即可调节产物的产量和质量。沿槽底开缝排矿，少的 1~2 道，多的 6~8 道，缝宽一般 2~3mm，适合重矿物含量高的矿石选别，可以有效提高重矿物的回收率。

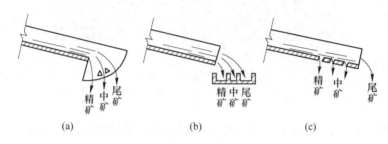

图 8-5　扇形溜槽产物截取方式
（a）扇形板截取；（b）截料槽截取；（c）开缝截取

　　影响扇形溜槽分选指标的结构因素主要包括：

　　（1）尖缩比。即排料端宽度与给料端宽度之比，一般尖缩比介于 1/10~1/20 之间，粗粒级矿石分选的尖缩比应小于细粒级尖缩比，精选或扫选的尖缩比小于粗选，排矿口宽度不应小于给矿中最大粒径的 20 倍。

　　（2）溜槽长度。溜槽长度主要影响物料在槽中的分选时间，其值介于 600~1500mm 之间，以 1000~1200mm 为宜。

　　（3）槽底材料。槽底表面应有适当的粗糙度，以满足分选过程的需要。常用的槽底材料有木材、玻璃钢、铝合金、聚乙烯塑料等。

　　影响扇形溜槽分选指标的操作因素主要包括：

　　（1）给矿浓度。给矿浓度是扇形溜槽最重要的工艺参数，在扇形溜槽中，保持较高的给矿浓度能消除底部高密度矿浆流的湍流度，使之发生析离分层。实践表明，最佳给矿固体质量浓度为 50%~60%。

　　（2）坡度。扇形溜槽的坡度比一般平面溜槽要大些，其目的是提高矿浆的运动速度梯度。坡度的变化范围为 5°~25°，常用者为 16°~20°，最佳坡度应比发生沉积的临界坡度大 1°~2°。

8.2.2.3　工业应用

　　扇形溜槽主要用于砂矿选别，另外可用于处理钨、锡、金、铁等金属矿及某些非金属矿石[17]。

　　澳大利亚某采砂船上粗选、扫选、精选分别安装 45 台、40 台、28 台扇形溜槽，处理能力为 40t/h，混合精矿中含 80%重矿物，回收率为 90%。

　　德国弗莱堡科学院用扇形溜槽选别云英岩矿石中细粒黑钨矿，当入选粒度为 0.2~

0.5mm 和 0.06~0.2mm 时，WO_3 回收率为 80%，而抛弃尾矿产率为 65%。

8.2.3 圆锥选矿机

圆锥选矿机是由扇形溜槽演变而来，将圆形配制的扇形溜槽的侧壁去掉，形成一个倒置的锥面，这就是圆锥选矿机的工作面。由于消除了扇形溜槽的侧壁效应和对矿浆流动的阻碍，因而改善了分选效果，提高了处理能力。圆锥选矿机适宜的给矿粒度为 0.03~1mm。

8.2.3.1 工作原理

入选矿浆经分配锥均匀分配在选别锥的周边上，矿浆在向中心流动的过程中逐渐变厚，借助矿物的比重、粒度及析离分层作用，重矿物进入底层，通过环形截矿缝排出作为重产品；上层含轻矿物的矿浆流以较高流速流入中心尾矿管，调节截料喇叭口的环形截矿板高度可以改变轻重产物的产率和品位等指标。

8.2.3.2 结构特性

圆锥选矿机的结构如图 8-6 所示，包含给料斗、分配锥、分选锥、截料喇叭口、转动手柄、高密度产物管、低密度产物管和机架。常用的圆锥选矿机分为单层锥和双层锥，双层圆锥选矿机的第二层分选锥和第一层平行设置，给料则通过锥形分配器将 50% 矿浆分别给入上下两层分选锥。单层锥和双层锥可以单独使用也可联合使用。

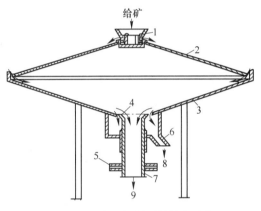

图 8-6 圆锥选矿机结构原理图

1—给料斗；2—分配锥；3—分选锥；4—截料喇叭口；
5—转动手柄；6—高密度产物管；7—低密度产物管；
8—高密度产物；9—低密度产物

影响圆锥选矿机分选指标的结构因素有：

(1) 锥角。圆锥选矿机的分选锥角过大，斜面过于平缓则矿浆湍流度（脉动速度）不够，松散作用不明显，选别效果差；锥角过小，斜面过陡，则速度梯度差不明显，选别效果差。一般锥角为 140°~154°即分选锥面相对水平的倾角为 13°~20°。

(2) 分选带长度。圆锥选矿机分选带长度由锥角和圆锥直径决定，分选带过短，矿浆来不及分层；分选带过长，排矿端矿浆积压流膜变厚。

(3) 锥面性质。锥面可以是平面或曲面，粗选锥和扫选锥结构参数相同，精选锥根据重矿物含量、密度、形状等性质专门设计。锥面表面粗糙度直接影响弱湍流流膜中流变层的形成情况，若过粗糙则会出现层流边层（层流中的沉积层），也不利于分选；表面过于平滑则湍流度降低，不利于松散分层，因此一般会对圆锥选矿机的工作面做不同粗糙度的材质试验。

影响圆锥选矿机分选指标的操作因素主要有如下三点[18]：

(1) 矿浆浓度。一般为 55%~60%，浓度越小，矿浆黏度越小，使得斜面矿浆流中矿粒速度差变小，有用矿粒易于流失，回收率低；浓度过高则矿浆黏度急剧增大，分层速度变缓，流膜中速度梯度变小，湍流度不够，使得精矿质量降低，恶化分选效果。

（2）给矿量。给矿量的大小影响矿浆流流膜的厚度，给矿量过大则流膜厚度变大，矿浆松散分层不完全；给矿量过小则流膜厚度变小，流变层变小也不利于分选。

（3）含泥量。圆锥选矿机对给矿中含泥量的反应敏感，当含泥量过大时，矿浆的黏度增加、流速降低，造成分层阻力增加，破坏分选过程。在选别作业前控制给矿含泥量尤为重要。

8.2.3.3　工业应用

目前圆锥选矿机均是采用多段配置，在一台设备上连续完成粗、精、扫选作业。为了平衡各锥面处理的物料量，给矿量大的粗选和扫选圆锥制成双层的，精选圆锥用单层。单层精选圆锥产出的高密度产物再在扇形溜槽上精选。这样由 1 个双层锥（D）、1~2 个单层锥（S）和 1 组扇形溜槽（nF，n 为尖缩流槽数量）构成的组合体，称作 1 个分选段。三段七锥圆锥选矿机的结构如图 8-7 所示。

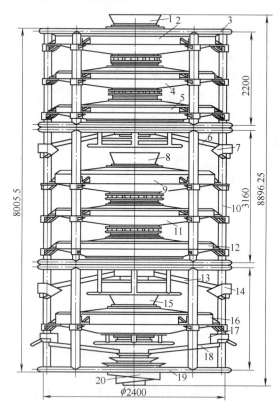

图 8-7　三段七锥圆锥选矿机的结构

1，8，15—给料槽；2，9，16—双层圆锥；3—上支架；4，5，11，12—单层圆锥；

6，13，18—扇形溜槽；7—上接料器；10—中支架；14—中接料器；

17—下接料器；19—下支架；20—总接料器

圆锥选矿机广泛用于海滨砂矿、锡矿、钛铁矿和钽铌矿等领域。

海南某钛矿湿选厂选用 3DS6FD 圆锥选矿机（图 8-8），入选原矿 1500t/d，经 1 台圆锥选矿机粗选，两次螺旋溜槽精选，可以获得含 TiO_2 3.94%，ZrO_2 4.26%的粗精矿，回收率 TiO_2 24.56%，ZrO_2 82.26%[19]。

车河选厂 I 系列处理锡石多金属硫化矿细脉带矿石，原生产流程中的前重选段采用跳汰机和摇床丢弃尾矿，选别效率低。根据车河选厂一期改造任务，前重选段采用圆锥选矿机和跳汰机联合丢弃尾矿。结果表明细脉带矿石采用圆锥选矿机和跳汰机联合丢尾是有效的，前重选段尾矿产率由 35%提高到 50%，全厂锡的回收率提高 1.83%[20]。

图 8-8　圆锥选矿机现场应用图

8.2.4 悬振选矿机

悬振选矿机是利用拜格诺剪切松散理论和流膜选矿原理，在复合力场的作用下，实现微细粒矿物选别的一种重力选矿设备。悬振选矿机于 2012 年获得国家发明专利授权，是一种新型高效重选设备[21]。

8.2.4.1 工作原理

悬振选矿机的工作原理如图 8-9 所示[22]，当搅拌均匀的矿浆从分选锥面中心的给矿管给入盘面粗选区时，矿浆成扇形铺展开向周边流动，在其流动过程中流膜由厚变薄，流速也逐渐降低。在自身重力和旋回振动产生的剪切斥力作用下，矿粒群在盘面上松散和分层，由上至下分别为表流层、流变层和沉积层。表流层主要是粒度小且密度小的轻矿物，在渐开线洗涤水冲洗作用下，大部分悬浮矿粒在粗选区即被排入尾矿槽。流变层厚度最大，主要由粒度小而密度大的重矿物和粒度大而密度小的轻矿物组成，该层粒群的密集程度较高，且没有大的垂直介质流速干扰，分层接近按静态条件进行，是按密度分层的较有

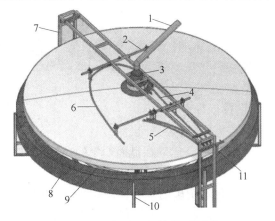

图 8-9　悬振选矿机结构原理图

1—原矿给矿管；2—水管挂杆；3—给矿器；4—矿浆补水管；5—精矿冲洗水管；6—渐开线洗涤水管；

7—支架；8—接矿槽；9—主机；10—接矿槽支架；11—进水管

效区域。随着设备的转动，部分矿物在中矿区洗涤水的分选作用下进入中矿槽。沉积层主要是密度大的重矿物，矿粒在靠近锥面中心粒度细，越向排矿端粒度越粗，该层的细粒、微细粒重矿物容易与分选面附着较紧，不易被矿浆流带走，设备运转到精矿区时，经精矿冲洗水的作用即可得到精矿，完成分选。

8.2.4.2　结构特性

悬振选矿机结构如图 8-10 所示，由分选圆盘、圆盘支架、行走电机、矿浆分配器、分矿器支架、接矿槽、接矿槽支柱、振动电机和控制系统等组成。

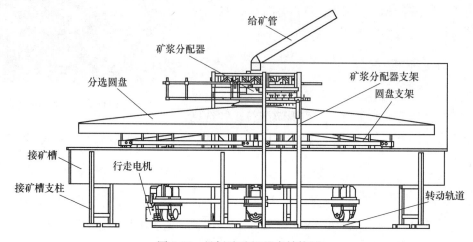

图 8-10　悬振选矿机基本结构图

悬振选矿机由行走和振动两套驱动系统组成，使得分选锥面做匀速圆周运动的同时，有规律的振动。其实物如图 8-11 所示。

悬振选矿机的结构特点主要有：

（1）矿浆从分矿器流到分选盘面后，呈扇形展开，矿浆层逐渐变薄，矿粒沉降距离随之缩短，有利于提高矿粒分层速度，使得设备单位面积的处理能力提高。

（2）分选盘中心的振幅为零，边缘最大，从中心到边缘的振幅呈梯度变化，有利于适应不同矿粒群的沉降分层需要。

图 8-11　悬振选矿机实物图

（3）分选盘的旋转运动是由往复运动在盘面产生的惯性力来实现，不需要像摇床一样为克服床面的惯性而增加能耗。

（4）分选盘的旋转运动强化了精矿的排出，提高细粒级矿物的分选速率和回收率。

（5）分选盘的运动使给矿区盘面保持无矿状态，减少已沉降在分选面上的矿粒对新沉降矿粒的影响，有利于精矿与分选面接触而强化分选效果。

（6）该设备结构易于实现多层化设计，从而进一步提高设备的处理能力。

锥面结构、锥角、锥面旋转速率、锥面振动频率等是悬振选矿机的主要参数。

8.2.4.3 工业应用

悬振选矿机适用于-37~19μm（400~800目）范围内的微细粒矿物的选别，可应用于钨、锡、铅、锌、锑等有色金属，铁、锰、铬等黑色金属，铀、黄金等稀贵金属，重晶石、硫等非金属矿石的分选，以及各种新、老尾矿的有价资源综合回收[22]。

鞍山某选厂-0.074mm含量约65%的铁浮选尾矿，铁矿物主要集中在-0.019mm。根据该尾矿的矿石性质，利用微细粒级重选设备-悬振选矿机对该尾矿进行再选，细粒级部分一次悬振选别可获得品位64.35%，回收率30.93%的铁精矿，粗粒级通过磨矿后（磨矿细度-0.074mm 85%）再悬振分选，获得的精矿铁品位为59.93%，回收率9.80%，综合铁精矿品位63.22%，回收率40.73%，综合尾矿铁品位降至12.58%，有效的回收了该尾矿中的铁矿物[23]。

8.2.5 螺旋溜槽

螺旋溜槽是底部为曲面的窄长溜槽绕垂直轴线弯曲成螺旋状的重选设备。根据不同处理量需要，螺旋机组可以做成不同层数，有单头、双头、三头和四头结构等不同结构。螺旋溜槽的截面曲线一般为立方抛物线，槽面上有较大的平缓宽度，矿浆呈层流流动的区域较大，适于处理细粒级矿石。精、中、尾矿均在螺旋槽的末端接出，在螺旋槽中部不设精矿接取装置，在选别过程中一般不加冲洗水。

8.2.5.1 工作原理

螺旋溜槽工作原理如图8-12、图8-13所示，矿浆给到螺旋溜槽后，首先在弱湍流作用下松散，接着按流膜分选原理分层，分层过程约经过一圈即完成。

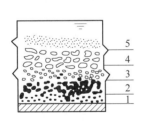 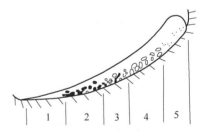

图8-12 颗粒在螺旋槽内的纵向分层结果

1—高密度细颗粒；2—高密度粗颗粒；3—低密度细颗粒；4—低密度粗颗粒；5—特别微细的颗粒

图8-13 颗粒在螺旋槽内的横向分带结果

1—高密度细颗粒；2—高密度粗颗粒；3—低密度细颗粒；4—低密度粗颗粒；5—特别微细的颗粒

矿浆向下流动的同时也作离心回转运动，矿浆在离心惯性力的作用下向螺旋槽外缘扩展，于是形成了内缘流层薄、流速低的层流流态，外缘流层厚、流速高的湍流流态。矿浆流除了沿槽的纵向流动外，还存在着内缘流体与外缘流体间的横向运动，称作二次环流。二次环流使得在槽的内圈出现上升分速度、外圈则有下降分速度。液流的纵向流动与二次环流叠加结果，形成了液流在槽面上的螺旋线状运动。上层液流趋向外缘，下层则趋向内缘。

矿浆内的固体颗粒既受着流体运动特性的支配，同时也受自身重力、惯性离心力和槽底摩擦力的作用。矿粒沿槽面作离心回转运动，产生惯性离心力。流膜底层密度大的重矿物受槽底摩擦力影响，运动速度较低，惯性离心力较小，在重力分力作用下，沿槽面的最大倾斜方向趋向槽的内缘运动；上层密度小的轻矿物颗粒随矿浆一起运动，速度大，惯性离心力大，被甩向槽的外缘。于是重矿物靠近内圈，轻矿物移向外圈，最外圈矿浆中则悬浮着微细粒的矿泥。这种分带现象在第 1 圈之后即已表现出来，并在其后继续完善。二次环流不断地将重矿粒沿槽底输送到槽的内缘，同时又将内缘分出的轻矿物向外缘转移，促进着分带的发展，直至分带完成。精、中、尾矿及矿泥在螺旋槽上的分布如图 8-13 所示，最终通过分矿阀及截矿槽将精矿、中矿、尾矿及矿泥分别接出从而实现分选[24]。

8.2.5.2　结构特性

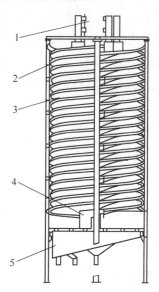

螺旋溜槽的结构如图 8-14 所示，包含分矿器、螺旋槽、截矿器、接矿斗和支架。设备的主体由 3~4 层螺旋槽组成，螺旋槽在纵向（沿矿浆流动方向）和横向（径向）上均有一定的倾斜度。螺旋溜槽的特点是结构简单，处理能力大，不消耗动力，操作维护方便。

影响螺旋溜槽选别指标的结构因素主要有[2]：

（1）螺旋直径。螺旋直径是螺旋溜槽的基本参数，它既代表设备的规格，也决定了其他结构参数，一般来说，直径小的螺旋溜槽更适合于细粒级物料的分选，但北京矿冶科技集团有限公司通过优化螺旋槽断面曲线，在直径达 1500mm、2000mm 时，对细粒级物料（0.02~1mm）的分选可取得满意的效果。

（2）螺距。螺距决定了螺旋槽的纵向倾角，因此它直接影响矿浆在槽内的纵向流动速度和流层厚度，一般来说处理细粒物料的螺距要比处理粗粒物料的大些，工业生产中使用的设备的螺距与直径比为 0.4~0.8。

图 8-14　螺旋溜槽的结构示意图
1—分矿器；2—支架；3—螺旋槽；
4—截矿器；5—接矿斗

（3）螺旋槽横断面形状。用于处理 0.2~2mm 物料的螺旋槽的内表面常采用长轴与短轴之比为 2∶1~4∶1 的椭圆形，给料粒度粗时用小比值，给料粒度细时用大比值；用于处理 0.2mm 以下物料的螺旋溜槽的螺旋槽断面曲线常呈立方抛物线形。

（4）螺旋槽圈数。处理易选物料时螺旋槽仅需要 4 圈，而处理难选物料或微细粒级物料（矿泥）时可增加到 5~6 圈。

影响螺旋溜槽选别指标的操作因素主要有：

（1）给矿浓度和给矿量。采用螺旋溜槽处理-0.2mm 粒级的物料时，粗选作业的适宜给矿浓度为 30%~40%（固体质量分数），精选作业的适宜给矿浓度为 40%~60%（固体质量分数）。

（2）产物排出方式。螺旋溜槽的分选产物均在螺旋槽的末端排出，产品的截取宽度调整。

8.2.5.3　工业应用

螺旋溜槽适用于铁矿、钛铁矿、海滨砂矿、锡矿、沙金、钨矿、钽铌矿等金属矿及煤等非金属矿的选别及脱泥，也可应用于尾矿再选领域[25]。其工业应用如图8-15所示。

图 8-15　螺旋溜槽的工业应用

2007年齐大山分厂采用了288台BL1500-F型螺旋溜槽用于该厂900万t/a原矿处理规模流程的改造，其中192台用于粗选，96台用于精选，精选螺旋溜槽精矿与反浮精矿混合后品位达67.6%。

2010年云南华联锌铟股份有限公司新田车间采用了88台BL900型螺旋溜槽，用于锡石的预选作业，锡石品位从0.20%提高到0.40%左右。

8.3　跳汰机

跳汰分选是一种在交变介质流中按密度差异分选固体物料的选矿工艺，跳汰机是实现跳汰分选的设备。以水作为分选介质时，称为水力跳汰；以空气作为分选介质时，称为风力跳汰。实际生产中以水力跳汰应用最多，本节仅介绍水力跳汰机。

跳汰机分选时，矿粒给到跳汰室筛板上，形成一个比较密集的物料层，称作床层。水流上升时床层被推动松散，使矿粒发生相对位移，水流下降时床层又逐渐恢复紧密。经过床层的反复松散和紧密，高密度矿粒转入下层，低密度矿粒进入上层（见图8-16）。上层的低密度矿粒被水平流动的介质流带到设备之外；下层的高密度矿粒透过筛板，或通过特殊的排料装置排出，完成分选。

(a)　　　　　　(b)　　　　　　(c)　　　　　　(d)

图 8-16　跳汰分层过程示意图

(a) 分层前颗粒混杂堆积；(b) 上升水流将床层抬起；(c) 颗粒在水流中沉降分层；
(d) 水流下降、床层紧密、高密度产物进入下层按照水流驱动方式的不同，跳汰机可分为活塞跳汰机、无活塞跳汰机、隔膜跳汰机和动筛跳汰机等。目前活塞跳汰机已基本被隔膜跳汰机取代，本节将重点介绍后三种跳汰机。

8.3.1　隔膜跳汰机

选矿中最常用的跳汰机是隔膜跳汰机。根据隔膜的位置，可分为上（旁）动型隔膜跳汰机、下动型圆锥隔膜跳汰机和侧动型隔膜跳汰机。跳汰机的传动机构推动隔膜鼓往复运动，从而造成脉动水流不同的运动特性，即跳汰周期曲线。跳汰周期曲线有正弦跳汰周期曲线和非正弦跳汰周期曲线之分，前者由偏心连杆传动机构组成，后者由凸轮连杆、偏心滚轮摇杆或摇床头组成。凸轮摆杆传动机构造成锥斗隔膜位移曲线呈锯齿波形的非对称曲线，这种跳汰机又称锯齿波跳汰机[26]。

隔膜跳汰机具有面积小、结构简单紧凑等特点，可以在高频率、低振幅的跳汰制度下工作，对细粒物料的分选可取得较好的效果。

8.3.1.1　工作原理

隔膜跳汰机工作原理如图 8-17 所示，偏心连杆机构或凸轮杠杆机构推动橡胶隔膜做往复运动，从而使矿浆在跳汰室内产生脉动运动。

物料给入跳汰室筛板上，与床石和水组成粒群体系。当水流向上运动时，粒群呈松散悬浮状态，轻、重、大、小不同的矿粒具有不同的沉降速度，较重的粗颗粒沉降于下层。当水流下降时，产生吸入作用，出现"析离"现象，即密度大、粒度小的矿粒穿过密度大粒度大的矿粒间隙进入下层。经过隔膜鼓动作用的多次循环，粒群体系按密度大小进行分层。分层结果由最底层到最上层依次为床石、大密度细颗粒、大密度粗颗粒、小密度中等颗粒、小密度粗颗粒。位于下层的大密度的粗细矿粒穿过床石层从筛孔漏下来，经水箱收集并由精矿口排出；位于上层的轻颗粒，在横向水流和连续给矿的推动下，移动至跳汰机尾部排出，完成分选。

锯齿波跳汰机工作原理：水流的运动速度曲线呈快速上升，缓慢下降的方形波，而水流的位移曲线则呈锯齿波。该跳汰机使上升水流快于下降水流，上升时间短、下降时间长，增强了床层的松散度，缓解了吸入作用，使矿物中的重矿粒得到充分沉降。锯齿波跳汰机的隔膜运动曲线如图 8-18 所示。

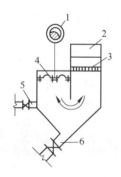

图 8-17　隔膜跳汰机工作原理示意图
1—偏心轮；2—跳汰室；3—筛板；4—橡胶隔膜；
5—筛下给水管；6—筛下高密度产物排出管

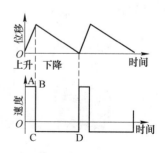

图 8-18　锯齿波跳汰机的
隔膜运动曲线

锯齿波跳汰机压程前半段为加速上升，后半段为减速上升，吸程则是匀速下降。这种曲线（图8-18）有助于床层矿粒松散、按密度分层，可使细粒级中的重矿物颗粒充分沉降，又由于减少了对床层的强力吸啜，可大幅度减少筛下补给水。

分选过程中，低密度产物随水流越过跳汰室末端的堰板排出，高密度产物排除有两种方法：大块高密度产物聚集在筛板上方，常采用设置在靠近排料端筛板中心处的排料管排出，称为中心管排料法；小粒级高密度产物透过筛孔排入底箱，称为透筛排料法。采用透筛排料法时，为了控制高密度产物的排出速度和质量，需在筛板上铺设一层粒度为筛孔尺寸的2~3倍、密度与高密度产物的接近或略高一些的物料层（人工床层）。

8.3.1.2 结构特性

隔膜跳汰机主要由机体、隔膜和传动机构组成。按跳汰室的外形，隔膜跳汰机分为矩形、梯形、圆形跳汰机等；以跳汰室串联数目分为单室、双室、三室等；以跳汰室的并列数目分为单列、双列跳汰机等。隔膜跳汰机大多采用人工床层透筛排料，重产品在锥底由阀门定时排出。机体筛板下部装有进水管，由阀门控制顶水用量。

A 上（旁）动型隔膜跳汰机

这种跳汰机隔膜位于跳汰室一旁，其结构如图8-19所示。机内有两个串联的跳汰室，橡胶隔膜采用偏心连杆机构传动，主要结构包含：传动部分、电动机、分水阀、摇臂、连杆、橡胶隔膜、机架、排矿阀门、跳汰室、隔膜室、排矿活栓等。

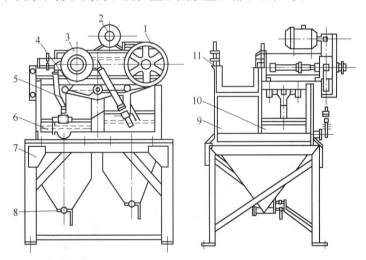

图 8-19 上（旁）动型隔膜跳汰机结构图

1—传动部分；2—电动机；3—分水阀；4—摇臂；5—连杆；6—橡胶隔膜；7—机架；
8—排矿阀门；9—跳汰室；10—隔膜室；11—排矿活栓

由于隔膜位于跳汰室一旁，为保证水速分布均匀，设备规格较小，单台设备的生产能力较小，耗水量较大，最大给料粒度为12~18mm。

B 下动型圆锥隔膜跳汰机

结构如图8-20所示，主要包括传动部分、电动机、活动机架、机体、筛格、筛板、隔膜、可动锥底、支撑轴、弹簧板、排矿阀门、进水阀门等。可动锥底支撑于活动机架上，活动机架的一端经弹簧板与偏心头相连，偏心头转动时锥底上下振动，推动隔膜往复运动产生脉动水流。

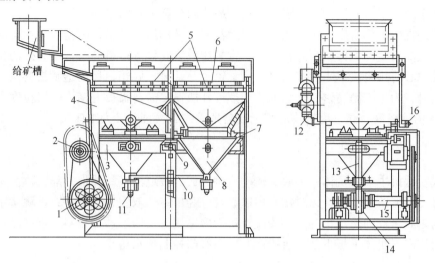

图 8-20　下动型圆锥隔膜跳汰机结构图

1—大皮带轮；2—电动机；3—活动机架；4—机体；5—筛格；6—筛板；7—隔膜；8—可动锥底；9—支撑轴；
10—弹簧板；11—排矿阀门；12—进水阀门；13—弹簧板；14—偏心头部分；15—偏心轴；16—木塞

　　该跳汰机传动机构和隔膜安装在跳汰室的下方且不设单独的隔膜室，占地面积小，水速分布也比较均匀。这种跳汰机的水流的脉动速度较弱，不适宜处理粗粒物料，且设备的处理能力较低，一般仅用于分选 6mm 以下的物料，高密度产物采用透筛排料法排出。

　　C　锯齿波跳汰机

　　结构如图 8-21 所示，主要包括槽栓、支柱、底盘、电磁调速电动机、联轴器和凸轮

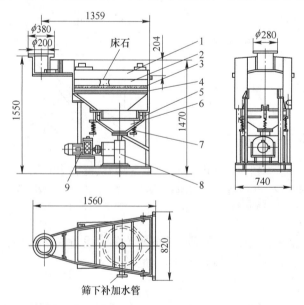

图 8-21　JT-0.15 型跳汰机结构图

1—跳汰室；2—压筛框；3—筛网；4—支框；5—隔膜；6—脉动椎体；7—弹簧；8—凸轮箱；9—电磁调速电动机

箱等组成。锥斗通过连接块与凸轮箱连接（图 8-22），凸轮箱内凸轮摆杆运动推动锥斗隔膜位移曲线呈锯齿波形（图 8-18）。锥斗下部有橡胶排矿管排出精矿，可进行连续选矿。

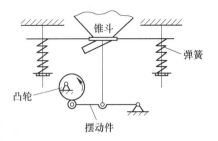

图 8-22 凸轮摆杆传动机构示意图

JT-0.15 型锯齿波跳汰机槽型可分为梯形和矩形，冲程和冲次均可无级调节，筛上和筛下排矿均可。该类型跳汰机较好地满足处理宽级别物料的要求，且能有效地回收细颗粒，甚至在处理 -25mm 的砂矿时可以不分级入选，只需脱除细泥。对 0.1 ~ 0.15mm 粒级的回收率可比一般跳汰机提高 15% 左右。

8.3.1.3 工业应用

上（旁）动型隔膜跳汰机适于处理偏粗或中等粒级物料，选别粒度上限可达 12 ~ 18mm，广泛用于钨、锡矿分选；下动型圆锥隔膜跳汰机（图 8-23），一般用于分选 6mm 以下的中、细粒级矿石。

锯齿波跳汰机（图 8-24）主要用于钨、锡、金、铁、锰、钛、锆、铬、硫等多种矿物选矿，矿山选矿预选抛废、尾矿中的金属回收，同时也可选别沙金、钨矿、锡矿、赤铁矿和海滨砂矿等。锯齿波跳汰机处理矿石中待分离的矿物密度差越大，入选粒度范围越宽，对于含金砂矿，在给料粒度小于 25mm 时，可以不分级入选，回收下限可达 0.05mm，对一般金属矿石，实行分级入选。

图 8-23 下动型圆锥隔膜跳汰机实物图

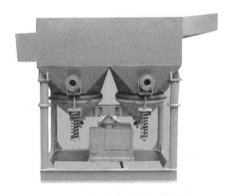

图 8-24 锯齿波跳汰机实物图

广西某锡石多金属硫化矿原矿锡品位由 1.6% 降至 0.5%，为提高前段作业抛废率，将前重丢尾流程由扫选圆锥选矿机+扫选螺旋溜槽的联合丢尾高改为 JT5-2 型锯齿波跳汰机丢尾，使前段重选抛废率由 20% ~ 25% 提高至 25% ~ 30%[27]。

8.3.3 动筛跳汰机

动筛跳汰机借助筛板运动松散床层，松散力强且耗水少，特别是在分选大块物料时，具有定筛跳汰机无法达到的效能。目前生产中使用的动筛跳汰机，都是采用液压传动，按其结构又有单端传动式和两端传动式之分。

8.3.3.1　工作原理

动筛跳汰机的工作原理如图 8-25 所示，槽体中的水流不脉动，直接靠液压或机械传动机构驱动筛板在水介质中做上、下往复运动，使筛板上的物料周期性的松散和紧密。动筛机构上升时，颗粒相对于筛板没有相对运动，而水介质相对于颗粒向下运动的。动筛机构下降时，由于介质阻力作用，水介质形成相对于动筛机构的上升流，颗粒则在水介质中做干涉沉降，从而实现按密度分层，通过不同的排出机构将密度不同的颗粒分别排出，实现分离。

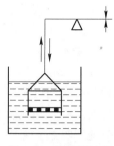

图 8-25　动筛跳汰机
的工作原理图

8.3.3.2　结构特性

结构如图 8-26 所示，包含给料槽、液压传动机构、筛板、高密度产物排料控制轮、高密度排料提升轮、筛下产物排出口、机箱等。该类型跳汰机的筛板安置在端点由销轴固定的长臂上，臂长大约为筛面长的 2 倍。臂的另一端由设在上方的液压缸的活塞杆带动上下运动。待分选的物料给到振动臂首端的筛板上，床层在筛板振动中松散-分层并向前推移。高密度产物由筛板末端的排料轮控制排出，低密度产物则越过堰板卸下。两种产物分别落入被隔板隔开的提升轮内，随着提升轮的转动，被提升起来后卸到排料溜槽中，通过排料溜槽排到机外。透过筛孔落入箱底的粉矿，从筛下产物排出口泵送至浓缩机，溢流水循环使用，沉砂混入精矿中。

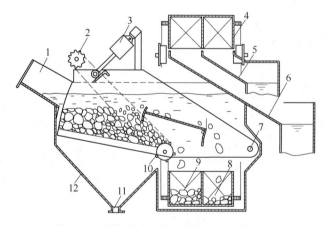

图 8-26　单端传动式液压动筛跳汰机结构图

1—给料槽；2—液压马达；3—液压缸；4—排料提升轮；5—低密度产物溜槽；6—高密度产物溜槽；7—销轴；
8—低密度产物；9—高密度产物；10—高密度产物排料控制轮；11—筛下产物排出口；12—机箱

8.3.3.3　工业应用

液压动筛跳汰机用于 25~300mm 粒度级煤炭的分选及排矸，主要用于：原煤排矸、块原煤预加工、块原煤选出精煤或分选动力煤、处理脏杂煤等、替代人工选矸。液压动筛跳汰机的突出优点是单位筛面的处理能力大、省水、节能。用于分选大块原煤时，给料粒度为 25~300mm，筛板的最大冲程可达 500mm，冲次通常为 25~40r/min，生产能力可达 80t/(m² · h) 以上[28]。

江西某钨矿含黑钨矿、白钨矿、辉钼矿、黄铁矿、黄铜矿等，脉石矿物为石英。采用 JS 动筛跳汰机对 25~30mm 粒级矿石的预选抛废，粗选总废石选出率达到 60%~61%。该机具有耗水少，回收率高、洗矿干净等优点[29]。

8.3.4 无活塞跳汰机

无活塞跳汰机利用压缩空气代替活塞推动水流运动松散床层，主要用于选煤，但在铁矿石、锰矿石的分选中亦有应用。无活塞跳汰机按压缩空气室与跳汰室的相对位置不同，又可分为筛侧空气室跳汰机和筛下空气室跳汰机。

8.3.4.1 工作原理

无活塞跳汰机的工作原理如图 8-27 所示，通过纵向隔板将机体分成空气室和跳汰室，两室相通。空气室与特制的风阀连通。借助于风阀，交替地鼓入与排出压缩空气，在跳汰室内形成相应的脉动水流。入选的物料在脉动水流的作用下分层，并沿筛面的倾斜方向向一端移动。由跳汰室选出的高密度产物通过末端的排料闸门进入下部底箱，并与透筛产品合并，用斗式提升机捞出，上层低密度产物经溢流堰排出，完成分选。

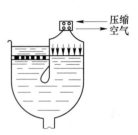

图 8-27 无活塞跳汰机的工作原理图

风阀是无活塞跳汰机重要的部件，可通过风阀控制进风量，达到调节水流冲程冲次的目的。生产中使用的风阀有滑动风阀、旋转风阀、电控气动风阀等。旋转风阀的原理如图 8-28 所示，在横卧的套筒内有 1 个旋转滑阀，滑阀和套筒上均有开孔。滑阀从中间隔开分成进气和排气两部分，进气部分与高压空气连接，排气部分与大气相通。滑阀在套筒内旋转一圈，可分为进气期、膨胀期和排气期。进气期指滑阀进气部分的开孔与套筒开孔对应，高压空气进入跳汰机的空气室，跳汰室中产生上升水流；膨胀期指滑阀进气部分的开口离开套筒开孔，且排气部分的开孔未与套筒开孔接触，跳汰室内的水流运动暂时停止；排气期指滑阀排气部分的开孔与套筒开孔相遇，跳汰机空气室内的压缩空气排入大气，跳汰室内的水流借重力下降。

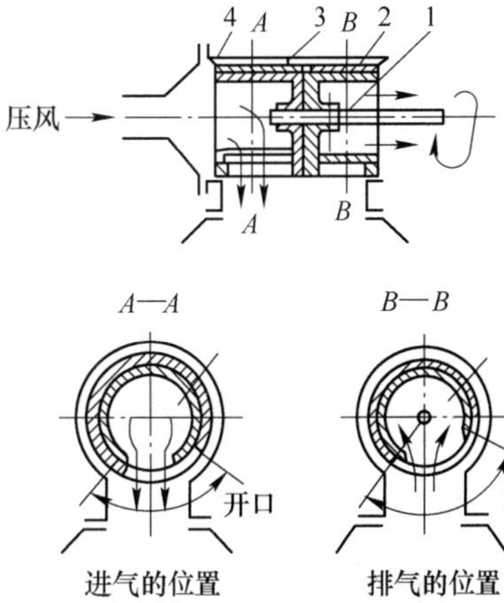

图 8-28 旋转风阀的结构原理图
1—旋转滑阀；2—排气调整套；
3—进气调整套；4—套筒

8.3.4.2 结构特性

筛侧空气室跳汰机又称鲍姆跳汰机，结构如图 8-29 所示，包括机体、筛板、风阀、风阀传动装置、排料装置、水管、风包、手动闸门、测压管等。侧空气室这种跳汰机的筛面最小者为 8m²，最大者为 16m²。

筛下空气室跳汰机是为了克服筛侧空气室跳汰机在筛面宽度上水流速度分布不均匀的

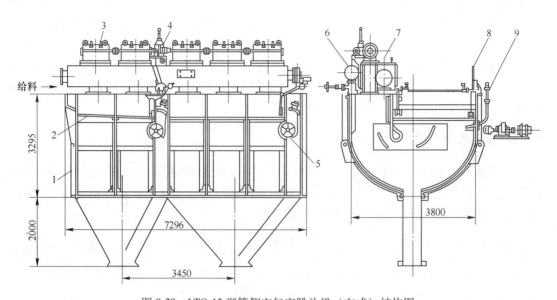

图 8-29　LTG-15 型筛侧空气室跳汰机（左式）结构图

1—机体；2—筛板；3—风阀；4—风阀传动装置；5—排料装置；6—水管；7—风包；8—手动闸门；9—测压管

问题而研制的，其结构如图 8-30 所示，在每个跳汰室的筛板下面设多个空气室。空气室的下部敞开，上部封闭，在其端部上下开孔。经上部的开孔通入压缩空气，经下部的开孔给入补加水。在筛下空气室跳汰机中，空气和水流沿筛面横向均匀分布，改善了设备的分选指标。

无活塞跳汰机均采用透筛排料和一端排料相结合的方法排出高密度产物。

8.3.4.3　工业应用

主要用于选煤，但在铁矿石、锰矿石的分选中亦有应用[30]。加纳国家锰业股份有限公司将块状锰矿石和细粒锰矿石通过无活塞跳汰机分选，得到锰品位 50%，含铁低于 4.5%，含二氧化硅 15% 的合格产品，产率达到 70%。

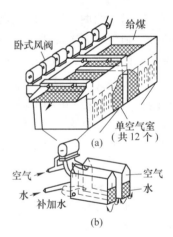

图 8-30　筛下空气室跳
汰机结构示意图
（a）整机结构；（b）空气室结构

8.4　摇床

摇床是利用斜面流分选原理进行重选的设备，是分选细粒矿石的有效设备。摇床的特征是床面略倾斜并作不对称的往复运动，床面运动的正向加速度（方向为从传动端指向精矿端）小于负向加速度，颗粒在床面朝着精矿端产生间歇性运动。摇床的特点是分选精确度高，富集比高（最大可达 300 左右），但是占地面积大，处理能力低[31]。

颗粒在床面上的运动包括横向运动和沿床条方向的纵向运动，横向运动在给矿水、冲洗水以及重力的作用下产生；纵向运动由床面的差动运动产生。水流沿床面横向流动越过床条时产生水跃（见图 8-31），推动矿粒松散，悬浮细小的颗粒即被水流带走，水跃的作用深度有限。

大部分下层颗粒的松散主要借助床面的差动运动实现。紧贴床面的颗粒和水流接近于同床面一起运动，上层颗粒和水流由于惯性作用滞后于下层颗粒和水流，这样层间速度差导致颗粒发生翻滚、挤压、扩展，从而使物料层的松散度增大（见图8-32）。这种松散只是扩大了颗粒之间的间隙，不能使物料充分悬浮起来。

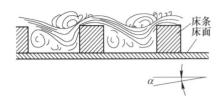

图 8-31　在床条间产生的水跃现象和旋涡

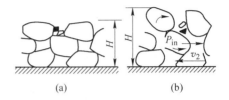

图 8-32　借助层间速度差松散床层示意图
（a）床层静止时；（b）床层相对运动时
P_{in}—颗粒惯性力；v_2—下层颗粒的纵向运动速度

在这种特有的松散条件下，物料的分层几乎不受流体动力作用的干扰，近似按颗粒在介质中的有效密度差进行，高密度颗粒分布在下层，低密度颗粒被排挤到上层。同时同一密度的细小颗粒容易穿过变化中的颗粒间隙进入底层。分层后颗粒在床条沟中的分布情况如图8-33所示。

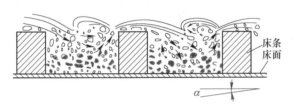

图 8-33　粒群在床条沟内的分层示意图

随着向精矿端推进，床条的高度逐渐降低，使低密度细颗粒和高密度粗颗粒依次暴露到床条的高度以上，并相继被横向水流冲走；直到到达了床条的末端，分层后位于最底部的高密度细颗粒才被横向水流冲走。不同性质的颗粒在摇床面上沿横向运动速度的大小顺序是：非常微细的颗粒、低密度的粗颗粒、低密度的细颗粒、高密度的粗颗粒和高密度的细颗粒。

颗粒在摇床面上的最终运动速度即是上述横向运动速度与纵向运动速度的矢量和。这样便形成了颗粒按照密度在摇床面上的扇形分带，如图8-34所示。

用摇床分选密度较大的物料时，有效选别粒度范围为0.02~3mm；分选煤炭等密度较小的物料时，给料粒度上限可达10mm。摇床从用途上分有矿砂摇床（处理0.074~2mm粒级矿砂）和矿泥摇床（处理-0.074mm粒级矿泥）。摇床从传动形式

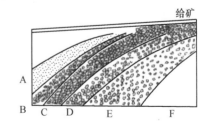

图 8-34　颗粒在床面上的扇形分带示意图
A—高密度产物；B，C，D—中间产物；
E—低密度产物；F—溢流和细泥

和床面结构分为撞击式摇床、6-S型摇床、云锡摇床、弹簧摇床、多层摇床、台浮摇床等，目前我国工业应用的摇床主要是6-S摇床和云锡摇床两种，本节主要介绍以下几种摇床。

8.4.1　云锡式摇床

云锡式摇床是在苏联 CC-2 型摇床基础上经中国云锡公司改进而成，采用凸轮杠杆式床头，最初由贵阳矿山机器厂制造，又称为贵阳式摇床。

8.4.1.1　结构原理及特性

云锡式摇床的结构如图 8-35 所示，主要包括给矿斗、给矿槽、给水斗、给水槽、床面、机架、传动机构等。

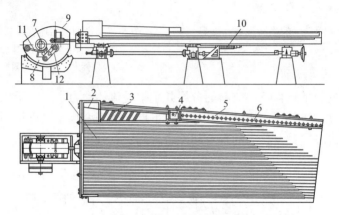

图 8-35　云锡式摇床的结构图

1—床面；2—给矿斗；3—给矿槽；4—给水斗；5—给水槽；6—菱形活瓣；
7—滚轮；8—机座；9—机罩；10—弹簧；11—摇动支臂；12—曲拐杠杆

云锡摇床床头结构为凸轮杠杆式，具体结构如图 8-36 所示。

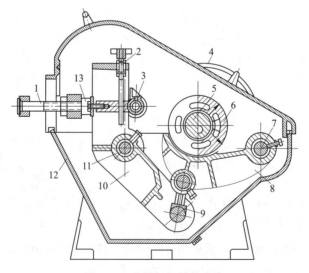

图 8-36　凸轮杠杆结构床头

1—拉杆；2—调节丝杠；3—滑动头；4—大皮带轮；5—偏心轴；6—滚轮；7—台板偏心轴；
8—摇动支臂；9—连接杆；10—曲拐杠杆；11—摇臂轴；12—机罩；13—连接叉

　　偏心轴上套一滚轮，当偏心轮向下偏离旋转中心时，便压迫摇动支臂向下运动，再通过连接杆将运动传给曲拐杠杆，随之通过拉杆带动床面向后运动，此时位于床面下面的弹簧被压缩。随着偏心轮的转动，弹簧伸长，保持摇动支臂与偏心轮紧密接触，并推动床面向前运动。云锡式摇床的冲程可借改变滑动头在曲拐杠杆上的位置来调节。

　　云锡式摇床的床面采用滑动支撑方式，在床面的4角下方固定有4个半圆形突起的滑块，滑块被下面长方形油碗中的凹形支座所支承（见图8-37），床面在滑块座上呈直线往复运动。滑动支撑方式的特点是运动平稳，且可承受较大的压力，但是运动阻力较大。调坡机构位于给矿侧，转动手轮可以使床面的一侧被抬高或放下，横向坡度随之改变。

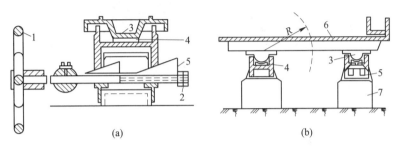

图 8-37　云锡摇床的滑动支承和楔形块调坡机构示意图

(a) 调坡装置；(b) 床面支撑装置

1—调坡手轮；2—调坡杠杆；3—滑块；4—滑块座；5—调坡楔形块；6—床面；7—水泥基础

　　云锡式摇床床头运动的不对称性较大，且有较宽的差动性调节范围以适应不同给料粒度和选别的要求，床头机构运转可靠，易磨损的零件少，且不漏油；缺点是弹簧安装在床面下方，检修和调节冲程均不方便，横向坡度可调范围小（0°~5°）。

8.4.1.2　工业应用

　　云锡摇床广泛应用于锡、钨、铅、铋、钛、锰、钽、铌、金等有色、黑色、稀土等矿石重选，入选粒度 2~0.019mm。其实物如图 8-38 所示。

图 8-38　云锡摇床实物图

8.4.2　6-S 摇床

　　6-S 摇床在美国尔弗利（A. Williey）摇床的结构形式基础上改进而成，采用偏心连杆式床头，在我国最早由衡阳矿山机械厂承造，又称衡阳市摇床。

8.4.2.1　结构原理及特性

　　6-S 摇床的结构如图 8-39 所示，包含给矿槽、床面、给水槽、调坡结构、润滑系统、传动机构等。

　　6-S 摇床床头机构为偏心连杆式，结构如图 8-40 所示。

　　偏心轴 7 与摇动杆 5 相连，偏心轴转动时带动摇动杆上下运动，摇动杆两侧的肘板即

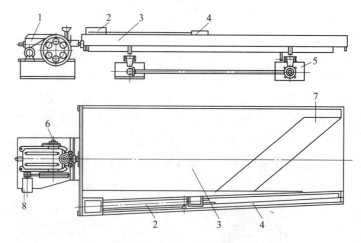

图 8-39　6-S 摇床的结构图

1—床头；2—给矿槽；3—床面；4—给水槽；5—调坡结构；6—润滑系统；7—床条；8—电动机

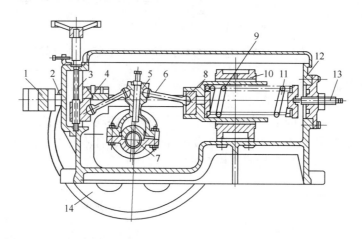

图 8-40　偏心连杆式床头

1—联动座；2—往复杆；3—调节丝杠；4—前肘板座；5—摇动杆；6—肘板；7—偏心轴；8—后肘板座；
9—弹簧；10—轴承座；11—后轴；12—箱体；13—调节螺栓；14—大皮带轮

相应做上下摆动，前肘板座 4 是固定的，后肘板座 8 则支撑在弹簧上，当摇动杆下降时后肘板座即压紧弹簧向后移动，从而通过往复杆 2 带动床面后退；当摇动杆向上运动时，弹簧伸长，保持肘板与肘板座不脱离，并推动床面前进。通过手轮调节前肘板座的位置可以调节摇床的冲程。

6-S 摇床的床面采用 4 个板形摇杆支撑，这种支撑方式的摇动阻力小，而且床面还会有稍许的起伏振动，这一点对物料在床面上松散更有利。但它同时也将引起水流波动，因而不适合处理微细粒级物料。6-S 摇床的床面外形呈直角梯形，从传动端到精矿端有 1°～2°上升斜坡。

6-S 摇床的冲程调节范围大，松散力强，最适合分选 0.5～2mm 的物料；冲程容易调节且调坡时仍能保持运转平稳。这种设备的主要缺点是结构比较复杂，易损零件多。

8.4.2.2　工业应用

6-S 摇床广泛应用于选别锡、钨、金银、铅、锌、钽、铌、铁、锰、钛铁等稀有金属和贵重金属矿石。

2010 年云南华联锌铟股份有限公司新田车间采用了 700 余台 6-S 摇床，作为锡石的主要分选设备。其现场应用如图 8-41 所示。

图 8-41　6-S 摇床现场应用

8.4.3　悬挂式多层摇床

为解决摇床单机处理量小，占地面积大的缺点，出现了多层摇床。多层摇床床面的安装方式有坐落式和悬挂式，坐落式结构对基础的振动冲击较大，对基础的抗震要求较高，悬挂式的多层摇床很好地解决了该问题。

8.4.3.1　结构原理及特性

悬挂式摇床的基本结构图 8-42 所示，包含床头、床头床架连接器、床架、床面、接料槽、坡装置、给矿及给水槽、悬挂钢丝绳、电动机、皮带轮、机架等。

床头和多层床面全部通过钢丝绳悬吊在金属支架或建筑物上，床头位于床面中心轴线的一端，工作时将惯性离心力通过球窝连接器传递给摇床框架，使床面与床头连动。调坡装置是具备自锁功能的蜗轮蜗杆机构，同时调节床面的横向坡度。摇床工作时，矿浆和冲洗水分别给入各床面的给矿槽和给水槽，产物由固定在床面上的高密度产物槽和坐落在地面上的中间产物槽和低密度产物槽分别接出，完成分选。

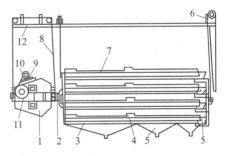

图 8-42　悬挂式 4 层摇床结构图
1—床头；2—床头床架连接器；3—床架；
4—床面；5—接料槽；6—调坡装置；
7—给矿及给水槽；8—悬挂钢丝绳；9—电动机；
10—小皮带轮；11—大皮带轮；12—机架

悬挂式多层摇床的床头采用多偏心惯性床头，如图 8-43 所示。

在密闭油箱，两对装有偏重锤的齿轮按图示方式组装在一起。大小齿轮速比为 2∶1，当电动机带动齿轮转动时，偏重锤在垂直方向上产生的惯性力始终是相互抵消的。而在水平方向，当大齿轮轴上的偏重锤与小齿轮轴上的偏重锤同在一侧时，离心惯性力相加，达到最大值；而当大齿轮再转过半周、小齿轮转过一周时，离心惯性力相减，达到最小值。因此，在水平方向上产生一差动运动。大齿轮的转速即是床面的冲次。改变偏重锤的质量可以改变床面的冲程。而且，调节冲次时不会影响冲程。

悬挂式多层摇床特点是地面积小，单机的生产能力大，能耗低，但是不便观察床面上物料的分带情况，产品接取不准确。

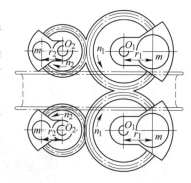

图 8-43　多偏心惯性床头简图

8.4.3.2　工业应用

悬挂式多层摇床有多种用途：

（1）选别 0.2~2mm 矿砂及矿泥级别的钨、锡、钽、铌等有色、稀有和黑色金属矿物。

（2）选别 0.5~6mm 的粉煤及 0.5~1mm 的煤泥。

（3）选别煤矸石中 0.2~3mm 矿砂及矿泥级别的黄铁矿[32]。

8.4.4　台浮摇床

台浮摇床是一种利用矿石颗粒重力和疏水力区别的分选设备，其结构与常规摇床的区别仅仅在于床面，机架和传动结构与常规摇床的完全一样。

8.4.4.1　结构原理及特性

结构原理如图 8-44 所示，为了给疏水性颗粒创造与气泡接触和发生粘着的条件，台浮摇床在给矿侧和传动端的夹角处增加了一个坡度较大的给矿小床面（刻槽附加小床面）；另外在其余部分的刻槽床面上增设了阻挡条，这两个特殊设计是将重选和浮选结合在一起的关键措施。

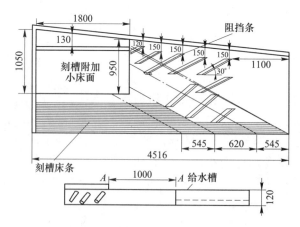

图 8-44　台浮摇床的床面结构图

用台浮摇床对物料进行分选时，首先将浓度较高的矿浆和分选药剂（pH 值调整剂、捕收剂等）一起给入调浆槽内充分搅拌，使矿粒与药剂充分作用后，给到台浮摇床上。与捕收剂作用后的疏水性颗粒同气泡附着在一起，漂浮在矿浆表面，从低密度产物及溢流和细泥的排出区排出；不与捕收剂发生作用的其他矿物颗粒，由台浮摇床的精矿端排出。为了加强矿物颗粒与气泡的接触，有时在台浮摇床床面上加设吹气管，向矿浆表面吹气，或喷射高压水以带入空气。

8.4.4.2 工业应用

台浮摇床主要用于分选粒度比较粗的、含有锡石和有色金属硫化物矿物的砂矿或含多金属硫化物矿物的钨、锡粗精矿或白钨矿-黑钨矿-锡石混合精矿等，粒度范围通常为0.2~3mm，个别情况可达6mm。这些砂矿或粗精矿中需要回收的矿物之间的密度差比较小，再用常规的重选方法不能实现有效分离；用普通的浮选设备进行浮选分离，则粒度又过大，无法取得满意的技术指标。

图 8-45 为广西某锡石多金属硫化矿重-浮-重原则流程中，前段重选采用的台浮摇床，实现了锡石的粗粒早收[33]。

图 8-45 台浮摇床现场应用图

8.5 离心选矿机

离心选矿机是借助转筒的旋转带动矿浆呈流膜离心运动，来实现不同密度颗粒受离心力差异分层和分离的设备。分选过程中，矿粒受到的离心力是重力（g）的几十倍甚至几百倍，矿粒的沉降速度和分层速度显著增大，大幅降低可分离的矿粒粒度下限。

离心选矿机根据离心力的产生原理分为机体旋转和矿浆回转流动两类，前者有卧式离心选矿机、立式离心选矿机；后者有离心选金锥、短锥旋流器等。本节主要介绍以下几种广泛使用的离心选矿机。

8.5.1 卧式离心机

采用重力场和离心力场联合作用来强化分选过程的分选设备。

8.5.1.1 工作原理

矿浆沿切线方向给到转鼓内后，随即贴附在转动的鼓壁上，随之一起转动。因液流在转鼓面上有滞后流动，同时在离心惯性力及鼓壁坡面的作用下，还向排料的大直径端流动，于是在空间构成一种不等螺距的螺旋线运动。矿浆在沿鼓壁运动的过程中，发生分层，高密度颗粒在鼓壁上形成沉积层，低密度颗粒则随矿浆流一起通过底盘的间隙排出。当高密度颗粒沉积到一定厚度时，停止给矿，给入高压冲洗水，冲洗下沉积的高密度产物。

8.5.1.2 结构特性

卧式离心选矿机的结构如图 8-46 所示，主要包括给矿斗、给矿嘴、转鼓、底盘、接矿槽、防护罩、分矿器、机架、电动机、洗涤水嘴等部分构成。最主要工作部件为一截锥形转鼓。转鼓借锥形底盘固定在回转轴上，由电动机带动旋转。给矿嘴呈鸭舌嘴形，共有两个，一上一下插入不同深度，在给矿嘴的弧面对侧设有冲洗水嘴。

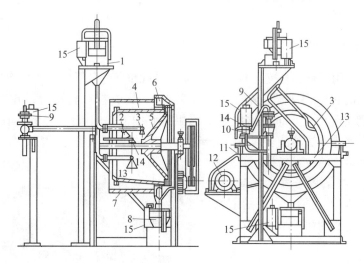

图 8-46　卧式离心选矿机结构图

1—给矿斗；2—冲矿嘴；3—上给矿嘴；4—转鼓；5—底盘；6—接矿槽；7—防护罩；8—分矿器；
9—皮膜阀；10—三通阀；11—机架；12—电动机；13—下给矿嘴；14—洗涤水嘴；15—电磁铁

　　由于引入了比重力大得多的离心力，加强了固体颗粒的沉降速度，强化了分选过程，提高了设备处理能力，降低了分选粒度下限，与重力矿泥溜槽相比，处理能力和工艺指标均有大幅度的提高。

8.5.1.3　工业应用

　　卧式离心选矿机在锡矿、钨矿、铁矿以及其他金属矿获得大量应用，由于其在高速旋转时，矿物具有很大的离心力，需要用高压水冲击才能使矿物排出[34]。

　　卧式离心机在云锡公司，累计推广使用超过 500 台，主要用于处理残坡积砂锡矿，原矿经脱泥（$-10\mu m$）后进入离心选矿机，与五层自动溜槽相比，精矿品位达到 0.861%，提高了 26.43%；回收率达到 80.78，提高了 56.49%[35]。其实物如图 8-47 所示。

图 8-47　卧式离心选矿机实物图

8.5.2 SL 射流离心选矿机

射流离心选矿机是由北京矿冶科技集团有限公司（原北京矿冶研究总院）和华锡集团合作研制成功的新型卧式离心选矿机。最初为解决华锡大厂锡石细泥分选技术难题，后续发展成为能够处理钨、钽铌、稀土、黄金等难选的微细矿泥的重选设备。

8.5.2.1 工作原理

工作原理如图 8-48 所示，矿浆直接给到转鼓内侧，而低压清水则给到分配盘上。清水自分配盘四周溢出，以推动上层低密度物料沿鼓壁纵坡向排矿端运动。落点变化的射流水束在转鼓圆周形成水力堰，促使床层交替地松散与紧密，增强了剪切分层作用。转鼓高速旋转，离心力达到 $(240 \sim 326)g$，因而能使极微细的重矿物颗粒沉积到鼓壁上，喷射器的喷嘴可在图示角度范围内摆动，射出强有力的水流，水流束松散床层，推动沉积在转鼓壁上的高密度颗粒逆坡移动，实现了高密度矿物和低密度矿物反向连续分离。

8.5.2.2 结构特性

射流离心选矿机结构如图 8-49 所示，包括主电机、皮带轮、主轴、转鼓、稳压包、高压射流机构、减速电机、槽体等。

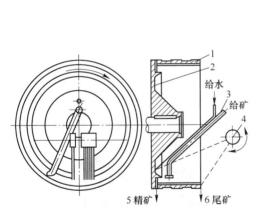

图 8-48 射流离心选矿机的工作原理图
1—转鼓；2—清水分配盘；
3—给矿管；4—射流水喷射器；
5—精矿排出口；6—尾矿排出端

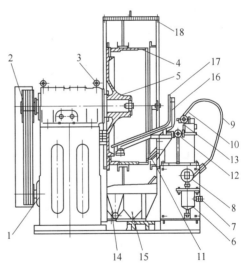

图 8-49 射流离心选矿机结构简图
1—主电机；2—皮带轮；3—主轴；4—聚氨酯内衬；5—转鼓；
6—高压水；7—二次净化器；8—稳压包；9—高压胶管；
10—喷管；11—喷嘴；12—减速电机；13—射流结构；
14—精矿；15—尾矿；16—给矿；17—低压水；18—槽体

高压水射流的强冲击力与离心力相对应，可以在高离心力场强度下保证粒群的有效松散、悬浮和分层富集，并且能够实现逆流连续排出重矿物精矿。

8.5.2.3 工业应用

射流离心机主要用于锡、钨、钽铌、稀土、黄金等难选的微细矿泥，是一种适用于超细矿泥的重选设备。

1988 年在大厂矿务局长坡选矿厂进行处理 -10μm 废弃锡矿泥的工业试验，经一次粗选，从含 Sn 0.54% 的原泥中回收到了品位为 4.37% 的精矿，回收率为 53.29%，回收粒度下限降到 3μm，是迄今重选设备回收粒度下限最低的设备[36]。

2009 年柳州华锡集团与原北京矿冶研究总院共同对射流离心机的射流机构进行改进设计，并进行了 SL1200 射流离心机的工业试验研究，处理细泥摇床的尾矿，给矿锡品位为 0.2%~0.3% 时，可获得精矿产率 35.46%，精矿锡品位 0.66%，回收率 78.38%，19~74μm 粒级回收率达到 85% 以上，且对 -10μm 微细粒锡石也能有效回收[37]。

8.5.3　法尔康离心选矿机

法尔康离心选矿机是由加拿大法尔康公司于 1986 年研制的一种立式离心机，分选筒的高度约为直径的两倍，惯性离心力能达到（200~300）g（重力加速度）。

8.5.3.1　工作原理

法尔康离心分选机工作原理如图 8-50 所示。给矿进入高速旋转的转筒底部之后，转筒内矿浆在离心力的作用下均匀分配到筒壁上。在（200~300）g 的离心力和由外转筒垂直射入的反冲水作用下，重矿粒在筒壁上的来复圈内松散、沉降和分层，轻矿粒与水流一起被排出转筒外，重矿粒可以间歇排出也可以连续排出。

8.5.3.2　结构特性

法尔康选矿机的结构如图 8-51 所示，包含倒锥形内筒、钻有水孔的来复圈以及带动转筒旋转的电机等组成。

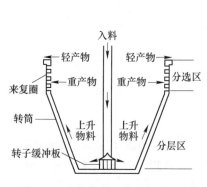

图 8-50　法尔康离心分选机原理图

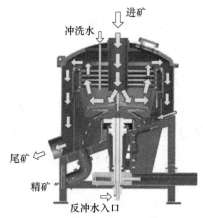

图 8-51　法尔康离心分选机结构图

其核心部件是立式倒锥形转筒，转筒的下部为内壁光滑的倒置截锥，是分选过程的分层区；转筒的上部由两个来复圈槽构成，来复圈槽底均匀地分布若干个小水孔，以便反冲水进入来复圈槽内，松散或流态化高密度产物床层。

排矿方式有两种：间歇式（B 型）和连续式（C 型）。法尔康 B 型离心机停机后把重矿粒从转筒内冲洗至筒底，再由中空的主轴排出。法尔康 C 型离心机的重矿粒富集在特殊设计的溜槽中，通过调节气动阀阀孔的大小控制精矿源源不断排出转鼓外，达到连续排矿的目的。

8.5.3.3 工业应用

法尔康离心选矿机处理量大、富集比高、水电耗量小、运行成本低、自动化程度高、操作简单，从而在各个领域得到越来越广泛的应用。

B 型机可适用于要求产率低的细粒回收，例如细粒单体金的回收和尾矿扫选，C 型机适用于细粒金的粗选、细粒煤的精选、铁和锡细泥的回收等。能够有效处理微细粒级颗粒。

云南某多金属矿应用法尔康离心机（225g）与摇床联合工业试验，得到含锡 40.42% 的锡精矿，作业回收率 42.36%，总回收率 9.11%。法尔康离心机，相对于其他重选设备对细粒级锡矿选别指标更优，1 台法尔康离心机能取代 40～50 台摇床，占地面积小、用水量少、易操作[38]。

8.5.4 尼尔森离心选矿机

尼尔森选矿机是由加拿大人拜仁·尼尔森研制成功的离心选矿设备，现已开发出能够满足各种生产规模要求的系列产品，从实验室小型设备、半工业设备到工业设备。和法尔康离心选矿机相比，尼尔森选矿机的最大离心力 60g 左右，难以回收微细粒级矿物。

8.5.4.1 工作原理

尼尔森选矿机工作原理如图 8-52 所示，矿浆给入旋转的富集锥底部矿浆分配盘后，由于离心力的作用，被甩到富集锥内壁的下部，然后沿富集锥的内壁面向上运动，在富集锥内壁的沟槽内形成高浓度床层。沟槽的底部连续注入的反冲水（流态化水）使床层呈流态化，矿物颗粒在径向上发生干涉沉降分层，高密度矿物颗粒紧贴沟槽底部形成高密度矿物层；低密度矿物颗粒不能到达沟槽的底部，轴向水流推动力的作用下，随矿浆流一起从分选锥的顶部溢流出去，完成分选。

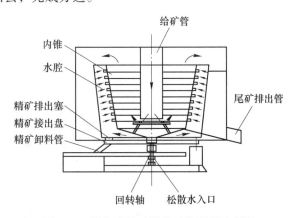

图 8-52 尼尔森选矿机的工作原理示意图

8.5.4.2 结构特性

尼尔森选矿机的结构如图 8-53 所示，主要包含分选锥、矿浆分配盘、给矿口、流态化水孔、溢流尾矿排出口、精矿排出口、传动装置等。

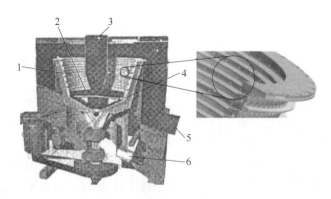

图 8-53　CVD 型尼尔森离心机结构图

1—分选锥；2—矿浆分配盘；3—给矿口；4—流态化水孔；5—溢流尾矿排出口；6—精矿排出口

　　分选锥用高耐磨材料铸成，是内壁带流态化水孔的双壁倒置截锥，外锥与内锥之间构成一个密封水腔；内锥称为富集锥，其内侧有数圈沟槽，沟槽的底部有按设计要求排列的流态化水孔。与法尔康离心选矿机不同，尼尔森选矿机富集锥分选区长，没有光滑壁面（分层区）。

　　尼尔森选矿机现已形成间断排矿型（BKC）和连续可变排矿型（CVD）两大类。

8.5.4.3　工业应用

　　尼尔森选矿机适用的选矿工艺[39]：

　　（1）砂矿中回收目的矿；

　　（2）预回收磨矿回路中目的矿；

　　（3）磨矿回路中回收副产品目的矿；

　　（4）回收浮选精矿中的自然金；

　　（5）尾矿中回收目的矿；

　　（6）精选作业后回收次要目的矿；

　　（7）回收金、银、铂等高密度矿。

　　尼尔森选矿机的粒度回收下限可达 0.01mm，单机处理能力最大可达 650t/h。30 多年来，尼尔森选矿机已在 70 多个国家的金矿石、镍矿、锡矿、钨矿、铬矿、铂矿等得到应用。

　　西藏自治区某矿区金矿选矿厂破碎采用三段一闭路；磨矿采用一段闭路磨矿，磨矿细度为 -200 目占 60%，采用水力旋流器分级，然后采用尼尔森选矿机 + 摇床的重选流程，摇床的精矿为粗粒金精矿，金精矿产率 0.04%，金品位 3869g/t，金回收率占 41.38%，达到能收早收的目的[40]。实物如图 8-54 所示。

8.5.5　离心跳汰机

　　离心跳汰是把普通跳汰离心化，矿石

图 8-54　尼尔森离心选矿机实物图

在离心力作用下，在垂直交变运动的水流中按比重分层和分选。

8.5.5.1 工作原理

工作原理如图 8-55 所示，给矿从顶部进入中心选别体后，在离心力的作用下均匀分布在直立的旋转筛网上。筛网上存有一定量的床石，同给矿一起形成均匀床层。筛下室的橡胶隔膜与脉动机构相连，在筛下脉动水流的作用下，跳汰床层的矿粒按密度与颗粒大小分层。重矿物逐渐运动到床层底部，透过筛网进入筛下室，由精矿管排出。轻矿物逐渐运动到床层顶部，从堰板流出进入到尾矿管排出，完成分选。

8.5.5.2 结构特性

离心跳汰机结构如图 8-56 所示，包含给水管、给矿管、人工床层、筛板、脉冲机构、脉冲臂、橡胶隔膜、筛下室、低密度产物排出槽、高密度产物排出槽、旋转驱动机构等。

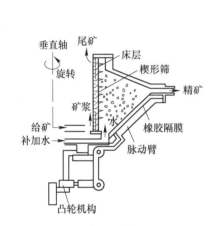

图 8-55 离心跳汰机原理图

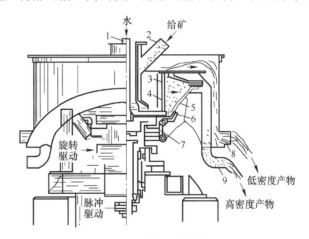

图 8-56 离心跳汰机的结构示意图

离心跳汰机的跳汰室呈水平安装，并在旋转驱动机构的带动下高速旋转。脉冲臂在与跳汰室一起旋转的同时，在驱动机构作用下连续往复运动，形成脉动水流。

8.5.5.3 工业应用

在离心跳汰机的较大离心力场中，即使细至 $10\mu m$ 的颗粒也能有效分选。离心跳汰机适用于细粒级及粗粒级的多种矿物分选，在铁矿、煤矿、锡矿等方面的均有成功应用。

黑龙江某洗煤厂，用离心跳汰机选别 -13mm 煤矿，原煤灰分 30% 左右，产出精煤灰分 10%~12%，选别效果优于普通跳汰机[41]。印度国家冶金实验室 2012 年用小型 Kelsey 跳汰机分选 -0.3mm 细粒煤泥，煤灰分可降低 7%[42]。

8.6 重介质选矿机

重介质选矿是指矿石在密度大于 $1000kg/m^3$ 的介质中进行分选。除了选煤以外，重介质分选法主要用作预选作业。重介质分选设备其种类繁多，静态分选设备有重介质分选机，动态分选设备主要有重介质旋流器、重介质振动溜槽和重介质涡流旋流器等。本节重点介绍重介质分选机和重介质旋流器。

8.6.1　重介质分选机

重介质分选机属于静态分选设备，借重悬浮液在重力场中按密度完成分选过程。它分为锥型重介质分选机和鼓型重介质分选机。

8.6.1.1　工作原理和结构特性

A　圆锥型重介质分选机

圆锥型重介质分选机结构原理如图 8-57 所示，分为内部提升式和外部提升式两种。在倒置的圆锥形分选槽内，安装有空心回转轴。中空轴外面为带孔的套管，重悬浮液给入套管内，穿过孔眼流入分选圆锥内。套管外面固定有两个三角形刮板，随着空心轴旋转维持悬浮液密度均匀并防止被分选物料沉积。

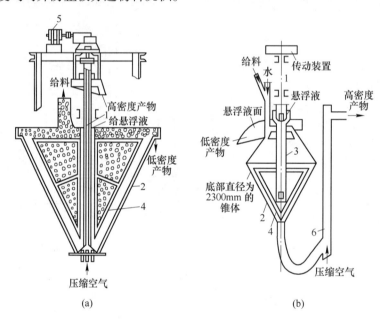

图 8-57　圆锥型重介质分选机

（a）内部提升式单锥分选机；（b）外部提升式双锥分选机

1—中空轴；2—圆锥形分选槽；3—套管；4—刮板；5—电动机；6—外部空气提升管

入选物料由上表面给入，密度较低的部分浮在表层，经四周溢流堰排出，密度较高的部分沉向底部。压缩空气由中空轴的下部给入。当中空轴内的高密度产物、重悬浮液和空气组成的气-固-液三相混合物的密度低于外部重悬浮液的密度时，中空轴内的混合物即向上流动，将高密度产物提升到一定高度后排出。外部提升式分选机的工作过程与此相同，只是高密度产物是由外部提升管排出。

B　鼓型重介质分选机

结构如图 8-58 所示，包含鼓形圆筒、辊轮、大齿轮、给料漏斗、托辊、挡辊、传动系统、高密度产物漏斗等。

横卧的鼓形圆筒由 4 个辊轮支撑，通过安装在圆筒外壁中部的大齿轮，由传动装置带动旋转。在圆筒内壁沿纵向设有带孔的扬板。入选物料与悬浮液一起从筒的一端给入。高密度颗粒沉到底部，由扬板提起投入排料溜槽中，低密度颗粒则随悬浮液一起从筒的另一端排出，完成分选。

鼓型重介质分选机结构简单可靠，便于操作。在该设备中，重悬浮液搅动强烈，所以可采用粒度较粗的加重质，且介质循环量少。但是它的分选面积小，搅动大，不适于处理细粒物料，给料粒度通常为 6~150mm。

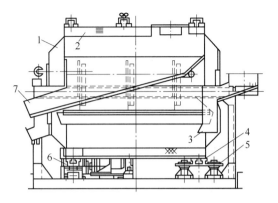

图 8-58 鼓型重介质分选机结构图
1—转鼓；2—扬板；3—给料漏斗；4—托辊；
5—挡辊；6—传动系统；7—高密度产物漏斗

8.6.1.2 工业应用

锥型重介质分选机属深槽型，该设备的分选面积大、工作稳定、分离精确度较高，给料粒度范围为 50~5mm。适于处理低密度组分含量高的物料。它的主要特点是需要使用微细粒加重质，介质循环量大，增加了介质回收和净化的工作量，而且需要配置空气压缩装置。

在实际生产中，由于受重悬浮液最高密度的限制，无法分选出高纯度的高密度产物，所以除了选煤以外，重介质分选主要用于预选作业，即从待分选物料中选出低密度成分。这种方法常用来处理呈集合体嵌布的有色金属矿石，在中碎以后，将已经单体解离的脉石矿物颗粒除去，可以减少给入磨碎和选别作业的矿石量，降低生产成本。

湖南某辉锑矿生产工艺流程为手选-重介质-浮选。即采出矿块 480mm 经粗碎，筛分洗矿后分为 40~150mm 级别进手选得合格块精矿，丢弃废石；10~40mm 级别再次洗矿后由重介质鼓形分选机分选出 40% 左右的废弃尾矿，精矿（重产品）经细碎后与 0~10mm 级别合并后入磨浮处理得合格精矿[43]。

8.6.2 重介质旋流器

重介质旋流器结构与普通旋流器基本相同，常倾斜安装（其轴线与水平线的夹角为 18°~30°）。

8.6.2.1 工作原理和结构特性

工作原理如图 8-59 所示，物料和悬浮液以一定压力沿切线方向给入旋流器，形成强有力的旋涡流；液流从入料口开始沿旋流器内壁形成一个下降的外螺旋流；在旋流器轴心附近形成一股上升的内螺旋流；由于内螺旋流具有负压而吸入空气，在旋

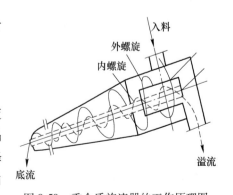

图 8-59 重介质旋流器的工作原理图

流器轴心形成空气柱；入料中的轻产物随内螺旋流向上，从溢流口排出，重产物随外螺旋流向下，从底流口排出。

悬浮液在旋流器中作高速旋转运动时发生浓集作用，靠近溢流管和中心轴线处的悬浮液密度小，靠近沉砂口和器壁处的悬浮液密度大，故实际分选密度比给入的悬浮液密度大。同时分选密度还受旋流器结构参数的影响，增大锥角或增大溢流管与沉砂口的直径比值都能使分选密度增大。

根据机体和结构形状的不同，重介质旋流器可以分为圆锥形和圆筒形的两产品重介质旋流器以及双圆筒串联、圆筒形和圆锥形串联的三产品重介质旋流器，如图 8-60 和图 8-61 所示。

图 8-60　重介质旋流器

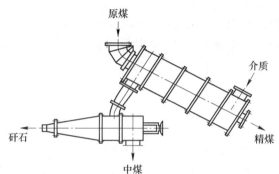

图 8-61　无压给料三产品重介质旋流器结构示意图

8.6.2.2　工业应用

旋流器本身无运动部件，因而其分选过程完全是靠自身的结构参数与外部操作参数的灵活配合来实现最佳分选精度。其给矿粒度下限可达 0.5mm，但为了方便介质回收，一般给矿粒度为 20~2mm。重介质旋流器具有结构简单、占地面积少和可以采用密度较低的加重质等优点，因此应用较广。

重介质旋流器的单位体积处理量大，分选精度高，并且在原煤的使用范围上得到了很大的改善，实现了各种煤的分选。近年来，重介质旋流器在钨矿、锡石、铁矿、磷矿等中得到应用。

湖北宜昌地区胶磷矿入选原矿品位 18%~22%，采用重介质旋流器，根据原矿品位的不同，介质密度 2.0~2.42 之间，能够获得 28%~30% 的磷精矿，有效地利用了宜昌地区中低品位磷矿资源[44]。

中煤科工集团分选泥晶磷灰石，入料粒度 0.5~25mm；入料品位 21.77%，分选密度 2.82g/cm³；处理能力，90~110t/h；精矿产率 56.48%，品位 29.59%；尾矿产率 43.52%，品位 11.63%；分选精度，0.06g/cm³[45]。

8.7　洗矿机

洗矿是处理与黏土胶结在一起的或含泥较多的矿石的工艺方法，采用水力浸泡、冲洗并辅以机械搅动，将胶结的矿块解离出来并与黏土分离。

洗矿装备按照结构形式可分为筛分机类型洗矿设备、带筛圆筒擦洗机、机械搅拌擦洗机三类。

8.7.1 筛分机类洗矿设备

矿粒在筛面上翻滚,加以水力冲洗将黏附在大块矿石上的细颗粒清洗掉,格筛、辊轴筛和振动筛等筛分机械,通过高压喷水可作为洗矿设备使用,格筛一般用来对粗碎前的原矿进行筛洗,辊轴筛可用于筛洗中碎前的矿石,而振动筛则可用来对中碎或细碎前的矿石进行筛洗。

8.7.1.1 水力洗矿筛

水力洗矿筛结构如图 8-62 所示,它由高压水枪、平筛、溢流筛、斜筛和大块物料筛等部分组成。平筛及斜筛宽约 3m,平筛长 2~3m,斜筛长 5~6m,倾角 20°~22°,大块物料筛倾角 40°~45°。两侧溢流筛与平面筛垂直,筛条多用 25~30mm 的圆钢制作,间距一般为 25~30mm。

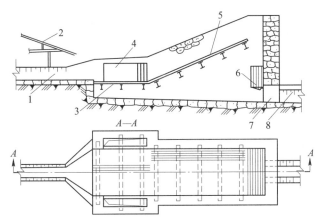

图 8-62 水力洗矿筛的结构图

1,8—运料沟;2—高压水枪;3—平筛;4—溢流筛;5—斜筛;6—大块物料筛;7—筛下产物排出口

物料由运料沟 1 直接给到平筛上,粒度小于筛孔的细颗粒随即透过筛孔漏下,而粗颗粒则堆积在平筛与斜筛的交界处,在高压水枪射出的水柱冲洗下,胶结团被碎散。碎散后的泥沙也漏到筛下,连同平筛的筛下产物一起沿运料沟 8 经筛下产物排出口排出。被冲洗干净的大块物料被高压水柱推送到大块物料筛上,然后排出。

水力洗矿筛的结构简单、生产能力大、操作容易。其缺点是水枪需要的水压强较高、动力消耗大、对细小结块的碎散能力低。

8.7.1.2 圆筒洗矿筛

当矿石需要做不太强的擦洗以进行碎散时,可以使用图 8-63 所示的圆筒洗矿筛。这种设备的筛分圆筒是由冲孔的钢板或编织筛网制成,也可以用钢棒做成条筛圆筒。筒内沿纵向设有高压冲洗水管。借助筒筛的旋转,促使矿块翻转、相互撞击,再加上水力冲刷而将矿石碎散，冲洗过程见图 8-64。洗出的泥沙透筛排出。

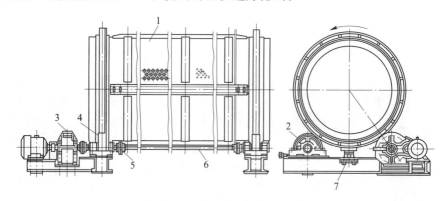

图 8-63　圆筒洗矿筛的结构图

1—筛筒；2—托辊；3—传动装置；4—主传动轮；5—离合器；6—传动轴；7—支承轮

8.7.1.3　槽式洗矿机

如图 8-65 所示，槽式洗矿机的结构与螺旋分级机的类似，在一个近似半圆形的斜槽中装置两根长轴，上面有不连续的搅拌叶片。

桨叶的顶点连线为一螺旋线，两螺旋的旋转方向相反，上部叶片均向外侧旋动。矿浆由槽的下端给入，矿石的胶结体被叶片切割和擦洗，并受到上端给入的高压水冲洗，黏土和矿块被解离开来。黏土形成矿浆从下部溢流槽排出，粗粒物料则借叶片推动，从槽上端的排矿口排出。

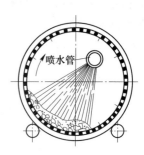

图 8-64　圆筒洗矿筛内的高压冲洗水管示意图

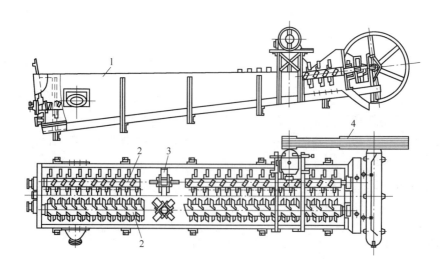

图 8-65　槽式洗矿机结构图

1—水槽；2—工作轴；3—工作轴上的叶片；4—传动装置

这种洗矿机具有较强的切割、擦洗能力，对小泥团的碎散能力也较强，适合于处理矿石不太致密，矿块粒度中等且含泥较多的难洗矿石，其优点是处理能力大、洗矿效率较高；缺点是入洗矿石粒度受限制，一般不能大于 50mm，否则螺旋叶片易被卡断，甚至出现断轴事故。

8.7.2 圆筒擦洗机

8.7.2.1 工作原理和结构特性

圆筒洗矿机结构如图 8-66 所示，带筛圆筒擦洗机不同于圆筒洗矿筛，它具有无孔的筒体，给料和排料端均有端盖，如同球磨机一样。筒体和端盖内壁均有锰钢或橡胶衬板，衬板上有筋条，形成螺距逐渐向排料端增大的螺旋线，可以使物料得到良好的碎散，并保证物料向排料端运动。筒体是借金属托轮或橡胶轮胎的摩擦，或者是齿轮传动而转动。

带筛圆筒擦洗机可以水平安装，也可以倾斜安装。在倾斜安装时，为避免筒体的轴向移动，可以用止推托辊支撑着筒体，安装倾角一般小于 6°。排料口的直径要大于给料口的直径，但排料口有一定（或可调）高度的环状堰，借以在擦洗机内就形成固定的物料层。

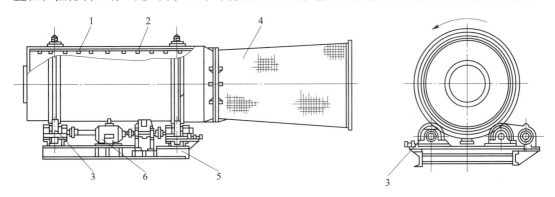

图 8-66 带筛圆筒擦洗机结构图

1—筒体；2—带筋衬板，3—传动辊；4—圆筒筛；5—减速机；6—电动机

8.7.2.2 工业应用

洗矿作为选别前的辅助作业在我国应用较多，如原生矿粒和矿块在可选性（可浮性、磁性等）差别很大时，经过洗矿将泥、砂分开，分别处理；或者矿泥影响后续作业如手选或光电选矿，亦需要洗矿。洗矿作为选别作业主要应用到矿石品位较高、且胶结物黏土中含有用矿物较少的情况，主要在磷矿、氧化严重的赤铁矿和褐铁矿等分选领域[1]。

对可能发生明显磨剥现象的矿石，擦洗机应采用较低的转数（30%~40%的临界转速）。在处理难洗的高塑性黏土质矿石时，应采用高转数（70%~80%临界转速）。在筒体旋转时，物料在擦洗机内形成瀑落式运动，使矿块抛落并产生强烈的摩擦，迫使高塑性黏土质物料的碎散。经高压水冲洗过的块状物料随矿浆流从排料口排出，流入安装在擦洗机上的悬臂锥形圆筒筛内，实现泥沙与块状物料的充分分离。

8.7.3　机械搅拌擦洗机

近年来，随着我国矿产资源的日益贫细杂化，有用矿物的选别难度越来越高，对于一些常见的金属矿与非金属矿的选别提纯中，有用矿物经常与黏土、表面污染物以及氧化膜或药剂等胶结一起，影响后续的浮选效果，需要进一步擦洗，进入擦洗机中的高浓度物料在搅拌装置的强烈搅拌下，可以清除其表面附着的杂质或氧化膜，提高物料的纯度，为后续选别作业提供更好的环境。

在大力开发我国金属和非金属矿物的选矿提纯中，需要将黏土等胶结物和其他表面污染物（如铁等有害杂质）除去或分离。机械搅拌擦洗机已成为矿物工业净化矿物表面和砂岩矿物集合体二次解离的重要手段，也是许多非金属矿选矿中的关键设备。

机械搅拌擦洗机的工作原理如图 8-67 所示，搅拌器有上下布置的各层叶轮，相邻配对叶轮对矿浆的推动作用是相对的，即底部叶轮向上推动矿浆，上部叶轮向下推动矿浆，矿浆中的矿物颗粒在叶轮之间的区域发生碰撞，使粘附的杂质等与矿物颗粒本体相剥离。多槽擦洗机能延长矿物擦洗时间，并且防止矿浆在槽体流动过程中发生短路，充分保证擦洗效果。

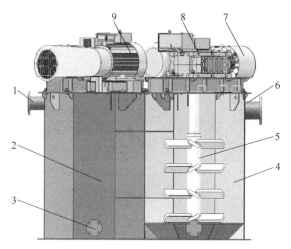

图 8-67　某机械搅拌擦洗机的结构图

1—给矿口；2—槽体一；3—卸矿口；4—槽体二；5—搅拌装置；6—排矿口；7—皮带罩；8—减速机；9—电机

其中比较有代表性的是北京矿冶科技集团有限公司研制的 GCX 型擦洗机，主要应用于：

（1）矿物加工过程用于高浓度矿浆的搅拌混合，使团聚颗粒解体，矿物颗粒清洗、抛光，除去矿物表面的黏土、碳素或其他附着物，去除包裹矿物的泥以提高矿物解离度等作业。

（2）土壤修复技术土壤洗选，去除土壤表面污染物，使土壤净化，提升矿山的绿色、环保水平。

（3）沙粒从胶结矿物中打散分离。

（4）高效的石灰消化，石灰熟化。

（5）清除石英砂等砂粒表面的铁质。

（6）混合水泥和矿渣，回填地下采空区。

（7）过滤机滤饼的二次浆化处理。

参 考 文 献

[1] 孙玉波．重力选矿［M］．北京：冶金工业出版社，1981.

[2] 魏德洲．固体物料分选学［M］．北京：冶金工业出版社，2013.

[3] 孙传尧，等．选矿工程师手册［M］．北京：冶金工业出版社，2015.

[4] 广州有色金属研究院．直径 2m 多层圆锥选矿机研制与应用［R］．广州：广州有色金属研究院，1982.

[5] 刘惠中．重选设备在我国金属矿选矿中的应用进展及展望［J］．有色金属（选矿部分），2011（S1）：18-23.

[6] 耿海洲．基于 LabVIEW 以及 DSP 实现任意跳汰周期的控制系统［D］．淮南：安徽理工大学，2016.

[7] 李值民，张燕，张惠芬．重力选矿技术［M］．北京：冶金工业出版社，2013.

[8] Louis H. A Handbook of Gold Milling. London：Macmillan and Co.，1894：319-320.

[9] 韦中，吕永信．SL1200 型射流离心选矿机改进完善研究［J］．有色金属（选矿部分），1995（5）：15-18.

[10] 凌竞宏，A. Laplante，胡熙康．国外离心选矿机的发展与应用［J］．国外金属矿选矿，1998（5）：2-4.

[11] 缐海．离心选矿设备的研究进展分析［J］．新疆有色金属，2018：74.

[12] 范象波．重选设备的进展［J］．矿冶工程，1987（7）：58-62.

[13] 曾安，周源，余新阳，等．重力选矿的研究现状与思考［J］．中国钨业，2015，30（4）：42-46.

[14] 刘惠中．重选设备在我国金属矿选矿中的应用进展及展望［J］．有色金属（选矿部分），2011（S1）：18-23.

[15] 黄礼煌．贵金属提取新技术［M］．北京：冶金工业出版社，2016.

[16] 刘建国，汤玉和，张军，等．扇形溜槽与圆锥选矿机选别性能研究［J］．金属矿山，2010（9）：119-120.

[17] 李长根．国外扇形溜槽的应用［J］．国外金属矿选矿，1976（10）：29-41.

[18] 黄会选．圆锥选矿机及其在选矿中的应用［J］．矿产综合利用，1987（3）：48-56.

[19] 刘晓光，吴城材，邱廷省．圆锥选矿机在国内的应用［J］．江西冶金，1999，19（2）：29-31.

[20] 吴城材．圆锥选矿机在车河选厂的应用［J］．矿产综合利用，1995（5）：12-15.

[21] 杨波，段希祥，罗雪梅，等．悬振锥面选矿机：CN101733189 A［P］．2010-06-16.

[22] 李小娜，杨云萍，张雨田．悬振选矿机对微细粒矿物的选矿技术研究与应用实践［J］．矿山机械，2016（3）：4-8.

[23] 李小娜．悬振选矿机在弓长岭选矿厂铁尾矿再选中的应用［J］．矿产综合利用，2016（3）：80-82.

[24] 彭会清，李广，胡海祥，等．螺旋溜槽的研究现状及展望［J］．江西有色金属，2009，23（3）：26-29.

[25] 刘惠中．BL1500-A 型螺旋溜槽的研制及其在尾矿再选中的应用［J］．矿冶，2001，10（4）：24-28.

[26] 李卫．锯齿波跳汰机的研制应用及展望［J］．黄金，1992，13（6）：29-35.

[27] 张念，梁财永，吴传坤．JT5-2 型锯齿波跳汰机在车河选矿厂的改进应用［J］．矿山机械，2016，44（10）：95-96.

[28] 于尔铁. 动筛跳汰机在我国的应用现状与展望 [J]. 煤质技术, 2006 (4): 1-6.

[29] 许正光. 大吉山矿 JS 型动筛隔膜跳汰机的研制与应用 [J]. 中国矿山工程, 1994 (4): 47-50.

[30] 利用筛下无活塞跳汰机分选铁、锰矿石和含金属渣 [J]. 国外选矿快报, 1997 (1) 13-18.

[31] 任俊, 张强, 卢寿慈. 强化摇床分选的途径 [J]. 金属矿山, 1995, 230 (8): 38-40.

[32] 唐山煤研分院新型摇床课题组. SXLY-4 型悬挂式双联四层摇床 [J]. 选煤技术, 1989 (4): 5-10.

[33] 张念, 杨林院, 黄艳. 提高台浮摇床回收率的工艺改造及生产实践 [J]. 现代矿业, 2014 (6): 188-193.

[34] 陈金仙, 魏镜羿, 杨君. 变频调速在卧式离心选矿机中的应用 [J]. 矿山机械, 2017 (11): 93-94.

[35] 现代矿山选矿机械设备实用技术手册 [M]. 北京: 北京矿业出版社, 2006: 562-564.

[36] 吕永信, 罗醒民, 杜懋德. SL 型射流离心选矿机应用研究 [J]. 有色金属工程, 1990 (4): 25-31.

[37] 王青芬, 张凤生. 射流离心机工业试验研究 [J]. 有色金属 (选矿部分), 2010 (2): 35-37.

[38] 简胜, 等. 高效离心机 FALCON 在云南某多金属矿尾矿中锡回收的应用 [J]. 云南冶金, 2011 (4): 24.

[39] 刘汉钊, 石仑雷. 尼尔森选矿机及其在我国应用前景 [J]. 国外金属矿选矿, 2008 (7): 8-12.

[40] 林钢. 尼尔森选矿机在黄金等贵金属选矿厂的应用 [J]. 南方金属, 2016 (208): 40-41.

[41] 吕玉庭. 离心跳汰机的技术现状与设备研究 [J]. 矿产保护与利用, 2010, 10 (5): 37-39.

[42] Ranjeet Kumar Singh. Analysis of separation response of Kelsey centrifugal jig in processing fine coal [J]. Fuel Processing Technology, 2013, 115: 71-78.

[43] 湖南省锡矿山矿务局. 鼓形重介质分选机选别辉锑矿的实践 [J]. 有色金属 (冶炼部分), 1970 (5): 3-11.

[44] 王金生. 胶磷矿重介质分选工艺的研究与实践 [J]. 化工矿物与加工, 2009 (8): 4-6.

[45] 邵涛. 分选磷矿用重介质旋流器的研究与实践 [J]. 化工矿物与加工, 2009 (10): 13-16.

9 固液分离装备

固液分离是重要的单元操作,是分离科学的重要组成部分,在国民经济各部门如化工、轻工、制药、矿山、冶金、能源、环境保护等领域得到广泛的应用[1]。固液分离涉及工艺和设备两个方面,主要研究内容包括固体颗粒的性质、液体的性质及固液悬浮系统的性质;过滤的理论及实践;沉降分离的理论及实践;水力旋流器、液固流态化床等固液分离设备的理论及实践;固液分离的放大规律及方法等。在许多生产过程中,固液分离技术水平的高低,质量的优劣直接影响工业化规模生产的可能性、工艺过程的先进性和可靠性、制品质量和能耗、环境保护等经济和社会效益[2]。

9.1 固液分离装备概述

随着现代化工业技术的发展,现代文明对固液分离的依赖日益显著,它直接关系到金属回收率的高低、环境治理投资的大小及生产作业的难易程度。不同的工业部门、不同的工艺过程,其固液分离费用不同,通常固液分离工艺费用占总工艺费用的 10%~20%,投资费用占总投资费用的 30%~40%,能耗占 20% 左右,为此发展并解决好固液分离工程具有重大的意义。通常来说固液分离方法大致可分为 4 大类,包括重力沉降法、过滤法、离心分离法和其他固液分离法等。在金属矿山中,随着选矿工业的发展,矿产资源日趋贫、细、杂,细磨工艺使物料呈现出细黏状态,固液分离变得更加困难,这就对固液分离设备的单台处理能力、细粒矿物高效脱水提出了更高的要求,为此高效的固液分离装备对选矿过程至关重要。本节将按 4 大分类的方式概述设备的发展历程及设备未来的发展趋势,并重点介绍选矿用的固液分离装备[3]。

9.1.1 固液分离装备发展概述

9.1.1.1 沉降装备

沉降是依靠重力作用实现固液分离的技术。沉降是一个多层次、多物质的混合过程。

沉淀池是最早出现的沉降设备,米诺斯文明时期及后来的罗马文明时期就曾出现过使用沉淀池去除废水、雨水中的杂质。大规模应用沉淀池处理废水则出现在 19 世纪中叶,沉淀池在后期的工业应用过程中逐渐出现了平流式、竖流式、辐流式、新型及水平管等沉淀池[4]。1843 年美国研究学者通过增加沉降面积的方式来提高沉降效率,发明了倾斜板沉降槽。1962 年日本研究学者通过使用空气或者水流流动的方式在槽体内增加搅拌力,大大提高了沉降效率,发明了各种不同搅拌方式的沉降槽,为沉降设备的发展跨出了重大的一大步,而此时的沉降槽与早期的浓密机有些类似之处,适用于处理量大而固体含量不高、颗粒不太细的悬浮料浆。

　　Hazen 于 1904 研究了影响稀悬浮液中固体颗粒沉降的因素，率先提出了沉淀池理论[5]，随后的机械分离理论也正是基于此。1905 年，道尔浓密机研制成功，开创了现代浓密机的新纪元，使高浓度浆液的连续脱水成为可能，相较其他浓缩设备具有连续作业、生产稳定可靠、能耗低、操作简单等优点[6]。

　　随着选矿工业的发展，选矿过程中对浓缩的迫切需求导致了浓缩的生产实践领先于其他领域的生产实践，但理论上却处于相对比较落后的状态。1908 年 Nichols 首先对影响沉降性能的变量进行了研究，探究了固体和电解液浓度、絮凝程度和温度对沉降的影响。随后大量的学者利用实验研究的方法相继对沉降理论进行了进一步的研究。Coe Clevenger 认为絮凝沉降可以划分为四个不同的沉降区域，分别为清水区、浓度均匀区、过渡区和压缩区，并且在随后的几十年中，很多学者都致力于沉降区面积的确定问题上，这标志着沉降理论的初步产生。第一个真正建立沉降理论的人是英国博明汉霖大学的数学家柯西，他于 1952 年发表了著名的论文"沉降理论"，柯西认为悬浮液为连续体，并依据沉降波在悬浮液中的扩散建立了动态沉降理论，1963 年 Haas 利用玻璃珠实验证明了柯西理论的有效性。柯西理论对浓密机的发展产生了深远的影响，此后的二十多年被称为柯西时代[7]。

　　随着理论研究的深入，浓缩设备也得到了充分的发展。20 世纪 50 年代，苏联出现了圆池耙架式浓密机，中国则吸收该机型的设计思路，经过二三十年的研究与创新，到 20 世纪 80 年代，形成了多种型式、多种规格，技术较为先进的国内浓密机的系列化产品，包括周边胶轮浓密机和周边齿条传动浓密机[8]。

　　1886 年，英国的 Howstson 提出浅层沉降理论，并开发出多层式沉降槽[9]。斜板浓密设备的研制和应用始于 20 世纪中期，并在国外得到了较大范围的应用。苏联乌拉尔选矿研究设计院开发的槽式斜板浓密机在选矿厂的浓缩、脱泥、脱水及分级作业的应用获得了较好的效果。1956 年，原西德洪堡特（Humbodt）公司推出了倾斜式沉降槽[10]。1959 年，日本工业技术研究院推出双室下降水流倾斜板式沉降槽。1964 年，日本将倾斜板浓密技术和设备应用于大型浓密机内。1965 年，法国推出了倾斜管沉降的 Lavodune 和 Lavoflux 水力分选分级机。1967 年，原瑞典萨拉国际公司（SALA International AB）采用 Hedström 教授提出的单元分离槽专利推出了单元集成模式的拉米拉（Lamella）型斜板浓密机，该型号的浓密机是斜板浓密机技术和设备的重大技术进步。1970 年 Dorr 发明了设置回转耙的圆形沉降槽，这就是圆池耙架式浓密机。1980 年，苏联的乌拉尔选矿研究设计院率先将槽式倾斜板浓密机用于选矿厂的浓缩、脱水、脱泥及分级[11]。我国北京矿冶研究总院、长沙矿冶研究总院、长沙矿冶研究院、鞍山矿山设计院和中南大学等先后于 20 世纪 60 年代开始开发了倾斜板式浓密机，20 世纪 80 年代末至 90 年代初，昆明冶金研究院对引进的 SALA 型倾斜板式浓密机进行了消化吸收和二次开发，完成了必要的理论、材料和结构等研究，开发出单元集成式斜窄流分级与浓缩设备，形成了 KMLY、KMLZ 型系列产品，该新型斜板浓密分级设备在国内的矿山、冶金、化工、轻工等领域获得了成功的应用，使用效果良好[12]。2010 年昆明理工大学周兴龙、张文彬等[13]针对目前斜板设备中通道阻塞，斜板组散落等问题开发了一种便携式斜板浓密分级机，其核心技术是将斜板设备模块化，并对斜板组模块实施间歇式高频微振，对斜板板面进行定期自动清洗，保证斜板通道不堵塞，从而达到稳定运行的目的。1975 年 Adosyian 提出沉积物质压缩特殊理论，获得了第一个令人满意的浓密机设计方法。1977 年 Kos 采用混合理论为分批和连续的沉积过程确定边界值。几乎在同一时期，巴西的一批科研人员提出了表象学沉积理论，它是建立在混合理论的基础之上，基于混合理论建立的表象学模型，得到了国际学术界的认可。基础理论的发展为装备的发展提供了理论支撑。

高分子物质作为絮凝剂由来已久，古埃及和印度就曾用某些坚果净化水，中国于17世纪起就已经用铝盐净化水。使用鱼胶酿酒，工业上使用淀粉、明矾、瓜尔胶做絮凝剂已经有几个世纪了。直到20世纪50年代人工合成的高分子聚电解质絮凝剂的出现，展现出对选矿上的细泥、黏土等疏水型胶体粒子有很好的絮凝作用，开启了浓密机使用的一个新时期，浓密机面积大大减小。

国外于20世纪70年代成功开发了高效浓密机，在传动机构、给料方式上进行了调整和改进，更为重要的是絮凝剂的添加使用，改善了颗粒的沉降特性，提高了颗粒沉降速度，从而达到了提高浓密机效率的目的。

针对底流浓度和高处理量等圆池耙架式浓密机不能解决的问题，国外开始了高效深锥浓密机的研究，并于20世纪80年代我国由核工业北京化工冶金研究院、马鞍山矿山研究院研制生产高效浓密机，长沙矿冶研究院、广州有色院、唐山煤科院、沈阳矿山机器厂、淮北矿山机器厂等也先后研究和推广了高效浓密机，形成了高效浓密机的一系列产品[15]。高效浓密机在给矿方式、絮凝剂添加、自动控制等方面做出技术创新，工作效率大大提升，处理能力可以比圆池耙架式浓密机大2~9倍[16]。高效浓密机充分发挥高分子絮凝剂对细泥矿石颗粒的凝聚吸附能力，形成大的颗粒，加快沉降速度。高效浓密机通过对絮凝剂和结构参数的改进，提高脱水效率，得到底流浓度较圆池耙架式浓密机高。为满足生产过程中对极高底流浓度的需要，出现高效深锥浓密机和倾斜板浓密机等更为先进的浓缩设备。高效深锥浓密机多用于坑内尾矿充填和地表尾矿管道输送、干式堆存。

英国煤炭局研制了深锥浓密机，可用于煤泥的处理，底流浓度可达到65%~70%。EIMCO公司、GL&L/Door Oliver公司开发了高效浓密机和膏体浓密机。20世纪80年代开发了Alcan膏体浓密机，将铝土矿尾矿浓缩成膏体用于表面填充，1996年特许给Eimco后进入非铝行业，随后出现了浅锥型膏体浓密机。在我国，长沙矿冶研究院于20世纪80年代末开始研发高压浓密机，并形成了高压浓密机系列产品。北京矿冶科技集团公司作为国内最先进的矿冶装备研发单位，很早就开始了浓密机的研发与应用，开发出了多种型号、规格的浓密机，并在21世纪开始着手高效和膏体浓密机的研制，到目前为止取得了很好的效果，在各大矿山企业得到广泛的应用。

9.1.1.2 过滤装备

过滤是迫使液体通过固体支撑物或者过滤介质，把固体截留，从而达到固液分离的目的。压滤机采用外加压力过滤的方式，不仅提供了更大的过滤推动力，而且加强了隔膜压榨与滤饼风干过程，使滤饼水分大幅下降，对细粒难过滤物料脱水效果尤为突出[17]。

公元前我国开始使用真丝网过滤中药，并发明滤干造纸法，到20世纪，中国又首创用布袋过滤豆浆，用离心力分离蜂蜜等，这就是过滤技术及过滤装备的早期雏形。随后的几百年，各国过滤与分离技术并未得到多大发展[18]。过滤机的出现和发展，可归结于19世纪中叶制造业的迅速发展和随后城市人口增加所导致的环境保护问题（即欧洲工业革命时期）。19 世纪出现的手动板框压滤机则是最早出现的过滤设备，同期还出现了加压叶滤机和旋转过滤机[19]。

到 20 世纪，过滤设备进入了一个快速发展的阶段。20 世纪初美国道尔-奥立佛公司成立，在过滤设备的研究上投入了大量的精力，开发出了转鼓型真空过滤机。随着工业的发展，各国学者对该设备进行了优化设计，日本月岛研制成功滤布行走式转鼓型真空过滤机，美国艾姆柯研制成功预敷层式转鼓型真空过滤机，德国 BHS 研制成功加压式转鼓型真空过滤机，到 50 年代很多国家生产自动卸料连续过滤式转鼓型真空过滤机，70 年代英国 Lundin 研制出 Multi 型无格式转鼓型真空过滤机。20 世纪 30 年代瑞典萨拉成功研制出水平带式真空过滤机，并投入使用。目前，荷兰、美国、日本、德国、英国、法国、瑞典、南非和比利时等国的许多公司均有系列产品。1953 年日栗田研制成功自动化式板框型自动压滤机，70 年代末芬兰拉罗克斯研制成功 CF、PF 型连续压滤式板框型自动压滤机，80 年代俄罗斯研制成功机器人操作式板框型自动压滤机，极大促进了该类型设备的发展。20 世纪 60 年代初，瑞典 Sala 公司生产出永磁真空过滤机过滤粗粒磁性物料。60 年代，苏联开始箱型自动压滤机的研制，并成功开发出了第一代箱型自动压滤机，1965 年 Dr. O. Weber 研制成功压榨膜式，70 年代美国英格索兰研制成功 LastaG 型滤布行走式，随后日本栗田生产出 UF 型，瑞典萨拉生产出 VP 型自动压滤机。1963 年德国开始了水平带型压榨过滤机的研究，并成功开发了 Bel 型直角式水平带型压榨过滤机。1964 年原捷克 J. KasPer（有机合成所）首创高剪切力十字流过滤式圆盘型动态过滤机，并由瑞士生产，到九十年代各国开始研制强化微滤式圆盘型动态过滤机[20]。

进入 20 世纪 70~80 年代，过滤设备的研制达到了发展的顶峰，先后出现了由机器人操作、全自动化作业、纳米过滤等高新技术产品。

从 70 年代开始，德国和荷兰分别研制所谓真空连续工作的压滤机，基本原理都是将过滤件置于气压罐内，用高压气压代替真空，并称之为连续压滤机（Continuous pressure filter），直到 80 年代后期德国洪堡公司和德国的卡尔斯诺（Karlsruhe）大学共同开发的 KHD 型的气压圆盘压滤机才问世。八十年代初瑞士罗森蒙首创 Nutrex 型多功能型加压过滤机，随后意大利、日本、美国、俄罗斯、德国生产不同机型的多功能型加压过滤机。八十年代德国洪堡达克研制成功六盘式圆盘型真空过滤机，美国艾姆科生产连续式圆盘型真空过滤机。1982 年，北京矿冶研究总院开始研制全自动板框式压滤机，1983~1985 年在铜绿山选矿厂进行试验，并取得优异的效果。1985 年芬兰瓦尔梅特研制成功 CC 型陶瓷式圆盘型真空过滤机。陶瓷圆盘真空过滤机首先由芬兰 Valmetoy 公司于 1979 年研制成功。20 世纪 80 年代芬兰 OutoKumpu 公司的 Outomintec 子公司购置制造陶瓷片的专利后，开发出 Ceramec-CC 系列陶瓷过滤机，在芬兰、澳大利亚、美国、波兰、智利、墨西哥、俄罗斯、蒙古、韩国和赞比亚等许多国家推广应用。

进入 21 世纪，世界高新技术的发展已经将过滤装备的发展推向了高速发展的轨道，比如仿真方法研究自滤，纳米超滤、超声、激光、超导等等技术应用于过滤装备的研究上，并出现了与之相关的设备。

9.1.1.3　离心分离装备

离心分离装备是在离心力和重力作用下进行固液分离的设备。离心分离装备包括离心沉降分离和离心过滤。离心沉降需要物料之间存在密度差，是较细颗粒重力沉降的延伸，并且能够分离通常在重力场中稳定的乳状液，这一分离过程可视为离心力场作用下悬浮液中固体颗粒的自由沉降过程[21]。离心过滤则不需要分离物料之间存在密度差，在离心力的作用下使固相颗粒截留在过滤介质上，不断堆积成滤饼层，液相则借助离心力的作用穿过滤饼层及过滤介质，从而达到固液分离的目的[22]。离心分离装备具有结构紧凑、体积小、分离效率高、生产能力大及附属设备少等优点，广泛应用于化工、冶金、三废治理等工业。

离心机的应用可以追溯到古代的中国，人们通过在陶罐一端系上绳索，并通过绳索旋转陶罐产生离心力挤压出陶罐中的蜂蜜，这就是离心分离原理的早期应用。工业离心机则诞生于19世纪中叶的欧洲，随着纺织工业的迅速发展，1836年德国出现了棉布脱水机即三足式离心机。1877年为适应乳酪加工工业的需要，发明了用于分离牛奶的分离机，这些都属于间隙操作离心机。进入20世纪之后，离心分离机到了一个高速发展的阶段，20世纪30年代逐渐出现了连续操作的离心机，与此同时，间歇操作离心机因自动控制技术的应用得到了进一步的发展。随着石油综合利用的发展，要求把水、固体杂质、焦油状物料等除去，以便使重油当作燃料油使用，20世纪50年代研制成功了自动排渣的蝶式活塞排渣分离机，到60年代发展成完善的系列产品。随着环境保护、三废治理发展的需要，对于工业废水和污泥脱水处理的要求都很高，因此促使卧式螺旋卸料沉降离心机、蝶式分离机和三足式下部卸料沉降离心机有了进一步的发展，特别是卧式螺旋卸料沉降离心机的发展尤为迅速。

水力旋流器也属于一种离心分离设备，早在一百多年前就有的世界上第一项专利，当时被用作固-液两相介质的分离装置，从水中分离固体介质。起初水力旋流器的应用领域仅限于选矿领域，后来随着学术的交流，水力旋流器的应用领域不断扩展，比如在20世纪60年代末期，英国的Martin Thew等人开始研究水力旋流器来分离液-液两种介质。到了20世纪80年代以后，有很多研究学者致力于螺旋分离器的研究和推广应用，尤其是英国的BHRA流体工程中心为主要代表，并发起了一系列的学术活动。我国正式具有现代实用价值的第一台螺旋离心机是1954年制造的，由于它独具连续操作、处理量大、单位产量耗电量少、适应性强等特点而得到了迅速发展，在四十多年的发展中，结构、性能、参数变化很大，分离质量、生产能力不断提高，应用范围更加广泛，在离心机领域中占有一定的重要地位，在各种国际展览会上，各种各样的螺旋离心机，是所展出的离心机中最吸引人的机型，具有良好的发展前景。

9.1.1.4　其他固液分离装备

膜分离技术是一门新兴的多学科交叉的高新技术，具有高效、节能、过程简单、易于自动化控制等特征[23]。膜分离概念的提出最早可追溯到18世纪，Nollet就通过实验发现水会自发的渗透进入含有乙醇的猪膀胱内，但限于当时的客观条件，人们认知程度较低并未真正应用上该技术。直到19世纪中叶，Schmidt利用压力驱动的方式，用棉胶膜分离出蛋白质微小颗粒，这就出现了所谓的微孔过滤。膜分离技术真正得到发展是在20世纪中后期，但因为研究人数不多且投资较少，在研究成果上并不丰硕，但这为后续的研究奠定了基础[24]。压力驱动膜分离技术中，微滤是研究最早、应用最广泛的分离膜。1925 年德国率先建立了世界上第一个微孔滤膜公司，专门生产与经营微滤膜。二战时期，主要用于分离 UF6 同位素。二次世界大战后，美国对微孔膜的制造技术和应用开展了广泛的研究，以后成为世界微孔膜生产与应用的大国，90 年代初期占世界微滤膜市场的 60%。19 世纪 60 年代美国加州大学在研究海水淡化的过程中成功研制出了第一张反渗透膜，这代表着现代膜科学技术的诞生，自那以后，反渗透膜材料的研究，制膜技术研究，组件研究和开发应用等方面取得飞速进展[25]。20 世纪 50 年代，随着基础科学理论的发展和不断完善，膜分离技术的研究也向着更加完整和系统化的方向发展。另一方面，随着科技的进步，高端设备和新型材料的使用，促使了各种新型膜的出现，使膜科学得到了进一步的发展。20 世纪 50 年代，微滤膜和离子交换膜先后进入工业应用，60 年代反渗透也进入了工业应用，70 年代无机超滤膜和微滤膜逐渐进入工业领域，主要用于牛奶和葡萄酒的浓缩分离[26]。80 年代气体膜分离技术也在工业上得到了应用，90 年代渗滤汽化进入工业应用。与此同时，与膜分离为基础的其他分离过程也得到了日益的发展。到了 21 世纪初期，随着工业的发展，膜分离在包括医药、食品等众多行业中发挥了举足轻重的作用，实现了液体分离、气体分离、膜催化、水处理等领域的广泛应用。

磁力脱水槽是一种磁力和重力联合使用的分离设备，广泛应用于磁选工艺中，用来分离细粒脉石，也可用于过滤前的浓缩[27]。

9.1.2　固液分离装备发展趋势

固液分离设备在结构形式、分离效率、自动化水平、功能集成、产品质量和可靠性方面发展迅速。很多要求固液分离设备的浆体中的固形物颗粒粒度都很细，且有越来越细之势，而且总的发展趋势是要求滤液的高澄清度和滤渣的低含湿量，以减少干燥和进一步处理的工作量、降低固液分离成本。尤其在工业废水、市政污水和污泥的脱水等领域，这种料浆的浓度很稀，要先浓缩后再进行预脱水，后续再使用真空过滤、压滤、离心机等进行二次脱水。从发展趋势来看，固液分离技术研究的目的是要缩短整个下游工程的流程和提高单项操作的效率，传统的做法既费时、费力，效果又不明显，跟不上时代发展的步伐。这就使得固液分离设备技术面临前所未有的挑战，同时也就促使整个固液分离设备技术和设备围绕这些挑战而迅速发展[28]。为此今后固液分离技术的研究需要一个质的转变，并将从以下几个方面进行拓展、创新：

（1）继续研究和完善一些适用工程的新型固液分离装备。

（2）大型化及自动化；矿产资源日趋贫、细、杂，为提高选厂的效益，大规模选厂不断出现，为适应选厂的大规模生产及集中管理，固液分离设备将朝着大型化和自动化方向发展，这对提高设备的可靠性和降低工人劳动强度具有很大作用。

（3）新技术、新材料的应用；比如膜分离技术，特别是无机膜的研制和有机膜性能的改进，在水处理、生物工程、食品、染料、精细化工中的应用将会大幅提高产品的质量和降低生活费用[29]。

（4）固液分离设备应用领域不断扩大；随着知识的交流及融合，固液分离设备将不断得到扩展，满足不同领域对固液分离的要求。

（5）各种固液分离技术的高效集成。

9.1.3　固液分离装备的分类

固液分离设备种类繁多，主要差别体现在作用上。通常来说固液分离方法大致可分为四大类：重力沉降法、过滤法、离心分离法、其他固液分离法等。

重力沉降设备包括沉淀池、沉降槽、浓密机和分级箱。过滤装备依据动力源不同分为真空过滤、加压过滤及离心过滤三种类型。工业用离心分离装备按结构和分离要求，可分为过滤离心机、沉降离心机和离心分离机三类。基于不同方法的固液分离设备分类如图 9-1 所示。

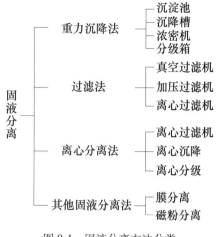

图 9-1　固液分离方法分类

9.2　重力沉降装备

重力沉降设备是利用固体颗粒和液体（大多数情况下为水）的密度差和固体颗粒自然沉降达到固液分离的设备。由于能耗低、投资低、结构简单、易维护等优点，广泛用于固液分离工艺。重力沉降设备在矿物加工过程中应用最多的是沉降槽、圆池耙架式浓密机、斜板（斜管）浓密机、高效浓密机、深锥浓密机，本文将重点介绍。

9.2.1　平流沉降槽

平流沉降槽又称为平流沉淀池，是使用最早的一种重力沉降设备，其结构简单、运行可靠，适应性强，目前选矿厂矿泥及微细粒物料的浓缩脱水仍采用该设备。

9.2.1.1　工作原理

悬浮液经进料槽进入槽内，在挡板的作用下，均匀地分布在澄清区下半部的整个宽度上。矿浆缓慢流动，固体颗粒慢慢沉入槽底。澄清的水溢过堰口经出水槽排出。槽底上的沉渣在刮泥机刮板的缓慢推动下送入污泥斗。当开启排泥管上的闸阀时，在给料压力的作用下，斗中的泥渣经由排泥管排出。

9.2.1.2　主要结构和特性

平流沉降槽的刮泥机构有链带式和天车行走式两种，本节介绍的是链条式刮泥机构。平流沉降槽主要由进料槽、进水挡板、排泥浆阀、可转动的排渣管、溢流挡板、溢流槽、链带式刮泥机、污泥斗、排泥渣管和槽体组成，设备结构如图 9-2 所示。挡板是沉降槽中必不可少的装置，挡板的作用是减小水流的流速，改变并延长水流在池内的流程，使水流的紊动混合均匀[30]。

平流式沉淀池具有对冲击负荷和温度变化的适应能力较强，施工简单，造价低的优点；但操作工作量大，采用机械排泥时，机件设备和驱动件均浸于水中，易生锈，易腐蚀的缺点。

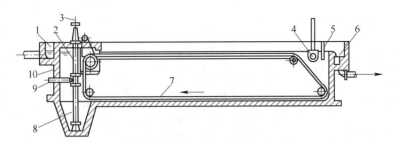

图 9-2 设有链带刮泥装置的平流沉降槽

1—进料槽；2—进水挡板；3—排泥浆阀；4—可转动的排渣管；5—溢流挡板；
6—溢流槽；7—链带式刮泥机；8—污泥斗；9—排泥渣管；10—槽体

9.2.1.3 工业应用

平流式沉淀池除了在矿山选矿流程和尾矿回水流程中使用外，在污水处理中也有广泛的应用[31]。

9.2.2 竖流沉降槽

竖流式沉降槽又称立式沉淀池，是池中悬浮液竖向流动的沉淀池。

9.2.2.1 工作原理

水由设在池中心的进水管自上而下进入池内，管下设伞形挡板使废水在池中均匀分布后沿整个过水断面缓慢上升，悬浮物沉降进入池底锥形沉泥斗中，澄清水从池四周沿周边溢流堰流出。在竖流沉降槽中，污水是从下向上作竖向流动，当悬浮颗粒的下沉速度大于水流上升速度时，颗粒会下沉；反之，颗粒会随上升水流上升，如果两项速度相等，颗粒处于平衡状态。当颗粒属于絮凝沉淀类型时，就会出现上升颗粒和下降颗粒，同时颗粒之间发生相互接触、碰撞，使颗粒直径逐渐增大，有利于颗粒沉降。

9.2.2.2 主要结构和特性

竖流式沉淀池的平面可以为圆形、正方形或多角形。竖流式沉降池主要由进水管、中心布水管、出水管、排泥管、挡块和槽体组成。竖流沉降槽的结构如图 9-3 所示。污水从池中心进入沉淀池的缓冲层，此时污水含泥量最高，它与缓冲层沉淀下的污泥相互接触、吸附，促进颗粒的絮凝，使颗粒径变大，加快沉淀速度。同时又在缓冲层形成污泥悬浮层，直接拦截污水中的污泥颗粒。由于上述絮凝和拦截两个功能，使得其沉淀效果要高于其他类型的沉淀池。

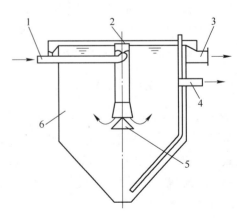

图 9-3 竖流沉降槽结构示意图

1—进水管；2—中心布水管；3—出水管；
4—排泥管；5—挡块；6—槽体

9.2.2.3 工业应用

竖流沉降槽常用于矿山选厂工艺，同时在其他领域也有新的尝试。某发电厂降低脱硫废水固含率采用竖流式浓缩器，当流量约为 9.5m³/h，浓缩器溢流水固含率降至约 0.01%，浓缩器底流量约 1.5m³/h，固含率 19%~30%[32]。

9.2.3 圆池耙架式浓密机

圆池耙架式浓密机是根据重力沉降原理，利用装在圆槽底部的旋转耙连续排出沉淀产品的矿浆浓缩设备，外形如图 9-4 所示。

图 9-4 圆池耙架式浓密机

9.2.3.1 工作原理

矿浆首先进入自由沉降区（B 区），矿浆中的颗粒靠自重迅速下降。当沉降至压缩区（D 区）时，矿浆已汇集成紧密接触的类似纤维海绵状的团块组织。继续下沉到被浓缩了的矿浆区（E 区），由于刮板的运转，使 E 区形成一种锥形表面。矿浆受刮板的推压力，使沉淀物进一步浓缩，然后由卸料口排出。矿浆在浓密机中的沉淀过程如图 9-5 所示。

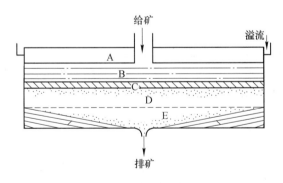

图 9-5 浓密原理图

9.2.3.2 主要结构及特点

耙式浓密机主要构件有槽体、耙臂、耙臂传动机构、耙臂提升装置、给料系统和卸料系统等。槽体为圆柱形，其下部为坡度很小的圆锥体，其中心部位设有浓缩产品的卸料斗，与浓缩产品的输送系统相连；池子的上部周边设有环形溢流槽。池子正中心的回转轴上悬挂有十字形的耙臂机构，在耙臂下面固定着许多刮板，与浓缩池半径成一定角度。回转轴固定在传动机构上。工作时，矿浆经由桁架上的给料槽（管）给入池中央的受料筒，筒的下沿浸没在澄清液面之下，矿浆沿径向往四周流动，同时产生固相沉降。澄清液则由上部的环形溢流槽溢出，浓缩产品被刮板刮至池中心卸料筒排出。为了避免浓密机过载引起卸料口淤塞和耙臂扭弯及其他设备事故，设有耙臂架提升装置和过载警示信号。

按照传动方式，耙式浓密机可分为中心传动式和周边传动式两大类。

中心传动浓密机（如图 9-6 所示）的传动装置置于钢结构或钢筋混凝土结构的中心柱顶部。传动机构采用锥形滚柱轴承或液压油膜轴承及行星齿轮系统。大直径的驱动转笼支承在中心柱上端的轴承座中，耙臂则连接在转笼上。中心支柱的底部周围有一环状沟槽，用以收集和排出底流产品。从中心柱到槽边架设有桁架，桁架用作人行道并放置有动力线和给矿管。大型的浓密机的中心柱常设计成钢筋混凝土沉箱式中空柱，内置底流泵和排矿管道，底流从中空柱内扬送出槽面。该类设备直径为 30~200m，直径小于 100m 的设备都装有自动或手动提耙装置，大直径的浓密机还配有自动润滑、测压、测负荷等装置。

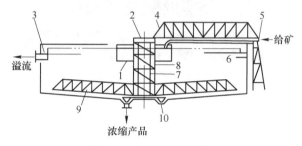

图 9-6　中心传动浓密机

1—给矿；2—传动机构和提升装置；3—溢流槽；4—桁架；5—给矿槽或管；6—槽体；
7—中心支柱；8—转笼；9—耙臂和耙架；10—给矿漏斗（沟槽）

周边传动耙式浓密机与耙臂相连的桁架的一端借助于特殊的轴承置于中心柱上，另一端连接传动小车，小车的辊轮由车上的电机经减速器、齿轮装置驱动，使桁架沿轨道行走。耙臂如果受到的阻力过大，辊轮打滑，耙臂停止，故不必设置专门的过载保护装置。由于辊轮易打滑，这种浓密机规格不宜过大。稍大型的设备与轨道并列安装有固定的齿条，传动机构的减速器上有一小齿轮与齿条啮合，带动小车运行。这种齿条传动的浓密机要有负荷继电器来保护主体设备（如图 9-7 所示）。

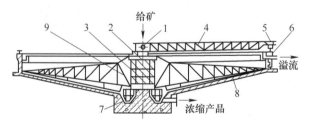

图 9-7　周边传动浓密机

1—给矿口；2—中心支柱；3—转笼；4—桁架；5—驱动小车；
6—轨道；7—排矿沟槽；8—槽体；9—耙臂和耙叶

圆池耙架式浓密机占地面积很大，脱水效率低，容易溢流出现"跑浑"现象；当泥床厚到一定程度时又会导致"压耙"事故的发生。

9.2.3.3 工业应用

目前大型中心传动高效浓密机已经在昆钢集团、紫金矿业集团、江铜集团等大型矿山应用，受到用户的普遍欢迎。

某大型铜矿选矿厂尾矿浓缩用的直径 30m 浓密机的生产能力达到了 $600m^3/h$ 以上，底流固体质量分数稳定在 30% 左右，溢流水悬浮物质量分数控制在 0.01%[33]。

某 200000t/a 钾肥矿，浓密机底流粗钾物料的浓度达到 25%~35%，完全满足工艺要求；同时能够避免硫酸钙在浓密机中形成富集，从而降低粗钾当中的硫酸钙的含量，达到了提高质量的目的[34]。

9.2.4 斜板（斜管）浓密机

斜板（斜管）浓密机是利用浅层沉降原理进行工作的一种浓缩脱水设备。与普通浓密机相比，斜板（斜管）浓密机可增加数倍有效沉降面积，设备处理能力可提高 3~6 倍。

9.2.4.1 工作原理

倾斜板浓密机基于"浅层沉降"原理，在澄清区下部和自由沉降区中装置一组表面光滑的特制倾斜板，其沉降作用发生在设备中的各倾斜板之间的空腔内，倾斜板之间的间距很小，上升水流沿倾斜板的空间向斜上方运动，固体颗粒在两板之间垂直沉降，只需沉降很小的距离就可以落到板上，然后沿倾斜板下滑至压缩区进行压缩脱水，缩短了沉降的路程，减少了沉降时间，加快了沉降速度，增加了浓密机的自然沉降面积，提高了浓密机的工作效率[35]。

将矿浆或其他待处理液体从给料区进入沉降浓缩区，在此区形成相对动态平衡的悬浮过程，矿浆中粒度较大的颗粒，其沉降末速较大，快速沉淀进入底部排料口排出，粒度较小的颗粒随着上升水流进入斜板（斜管）区进一步沉降。斜板（斜管）区按一定的角度填充了斜板（斜管），将水流分成许多小的沉淀单元，进入斜板（斜管）区的较细颗粒在层流水力沉降条件下达到斜管壁上，积累到一定量后，在重力作用下滑到沉降区。根据分离粒度与设备处理能力设计要求，未能在斜板（斜管）区沉降的微细粒，将随着溢流排出，从而实现了分级与沉淀的过程。

9.2.4.2 主要结构及特性

斜板浓密机是利用斜板浅层浓密原理，将斜板单元经系统集成的斜板组合结构，按一定排列方式，有序地布置于普通浓密机内，以增加数倍有效沉降面积，改善矿浆在其中的流动和分布状态，实现高效固液沉降分离的一种重力沉降设备。

斜板浓密机可以是箱式结构或辐流式结构。箱式斜板浓密机又称为斜板浓密箱，典型的 SALA 型斜板浓密机的结构如图 9-8 所示，主要由上部箱体、下部锥斗、设备支架三大部分组成。斜板组模块安装在上部箱体内，在上部箱体内还设置给矿、溢流等设施，在下部锥斗设置底流排放设施。

振动型斜板浓密机主要由 8 个部件组成，结构如图 9-9 所示。

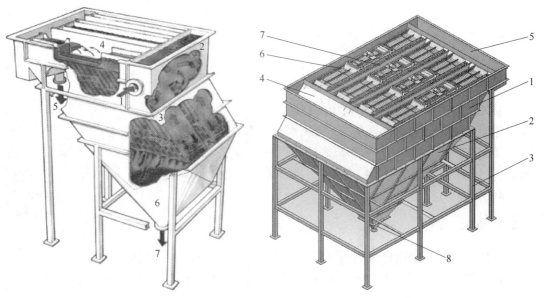

图 9-8　SALA 型斜板浓密机结构示意图
1—给料口；2—给料槽；3—斜板组；4—溢流槽；
5—溢流口；6—泥浆槽；7—底流门

图 9-9　振动型斜板浓密机结构示意图
1—上部箱体；2—下部锥斗；3—设备支架；
4—给矿箱；5—溢流槽；6—振动斜板模块；
7—小溢流槽；8—底流排放口

振动型斜板盒沉降分离器的主体结构与振动型斜板浓密机相同，用斜板盒代替斜板作为沉降单元，结构如图 9-10 所示。

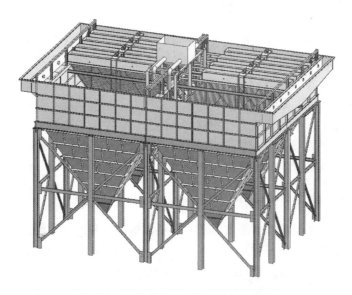

图 9-10　振动型斜板盒浓密机结构示意图

辐流式斜板浓密机是在辐流式浓密机内沿中心辐射方向安装多组斜板模块，以此增加辐流浓密机的沉降面积，提高设备处理量，结构示意如图 9-11 所示。

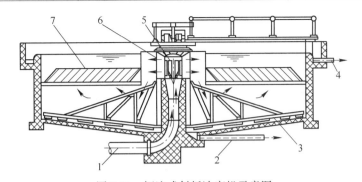

图 9-11 辐流式斜板浓密机示意图

1—进水管；2—排底流管；3—刮板；4—溢流管；5—中心管；6—挡板；7—倾斜板

9.2.4.3 工业应用

实践证明，对于用地紧张的新厂矿企业的浓缩脱水设备适合采用斜板浓密机；同时利用原有浓密设备增加沉降面积，提高设备的处理能力，斜板浓密机也是一个不错的选择。

某选煤厂采用高效斜管浓密机在 -0.045mm 细泥产率达 63.61% 的条件下，底流中 -0.045mm 产率降到了 37.62%，底流浓度为 534g/L，符合后续作业粗煤泥回收设备入料的要求[36]。

某铅锌矿将 ϕ10.5m 中心传动普通浓密机改造成倾斜板浓密机用于氧化锌烟尘湿法炼锌工艺中二次浓密，处理量提高了 1.18 倍，底流浓度提高了 4% 以上，上清液浊度下降了 11mg/L 以上，上清液产率有较大幅度提高[37]。

某钼矿，处理量 20000t/d，尾矿量 813t/d，浓度为 25% 左右的尾矿浆首先通过第一段斜板浓密机进行自然沉降，产生浓度 55% 左右的底流，其溢流（浓度 15% 左右）通过补加水稀释至 10% 左右进入第二段斜板浓密机中进行混凝沉降，其底流浓度 30% 左右，最后两段斜板浓密机的底流（浓度 40% 左右）混合排放[38]。

9.2.5 高效浓密机

高效浓密机是基于絮凝剂技术，用于含有微细固体颗粒的悬浮液固液分离的装备。高效浓密机不是纯粹的重力沉降设备，而是结合泥浆层过滤特性的一种新型浓缩设备，设备外形如图 9-12 所示。

9.2.5.1 工作原理

在矿浆中添加一定量的絮凝剂，使矿浆中的矿粒形成絮团，加快其沉降速度，达到提高浓缩效率的目的。矿浆进入絮凝层下时能快速絮凝沉降，当矿浆上升时，上面有絮凝层作用，不断有絮凝团进行吸附黏合、长大，当絮体团重力超过絮团上升力时，絮团下降，水从絮凝层中溢出，从而达到高效快速沉降的效果。絮凝层实际上又起到了二次混合和捕集的作用，有力地防止了微细颗粒或破碎絮团通过絮凝层进入清水层。由此可见，高效浓密机实际上是一个浓缩和过滤的联合过程。高效浓密机工作原理如图 9-13 所示。

图 9-12　高效浓密机

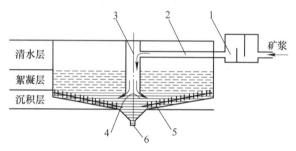

图 9-13　高效浓密机工作原理

1—脱气槽；2—入料管；3—中心进料筒；4—扩散板；5—耙架；6—排矿口

9.2.5.2　主要结构及特性

A　脱气槽

脱气槽是高效浓密机的重要组成部分，在矿浆进入浓密机前，应先经脱气槽脱气，以消除矿浆内气泡对絮凝作用的影响，避免固体颗粒附着在气泡上，随气泡上升到浓密机澄清层，在浓密机表面形成泡沫层，增加了溢流固含率，降低了沉降效果。在脱气时应尽可能地使料液呈薄膜状或雾状微小颗粒态分布，这相当于直接将气泡提升到液体表面，有利于气泡体积膨胀、爆炸，让气体逸出[39]。

B　中心进料筒

普通浓密机中心进料筒是由不同直径的固定筒和布料筒组合而成，虽然能实现下部深层入料，但进入中心进料筒的矿浆直接流向浓密机底部，对沉积层产生冲击，使已经沉积的部分矿物被再次冲起，降低了沉降效率。高效浓密机的中心进料筒取消下端的布料筒，将固定筒加长，以保证浓密机的深部入料。物料从侧面、底部或上部的环行通道进入中心筒，中心筒内物料浓度较高，避免了强烈的冲击和扰动，中心筒往往又是絮凝剂的加入处，絮团一旦形成即平稳地进入浓密机，故减少了对絮团的破坏。

C 絮凝剂添加装置

悬浮液内加入絮凝剂,通过絮凝剂的架桥、吸附作用,将细小的颗粒凝聚成较大的絮团,从而加速沉降。高效浓密技术着眼于充分发挥絮凝剂的作用,絮凝剂的加入点接近浓密机的中心筒或直接加入中心筒,有的中心筒内设置了混合装置,采用多点、分段加入絮凝剂等措施,不仅使絮凝剂与物料充分混合,而且又避免絮团被破坏,达到最佳絮凝效果,这就等于加大了颗粒直径,提高了沉降速度。

D 传动装置

传动机构采用液压多头驱动传动,液压马达旋转通过减速机带动小齿轮转动,小齿轮驱动回转支承的外齿圈(或内齿圈),传动轴与回转支承的齿圈拴接为一体,齿圈带动主轴旋转,使得耙架旋转。回转支承内圈采用高强度的螺栓固定在传动箱体上的轴承座上。

E 耙架提升装置

提耙结构采用液压提耙。液压提耙装置是通过监测驱动液压系统的压力控制刮泥耙的升降。出现故障时发出报警声光信号,提醒操作工注意浓密机出现故障,需要及时处理。

F 耙架

耙架由1对短耙架、1对长耙架、耙齿等部件组成。耙架的底部与旋转的中心转笼栓接,中心转笼由型材焊接组成的框体。长耙架和短耙架采用矩形截面的悬臂梁桁架结构,耙齿和耙架的下弦拉杆连接,以保证被浓缩的物料从池底周围刮向中心排矿口。

G 絮凝剂制备

高分子量絮凝剂使用使微细颗粒生成大絮团,加速沉降速度。絮凝剂相对分子质量为500万到2000万为宜[40]。

絮凝剂制备的浓度越低越好,浓度越低越容易与矿浆混合产生絮凝反应,在工业生产中最好制备成万分之几的浓度,高效浓密机结构如图9-14所示。

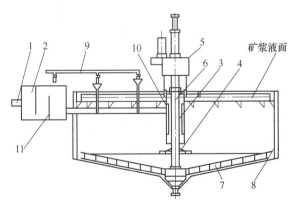

图 9-14 高效浓密机结构

1—入料管;2—脱气槽;3—中心进料筒;4—分料盘;5—传动装置;6—传动轴;
7—耙架;8—池体;9—絮凝剂添加管;10—阻尼板;11—脱气槽溢流板

9.2.5.3 高效浓密机应用

某黄金公司工艺流程为浮选金精矿生物氧化—氰化浸出—锌粉置换提金工艺。在氧化渣逆流洗涤固液分离工序选用了 3 台 9m 的高效浓密机对酸性氧化渣进行洗涤作业。通过絮凝剂的选择、絮凝剂的用量及高效浓密机结构的改进，底流浓度由原来的 10%～15% 提高到 25% 左右[41]。

　　某铁矿入选颗粒度-0.044mm 占 85%～98%，处理量 3000t/d，采用的是高效浓密机，其生产能力可达到 600m³/h 以上，底流矿浆浓度 30% 左右，溢流水悬浮物质量分数 0.01%。这样不仅保证了循环水的水质，满足了选矿用水需求，同时提高了尾矿的输送浓度（18% 提高到 30%）[42]。

　　2009 年某铁矿厂尾矿脱水浓密作业引进了 φ50m 高效浓密机。其处理大于 650t/h，单台处理量的为原有浓密机 3 倍以上，底流浓度由 40% 提高到 50%，溢流浓度小于 0.25%。

9.2.6　深锥浓密机

　　为满足生产过程中极高底流浓度的需要而开发设计的一种带有较深锥体的浓密机，槽体上部为圆筒形、下部为圆锥形，深锥浓密机也称深锥沉降槽，其底流浓度可以达到 70% 左右，浓密机的底流可以采用皮带进行输送。

　　目前生产的高效深锥浓密机，底流可以排放膏体状物料，又称为膏体浓密机。国外的奥图泰（Autotech）公司、道尔（Doll）公司等生产的高效浓密机，使用了矿浆自稀释技术和多点添加絮凝剂技术，进一步提高了设备处理量，设备外形如图 9-15 所示。

图 9-15　高效深锥浓密机

9.2.6.1　工作原理

　　深锥浓密机的浓缩沉降工艺过程，一般情况都会添加絮凝剂，大体分为三个阶段，即混凝脱稳阶段、凝聚造粒阶段、过滤压缩阶段。混凝脱稳阶段是矿浆与絮凝剂作用的初始阶段，矿浆中的微细颗粒与絮凝剂发生凝聚或絮凝作用，形成小絮团开始沉降。凝聚造粒阶段是微小絮团进一步凝聚成大絮团的过程，被解除排斥力的颗粒在高分子絮凝剂长分子链的作用下，它们开始相互聚集，絮团越聚越大，在缓慢流体动力的作用下，絮团沉降速度将会以几倍甚至几十倍的增长。过滤压缩阶段是指随着大絮团越聚越多，深锥浓密机底部形成浓相层。在浓相层的上部，沉积着较厚的不够稳定的絮团，它们实质上是一个浮动的过滤介质，其对那些随着上升流逃逸的小颗粒，具有拦截过滤作用。在水和物料重力作用下，絮体被压缩，挤出絮体包裹水，浓密机底流浓度得到大幅提高。高效深锥浓密机原理如图9-16所示。

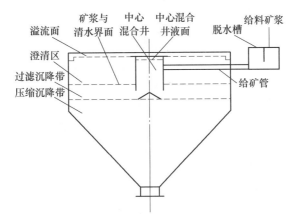

图 9-16　高效深锥浓密机原理图

9.2.6.2　主要结构及特性

高效深锥浓密机除具有高效浓密机的特点外，最大的特点就是深锥以及深锥处配备的特殊搅拌机构。该搅拌机构可以破坏絮凝体的受力平衡，加速絮凝体的固液分离过程，同时大坡度的锥体结构在深锥中形成压缩区，便于絮凝体中水分挤压脱出，使系统获得较高固体浓度的底流[43]。该设备自动化程度高，可实现全过程的程序化控制操作，主要体现在使用了压力传感器，在线显示压力值和底流中固体质量分数，能对浓密池底流中固体质量分数的变化情况进行在线、实时、有效的监控，自动修正和调整设备操作参数，并以数字的形式显示在操作面板上，以保证浓密机稳定正常高效运行。

深锥浓密机的结构如图9-17所示。

9.2.6.3　关键技术

A　进料自稀释系统

给料井矿浆入口设计成减缩口，以提高矿浆进入给料井的速度，利用射流效应，将浓密池上层清液引入到给料井内，与矿浆混合，稀释矿浆，稀释后的矿浆同絮凝剂在给料井内混合、碰撞絮凝反应。浓密机给料井系统能够使矿浆均匀分布到中心柱的周围。在给料井为矿浆提供适宜的滞留时间，最大限度地保证了絮凝剂的絮凝效果[44]。给料井结构设计应使矿浆流出给料井的动能尽可能的低，将矿浆动能耗散的给料井内，避免矿浆出口动能高，冲击沉积层矿浆，引起微细颗粒随上升流进入澄清溢流层。

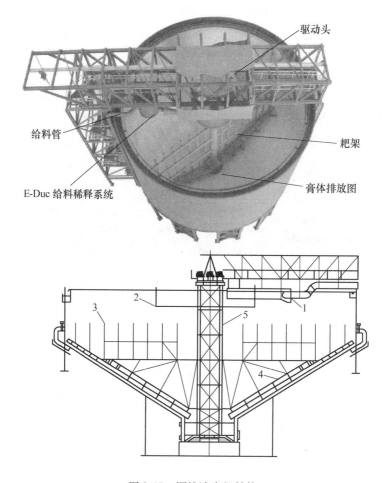

图 9-17 深锥浓密机结构

1—进料井；2—中心井；3—导水杆；4—耙齿；5—中心柱

B 絮凝剂添加

絮凝沉降是深锥尾矿浓密的关键技术之一，因此絮凝剂溶液的均匀制备及精确投加在设备运行过程中尤为重要。絮凝剂制备溶液浓度为 0.2%~1%，添加时再调配至浓度为 0.05% 左右，絮凝效果较好。浓密机内设多个絮凝剂加入点，位置主要分布在进料系统的虹吸口、中心进料筒和混合槽周围。

C 导水杆

在深锥浓密机的耙齿正上方设计了导水杆，破坏浓密机压缩区的絮凝状颗粒之间的固液平衡，使絮凝体中的液体脱离固体上升到床层上部，使固体颗粒继续在重力的作用下下降，进一步提高压缩区的浓度。

D 底流循环系统

当底流浓度较高时，底流循环泵将底部高浓度矿浆泵入浓密机低浓度区，进行剪切循环，使矿浆流态化，便于矿浆排放。当床层压力较大、耙齿扭矩上升到一定程度并报警时，由循环泵进行低浓度和高浓度矿浆的混合，降低底流浓度，防止压耙。

E 高位回流系统

当浓密机数小时不排料时，尽管采用高、低位循环，粗颗粒固体也会逐渐积聚在槽体的下方，而细颗粒由于颗粒小、浓度低，无法随刮泥耙的搅动下沉。随着粗颗粒固体下沉聚积，底流浓度会不断升高，对设备产生超大阻力矩，甚至压耙。为了使整个槽体内矿浆粒度分布更均匀，在槽体侧壁设计高位回流系统。一旦出现长时间不排料、底流浓度较高以及粒度偏粗等现象时，则开启回流循环系统，对下部矿浆进行稀释和均质化。

F 底流浓度及料层厚度控制

随着槽体内泥层升高，底流浓度会逐渐升高，最终超过设备正常运行和工艺浓度要求，即对底流进行稀释。稀释水的添加量对膏体浓度的保持非常关键，过量加入不但不能降低扭矩反而会造成矿浆离析。稀释系统是在线控制的，其添加量由底流循环管道上浓度计及流量计的反馈信息控制。当浓度超过设定值时，该系统将自动开启运行，浓度计数据小于需要停止稀释的浓度设定值一段时间后，系统自动关闭稀释系统调节阀。

9.2.6.4 高效深锥浓密机应用

内蒙古某铜钼矿采用了国外直径为 40m 深锥浓密机，尾矿经深锥浓密底流浓度达65%，回水量 89000t/d[45]。

某选矿厂将原来的三段浓缩流程改为两段流程，并增加使用了一台中心传动式的直径25m 高效深锥浓密机，取得了良好的效果。给矿浓度 15%的前提下，处理量和底流浓度分别是 520m³/h 和 48%，底流浓度的提高，为后续的尾矿输送提供了有利的条件，大大缩短隔膜泵的开启时间，降低能耗，同时减少尾矿管道的消耗量，减少溢流水对环境的污染，使循环水的质量得到改善[46]。

9.3 离心分离装备

离心分离装备是在离心力和重力作用下进行固液分离的设备，分为离心沉降分离设备和离心过滤设备。工业用离心分离装备按结构和分离要求，可分为过滤离心机、沉降离心机和分离机三类。分离机仅适用于分离低浓度悬浮液和乳浊液，包括碟式分离机、管式分离机和室式分离机。最常见的离心沉降分离设备是水力旋流器，严格意义上水力旋流器并不是分离装备，它只起到了分级的作用。为此本节不做过多的介绍。离心过滤设备根据其结构不同分为管式离心分离机、室式离心分离机、无孔转鼓离心分离机、螺旋卸料沉降离心机、蝶式（盘式）离心分离机等类型。

9.3.1 无孔转鼓离心分离机

常用的无孔转鼓离心机有三足式沉降离心机和卧式刮刀卸料沉降离心机两种，而卧式刮刀卸料沉降离心机又是应用最广的一种无孔转鼓离心机，两者的不同之处仅在于卸料方式不同，为此，下面主要针对卧式刮刀卸料沉降离心机进行介绍。卧式刮刀卸料沉降离心机具有效率高、产量高、操作稳定；可自动上、卸料，无人值守；对物料适应性强等优点，同时也存在不适应细颗粒悬浮液物料的分离，对浓度波动比较敏感，易产生漏料现象，结构相对复杂等缺点。

9.3.1.1　工作原理

卧式刮刀卸料沉降离心机的转鼓装在水平的主轴上，刮刀伸入转鼓内，卸渣时刮刀在液压装置作用下向转鼓壁运动刮卸滤渣，卸渣完毕刮刀退回。刮刀分宽刮刀和窄刮刀两种，宽刮刀的长度与转鼓长度相同，适用于卸除较松软的滤渣；窄刮刀的长度则远小于转鼓长度，卸渣时刮刀除了向转鼓壁运动外还作轴向运动，适用于滤渣较密实的场合。这种离心机的转鼓直径为 240~2500mm，自动化程度较高，一般配有程序控制装置，但也可人工控制操作，是一种通用性较强的离心机。卸渣时因受刮刀的刮削作用，固体颗粒有一定程度的破碎。

9.3.1.2　结构及特点

卧式刮刀卸料沉降离心机的结构如图 9-18 所示。

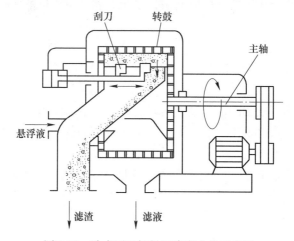

图 9-18　卧式刮刀卸料沉降离心机示意图

主要结构包括：

（1）工作部分：主要由筛篮、刮刀、分配盘等组成。筛篮装在主轴，刮刀装在副轴，两轴有齿轮啮合，刮刀和筛篮之间存在差速。由于刮刀转子转速略快，刮刀将脱水之后的物料从筛篮上刮下并推到排料端。

（2）传动部分：传动机构由一级三角皮带传动和两对斜齿圆柱齿轮组成，圆柱齿轮工作时产生的轴向力与刮刀刮料时产生的轴向力部分抵消。

（3）润滑系统：采用集中润滑系统，润滑油脂从油箱被油泵抽出，经过油滤过滤之后，供给各部件润滑。

（4）设备保护：电机安装过流保护，离心机安装扭矩保护，下溜槽安装防堵保护等。

离心沉降通常有三个过程：（1）固体的沉降；（2）沉渣的压缩；（3）从沉渣孔隙中部分清除液体。离心沉降过程一般是在无孔转鼓装置中进行，用无孔转鼓所产生的离心力来分离悬浮液或矿浆。无孔转鼓离心分离机是一种间歇操作的离心沉降设备。主要应用于处理煤矿企业中煤泥的脱水。工业上常用的无孔转鼓沉降离心机转鼓的长径比一般为 0.5~0.6，分离因数最大可达 1800 以上，通常用于处理粒度为 5~40μm、固液密度差大于

$0.05g/cm^3$，浓度小于10%的悬浮液。

9.3.1.3 工业应用

无孔转鼓离心分离机适宜处理量不大、又要求充分洗涤的物料，广泛应用于化工、轻工、制药、食品和纺织纤维等工业部门，用以分离悬浮液或用于成件物品（如纺织品）、纤维状物料的脱水。一般来说，悬浮液中固相颗粒的重量浓度大于25%时选用卧式刮刀卸料沉降离心机较合适。因此，卧式刮刀离心机已经广泛用于化工、轻工、制药等行业。

9.3.2 螺旋卸料离心分离机

螺旋卸料离心分离机是一种连续式离心沉降设备，其理论基础及产品相对成熟，主要特点是能够连续操作、没有滤布和滤网。浆料在离心力作用下，固体物料沉降在转鼓上，通过螺旋刮刀旋转排出，故称为螺旋卸料离心分离机，可在全速运转时对悬浮液进行自动连续地进料、洗涤、脱水和卸料，是固液分离中高效的分离设备。

螺旋卸料沉降离心机的主要操作参数为：转鼓转数，转鼓与输料螺旋间的转速差，溢流口位置和进料速度；主要结构参数为：转鼓大端内径 D，转鼓长度 L，转鼓长径比 L/D。转鼓半锥角 α，以及输料螺旋的螺旋头和螺距。设备外形如图9-19所示。

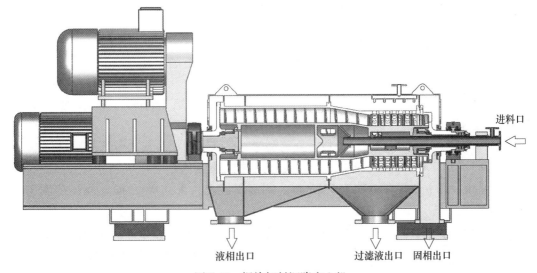

图9-19 螺旋卸料沉降离心机

9.3.2.1 工作原理

如图9-20所示，悬浮液经进料管1进入螺旋内筒后，由内筒的进料孔5进入转鼓7，分离液经转鼓大端的溢流孔11排出。在高速旋转的转鼓内，离心力加快固相颗粒的沉降速度，固体趋向转鼓壁，分离液挤向转鼓中心，沉降到转鼓壁上。该沉渣由螺旋输送器4输送到转鼓小端的排渣孔12排出。螺旋与转鼓同向回转，用差速器控制二者的转速差。转鼓有圆锥形、圆柱形和柱锥形三种基本形式。圆锥形有利于固相脱水，圆柱形有利于液相澄清，柱锥形则兼有二者的特点，是常用的转鼓形式。

9.3.2.2　结构及特点

螺旋卸料沉降离心机有卧式和立式两种，结构如图 9-20（a）、（b）所示。目前工业上通常采用卧式结构，又称为卧螺离心机。

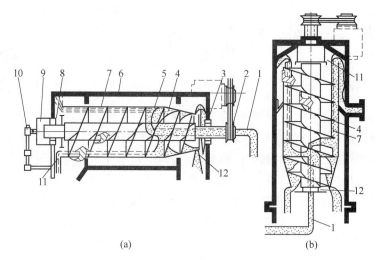

图 9-20　螺旋卸料沉降离心机结构示意图

（a）卧式；（b）立式

1—进料管；2—三角皮带轮；3—右轴承；4—螺旋输送器；5—进料孔；6—机壳；7—转鼓；
8—左轴承；9—行星差速器；10—过载保护装置；11—溢流孔；12—排渣孔

结构特点如下：（1）转鼓为柱-锥形；（2）卸料装置为螺旋推料；（3）变速驱动结构为行星差速器；（4）过载保护装置。

螺旋卸料沉降离心机为连续进料、分离和卸料的离心机，其最大分离因数可达 6000，操作温度可高达 300℃，操作压力一般为常压（密闭型可从真空到 0.98MPa），处理能力 $0.4 \sim 60 \text{m}^3/\text{h}$，适于处理颗粒粒度 $2 \sim 5 \text{mm}$、固液密度差大于 0.05g/cm^3，固体浓度 1% ~ 50% 的悬浮液。

这种离心机具有体积小、处理量大、无滤网、滤布，耗能比较少，环境适应能力强，排渣含湿量低，对物料的适应性好，维修便利等特点，在离心机领域占有重要的地位。

9.3.2.3　工业应用

该离心机广泛应用于石油化工、冶金、煤炭、轻工、食品、制药、环保等工业部门，如合成纤维树脂的脱水、矿砂与浸渍液的分离、煤粉、淀粉的脱水、低温提炼动物油脂中的油渣分离，活性污泥的脱水等。固体脱液、悬浮液的澄清、固体颗粒的分级及三相分离，应用十分广泛。

9.3.3　蝶式离心机

蝶式离心分离机是沉降式离心机中的一种，用于分离难分离的物料（例如粘性液体与细小固体颗粒组成的悬浮液或密度相近的液体组成的乳浊液等），分离机中的蝶式分离机是应用最广的沉降离心机。设备外形如图 9-21 所示。

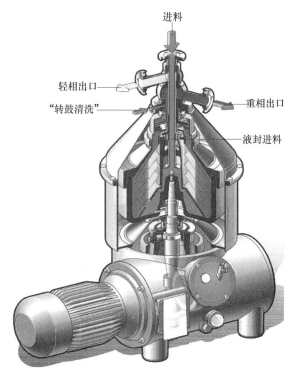

进料

轻相出口

"转鼓清洗"

重相出口

液封进料

图 9-21　蝶式离心分离机

9.3.3.1　工作原理

转鼓内装有一叠锥形碟片，悬浮液由中心进料管进入转鼓，从碟片外缘进入碟片间隙向碟片内缘流动。由于碟片相互间隙很小，形成薄层分离，固体颗粒的沉降距离极短，分离效果较好。颗粒首先沉降到碟片内表面上，随后向碟片外缘滑动，最后沉积到转鼓壁上。澄清液经溢流口由离心泵排出。蝶式离心分离机的转鼓及物料流动如图 9-22 所示。乳浊液由上部中心进料管流到转鼓底部，经碟片座下部的分流孔趋向转鼓壁。在离心力场的作用下，固相沉向转鼓内壁形成沉渣，待停机后人工卸出，轻液沿锥形碟片外锥面轴心流至上部轻液向心泵，由轻液口排出，重液沿内锥面向转鼓壁面流动。然后，向上经重液向心泵由重液口排出。

9.3.3.2　结构及特点

结构如图 9-22 所示，主要结构包括进料口、溢流、碟片、容渣腔、排渣口、密封水阀、开启水阀、排渣活塞等。蝶式离心分离机的分离因数较高，可达 3000~10000，且碟片数多，增大了沉降面积，碟片相互间隙小，缩短了沉降距离，因此分离效果较好。碟片数一般为 50~180，视机型大小而定；碟片间隙通常为 0.5~1.5mm，由被处理物料的性质而定；锥形碟片的半锥角大多为 30°~45°，此角度应大于固体颗粒与碟片表面的摩擦角。

蝶式分离机按卸渣方式可分为三类：

（1）固体保留型（人工卸渣）蝶式分离机：这种蝶式分离机是间歇操作、人工卸料的，适用于处理固相体积浓度小于1%的悬浮液，能分离的颗粒粒度可小到0.1μm，最大处理量可达45m³/h。

（2）固体抛出型（环阀（活塞）排渣）蝶式分离机：利用活塞启、闭排渣孔进行断续自动排渣。该分离机的分离因数范围为5000～9000，最大处理能力可达40m³/h，适于处理颗粒直径0.1～500μm、固相浓度小于10%的悬浮液。

（3）喷嘴型排渣蝶式分离机：连续操作、连续卸料型分离机。该分离机的转鼓直径可达900mm，最大处理量300m³/h，适于处理颗粒直径0.1～100μm、固相浓度小于25%的悬浮液。

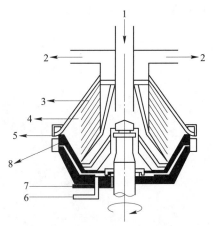

图9-22　蝶式离心分离机转鼓及
物料流动示意图
1—进料；2—溢流；3—碟片；4—容渣腔；
5—排渣口；6—密封水阀；
7—开启水阀；8—排渣活塞

9.3.3.3　工业应用

蝶式离心机的应用范围如下几个方面：

（1）乳品分离：用于牛奶脱脂或牛奶澄清（除去固体杂质）。小型的分离机用手援驱动、人工排渣，适宜于牧区农牧民家庭使用；大型的分离机用于工业生产，电力驱动，排渣方式为人工排渣或环阀排渣。

（2）矿物油分离：用于燃料油、柴油、润滑油及变压器油等矿物油除去水分及机械杂质，也可分离类似乳浊液。

（3）植物油分离：用于植物油的加工精制。

（4）动物油分离：在肉类加工中用于精炼动物油脂，或在水产加工中用于鱼油浓缩分离等。

（5）酵母分离：用于浓缩酵母，喷嘴排渣。

（6）淀粉分离：用于淀粉去除蛋白质以及淀粉的浓缩，喷嘴排渣。

（7）羊毛脂分离：毛纺行业用来从羊毛洗涤水中提取毛脂，喷嘴排渣。

（8）啤酒分离：用于啤酒、麦芽汁及其他饮料的澄清。

（9）胶乳分离：用于橡胶乳的浓缩和清除橡胶乳中的杂质。

（10）油漆分离：用于分离涂料中的杂质，提高涂料的质量。

9.3.4　过滤式离心机

沉降过滤式离心脱水机是借助离心加速度来实现固液分离，并用螺旋刮刀进行卸料的一种脱水。离心过滤机类型很多，最常用的是三足式、卧式刮刀卸料式和上悬式等离心机。离心过滤机的结构和工作过程与沉降式离心机相似，只是在转鼓的内侧设置不同类型的过滤介质。离心机的过滤过程基本上可分为固定床过滤和流动床薄层过滤两种。三足式、上悬式、刮刀卸料式等离心机属于固定床过滤。锥篮式、进动式、振动式离心机属于流动床薄层过滤。活塞推料式离心机虽为脉动移动床过滤，但滤饼较厚，过滤过程接近于固定床过滤。

9.3.4.1 工作原理

过滤式离心机工作原理见图 9-23。在过滤离心机转鼓壁上有许多孔，转鼓内表面覆盖过滤介质。加入转鼓的悬浮液随转鼓一同旋转产生巨大的离心压力，在离心力作用下悬浮液中的液体透过滤介质，由转鼓壁上的孔甩出，固体被截留在过滤介质表面，从而实现固体与液体的分离。悬浮液在转鼓中产生的离心力为重力的千百倍，使过滤过程得以强化，加快过滤速度，获得含湿量较低的滤渣。固体颗粒大于 0.01mm 的悬浮液一般可用离心过滤机过滤。离心过滤和离心沉降同样都是借助离心力分离固液两相，但两者在分离原理上却不相同。离心过滤对所要分离的液相或固相没有密度差的要求，它使悬浮液中固相颗粒截留在过滤介质上，不断堆积成滤饼层，与此同时，液体借离心力穿过滤饼层及过滤介质，从而达到固液分离目的。离心过滤的原理和一般的过滤（真空过滤、压滤、重力过滤）有共同性。

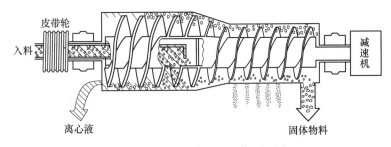

图 9-23　过滤式离心机工作原理图

9.3.4.2 主要结构

WLG-900 带滤网的沉降式离心脱水机的构造主要由 9 个部件组成。即保险机构、行星齿轮差速器、左部枢轴、机座、螺旋卸料转子、转筒、右部枢轴、传动装置和润滑系统。

螺旋卸料转子安装在转筒内部，并由两端的轴承支持。转筒由左、右部枢轴的法兰分别用螺栓固定成一个整体。整个转筒机体依靠左、右两端枢轴的轴承支持。其左端通过连接盘与行星齿轮差速器法兰相连接，而差速器则通过星轮和系杆与螺旋卸料转子相啮合。转体的右端装有三角胶带轮，并通过电动机带动整个转动。

给料管依靠机座右边的托座支持，并引入螺旋转子的内部，在其入料端有三通蝶阀，以调节给料量的大小和事故停机时的放料。

过载保险机构是离心机的安全装置。保险块安装在卡座内，并与差速器和连杆连接在一起。托杆依靠螺丝固定在机座上。当离心机出现超负荷或螺旋转子内进入异物被卡住时，保险块便被立即扭断，连杆下落并触碰限位开关，并通过电控系统启动执行机构，关闭三通阀门，停止往离心机内进料。这时，螺旋转子与转筒的转速一致，螺旋转子不再进行工作，卸料便终止。行星齿轮差速器是由外壳和两级行星轮系组成。

离心机的转筒由电动机通过液力偶合器、三角胶带和胶带轮带动。当转筒运转时，螺旋卸料转子经由行星差速器、通过系杆带动旋转。转筒与螺旋卸料转子的运转方向一致，但转数不同，螺旋转子比转筒慢 2%。由于两体的差速运动，便可使沉淀在筒壁上的物料通过螺旋转子将其推向前方进行卸料。过滤式离心机结构如图 9-24 所示。

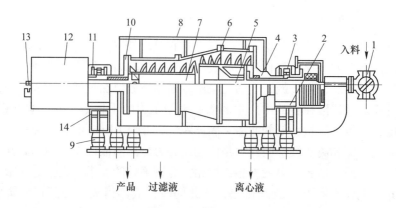

图 9-24　过滤式离心机

1—三通蝶阀；2—传动装置；3—右轴承座；4—右端枢轴；5—入料管；7—螺旋；8—机壳；9—隔振胶垫；
10—左端枢轴；11—左轴承座；12—行星齿轮差速器；13—机械保险；14—机架

9.3.4.3　工业应用

通常，对于含有粒度大于 0.01mm 颗粒的悬浮液，可选用过滤离心机；对于悬浮液中颗粒细小或可压缩变形的，则宜选用沉降离心机；对于悬浮液含固体量低、颗粒微小和对液体澄清度要求高时，应选用分离机。

选择离心分离机须根据悬浮液（或乳浊液）中固体颗粒的大小和浓度、固体与液体（或两种液体）的密度差、液体黏度、滤渣（或沉渣）的特性，以及分离的要求等进行综合分析，满足对滤渣（沉渣）含湿量和滤液（分离液）澄清度的要求，初步选择采用哪一类离心分离机。然后按处理量和对操作的自动化要求，确定离心机的类型和规格，最后经实际试验验证。

9.4　真空过滤装备

真空过滤装备是利用接触矿浆过滤介质一侧（与大气相通的）和过滤介质的另一侧（与真空源相通）的压力差（真空度）将矿浆中的液体吸走，固体颗粒截留在过滤介质表面形成滤饼的专用装备。

常用的真空过滤机有真空吸滤盘、筒型外滤式真空过滤机、折带式筒型真空过滤机、筒型内滤式真空过滤机、磁力真空过滤机、转台真空过滤机、翻斗真空过滤机和盘式真空过滤机，而在金属选矿的脱水作业中常用的有转鼓真空过滤机、圆盘真空过滤机、带式过滤机和陶瓷真空过滤机，本节将重点介绍金属矿山中应用较广的典型装备。

9.4.1　真空吸滤盘

真空吸滤盘主要用于固体含量较小悬浮液的非连续过滤的实验室和小规模工业生产。

9.4.1.1　工作原理

过滤的工作原理是先将悬浮液放入滤盘中，滤盘通过管道和真空泵相连，在真空泵的抽吸作用下，悬浮液中的固体颗粒被截留在过滤介质上形成滤饼。透过滤饼和过滤介质的液体收集到真空集液罐，再流经储液罐由抽液泵输送到下一个工序，管道中气体中的少量液体通过汽水分离器截留下来。

9.4.1.2 主要结构及特征

吸滤盘过滤系统如图 9-25 所示。吸滤盘、真空集液罐、气水分离器及真空泵等主要部件通过管道连接组成了真空吸滤盘过滤系统。

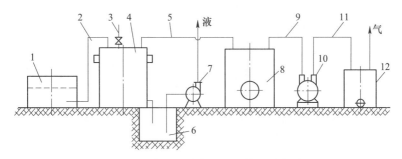

图 9-25 真空吸滤盘过滤系统的示意图

1—吸滤盘；2—吸液管；3—气压平衡管；4—真空集液罐；5，9—抽气管；6—贮液槽；
7—抽液泵；8—气水分离器；10—真空泵；11—排气管；12—真空泵消声器

9.4.1.3 生产应用

真空吸滤盘不宜用于过滤胶状的氢氧化物和扁平状的固体颗粒，也不宜用于过滤粒度较细（粒径小于 $100\mu m$）的物料，如硫酸铅。因为这些微粒易堵塞滤孔，造成过滤困难。

9.4.2 转鼓真空过滤机

转鼓真空过滤机是以负压为动力，过滤面在圆柱形转鼓表面的连续过滤机。其工作原理及构造与转筒真空过滤机相似，对悬浮液的固液性质和给料波动的要求不高。设备外形如图 9-26 所示。

图 9-26 转鼓真空过滤机

9.4.2.1 工作原理

转鼓真空过滤机的结构和工作原理如图 9-27 所示。过滤时转筒下部表面浸没在悬浮液中低速转动。和悬浮液接触的滤室与真空系统连通，在负压作用下，固体颗粒吸附在滚筒表面形成滤饼，液体则穿越滤布形成滤液。滤室随转筒旋转离开悬浮液后，继续吸去滤饼中的液体。当需要除去滤饼中残存的液体时，可在滤室旋转到转筒上部时喷洒洗涤水。这时滤室与另一真空系统接通，洗涤水透过滤饼层置换颗粒之间残存的液体。滤

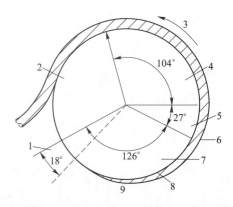

图 9-27 转鼓真空过滤机的结构和工作原理图
1—最终干燥和卸渣区；2—无效区；3—旋转方向；
4—洗涤区；5—抽吸（初始干燥）；6—浆料液位；
7—滤饼形成区；8—滤饼；9—转鼓

液被吸入滤室，并单独排出，然后卸除滤饼。这时滤室与压缩空气系统连通，反吹滤布松动滤饼，再由刮刀刮下滤饼。压缩空气（或蒸汽）继续反吹滤布，可疏通孔隙，使之再生。转筒每旋转一周，各滤室通过分配阀轮流接通真空系统和压缩空气系统，顺序完成过滤、干燥、洗渣、卸渣和过滤介质（滤布）再生等操作。

9.4.2.2 主要结构及特性

转鼓真空过滤机的结构如图 9-28 所示。典型的转鼓真空过滤机主要含 4 部分。

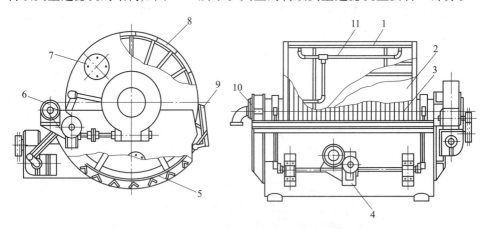

图 9-28 转鼓真空过滤机结构图
1—转筒；2—滤布；3—金属网；4—搅拌器传动；5—搅拌器；6—传动装置；
7—手孔；8—过滤室；9—刮刀；10—分配间；11—滤渣管路

（1）转鼓（圆筒）。转鼓内预先装有很多根大口径直管与筒体本体焊接在一起，将圆筒过滤面下的空间分成许多个相互各自独立的扇形滤室，隔筛板装在各滤室转鼓外圆（或内圆）弧外缘上，隔筛板的一侧装上滤布，构成过滤面[47]。

（2）搅拌器。通过一台减速机带动搅拌桨不间断地运行，将槽内的浆液充分搅拌悬浮，防止浆液沉淀。

（3）分配头。分配头是整个转鼓过滤机的核心部件。通过分配头和分配板之间相互转动变换位置，将大滚筒外弧表面分为 3 个区，即过滤区、洗涤及脱水区、卸料区。在转筒的整个过滤面上，过滤区约占圆周的 1/3，洗涤和干燥区占 1/2，卸渣区占 1/6，各区之间有过渡段。

（4）真空装置。真空泵是真空过滤机的过滤动力来源，真空泵将真空罐中的气体抽出，使真空罐产生真空，真空罐通过分配头与转鼓的过滤室相通，当真空罐与过滤室相通时，由于过滤室内外压力差，液体透过过滤介质流进真空罐；真空罐通过管道连接到滤液池，管道必须严格封闭，不得泄露；真空罐与滤液池有近 10m 高差，利用液位差滤液克服负压自动流入滤液池；固体则吸附在过滤介质表面形成滤饼。滤饼的厚度和含水率可以通过调节真空度来实现。

9.4.2.3　工业应用

转鼓真空过滤机特别适于固相含量较大的悬浮液的分离。目前，在化工、石油化工、制药、制糖、食品、采矿、陶瓷等工业部门以及废水的处理中都获得了广泛的应用。

某铁矿选矿厂是以选铁为主，综合回收铜、钴金属，铜金属产量为 1400t/a。对过滤铜矿的 $10m^2$ 圆筒过滤机进行了改造，增加了滤饼的脱水效果，滤饼水分大幅下降，滤饼水分达 12% 左右；滤饼厚度有所增加，脱饼率由原来的 40% 左右上升到 90% 以上；铜分离作业回收率由原来的 87% 提高到 95% 以上[48]。

某碱业发展有限公司重碱过滤工序一直沿用真空过滤加离心机二次脱水工艺流程。经过对 $20m^2$ 的真空转鼓过滤机主体结构、设备附属设施、自动化控制、工艺操作模式等改造后，重碱水分指标不断下降，同比年均下降 1.2%。重碱水分降低使得离心液总量下降，带入母液当中碳酸氢钠总量的减少[49]。

9.4.3　圆盘真空过滤机

圆盘真空过滤机是利用负压将浆液中的固体颗粒吸附在滤盘两侧表面形成滤饼，滤液通过过滤介质经中心轴内部排出，达到固液分离的一种连续工作的装备。设备外形如图 9-29 所示。

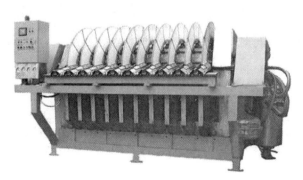

图 9-29　圆盘真空过滤机

9.4.3.1　工作原理

圆盘真空过滤机的工作原理和转鼓真空过滤机相似。当过滤板置于槽体中时，滤板的一部分浸入悬浮液中，在分配头的切换下，滤板空腔经滤液孔与真空罐相连，使固体物料吸附到过滤板两侧的滤布上；离开浆面后，过滤板仍与真空罐相接，进入脱水阶段；在卸饼区，分配头使滤板空腔切换到与鼓风机相连，完成反吹卸饼过程。

9.4.3.2　主要结构及特性

圆盘真空过滤机主要由水平轴、滤盘、分配头、悬浮液槽、传动机构和刮板等部件组成，如图 9-30 所示。圆盘真空过滤机的滤盘一般为 8 个左右，每个滤盘通常是由 8~12 个扇形滤叶组成，其两面为过滤面。滤叶为一个扁平扇形中空部件，可由铁板、塑料、铝合金等材料制作，滤叶的两面有小孔，滤叶窄端有一滤液孔与水平轴上的一个滤液孔道相通，滤叶外面包滤布。滤叶用螺栓和压板固定在水平轴上，这样构成滤盘。水平轴内有若干个滤液孔道通向分配头，孔道数与一个滤盘上的滤叶数相等，水平轴的一端与传动机构相连，另一端与分配头相配合。为防止矿浆沉淀，在槽体下部设有桨叶式搅拌装置，搅拌轴与主轴平行，搅拌轴上装有桨叶，在滤盘之间不断搅拌矿浆。采用塑料刮板和反吹风联合卸料方式，在卸料区内，先通过反吹风将滤布鼓起，使绝大部分滤饼在重力作用下从滤盘上卸下，剩余的少数滤饼用刮板刮下，反吹风通过分配头、配气盘和滤液管导入滤扇内，风压一般为 0.02~0.03MPa，风量每平方米过滤面积为 0.2~0.5m³/min。滤布清洗装置从正反两向清洗滤布，一般每工作 200h 清洗滤布一次，每次 60min，要求水压 0.3~0.4MPa。清洗时应将槽体内矿浆排空。槽体由钢板焊接而成，槽体上设有保证一定液位高度的矿浆溢流口，矿浆排放口，滤饼排出口等。

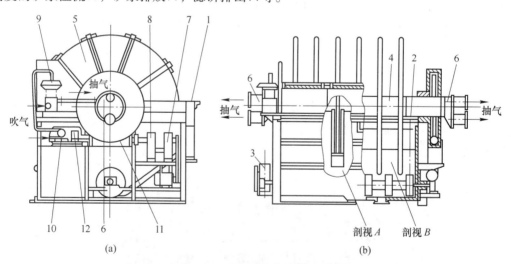

图 9-30　PG 型圆盘真空过滤机

1—槽体；2—搅拌器；3—涡轮减速器；4—主轴；5—过滤圆盘；6—分配头；7—无级变速器；
8—齿轮减速器；9—风阀；10—控制阀；11—蜗杆、涡轮；12—涡轮减速器

与转筒真空过滤机相比，圆盘式真空过滤机更易实现大型化，在国外已经取代了筒式

真空过滤机。

圆盘真空过滤机的优点为：（1）造价低，结构紧凑，占地面积小；（2）真空度损失少，单位产量耗电少；（3）更换滤布方便；（4）能获得较好的过滤效果；（5）速比大，传动平稳可靠。

其缺点为：（1）设备运转过程中易发生故障，必须停车处理，影响连续生产；（2）滤布易堵塞，磨损快，难再生，薄滤饼卸除较困难；（3）滤布孔隙和结构要求严格；（4）下料口易堵塞，需人工疏通；（5）滤饼不能洗涤；（6）滤饼水分略高于外滤式圆筒真空过滤机；（7）不适合处理黏性物料。

9.4.3.3　工业应用

圆盘真空过滤机适宜于过滤细粒物料及含泥质较多的物料，常用于过滤有色金属浮选精矿、浮选精煤以及铁精矿等物料。国内也已经广泛地应用在洗煤、造纸、冶金等多个行业。

某铁选厂于 2011 年应用 1 台 ZPG15-3 型圆盘真空过滤机，铁精矿粒度 -0.074mm 为 89.7% 以上，铁精矿滤饼含水率小于 11%[50]。

某铁矿应用 4 台 PGT-96/8 盘式真空过滤机，给矿浓度为 50%~55%，粒度为 -0.074mm 为 70%~72%，给矿量为 90t/h，脱水后的滤饼含水率为 8.8%~9%。

9.4.4　陶瓷真空过滤机

陶瓷真空过滤机是采用微孔陶瓷作为过滤介质，利用微孔陶瓷毛细作用原理设计的固液分离设备。

自 20 世纪 90 年代我国研制的首台陶瓷过滤机成功地应用以来，陶瓷过滤机作为新型、高效、节能的液固分离设备被矿山企业广泛使用。设备外形如图 9-31 所示。

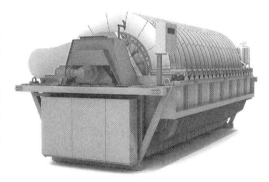

图 9-31　陶瓷过滤机

9.4.4.1　工作原理

陶瓷过滤机工作原理如图 9-32 所示。陶瓷过滤机采用亲水微孔陶瓷滤盘作为过滤介质，过滤时滤盘中的微孔在矿浆中发生毛细效应，在负压条件下，亲水陶瓷滤盘与水之间存在的表面张力，可阻碍微孔中的水不被全部抽空，存在于微孔中的水又阻止空气的进入，故只需要很小的真空抽吸设备功率，就可获得较高的真空度。

料槽内悬浮的物料在负压的作用下吸附在陶瓷过滤板上，固体物料因不能通过微孔陶瓷过滤板被截留在陶瓷板表面，而液体因真空压差的作用及陶瓷过滤板的亲水性则顺利通过，进入气液分离装置（真空桶）外排或循环利用从而达到固液分离的目的。工作开始时，浸没在料浆槽的滤板在真空的作用下，表面形成较厚的物料层。滤液通过滤板中的微孔到达分配头，再从分配头进入真空桶。滤板脱离矿浆液面后仍继续脱水，使滤饼进一步干燥，最后在刮刀的作用下卸料。卸料后的滤板进入反冲洗区，通过反冲洗水清洗滤板上堵塞的微颗粒，至此完成一个循环过程。在陶瓷过滤机长时间运转后需要进行一次超声波与酸液的联合清洗。

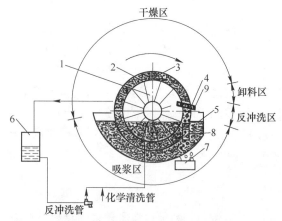

图 9-32　陶瓷过滤机工作原理

1—转子；2—滤室；3—陶瓷滤板；4—滤饼；5—料浆槽；6—滤液桶；
7—皮带输送机；8—超声装置；9—刚玉刮刀

9.4.4.2　主要结构及特性

陶瓷过滤机结构如图 9-33 所示。陶瓷过滤机外形与盘式真空过滤机相类似，主要由转子、搅拌器、刮刀组件、料浆槽、分配器、陶瓷过滤板、水路系统、清洗设备和自动化系统等组成。

图 9-33　陶瓷过滤机结构图

陶瓷过滤机具有结构简单、处理能力大、能耗低、滤饼水分低、滤液清澈、维修费用低、自动化程度高等优点[51]。

9.4.4.3　生产应用

陶瓷过滤机广泛应用于有色金属、稀有金属、黑色金属、非金属等矿山精矿及尾矿脱水，化工、冶炼、电力行业氧化物、电解渣、浸出渣、炉渣的脱水及环保污水污泥废酸处理等领域。

2006 年 7 月，某磷矿在磷精矿脱水中投入使用 HTG-15Ⅱ型陶瓷过滤机 1 台。当给矿浓度在55%以上，滤饼水分在8%~10%之间，滤饼干燥、不粘连，解决了产品流失、运输途中的损耗和环境污染问题[52]。

1995年某铅锌矿引进CC-45型陶瓷过滤机过滤锌精矿，滤饼水分8%~9%，生产能力30~45t/h，1996年引进2台过滤机分别用于铅和硫精矿过滤，1998年又采购一台CC-15型陶瓷过滤机用于铅锌混合精矿过滤，均取得良好技术经济指标[53]。

某冶炼厂金属铜在转炉渣中的占有量为32%左右，氧化铜为18%，硫化铜为50%。铜矿物的嵌布粒度很细，其中-0.037mm粒级金属铜占50%，其中硫化铜占30%，原有过滤机无法满足生产要求。采用陶瓷过滤机处理渣精矿，给矿浓度65%以上时，滤饼水分可降至10%[52]。

某玻璃集团公司雷庄矿是一个严重缺水大型玻璃原料矿山。2003年引进陶瓷过滤机对浓缩池废水进行过滤，尾矿粉的处理能力成倍提高，水分由过去的28%降到10%以下，滤液清澈，完全能够满足冲洗用水要求，实现了生产用水的闭路循环利用[53]。

9.4.5 带式真空过滤机

带式真空过滤机是一种高效过滤固液分离设备。使用移动的环形滤带作过滤介质，并以负压为过滤推动力的连续过滤机。它的水平过滤面的上表面为过滤面、下方抽真空，一端加料，另一端卸料。设备外形如图9-34所示。

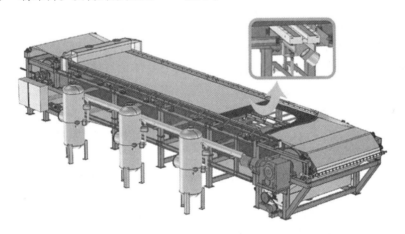

图9-34 水平带式真空过滤机

9.4.5.1 工作原理

整体的环形橡胶带作为真空室，环形胶带由电机拖动连续运行，滤布铺敷在胶带上与之同步运行，胶带和真空滑台上的环型摩擦带接触并形成水密封。料浆由布料器均匀分布在滤布上。当真空室接通真空系统时，在胶带上形成真空过滤区，滤液串钩滤布经胶带上的横沟槽汇总并由小孔进入真空室，固体颗粒被截留在滤布上形成滤饼。进入真空室的液体经汽水分离器排出，随着橡胶带的移动，已形成的滤饼依次进入洗涤区和吸干区，最后滤布和胶带分开，在卸料辊处将滤饼卸下。卸出滤饼的滤布经清洗后获得再生，再经过一组支承辊和纠偏装置重新进入过滤区，开始进入新一过滤周期。原理如图9-35所示。

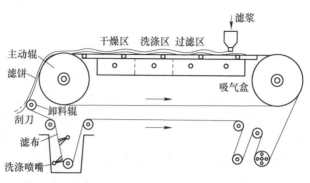

图 9-35　水平带式真空过滤机原理结构图

9.4.5.2　主要结构及特性

主要结构及特性包括：

（1）驱动系统由变频电机、减速机、主动大胶辊、胶带、滤布等组成。主动大胶辊在变频电机的带动下，拖动环形胶带，上层的环形胶带又拖动上层滤布，同时又带动滤布上的料浆和滤饼完成过滤、洗涤和脱水。

（2）真空系统由真空泵、真空分液罐、真空盒、摩擦带和胶带等组成。胶带在真空盒和托辊上运行，真空盒与胶带间由摩擦带分隔，胶带带动摩擦带同时运行，摩擦带在真空盒的滑块上运动，因而摩擦带与滑块有相对滑动（属动密封），其间通入水，起润滑、密封和冷却作用。采用分节的方式将真空盒联成整体，每节均有管口与集液总管相连形成真空集液系统，分别通入真空分液罐，滤液由真空分液罐排液管进入滤液槽，空气由真空分液罐排气管被抽到真空泵排入大气。

（3）过滤洗涤系统由送料泵、布料器、洗涤泵、洗涤槽、滤布、胶带和汽液分离器等组成。物料从加入卸除滤饼，必须经过过滤、洗涤、脱水三个阶段。

（4）纠偏系统由纠偏开关、纠偏辊、两个纠偏气囊、三位五通电磁阀等组成，其作用是纠正滤布跑偏，纠偏原理是通过调节纠偏辊的角度来纠正滤布跑偏。

带式真空过滤机的优点：

（1）过滤效率高，滤饼的洗涤效果较好，因为它们的过滤面都呈水平状态，故非常适用于多级逆流洗涤。

（2）滤布经常保持干净，因为滤布的两面均受到喷嘴的洗涤，所以即使滤浆中的固体颗粒很微小，也不致堵塞滤布的孔隙。

（3）滤布可正反两面同时洗涤，操作灵活，维修费用低。

（4）工作周期短，单位过滤面积的处理能力大。即使是大型机台，其工作周期也可控制在 1min 以内。

（5）结构简单，容易保养，滤布更换很简便。其缺点是单位过滤面积的占地较多。

9.4.5.3　生产应用

带式过滤机适用于过滤含有粗颗粒的高浓度悬浮液以及滤饼需要多次洗涤的物料，例如应用于城市上污水的处理、医药工业、工业废水的处理、食品工业、集尘灰浆的处理、陶瓷业、化学工业、离子交换用水的处理、纸浆工业、涂料工业、合成树脂工业、精糖工业、染料及颜料工业等。近年来水平带式过滤机在浮选精煤的应用中也获得极大成功。

沙特某铅锌选冶厂采用了橡胶带式真空过滤机，滤布寿命为40天左右，滤饼水分18.5%左右，杜绝了滤布跑偏问题[54]。

河南某硫铁矿硫精矿、铁精矿采用了真空带式过滤机脱水，硫精矿和铁精矿含水率分别约12%、10%，脱水效果较好。在相同的给料条件下，滤布寿命较其他传统过滤机有了较大程度的提高[55]。

9.4.6　转台真空过滤机

转台真空过滤机实际上是圆盘真空过滤机的变种之一，用水平圆形滤盘作为过滤部件的真空过滤机，故又称为水平旋转圆盘真空过滤机。设备外形如图9-36所示。

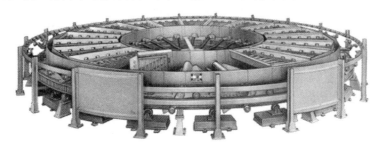

图9-36　转台式真空过滤机结构示意图

9.4.6.1　工作原理

当加入的悬浮液经吸滤形成滤饼后，需要将滤饼排出时，此处的橡胶带借助皮带挡轮与环形过滤外缘离开，形成一个出料口，过滤面上的快速螺旋卸渣器将滤饼从内环向外缘推出，掉入干渣斗中，残留在滤布上少量的滤饼被冲渣水管喷出的水冲洗干净，流入湿渣斗中，这部分冲渣水可以返回过滤机作滤饼洗涤水。在转台式真空过滤机的过滤面上设有悬浮液加料斗，它将过滤料浆均匀分布在过滤面上，在真空作用下，液体与固体分离，液体通过滤布向下流到真空滤斗中，固体在滤布面上形成干滤饼。

中心分配阀分为上下两层，上层是上分配阀，下层称为下分配阀，上下分配阀之间有耐磨的密封垫。当它们相对转动时，在真空的作用下能保持密封不漏气。下分配阀根据过滤生产的工艺要求，设有过滤区、一次洗涤区、二次洗涤区、排渣区、冲洗区、滤布吸干区等连贯的作业区。每个作业区都与真空系统相通。

9.4.6.2　主要结构及特性

转台过滤机结构如图9-37所示。其过滤面是由若干个扇形的滤斗拼接成一个水平圆环型过滤平面。过滤表面上敷有滤布，滤斗用支承架安装在转盘上，转盘是一个钢制圆环形转动部件，转盘外侧设有传动用销齿，而内侧是经机械切削的光滑圆柱面，用挡轮挡住，以保证转盘在由挡轮组成的圆心内转动而不会摆动，转盘底面是用耐磨性能很好的钢板制成水平轨道，轨道下面由多个托轮支承轴道水平旋转。传动装置带动转盘做水平回转运动。转台式真空过滤机转台结构如图9-38所示。

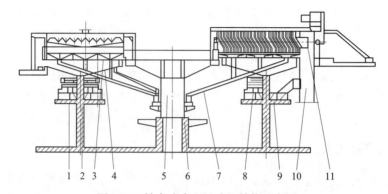

图9-37　转台式真空过滤机结构示意图

1—传动装置；2—挡轮；3—滤斗；4—滤斗用支承架；5—中心立柱；6—中心分配阀；
7—耐酸胶管；8—转盘；9—托轮；10—渣斗；11—快速螺旋卸渣器

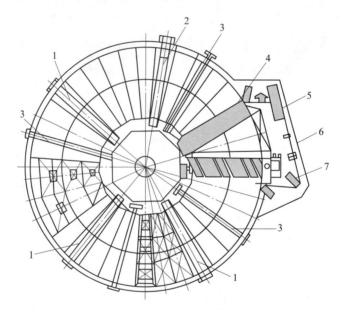

图9-38　转台式真空过滤机转台的结构

1—洗涤液加料斗；2—料浆加料斗；3—挡堰；4—冲渣水管；5—皮带张紧轮；6—橡胶带；7—皮带挡轮

转台真空过滤机的优点为：

（1）用螺旋卸渣机卸料，排渣时不用翻盘。

（2）因排渣不用翻盘，转动部件少，维护工作量小。

（3）滤盘底部和抽液管斜度大（17.6%和30%），滤液流速快，各滤洗液不会混淆，洗涤效果好。

（4）滤液流速快，过滤机转速可以提高，根据不同性质的料浆调到最佳转速，生产能力大。

（5）滤布用压力较高水冲洗，洗涤干净，滤布再生好。

（6）单位过滤面积占地面积小，节约建筑费用。

（7）生产能力大，效率高，实现装置大型化比较方便。

（8）操作成本低。

缺点为占地面积大。

9.4.6.3 生产应用

该型过滤机适用于对滤饼洗涤效果要求较高的料浆过滤，也适用于过滤粗颗粒、密度大的料浆或密度小的悬浮颗粒的料浆。适用于磷酸、钛白粉、氧化铝、无机盐、精细化工、冶金、选矿等工业领域的液固分离。

9.4.7 翻斗真空过滤机

翻斗真空过滤机是在水平回转圆盘上径向设置多个独立扇形滤盘，各滤盘能绕其径向轴线翻转卸渣的一种真空过滤机，也称水平旋转翻盘真空过滤机。

9.4.7.1 工作原理

悬浮液通过加料管从上部加入滤盘，在负压作用下，在滤布上形成滤饼，滤液则经中心吸引管、支管和中央分配头排出，然后，滤饼进行真空脱水。当载料滤盘位移到滤饼洗涤区时，受到第一级洗涤，此时滤盘仍受负压作用，洗涤液被抽走。洗涤后滤饼进入脱水区接受真空脱水，脱水后的滤饼接着进行第二级及第三级洗涤。最后，滤饼转到卸料区，滤盘翻转180°滤饼靠重力或用压缩空气反吹卸料，此时滤盘不受负压作用，而是同大气或压缩空气相通。卸料后的滤盘翻转回正常位置，并旋转至滤布洗涤区，滤布受到高压水的喷洗，此时滤盘仍与大气相通。最后，滤盘旋转至滤布干燥区进行真空吸干。至此，滤盘旋转一周，完成一个工作循环。翻斗真空过滤机的工作过程如图9-39所示。

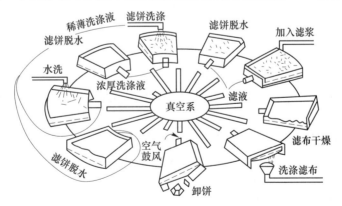

图 9-39 翻斗真空过滤机的工作过程示意图

9.4.7.2 主要结构及特征

翻斗过滤机是由若干只梯形滤盘、转盘抽液管、中心分配头、翻盘曲线导轨和驱动装置等主要部分组成。滤盘安装在一个水平回转的转盘上，由驱动装置带动进行回转运动，在排渣和冲洗滤布时，滤盘借助翻盘曲线导轨进行翻转和复位。在工作区域内滤盘仅做水平旋转。在真空作用下，滤液和各次洗涤液从抽液管通向中心分配头，经分离器流至液封槽。中心分配头分为上错气盘和下错气盘。上错气盘与抽液管连接，和滤盘同步旋转，下错气盘是固定不动的，盘内按工艺要求分成许多格，包括初滤、过滤、多次洗涤、吸干等。这些分格都与真空系统相连。图 9-40 为翻斗真空过滤机的结构示意图。

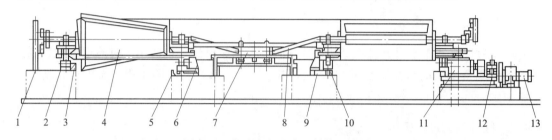

图 9-40　翻斗真空过滤机结构示意图

1—导轨；2—转盘；3—外挡板；4—滤盘；5—内挡板；6—挡轮；7—锁气机构；
8—高压胶管；9—底座；10—托轮；11，12—减速器；13—电动机

翻斗真空过滤机优点：

（1）每只滤盘连续地完成加料、过滤、洗涤滤饼、翻盘排渣、冲洗滤布、滤布吸干、滤盘复位等操作。

（2）真空吸滤的方向与重力沉降的方向一致，对容易沉降的悬浮液的分离尤为适用。

（3）悬浮液和各次洗液都能依次加入不同滤盘，实现多次洗涤，滤饼洗涤效果好。

（4）对性质不同的过滤悬浮液，可以根据要求调整到最佳的转速，生产能力大。

（5）能过滤黏性大的悬浮液，洗涤充分。

（6）机械化程度高，可连续完成加料、过滤、洗涤、脱水、卸料等工序。

（7）可任意改变过滤面积和洗涤面积的利用率。其有效过滤面积可达总过滤面积的 80%~85%（内滤式过滤机仅为 60% 左右）。

（8）卸渣彻底，滤布的冲洗和吸干都不受机械磨损，更换滤布不需停车。

（9）滤液和洗液严格分开，虽经多次洗涤，但滤液浓度不会稀释，洗涤效率高达 98%~99%。

（10）由于滤渣采用逆流洗涤，洗涤水量可减少到最低程度，洗液浓度能大幅度提高，从而有利于提高回收率。

翻斗真空过滤机的缺点：

（1）设备占地面积较大，转动部件多，维护费用高。

（2）设备价格较高，投资大。

（3）滤液流速慢，残留在滤盘中的滤液会随滤盘翻到垂直位置时流到滤盘外，随滤饼排走，增大滤饼含湿量。

9.4.7.3　生产应用

翻斗真空过滤机适用于分离浓度较高（含固量在 20% 以上）、密度大、固相颗粒粗且不均匀的悬浮液，尤其适用于要求滤布再生方便及滤饼需进行充分洗涤的场合，它具有前

述几种真空过滤机所没有的特性，广泛应用于湿法冶金、铀矿处理、氧化铝生产、磷化工和处理铁矾土等。

9.5 加压过滤装备

采用加压来实现过滤的设备，是一种高效、节能、全自动操作的新型脱水设备。加压过滤设备又统称为压滤机，其工作压力远远大于真空过滤机的压力，同等过滤面积的加压过滤机与真空过滤机相比，前者的生产能力是后者的 2~4 倍。在处理相同量的物料时，加压过滤机的能耗只有真空过滤机的二分之一左右，节省了大量能源。加压过滤机的工作压力是真空过滤机的 10 倍左右，其获得的滤饼水分更低，方便了运输，减少了能耗，具有很高的经济效益和社会效益。

现代压滤机根据工作的连续性可分为连续型和间歇型两类，连续型压滤机的给料和排料是同时进行的，如带式压滤机和气压罐式连续压滤机等。间歇型压滤机的入料和排料是周期性进行的，一般分为给料、滤饼洗涤、压榨脱水、卸料和冲洗滤布五个阶段。

根据结构形式，可将现有加压过滤设备分为板框式压滤机、厢式压滤机、加压叶滤机、带式压滤机、隔膜型加压过滤机和气罐式连续压滤机等。

9.5.1 板框压滤机

采用交替排列的滤板和滤框构成多组滤室的挤压过滤设备。板框压滤机经过四代的革新和发展，已成为工业生产固液分离的重要设备。设备外形如图 9-41 所示。

图 9-41 板框式压滤机

9.5.1.1 工作原理

板框压滤机的工作分为压紧、进料、洗涤（或风干）和卸饼四个过程。由供料泵将悬浮液压入滤室，在滤布上形成滤渣，直至充满滤室。滤液穿过滤布并沿滤板沟槽流至板框边角通道，集中排出。过滤完毕，可通入清洗涤水洗涤滤渣。洗涤后，有时还通入压缩空气，除去剩余的洗涤液。随后打开压滤机卸除滤渣，清洗滤布，重新压紧板框，开始下一工作循环，如图 9-42 所示。

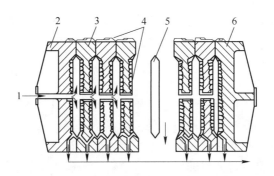

图 9-42　压滤机工作原理图

1—矿浆入口；2—固定尾板；3—滤板；4—滤布；5—滤饼；6—活动头板

9.5.1.2　主要结构及特征

　　板框压滤机由交替排列的滤板和滤框构成一组滤室。滤板的表面有沟槽，其凸出部位用以支撑滤布，滤框和滤板的边角上有通孔，组装后构成完整的通道，能通入悬浮液、洗涤水和引出滤液。板、框两侧各有把手支托在横梁上，由压紧装置压紧板、框。板、框之间的滤布起密封垫片的作用。图 9-43 为卧式压滤机结构图。图 9-44 为板框和箱式压滤机的编号。图 9-45 为立式板框压滤机结构图。

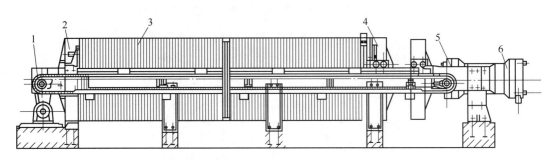

图 9-43　XMY340/1500-61 型压滤机结构图

1—滤板移动装置；2—固定尾板；3—滤板；4—活动头板；5—主梁；6—液压系统

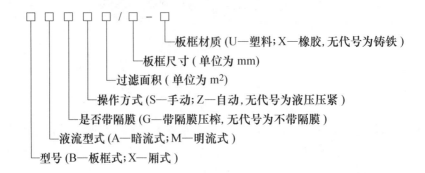

图 9-44　板框和箱式压滤机的编号

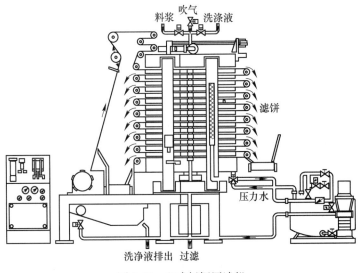

图 9-45 立式板框压滤机

板框式压滤机按操作方式分为普通和自动两种，按结构可分为卧式和立式两类，目前我国主要生产卧式。此外，还可细分如下：

(1) 按滤液排出机外的方式可分为明流式（滤液是可见的）和暗流式（滤液是不可见的）。

(2) 按压紧方式分为手动、机械、液压。

(3) 按滤板、滤框材质可分为铸铁、塑料的。

板框式压滤机具备的优缺点为：

优点：过滤推动力大、滤饼的含固率高、滤液清澈、固体回收率高。

缺点：间歇操作、基建设备投资较大、过滤能力较低。

9.5.1.3　生产应用

板框压滤机广泛用于化工、石油、制药、食品、发酵、环保等行业。在现有的悬浮混合物分离设备中，按其成本造价，运作方便程度，脱液（水）效果等综合经济价值与效果，尤其对有 40% 以上含固率要求脱液（水）的混合物，板框压滤机是最佳的分离设备。

国内某大型铜矿采用了板框式压滤机处理 -0.045mm 占 60%、浓度约 60% 的铜精矿，滤饼水分约 10%[56]。

9.5.2　厢式压滤机

由凹形滤板和过滤介质交替排列组成过滤室的一种间歇操作的加压滤机，也称凹板型压滤机。厢式压滤机是一种间歇性分离细微悬浮液的过滤设备，它既可用于分离低浓度悬浮液，又能分离黏度较高或接近饱和状态的悬浮液。能集过滤、洗涤、干燥、卸渣、清洗滤布及排液于一体。设备外形如图 9-46 所示。

9.5.2.1　工作原理

当压滤机工作时，将所有滤板压紧在活动头板和固定尾板之间，使相邻滤板之间构成

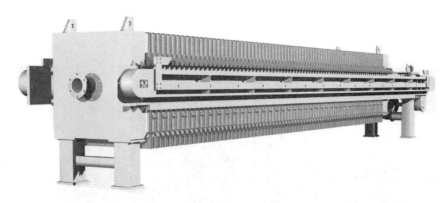

图 9-46　厢式自动压滤机

周围是密封的滤室，矿浆由固定尾板的入料孔给入。在所有滤室充满矿浆后，压滤过程开始，矿浆借助给料泵给入矿浆的压力进行固液分离。固体颗粒由于滤布的阻挡留在滤室内，滤液经滤布沿滤板上的泄水沟排出，滤液不再流出时，即完成脱水过程。此时，可停止给料，将头板退回到原来的位置，滤板移动装置将滤板相继拉开。滤饼依靠自重脱落。至此，完成了压滤过程。

箱式压滤机的工作原理如图 9-47 所示。

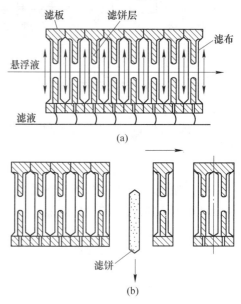

图 9-47　厢式自动压滤机工作原理示意图
（a）过滤过程；（b）卸料过程

9.5.2.2　主要结构及特性

厢式压滤机主要有固定板、滤板、压紧板、横梁、压紧装置等组成。两根横梁把固定板和压紧装置连接在一起构成机架，机架上靠近压紧装置端放置活动压紧板。压紧板和固定板之间依次交替排列着滤板，滤板间夹着滤布。结构如图 9-48 所示。

影响压滤效果的因素有入料压力、入料矿浆的粒度组成、入料矿浆浓度等。其优点是更换滤布方便，进料时损耗少，过滤速度快，耐高温及高压，密封性能好，滤饼洗涤均匀，含水率低，且各滤室压力均匀不易坏板，基本适用于所有的固液分离行业。

厢式自动压滤机分为卧式和立式两种：（1）卧式的滤板垂直放置，冲洗滤饼不便；（2）立式的滤板水平放置，便于冲洗滤饼，占地面积小，但机架较高，过滤面积小。目前我国主要生产卧式的厢式自动压滤机。

厢式压滤机按过滤室结构可分为压榨式（滤室内装有弹性隔膜）和非压榨式（滤室内未装隔膜）；按出液方式可分为明流式和暗流式；按滤布所处状态可分为滤布固定式和滤布移动式；按滤板压紧方式可分为机械压紧式和液压压紧式；按滤板拉开方式可分为逐块拉开式和全拉开式；按操作方式可分为全自动操作和半自动操作等。

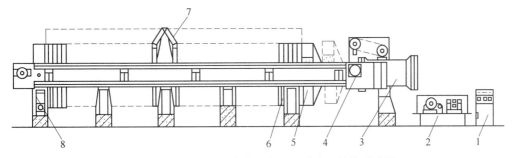

图 9-48 XMZ 型厢式自动压滤机（卧式）结构示意图

1—电控系统；2—液压系统；3—油缸；4—传动系统；5—头板；6—滤板；7—自动卸饼；8—可动尾板

9.5.2.3 生产应用

厢式压滤机已广泛用于石化、冶金、有色冶炼、燃料、矿业加工、环保污水处理等行业，是国内较有前途的固液分离设备。通过一些选矿厂的应用表明，它可以取代老式的真空过滤机。

某银锑矿选矿厂精矿脱水（给料浓度 60%~65%，粒度-0.074mm 占 80%）选用厢式压滤机，每天处理银精矿 9.2t，滤饼水分 9%。

内蒙古某多金属矿选厂的铅、锌、铜精矿（给料浓度 60%，粒度-0.074mm 占 88%）采用厢式过滤机脱水。铅、锌、铜精矿滤饼水分约 10%[57]。

9.5.3 隔膜压滤机

隔膜压滤机是在滤板与滤布之间加装了一层弹性隔膜板的压滤机。运行过程中，当入料结束，可将高压流体注入滤板与隔膜之间，这时整张隔膜就会鼓起压迫滤饼，从而实现滤饼的进一步脱水，就是压榨过滤。设备外形如图 9-49 所示。

图 9-49 隔膜压滤机

9.5.3.1 工作原理

一定数量的滤板在机械力的作用下紧密排成一列，两个滤板面之间形成滤室，过滤物料在正压下被送入滤室，进入滤室的过滤物料其固体被过滤介质（如滤布）截留形成滤饼，液体透过过滤介质而排出滤室，达到固液分离的目的。再以压缩介质（如气、水）进入隔膜的背面挤压隔膜使滤饼进一步脱水，叫压榨脱水。进浆脱水或压榨脱水之后，压缩空气进入滤室滤饼的一侧透过滤饼，携带液体水分从滤饼的另一侧透过滤布排出滤室而脱水，叫风吹脱水。若滤室两侧面都敷有滤布，则液体部分均可透过滤室两侧面的滤布排出滤室，为滤室双面脱水。压榨板结构示意图如图 9-50 所示。

脱水完成后，解除滤板的机械压紧力，单块逐步拉开滤板，分别敞开滤室进行卸饼，完成一个工作循环。根据过滤物料性质不同，压滤机可设置进浆脱水、压榨脱水、风吹脱水或单、双面脱水，目的就是最大限度地降低滤饼水分。快速压滤脱水工作过程原理如图 9-51 所示。

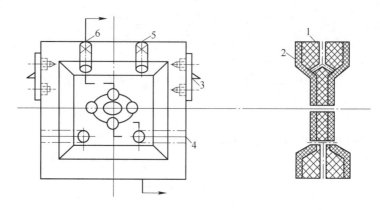

图 9-50 压榨板结构示意图

1—滤板；2—压榨隔膜板；3—把手；4—滤液管；5，6—风管

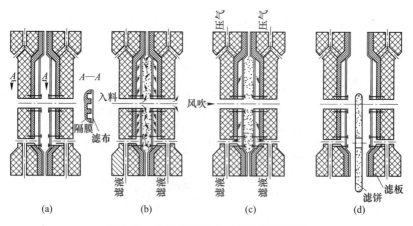

图 9-51 快速压滤脱水工作过程原理图

9.5.3.2 主要结构及特性

高效隔膜压滤机主要由电控系统、液压系统、油缸组、传动装置、压紧板、滤板组、止推板、滤布清洗装置、接水翻板装置及管路系统等共同组成。如图 9-52 所示。

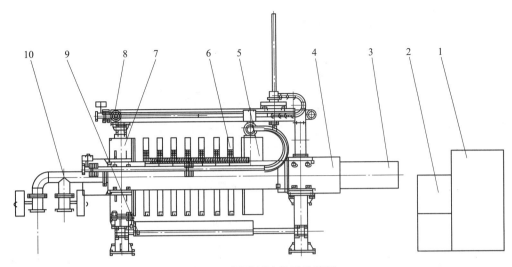

图 9-52 隔膜压滤机结构简图

1—电控系统；2—液压系统；3—油缸组；4—传动装置；5—压紧板；6—滤板组；
7—止推板；8—滤布洗涤装置；9—接水翻板装置；10—管路系统

隔膜压滤机实现了高效脱水的过滤工艺，并能保障压滤机发挥最好的过滤效果，大幅降低了滤饼的含水率。在进料过程结束后，通过对滤饼进行压榨来提高整机的脱水效率，降低滤饼的水分，降低污染并且减少劳动力，甚至在某些工艺中可免去干燥过程。

9.5.3.3 生产应用

隔膜压滤机具有压榨压力高、耐腐蚀性能好维修方便、安全可靠等优点，在单位面积处理能力、降低滤饼水分、对处理物料的性质的适应性等方面都表现出较好的效果。在冶金、煤气、造纸、炼焦、制药、食品、酿造、精细化工等行业广泛使用。

某钨业选厂钨精矿脱水工艺采用自动隔膜压滤机，滤饼含水率为 13.25%，钨精矿干燥产量达到了 16.33t/班[58]。

某煤业公司浮选精煤过滤采用 200m² 自动隔膜过滤机，干煤泥处理量 10.63t/h，精煤滤饼水分 23% 左右，滤液中固体物含量为 0.35g/L[59]。

9.5.4 圆盘压滤机

在动态加压过滤的原理上发展而成的新机型，圆盘压滤机又称旋转式压滤机或旋叶压滤机。设备外形如图 9-53 所示。

9.5.4.1 工作原理

动态过滤使料浆平行于过滤介质表面而流动，既利用了一部分物料在运动状态下黏度减小易于过滤的特点，又利用流动料浆的高速流动，使固体颗粒不易积存于过滤介质表面，因而可以保持高的过滤速率。

而圆盘压滤机是基于动态过滤原理工作的典型装备。悬浮液由水泵压入过滤机第一级滤室，通过泵的压力维持入料悬浮液与滤室的压力差，同时叶片在滤室中以一定的角速度

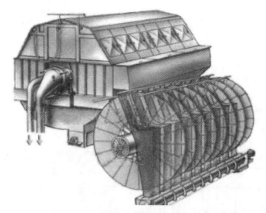

图 9-53　圆盘压滤机

旋转。当原液进入到滤室后，逐级进行过滤，含固浓度也依次增高。过滤后的滤液从各级滤板出口分别排出，逐级增浓的滤饼，则通过滤饼阀排出。

9.5.4.2　主要结构及特性

图 9-54 为多级旋叶压滤机，由回转叶轮和滤室交替排列组成。旋转主轴、叶轮与固定滤室之间的间隙就是料浆流道，叶轮两侧与滤板之间的间隙决定了滤饼层的最大厚度。过滤机的滤框两侧均开有导液槽，其上覆盖有过滤介质。滤板上的导液槽将滤液汇聚在其下部排出。通过滤饼的压力降提供了将固相粒子压向过滤介质的主要推动力。与通常的滤饼层过滤一样，薄层滤饼与过滤介质保证了滤液的澄清。

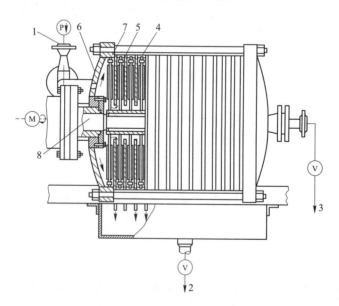

图 9-54　圆盘压滤机结构示意图

1—料浆入口；2—浆液出口；3—滤渣出口；4—叶轮；5—刮刀；6—机壳；
7—滤板；8—主轴；9—电机；10—阀门

加压过滤机是一种高效、节能、连续工作、全自动操作的新型脱水设备，它有效地解决了盘式真空过滤机长期存在的生产能力低、滤饼水分高以及由此引发的一系列弊病，其主要特点为：具有很高的生产能力；低的滤饼水分；能耗低；全自动化操作。

9.5.4.3 生产应用

主要用于高分散度物料及可压缩性物料等一般技术条件难过滤物料的过滤。如：金属氧化物、氢氧化物等无机盐类、无机颜料、染料的过滤，也可用于食品、医药、工业废水处理等。应用微孔膜还可分离一些酶制剂、乳制品的加工。国外，圆盘压滤机首先被用于煤泥的处理，此后在铜精矿、铅精矿、铝矾土等的过滤方面也得到应用，用于过滤铁精矿的有美国蒂尔登矿业公司；国内，圆盘压滤机主要在煤泥处理方面得到了广泛推广，占国内煤泥处理用过滤设备的60%左右。

9.5.5 带式压滤机

带式压滤机是一种高效固液分离装备，由一系列顺序排列、大小不等的辊轮、两条缠绕在这一系列辊轮上的滤带以及给料、滤布清洗、防偏及张紧等装置组成的。设备外形如图9-55所示。

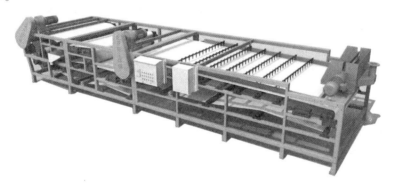

图9-55 带式压滤机

9.5.5.1 工作原理

带式压滤机的脱水机理是料浆在滤带间运行过程中受到挤压和剪切力的作用，料浆中的水主要依靠挤压力脱除，滤带的剪切可以改善水的渗透性，所以带式压滤机也可认为是一种压榨压滤机。在带式压滤机中，只有絮凝良好的浆体，才能在压滤机的挤压作用下，排出水分，形成滤饼，完成过滤过程。

9.5.5.2 主要结构及特性

带式压滤机主要由加料口、导向框、滤带、滤带张紧装置、防跑偏装置等组成。压滤机的工作区间可分为：重力脱水区、楔形挤压区、预挤压区、挤压区、卸料区及滤带清洗区等六个区。与此相对应，带滤机的工作过程包括絮凝给矿、重力脱水、挤压脱水和卸料及滤带清洗四个基本阶段。带式压滤机结构如图9-56及图9-57所示。

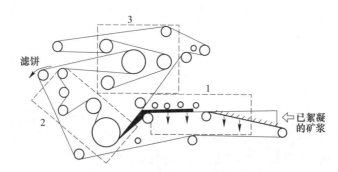

图 9-56　带式压滤机工作结构原理图
1—排水区；2—低压区；3—高压区

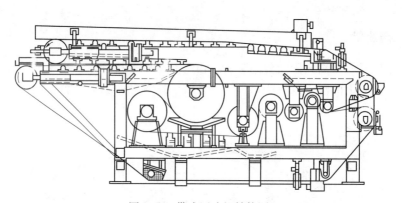

图 9-57　带式压滤机结构图

　　带式压滤机在使用时主传动辊与机架呈 90° 的直角，压滤辊呈平行状态，其余辊筒与机架也呈 90° 的直角，滤带左右跑偏量控制在 3mm 左右。物料在带式压滤机上一般能均匀分布，特殊情况下须手动调整。楔形预压段的角度一般控制在 3°~7°。压滤机的带速为 2~3m/min。

　　带式压滤机结构和原理简单，操作方便、稳定，自动化程度高，低速运转、易于保养；噪声和震动均较小；处理量大；耗电少；对负荷变动不太敏感；在运行中可随时调节滤带张力和行走速度。这种设备的缺点是更换滤布困难；滤带易跑偏；对滤带强度要求苛刻。

　　带式压滤机的共同特点是结构简单、操作方便、连续给料、作业率高、能耗低、滤饼水分低；与板框压滤机相比，基建投资可减少 50%，生产费用节约 30%，生产能力提高约一倍；与离心脱水机相比，滤饼水分低，生产能力可提高 1~1.5 倍。

9.5.5.3　生产应用

　　带式压滤机可将悬浮物、沉渣和矿泥压滤脱水，适用于浆料浓缩以及其他各种固液分离过程，适用于城市污水处理厂、制药、电镀、造纸、皮革、印染、冶金、化工、屠宰、食品、酿酒、洗煤及环保工程中废水处理工序的污泥脱水，是环境治理和资源回收的理想设备。

某选煤厂浓缩尾煤采用带式压滤机进行脱水作业，入料浓度为 300～500g/L，滤饼水分 23%～27%，带式压滤机滤饼易于存放和运输[14]。

9.5.6 气压罐式压滤机

在一个有压的罐内，通过压差实现过滤的设备。是一种连续工作高效压滤设备，与其他类型压滤机相比，具有滤饼水分低、能耗小，且真正实现了压滤机的连续工作。

9.5.6.1 工作原理

过滤是通过过滤元件进行的。过滤机有六根过滤轴，每根轴上装有一定数量的过滤元件，过滤元件是由三层金属网构成的圆盘，最内层为粗网，用以支承外层的细网，滤饼在外层的细网上形成，滤液透过金属网进入空心过滤轴，经由滤液口排出。

9.5.6.2 主要结构及特性

气压罐式压滤机以德国汉堡公司生产的 KHD 型压滤机和荷兰 Amafilter 公司生产的 KDF 型为典型代表。KDF 型气罐式压滤机由 15 个主要部件组成，结构如图 9-58 所示。

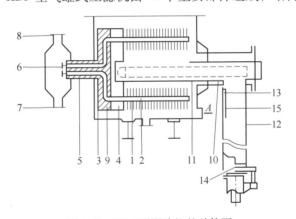

图 9-58　KDF 型压滤机的总体图

1—过滤元件（小圆盘）；2—过滤轴；3—转盘；4—齿轮箱；5—轴；6—排滤液阀；
7—滤液出口；8—空气出口；9—吹气阀；10—带式运输机；11—槽；
12—垂直管道；13，15—电极；14—锥形阀

如图 9-59 所示，过滤轴绕轴自转，又沿着一个环形轨道转动，在（a）的位置过滤期开始，此时，料浆上部的高压空气在水平壳体内产生过滤所需的压力梯度。在（b）位置滤饼形成过滤期结束，接着开始脱水期（c）。由于压力差稳定，在脱水期滤饼得以均匀脱水，在此期间脱出的滤液和排出的高压气体也从过滤轴中排走。在（d）位置滤饼被吹干并落入集料槽再经带式或螺旋式运输机运至卸料装置，1、2 部分分别表示在过滤期和脱水期内压气量均为逐渐增加，3 表示滤饼被吹落的位置。

KDF 型气罐式压滤机的压滤脱水作用方式主要包括空气置换、界面作用和压榨作用三个阶段。

气压罐式压滤机由于采用行星回转方式，其最大特点是：过滤元件上的滤饼厚度及物料组成较均匀、滤液清洁、滤饼水分低，可比真空过滤机低 4%～13%。

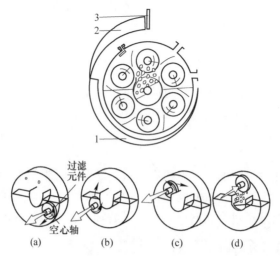

图 9-59　过滤元件及其轴在过滤脱水和卸饼期的情况
（a）过滤期开始；（b）过滤期结束；（c）脱水期开始；（d）吹落滤饼
1—过滤期；2—脱水期；3—卸饼期

9.5.6.3　生产应用

适用于过滤浮选精煤、管道运输的细粒煤浆、有色金属精矿、水泥和氧化铝等料浆。过滤管道煤浆时，能耗为 $3.3 \sim 5.8 kW \cdot h/t$（干煤泥），滤饼含固量超过 80%，处理能力为 $400 \sim 800 kg/(m^2 \cdot h)$。

9.5.7　加压叶滤机

由一组不同宽度的滤叶按一定方式装入能承受压力的密闭滤筒内，当料浆在压力下进入滤筒后，滤液透过滤叶从管道排出，而固体颗粒被截留在滤叶表面，这种过滤机称为加压叶滤机，简称叶滤机。滤叶通常由金属多孔板或金属网制成，外罩滤布，滤叶间有一定间距。

9.5.7.1　工作原理

加压叶滤机为间歇操作，悬浮液用泵压送入密闭的滤筒内。当料浆充满滤筒后，过滤过程开始。固相颗粒被滤布截留，在滤布表面形成滤饼，厚度一般为 $5 \sim 35 mm$，视滤浆性质及操作情况而定；滤液穿过滤叶的过滤面到达滤液通道，然后通过单独的输出管线排出或者进入集流管排出。若滤饼要求洗涤，可将残留的料浆吹除，用泵把洗涤水送入滤筒，使洗涤水再次充满滤筒，并加压使洗涤水穿过滤饼和滤布，将滤液带出。过滤和洗涤过程结束后，可采用冲洗或吹除方式卸出滤饼。

9.5.7.2　主要结构及特性

图 9-60 为快开式加压叶滤机结构示意图，主要由筒体、滤叶、油缸、快开机构、支架和底座等 12 个部件组成。

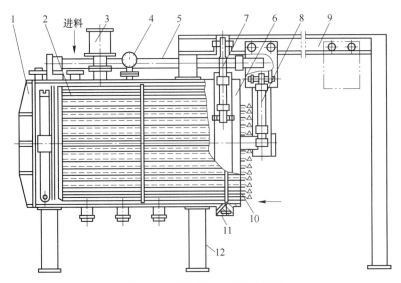

图 9-60　快开式水平加压叶滤机

1—筒体；2—滤叶；3—阻液排气阀；4—压力表；5—拉出油缸；6—头盖；7—锁紧油缸；
8—倒渣油缸；9—支架；10—视镜阀；11—快开机构；12—底座

图 9-61 为立式叶滤机的结构示意图，立式圆筒由钢板焊制而成、滤头为椭圆形且底部为 90°的圆锥形。

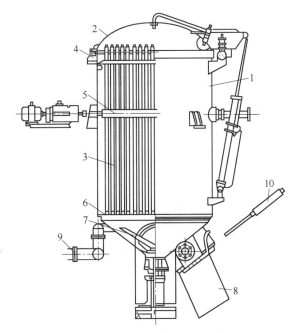

图 9-61　立式叶滤机

1—滤筒；2—滤头；3—叶片；4—喷水装置；5—悬浮液加入管；6—锥底；
7—滤渣清扫器；8—排渣口；9—滤清液排出管；10—插板阀气缸

立式叶滤机的特点是：卸渣和清洗在滤筒内进行，无须开盖或移动滤片，因而过滤作业周期短、经济效益显著提高；由于密闭操作，不污染环境；滤布不外露，冲洗彻底，使用寿命可长达 800h 以上；清理周期长，一般每隔 35 天开启一次滤头、更换滤布和检修密封装置。

叶滤机结构形式很多，按外形的不同分为水平和垂直叶滤机；按自动化程度可分为自动、半自动和手动叶滤机；按滤叶进出滤筒的传动方式可分为机械推动和液压推动叶滤机；按滤筒的密封形式又分为全密封式、密封式和半开式叶滤机。

优点：灵活性大，有较大的容量，滤饼厚度均匀，操作稳定；密闭操作，改善了操作条件；过滤速度快，洗涤效果好；采用冲洗或吹除方式卸除滤饼时，劳动强度低。其缺点是：为防止滤饼固结或下落，必须精心操作；滤饼含水率大。

压滤机间歇工作，其操作程序一般为：合拢头盖-销紧-进悬浮液-加压过滤-排放余留悬浮液-进洗涤液-洗涤-放余洗涤液-进压缩空气-吹干滤饼-卸压-松销-拉出头盖及框架-转动 90°卸饼-清洗滤布。

9.5.7.3　生产应用

适用于过滤含固量小于 20%、沉降速度不大于 0.2mm/s 的可压缩性细黏料浆。对要求密封、保温或需预处理如调 pH 值、加助滤剂等的料浆也很适用。已广泛用于核工业、冶金化工及医药等领域。

9.6　其他固液分离装备

9.6.1　磁力脱水槽

磁力脱水槽也叫磁力脱泥槽，是一种重力和磁力联合作用的选别设备，广泛应用于磁选工艺中，用来脱去矿泥和细粒脉石，也用来作为过滤前的浓缩设备。从磁源类别划分，有电磁磁力脱水槽和永磁磁力脱水槽两种。永磁磁力脱水槽具有结构简单、无运转部件、维护方便、操作简单、处理能力大、选分指标较好等优点，在我国各磁选厂被广泛应用。

9.6.1.1　工作原理

该机是利用磁性和比重联合作用的选矿设备。在脱水槽中，矿粒受重力作用向槽底沉降，磁性矿粒受磁力作用指向磁场强度高的地方，外加上升水流产生的上冲力作用，不但能阻碍矿粒沉降，使非磁性细粒脉石和矿泥从溢流槽流出，还能使磁聚成链的磁性矿粒群松散，把夹杂其中的脉石冲洗出去，从而达到提高分选效果和提高铁品位的作用。

9.6.1.2　主要结构及特性

永磁磁力脱水槽有外磁和内磁两种结构形式，比较常见的磁力脱水槽为底部内磁式，结构如图 9-62 所示。这种脱水槽主要是由一个钢板制的倒置的平底圆锥形槽体 1，塔形磁系列 8，给矿筒（或叫拢矿圈）14，上升水管 2 和排矿装置（包括调节手轮 13、丝杠 12 和排矿胶砣 10）等部分组成。塔形磁系是由许多铁氧体磁力块摞合成的。放置在磁导板 7 上，并通过非磁性材料不锈钢或铜支架 6 支撑在槽体 1 的中下部。给矿筒 14 是用非磁性材料硬质塑料板制成的，并由非磁性材料铝支架 15 支撑在槽体 1 的上部。上升水管 2 装在槽体 1 的底部，共有四根，并在每根口的上方装有迎水帽 4，以便使上升水能沿槽体的水平截面均匀地分开。排矿装置是由铁质调节手轮 13，丝杠 12（上段是铁的，下段是铜的）和排矿胶砣 10 组成。

实际测量永磁脱水槽的磁场特性如图 9-63 所示。由图可以看出：沿轴向的磁场强度是上部弱下部强；沿径向的磁场强度是外部弱中间强。磁场强度等位线大致和塔形磁系表面相平行。

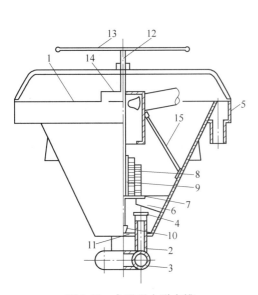

图 9-62　永磁磁力脱水槽

1—平底锥形槽体；2—上升水管；3—水圈；4—迎水帽；

5—溢流槽；6—铜支架；7—磁导板；8—塔形磁系；

9—硬质塑料管；10—排矿胶砣；11—排矿口胶垫；

12—丝杠；13—调节手轮；14—给矿筒；15—铝支架

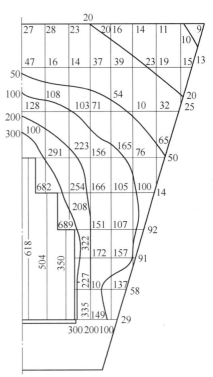

图 9-63　磁力脱水槽的磁场
强度分布（单位：Oe）

生产实践证明，处理一般的磁铁矿时，磁系周围的磁场强度应为 24~50kA/m（300~5000Oe）；处理焙烧磁铁矿时，磁场强度应高于此值。

9.6.1.3　工业应用

某铁选矿厂 2007 年采用 $\phi4.5\mathrm{m}$ 磁力脱水槽进行脱泥作业[1]，处理能力 90t/h，给矿浓度 20.51%~35.04%，精矿浓度 35.54%~41.40%，工作稳定。

9.6.2　浓缩磁选机

浓缩磁选机主要用于二段磨矿前或过滤前分选和精矿浓缩，提高磁性产品的浓度，以提高磨矿效率和过滤效率。设备外形如图 9-64 所示。

9.6.2.1　工作原理

浓缩磁选机基本分选原理和永磁筒式磁选机相似，主要不同在于卸矿装置采用刮板卸矿形式，基本不用卸矿水。分选槽体结构一般为顺流型槽体，也有应用半逆流型槽体结构的。顺流型槽体浓缩磁选机工作原理如图 9-65 所示。矿浆给入给矿斗后，首先进入磁化捕收区，其中的磁性矿物磁化结链，并在磁筒表面吸附，随着旋转的筒体进入脱水卸矿区，在此区域，被挤压脱出其中的水分。

图 9-64　浓缩磁选机

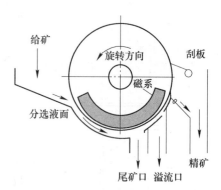

图 9-65　顺流型槽体浓缩磁选机工作原理图

9.6.2.2　主要结构及特性

永磁浓缩筒式磁选机主要部件有磁筒、驱动装置、槽体、卸矿刮板装置、机架、磁系调整装置、精矿箱等。图 9-66 为永磁浓缩筒式磁选机基本结构示意图。磁筒是核心部件，内设在分选脱水区形成磁场的扇形磁系，槽体是矿浆进行分选和浓缩脱水的容器，图示为顺流型槽体结构，磁筒的旋转采用高效传动装置。磁筒的另一端装配磁系调整装置，一般磁系调整角度为 5°～20°，只要在精矿排矿堰附近能够测到磁场或用铁丝在精矿排矿堰平行的筒体表面感应到有磁力吸引，则磁偏角的位置便基本调整到位。机架是支撑圆筒、槽体等系统的结构件，卸矿刮板装置安装于精矿端，用于将磁筒表面黏附的浓缩精矿刮入精矿箱里面。

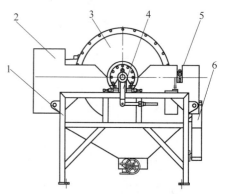

图 9-66　永磁浓缩筒式磁选机结构示意图
1—机架；2—槽体；3—磁筒；
4—磁系调整装置；5—卸矿刮板；
6—精矿箱

永磁浓缩磁选机分选槽体主要为顺流型槽体，精矿卸矿区和分选槽体液位间距离较大，可提高挤压脱水的长度。然而，单一的永磁浓缩磁选机仅可将产品浓度提高至 80% 以内，应用于精矿脱水时，产品后续仍需进一步过滤脱水以满足运输、装载、冶炼等相关要求。

9.6.2.3 工业应用

2014 年某铁矿应用了 BKT1240/BKT1245 浓缩磁选机共 26 台,用于二段磨矿前浓缩脱水作业,磁场强度 2500~3000Gs,使原二段磨矿给矿浓度从 63%提高至 70%以上,使磨矿效率进一步提高,减少了二段球磨的循环返回矿量。

2018 年某铁矿应用 3 台 BKT1245 浓缩磁选机,磁场强度 5500Gs,用于高压辊磨后、一段磨矿前浓缩脱水作业。由于磁场强度较高,浓缩脱水效果较好,精矿浓度达到 80%。

9.6.3 磁力真空过滤机

永磁真空过滤机一般为上部给料的筒型外滤式永磁真空过滤机,主要适用于对较粗颗粒的强磁性物料的脱水,同时提高精矿粉的品位。

9.6.3.1 工作原理

永磁真空过滤机的基本原理类似于筒型外滤式真空过滤机,不同之处是给矿槽在筒体的上部,筒体内部有锶铁氧体组成的永久磁系,在滤布表面产生磁场使磁性物料进入滤饼时吸附在滤布上,增大滤饼形成的作用力。该类过滤机工作原理图如图 9-67 所示,主要由给料、送风和吸附成饼、脱水、卸料、清洗等部分完成。当磁性物料进入分选箱之后,其中的固相磁性物料在磁力作用下迅速吸附在筒表滤布上,此时可借助适量的压缩空气鼓风帮助滤饼中矿物按粒度分层,由于上部给料,使得滤饼中矿物按粒度分层的效果更加明显,故构成滤饼厚而且透气性好。随着

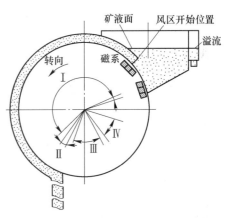

图 9-67 永磁真空过滤机工作原理图

圆筒的转动,进入脱水区,在真空的作用下滤饼中的残存水分透过滤布并经过滤室和分配头上的两个真空管路而被抽出,已经脱水的物料在卸料区被压缩空气吹落,卸料后滤布进入清洗区。清洗是用鼓风和水交替进行的,压缩空气强制地将水由筒里向外吹出,形成较好的清洗过程,防止了滤布孔隙的堵塞,为下次进行物料的脱水工作准备了良好的条件。

9.6.3.2 主要结构及特性

永磁真空过滤机主要由传动装置、筒体、磁系、给料箱、分配头、绕线装置、机架等组成,如图 9-68 所示。筒体由圆筒和喉管等部分组成,筒体圆周上分为若干个过滤室,设有滤板、滤布,每个过滤室通过分配头与真空泵相通。筒体内部设有由铁氧体磁块组成的开路磁系,磁系的位置约在与垂直轴交角 43°处,其磁场是 N 极与 S 极交替排列,场强约 1000Gs,主要依靠磁力的作用帮助磁性矿粒迅速被吸附在筒体表面。给料箱内设有可调节溢流堰高度的挡板,视物料不同可调节料浆液面高度。溢流槽是承接溢流液和清洗滤布污水的槽体。分配头由分配头体及压紧装置组成。分配头负责过滤机的"吹矿""干矿""滤布的再生清洗"等部位的定期机械控制,仪表装备显示出过滤工作的压力变化情况。

绕线装置由链转动带动的丝杠和导轮卷筒等部件组成，在每次更换新滤布时使用，绕完钢丝后拆下，它可以进行密绕和按固定等距绕线。

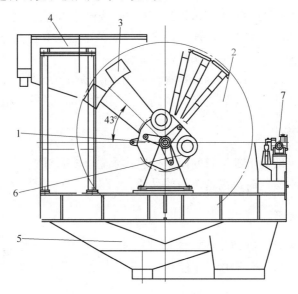

图 9-68　永磁真空过滤机主要结构

1—传动装置；2—筒体；3—磁系；4—给料箱；5—溢流槽；6—分配头；7—绕线装置

永磁真空过滤机主要优势是处理能力大，由于磁系吸引精矿的能力比真空吸引精矿的能力大得多，可以获得比内滤式过滤机厚得多的滤饼，利用系数可为筒型内滤式真空过滤机的 3 倍以上，而这种过滤机滤饼水分比内滤式真空过滤机稍高一些，同时设备造价较高，只能用于过滤磁性物料。

9.6.3.3　工业应用

20 世纪 60 年代，瑞典 Sala 公司研制了 MTFF 型永磁真空过滤机[2]，即上部给料筒式真空过滤机，过滤面积 8.8m²，筒体直径 2m，筒长 1.4m，适用于粗颗粒磁性精矿过滤。当精矿粒度 -0.074mm 占 70% 时，滤饼含水率 10%，处理能力为 1.8t/(m²·h)；当精矿粒度 -0.074mm 占 17% 时，滤饼含水率 6%，处理能力为 10t/(m²·h)。

沈阳矿山机器厂在 MTFF 型永磁真空过滤机基础上，研制了 GYW 型永磁真空过滤机，筒体直径 2m，筒长 2m，过滤面积 12m²，筒表磁场强度 1000Gs，应用于攀钢密地选矿厂 -0.074mm 占 40% 铁精矿过滤，滤饼水分小于 10%，处理能力为 4~5t/(m²·h)。

参 考 文 献

[1] 姚公弼. 固液分离的应用和发展概况 [J]. 过滤与分离，1994 (2)：1-4, 8.

[2] 曲景奎，隋智慧，周桂英，等. 固-液分离技术的新进展及发展动向 [J]. 国外金属矿选矿，2001 (7)：12-17.

[3] 刘建平，焦峥辉，赵稳. 固液分离技术的动力学研究与发展趋势 [J]. 石化技术，2016，23

　　（2）：79.

［4］杨欢. 辐流式沉淀池数值模拟［J］. 建材与装饰, 2018（27）：131.

［5］罗岳平, 邱振华, 李宁, 等. 用斜管（板）沉降系统改造矩形平流沉淀池——平流斜管（板）组合
　　沉淀池［J］. 净水技术, 2003（5）：45-47.

［6］刘广文. 国外分离过滤设备的新进展［J］. 辽宁化工, 1993（6）：24-27, 16, 20.

［7］刘斌. 固液两相流沉降模型与数值模拟研究［D］. 太原：太原科技大学, 2009.

［8］Mompei Shirato. Topics in Recent Solid-Liquid Separation Technologies in Japan. Proceedings of the 2nd
　　China-Japan International Conference on Filtration & Separation. 1994, 11：8.

［9］温金德, 杜善国. 液固分离的动态理论与新型沉降槽［C］//第十四届全国氧化铝学术会议论文集.
　　北京：2004：274-276.

［10］唐艳秀, 梁福珏, 童张法, 等. 斜板沉降槽对活性白土的提纯研究［J］. 硅酸盐通报, 2015, 34
　　　（12）：3703-3707.

［11］谢丹丹. 浓密机在选矿中的应用现状及研究进展［J］. 矿产保护与利用, 2015（2）：73-75.

［12］王喜良. KMLY 型斜板浓密机的原理及应用［J］. 金属矿山, 1996（5）：12-15.

［13］周兴龙, 张文彬, 等. 变形式斜板浓密分级机：中国, CN201070599［P］2008-06-11.

［14］李永庆, 牛俊英, 王雪伟. 新型带式压滤及在露天选煤厂的应用［J］. 煤炭工程, 2015（4）：
　　　80-82.

［15］庆来. 我国中心传动浓密机技术现状分析［J］煤炭工程, 2007（12）：107-109.

［16］童仁平. 提高高效浓密机浓缩效果的有效途径［J］黄金, 2014, 35（5）：64-67.

［17］刘祁, 张敏. 精矿脱水现状分析［J］. 工程设计与研究, 2010（2）：16-20.

［18］梁金龙, 等. 世界过滤与分离机械创新发展［J］. 过滤与分离, 2012, 22（1）：3.

［19］姚弼. 过滤设备进展概况［J］. 化工设备设计, 1997（3）：25-30.

［20］程治方. 大型真空过滤设备的开发与工业化应用［J］. 化学工业, 2008（5）：35-41.

［21］张剑鸣. 离心分离设备技术现状与发展趋势［J］. 过滤与分离, 2014, 24（2）：1-4, 25.

［22］谭蔚, 石建明, 朱企新, 等. 国外过滤与分离技术的进展［J］. 化工机械, 2002（4）：245-248.

［23］王学军, 张恒, 郭玉国. 膜分离领域相关标准现状与发展需求［J］. 膜科学与技术, 2015, 35
　　　（2）：120-127.

［24］杨春育, 佟泽民. 膜科学与技术的发展及工业应用［J］. 石油化工设计, 1996（4）：47-59.

［25］孟广耀, 陈初升, 刘卫, 等. 陶瓷膜分离技术发展 30 年回顾与展望［J］. 膜科学与技术, 2011,
　　　31（3）：86-95.

［26］李芳良. 膜分离技术在 ε-聚赖氨酸分离提取中的应用［D］. 无锡：江南大学, 2017.

［27］张去非, 穆晓东. 国内外铁矿石脱泥预选设备的发展状况［J］. 有色矿山, 2003, 32（4）：24-27.

［28］汪银梅, 等. 矿物加工过程中脱水设备与方法［J］. 采矿技术, 2009, 9（1）：100-102.

［29］姚公弼. 液固分离技术的进展［J］. 化工进展, 1997（1）：16-19, 25.

［30］蔡金傍, 朱亮, 段祥宝. 平流式沉淀池优化设计研究［J］. 重庆建筑大学学报, 2005（12）：
　　　67-80.

［31］丁超. 平流沉淀池设计体会［J］. 工业用水与废水, 2001, 32（5）：38-39.

［32］李复明, 陈启构, 胡达清. 应用竖流式浓缩池降低脱硫废水含固率的实践［J］. 浙江电力, 2011,
　　　30（10）：53-55.

［33］王永新. 浓密机高效化技术在麻峪口矿的应用［J］. 选矿与冶炼, 2010（12）：45-47.

［34］唐永全, 石春江. φ18m 浓密机在生产中的应用［J］. 化工管理, 2014（4）：21.

［35］王继魁, 闫恪哲, 丛洪宝, 等. 一种倾斜板浓密机［G］. 中国矿业科技文汇, 2013.

［36］温京华, 刘万银. 高效斜管浓密机原理及应用效果［J］. 煤质技术, 2010（5）：70-72.

[37] 张志明. 倾斜板浓密机在会泽铅锌矿的应用 [J]. 云南冶金, 1998, 27 (增刊): 112-115.

[38] 姚伟. 斜板浓密机在东沟钼矿尾矿浓缩中的试验研究 [J]. 中国钼业, 2016 (10): 34-38.

[39] 杨诗斌. 粘稠性物料脱气装置的研究与设计 [J]. 粮油加工与食品机械, 2002 (6): 37-38.

[40] 赵光宇. 高效浓密机浓密机理及其效率提高的措施 [J]. 有色设备, 2001 (3): 18-20.

[41] 童仁平. 提高高效浓密机浓缩效果的有效途径 [J]. 选矿与冶炼, 2014 (5): 64-66.

[42] 王永新. 浓密机高效化技术在麻峪口矿的应用 [J]. 选矿与冶炼, 2010 (12): 45-46.

[43] 杨保东, 谢纪元, 李鹏. 高效浓密机机理研究 [J]. 有色金属 (选矿部分), 2011 (5): 38-41, 64.

[44] 杨清平, 李辉, 张晋军, 等. 谦比希铜矿膏体充填工艺及其装备 [J]. 现代矿业, 2015 (9): 185-195.

[45] 谷志君. 最大型深锥膏体浓密机在中国铜钼矿山的应用 [J]. 黄金, 2010, 31 (11): 43-45.

[46] 勾金玲, 赵福刚. 高效深锥浓密机在梅山选厂的应用 [J]. 矿业快报, 2007 (3): 70-71.

[47] 潘梓良. 圆盘式真空过滤机的结构改进 [J]. 有色金属 (选矿部分), 1994 (4): 47.

[48] 张海旺, 邢汉明, 罗英美. 10m² 圆筒真空过滤机的技术改造 [J]. 矿山机械, 2010 (4): 42-43.

[49] 赵建国, 石信平, 洪雪筠. 真空转鼓过滤机技术改进 [J]. 纯碱工业, 2017 (3): 32-34.

[50] 蒋利. 盘式真空过滤机在铁精矿脱水作业中的应用 [J]. 中国钼业, 2015 (8): 44-47.

[51] 范湘生. 陶瓷过滤机现状及展望 [J]. 现代矿业, 2013, 29 (9): 178-180.

[52] 钟衍智. 陶瓷过滤机在转炉渣选矿厂的应用研究 [J]. 云南冶金, 2001 (5): 20-23.

[53] 赵德平, 贾彪. 陶瓷过滤机在选矿尾矿及其它工业废渣处理的应用 [J]. 现代矿业, 2009 (7): 53-54.

[54] 魏克帅, 蔡建新, 彭湘林, 等. 橡胶带式真空过滤机在沙特铜锌选矿厂的应用与改进 [J]. 现代矿业, 2016 (1): 237-238.

[55] 吕纪霞. 真空带式过滤机在某硫铁矿精矿脱水中的应用 [J]. 现代矿业, 2015 (10): 215-219.

[56] 李小生. APN 板框式压滤机在德兴铜矿的应用 [J]. 金属矿山, 2009 (4): 184-185.

[57] 张玉珍, 刘丽华. 厢式压滤机在选矿厂的应用 [J]. 有色冶金设计与研究, 2002 (4): 4-5.

[58] 赵雪峰. 程控自动拉板隔膜压滤机在白钨精矿脱水上的应用 [J]. 山东工业技术, 2017 (6): 51-52.

[59] 肖显科. 程控隔膜压滤机在沙湾洗煤厂的应用 [J]. 煤质技术, 2009 (增刊): 66-68.

10 选矿自动化仪表与设备

在全球范围内自动化与信息化已经成为各大流程工业的核心生产力,生产过程正在从经验驱动型的人工模式向着知识驱动型的自动化、智能化生产模式转变。采用信息技术围绕着流程工业的知识和信息重组是实现流程工业提高竞争能力的必由之路[1]。

选矿过程控制是指为满足选矿生产过程的各类需求(包括生产安全性、产品质量、生产效益、环境保护和操作等)而采用的连续监测和自动控制技术,其基本的实施方式是采用适当的检测仪表、执行机构、控制器、计算机等控制设备,并以人工参与相配合(包括设计人员、现场操作人员)来实现的。选矿过程控制技术的发展始于20世纪50年代末,至今已有七十多年的历史。选矿生产过程中入选物料的性质多变、粒级变化次数多,固-固分离过程和固-液分离过程交互存在、复杂的物理化学过程和选矿环境的腐蚀性与磨损性等因素,限制了选矿过程控制的普及程度、应用水平和发展速度。选矿行业与石油化工等行业比较相对落后。选矿过程控制技术在稳定生产、节能降耗、提高生产工艺指标和提高劳动生产率、改善环保等方面,均能发挥重要的作用。因此,进一步提高自动化技术在国内选矿行业的应用水平具有重大的现实意义,对国内选矿自动化和选矿工艺技术水平的提高、增强国内矿山企业的综合实力、建立现代企业制度,实现长期可持续发展,必将产生十分积极的影响[2]。

碎磨、浮选、重选和固液分离是选矿过程中重要工序,本章重点介绍支撑这四个工艺的自动化检测和控制设备。

10.1 碎磨自动化检测与控制设备

破碎和磨矿过程是选矿过程的重要工序,碎磨设备的高效运转是整个选矿厂经济效益的重要保障,相关自动化和智能化发展较快,其中基于图像识别的矿石粒度分析仪和基于振动信号的磨机负荷分析仪均是人工智能与碎磨生产过程结合的新型产品,对于稳定和提高碎磨工段的生产效率、节能降耗以及节约人力具有重要意义。

10.1.1 矿石粒度分析仪

矿石粒度分析仪是一种利用工业摄像机获取传送带上矿石粒度分布信息的仪器。矿石的粒度分布信息是反映解离过程中磨机工作状况的重要指标,因此国内外矿业领域借助测量矿石粒度分布信息来优化控制磨矿过程。在生产流程中,监控旋回破碎机出料口和半自磨机进料口的矿石粒度分布信息,根据粒度分布信息调整磨机的设备参数,形成闭环控制,对整个破碎过程的生产效率有着至关重要的作用。传统的矿石粒度检查采用机械筛分的方法,即将破碎机和磨机关闭,人工随机采集一定数量的破碎后的矿石作为测量样本,然后通过振动筛或者机械筛来测量矿石粒度信息。该方法需要关闭运行中的破碎机和磨机，但是关闭并重新开启这样的大功率设备会浪费大量电能，并且无法对粒度信息进行实时测量，得到的矿石粒度信息对评价破碎机工作状况以及调整设备参数的参考意义并不大。由于上述缺点，国内很多企业摒弃该种方法，采用让有经验的技工每隔一段时间去传送带上查看矿石大小，然后凭经验调整磨矿设备孔径等生产指标的方法，该种方法避免关闭设备，但是仅凭个人经验得到的矿石粒度信息与实际分布可能有较大偏差，而且现场通常处于高粉尘污染的环境，传送带上的矿石也经常因振动而弹出，这对工人的人身安全将造成严重威胁。

近些年来，机器视觉技术广泛应用于工业检测中，实现了工业生产流程的自动化检测。应用机器视觉系统对选矿过程中的矿石粒度进行实时检测能为矿山企业技术人员评价磨机工作状况提供数据支持，从而进行设备参数调整、优化流程控制，最大程度上降低了工人的工作强度和设备的能耗，使矿产资源最大限度得到利用，提高矿山企业的生产效益。

世界上多个国家的研究机构均已陆续研发矿石粒度自动检测系统。加拿大 Waterloo 大学 Maerz 和 Franklin 研发的 Wipfrag 机器视觉系统应用于采矿和矿物加工过程中矿石粒度检测，该系统在不断更新迭代中，目前已经更新到了第三代。该系统图像分割算法大体上包括阈值分割、边缘检测和边缘重建技术，系统通过将目标区域等价于圆，然后计算其直径来估计粒度分布。Split-Online 是美国 Arizona 大学开发的在线物体粒度分析系统，其分割算法包括阴影分析、梯度过滤器和分水岭算法等。但是该系统需要对光线条件不断进行调整以及需要人为对分割结果进行纠正，系统无法实现自动测量矿石粒度。Visio Rock 是美卓公司推出的全自动视觉系统，它能在线评估传送带上石块的粒径分布、形状等其他性质特征，还能探测异物，对矿石进行分类，该系统具有每秒 15～30 张图片的处理能力，能对矿石粒度进行实时检测。KSX 公司研发的 PlantVision 系统已在国外矿山用于生产实践，国内不少研究机构和公司也研发了矿石粒度自动检测系统，例如北京矿冶科技集团有限公司研发的 BOSA-I 矿石粒度图像分析仪，以及丹东东方测控技术股份有限公司研发的 DF-IG-I 矿石粒度图像分析仪[3]。本章重点介绍 BOSA-I 矿石粒度图像分析仪。

10.1.1.1　BOSA-I 矿石粒度图像分析仪的结构和原理

BOSA-I 矿石粒度图像分析仪由软、硬件平台组成，硬件平台主要由相机子系统、照明子系统、机械架构子系统、图像处理工作站等组成；软件平台主要基于 Microsoft Visual Studio 2010 平台开发，包括图像获取模块、矿石分割模块、粒度特征参数提取模块与粒度模型模块等。

A　硬件平台

BOSA-l 矿石粒度图像分析仪由矿石粒度图像获取设备、矿石粒度图像传输设备和矿石粒度图像处理设备三部分组成。

矿石粒度图像获取设备主要由工业 CCD 相机、照明系统、控制系统组成。通过工业 CCD 相机，可以获取高精度的彩色矿石粒度图像，并且可以根据设定相机各项参数优化矿石粒度图像质量。照明系统采用双 LED 大功率照明，具备高显色指数、高频率、长寿命等技术特点，可以满足在皮带高速运行状态仍能获取清晰图像的要求。控制系统可以为用户提供对图像获取设备的供电控制、通信控制功能。根据现场需求以及硬件的配置性能，每套系统可以配多个图像获取设备，一般情况下，每套系统默认配置四台图像获取设备。

矿石粒度图像传输设备主要包括六类 FTP 双绞线，千兆网络交换机，以及可选的光纤传输系统。矿石粒度图像处理设备主要包括矿石粒度图像处理工作站以及安装运行在上面的 VisioOre 矿石粒度图像处理软件系统。矿石粒度图像处理软件系统可以根据获取的矿石粒度图像通过预处理、分割、统计以及预先建立的矿石粒级数学模型计算出粒级分布信息，并能够通过 ModbusOPC 协议传至 DCS。

B 软件平台

软件系统采用 Microsoft Visual Studio 2010 平台，基于 CCD 相机厂家提供的驱动程序、完成 VisioOre 视频图像获取模块的开发。视频图像获取模块采用多线程等技术手段，使得系统可以实时获取、显示图像数据。视频图像传输分辨率达到 1024×768 像素，帧率达到 30 帧/s。

系统工作原理：通过相机子系统获取矿石粒度图像视频信息，通过千兆网系统进行视频流传输，最后在高性能的图像处理工作站上完成矿石粒度图像的预处理、分割、统计、模型建立等工作。得到的最终信息可以在图像处理工作站上显示，也可以通过 Modbus OPC 等通信方式进行发布。

10.1.1.2 关键技术

为了完成矿石粒度图像的分割，系统针对获取的图像进行了中值滤波、自适应二值化、距离变换、重构、提取种子区域、图像梯度化处理，最后运用基于标记的分水岭算法完成分割。

根据矿石粒度图像的分割结果，完成矿石粒度图像的特征参数提取。提取每个矿石粒度参数时需要先对图像中分割出的每个矿石进行边界跟踪和加标记，由八链码方法提取出每个矿石的周长 P 和面积 S。

经过对获取的矿石粒度图像一系列的预处理、分割、统计工作等，获取的是矿石的二维信息，分别为矿石的周长 P、面积 S。通过建立矿石二维与三维信息的模型，得到矿石粒级分布的信息。

近些年的理论研究表明，所能筛下的矿石相对应的筛网尺寸既不是矿石的最大线性尺寸，也不是矿石的最小线性尺寸，而是矿石最佳匹配椭圆的最大半径、最小半径的函数。根据矿石的面积、周长计算最佳匹配椭圆的最大、最小半径。其最大半径、最小半径分别为

$$a = \frac{\dfrac{p}{\pi} + \sqrt{\dfrac{p^2}{\pi^2} - \dfrac{4S}{\pi}}}{2}, \quad b = \frac{\dfrac{p}{\pi} - \sqrt{\dfrac{p^2}{\pi^2} - \dfrac{4S}{\pi}}}{2} \tag{10-1}$$

式中，a 为匹配椭圆的最大半径；b 为匹配椭圆的最小半径。

矿石的筛网尺与最佳匹配椭圆的关系为

$$d = 1.16 \times b \times \sqrt{1.35 \times a/b} \tag{10-2}$$

式中，d 为矿石的筛网尺寸。

矿石的体积公式为

$$V = d \times S \tag{10-3}$$

式中，V 为矿石体积。

获取矿石体积数据后，还需要对矿石体积数据进行进一步的拟合处理。根据实际需求，获取多组相对应的矿石取样，在不同粒级范围内进行同归拟合，修订式（10-2）中的常量系数[4]。

10.1.1.3　工业应用

北京矿冶科技集团有限公司自 2008 年开始 BOSA 型矿石粒度图像分析仪的研究。图 10-1 为该分析仪在焦家金矿 4kt/d 破碎工段进行的工业试验。分析的矿石粒级分布结果与物理筛分结果相比平均相对误差小于 11%。该分析仪可以按照筛分的等级或者用户设定的粒级，对矿石图像处理后输出不同粒级矿石所占的百分比，可以有效指导选矿厂碎矿作业以及磨矿作业生产，并为选矿碎矿工艺以及磨矿工艺的优化控制提供有力的支持[4,5]。

图 10-1　皮带上的矿石粒度图像仪

10.1.2　磨机振动检测与磨机负荷分析仪

磨机振动监测与磨机负荷分析仪是一种利用振动传感器获取磨机筒壁振动信号进而进行磨机负荷分析的仪器。

在诸多选矿设备中，磨机运行成本最高、能源消耗最大，磨机运行状态和效率的控制是实现磨矿过程节能优化的关键。决定磨机工作效能的三个因素包括磨机筒体尺寸、衬板状态和磨机的装载量及物料分布情况。传统评价磨机工作状况的方法是由生产现场的工程师凭借发出的声音判断磨机是否处于正常工作状态，然后进行转速和设备孔径大小调整。这种方法低效、安全系数和自动化程度均较低，且个人经验经常会有较大偏差[6]。

如果能够及时掌握磨机内物料装载量、物料浓度粒度状态、衬板磨损程度等设备、状态信息，就能够及时调整磨机操作条件，使磨机处理量最佳、运转效率最优和维护保养及时。因此，磨机状态监测技术一直是矿业技术研究的焦点和热点，国外的 AMIRA、CSIRO、Outotec、COREM、JKMRC 等研究机构都在这方面做了大量的研究工作[7]。

磨机状态监测技术的种类很多。国际矿业联盟 AMIRA 立项、CSIRO 承担的"基于振动测量的磨机负荷监测"项目，2006 年成功研制了惯性供电系统、加速度计传感器组和无线多通道信号采集系统，利用振动测量方法预测磨机运行状态，2008 年在 North Parkes Mine 进行了试验[8]。2008 年 AMIRA 利用了离散元素法模拟磨矿过程矿石、钢球、衬板之间的动力学特征，进而建立了多项磨机运行状态参数的预测模型，包括磨机负载、磨矿粒度、磨机衬板磨损状况与磨机物料分布范围等。Outotec 公司利用功率曲线中的脉动信息预测磨机装载量并研发了磨机装载量分析仪 MillSense，研究表明功率曲线中的脉动信息是由磨机周期性地将物料提升起来、再撞击到底部物料的运动过程产生的，因而能够通过对脉动信息的提取，以及其在磨机旋转周期的相位变化，来判断充填物料的运动趋势。

磨机电耳检测是采用声响法，将磨机工作过程中产生的噪声，通过麦克风采集，转变成仪表信号的方法。该方法被用于南京银茂铅锌矿有限公司选矿厂和中国黄金集团内蒙古矿业有限公司乌努格吐山铜钼矿选矿厂等的磨矿控制系统中，起到了良好的应用效果。该方法在一定程度上能够反映磨机负荷状况，但是由于干扰信号种类众多、信号分析处理手段比较简单，准确度受到了一定影响。

2006年北京矿冶科技集团有限公司（简称 BGRIMM）开展了基于磨机筒壁振动信号检测与分析的"磨机/半自磨机负荷检测技术"研究，开发了磨机振动监测与磨机负荷分析仪，实现了振动信号采集和信号实时处理[9]。但是磨机振动信号受衬板磨损程度影响严重，随着时间的推移，信号会出现长期漂移。2013年，通过增加衬板磨损测量传感器，在线测量衬板磨损情况，对振动信号进行修正，极大地改进了系统的适用性，同时可以预测衬板磨损情况，提醒现场合理安排检修计划。本章重点介绍 BGRIMM 磨机振动监测与磨机负荷分析设备。

10.1.2.1 BGRIMM 磨机负荷分析仪结构和原理

BGRIMM 磨机负荷分析仪安装于磨机上，随着磨机的运行一起旋转，实时采集磨机筒壁的振动信号，并通过无线连接将数据发送到地面的接收装置。上位机数据处理系统在接收到磨机工况检测设备发送的信号后，对数据进行存储和处理，计算得到振动信号的相关特征，并将其存储到数据库中[10]。如图 10-2 所示，系统按照其不同的功能划分为五个单元，分别是：信号测量单元、信号采集单元、无线通信单元、数据处理单元和连续供电单元。

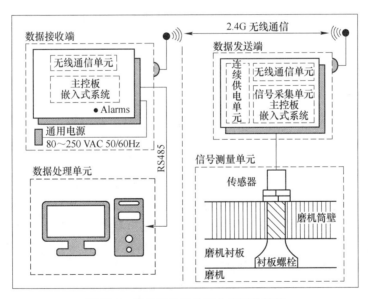

图 10-2 磨机振动和负荷分析硬件结构

信号测量单元包括安装于磨机筒壁上的振动传感器等测量设备及其配套部件，其主要的作用是在保证频率特性的前提下实时将磨机筒壁的振动信号转化为可供分析和处理的电信号。信号采集单元的主要作用是在保证尽可能不丢失信息的前提下将经过调理的加速度传感器信号按磨机旋转周期采集为数字信号，并将其通过无线通信单元发送到接收端，同时完成可变放大倍数和设备电压检测等功能。

信号采集单元安装在磨机上，工作时和磨机一同旋转，这便给硬件设计带来了一系列的限制条件。首先，系统的功耗要尽可能地降低，以便于设计更易于实现和维护的连续供电单元；而且系统一直处于旋转和振动的工作环境中，磨机在运行过程中无法停车维护和更换设备，所以要求系统必须有很高的可靠性和稳定性；并且为了保证尽可能多地保留信号中所包含的信息，系统设计采用 16 位采样精度 30kHz 以上采样速率。综合以上条件，BGRIMM 开发了基于 C8051F060 单片机的数据采集系统。

无线通信单元实时地将数据采集单元采集到的磨机振动信号通过无线方式传送到数据处理单元。和其他单元类似，无线通信单元要求在保证传输速率的基础上，尽可能降低功耗和提高稳定性，所以综合考虑各个因素，最终选择业界目前体积较小、功耗较低而且外围元件最少的射频系统级芯片 nRF24L01 作为无线通信方案。

数据处理单元主要包括用于接收振动信号数据的无线数据接收端和用于运行分析软件的工控机以及相关软件系统。软件系统完成数据的接收、存储、计算、实时显示和磨机运行状态分析与报警等功能。

10.1.2.2　工业应用

2011~2012 年 BGRIMM 磨机负荷分析系统应用于焦家金矿一系列及二系列球磨机并在三山岛金矿应用。通过采集不同工作状态的球磨机筒壁振动信号，可以很明显发现，当球磨机处于正常工作状态、"空砸"状态和"涨肚"状态时，振动信号的波形具有明显的变化。通过对数据的综合分析，能够准确预报磨机故障状态，对现场设备的生产维护都起到了一定的指导作用，提高了产品质量和设备能效。

10.2　浮选自动化检测与控制设备

浮选自动化控制是指为满足各选矿厂浮选设备的生产需求而使用的连续监测和自动控制技术。自动控制实施的方法主要是以采用合适的控制器、检测仪表以及执行单元为硬件基础，加以设计人员或现场操作人员的参与和配合来实现的[2]。

浮选过程控制技术从 20 世纪 50 年代发展以来，获得了飞速发展，它从实质上改变了传统浮选选矿技术相对落后的不利局面。按照传统的选矿工艺，操作工是凭借着自己的经验来手动调节各选矿变量，对工艺流程的控制既不够准确又不及时，这样就造成生产很难达到理想的指标，并且劳动环境也很差[11]。自动化检测技术可以及时有效地指示出选矿过程各参数的变化，可以根据反馈回的结果及时准确地自动调整浮选相关参数，自动化技术的应用不仅提升了浮选作业选矿指标，而且还降低了能耗，有效改善了劳动条件。本章重点介绍浮选机液位控制设备、药剂添加设备和泡沫图像系统。

10.2.1　浮选机液位控制设备

浮选机液位控制设备由液位测量装置、就地控制箱和气动执行机构三部分组成。首先，由液位测量装置把检测到的液面高度转换成三线制 4~20mA DC 标准电流信号，就地控制箱内的主控制器将传输过来的电流信号进行 A/D 转换后，通过浮选液位专用控制算法进行一系列运算后，D/A 输出驱动电流信号至气动执行机构，气动执行机构根据电流大小线性调节排矿阀的开度，最终实现调控液面高度的目的。图 10-3 为控制系统原理图。

本章重点介绍 BFPC 型液位测量装置和气动执行机构。

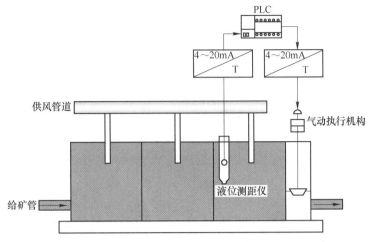

图 10-3 BFPC 型浮选机液位自动控制系统原理

10.2.1.1 BFPC 型液位测量装置结构和原理

在浮选过程中，浮选槽内的矿浆会由于叶轮的旋转产生强烈的搅拌，同时由于充气和药剂的影响，浮选槽内会产生大量的气泡。疏水矿粒会附着在气泡上，被气泡带到矿浆面而积聚成矿化泡沫层，亲水矿粒则留在矿浆中。这个过程是在固（矿粒）、液（水）和气（气泡）三相界面上进行的，液面上方堆积了较厚的泡沫层，而且浮选槽内有着强烈的搅拌，矿浆本身带有沾黏性和腐蚀性，这样就给浮选机的液位测量带来难度[12]。

历史上，用于浮选机液位检测的方式出现过许多种，例如电容式、静压式、吹气式、恒浮力式等，但他们均由于浮选槽内的复杂检测环境，不是检测精准度差，就是维护量大且寿命短暂。BFPC 浮选机液位检测装置较好解决了这个难题，设计的激光-浮子式液位测量仪采用激光测距原理，由激光测距仪、隔离筒、液位支架、浮子组件构成，如图 10-4 所示，液位支架同时集成了一套冲洗装置，具有消除隔离筒内产生的泡沫的作用，以减少浮选泡沫黏附在浮子组件表面，避免由于泡沫黏附影响测量精度，检测原理如图 10-5 所示。H_1 代表激光传感器与反射盘的实时距离，隔离筒可以阻隔浮选机叶轮搅拌时带来的剧烈冲击，并且可以有效减少筒内的浮选泡沫，从而确保能够检测到真实的液面高度。浮子组件包括浮球、浮球连杆和反射盘[13]。

浮球内置于隔离桶中，通过悬臂的作用，与浮球连接的反射盘会随着矿浆液面的波动而垂直上、下运动，激光测距仪不断测出与反射盘的距离，然后输出 4~20mA DC 信号给主控制器，经过换算来确定液位高度。当矿浆面到达溢流堰处时，激光传感器和反射盘距离为 H_0，标定此时泡沫层厚度为 0mm。当浮球探测到最深液位时，传感器和反射盘距离为 H_2，标定此时泡沫层最大厚度值 $H_{max} = H_2 - H_0$，一般情况下 $500mm \leqslant H_{max} \leqslant 1000mm$，$H_0 \leqslant H_1 \leqslant H_2$。泡沫层厚度计算公式为：

$$H_{泡沫层厚度} = H_1 - H_0 \tag{10-4}$$

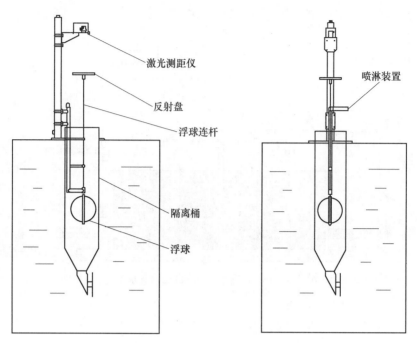

图 10-4　BFPC 浮选机液位检测装置

　　至于测距传感器的选择，通过较多工业对比试验，室内多选择激光传感器；而在室外考虑到光线的影响，多采用超声波传感器。

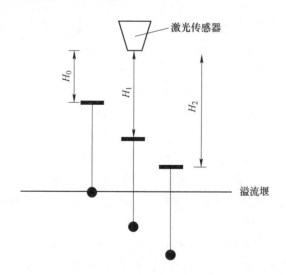

图 10-5　液位测量原理

10.2.1.2　BFPC 型气动执行机构原理和结构

　　在液位控制系统中，执行机构输出动作控制排矿阀门的开度，执行机构的性能直接影响着液位控制效果的好坏。BFPC 浮选机液位控制系统的执行机构分为电动执行机构和气动执行机构两种类型。气动执行机构接收电流信号，可以实现自动控制，而电动执行机构通常起到的只是辅助调节的作用，只能手动操作。

执行机构垂直安装于浮选机中尾矿箱正上方支架上，与浮选设备中、尾矿箱内的阀杆连接，输出垂直位移，带动阀杆及阀体沿垂直方向上下动作，从而改变中尾矿箱矿浆流通面积，即改变中尾矿箱的排矿流量，来达到调整浮选机液位的目的。气动执行机构必须与阀杆、阀体同心安装。同时配有手轮机构，在仪表气源断开时可手动调节气缸行程。当出现断气、断电、断信号故障时，气动执行机构还可实现保位的功能。

气动执行机构的关键部件为阀门定位器，用以确保阀门良好的线性度和调节精度，它的控制原理为：以压缩空气为动力，接受调节单元或人工给定的 4~20mA 直流电信号或 0.02~1MPa 气信号，将其转变成与输入信号相对应的直线位移，以调节介质流量。当定位器有输入信号时，定位器输出压力推动活塞及活塞杆做直线运动，活塞杆带动滑板及摆臂运动，反馈到定位器，当活塞移动到与输入信号相对应的位置时，定位器关闭输出压力，如图 10-6 所示。

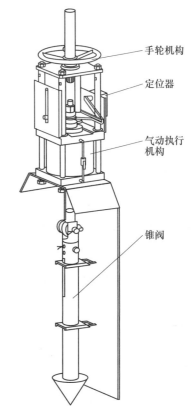

图 10-6　BFPC 浮选机气动
执行机构、锥阀组件

10.2.2 药剂添加设备

浮选药剂的添加是浮选生产工艺中的一个重要环节，添加量的大小以及准确与否都直接影响着选别效率。人工加药方式准确性和及时性差，加药机的应用，尤其是程控自动加药机，可以有效克服人工加药的不足，降低浮选生产的药耗，减轻岗位工人的劳动强度，提升选厂经济效益。

浮选过程中，通过添加不同的药剂，使之与矿物之间发生一系列的作用（或是改变矿浆的酸碱度或调整矿浆的分散与团聚等），达到分离、附着或净化矿物的目的。但是，随着原矿品位、成分、粒度以及处理矿量等诸多因素的变化，药剂量也需要不断地调整，药剂添加的准确与否直接关系到选矿技术指标的好坏，因此添加过程的控制成为浮选生产过程的重要环节之一。我国有色金属选矿厂的药剂添加经历了从人工手动加药、单板机控制自动加药到以 PLC 作为下位机、通过不同通讯方式、远程或就地自动控制加药的过程。而且，随着电子技术、检测仪表的发展，药剂的自动添加方式及使用的设备也在不断改进、提高，使自动加药成为浮选自动控制系统中不可或缺的一部分。

药剂添加设备根据所添加药剂的物理状态可分为粉状药剂加药机和液态药剂加药机，其中液态药剂加药机主要包含三种类型[14]：（1）虹吸式加药机，一般为在保持给药液位恒定的同时，通过人工调节虹吸管的夹紧程度，调节和保持药液流量，其结构简单，在小型选厂应用普遍。(2) 杯式加药机,一般通过增减小杯的数量和调节横杆位置来调节药液流量,适用于较黏的药剂原液,如 25 号黑药、松醇油等的给药。(3) 程控自动加药机,可按照工艺要求由控制器来控制执行机构进行药剂添加,执行机构主要包含电磁阀式、计量泵式和隔膜式三种形式:电磁阀式加药机,通过改变电磁阀在一个脉冲周期开通和关断的占空比调节药剂流量;计量泵式加药机,通过改变变频器输出频率控制计量泵转速的方式调节药剂流量。程控自动加药机自动化程度高,给药精确,操作方便。隔膜式加药机药罐中的隔膜腔通过改变压力水或压缩空气流动方向来驱动,电磁阀控制水或气,不与药液接触。流量大小直接由程序控制电磁阀开关频率调节,电磁阀每动作一次加一罐药,单位时间电磁阀的动作次数乘罐药容积就是即时流量,电磁阀的总动作次数乘罐药容积就是累计流量。本章重点介绍北京矿冶科技集团有限公司研发的 BRFS-PLC 型电磁阀式自动加药机。

10.2.2.1　BRFS-PLC 型加药机结构和原理

BRFS-PLC 型自动加药机系统执行机构为电磁加药阀,安装在液位恒定的加药箱下部侧面的管嘴上,当电磁阀线圈通电时,加药阀开启,药液流出,根据管嘴出流原理,保持药箱内液面高度恒定时,其流量也是恒定的。药量流出的多少与加药阀开启时间成正比。因此,在加药周期一定时,PLC 通过调整占空比方式控制加药阀的导通时间,进而来调整加药量。对每一个加药点,根据每分钟加药量 $Q(\mathrm{mL})$ 的大小,合理地选取每个加药点的加药周期 T,加药阀的导通时间 t 由下式决定(其中,q 为加药阀的阀能力,即 1min 阀的流通量):

$$t = QT/q$$

通过键盘将各点的加药量 Q、每分钟加药周期 T、加药阀能力 q 的数值输入触摸屏,触摸屏将数值传输给 PLC,PLC 计算出各加药点的导通时间后,输出定频变脉宽的控制信号,经驱动器控制加药阀的通、断电,实施各点的准确定量加药。实际使用表明,由于输药管有一定长度,这种间断方式并不会影响药剂添加的连续性和均匀性。

BRFS-PLC 型自动加药系统硬件由触摸屏、可编程序控制器、驱动器、执行机构(加药阀)、电源、加药箱液位控制阀等部分组成。其系统配置框图如图 10-7 所示。

驱动器采用直流固态继电器,它利用光电耦合技术实现了低电平的控制回路(输入端)与高电平的负载回路(输出端)之间的电隔离和电平转换,没有任何可动部件或触点。当输出板来的信号为"1"电平时,光电耦合器中的发光二极管导通,则单向可控硅导通,加药阀中的电磁线圈有电流通过,加药阀打开;当输出板来的信号为"0"电平时,发光二极管截止,单向可控硅也截止,加药阀的电磁线圈断电,阀自动关闭。由于采用了固态继电器,把主机与外部高电平电路互相隔离,不仅提高了抗干扰能力,而且确保了主机的安全。

执行机构是加药系统的关键部件,直接影响到加药机的准确性和可靠性。为此设计出一种新型电磁加药阀,针对浮选药剂的特殊性,通过合理的结构设计和选用耐腐蚀性材料,采用低压直流供电,其电磁吸力大,动作灵敏,运行可靠,加药精度高,防水、防尘,耐腐蚀,工作电流小,功耗低,仅为一般电磁阀的五分之一,长期使用不发热,从而大大提高了运行的可靠性。根据加药量的范围,可以选用不同孔径的加药阀出药嘴,以满足不同流量的需要,维护十分方便。对于需要特大加药量时,可根据药剂性质选配相应的电磁式执行机构。

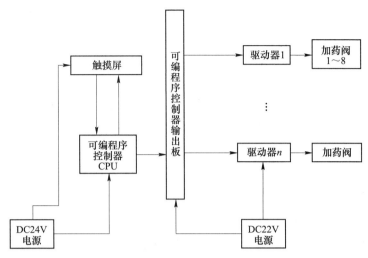

图 10-7 BRFS-PLC 型自动加药机配置

触摸屏和 PLC 采用直流 24V 电源，驱动器采用高抗干扰直流 22V 稳压电源，加药阀采用直流 22V 电源。整个加药系统由 UPS 稳压电源供电，一旦出现断电情况 UPS 可以提供 20min 供电。系统具有在线自诊断功能，设有加药箱液位检测与控制、储药箱液位控制及报警功能；配备标准串行通讯接口，支持 Modbus RTU 和 Profibus 等总线通讯协议，具有与 DCS 系统连接的功能，可选购车间大屏幕显示器等；可与磨机给矿控制系统连接，按工艺要求实现自动调药。

加药阀安装在加药箱下部侧面的球阀上，如图 10-8 所示。

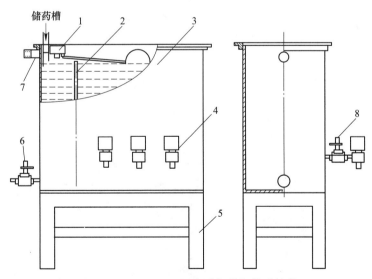

图 10-8 BRFS-PLC 型自动加药机外形结构
1—液位控制阀；2—过滤网板（可选）；3—加药箱；4—加药阀；
5—支架；6—排渣阀；7—溢流口；8—球阀

加药箱液位控制阀示意图如图 10-9 所示，采用水平安装方式阀体应不超过过滤网板。

进药管端头采用锥管外螺纹，以便安装液位控
制阀。

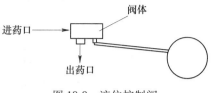

图 10-9　液位控制阀

10.2.2.2　工业应用

BRFS-PLC 型自动加药机已经在国内外多家浮
选车间的改造和新建工程中应用，得到了很好的
使用效果。相比传统人工加药、单板机控制电磁阀加药，年平均药剂使用效率、加药阀的
使用寿命和加药精度都较原来的加药机有了较大提高[15]。

10.2.3　浮选机泡沫图像系统

浮选泡沫是由很多大小不一、形状各异、颜色不同的矿化气泡组成，包含有大量与浮
选过程变量及浮选结果有关的信息。其中，泡沫的速度、大小纹理以及颜色对于浮选控制
策略来说是三个关键的参数：泡沫的移动速度可以表征浮选机的刮泡量；泡沫的大小和纹
理可以表征所给药剂量是否合适；泡沫的颜色可以描述精矿的品位和回收率[16]。1998 年，
澳大利亚的 Nguyen 教授利用计算机强大的计算能力，发明了第一台应用在工业上的泡沫
图像分析系统——JKFrothCamera 系统[17]，使用了多个高精度 CCD 相机，把拍到的图片通
过光纤发送到计算机中，可以计算泡沫的速度，推断泡沫的面积等。该系统首次安装在一
个选煤的浮选柱中，后来安装在了一个铜选厂中，均获得了成功。从 1998 年，Nguyen 设
计的系统被很多公司采购并应用。

图 10-10 为 Outotec 公司的图像采集设备，该图像采集设备安装在离泡沫层最近，且泡
沫又溅不到的最低位置。光线的强度对于图像分析的算法来说是极其重要的，所以在 CCD
照相机旁边安装了遮阳板和 LED 灯等辅助设备（左边部分显示了安装在泡沫层上方的图
像采集设备）。CCD 照相机每分钟捕捉 25 帧的画面，然后通过光纤或同轴电缆传输给计算
机。右图显示了拍摄泡沫的一个近景，照相机可以旋转、拉近和拉远，这样就可以捕捉到
对图像分析最有价值的图片，并且通过划定每个气泡的轮廓来计算气泡大小分布，此外还
可以看到泡沫移动速度在 X 和 Y 方向上的分量。这个系统对实时性的要求很高，只有这

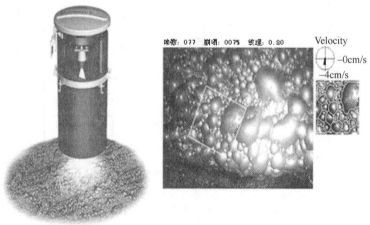

图 10-10　图像采集设备（左）和泡沫图像分析系统（右）

样才能准确测量出泡沫的速度、大小、纹理和颜色。

泡沫图像处理技术在浮选过程控制上的应用，显著地提高了工艺指标和自动化程度。了解浮选泡沫图像处理的系统构成和泡沫物理参数的算法，以及图像处理技术在浮选过程控制中的应用及特点，对掌握和使用泡沫图像处理技术具有重要的意义。本章重点介绍BGRIMM 浮选机泡沫图像系统。

10.2.3.1 BGRIMM 浮选机泡沫图像系统结构和原理

北京矿冶科技集团有限公司设计的浮选泡沫图像系统由软、硬件平台两部分组成。硬件平台主要由相机子系统、照明子系统、机械架构子系统、图像处理工作站等组成，软件平台主要基于 VS2010. NET 平台开发，包括图像获取模块、图像特征参数提取模块、优化控制模块等[18]。BGRIMM 浮选机泡沫图像系统结构如图 10-11 所示。

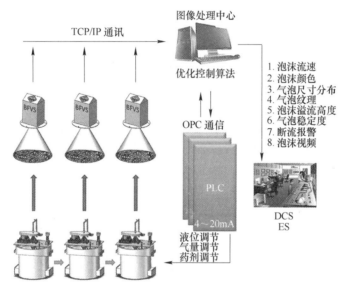

图 10-11　浮选机泡沫图像系统结构

图 10-12 显示了安装在泡沫层上方的图像采集设备。该设备主要包含 CCD 工业相机、暖色点、光源、激光测距传感器、不锈钢防护罩，通过法兰安装在浮选机平台上方，垂直向下拍摄泡沫画面，用于提取气泡动静态特征。

泡沫图像特征参数一般表现在两个方面：一是基于单帧图像的泡沫参数，称为静态参数，比如泡沫颜色、气泡大小、纹理特征等；另一方面是基于图像序列的泡沫图像特征参数，称为动态特征，一般包括泡沫流动速度、稳定度等。泡沫流速的计算需要依靠至少两帧图像进行。常规的运动估计算法，比如灰度模板匹配、傅里叶相位相关法，都因泡沫坍塌或者是光照变化而难以获得正确的泡沫移动特征。而采用基于能量最低的光流约束方程和卡尔曼运动估计来进行计算，能够有效抑制由于泡沫坍塌、光照

图 10-12　图像采集设备

变化等噪声对运动状态测量所造成的不利影响，最终估计出最优速度。

当泡沫运动时，在图像上面所产生的亮度模式会发生运动。泡沫在均匀光照条件下，其运动信息能够反映在二维的图像空间中，且相邻帧之间的时间间隔很短，选取合适兴趣区域之后将其移动看作刚体平移进行处理。图10-13是图像运动示意图。三维空间当中的点在二维图像空间上面留下了一条运动轨迹，如果能够将相机成像平面和被测点运动轨迹面保持平行，那么通过对相邻帧图像进行像素匹配，计算出兴趣点在图像空间中移动距离，为卡尔曼滤波的观测值提供数据，经过预测修正就能够计算得到最优值。

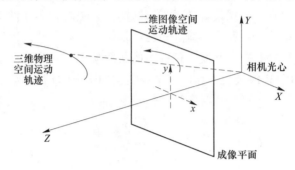

图 10-13 图像运动示意

通过工业相机提取的浮选泡沫特征可以较好反映工艺变化情况。表10-1总结了泡沫图像特征与浮选重要参数的关系，可以看到当工艺参数改变时，通过浮选泡沫的特征能够反映这一变化，所以非常有必要对浮选泡沫动静态特征进行提取，作为后续分析预测甚至控制的原始数据。

表 10-1 泡沫图像特征与浮选重要参数的定性关系

输入变量描述	泡沫特征描述
矿浆液位增大	泡沫流速越快、颜色越浅、水化越严重、易翻花
矿浆液位降低	泡沫流速越慢、颜色越深、泡沫黏稠
充气量增大	泡沫流速越快、气泡越大、矿化程度低、易翻花
充气量降低	气泡流速越慢、气泡越小
起泡剂用量增大	泡沫流速越快、尺寸小、表面反光、气泡粘、不易破裂
起泡剂用量降低	泡沫流速慢、厚度较薄、泡沫较大、易破裂
矿浆浓度增大	泡沫流速慢、气泡黏稠、矿化程度高
矿浆浓度降低	泡沫水化严重、易破裂
入选粒度增大	泡沫流速慢、气泡小、易破碎
入选粒度降低	气泡黏稠、气泡较大

10.2.3.2 工业应用

由北京矿冶科技集团有限公司研制的泡沫图像检测设备已经在大量选矿厂安装应用，有效地指导了现场生产，提升了浮选效率。以河北省丰宁鑫源钼业为例，该选矿厂以回收钼精矿为主，日处理能力为 2 万吨，粗扫选作业采用 8 台 KYF-160 充气式浮选机，预精选采用 6 台 U 型槽 KYF-10 外充气式浮选机，精选作业采用 4 台 KYZB 型浮选柱。

泡沫图像仪安装在了粗扫选 8 台 KYF-160 浮选机上，采用 BGRIMM 浮选泡沫图像仪实时检测泡沫动静态特征，通过其内置的激光传感器检测泡沫溢流高度，每台浮选机的充气量数值（Nm^3/min）取自现场风管上安装的热式质量流量计。图 10-14 为泡沫图像检测设备现场安装图。

图 10-14 泡沫图像检测设备使用现场

浮选机是内外置双泡沫槽结构，图像仪安装在浮选机外置泡沫槽溢流堰正上方的踏板平台上。如图 10-15 所示，图像兴趣区选择在靠近溢流堰的某个区域（60mm×60mm），同时为了保证所有试验数据的一致性和重复性，兴趣区始终保持固定位置。

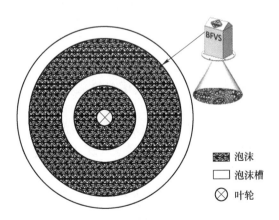

泡沫

泡沫槽

⊗ 叶轮

图 10-15 泡沫图像在线检测仪安装位置

优化控制与人工操作条件下矿石品位及回收率对比如表 10-2 所示。实施泡沫图像优化控制的班次与常规人工操作班次相比，在原矿品位接近的情况下，钼金属综合回收率提高了 1.67 个百分点，同时精矿品位基本持平且满足选厂对钼精粉品位的要求。由此说明了优化控制系统对常规的浮选流程产生了积极影响[19]。

表 10-2　优化控制与人工操作指标对比

操作方式	原矿品位/%	精矿品位/%	尾矿品位/%	综合回收率/%
优化控制	0.0610	47.69	0.0102	83.14
人工操作	0.0601	47.78	0.0109	81.47

10.3　重选与固液分离自动化检测与控制设备

重选和固液分离是选矿过程的重要工序，重力选矿是按照矿物的密度差对矿物进行分选的选矿方法，重选适合处理所含的矿物之间具有较大密度差的固体矿产资源，重选过程必须在某种流体介质中进行，常见的介质有水、空气、重介质（重液或重悬浮液），其中应用最多的介质是水，称为湿式分选；以空气为介质时称为风力分选；在重介质中进行的分选过程称为重介质分选。搅拌浸出矿浆和化学沉淀悬浮液均需进行固液分离，依据固液分离的推动力，可将固液分离方法大致分为重力沉降法、过滤法和离心分离法[20]。常见的重选设备包含摇床、跳汰机和螺旋流槽等，常见的固液分离设备包含水力旋流器、分级机和浓密机等。自动化是重选设备和固液分离设备的发展方向之一，本章重点介绍北京矿冶科技集团有限公司开发的摇床自动巡检系统和絮凝剂自动添加系统。

10.3.1　BGRIMM 摇床自动巡检系统

摇床是重选工艺的关键设备，通过物理选矿的方式，最终将精矿、次精矿等不同品位的矿浆分离出来，面向锡矿、钨矿、铌钽矿等一次选别就可以得到最终的精矿[21]，具有富集比高、一次选别就可得到最终精矿、使用范围广等优点。

在使用摇床进行选矿过程中，摇床上形成的矿带分离大多都是依靠人工操作，工人通过肉眼观察矿带位置、宽度、颜色等特征信息来调整接矿板，达到精矿、中矿、尾矿的分离，并获得满足要求的精矿品位，但由于给矿量、给矿浓度、给矿粒度和给矿品位时刻处于变化当中，床面各条矿带的位置、宽度、颜色也会相应发生变化，对接矿板位置调整频率要求较高[22]。这种人工操作方式存在的主要缺点是岗位工劳动强度大、选矿指标波动大。

为了提高摇床的运行效率，提升自动化水平，国内的北京矿冶科技集团有限公司、昆明理工大学、赣州有色冶金研究院等科研单位以及日本的 Sumitomo Metal Mining 公司在 2012~2017 年期间对摇床结构、动作原理和分选特点进行分析研究，提出了有指导意义的自动化解决方案，目的是通过识别床面矿带的特征信息，实现摇床接矿板的自动位移，达到替代人工巡检、提高选矿指标的目的。

10.3.1.1　原理和结构

摇床智能巡检设备主要由 AGV 巡检机器人、工业相机、伺服接矿执行机构和摇床图像处理中心三部分组成。该系统利用 AGV 和工业相机对多张摇床矿带进行自动轮巡拍摄，图像处理中心通过以太网接收到图片信息后，利用图像识别算法自动分析出精矿带、非精矿带的边界、宽度、颜色等特征信息,代入特定数学模型后,系统自动驱动接矿执行机构至矿带目标位置,实现替代人工巡检、判断和操作的目的。

A AGV 摇床巡检机器人

摇床巡检机器人主要由 AGV 小车、CCD 数码相机、高亮光源和定位传感器组成,通过磁导轨和 RFID 标签实现机器人在水平移动过程中的精确定位功能。巡检机器人利用 AGV 小车作为移动巡检载体,从规定的起始位置出发,依次在一组摇床前方精准停止,利用图像识别装置自动拍摄床面矿带照片,通过无线发射器将照片数据流自动发送至无线接收端,接收端随后进行数据分析并下发指令驱动接矿装置运动至目标位置。AGV 小车自带自动充电桩,对一组摇床巡检完毕后,自动返回至自动充电桩位置进行充电,充满后自动开始新一轮巡检工作。该机器人可以替代人工巡检,实现"摇床设备无人值守模式",进而降低人工成本、增加效益。AGV 巡检机器人如图 10-16 所示。AGV 采用多级硬件、软件安全措施,确保运行过程中自身安全以及现场人员的安全。

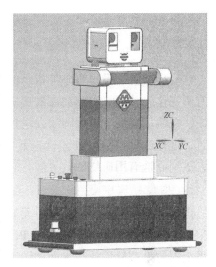

图 10-16 AGV 巡检机器人集成

B 摇床接矿执行器

摇床接矿执行机构主要由伺服电机、驱动装置和接矿板组成,通过 PLC 向驱动器发送脉冲实现定位,PLC 依靠脉冲累计运算实现接矿板位置反馈,反馈信息经过以太网线发送给工控机,软件根据当前分界线的位置和接矿板的实际位置,进行运动控制参数计算,下发控制指令,从而控制接矿板快速准确移动到分界区域,达到分选有用矿物的目的[22]。接矿执行器如图 10-17 所示。

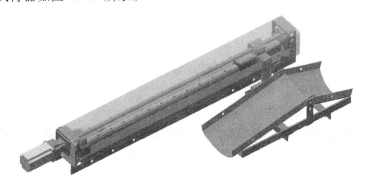

图 10-17 接矿板执行器结构

伺服电机和减速机通过减速机座和基座相连接,为整机提供动力。伺服电机通过控制系统的指令驱动丝杠,丝杠螺母带动接矿机构运动至矿带分离的位置。

减速机的输出轴通过联轴器将扭矩传递给丝杠,进而带动丝杠螺母在丝杠上做直线往复移动。丝杠螺母通过螺钉连接于螺母支座,其下方安装接矿机构连接板。接矿机构连接板通过螺栓连接于接矿机构，当电机和减速机带动丝杠旋转时，丝杠螺母做直线往复运动，带动接矿机构连接板也做同样的直线运动，从而带动接矿机构运动，适应摇床精矿带位置的变化。接矿板连接板下方固定有两个导轨滑座，导轨滑座在导轨上做直线往复运动。丝杠的两端通过前端带座轴承和后端带座轴承固定于基座。前端带座轴承和后端带座轴承必须安装在同一高度的加工平面上，确保丝杠在旋转时，无卡阻现象。

在接矿装置上设置有矿带指示标，该指示标应长期指示矿带的分界线，如果矿带分界线有所变化时，PLC 向驱动器发送脉冲实现定位，PLC 依靠脉冲累计运算实现接矿板位置反馈，反馈信息经过以太网线发送给工控机，软件根据当前分界线的位置和接矿板的实际位置，进行运动控制参数计算，下发控制指令，从而控制接矿板快速准确移动到分界区域，达到分选有用矿物的效果。

C　图像处理中心

图像处理中心是整个控制单元的"大脑"，负责整体资源的调度和处理，负责包括图像采集、分析，AGV 小车控制与 PLC 进行数据交互和伺服电机控制等功能。摇床智能控制系统图像处理软件操作界面如图 10-18 所示。

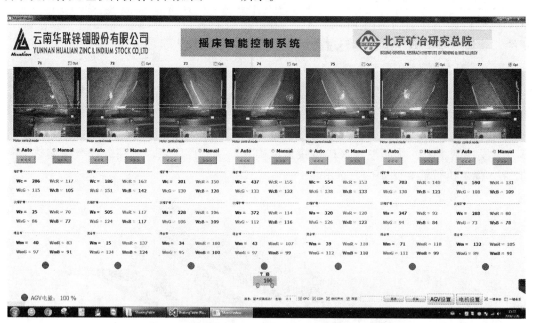

图 10-18　摇床智能控制系统图像处理软件操作界面

软件工作流程为：

（1）通过无线传输协议发送指令，使 AGV 小车按摇床序号依次巡检。

（2）AGV 小车到位之后，向软件后台反馈到位信号和相应位置，软件立刻触发相机采集指令进行采集。

（3）相机采集图像完毕并传输至软件后台。

（4）调用图像处理算法对矿带进行分割，获取矿带和执行机构坐标位置。

（5）计算执行机构和矿带分界线偏差，转换成真实距离并按照设定的偏移量向 PLC 发送指令。

（6）PLC 控制伺服电机移动到相应位置，如此往复。

10.3.1.2 工业应用

该摇床智能巡检设备（图 10-19）已应用于云南华联锌铟股份有限公司新田车间，经过设备安装、调试以及现场局部改进完善后，设备投入正式运行。云南华联锌铟股份有限公司新田车间主要对铜、锡、锌、铟等多种金属进行矿物选别回收，处理原矿石 8000t/d，是全球日处理量最大的单系列多金属选矿厂。摇床智能巡检设备在精选段摇床投入使用后，系统一直处于 24 小时不间断稳定运行状态。摇床自动巡检机器人可以达到"无人值守"巡检效果，具有无线控制、自主行走、安全避障和自动充电功能，可以降低人工巡检劳动强度，节约人工成本。接矿执行机构可以实现毫米级定位调节功能，解决了原有装置人工手动调节费时费力的问题，并且将调节方式由粗放型升级为精细化。另外图像识别软件可以对摇床精矿带、混合带和次精矿带宽度、界区和颜色等特征实时检测和数字化解析，识别准确度达到 98% 以上。

摇床自动控制系统投入生产后，现场总精矿品位达标情况下矿物回收率提升了 0.79 个百分点，达到了减员增效的目标。

图 10-19　摇床智能巡检设备

10.3.2　絮凝剂自动制备添加系统

高分子絮凝剂溶液的制备和添加是影响选矿浓密过程生产效率的一个重要环节，絮凝剂溶液自动制备和添加系统则大大提高了絮凝剂溶液的制备效率和添加精度[23]。随着人们对絮凝过程的研究，国内的很多选冶厂逐渐摆脱靠人工制备和添加絮凝剂溶液的方法，采用自动制备和添加系统。尽管越来越多的选冶厂使用絮凝剂制备和添加系统，但国内现有的系统存在制备量小、溶液絮凝效果差、核心部件故障率高等问题；国外的设备比较成熟，但存在价格较高、维修费用昂贵以及核心部件偶有堵塞故障的问题[24]。本章重点介绍 BGRIMM 絮凝剂自动制备添加系统。

10.3.2.1　BGRIMM 絮凝剂自动制备添加系统结构和原理

絮凝剂自动制备添加系统由粉料储存输送装置、溶液制备输送装置、溶液储存添加装置、二次稀释及控制系统构成，系统示意图如图 10-20 所示，粉料储存输送装置主要由料斗、振动器、料位开关、闸阀、给料器、鼓风机、加热器、粉料流量开关等构成，其来料斗容积与现场絮凝剂粉料用量相匹配。溶液制备输送装置主要由制备槽、预溶器、快充管路、液位计、流量开关、气动阀、循环/输送泵、气动阀、压力传感器等设备构成。溶液储存添加装置主要由储存槽、液位计、添加泵、流量计、二次稀释装置等构成。控制系统用于监测整个生产流程状态。

图 10-20　絮凝剂自动制备添加系统

絮凝剂制备添加系统按照絮凝剂溶液的溶度要求进行设计。制备新一批溶液启动后，预溶器管路和快充管路的气动阀打开，同时向制备槽内注水，制备槽液位达到 30% 时，快充管路气动阀关闭，同时星型给料器启动，通过风力将絮凝剂粉料输送至预溶器，对粉料进行预先溶解，循环泵同时启动进行絮凝剂的充分溶解。粉料添加完毕后，打开快充管路气动阀，使制备槽内液位快速达到 95%，关闭预溶器管路和快充管路气动阀。循环泵循环时间到后，输送阀打开，循环阀关闭，将制备好的溶液输送至储存槽。控制原理包含以下内容：

（1）电气连锁控制。添加泵采用备用结合设计，工作泵和备用泵进行互锁，防止两台泵同时运行造成设备损坏。循环阀和输送阀进行互锁，两个阀门不能同时关闭，保证循环与输送管路的畅通；两个阀门不能同时打开，保证当前制备过程运行正常。

（2）设备连锁控制。粉料料位连锁，对料斗中的粉料料位进行检测，当低于设定位置时停止制备新批次的溶液，并通过报警灯进行报警。粉料流量连锁：在制备过程中检测粉料输送管路无粉料时，暂停制备过程，停止鼓风机、给料器、振动器，关闭预溶阀，并通过报警灯进行报警。预溶流量连锁，检测预溶管路无水流时，暂停制备过程，停止鼓风机、给料器、振动器，关闭预溶阀，并通过报警灯进行报警。快充流量连锁，检测快充管路无水流时，暂停制备过程，停止鼓风机、给料器、振动器，关闭快充阀，并通过报警灯进行报警。

（3）安全连锁控制。循环/输送泵保护连锁，制备槽液位低于低低报警值时，工作泵停止运行，并禁止泵的启动操作，防止工作泵在无溶液时运行损坏泵体；检测循环/输送泵出口压力大于设定值时，工作泵停止运行，保护工作泵防止损坏。添加泵保护连锁，储存槽液位低于低低报警值时，工作泵停止运行，并禁止泵的启动操作，防止工作泵在无溶液时运行损坏泵体；检测添加管路流量小于设定值时，停止工作泵，保护工作泵正常运行；添加泵安装有安全阀，防止管路堵塞或阀门开关异常造成工作泵损坏。

（4）溶液制备浓度控制。根据检测制备溶液的浓度，重新计算给料器工作能力，设定给料运行时间，控制制备溶液的粉料添加量，实现制备浓度的闭环控制，控制流程如图10-21所示。

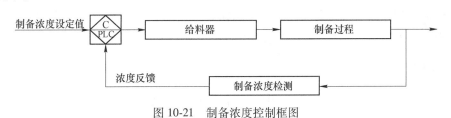

图10-21 制备浓度控制框图

（5）溶液添加流量控制。根据浓密机给矿量、给矿浓度、絮凝剂单耗量、絮凝剂使用浓度计算出絮凝剂添加流量，通过闭环控制实现添加流量控制，控制流程如图10-22所示。

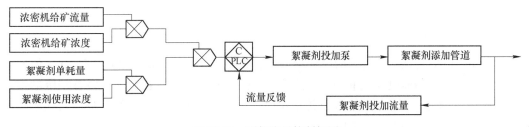

图10-22 添加流量控制框图

10.3.2.2 工业应用

北京矿冶科技集团在2009年研制出第一台絮凝剂溶液制备与添加系统，并应用于工业现场。由于其具备制备能力强、制备效果好、核心设备故障率低、价格低廉等优势先后应用于江铜德兴水处理站、云南华联锌铟股份有限公司、西藏甲玛多金属矿、刚果（布）索瑞米铜铅锌多金属矿等国内外多个选冶厂。图10-23为典型絮凝剂溶液制备添加流程图。

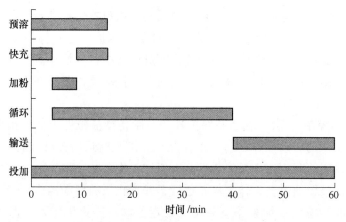

图 10-23　典型絮凝剂溶液制备添加流程

10.4　其他自动化检测与控制设备

由于选矿流程复杂度高、规模大，选矿过程涉及的自动检测和控制设备很多，其中一些设备在选矿流程中具有通用性，适用于全流程当中的多个工段。本节重点介绍 pH 计、金属探测器、载流矿浆粒度浓度分析设备和载流 X 射线荧光品位分析设备。

10.4.1　pH 计[20]

在选矿过程以及回水、废水处理中，水溶液的酸碱度对氧化反应、还原反应和结晶、吸附、沉淀等，具有很重要的影响。测量 pH 值的方法很多，主要有化学分析法、试纸法、电位法。通常所说的溶液 pH 值，实际是溶液酸碱度的一种表示方法，是溶液中氢离子浓度 $[H^+]$ 的常用对数的负值，即

$$pH = -\lg[H^+]$$

因此，所谓 pH 计，就是一种对溶液酸碱度进行自动检测的仪器。

10.4.1.1　测量原理

溶液 pH 值检测是基于溶液的电化学性质，而电极电位和原电池概念又是 pH 值检测的基础。图 10-24 是原电池测 pH 的示意图，左右两个玻璃管内各有一个镀有铂黑的铂金片，两管中分别通入氢气。当置于水溶液中时，气膜中氢气分子与溶液中的氢气离子之间将建立电极电位。已知氢电极的电极反应是：

$$\frac{1}{2}H_2 \Longrightarrow H^+ + e$$

按热力学关系，凡属可逆化学离解反应，它的离子浓度与电极电位具有一定关系，即能斯特公式：

$$E = E_0 + \frac{RT}{nF}\ln[M^{n+}]$$

式中　E——电极电位，V；

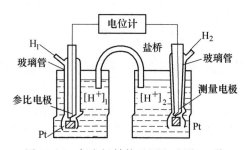

图 10-24　氢电极结构及原电池测 pH 值

E_0 ——电极标准电位，V；

R ——气体常数，8.315J/(mol·K)；

T ——溶液绝对温度，K；

$[M^{n+}]$ ——溶液中该离子的活度，mol；

n ——该离子的原子价；

F ——法拉第常数，96496C/mol。

当氢电极的电极反应向右进行时，可以推导出：

$$E = -\frac{2.303RT}{F}pH_x$$

式中，pH_x 为待测溶液的 pH 值。上式简化为

$$E = -\xi pH_x$$

式中 ξ ——pH 计的灵敏度或转换系数。

但是，氢电极除了试验室外，极少在工业中应用。工业中大多采用甘汞电极、银-氯化银电极作为参比电极。常用的测量电极或工作电极多为玻璃电极和锑电极。

A 参比电极

在实际进行电极电势测量时，总是采用电极电势已精确知晓，而且又十分稳定的电极作为相比较的电极—参比电极。测量由这类电极与被测电极组成电池的电动势，可以计算被测电极的电极电势。

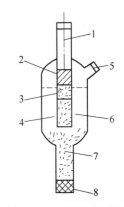

图 10-25 甘汞电极结构
1—引出线；2—汞；3—甘汞；
4—纤维丝；5—KCl 溶液加入口；
6—KCl 溶液；7—KCl 晶体；
8—多孔陶瓷芯

参比电极上进行的电极反应必须是单一的可逆反应，其交换电流密度较大，重现性好，电极电势稳定。一般都采用难熔盐电极作为参比电极。

a 甘汞电极

甘汞电极是一种金属 Hg 及该金属的难溶性盐 Hg_2Cl_2 与它有相同的阴离子 Cl^- 的可溶性盐溶液 KCl 组成的电极。其结构如图 10-25 所示。

它由汞、甘汞和含 Cl^- 的溶液等组成，常用 $Hg|Hg_2Cl_2|Cl^-$ 表示。电极内，汞上有一层汞和甘汞的均匀糊状混合物。用铂丝与汞相接触作为导线。表 10-3 列出了常用参比电极的电动势。

表 10-3 常用参比电极的电动势

参 比 电 极	温度/℃	电极电势/V
$Hg\|Hg_2Cl_2\|$饱和 KCl	25	0.245
$Hg|Hg_2Cl_2|$1mol/L KCl	25	0.2801
$Hg|Hg_2Cl_2|$0.1mol/L KCl	25	0.3337
$Ag\|AgCl\|$饱和 KCl	25	0.1981
$Ag|AgCl|$0.1mol/L HCl	25	0.287
$Hg|HgO|$0.1mol/L NaOH	25	0.164

b 银-氯化银电极

由覆盖着氯化银层的金属银浸在氯化钾或盐酸溶液中组成常用 Ag│AgCl│Cl⁻ 表示。一般采用银丝或镀银铂丝在盐酸溶液中阳极氧化法制备。

c 其他类型电极

碱性溶液体系常用的参比电极，表示式为 Hg│HgO│OH⁻。它由汞、氧化汞和碱溶液等组成，其结构同甘汞电极。它的电极电势取决于温度和溶液的 pH 值。

B 工作电极

a 玻璃电极

工业上和实验室中应用最广泛的一种工作电极就是玻璃电极，图 10-26 所示为使用玻璃电极的检测示意图。

玻璃电极的外壳是用特殊玻璃制成，下面球形部分厚度约 0.2mm。溶液中的氢离子就是通过这个特殊薄膜进行扩散。玻璃泡内充有 pH 值稳定的缓冲溶液。由于玻璃本身不导电，插入一个内电极，经引出导线就可以将玻璃电极电位引出。

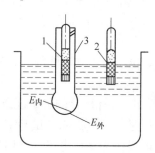

图 10-26 玻璃电极检测系统示意图
1—内电极；2—参比电极；
3—玻璃电极

应用中采用对氢离子活度有电势响应的玻璃薄膜制成的膜电极，是常用的氢离子指示电极。它通常为圆球形，内置 0.1mol/L 盐酸和氯化银电极或甘汞电极。使用前浸在纯水中使表面形成薄层溶胀层，使用时将它和另一参比电极放入待测溶液中组成电池，电池电势与溶液 pH 值直接相关。由于存在不对称电势、液接电势等因素，还不能由此电池电势直接求得 pH 值，多采用标准缓冲溶液来"标定"，根据 pH 值的定义式算得。玻璃电极不受氧化剂、还原剂和其他杂质的影响，pH 值测量范围宽，应用广泛。

b 锑电极

锑电极用光谱纯的锑金属制成。通常是将光谱纯的锑粉在真空玻璃管中铸成小棒，再将铜线嵌入棒内作为电极电位的引出线，就是一个实用的锑电极。其电极电位产生于金属与覆盖其表面上的氧化物的界面上，故又称为金属-金属氧化物电极。

由于结构简单，可在半固体、胶状物、水油混合物、矿浆等场合测量 pH 值，一般测量范围为 2~12，但测量精度不如玻璃电极，且不能在强氧化的环境中使用。

本章重点介绍 BPHM 型工业酸度计。

10.4.1.2 工业应用

A 锑电极工业 pH 计

BPHM-Ⅰ型工业酸度计的测量是采用锑测量电极，固态甘汞电极作为参比电极进行 pH 值的测量仪表。如图 10-27 所示。

a 测量原理

在被测介质中，金属锑及其氧化物（Sb_2O_3）之间有下列平衡关系和电势关系：

$$2Sb + 3H_2O \Longrightarrow Sb_2O_3 + 6H^+ + 6e$$

$$E_{\mathrm{Sb}}|\mathrm{Sb_2O_3} = E_{\mathrm{Sb}}^{\ominus}|\mathrm{Sb_2O_3} - \frac{2.303RT}{F}\mathrm{pH}$$

式中　R——气体常数，8.314J/(mol·K)；

　　　F——法拉第常数，96496C/mol；

　　　T——绝对温度，K。

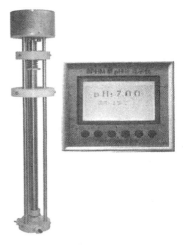

在一定温度下，锑电极的电势（$E_{\mathrm{Sb}}^{\ominus}|\mathrm{Sb_2O_3}$）只与体系的 pH 值有关，并为 pH 值的线性函数。

参比电极用作测量的基准，在一定温度下其电势保持恒定。传感器给出的 pH 信号实际上就是参比电极与锑电极之间的电势差。

b　pH 计技术指标

pH 计的技术指标如表 10-4 所示。

图 10-27　BPHM-I 型工业 pH 计

表 10-4　pH 计的技术指标

测量范围（pH 值）	2~12
工作方式	在线连续测量
电极类型	Sb-金属梯电极
检测精度（pH 值）	±0.2

仪器的特点是该 pH 计附有清洗机构和刮刀对锑电极表面自动清洗，确保检测精度。

c　pH 计仪表工作原理

pH 计仪表的功能主要将 pH 电极间的电势差转换成数字量，然后输入 MCU 进行数据显示，以及完成 pH 计的标定校准等功能。

pH 计仪表在选冶过程中一般都工作在条件相当恶劣，有较强的电磁干扰或复杂电磁场的环境中。采用测量电极信号处理与二次仪表分体的方式，为了满足现场工作人员察看 pH 值方便的目的，二次仪表安装位置可能会与电极具有一定的距离。为此，在 BPHM-I 型矿浆 pH 计采用了双 MCU 工作的方案。工作原理如图 10-28 所示。

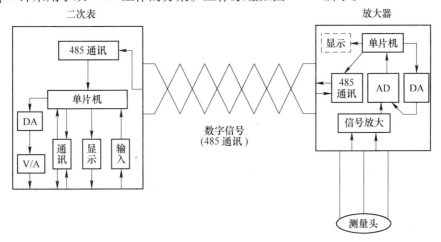

图 10-28　pH 计仪表的工作原理

B　玻璃电极 pH 计

BPHM-Ⅱ型工业酸度计是玻璃电极型 pH 计。采用玻璃测量电极和参比电极（银-氯化银电极）融为一体的复合型电极，增加自动清洗机构，MCU 管理、pH 值测量和清洗交替进行，如图 10-29 所示。

pH 计自动清洗机构是使用一个执行机构驱动 pH 复合电极上升脱离液面进行浸泡式清洗，下降沉入液面进行测量。该机构的主要特点是，清洗和保养都发生在被测介质液面以上，可以很好应对选矿过程中结钙、磨损、腐蚀性强等恶劣环境，减少维护量，延长 pH 电极的寿命。

在 pH 值为 0~14 的测量范围内，检测精度优于±0.1，测量周期和时间任意设定和选择。

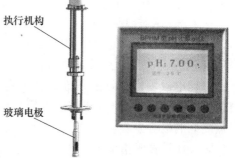

图 10-29　BPHM-Ⅱ型工业 pH 计

10.4.2　金属探测器

金属探测器是一种利用电磁感应、涡流效应等原理检测金属的设备，它对矿石中的金属杂质（铁、铜、不锈钢等）产生感应信号，以达到报警并剔除金属的作用。从抗日战争年代的探雷器到如今矿业生产、食品加工等方面，金属探测器应用广泛，作用越来越大，功能和性能方面备受客户的关注[25]。

21 世纪的今天，金属探测器的应用随处可见，对金属探测器的深入研究以及生产，早已成为国内外专家致力研究的重点课题。早在 20 世纪 50 年代，国外专家就不断地研究、实验，成功地总结出多种形式的探测线圈在检测不同大小、形状、种类的金属时的阻抗特性。与此同时，他们也研发出了基于阻抗分析原理的涡流仪器，推动了涡流检测技术在实际生产中的应用。通过我国科学家们的不懈努力，我国近年来在涡流检测理论的研究方面取得了很大进步，逐渐接近发达国家科研水平，弥补了我国对涡流检测理论研究起步较晚的缺陷，推动了我国涡流检测理论的发展。

多年来，选矿行业一直遵循着"多碎少磨"的工艺原则，破碎设备对该工艺的充分应用有着重要作用，因此，能否保证破碎设备稳定运行直接影响着全选矿厂作业率指标的高低。破碎设备的稳定性除取决于设备自身的性能外，还受制于所破碎物料中混入的金属物件对破碎设备的影响程度。使用金属探测器对破碎生产线的金属异物进行检测，能有效提高运输系统和破碎设备的运行效率，进而影响选矿厂的经济效益[26]。本章重点介绍北京矿冶科技集团有限公司研发的 JTC 系列金属探测器。

10.4.2.1　JTC 金属探测器结构和原理

JTC 系列金属探测器适用于带式输送机输送的各种散状磁性或非磁性物料中有害的金属杂物的检测。当混杂金属的物料通过金属探测器时，仪器便发出控制信号，若是磁性金属，可与除铁器等金属除铁装置直接配套，指令除铁器励磁，自动检测清除有害磁性物，若是非磁性金属，则控制相关定标装置或分离装置，将有害金属除去，达到净化物料、保护机械设备和皮带的作用，确保生产安全。

JTC 系列金属探测器由探测传感器和控制箱两部分组成，探测传感器主要由信号处理电路、多股线圈和屏蔽型骨架组成，其中屏蔽型骨架侧面可拆卸。传感器尺寸按输送设备的标准规格设计，其控制箱的外形尺寸及用户功能可以匹配各种不同的传感器。金属探测器的传感器和控制箱组合为一体并可拆卸，便于现场安装、更换。JTC 系列金属探测器采用集成电路设计，印刷电路板采用插接式连接，拆装维护方便。控制箱采用双门结构，防护等级 IP54，防止因现场恶劣环境引发的故障。具有物料输送速度及料层厚度补偿环节，稳定性好，适用性强，并装有指示仪表，使调节更为直观、方便。灵敏度设定调节，便于用户区分不同大小的金属物。采用多种抗干扰措施，对电路自身产生的噪声和外界各种干扰均有很强的抑制能力，能有效防止误动作。JTC 系列金属探测器示意图见图 10-30。

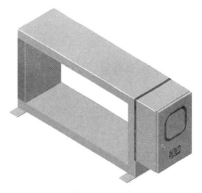

图 10-30 JTC 系列金属探测器

探测传感器采用涡流传感器，涡流传感器是基于电磁感应原理进行工作的，电流对涡流传感器的探头线圈进行激励并产生一次场。如果没有金属物体靠近线圈，则交变磁场的能量全部损失，线圈的等效阻抗不发生变化；如果有金属物体靠近线圈，由于涡流效应，金属物体内有涡流产生的同时也产生一个与一次场方向相反的交变磁场（又称二次场）。二次场破坏交变磁场的磁感线分布，阻碍一次场磁通量的变化，导致探头线圈所接收到的感应信号的幅值、相位发生变化，通过检测变化值可以判断是否有金属物体靠近线圈。因此，涡流传感器可看作由探头线圈和被测目标两部分构成[27]。

10.4.2.2 应用

2015 年，JTC 系列金属探测器应用于湖南临武县南方矿业有限责任公司，取得了较好的使用效果。需要注意的是，当探测器用于磁铁矿除铁时，磁铁矿品位越高，越容易引起探测器误操作，因此需要降低灵敏度。表 10-5 表示在矿石铁品位小于 30% 时，不同规格探测器可检测的铁件规格。

表 10-5 不同规格探测器与可检测的铁件规格对应表

皮带宽度/mm	500~650	800	1000	1200	1400	1600	1800	2000
可检测磁性金属柱大小/mm	$\phi20\times20$	$\phi25\times25$	$\phi30\times30$	$\phi40\times40$	$\phi50\times50$	$\phi60\times60$	$\phi70\times70$	$\phi70\times70$

10.4.3 载流矿浆粒度浓度分析设备

在选矿生产过程中，磨矿产品的粒度是影响选矿技术经济指标的重要参数之一。磨矿粒度不够细时（即欠磨），有用矿物颗粒不能充分的单体解离，浮选中就难以保证回收率，既浪费了磨矿和浮选时的能源，又浪费了矿产资源；磨矿粒度过细时（即过磨），已经充分单体解离的有用矿物颗粒又被破坏成了更小的颗粒，大大的浪费了电能，并形成了影响浮选的矿泥。同时矿浆浓度也是影响浮选指标的一个重要参数，它既影响浮选效率，又影响水源和药剂的消耗。

为了保证磨矿作业的产品达到规定的技术经济指标，避免欠磨和过磨，使选矿过程优质高产、低消耗，发挥最大的经济效益，就必须对选矿过程中矿浆的浓度和粒度进行检测和控制。目前大部分矿山企业监视浓度、粒度的方法都是通过人工采样、制备样品，然后再借助筛析工具进行样品分析后计算浓度、粒度。这种方法的精度虽然较高，但是由于其属于劳动密集型工作，不适宜频繁操作，在许多情况下都需要尽量减少粒级分析的次数，以减少人工的劳动强度。此外，人工检测最大缺点是不能在线检测，滞后于工艺，不能及时指导操作。

在线粒度分析仪是矿物加工连续生产过程中关键参数的自动检测装置，在有色冶金、钢铁、水泥、化工、黄金等工业领域得到广泛应用。目前，具有代表性的仪器是美国丹佛（DENVER）自动化公司的 PSM-400 超声波粒度分析仪、芬兰奥图泰公司 PSI 系列粒度分析仪、俄罗斯有色金属自动化联合公司的 HHK-074 H（PIK-074P）筒式在线粒度分析仪、北京矿冶科技集团有限公司研制的 BPSM 系列在线粒度分析仪、马鞍山矿山研究院研制的 CLY-2000 型在线粒度分析仪等，其中 PSM-400 与 CLY-2000 是基于超声波原理的产品；而 PSI-200、PSI-300、PIK.074P 与 BPSM 系列都是基于线性传感器原理直接测量粒度分布的仪器；芬兰奥图泰公司近年推出的 PSI-500 型在线粒度仪是一种基于激光衍射测量机理的粒度分析仪[28]。

磨矿过程的粒度是直接关系到选矿生产精矿品位和金属回收率的重要指标，粒度的在线检测对磨矿过程的优化控制、提高精矿品位和金属回收率具有重要意义。国内外相关公司和科研机构已经研发出采用超声波衰减、直接测径、激光衍射等多种测量原理的稳定的检测方案和产品。

A　超声波粒度仪

超声波粒度仪主要由取样装置、空气消除器、传感器（超声波探头）、电子处理装置以及显示仪表部分组成。来自工艺流程的矿浆经过取样装置进入空气消除器，除去混入矿浆中的空气泡后，流进传感器进行检测，为了克服矿浆浓度的影响，传感器同时需要检测浓度引起的超声波衰减，以便对测量结果进行校正。

采用超声波衰减原理的国际知名粒度仪包括德国 SYMPATEC GmbH 生产的在线超声波衰减粒度仪 OPUS（On-line Particle size analysis by Ultrasonic Spectroscopy），美国热电公司的 PSM-400 型粒度仪，国产设备包括东方测控公司研发的 DF-PSM 在线超声波粒度分析仪等，这些产品在国内的矿山企业都有应用案例。

B　直接测径式粒度仪

直接测径式粒度仪（也称机械式粒度仪）一般由取样装置、流量稳定装置、标定取样器、测量头，电子控制显示单元等组成。其核心检测部件测量头部分由马达、减速机构、凸轮、测量柱塞、差动变压器、测量槽组成。通过马达、减速机构、凸轮、柱塞将马达的旋转运动转换为柱塞在测量槽中的上下垂直运动，带动陶瓷测量头完成测量动作。直接测径式粒度仪不需要除气装置，不受矿浆磁效应和矿浆中杂质的影响，浓度变化的影响也不敏感，从相关报道可见其推广应用的数量远大于其他测量原理的粒度仪产品。

C　激光衍射粒度分析仪

激光衍射粒度分析仪基于矿物颗粒的光散射，散射模型基于米氏理论，模型宽度取决于粒度尺寸。激光衍射法分析原理的一个优势在于它能够给全粒级分布的结构，不需要标定，而且在较宽的粒度范围内，它的重复性和精度均很好，但其缺点是被分析的样品数量很少，行业内对其应用的效果褒贬不一。

D　软测量技术

东北大学根据磨矿回路的特点，采用多输入层神经网络和遗传算法相结合的方法，提出了采用实数编码遗传算法训练多输入层神经网络的混合算法，建立了磨矿粒度的神经网络软测量模型，并在某大型选矿厂通过现场数据验证和实际应用验证了该方法的有效性。

本章重点介绍北京矿冶科技集团有限公司研发的 BPSM-Ⅲ型载流矿浆浓度粒度分析设备。

10.4.3.1　BPSM-Ⅲ型载流矿浆浓度粒度分析设备结构和原理

BPSM-Ⅲ型载流矿浆浓度粒度分析设备由多流道切换箱、主控制箱、阀门箱、浓度测量箱、粒度测量装置、标定取样箱、矿浆汇流返回箱等几大部件构成，整体结构如图10-31 所示。

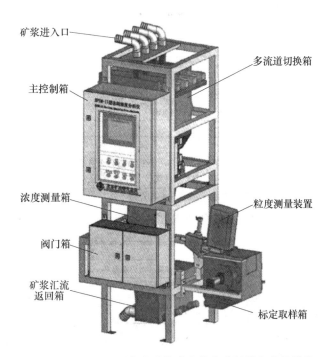

图 10-31　BPSM-Ⅲ型载流矿浆浓度粒度分析设备整体结构

A　浓度测量装置原理

矿浆的浓度测量装置由螺旋管承载器（简称螺旋管）、测力传感器、前置信号放大器、连接胶管等几部分组成。测量时，被测矿浆在螺旋管中流动，测力传感器可以实时的测量出在螺旋管中流动的矿浆的质量，并将其转换为电信号经由前置信号放大器传送至 PLC。PLC 根据一定的数学模型分析计算即可得到矿浆的浓度值。

B　粒度测量装置原理

被测矿浆样品在粒度测量装置底部的通道中流动，测量时，电机通过传动装置带动主轴以一定的周期做上下往复运动。动触头、主轴以及传感器铁芯被固定在一起，它们以相同的频率和幅度做上下往复运动，这样就能保证动触头和静触头之间的距离与传感器之间有一个固定的关系。当矿浆流经动触头和静触头之间时，矿浆中的矿粒大小属性被传感器测量出来，并传送到由 PLC 构成的控制系统中进行分析计算，通过特定的数学模型就可以分析出矿浆中特定粒级的含量。

在测量被压在动、静触头之间的矿浆颗粒的粒径时，传感器得到的数值是相对于传感器的绝对零点的，而不是相对于静触头的。因此仪器还需要知道静触头表面相对于传感器绝对零点的数值，以便计算相对于静触头的粒径数值。测量静触头上表面相对于传感器绝对零点 z 的数值过程叫作零校正，即找出仪器的相对零点。

C　多流道测量原理

矿浆浓度粒度一体化测量仪能够使用一套测量装置实现测量多路的矿浆，其指导思想是循环利用，兼顾实效。循环利用的意思是多个测量通道按照一定的顺序逐个使用测量装置进行测量，并且循环往复。兼顾实效，即在分时使用测量装置进行测量时，不能让当前没有被测量的通道等待太长时间，要使测量的数据具有适当的连续性，测量间隔不能超过磨矿系统的反应周期[29]。

10.4.3.2　工业应用

BPSM-Ⅲ型载流矿浆浓度粒度分析设备已经在国内的贵州瓮福磷矿、山东阳谷祥光铜业公司、江铜集团武山铜矿等多个选矿厂得到广泛应用。现场应用表明该产品测量稳定可靠，维护量小，对选厂恶劣的环境适应性强[30]。

10.4.4　载流 X 射线荧光品位分析设备

矿浆品位的在线、实时分析对指导生产、节约药剂、控制产品质量和提高回收率等方面都起着非常关键的作用。在线、载流型 X 射线荧光分析仪是集电子、核电子、自动控制、精密仪器加工于一体的连续流程性工业过程参数分析的大型仪器设备，该类仪器在生产线上对生产过程连续、自动进行多元素成分分析，广泛适用于冶金、选矿、化工、建材等行业的过程分析领域。

矿浆品位分析仪从测量方法上来说，有波长色散 X 射线荧光分析（WDXRF）和能量色散 X 射线荧光分析（EDXRF）两种；而从获取 X 射线荧光的方法上来说，有放射性同位素和 X 光管两种不同激发源的 X 射线荧光分析。前者以澳大利亚 Amdel 公司为代表生产的放射性同位素型在线 X 射线荧光分析仪；后者则有以芬兰奥图泰公司为首，生产的库里厄系列的载流 X 射线荧光分析仪。波长色散 X 射线荧光分析在计数率、分辨能力、测量速度等方面都优于能量色散 X 射线荧光分析。

多年来，奥图泰公司一直致力于库里厄系列产品的开发、研制和生产，成为全世界著名的载流波长色散 X 射线荧光分析仪生产厂家，库里厄系列品位分析仪在凡口铅锌矿选矿生产自动检测技术中得到应用。当然，澳大利亚 Amdel 公司、美国丹佛公司、瑞典波利登公司等均开发出各自的载流 X 射线荧光品位分析系统，各具特色，并在世界各国得到广泛应用。

我国在"十一五""863"研究计划中立项支持了"载流 X 荧光品位分析系统开发"

课题。该课题由北京矿冶科技集团有限公司承担，成功研制了 BOXA 型载流 X 荧光品位分析仪，该分析仪系统由一次取样器、多路器、分析仪控制单元、分析仪探头和分析仪管理站五部分组成。该仪器可以测量 24 个矿浆流道，5 个金属元素，测量精度：高品位矿浆 2%~4%，低品位矿浆 4%~6%。一个品位分析系统最多可配置 24 个一次取样器，分属于 4 个多路器，一次取样器和多路器均由分析仪控制单元控制，根据测量需要完成取样和冲洗等工作。分析仪控制单元包括人机交互界面和模块化的控制器，各模块之间统一调度，协同工作。分析仪探头由高精度高压源、X 光管、分光晶体和 X 射线探测器及制冷系统、温度控制系统等组成。通过分析仪的管理站可实现参数设计、回归模型分析、历史数据统计和报表等功能。目前 BOXA 型分析仪在国内外选矿厂已经推广应用十几台，取得了良好的应用效果。与此同时，国内的中钢集团马鞍山矿山研究院有限公司和丹东东方测控技术有限公司也研发成功了采用核辐射源作为激发源的能量色散型分析仪产品。本章重点介绍北京矿冶科技集团有限公司研发的 BOXA 型载流 X 荧光品位分析仪[29]。

10.4.4.1 BOXA 型载流 X 荧光品位分析仪结构和原理

不同元素的原子具有不同的电子壳层结构，每层电子的结合能不同，当原子受到外界具有充足能量的 X 射线激发时，光子的能量会转移给原子中的一个电子，其结果是该电子被逐出原子，于是电离的原子中电子分布失去平衡，并在极短的时间内，这种原子由外层电子向内层跃迁而又回到原来状态。每发生这样的一次电子转移，如电子从 L 层向 K 层转移，都表示一种原子位能的损失。这种损失的能量以光的形式向外传播，能量值为两层结合能之差，其大小由元素的种类和跃迁的电子层决定。

外层电子跃迁到内层填充空穴，跃迁过程中释放的特征 X 射线的能量等于电子跃迁时释放的能量，这样元素含量决定会有多个能量级的特征 X 射线。基于特征 X 射线产生原理，在线分析仪器测量主要围绕矿浆取样装置、X 射线激发与探测装置、控制器与人机接口装置来设计。

系统主要由一次取样器、矿浆多路分配器、测量主机探头、操作盘、远程监视等组成。系统总体外观如图 10-32 所示。

A 分析仪测量主机探头

分析仪探头是整个分析仪系统的心脏，它由高精度高压源、X 光管、分光晶体和 X 射线探测器及专用制冷系统、温度控制系统等组成。通过分析仪的管理站可实现参数设计、回归模型分析、历史数据统计和报表等功能，其中高精度高压源 50kV/4mA、X 光管、分光晶体和 X 射线探测器以及专用制冷系统全部集成国际上最先进的装置和部件。

B 探头控制单元与操作盘

载流 X 荧光品位分析仪探头控制单元，它的主要功能是控制一次取样器取得选矿工艺管道中有代表性的矿浆样品，控制矿浆样品通过多路分配器进行稳流和缩分后进入分析仪探头，分析仪探头根据标定模型将探头器测得的特征 X 射线剂量进行计算并输出矿浆品位值。矿浆品位值进入分析仪管理站用于对生产流程的监测与控制。测量完毕的矿浆样品返回工艺流程，分析仪同时可以完成日流程取样和标定取样的工作。

C 矿浆取样切换系统

BOXA 型载流 X 荧光品位分析系统设计有矿浆取样切换系统，如图 10-33 所示，该仪器最多可配置 4 个矿浆取样切换系统，又称为多路器，可以管理 24 路一次取样器。一次取样器和多路器均由分析仪控制单元控制，根据测量需要完成取样、冲洗、等待等工作。分析仪控制单元包括人机交互界面和模块化的控制器，各模块之间统一调度，协同工作。

图 10-32　BOXA 载流 X 荧光品位分析设备系统总体外观

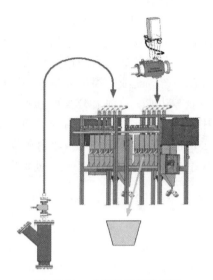

图 10-33　矿浆取样切换系统

当多个多路器被配属于同一台 BOXA 载流 X 荧光分析仪系统时，采用流水化作业的方式，实现最优化的测量速度[31]。

10.4.4.2　工业应用

BOXA 载流 X 射线荧光品位分析设备在江西铜业、北方铜业、西部铜业等国内外多个选矿厂得到成功应用。使得精矿品位、尾矿品位的稳定性，磨矿粒度稳定性以及整体回收率得到了提升[32]。

参 考 文 献

[1] 周俊武, 徐宁. 我国选冶自动化的现状和未来 [J]. 有色冶金设计与研究, 2011 (32)：6-10.

[2] 韩龙. 选矿过程控制的发展现状和前景展望 [J]. 有色金属, 2000, 52 (4)：123-125.

[3] 王锦东. 基于机器视觉的矿石粒度检测算法及系统研究 [D]. 武汉：华中科技大学, 2018.

[4] 梁栋华, 张国英, 于飞. BOSA-I 矿石粒度图像分析仪的研究与应用 [J]. 冶金自动化, 2011 (S2)：15-17.

[5] 周俊武, 徐宁. 选矿自动化新进展 [J]. 有色金属 (选矿部分), 2011 (S1)：47-54.

[6] 李振兴, 文书明, 罗良烽. 选矿过程自动检测与自动化综述 [J]. 云南冶金, 2008, 37 (3)：20-21.

[7] 王泽红, 陈炳辰. 球磨机负荷检测的现状与发展趋势 [J]. 中国粉体技术, 2001 (1)：19-23.

[8] 汤健，赵立杰，岳恒，等．球磨机负荷检测方法研究综述 [J]．控制工程，2010，17（5）：565-570.

[9] 周俊武，徐宁．选矿自动化新进展 [J]．有色金属（选矿部分），2011（S1）：47-54.

[10] 杨佳伟，陆博，周俊武．基于振动信号分析的球磨机工况检测技术的研究与应用 [J]．矿冶，2013，22（3）：99-104.

[11] 李振兴，文书明，罗良烽．选矿过程自动检测与自动化综述 [J]．云南冶金，2008，37（3）：20-21.

[12] 苏军，杨朝虹．浮选机液位控制系统在钾盐浮选中的应用 [J]．矿冶，2008，17（1）：59-61.

[13] 沈政昌．浮选机理论与技术 [M]．北京：冶金工业出版社，2012.

[14] 胡岳华，冯其明．矿物资源加工技术与设备 [M]．北京：科学出版社，2006.

[15] 苏军．BRFS-PLC 型自动加药机应用实践 [J]．有色金属（选矿部分），2008（1）：31-33.

[16] 何桂春，黄开启．浮选指标与浮选泡沫数字图像关系研究 [J]．金属矿山，2008（8）：96-101.

[17] Runge K，McMaster J，Wortley M，et al. A correlation between VisioFroth measurements and the performance of a flotation cell，in Proceedings Ninth Mill Operators' Conference，2007：79-86（The Australasian Institute of Mining and Metallurgy：Melbourne）．

[18] 梁栋华，于飞，赵建军，等．BFIPS-Ⅰ型浮选泡沫图像处理系统的应用与研究 [J]．有色金属（选矿部分），2011（1）：43-45.

[19] 杨文旺，武涛，李阳，等．浮选机泡沫流速影响因子分析与试验研究 [J]．有色金属（选矿部分），2017（2）：37-40.

[20] 孙传尧．选矿工程师手册 [M]．北京：冶金工业出版社，2015.

[21] 刘惠中．重选设备在我国金属矿选矿中的应用进展及展望 [J]．有色金属（选矿部分），2011（S1）：18-23.

[22] 刘利敏，李强，武涛，等．摇床自动接矿装置的设计与应用 [J]．黄金，2018，39（10）：22-24.

[23] 李传伟，方文，徐宁，等．絮凝剂溶液制备与投加系统研制 [J]．有色金属（选矿部分），2013（5）：68-72.

[24] 赵建军，邓方针，宋涛，等．絮凝剂溶液制备与投加系统的改进设计 [J]．铜业工程，2016（5）：38-41.

[25] 王小红．基于平衡线圈技术的金属探测器设计 [D]．鞍山：辽宁科技大学，2016.

[26] 林献阳．磁性矿物金属检测和自动除铁新技术 [J]．现代矿业，2010，26（9）：95-96.

[27] 黄勇．金属探测器的研究与设计 [D]．广州：华南理工大学，2010.

[28] 王俊鹏，曾荣杰．新型多流道矿浆浓度粒度检测装置研制 [J]．矿冶，2009（2）：84-88.

[29] 孙传尧．矿产资源高效加工与综合利用-第十一届选矿年评 [M]．北京：冶金工业出版社，2016.

[30] 曾荣杰，王俊鹏，赵建军．新型四流道矿浆浓度粒度一体化测量仪 [C]//全国选矿学术会议，2009：383-387.

[31] 李晶兵．国产载流 X 荧光品位分析仪在德兴铜矿的应用研究与示范 [D]．南昌：南昌大学，2016.

[32] 田锐，冯斌，张彪．BOXA-Ⅱ型载流 X 荧光分析仪和 BPSM-Ⅲ型粒度分析仪在铜矿峪矿选矿厂的应用 [J]．中国矿业，2016，25（6）：421-424.

11 辅助装备

选矿辅助装备是指选矿过程中用于保证选矿工艺主流程及主体设备正常运转所需要的相关装备，对主体设备各项功能进行补充和完善，对分选流程运转率、自动化程度及技术指标有着较大影响。选矿辅助装备一般情况下根据工艺流程和矿石性质来进行配置和选型，是选矿流程的重要组成部分，主要包括物料输送设备、搅拌设备、取样设备及干燥设备等[1,2]。

11.1 物料输送设备

物料输送设备是将物料由给料端搬运、提升或运送到目的端的设备。选矿厂物料输送分为流体输送和干式物料输送，因此物料输送设备分为流体物料输送设备和干式物料输送设备。

11.1.1 流体物料输送设备

选厂中矿浆、水、气等均属于流体，常用的流体物料输送设备包括矿浆泵、水泵、风机及压缩机等。其中，矿浆泵是指输送矿浆的机械设备，按照工作原理可以划分为三大类别，即离心式矿浆泵、容积式矿浆泵及特种矿浆泵。各类矿浆泵的泵型及其主要技术性能参数范围如表 11-1 所示。

表 11-1 矿浆泵类型及主要技术性能参数范围[3]

项　目	离心式矿浆泵	容积式矿浆泵	特种矿浆泵
	渣浆泵、两相流泵、PN 泥浆泵、PH 灰渣泵、立式砂泵	普通活塞泵、油隔离泵、柱塞泵、隔膜泵、螺杆泵	蠕动泵、水隔离泵、膜隔离泵
单台流量范围	宽	窄	中
可供选择流量/m³·h⁻¹	1.8~7488	10~850	20~500
可供选择的压力/MPa	0.05~1.28	1~25	1~10
适应物料上限粒径/mm	基本不限（仅受过流通道限制）	1~2	1~2
适应浓度上限/%	30~65	50~80	50~60
泵的效率/%	36~75	90~95	85~90
要求喂料压力/MPa	0.01~0.05	0.02~0.3	0.08~0.15
备用率/%	100	50~100	50~100
通常适用条件	短距离输送和提升	长距离输送（螺杆泵除外）	短、中距离输送

11.1.1.1 离心式矿浆泵

离心式矿浆泵是一种依靠旋转叶轮对矿浆的作用，把电动机高速旋转的机械能转化为矿浆动能和压力能的流体输送设备，按照结构形式可分为卧式泵和立式泵。按照输送物料的不同可分为渣浆泵、PN 泥浆泵、PH 灰渣泵等。

离心式矿浆泵典型结构如图 11-1 所示，其主要工作部件是叶轮和机壳，机壳内的叶轮安装于轴上，并与电机连接形成一个整体。工作时，电机带动叶轮旋转，叶轮中的叶片对流体沿它的运动方向做功，使得流体的压力势能和动能增加，流体在力的作用下从中心向叶轮边缘流去，并以很高的速度流出叶轮，进入压出室，再经扩散管排出，这个过程称为压水过程；同时由于叶轮中心的流体流向边缘，在叶轮中心形成低压区，当它具有足够的真空时，在吸入端压强的作用下，流体经吸入室进入叶轮，这个过程称为吸水过程。随着叶轮旋转，流体连续地排出、吸入，形成连续工作。

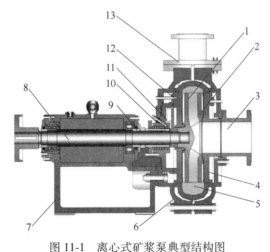

图 11-1 离心式矿浆泵典型结构图

1—叶轮；2—前护板；3—入口管；4—前泵壳；5—蜗壳；6—后泵壳；7—托架体；
8—主轴；9—拆卸环；10—填料箱；11—副叶轮；12—后护板；13—出口管

离心式矿浆泵适用于短距离矿浆输送和提升，对物料的适应性好是其显著特点，但输送粒度的上限受过流通道的限制；流量从每小时数立方米到数千立方米，单台设备的流量变化幅度较大，通过变频调速控制可在一定范围内改变泵的扬程和流量；大多数离心式矿浆泵有一定的吸程，为避免产生汽蚀现象，通常采用灌入式配置；输送扬程相对较低，可采取多台串联配置弥补扬程偏低的缺陷；在高浓度输送条件下，工作部件的磨损较严重。

渣浆泵用于输送含有渣滓的固体颗粒与水的混合物，在选矿厂中应用最为广泛。PN 型泥浆泵用于输送含泥砂液体，PH 型灰渣泵用于输送含有砂石的混合液体[4]。

11.1.1.2 容积式矿浆泵

容积式矿浆泵是一种通过工作室容积周期性变化来实现流体输送的泵，按照工作部件的运动形式可分为往复式矿浆泵和回转式矿浆泵两大类。常用的往复式矿浆泵有隔膜泵、普通活塞泵、柱塞泵、油隔离泵等，常用的回转式矿浆泵主要为螺杆泵。

图 11-2　渣浆泵使用现场

往复式矿浆泵工作原理如图 11-3 所示，其内部有往复运动的活塞作为工作部件，当其向一侧移动时，泵腔内形成负压将矿浆吸入泵腔内，当其反向移动时，泵腔内矿浆受挤压获得压力能，以较高压力由排料口排出。工作部件往复运动一次，泵腔各吸入和排出矿浆一次，称为一个工作循环，这种泵称为单动泵。若往复运动一次，泵腔各吸入和排出矿浆两次，称为双动泵。运动部件由一端移至另一端的过程称为一个冲程。

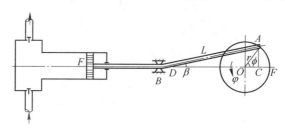

图 11-3　往复矿浆泵工作原理示意图[4]

螺杆泵是主要的回转式矿浆泵，如图 11-4 所示，螺杆泵由螺旋叶片、泵轴、轴承座和外壳组成。工作时，螺旋泵倾斜装在上、下水池之间，螺旋泵的下端叶片浸入到水面以下，当泵轴旋转时，螺旋叶片将水池中的水推入叶槽，水在螺旋叶片作用下，沿螺旋轴一级一级往上提升，直至螺旋泵的出水口，实现矿浆输送。

容积式矿浆泵（螺杆泵除外）主要用于长距离矿浆输送系统，输送压力高，单台设备的输送流量范围变化小，适用于恒定流量输送，对输送物料的性质要求较严格，一般要求输送粒径小于 1~2mm。其中，最常用的是隔膜泵，

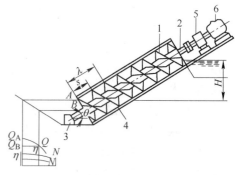

图 11-4　螺杆泵结构示意图
1—螺旋叶片；2—泵轴；3—轴承座；
4—外壳；5—变速箱；6—电机

其扬程很小，但能输送浓度特别大的浆流（浆流浓度可以达到 80%甚至更高），常用来将浓密机的沉淀泥沙运送到过滤机。

11.1.1.3　风机及压缩机[4]

选矿厂用到的气体输送设备主要为风机及压缩机，以空气作为工作介质，属于气体机械。按照其工作压力及原理可分为叶片式（透平式）及容积式两大类。

A　叶片式风机及压缩机

叶片式风机及压缩机包括离心式、轴流式、混流式及横流式，在选矿中应用较多的为离心式和轴流式。

离心式风机及压缩机结构如图11-5所示，主体结构由叶轮、集流器、整流器、机壳、调节器、进风箱、主轴、喉部及扩散器等组成。工作时，介质沿着轴向即通过集流器进入叶轮，在叶轮内沿着径向流动，之后经扩散器排出。其中，叶轮可以是单级叶轮也可以是多级叶轮串联使用，一般情况下有八个基本的出风口位置供选择使用，具有能量损失低，效率高的特点，能够产生很大的风流量。

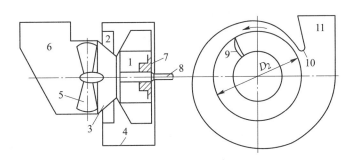

图11-5　离心式风机及压缩机结构示意图

1—叶轮；2—整流器；3—集流器；4—机壳；5—调节器；6—进风箱；
7—轮毂；8—主轴；9—叶片；10—喉部（舌）；11—扩散器

轴流式风机及压缩机结构如图11-6所示，由叶轮、集风器、整流罩、扩散筒、导叶和机壳等组成。叶轮是实现能量转换的关键部件，由轮毂和叶片组成，其轮毂形状有圆柱形、球形及圆锥形，叶片多选用机翼型扭曲叶片，目的是使风机在设计工况下，沿叶片半径方向获得相等的全压。集风器的作用是使气流获得加速，在压力损失最小的情况下做到进气速度均匀平稳，与无集风器的风机相比，设计良好的集风器可使风机效率提高10%～15%。整流罩的作用是使风机运行平稳，降低噪声。扩散筒的作用是使后导叶出来的气流动压部分转化为静压，减少流动损失，以提高风机静压效率。

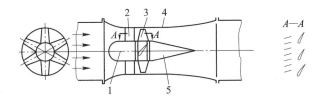

图11-6　轴流式风机及压缩机结构示意图

1—整流罩；2—前导叶；3—叶轮；4—外筒；5—扩散筒

按照位置不同，导叶的设置方式有三种：导叶前置（导叶设置在叶轮前，称为前置导叶）、导叶后置（导叶设置在叶轮后，称为后置导叶）、叶轮前后均设置导叶。前置导叶的叶片可转动，后置导叶的叶片通常是固定不动的。前置导叶一般都用作调节手段，使进入风机前的气流发生偏转，由轴向运动转为旋转运动，大多数是负旋转，这样叶轮出口气流的方向为轴向。对轮毂直径和功率较大的轴流式风机，要求采用导叶后置的设置方式，用以提高从叶轮流出旋转气体的静压。

B　容积式风机及压缩机

容积式风机和压缩机分为往复式及回转式，常用的回转式风机有罗茨式、螺杆式和滑片式三种。

往复式风机结构如图 11-7 所示，工作时，通过曲柄连杆机构把驱动机的旋转运动转化为活塞在气缸内的往复运动，并从低压侧吸入气体，经压缩后排向高压侧。

往复式风机及压缩机品种规格繁多，结构形式多种多样，但总的来讲包括以下几大部件：

（1）气缸部件。包含气缸、活塞、活塞杆、气阀等，是压缩气体的主要部件。

（2）运动机构与机体部件。包括曲轴、连杆、十字头、机身、机体等，是能量的传递机构，把驱动机的旋转运动转为活塞在气缸中的往复运动，机体还为安装气缸和其他部件提供支座。

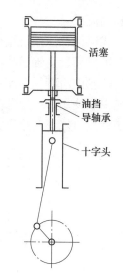

图 11-7　往复式风机的结构示意图

（3）辅助部件。包括冷却器、液气分离器、缓冲器、滤清器、消声器、排气量调节装置、润滑系统及管系等，是保证压缩机运行和提高经济性、可靠性所必需的零部件。

（4）驱动机及其控制系统。包括驱动机、启动机、联轴节、带轮等和相应的控制系统。

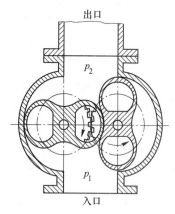

图 11-8　罗茨式鼓风机结构示意图

罗茨式风机结构如图 11-8 所示，由断面呈纺锤形或星形的转子与气缸等组成。工作时，两个转子的轴由电机轴通过齿轮驱动，相互以相反的方向旋转，气缸和转子之间的空腔容积在旋转中不断发生变化，故气体的压力在该空腔与排出侧连通的瞬间，由于倒流而改变压力，从 p_1 变成 p_2。

螺杆式压缩机由一对阴阳螺杆转子和气缸等组成，两个转子靠同步齿轮实现相互反向旋转，由转子和气缸所围成的空腔从吸入口送向排出口，并在齿槽内体积不断变化，从而使气体受到压缩。图 11-9 给出了整个工作过程，包括吸气行程、压缩行程及排气行程。常见的螺杆式压缩机有两种形式：一种为非注油式，另一种为注油式。前者转子之间以及转子与气缸之间的间隙很小，可以无滑动地进行压缩；后者是注入润滑油，通过油膜对间隙实行液封、润滑。

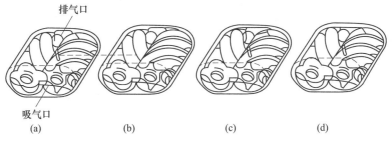

图 11-9　螺杆式压缩机工作原理示意图

（a）吸气终了；（b）压缩开始；（c）压缩终了；（d）排气

如图 11-10 所示，滑片式压缩机由在气缸里偏心装置的转子和能从转子里径向出入的一些活动叶片组成，这些叶片常称为滑片。相邻滑片所围成的体积（如 $ABCD$），随着转子的旋转将发生变化，压缩成 $A'B'C'D'$，实现气体压力的变化，并排向高压侧。

风机及压缩机主要用于浮选所需空气供应、破碎车间除尘等作业以及向部分气动执行设备提供高压空气作为动力源。

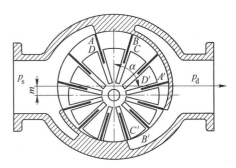

图 11-10　滑片式压缩机结构示意图

11.1.2　干式物料输送设备[1]

干式物料输送设备是一种按一定线路将干式物料（水分含量较低的粒状、粉状等松散物料）由给料端连续搬运或提升到目的端的机械设备。常用的干式物料输送设备有带式输送机、斗式提升机、螺旋输送机、振动输送机、板式输送机等[5]。

11.1.2.1　带式输送机

带式输送机是一种靠皮带摩擦力带动的物料连续运输的机械设备，其发展初期主要用于谷物等密度较小物料的输送，随着科技的不断革新，各种新技术与新工艺被逐步运用于带式输送机及输送带接头，带式输送机已经发展到了一个相对成熟的阶段，并逐渐投放于各行各业，可满足片状、块状、颗粒状、箱状等物料的输送要求[2]。

水平带式输送机结构如图 11-11 所示，主要由输送带、上托辊、缓冲托辊、导料栏板、改向滚筒、螺旋拉紧装置、尾架、下托辊、传动滚筒、头部漏斗、中间架等组成。工作时，物料经给料端给到输送带，在摩擦力作用下随输送带一起运行，直至输送至目的端后在重力作用下自然脱落。

除了水平带式输送机外，常用的带式输送机有平面转弯带式输送机、圆管带式输送机和气垫带式输送机。

A　平面转弯带式输送机

平面转弯带式输送机的主要特点在于其转弯段的托辊组结构采用了特殊设计，如图11-12 所示，承载段两侧采用托辊前倾设计，在托辊组两边设置挡辊防止胶带意外过度跑

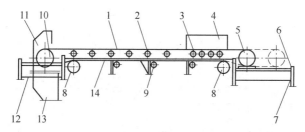

图 11-11　带式输送机结构示意图

1—输送带；2—上托辊；3—缓冲托辊；4—导料栏板；5—改向滚筒；
6—螺旋拉紧装置；7—尾架；8—增面轮；9—下托辊；10—传动滚筒；
11—头罩；12—头架；13—头部漏斗；14—中间架

偏。下托辊采用两辊或三辊式。上下托辊组均为可调抬高角结构，便于在设备调试过程中调整抬高角（γ），同时增大托辊组槽角（θ），适当增加侧辊长度以增大导向摩擦力，实现转弯的正确导向，具有安装简单、投资和维护费用低等特点[8]。

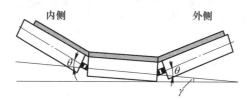

图 11-12　平面转弯带式输送机在转弯段的托辊组结构示意图

B　圆管带式输送机

圆管带式输送机与普通带式输送机结构大体相似，均由驱动装置、头部辊筒、尾部辊筒、托辊组和机架等部分组成，如图 11-13 所示，圆管带式输送机通常由尾部过渡段、管状段和头部过渡段三部分组成。从尾部辊筒到胶带形成圆筒状称为尾部过渡段，受料点一般在此段范围内，尾部过渡段内胶带由水平变为槽形，最后卷成圆筒状。在管状段内，胶带被托辊组强制裹成圆筒状，输送的物料随胶带在圆筒内运行。头部过渡段胶带由圆筒状逐渐展开成为平面，至头部辊筒后卸料。回程段与承载段相同。因此圆管带式输送机的输送步骤为：展开受料→封闭圆筒状运行→展开卸料[11,12]。

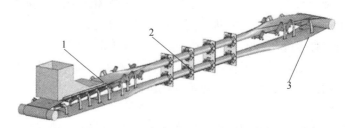

图 11-13　圆管带式输送机结构示意图

1—尾部过渡段；2—管状段；3—头部过渡段

圆管带式输送机有以下特点：

（1）环保无污染。圆管带式输送机可密闭输送物料，物料不飞扬、不洒落、不泄漏。

（2）大角度倾斜能力。与通用带式输送机相比，圆管带式输送机有更高的大角度倾斜输送能力，倾角增大了50%，最大可达30°。

（3）可双向输送。

C　气垫带式输送机

气垫带式输送机以气室替代托辊带式输送机的大量托辊，利用普通离心鼓风机将具有一定压力的空气送入气室。空气通过气室盘槽上的小孔，像射流一样喷到输送带上，在气室盘槽与输送带之间形成一层稳定的气膜，称为"气垫"，支撑输送带及其上部的物料。当输送带以一定速度运动时，在气室盘槽与输送带下表面之间便形成气体摩擦，使拖动输送带的阻力大大降低，拖动功率随之下降，节能效果显著[8,13]。双气垫带式输送机结构如图11-14所示。

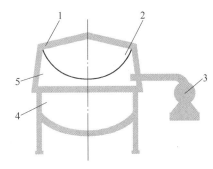

图 11-14　双气垫带式输送机结构示意图
1—盖板；2—U形盘槽；3—风机；
4—下气室；5—上气室

为了确保系统正常运转，或者满足一些系统作业的特殊要求，在某些输送系统上，经常会装设一种或几种附属设施。带式输送机的附属设施主要有皮带秤、电磁除铁器、金属探测器、重锤护栏、跨越梯、栏杆、硫化器及保护装置等。电磁除铁器用来分离并除去带式输送机所输送的非磁性干物料中的铁质夹杂物，以免进入而损坏下步工序设备或保证工艺对原料的要求。金属探测器用于各种散状物料带式输送及处理系统，能准确探测出混在物料中的磁性金属（铁、钢、锰钢）、非磁性金属（不锈钢、铜、铝）等各种金属杂物，从而防止金属进入破碎机、中速磨、风扇磨等设备而造成设备损坏。

带式输送机用于输送堆积密度为 $500\sim2500kg/m^3$ 的各种散状物料或成件物品，适用环境温度为$-20\sim40℃$。带式输送机的类型较多，除了前文介绍的还有 DTII 型固定式带式输送机、QD80 轻型固定式带式输送机、特轻型带式输送机、U 型带式输送机、DX 型钢绳芯带式输送机、HZ 型回转带式输送机、波状挡边带式输送机、大倾角挡边带式输送机等多种形式。几种带式输送机类型特点、应用范围及主要技术参数详见表11-2。

11.1.2.2　斗式提升机

斗式提升机是一种垂直提升散粒物料的输送设备，适用于由低处向高处的提升作业，广泛应用于矿山、化工、医药、建筑等行业，具有占地面积小、可提升物料高度大、输送物料重量大且噪声污染小等特点[14]。

斗式提升机一般按安装方式、卸载特性、装载特性、牵引件形式、料斗形式等差异进行分类。按安装方式不同，可分为垂直式、倾斜式、垂直水平式；按卸载特性不同，可分为离心式、离心-重力式、重力式；按装载特性不同，可分为掏取式、流入式；按牵引件形式不同，可分为带式（D 型）、链式（HL 型、PL 型、ZL 型）；按料斗形式不同，可分为深斗式、浅斗式、鳞斗（三角斗或梯形斗）式。不同类型的斗式提升机的分类和适用范围见表11-3。

表 11-2　带式输送机的类型特点与应用范围[2]

序号	名称	产品规格（带宽）/mm	输送量/t·h⁻¹	带速/m·s⁻¹	运行方向最大倾角/(°)	输送物料最大粒度/mm	输送物料松散密度/kg·m⁻³	工作环境温度/℃	设备特点	应用范围
1	DTII型固定式带式输送机	500~2400	69~17104m³/h	0.8~6.5	14~21	100~350	500~2500	-25~40	为普通型带式输送机	应用广泛，适宜性强
2	U型带式输送机	650~2000	较普通型带式输送机大15.8%~22.6%	1.0~4.0	28	90~600	500~2500	-25~40	槽形托辊槽角可提高到90°，使输送带形成U形，输送能力加大，允许输送倾角和撒料，侧送能力提高，不易跑偏和撒料，风不易吹散物料，能实现水平转弯	在安装、运行、维修等方面，与普通型带式输送机基本相同
3	DX型钢绳芯带式输送机	800~2000	400~9600	2.0~5.0	14~22	150~680	800~2500	-25~40	纵向拉伸强度大，为高强度带式输送机。适用于大运量和长距离输送。使用寿命较普通带长2~3倍	对防爆型（井下或室内）一般只能满足于水平输送或较小倾角的输送。可用于露天场合
4	HZ型回转带式输送机	500~800 机长8~22	72~502	0.8~2.0	12或18		500~2500	-15~40	可在360°任意回转	适于进行仓库和室外堆存物料作业
5	气垫带式输送机	300~1400 (2400)	39~2600	0.8~3.15 最大可达12	湿精矿21 干精矿18	300	500~2500		承载带在气膜上运行，运行摩擦阻力减少，运行平稳。当采用深槽型盘槽（盘槽角≥45°），更适宜于运送粉状和易流动的散状物料	运行平稳，适宜于在输送途中不发生离析分层现象的物料，以及输送飞扬、有粉尘等对环境有污染需加罩的物料。可用于水平倾斜输送
6	波状挡边带式输送机	500~1600	6000	1.0~3.15	90	50~350	500~2500	-15~40	因设备设有挡边带和隔板，可以实现大倾角和垂直提升	用于大倾角输送
7	吊挂管状带式输送机	管带内径150~850	93~7272m³/h	0.8~2.0	51	40~300	500~2500		封闭输送。物料不污染环境。可实现单机同时或交叉地向两个方向输送不同物料	主要用于需水平拐弯或大倾角输送的场合。不适于多点卸料、输送大粒度，距离较短的场合

表 11-3　斗式提升机分类及适用范围[2]

分类方式	类　别	适　用　范　围
卸载特性	离心式	适于干燥和流动性好的粉末状和小颗粒物料，主要以胶带为牵引件。料斗速度一般为 1~2m/s。料斗可选深斗
	离心-重力式（混合式）	适于潮湿的流动性大的脆性物料。料斗速度一般为 0.4~0.8m/s
	重力式	适于较沉重的，磨琢性大的脆性物料。料斗速度一般为 0.4~0.6m/s。对挖掘阻力大的物料，可采用链条为牵引件
装载特性	掏取式	适于粉末状，小颗粒和磨琢性大、挖掘阻力不大的物料
	流入式	适于块度较大，磨琢性较大挖掘阻力很大的物料
牵引件形式	带式	工作平稳，噪声小，可提高料斗速度增大生产率。橡胶带有弹性，装料时可起缓冲作用
	链式	用于提升高度大，输送量大以及密度大、温度高（>150℃）和挖掘阻力大的物料
料斗形式	深斗式	装载物料多，难以卸空。适用于输送干燥的松散物料
	浅斗式	装载物料少，容易卸空。适用于潮湿、黏性物料
	鳞斗（三角斗或梯形斗）	适用于输送大块沉重和怕碰碎的物料。输送速度小
安装方式	垂直式	取决于前几种分类方式
	倾斜式	取决于前几种分类方式

国内常用的斗式提升机为垂直式，有 D 型、HL 型、PL 型、ZL 型，各种类型的斗式提升机主要结构特征及适用范围见表 11-4。

表 11-4　斗式提升机主要结构特征及适用范围[2]

型　式	D 型(TD 型)	HL 型(TH 型)	PL 型(TB 型)	ZL 型
结构特征	采用橡胶作为牵引构件	采用锻造环形链作为牵引构件	采用板式套筒滚子链作为牵引构件	采用铸造链作为牵引构件
卸载特性	间断布置料斗，快速离心卸料	间断布置料斗，快速离心卸料	连续布置料斗、慢速重力卸料	连续布置料斗、慢速重力卸料
适用范围	粉状、颗粒状，小块状的无磨琢性或半磨琢性的物料，如煤、砂、焦末、水泥、碎石等	粉状、颗粒状，小块状的无磨琢性物料、如软煤、水泥、石块、砂、黏土等	块状、堆密度较大，磨琢性的物料，如硬煤、碎石、矿石、卵石、焦炭、木炭等	块状和粉状物料，如矿石、石灰石、水泥、碎石、卵石、煤等
型　号	D160、D250、D350、D450	HL300、HL400	PL250、PL350、PL450	ZL25、ZL35、ZL45，ZL60
输送量 /m³·h⁻¹	3.1~66	16~47.2	22~100	44~160
适用温度/℃	<60	<250	<250	<300

斗式提升机结构简图如图 11-15 所示，主要由壳体、牵引件、料斗、驱动轮、改向轮、张紧装置、导向装置、加料口和卸料口等组成。工作时，供应物料通过振动台投入料斗后，料斗将物料舀起，随着输送带或输送链提升到顶部，绕过顶轮后向下翻转，将物料倾入接收槽内，完成输送作业。

11.1.2.3　螺旋输送机

螺旋输送机是一种不具有挠性牵引构件的连续输送设备，适用于短距离输送物料。根据输送物料的特性、要求和结构不同，螺旋输送机有水平固定式螺旋输送机、垂直螺旋输送机、可弯曲螺旋输送机、螺旋管输送机等几种结构形式。其中，水平固定式螺旋输送机是最常用的一种形式。

水平固定式螺旋输送机结构如图 11-16 所示，主体结构由驱动装置、末端轴承、螺旋轴、料槽、中间轴承、首端轴承加料口及卸料口等组成，加料口和卸料口的数量在使用中可根据实际情况选取。工作时，物料由加料口给入固定机槽，由于物料的重力及其与机槽间的摩擦力作用，堆积在给料端机槽下部的物料在旋转叶片的推动下向前移动，输送至卸料口排出[15]。

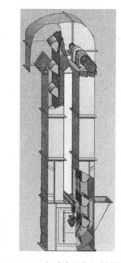

图 11-15　斗式提升机结构简图

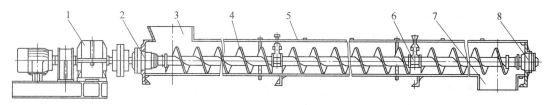

图 11-16　螺旋输送机结构图

1—驱动装置；2—末端轴承；3—加料口；4—螺旋轴；5—料槽；6—中间轴承；7—卸料口；8—首端轴承

螺旋轴和螺旋叶片是螺旋输送机中关键部件，螺旋轴有实心轴和空心轴两种形式。一般情况下，螺旋轴为通轴，超长机型采用双端驱动，即螺旋轴在中部断开，使其受力更加合理。螺旋叶片与螺旋轴的连接采用圆弧键连接和焊接的方式，强度大、安装方便、横截面积小、对物料阻力小。

（1）常见的叶片有：实体螺旋面型，如图 11-17（a）所示（简称 S 制法），适用于输送粉状和细粒状物料；带式螺旋面型，如图 11-17（b）所示（简称 D 制法），适用于输送粉状和小块物料；叶片螺旋面型，如图 11-17（c）所示，适用于输送黏度大和可压缩性物料，还可以同时完成搅拌和混合等工序，但应用较少。

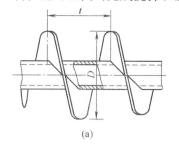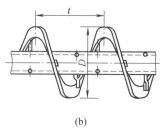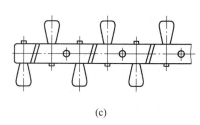

（a）　　　　　　　　　　　（b）　　　　　　　　　　　（c）

图 11-17　螺旋叶片形式

（a）实体螺旋面型；（b）带式螺旋面型；（c）叶片螺旋面型

（2）螺旋输送机广泛用于矿山、化工、建材等行业，主要用于输送粉状、颗粒状和小块状物料。具有结构简单、横截面尺寸小、密封性能好、可以中间多点装料和卸料、操作安全方便、制造成本低、机件磨损严重、输送量较低、消耗功率大以及物料在运输过程易被破碎等特点。

11.1.2.4 振动输送机

振动输送机是用激振器作为振动源使料槽振动，从而令料槽内的物料按照一定的方向运动的输送设备，按照物料输送方向不同，可分为水平型振动输送机和垂直型振动输送机两大类。按照激振原理不同可分为弹性连杆振动输送机、电磁振动输送机和惯性振动输送机[2,3]。

如图 11-18 所示，弹性连杆振动输送机的主要部件包括偏心轴、连杆、连杆弹簧和料槽。工作时，偏心轴持续旋转，带动连杆做往复运动，促使料槽有规则的定向振动，从而令料槽内的物料持续定向运动。弹性连杆式振动输送机的振动多为低频率、大振幅式振动。

如图 11-19 所示，电磁振动输送机的主要部件包括铁芯、线圈、衔铁和料槽等。工作时，整流后的电流通过线圈，产生周期变化的电磁力，在铁芯、衔铁的作用下，驱动料槽随电磁变化而振动，从而输送物料。电磁式振动输送机的振动多为高频率、小振幅式振动。

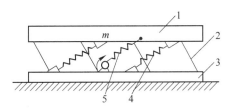

图 11-18 弹性连杆振动输送机结构示意图
1—输送槽；2—支撑弹簧；3—底架；
4—主振弹簧；5—弹性连杆驱动机构

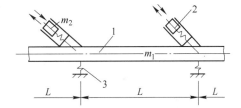

图 11-19 电磁振动输送机结构示意图
1—输送槽；2—电磁激振器；3—隔振弹簧

如图 11-20 所示，惯性振动输送机的主要部件有偏心块、主轴和料槽等。工作时，偏心块做旋转运动，产生一定的惯性离心力，从而激起料槽的振动输送物料。惯性式振动输送机的振动多为中频率、中振幅。惯性振动输送机根据其激振源的不同，可分为惯性激振器驱动和振动电机直接激振两种激振方式。

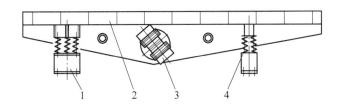

图 11-20 惯性振动输送机结构示意图
1—支撑座；2—输送槽（工作质体）；3—振动电机；4—隔振弹簧

　　振动输送机可实现向上输送、垂直输送、倾斜输送等功能，多用于粉状、颗粒状物体的提升作业，广泛应用于冶金、煤炭、化工、建材等行业。

11.1.2.5　给矿机

　　给矿机将物料由储料仓送给受料装置。按给矿结构及工作方式的不同，大致分为板式给矿机、槽式给矿机、链式给矿机、摆式给矿机、圆盘给矿机、带式给矿机、滚筒式给矿机、电磁振动给矿机、振动放矿机等。

A　板式给矿机

　　板式给矿机是选矿厂破碎作业常用的给矿设备，它安装在矿仓仓底，直接承受矿仓中矿柱的压力。按其所承受矿柱压力的大小和给矿粒度的尺寸分为重型板式给矿机、中型板式给矿机和轻型板式给矿机。

　　重型板式给矿机是一种非常坚固的短的铁板运输机（如图 11-21 所示），主要由机架、拉紧装置、钢板带、上托辊和传动装置等部件组成。钢板带是受荷载的部件，由固定在铰链上的许多带侧壁的钢板构成，钢板之间用铰链彼此连接，固定在牵引链上，一起绕链轮运转，工作链由上托辊支撑，回转链由下托辊支撑。钢板带的松紧程度靠拉紧装置调节。

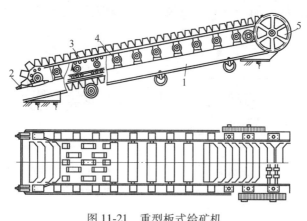

图 11-21　重型板式给矿机

1—机架；2—拉紧装置；3—钢板带；4—上托辊；5—传动装置

　　重型板式给矿机具有给矿均匀、工作可靠、给矿能力高、能强制卸矿、抗冲击等优点，缺点是设备笨重、造价高、运动部件多、维护工作量大。重型板式给矿机一般用于给矿量很大的大块矿石的给矿。

　　中型板式给矿机构造如图 11-22 所示，与重型板式给矿机的不同点是其钢板带下面没有铰链，链带由标准套筒滚子链和波浪形链板组成。工作段的牵引链可在托辊上移动，也可在轨道上移动。中型板式给矿机给矿粒度最大为 350~400mm，偏心盘的偏心距离可在 24~140mm 之间调整，借以改变给矿速度，达到调整给矿量的目的。

　　轻型板式给矿机的构造及工作原理基本上和中型板式给矿机相同，工作段也是由牵引链带动沿着轨道移动的，最大给矿粒度 160mm。轻型板式给矿机可水平安装或倾斜安装，但最大倾角不超过 20°。在倾斜安装时，传动装置应做水平安装，以便润滑，可以通过增

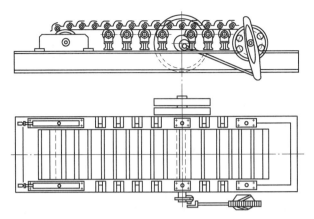

图 11-22 中型板式给矿机

加或减少链节来调整工作段长度。

B 槽式给矿机

如图 11-23 所示，槽式给矿机主要由驱动装置偏心轮、连杆、往复底板、辊轮、槽体、连接料仓漏斗法兰等组成，其中，钢槽和矿仓漏斗与固定的槽身相连，槽身和槽底为不连接的两个部件，槽底靠托辊支撑，由偏心连杆带动，使其在托辊上往复运动。工作过程中，槽底向前运动时，即将漏斗中落下物料带向前方；槽底向后运动时，由于上层物料的摩擦阻力，将下层物料推入下面的运输设备。

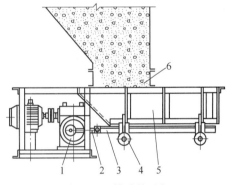

图 11-23 槽式给矿机
1—驱动装置偏心轮；2—连杆；3—往复底板；
4—辊轮；5—槽体；6—连接料仓漏斗法兰

槽式给矿机适用于中等粒度的给矿，给矿均匀，不易堵塞，对含水高的物料也能适应，但用于粉状物料的给矿时，粉末容易飞扬，造成污染和损失。

C 链式给矿机[19]

如图 11-24 所示，链式给矿机由电机、减速机、开式齿轮副、滚筒、链条、主机架等组成，链条在滚筒上形成一片密实的隔幕。工作时，电机通过减速机和开式齿轮副带动滚筒旋转，矿料自料仓均匀地溜出，当给矿机不运转时，链条隔幕挡在出口槽内，阻止矿石自料仓溜出。需要注意的是，链条应当按照矿石的大小和料仓排出口的高度加以选择，一是链条应有足够的重量可以挡住矿石，二是要有足够多的链条落在出口槽内。

链式给矿机构造简单，电能消耗少，但给矿不均匀。一般只适用于 500mm 以下的给矿粒度且给矿量要求不均匀的场合。

D 摆式给矿机

如图 11-25 所示，摆式给矿机由电动机、联轴器、偏心轮、减速器、机体、颚板、闸门、连杆等组成。工作时，闸门由电动机经蜗杆蜗轮减速，通过偏心轴及拉杆带动作弧线摆动，闸门向前，排矿口封闭，闸门向后，排矿口打开即可进行卸矿，其给矿量可借偏心

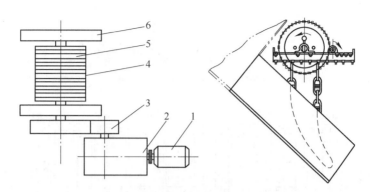

图 11-24 链式给矿机结构示意图

1—电机；2—减速机；3—开式齿轮副；4—滚筒；5—链条；6—主机架

轮的偏心距来调节。

摆式给矿机的构造简单，价格便宜，管理方便，但准确性较差，给矿不连续，计量较困难，适用于细粒（一般为 50mm 以下）矿石的给矿，广泛用于磨矿矿仓排矿。

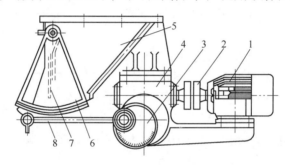

图 11-25 摆式给矿机

1—电动机；2—联轴器；3—偏心轮；4—减速器；5—矿仓；6—颚板；7—闸门；8—连杆

E 圆盘给矿机

圆盘给矿机是一种细粒物料的给矿设备。根据圆盘是否封闭分为敞开式和封闭式，其构造如图 11-26 所示，主要工作结构为一可旋转的圆盘。工作时，物料由矿仓给入，在重力作用下堆积于圆盘之上，并在摩擦力作用下随圆盘旋转，运转至犁板位置时受到阻力从圆盘卸下，进入下一作业。

给矿机装在矿仓下面，矿仓下面装有套筒，套筒和圆盘有一定的间隙，间隙可借套筒的上升和下降进行调节，以达到调节给矿量的目的。

圆盘给矿机的给矿粒度一般不超过 50mm，它的优点是给矿均匀，调整方便，容易管理，但结构比其他细粒物料给矿设备复杂，造价高，要求的高差较大，不适用于含泥较多的物料。

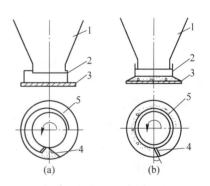

图 11-26 圆盘给矿机

（a）封闭式圆盘给矿机；

（b）敞开式圆盘给矿机

1—矿仓；2—套筒；3—圆盘；

4—犁板；5—螺旋颈圈

F　带式给矿机

如图 11-27 所示，带式给矿机由传动滚筒、上托辊、下托辊、拉紧装置、空段清扫器、清扫器、输送带、支架等组成，工作段（重段）和非工作段（空段）分别靠上下托辊支撑。工作时靠皮带摩擦力带动的物料运转，主要适用于中、细粒物料的给矿，给矿粒度一般小于 350mm。

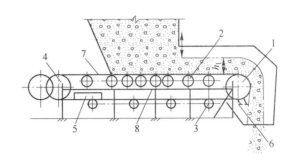

图 11-27　带式给矿机的结构示意图

1—传动滚筒；2—上托辊；3—下托辊；4—拉紧装置；5—空段清扫器；
6—清扫器；7—输送带；8—支架

G　滚筒式给矿机

如图 11-28 所示，滚筒式给矿机主要结构为一钢板做成的滚筒（呈圆形或多边形），安装于矿仓排矿口下面。工作时，电动机经减速器带动滚筒旋转，使矿石卸出，滚筒停止转动即将物料刹住，停止给矿。滚筒式给矿机结构简单，造价低，容易维修，适用于含泥含水少，流动性好的物料。常见的有滚筒式和叶轮式两种结构。

H　电磁振动给矿机

如图 11-29 所示，电磁振动给矿机主要由减振器、给矿槽、电磁振动器等部件组成，电磁振动器由连接叉、衔铁、铁芯、线圈、板弹簧、振动器壳体及板弹簧压紧螺体等零部件所组成。

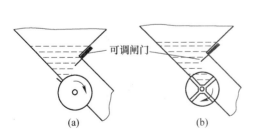

图 11-28　滚筒式给矿机

（a）滚筒式；（b）叶轮式

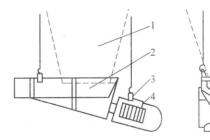

图 11-29　电磁振动给矿机

1—矿仓；2—输送槽体；3—减振器；4—激振器

电磁振动给矿机结构简单，无运动部件，无须润滑，使用维护方便，重量轻，给矿较均匀；给矿量容易调节，便于实现自动控制；给矿粒度范围大（0.6~500mm）；占地面积及所要求的高差小，在矿仓出矿时有疏松物料的作用，适用于块状，颗粒状及粉状物料从料仓或漏斗均匀地给料，不适用于含泥含水的物料。

Ⅰ　振动放矿机

如图 11-30 所示，振动放矿机主要由振动台、振动器、破拱架等部分组成，振动器与槽体的连接方式有直接连接和间接（弹簧）连接两种。工作时，振动放矿机是以振动电机为动力源，利用安装在振动电机主轴两端的偏心体在旋转运动中所产生的离心力来得到激振力，驱使振动放矿机台面和物料做周期直线往复振动，当放矿机体振动的垂直加速度大于重力加速度时，机体中的物料被抛起，并按照抛物线的轨迹向前跳跃运动，抛起和下落在瞬间完成，由于振动电机的连续振动，放矿机体也连续振动，机体中的物料连续向前跳跃，达到放矿和输送矿石的目的。

振动放矿机适用于矿山及选矿厂矿仓的排矿。

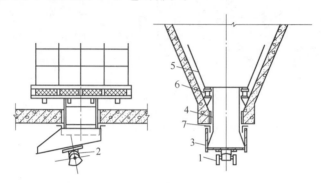

图 11-30　振动放矿机结构
1—偏心体；2—振动电机；3—悬振槽体；4—吊架；5—破拱架；6—橡胶弹簧体；7—密封板

11.2　搅拌设备

搅拌设备是选矿厂常见的矿浆混合、悬浮及药剂溶解、稀释分散设备，通过搅拌器发生强制对流，使得溶液中的气体、液体甚至悬浮的颗粒混合均匀。搅拌设备常用于选矿、冶金工艺过程的混合（如矿浆悬浮、矿浆调和、药剂乳化、药剂分散）；传质（如溶解、结晶、浸出）；传热（矿浆、药剂加热）等作业。按照作业类型，搅拌槽分为矿浆调浆搅拌槽、提升搅拌槽、储存搅拌槽和药剂搅拌槽[20]。

11.2.1　矿浆调浆搅拌槽

矿浆调浆搅拌槽的作用是在浮选工艺中调节矿浆，使其与药剂快速、均匀地混合，同时避免粗矿砂沉槽，为浮选创造良好的条件，是浮选工艺必要的辅助设备之一。

如图 11-31 所示，常用的调浆搅拌槽为带中心循环筒结构，主要由驱动装置、槽体、循环筒、叶轮等部件组成[21]。

工作时，电机带动搅拌叶轮旋转，叶轮排出的流体在循环筒内向下运动，在循环筒外向上运动，

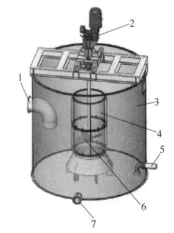

图 11-31　调浆搅拌槽结构示意图
1—进料管；2—驱动装置；3—槽体；4—循环桶；5—粗砂管；6—叶轮；7—放空管

形成"W"形的循环，其形成的高速涡流、高循环流量达到矿浆与药剂快速均匀混合的目的。通常从中部和顶部给矿，溢流出矿。

为实现选前矿浆与药剂的混匀效果，矿浆调浆搅拌槽一般会根据要求的不同而采用不同结构，最低程度和中等程度悬浮的搅拌一般采用图 11-32（a）所示的单叶轮无导流筒结构，且叶轮转速较低；最高程度悬浮的搅拌需采用图 11-33 所示的导流筒结构或图 11-32（b）所示的多叶轮结构，且叶轮转速较高，以满足大循环量的要求。

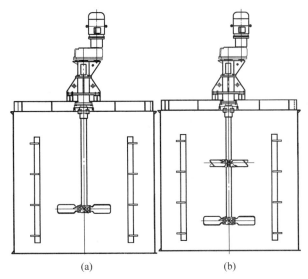

图 11-32　无导流筒调浆搅拌槽结构简图
（a）单叶轮结构；（b）多叶轮结构

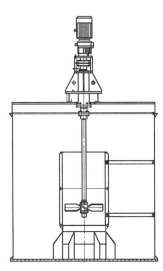

图 11-33　导流筒调浆搅拌槽结构简图

叶轮、挡板及导流筒是调浆搅拌槽中的关键部件，对调浆效果具有重要影响，相关研究也较多。

A　叶轮

调浆搅拌槽主要使用的叶轮为轴流式叶轮[23]，常用的传统叶轮（见图 11-34）有直叶片斜叶轮、螺旋曲面叶轮、异形下掠式叶轮等。

几种叶轮的性能特点及适用场合详见表 11-5。调浆过程中一方面要求叶轮提供高的循环流量，另一方面又要求能耗降到最低，根据相关研究，北京矿冶科技集团有限公司开发的 BK 系列大投影比搅拌器（图 11-35）在同样循环量条件下能耗更低[21]。

表 11-5　不同叶轮形式及性能特点

叶轮形式	适用场合	性能特点
等流速叶轮	浸出槽、矿浆储存槽，化工	轴流型，适合大流量
翼形变截面叶轮	种分槽、浸出槽、矿浆储存槽，化工	轴流型，适合大流量
推进式螺旋叶轮	矿浆搅拌、药剂	轴流型，剪切力小投影比小，不适合大流量
开启涡轮式叶轮	矿浆搅拌、药剂	混合型兼有轴流、径向流，功耗高

B　挡板

挡板的基本作用是将液体的旋转运动改为垂直翻转运动，消除旋涡，同时改善所施加

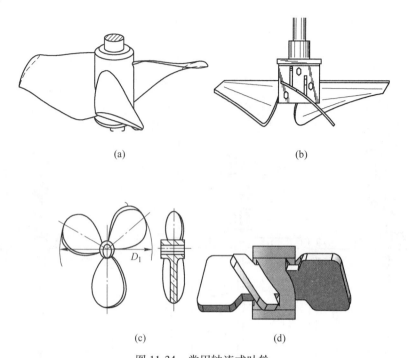

图 11-34　常用轴流式叶轮

（a）翼形变截面叶轮；（b）等流速叶轮；（c）推进式螺旋叶轮；（d）直叶片叶轮

功率的有效利用率。挡板限制了液体的切向速度分量，增加了轴向径向速度分量，其作用是使搅拌器排出流具有更宽的流动半径，流动更规则，可以较好地预测功率。搅拌器旋转所形成的矿浆流受到槽壁和挡板的作用，在搅拌槽内形成特殊的流场，在搅拌器叶轮与挡板的相互作用下，流场速度大小、方向和流型等均会有所变化，可以有效增强混合效果。

图 11-35　BK 大投影比搅拌器

　　挡板改进了混合效果的同时往往也伴随着搅拌器功率的消耗，对于不同型式的桨叶，挡板的影响不同。在其他条件相同情况下，可以得出以下挡板对功率的影响[22]：

　　（1）挡板系数对产生径向流的桨叶影响最大，对同时产生径向流和轴向流的桨叶次之，对产生轴向流的桨叶影响最小。

　　（2）对于同一类型的桨叶，挡板系数的增大会导致功率准数的增加。

　　（3）当叶轮形式及挡板系数相同时，挡板结构的改进，同样可以改变功率准数，并在满足功率输入的条件下改善介质的混合性能。

　　（4）过小的挡板虽然功率消耗小，却达不到消除旋涡的目的，通常采用标准挡板来满足条件。

　　C　导流筒

　　导流筒也是矿浆搅拌槽中的关键部件，由帕丘卡槽（Pachuca tank）[23,24] 发展而来的导流筒可以使矿浆在导流筒内部与外部（导流筒与槽的环隙）形成循环流动。一方面，它可以强迫更多的矿浆参与到循环当中，使搅拌更加均匀；另一方面，由于导流筒的存在，使搅拌强度增大，循环流量也因此上升，混匀作业更加快速（流场区别如图 11-36 所示）。

导流筒在高黏性流体以及高浓度固液悬浮体系中使用效果显著。

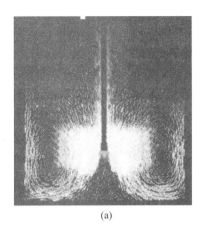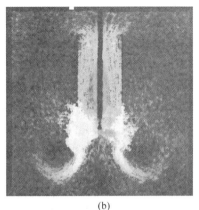

(a)　　　　　　　　　　　　　(b)

图 11-36　无导流筒和有导流筒流场对比图

（a）无导流筒；（b）有导流筒

常见导流筒结构及布置有三种形式：

（1）叶轮位于导流筒内。叶轮在导流筒内旋转形成一定的负压，产生一定的泵吸作用，将矿浆由上端吸入，从下端排出。叶轮旋转使矿浆在导流筒内形成径向流和轴向流，部分径向流在导流筒壁的作用下改变流向并与轴向流一起沿导流筒下端射出。这种结构可以强迫更多的矿浆参与到循环中，使混合更加均匀（见图 11-37）。但是，如果导流筒的下端离槽底的相对位置过大，导流筒下端出流到达槽底底部时，已经无法满足矿浆颗粒悬浮的条件，就会导致沉槽。如果距离过小，就会堵塞循环通道，无法形成循环，最终也会导致沉槽。所以合适的离底距离是保证搅拌效果的重要参数。

（2）叶轮位于导流筒下端外部。此种结构导流筒的典型特点是导流筒上端高于溢流液面，进矿口布置在叶轮上方，叶轮则安装于导流筒下部外面（见图 11-38），同时在导流筒的外侧装有循环口。一方面在叶轮的旋转作用下，叶轮附近形成负压区和高压区，将导流筒内部矿浆抽吸到导流筒外侧，以达到矿浆提升的目的；另一方面在叶轮的旋转作用下矿

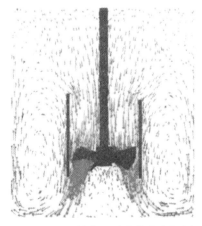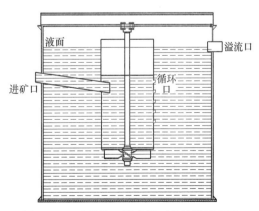

图 11-37　叶轮位于导流筒内流场图　　　　　图 11-38　叶轮位于导流筒下部外端示意图

浆经循环口形成局部循环，以实现搅拌混匀的目的。但是此种结构导流筒由于不能形成整体循环流，并且由于泵吸作用所形成的矿浆提升在一定程度上也消耗了一部分搅拌能量，因此，不适合用于大流量的搅拌作业中。

（3）特殊形式导流筒。为了实现固相完全悬浮以及矿浆与药剂快速混合均匀的目的，很多企业和研究单位研制出了效果更好的特殊结构形式的导流筒，其中以北京矿冶科技集团有限公司研制的 BK 系列导流筒和长沙矿冶研究院的 CK 系列导流筒最具代表性：BK 系列导流筒（见图 11-39），下端为锥形结构，并安装有分配板，叶轮在导流筒内部旋转产生一定的虹吸作用，矿浆经过导流筒的强制导流作用沿锥形体下端排出，一方面使矿浆排出更加顺畅，阻力更加小；另一方面使矿浆流沿槽体底面循环排出，冲刷底部固体颗粒，防止沉槽。另外，在分配板的作用下，底部旋转流转变为径向出流，进而转变为上升流，对于形成整体"W"循环、防止沉槽具有重要作用，此种结构导流筒在大循环量的搅拌作业中应用广泛，其内部流场如图 11-40 所示。

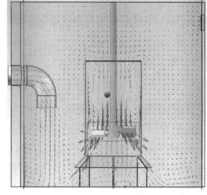

图 11-39　BK 系列裙式导流筒　　　　　　图 11-40　BK 系列导流筒流场

CK 系列导流筒下端设计为如图 11-41 所示形状的矿浆导流结构，矿浆流按照设计的出流通道由下端排出，使更多的搅拌能量转化为矿浆的轴向流动，并在整体上形成"W"循环，能够快速实现药剂和矿浆搅拌混匀的目的。

鉴于上述两种导流筒的流场特点（图 11-40 和图 11-42），这两种导流筒在大流量、高浓度的搅拌作业中应用较为广泛。

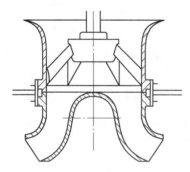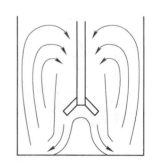

图 11-41　长沙矿冶研究院 CK 系列导流筒　　　图 11-42　CK 系列矿浆搅拌槽流场

对于高浓度矿浆搅拌，"叶轮+导流筒"结构的矿浆调浆搅拌槽不宜采用，因为高浓度矿浆上升阻力大，矿浆越过导流筒上沿需要的功耗较大。为此，北京矿冶科技集团有限公司研制了 GSBK 型双层叶轮矿浆调浆搅拌槽和 QBK 系列高剪切矿浆调浆搅拌槽。其中，GSBK4040 双层叶轮矿浆调浆搅拌槽有效解决了包钢稀土的高浓度（55%~65%）矿浆搅拌问题[20]。QBK 系列高剪切搅拌槽搅拌强度极大，与同规格矿浆调浆搅拌槽相比，单位容积输入功率是调浆搅拌槽的 2~3 倍，最大搅拌线速度是调浆搅拌槽的 1.5~2 倍[20,25]。

11.2.2 提升搅拌槽

在选矿过程中，矿浆一般由于高度差自动流入下一流程，但生产实践中存在下一流程液位高于需搅拌的矿浆液位的情况，这种情况下就需要用到提升搅拌槽，其主要目的是提升矿浆液位。

如图 11-43 所示，提升搅拌槽主要由驱动装置、电机装置、叶轮、进料管、盛浆体等部件组成。工作时，电机带动主轴和叶轮旋转，高速旋转的离心泵式叶轮将叶轮内部的矿浆沿径向连续甩出，盛浆体内的矿浆不断补充流入叶轮，造成盛浆体内部的负压，从给矿管吸入矿浆，实现搅拌槽内液位的提升，叶轮上部的径向叶片对矿浆也有搅拌作用。由底部给矿，溢流出矿，保持槽内液位高度基本稳定。

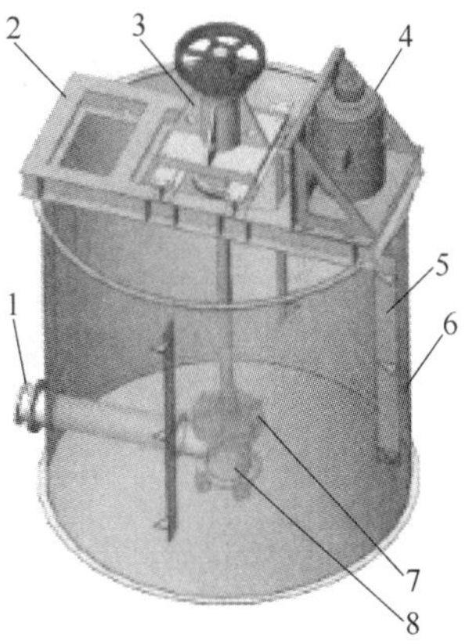

相同规格的提升搅拌槽，因矿浆流量和提升高度要求不同，技术参数相差很大，因此提升搅拌槽必须差异化设计，以满足不同工况需求。提升搅拌槽主要应用于老旧选厂的改造和小型新建选厂，大型选矿厂采用阶梯流程布置，不需提升搅拌槽。

图 11-43 提升搅拌槽结构示意图
1—进料管；2—横梁；3—主轴部件；
4—电机；5—稳流板；6—槽体；
7—叶轮；8—盛浆体

设备开发方面比较有代表性的是北京矿冶科技集团有限公司开发的 BKT/GBKT 系列矿浆提升搅拌槽，其研制的 $\phi3.5m$ 提升搅拌槽最大提升能力达到 2.5m，先后在内蒙古东升庙、内蒙古扎兰屯国森矿业、江铜稀土牦牛坪选厂、中金岭南凡口铅锌矿成功应用[26]。

11.2.3 矿浆储存搅拌槽

矿浆储存搅拌槽的目的是保持槽体内矿浆处于悬浮状态，防止槽体底部颗粒沉积，使具有一定沉降速度的颗粒全部离开槽体底部，矿浆容易从底部排出。对于小搅拌储槽，一般单叶轮搅拌就能够使矿浆均匀悬浮；但对筒体较高的储存搅拌槽，往往采用双叶轮或多叶轮搅拌，其结构如图 11-44 所示。

工作时，叶轮旋转推动矿浆向下运动，在叶轮上部产生负压，因此矿浆向上叶轮中心流动，向下流动的矿浆成为下一叶轮的给矿，只要设计好适宜叶轮间距，可以避免矿浆流动短路，形成矿浆从底到顶的大循环流动，保障矿浆均匀悬浮。

设备研发方面，比较有代表性的是北京矿冶科技集团有限公司研制的 CBK/GCBK 系列矿浆储存搅拌槽，采用大叶轮、低转速设计，在同样功耗下，叶轮可以排出更多的矿浆，目前该公司已经具有生产 φ16m 矿浆储存搅拌槽的技术和能力[27]。

11.2.4 药剂搅拌槽

药剂搅拌槽主要用于选矿药剂的制备以及药剂的储存，主要作用是使药剂均匀充分溶解或分散。药剂搅拌槽结构相对简单，如图 11-45 所示，一般采用径向或涡轮式单叶轮结构，搅拌转速高，槽体上设计的稳流板可以改变流体运动方向，防止液体在槽体内打旋，增强混合效果。工作时，通常从顶部加水、加药，间歇作业，混合均匀的药剂从槽体底部泵出。

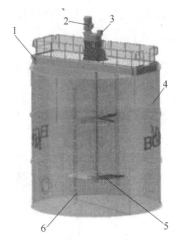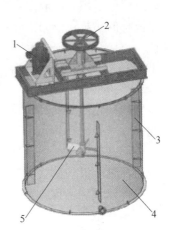

图 11-44 矿浆储存搅拌槽结构示意图
1—横梁；2—电机；3—减速机；
4—槽体；5—叶轮；6—稳流板

图 11-45 药剂搅拌槽结构示意图
1—电机；2—主轴部件；3—稳流板；
4—槽体；5—叶轮

需要注意的是，由于许多药剂具有腐蚀性，对药剂搅拌槽及附属设备有防腐要求，对于一般腐蚀性不强的药剂采用 304 不锈钢即可。但对腐蚀性强的，如硫酸稀释、硫酸铜溶解等防腐要求较高，常用的防腐材料有：橡胶、陶瓷、PE、PO、聚脲等。对于硫酸稀释搅拌槽，不仅要考虑到防腐问题，还要考虑到浓硫酸稀释过程中的放热问题，通常的橡胶以及其他涂层使用温度都不能超过 85℃。另外有些药剂制备过程需要加热，加热方式一般有电热棒加热和蒸汽加热两种。

设备研发方面，比较有代表性的是北京矿冶科技集团有限公司开发的 YJ/GYJ 系列药剂搅拌槽，已经成功应用于四川安宁铁钛和包钢等项目[27]。

11.3 取样设备[4]

为了及时了解选矿生产情况，加强对选矿厂的技术管理，必须对选矿生产过程进行取样检查。选矿过程取样检查的目的是研究原料和选矿产品的组成，观察、分析、调整工艺过程和选矿设备，以便对选矿过程进行最优化控制和科学管理。用于试验、分析的少量样品称为试样，试样的采取和加工过程叫作取样。

取样所采用的装置即为取样设备。依据不同准则，取样设备有多种分类方法，按样品的粒度分为细粒精矿（小于 0.074mm）取样机、中等粒度矿石取样机和大块矿石取样机；

按样品的物理状态分为固体散状物料取样设备和湿式物料取样设备。

11.3.1　固体散状物料取样设备

选厂中常用的固体散状取样设备有小车式块矿自动取样机、斜槽式块矿自动取样机、链斗式块矿自动取样机、螺旋式取样机、浮选湿精矿自动取样机以及滤饼取样机等。

11.3.1.1　小车式块矿自动取样机

小车式块矿自动取样机（见图11-46）由四轮小车、轨道、取样器、取样器活动底板、取样器活动底板转轴、卸样轮、样品漏斗等组成，其中，小车通过四轮装在轨道上，轨道前后装有限位开关，以限制小车的取样行程位置。小车式块矿自动取样机一般安装在带式输送机首轮前，取样前由于重力作用，取样器的活动底板将底门紧闭，取样时，小车向首轮方向行驶，接取试样后往回运动，至限位点停止，同时由卸样轮作用，取样器的活动底板的底门打开，试样自动卸入样品漏斗中。

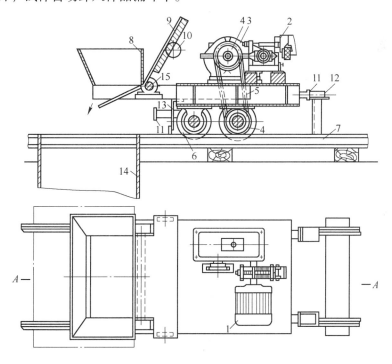

图 11-46　小车式块矿自动取样机

1—电动机；2—交流电磁制动器；3—减速箱；4—链轮；5—链条；6—四轮小车；
7—轨道；8—取样器；9—取样器活动底板；10—卸样轮；11—缓冲罐；12—限位开关；
13—清扫器；14—样品漏斗；15—取样器活动底板转轴

当原矿石是用小矿车运来选矿厂时，一般采用小车式块矿自动取样机。小车式块矿取样机的取样小车可随轨道做转向运动，行程不受限制，样品漏斗可设置在任意选定地点，一般用于粒度不超过300mm、水分含量不大于15%的块矿物料取样，但其设备比较笨重，传动系统也比较复杂。如果对着矿流方向接取试样，往往因设备障碍而使样勺不能整体越过矿流，进而造成试样组成比例失调。

11.3.1.2 斜槽式块矿自动取样机

斜槽式块矿自动取样机（见图 11-47）由取样小车、取样机机架、导轨，取样斜槽，限位开关等组成，与小车式块矿自动取样机类似，取样小车装在导轨上，轨道上装有限位开关，以限制小车的取样行程位置。工作时，取样小车沿导轨做往复运动，去程取样，回程卸样。

斜槽式块矿自动取样机一般安装于带式取样机首轮前，用于块状矿石取样，结构简单，运转可靠，但因受取样小车行程限制，工作时其取样漏斗必须靠近带式输送机首轮卸料处才能顺利取样。

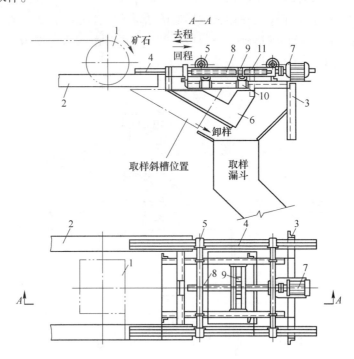

图 11-47　斜槽式块矿自动取样机

1—带式输送机首轮；2—机架；3—取样机架；4—导轨；5—取样小车；6—取样斜槽；
7—电动机；8—丝杠；9—螺母；10—限位开关；11—限位开关撞块

11.3.1.3 链斗式块矿自动取样机

链斗式块矿自动取样机（见图 11-48），以卸矿溜槽为中心设置机座，上装轴承，通过轴承装链轮和链条，两链条间安有取样斗，并可随链条做往复运动。取样时，取样斗横过卸矿溜槽下方截取试样，在前进（去程）中将试样卸入样品漏斗，在取样的空隙时间，矿石经卸矿溜槽进入矿石漏斗。

链斗式块矿自动取样机一般用于粒度小于 40mm 的块矿取样，取样行程大，运转可靠，但传动系统复杂，部件笨重。

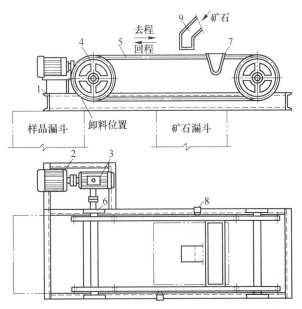

图 11-48　链斗式块矿自动取样机

1—机座；2—电动机；3—减速器；4—链轮；5—链条；
6—轴承；7—取样斗；8—限位开关；9—卸矿溜槽

11.3.1.4　螺旋式取样机

螺旋式取样装置（见图 11-49）是由龙门吊车、垂直框架、台车、横梁、锤式破碎机、锥形缩分器和螺旋钻式取样器组成。工作时，龙门吊车可沿车厢前后移动，台车上装有锤式破碎机、锥形缩分器和螺旋钻式取样器，取样器可沿导轨升降，螺旋钻下插时，管子里的钻头抓取矿样并经螺旋向上运送，进入破碎缩分机组，制成分析试样，取样装置由设在操作室中的控制台进行操作。螺旋式取样机可用于车厢中物料的全深取样。

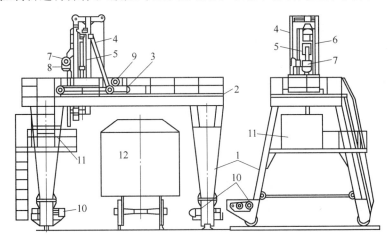

图 11-49　螺旋式取样机

1—龙门吊车；2—横梁；3—台车；4—垂直框架；5—导轨；6—取样器；7—锤式破碎机；
8—锥形缩分器；9—电葫芦；10—电动机；11—操作室；12—装矿车

11.3.1.5　浮选湿精矿自动取样机

浮选湿精矿自动取样机（见图11-50）由机架、导轨、取样小车、取样电磁铁、取样插管、样品桶等组成，一般安装在输送过滤后浮选精矿的输送线上，工作时，对皮带输送机、运矿小车及其他容器的物料堆通过钻取的方式进行取样。该取样机运行可靠，能减轻取样劳动强度，但结构复杂，取样布点只能在一条纵线上选择，即纵向（顺流）截取法，当物料组分在容器中分布不均匀时，取样结果会产生系统误差。

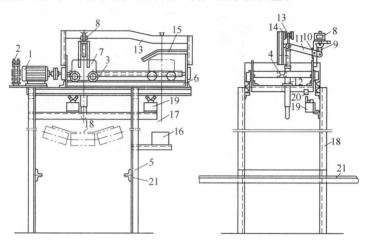

图 11-50　浮选湿精矿自动取样机

1—电动机；2—交流制动电磁铁；3—丝杠；4—螺母；5—机架；6—导轨；7—取样小车；8—取样电磁铁；
9—连杆；10—支点轴承；11—杠杆；12—取样插管；13—涡轮导轨；14—滚轮轴承；15—定位角钢；
16—样品桶；17—断样铁丝；18—带式输送机；19—限位开关；20—限位开关撞块；21—带式输送机支架

11.3.2　湿式取样设备

选厂中常用的常规湿式取样设备有电动矿浆自动取样机、链式自动取样机、矿浆自转取样机等。近年来，随着自动控制技术的发展，出现了一些新型的专用取样设备，如应用于浮选机的深槽取样器、气泡负载取样器等。

11.3.2.1　电动矿浆自动取样机

如图11-51所示，电动矿浆自动取样机由电机、导轨、限位开关、取样小车、取样槽支架、取样勺、机座、矿浆过道桶、样品桶等组成，取样勺位于取样小车下方，可以随小车一起沿导轨移动。正常工作状态下，矿浆由矿浆桶流入，取样时电机带动取样勺横过矿浆流截取试样，之后给入样品桶，进行下一步作业。

11.3.2.2　链式自动取样机

链式自动取样机（图11-52）主要由两个平行导杆和带有取样勺的往复箱组成。往复箱可以在两个链轮之间做直线往复运动，取样时，取样勺横过矿浆流进行取样。取样机的动作由时间继电器控制，取样时间间隔一般为5~20min。

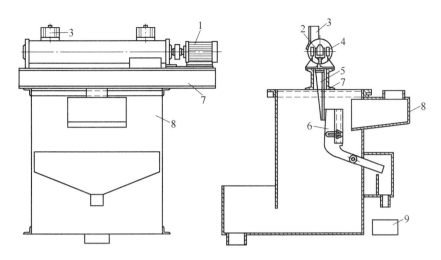

图 11-51　电动矿浆自动取样机

1—电机；2—取样小车导轨；3—限位开关；4—取样小车；5—取样槽支架；
6—取样勺；7—机座；8—矿浆过道桶；9—样品桶

11.3.2.3　矿浆自转取样机

矿浆自转取样机分单级机和双级机，适用于具有一定高差的矿流沟槽的自动取样。

A　单级自转取样机

单级自转取样机（图 11-53）主要由进矿管（槽）、分矿桶、排矿环和试样截取斗等组成。工作时，矿浆从进矿槽给入，经分矿桶由排矿环排出，试样截取斗做圆周运动，截取的试料从试样管排出。

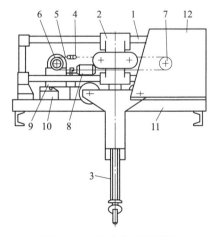

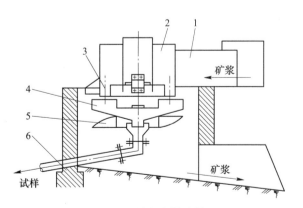

图 11-52　链式自动取样机

1—导杆；2—往复箱；3—取样勺；4—锁钉；
5—链条；6，7—链轮；8—电机；9—变速箱；
10—限位开关；11—机座；12—机盖

图 11-53　单级自转取样机

1—进矿管；2—分矿桶；3—排矿环；
4—试样截取斗；5—反冲片；6—试样管

B　双级自转取样机

双级自转取样机（图 11-54）第一级的结构和工作原理与单级机相似，其缩分余料由余量槽承接，下设底座作支撑基础。工作时，矿浆从给矿管给入，从排矿环排出，一级试样截取斗做圆周运动，取得的试样进入动漏斗后随圆周运动排出，被固定截取口截得平均试样Ⅰ和Ⅱ。

单级自转取样机试样量较大时，需要将其送入双级自转取样机，进一步缩分成平均试样。

11.3.2.4　深槽取样器

如图 11-55 所示，浮选机内深槽取样器主要由尼龙绳、中空管、锥形盖和取样筒等组成。取样前，首先将橡胶塞堵住取样筒底部，并检查弹力绳的松紧，使得弹力绳处于合适的拉紧状态，保证锥形盖与取样筒刚好紧密贴合而不会泄漏。取样时，将取样器置于浮选机内一定深度位置，然后将拉绳用力向外拉，使得连接的锥形盖向上移动直至其顶部的圆环完全进入中空管后停止，此时锥形盖和取样筒之间出现一定的间隙，从而矿浆可以从该间隙进入取样筒内，停留 1~3s 后迅速松开拉绳，锥形盖在弹力绳的回复力作用下弹回，重新与取样筒紧密贴合，最后将取样器取出。拔开橡胶塞，可以将取样筒内的矿浆样品放出来。该取样器具有取样准确、操作方便和安全可靠的特点，能够适应高紊流条件下的浮选机内垂直定点取样。

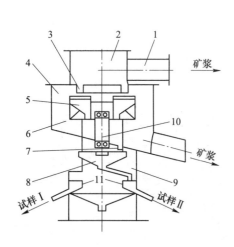

图 11-54　双级自转取样机

1—给矿管；2—分矿桶；3—排矿环；4—余量槽；
5—试样截取斗；6—反冲片；7—排矿嘴；8—动漏斗；
9—底座；10—竖轴；11—固定截取口

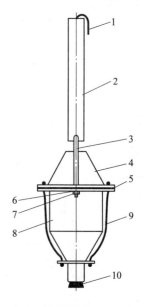

图 11-55　浮选机内深槽取样器结构示意图

1—尼龙绳；2—中空管；3—曲轴；4—锥形盖；
5—密封垫；6—垫圈；7—螺母；
8—取样筒；9—弹力绳；10—橡胶塞

11.3.2.5 气泡负载取样器

北京矿冶科技集团有限公司研制的气泡负载取样器结构如图 11-56 所示，主体部分由收集腔室、导流锥、采样竖管等组成。采样前，按照安装示意图进行安装连接，在采样器中装满清水，关闭隔离阀，将采样管插入浮选装置内需要取样的位置。采样时，同时打开隔离阀，启动吸气泵，待采样的矿化气泡由采样管口进入后，顺着倾斜平滑的壁面进入竖直采样竖管内不断上升，上升到采样器顶部时矿化气泡发生破裂，携带的矿物颗粒落入采样器上端收集腔室内。气泡破裂产生的气体由吸气泵吸出，通过滤气槽内的清水过滤后排出至气量测量筒，测试过程中通过调节吸气泵的吸气量来控制采样器上端容器内的液位保持平衡，由气量测量筒测定的数值即为排气量[28]。

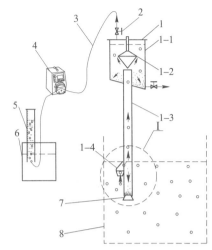

图 11-56　气泡负载取样器结构及安装示意图
1—采样器；2—隔离阀；3—吸气管；4—吸气泵；
5—气量测量筒；6—滤气槽；7—放样塞；8—浮选装置
1-1—收集腔室；1-2—导流锥；
1-3—采样竖管；1-4—采样管口

11.4　干燥装备[2,29]

在选矿产品的脱水过程中，有时脱水产物须达到极低的水分（如钨精矿的含水率要求为 0.05%~0.8%，钛精矿要求小于 1%），才能满足后续工艺或储存要求，此时必须对物料进行干燥处理。

干燥法又称为热能去湿法，即借助热能将物料中的湿分转移到气相中，并将产生的蒸汽排除。按照热能供给湿物料的方式，有四种基本的干燥方法：直接干燥法、间接干燥法、辐射干燥法和介电加热干燥法，选矿中最常用的干燥方法为直接干燥，有些对清洁度等要求较高的产品采用间接干燥法，所用的干燥介质一般为热空气。

用来进行干燥的机械装置及辅助设施统称为干燥设备，干燥设备的生产能力通常是用单位时间内的脱水量衡量的，具体的影响因素有：湿物料的性质、湿物料的含水率、热风温度、环境温度和设备的结构等。在选择干燥机类型时，考虑因素主要包括：物料的形态、物料的性质、物料的处理方法、供热方法、操作温度和操作压力、能源价格、安全操作和环境因素、建议安装地点的可行性及工艺要求等。

选矿生产及实验中常用的干燥设备有转筒干燥机、管式干燥机、硫化床（沸腾床）干燥机、带式干燥机和干燥箱等。

11.4.1　转筒干燥机

如图 11-57 所示，转筒干燥机由鼓风机、燃烧室、加料器、回转筒干燥器、旋风分离器、引风机、洗涤器、运输机等组成，设备的关键作用部分为长筒，其借助两端的轮带横卧在四个托轮上，内部装有各种形式的抄板，运转过程中，抄板可以抄起和撒下物料，形成料幕，强化物料输送及物料与干燥介质的接触强度。按安装的倾角划分，常用的抄板有直立式、45°式和90°式，直立式适于黏性的或很潮湿的物料，后两者适宜散状或较干的物料。按结构划分，抄板的类型有升举式、四格式、十字式、架式、套筒式、分格式等类型，分别适合于不同性质的物料。

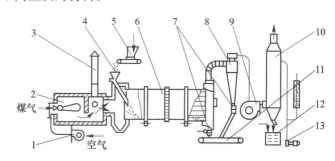

图 11-57　回转圆筒干燥机设备结构及工艺流程

1—鼓风机；2—燃烧室；3—排气管；4—进料管；5—加料器；6—回转筒干燥器；7—出料口；
8—旋风分离器；9—引风机；10—洗涤器；11—运输机；12—循环水池；13—水泵

转筒干燥机工作时，湿物料与干燥介质均由高端给入，在抄板的作用下两者相互接触并前移，与此同时，湿式物料被不断干燥，干燥后粗粒的干燥产品由尾端排出，细粒部分则随烟尘被抽吸到除尘系统，经旋风分离器回收。为了减少粉尘，干燥机内气体速度不宜过高。因干燥后的物料很容易扬起而被废气带走，一般在排料端 1~2m 处不装设抄板。对黏性强的物料，可在给料端设置链条或加入钢球，以清除粘在筒壁上的泥料。

转筒干燥机是选矿产品干燥最常用的设备，适合处理各类精矿、黏土、煤泥等，分为直接传热和间接传热两种，除少量矿种外，绝大多数精矿均采用直接传热干燥机，间接加热适合于降速干燥阶段时间较长、干燥过程中严禁污染的物料的干燥，如硫胺的干燥。

11.4.2　管式干燥机

管式干燥机是一种气流干燥机，如图 11-58 所示，由给料斗、螺旋给料机、空气滤清器、空气压缩机、燃烧炉、干燥管等组成。其中，干燥管为一直立的、钢板卷制的大金属管，可分为若干段，其尺寸取决于要求的处理量和产品水分。工作时，湿料由给料口经加料器给到干燥管，空气则是经空压机加压、燃烧炉加热后高压高热给入干燥管，在干燥管中两者充分混合接触，并在压力作用下向上输送至排料口，干料与废气分别排出。

管式干燥机中，加料和卸料对于保证连续稳定操作及干燥产品的质量十分重要，图 11-59 是几种常用的加料器，它们均适用于散粒状物料，

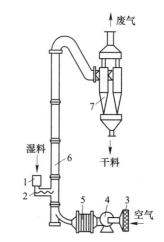

图 11-58　管式干燥机系统配置

1—给料斗；2—螺旋给料机；3—空气滤清器；
4—空气压缩机；5—燃烧炉；6—干燥管

其中（b）、（d）两种还适用于硬度不大的块状物料，（d）还适用于膏状物料。

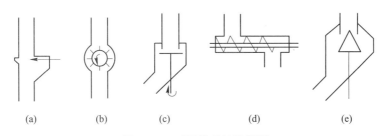

图 11-59　不同类型的给料器

（a）滑板式；（b）星形式；（c）转盘式；（d）螺旋式；（e）锥形式

气流干燥机的优点是：体积给热系数（单位时间、单位传热面积上温度差为 1K 时，以给热方式所传递的热量）高，其值约达到 $2300 \sim 7000W/(m^2 \cdot ℃)$，比转筒干燥机高 20~30 倍；适用于热敏性物料的干燥，对于分散性良好物料，操作气速通常达 10~40m/s，物料在干燥机中的停留时间仅约为 0.5~2s，所以适用于煤粉干燥；热效率较高，气流干燥机的散热面积小，热损失低，干燥非结合水分时，热效率可达 60%左右，但在干燥结合水分时，由于干燥介质温度较低，热效率约为 20%；结构简单，操作方便，气流干燥机主体设备是根空管，设备投资费用低。气流干燥机可连续操作，容易实现自动控制。缺点是：一般都在 10m 以上，故增加了基建投资。

为降低干燥管的高度，目前已研究出许多改进方法：因为在加料口以上 1~3m 内，是气流运动的加速段，气体与颗粒的相对运动速度最高，而且干燥管底部的温度差较大，因而给热系数也最大，气体传给物料的热量约占整个干燥管内传热量的 1/2~3/4，所以应尽量发挥干燥管底部加速段的干燥作用，即增加该段内气体和颗粒间的相对速度，为此发展了多级气流干燥机、脉冲式气流干燥机、旋风式气流干燥机等。

管式干燥机广泛应用于粉状物料的干燥，但因其附属设备体积大，气固分离部分的负荷大，容易产生微粉，故不适合干燥对晶体粒度有严格要求的物料。

11.4.3　流化床（沸腾床）干燥机

流化床干燥机又称为沸腾床干燥机，常用的类型有单层和多层圆筒型流化型、卧式多室流化型及振动流化型等。

A　单层圆筒流化床干燥机

如图 11-60（a）所示，单层圆筒流化床干燥机的设备主体是一个直立的圆筒。工作时，湿物料由螺旋给料器给到圆筒下部的多孔板（栅）上，来自加热器的热空气由多孔板下部送入，使得物料均匀悬浮，气、固、液间的传热、汽化作用得以充分进行。干燥后的物料由出料口下排，废气则经旋风分离器捕捉粉尘后由顶部排放。

由于单层床内颗粒高度混合，可能引起物料返混或短路，即部分物料从加料口直接被吹向出口，使物料在炉内达不到需要的停留时间，产品含湿量不够均匀，故单层床仅适用于处理量较大、干燥质量要求不高的物料。为了减少未干燥粒子的排出，就必须提高流化床床层的高度，借以延长物料的平均停留时间，但此举使压力损失也随之增大。为此，操

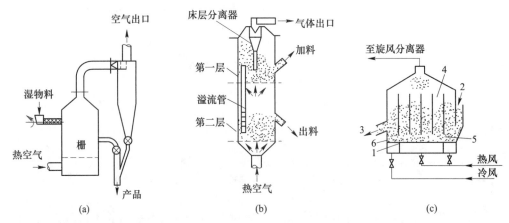

图 11-60　不同类型的流化床干燥机

（a）单层圆筒流化床干燥器；（b）多层圆筒流化床干燥器；（c）卧式多室流化床干燥器

1—多孔分布板；2—加料口；3—出料口；4—挡板；5—物料通道；6—出口堰板

作时常常尽可能提高干燥介质的温度，而适当减低床层高度。

B　多层圆筒流化床干燥机

对于干燥效果要求较高或需要除去结合水的物料，可采用多层圆筒流化床干燥机（见图 11-60（b））。其工作时，物料从上部第一层加入，经溢流管流入第二层，热空气由底部送入，在床层内与颗粒逆流接触后从干燥机顶部排出，因两层间物料不相混杂，故各层的颗粒混合充分，物料干燥程度比较均匀，干燥质量易于控制。此外，颗粒停留时间长，能得到更理想的固体颗粒的停留时间分布，热量利用程度较高，干燥产品含水量较低，适用于降速干燥阶段较长的物料以及湿含量较高（水分含量>14%）的物料的干燥。

C　卧式多室流化床干燥机

如图 11-60（c）所示，卧式多室流化床干燥机为矩形箱式结构，底部设多孔筛板，筛板上方有竖向挡板，将筛上空间分隔成 4~8 个小室，每块挡板均可上下移动，以调节挡板与筛板的间距，各小室下部均设一进气支管，其上有阀门调节气体流量，把由空气过滤器、加热器加热后的热空气送入各小室的底部，故各室中的干燥介质的温度与速度均可单独调节。工作时，湿料由加料机连续给入第一室并逐室后移，最后越过堰板卸出；尾气由干燥室顶部引出，经旋风分离器、袋式过滤器后，由引风机排出。

卧式多室流化床干燥机所干燥的物料，大部分是预制成 4~14 目的散粒状物料，初始湿含量一般为 10%~30%，终了湿含量约为 0.02%~0.3%。当物料的粒度分布在 80~100 目或更细小时，干燥机上部需设置扩大段，以减小细粉的夹带损失。同时，分布板的孔径及开孔率亦应缩小，以改善其流化质量。

D　振动流化床干燥机

振动流化床干燥机应用最广的为卧式振动流化床干燥机，其结构如图 11-61 所示，由振动发生器、流化床、弹簧等组成，多孔板稍向出料端倾斜，机体一侧或两侧装有振动电机，物料依靠机械振动和穿孔气流的双重作用流化，并在振动作用下前移。

振动流化床干燥机有间歇式和连续式两类，床形有直形槽或螺旋形槽，空气的动力由真空装置或鼓风装置提供，气流方向或平行于床面，或自下而上、或自上而下通过床层，箱体可垂直振动也可与设备轴线成一定的角度振动，振动方式有装置整体振动、仅底部振动或采用振动搅拌器振动等，供热方法有传导、对流、辐射及其他方法。振动波形有正弦或其他形式。

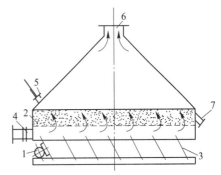

图 11-61　振动式流化床干燥器
1—振动发生器；2—流化床；3—弹簧；
4—热风进口；5—原料进口；
6—排气口；7—产品出口

振动流化床的干燥速率除同物料性质有关外，主要同装置的振动频率、振幅和供热方式有关。在装置强度和噪声标准允许条件下，应尽可能采用较高振动频率和振幅。在供热方面，一般采用间接加热方式更为有效。在干燥易黏附在振动表面的热敏性物料时，更适宜的是采用对流或对流与辐射复合的供热方式。

11.4.4　带式干燥机

带式干燥机结构如图 11-62 所示，整机由若干个独立的单元段组成，每个单元段包括循环风机、加热装置、单独或公用的新鲜空气抽入系统和尾气排出系统，因此，各单元可独立控制干燥介质的供给量、温度、湿度和尾气循环量等操作参数，从而保证工作的可靠性。

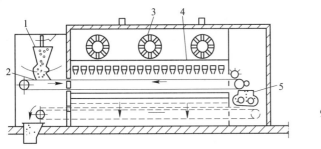
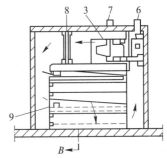

图 11-62　带式干燥机的结构简图
1—加料器；2—传送带；3—风机；4—热空气喷嘴；5—压碎机；6—空气入口；
7—空气出口；8—加热器；9—空气再分配器

工作时，物料由加料器均匀地铺撒在网带上，由传动装置驱动在干燥机内慢速移动，其速度可根据物料温度调节。热气由下往上或由上往下穿过铺在网带上的物料，加热干燥并带走水分，部分尾气由专门排湿风机排出。干燥后的成品连续落入收料器中，干燥时间为 5~120min。

带式干燥机结构简单，安装、维修方便，具有干燥速度快、蒸发强度高、产品质量好等优点，但对脱水滤饼类的膏状物料，需经造粒或制成条状后方可干燥，缺点是占地面积大，运行时噪声较大。

11.4.5　干燥箱

干燥箱又称烘箱，干燥箱根据干燥物质的不同，分为电热鼓风干燥箱和真空干燥箱两大类，现今已被广泛应用于化工、电子通讯、塑料、电缆、电镀、五金、汽车、光电、橡胶制品、模具、喷涂、印刷、医疗、航天等行业的科研院所的实验室小型样品干燥，矿冶行业目前普遍采用电热鼓风干燥箱类型。

如图 11-63 所示，干燥箱的结构比较简单，干燥箱箱体由角钢、薄钢板等制成，外壳与工作室间填充玻璃纤维保温，加热系统装置在工作室的底部或顶部，装有鼓风的烘干箱能有效避免工作室内存在的梯度温差及温度过冲现象，且能提高工作室内的温度均匀性。

根据不同的用途干燥箱可细分为相机干燥箱、电镀专用鼓风干燥箱、真空干燥箱、电热鼓风干燥箱、鼓风干燥箱、精密干燥箱、电热恒温干燥箱、恒温干燥箱、电热恒温鼓风干燥箱和电子干燥箱等。

图 11-63　干燥箱实物

11.5　提金设备[2,3]

自然界中，部分金呈独立矿物的形式存在，但大部分金与其他矿物共生。金矿矿石类型主要分为岩金矿石和砂金矿石，早期人类采用各种重力选矿和人工手选的方法从含天然金的河床砂中回收黄金，或采用摇动槽和带格条的溜矿槽、淘金盘、动物毛等来获得黄金。随着砂金的逐渐消耗，人们开始转入岩金开采，随之提金工艺和设备也不断变化，公元前 1000 年埃及人开始采用混汞法提金。由于黄金矿床开采深度越来越深，金颗粒越来越细，致使金的回收越来越困难，提金工艺和技术逐步提高，目前，岩金矿石提金主要采用浮选工艺、全泥氰化工艺、炭浆工艺、堆浸工艺等，浮选工艺主要设备为搅拌槽、浮选机、浓密机、过滤机等。全泥氰化工艺、炭浆工艺主要设备为浸出槽、炭浸槽、吸附柱、洗涤浓密机、贵液净化设备、真空脱氧塔、锌粉给料机、载金炭解吸电积成套设备等。堆浸工艺主要为碳吸附槽、载金炭解吸电积成套设备等。砂金矿石主要采用重选工艺和采金船提金，重选提金工艺主要提金设备有离心选矿机、螺旋溜槽、摇床、跳汰机等[31]。

11.5.1　氰化浸出槽

氰化浸出搅拌槽是黄金氰化浸出的反应场所，对金的浸出速率和浸出率具有重要影响[27]。根据氰化浸出搅拌槽的搅拌原理和方法，氰化浸出槽分为机械搅拌氰化浸出槽、空气搅拌氰化浸出槽、空气和机械联合搅拌浸出槽。其中，机械搅拌浸出槽目前应用最为广泛。

目前我国工业应用的氰化浸出槽绝大多数是化工或矿浆机械搅拌槽的简单延伸，主要是在矿浆搅拌槽的周边插入充气管或通过搅拌空心轴向槽内充气，普遍存在能耗高、易沉槽、空气弥散差、溶氧量低、浸出效率低、浸出周期长等缺点。

11.5.1.1 双叶轮氰化浸出搅拌槽

根据叶轮数目，机械搅拌氰化浸出槽分为单叶轮浸出槽和双叶轮浸出槽两种类型。单叶轮浸出槽又称轴流式浸出槽，适用于密度大、黏度高、沉降速度快、矿石细度小于0.074mm占85%以上、矿浆浓度小于45%的黄金浸出、吸附及其他混合搅拌作业。随着我国金矿采选业的迅速发展，浸出槽的规格逐步扩大，单叶轮浸出槽已不能满足生产要求，为达到更好的搅拌混匀的效果，单叶轮浸出槽逐步发展成为双叶轮浸出槽。

双叶轮氰化浸出搅拌槽结构示意及工作原理图如图11-64所示，工作时，矿浆在双叶轮的推动与搅拌作用下，在中心由上至下流动，然后经周边的阻尼板进行扩散，在轴的下端给入空气（空气由中空轴给入或四周充气管进入底部充气装置）与矿浆进行混合并向上循环，形成均匀的悬浮混合液。双叶轮浸出槽具有矿流运动平衡，矿浆混合均匀；空气经传动中空轴进入槽内，经叶轮搅动，空气分散均匀；结构简单，维修方便；叶轮衬胶，转速低，使用寿命长等特点。

双叶轮氰化浸出槽适用于矿浆细度小于0.074mm占90%以上、矿浆浓度小于45%的黄金氰化厂浸出及炭吸附，也可用于冶金、化工部门相应条件下的混合搅拌浸出作业。

其中，比较有代表性的是北京矿冶科技集团有限公司研制的HAT新型氰化浸出搅拌槽[34]如图11-65所示，具有高溶解氧量（DO）、高金溶解速率、低氰化物消耗、低操作和维护成本等优点，其规格型号如表11-6所示。

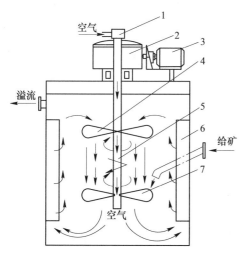

图 11-64 双叶轮氰化浸出搅拌槽结构示意及工作原理
1—空气旋转接头；2—减速机；3—电机；4—上叶轮；
5—中空轴；6—挡板；7—下叶轮

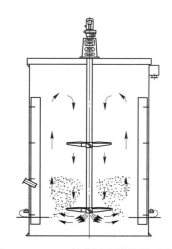

图 11-65 HAT 氰化浸出搅拌槽示意图

2012年新疆阿希金矿200t/d火法冶炼项目应用了9台 φ4.5m×5.0m 新型氰化浸出搅拌槽，氰化作业累计回收率达91.02%，比设计值提高了1.02%。由于HAT型氰化浸出搅拌槽具有良好工艺性能，新疆哈图金矿在2013年底的技术改造中将原有的四台常规SJ型氰化浸出搅拌槽改为HAT型氰化浸出搅拌槽（图11-66），改造后回收率达到93.75%，品位比改造前提高了约0.8个百分点[35]。

表 11-6 HAT 型氰化浸出搅拌槽规格表

规格 /mm×mm	槽 体		有效容积 /m³	叶 轮		装机功率 /kW
	直径 /mm	高度 /mm		直径 /mm	转速 /r·min⁻¹	
$\phi 3000\times5000$	3000	5000	28	1450	31.5	5.5
$\phi 4000\times6000$	4000	6000	70	1800	28.2	7.5
$\phi 5000\times7000$	5000	7000	127	2500	25.3	15
$\phi 6000\times8000$	6000	8000	198	2800	23.7	22
$\phi 7000\times9000$	7000	9000	305	3100	27.5	37
$\phi 8000\times10000$	8000	10000	450	3500	22.1	45
$\phi 9000\times11000$	9000	11000	635	4100	20.6	55
$\phi 10000\times12000$	10000	12000	860	4500	19.5	75
$\phi 12000\times14000$	12000	14000	1470	5000	17.1	90
$\phi 15000\times17000$	15000	17000	2820	6000	14.2	110

图 11-66 HAT4045 氰化浸出搅拌槽在新疆哈图金矿应用现场

11.5.1.2 空气搅拌浸出槽

空气搅拌浸出槽是利用压缩空气的气动作用实现槽内矿浆的均匀而强烈的搅拌。在槽内安有帕丘卡或科罗莎型的空气提升器。

帕丘卡（Pachuca）空气搅拌浸出槽在国外应用较为广泛，其结构如图 11-67 所示，槽体下部为呈 60°的圆锥体。工作时，矿浆由进料管供入槽内，压缩空气经压缩空气管供入槽下部的中心管内，以气泡状态沿中心管上升，由于中心管外部矿浆柱的压力大于中心管内的矿浆压力，使得管内的矿浆作上升运动并从中心管上端溢流出来而实现矿浆的循环。实际应用过程中，帕丘卡型空气搅拌浸出槽可以单独使用，也可以与空气提升器配合使用，以强化矿浆的充气和搅拌。

空气搅拌浸出槽的优点是结构简单，可在矿山现

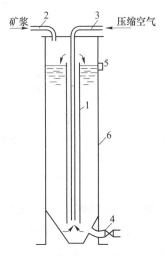

图 11-67 帕丘卡空气搅拌浸出槽
1—中心管；2—给矿管；3—空气管；
4—排空口；5—出矿口；6—柱体

场就地制造、安装，设备费用低；设备本身没有运动件，运行过程中故障少，操作简单，适于长期连续工作；检修周期长，检修工作量少，几乎不需要加工备品备件；生产维护费用低，对细颗粒组成高浓度矿浆空气搅拌效果好。但空气搅拌浸出槽工作时必须有空气压缩机提供压缩空气，设备价格较贵；且为了防止突然停电事故造成矿浆沉槽，必须有备用电源。另外，由于采用空气搅拌，浸出反应器内液面难控制，搅拌效率低，空气从浸出槽内逸出带走的热损失很大，浸出槽的锥体部分存在搅拌死区及风压不稳定等问题。

11.5.2 生物氧化槽

生物冶金是指在相关微生物存在时，利用微生物的作用将矿物中有价金属以离子形式溶解到浸出液中加以回收，或将矿物中有害元素溶解并除去的方法。目前国内外对难处理金矿石进行预处理的方法有焙烧氧化、加压氧化、微生物氧化、化学氧化、微波氧化等。

生物氧化预处理工艺具有环境友好、流程简单、投资少、操作简单、金回收率高等优点，生物氧化槽是生物氧化反应进行的场所，是生物冶金的核心设备，与传统的焙烧氧化和加压氧化相比，具有环境污染小、设备投资少、流程简单、操作方便等优点[30]。

生物氧化槽主要包括槽体系统、搅拌系统、供气系统、换热系统、消泡系统、进料系统、出料系统及营养剂添加系统等。

设备研制方面，比较有代表性的是北京矿冶科技集团有限公司研制的 BOT 型生物氧化搅拌槽，具有高传质速率、高溶解氧量、低剪切力、高效且柔和搅拌等优点。北京矿冶科技集团有限公司于 2010 年研制了一台 BOT210 型（$\phi 2m \times 10m$，容积 $30m^3$）生物氧化反应器（图 11-68）应用于新疆阿希金矿，反应器效率提高了约 30%[37]。2013 年，BOT9510 型（$\phi 9.5m \times 10m$，容积 $650m^3$）生物氧化搅拌槽（图 11-69）应用于新疆哈图金矿，处理量提高了约 15.2%，充气量降低了约 17.83%，而反应器内的细菌浓度没有改变[38]。

图 11-68 BOT210 型生物氧化槽

图 11-69 BOT9510 新型生物氧化搅拌槽

11.5.3　吸附柱

吸附柱是一种通过其内部充填的活性炭，对贵液中金进行吸附的提金设备，一般用于堆浸场的贵液吸附或氰化浸出前浓密机含金溢流的吸附。

如图 11-70 所示，吸附柱工作时，贵液从吸附柱下部通过带孔的隔炭板进入炭床，再由吸附柱的上部溢出进入下一个吸附柱的底部，吸附柱一般串联使用，贫液由最后一个吸附柱排出。需要注意的是，流入吸附柱内的贵液需要一定的压力，以保证吸附柱内的活性炭处于悬浮状态。

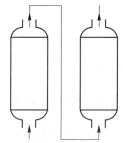

图 11-70　吸附柱工作原理示意图

吸附柱的主要特点是：贵液的澄清度要求低，不需要过滤澄清设备；吸附柱之间不需要高差，可水平配置；生产比较灵活；可在室外工作，基建投资小；但装卸炭比较麻烦，隔炭板易结垢或漏炭，不适宜大规模和贵液品位较高的生产[3]。

11.5.4　洗涤浓密机

洗涤浓密机主要用于全泥氰化和金精矿氰化工艺流程中的逆流洗涤作业，目的是将氰化浸出矿浆中的液体金从矿浆中洗出。洗涤浓密机通常采用多台单层浓密机串联，或多层浓密机组成多级逆流洗涤的工艺流程，其最后一台浓密机底流或最下部浓密机底流为最终浸出尾矿，其第一台浓密机溢流或最上部浓密机溢流为含金贵液。

多层洗涤浓密机有不同直径的二层、三层和四层等多种规格，最常用的是三层逆流洗涤的洗涤浓密机。三层洗涤浓密机的工作原理是清水经分配箱进入最下层浓密机对物料进行最后的洗涤，最下层浓密机的溢流靠下层浓密机内的矿浆挤压将其返回分配箱，经分配箱进入第二层浓密机对物料进行洗涤。第二层浓密机的溢流返回分配箱进入第一层浓密机对物料进行洗涤，浓密机的溢流含金品位逐步提高；第一层浓密机的溢流为含金较高的贵液，经溢流堰排出；上层浓密机的底流通过泥封槽进入下一层浓密机，最下层浓密机经旋转的耙架将沉下的物料耙至中心从底锥排出为最终浸出尾矿。

三层洗涤浓密机的优点是实现逆流洗涤、容积大、洗涤效率高；占地面积小、节省投资。缺点是结构复杂，维修困难[3]。

11.5.5　贵液净化设备

贵液净化设备主要用于全泥氰化和金精矿氰化工艺流程中锌粉置换工艺前贵液的净化，目的是去除贵液中的悬浮物，保证锌粉置换的效果和金泥的质量。贵液净化设备通常使用的有板框式真空过滤器和管式过滤器两种类型。

11.5.5.1　板框式真空过滤器

如图 11-71 所示，板框式真空过滤器是一个长方形槽体，槽体内装有若干片过滤板框，板框一端与槽外真空汇流管相接，板框外套滤布袋，生产时要在滤布外涂上 1~2mm 厚的硅藻土做助滤剂，当贵液给入槽内时，滤液通过滤布经汇流管吸出，固体悬浮物则留在滤布表面，达到贵液净化目的。

板框式真空过滤器结构简单，制作方便，净化效果较好，但滤框清理不便。

11.5.5.2 管式过滤器

如图 11-72 所示，管式过滤器是主要由过滤罐体和过滤管组成。工作时，溶液由罐体下部压力给入，通过滤布进入滤管，滤渣留在滤布上，溶液由滤管上部的聚流管排出。卸渣时，以压缩空气从聚流管的排液口向滤管内反吹，使滤板从滤布上卸下并从锥底的排渣口排出。

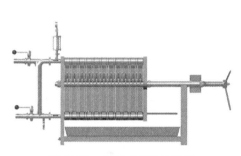

图 11-71 板框式真空过滤器

图 11-72 管式过滤器

管式过滤器的单位过滤面积占地比板框式过滤器少，净化效果好，卸渣或清洗滤布也较简单，但是由于滤管多，接头阀门多，系统漏气也较多，适用于含悬浮物较少（小于 100mg/L）的溶液净化过滤。

11.5.6 真空脱氧塔

真空脱氧塔主要用于氰化提金锌粉置换工艺流程，目的是将贵液中的溶解氧脱除，保证锌粉置换的顺利进行。

如图 11-73 所示，真空脱氧塔是圆柱形锥底塔体结构，塔内上部装有溶液喷淋器，中部为填料层，其作用是为阻止液体直接下落和增大液体表面积。填料层由塔下部的筛板支撑，筛板下方是脱氧液储存室，并设有液面控制装置，随时控制进液流量，保持塔内液面稳定。如果液面过高将会淹没填料层，影响脱氧效果，严重时溶液会充满塔体被真空吸走而流失。塔内液面过低会导致水泵抽空而终止置换。脱氧塔内的溶液由真空作用吸入塔的顶部，由喷淋器淋洒到填料层上，在真空作用下，液体内溶解的气体被脱出，达到脱氧目的。在塔外装有水位标尺玻璃管，可以随时观察塔内液面高度和真空度。

图 11-73 真空脱氧塔

11.5.7 载金炭解吸电积成套设备

载金炭解吸电积的目的是将载金炭吸附的金解吸到解吸液中并电积成金泥，常用的载金炭解吸电积成套设备主要有常温常压解吸电积成套设备和高温高压无氰解吸电积成套设备两种。

载金炭常温常压解吸电积成套设备主要包括解吸柱、电积槽、电加热器、炭储运槽、解吸液储槽、过滤器、酸洗槽等。工作时，采用扎德拉（Zadra）法解吸电积工艺，即用1%~2%的 NaOH 和 0.1%~0.2%的 NaCN 的混合液作为解吸液，解吸液与载金炭的体积比为（8~15）∶1，在常压下加热至90℃左右，溶液均匀给入解吸柱内，将载金炭上的金、银洗脱下来进入解吸液，解吸液再进入电积槽，将解吸液中的金银沉积在阴极上。

载金炭高温高压无氰解吸电积成套设备主要包括解吸柱、电积槽、电加热器、炭储运槽、解吸液储槽、过滤器、酸洗槽等。工作时，在高温高压下对载金炭进行解吸电积，解吸液主要是 1%~2%的 NaOH，不含氰化物。载金炭高温高压无氰解吸电积成套设备具有生产成本低、无氰解吸、生产能力大、解吸率高、解吸时间短的特点，但设备需要采用耐高温高压材料制造、设备投资高[3]。

11.5.8　中频炉

中频炉是黄金选厂金泥处理的主要设备，主要用于对电积槽产出的高品位金泥进行金银精炼并浇铸成银阳极板、金锭和银锭。

中频炉（见图 11-74）又叫中频感应电炉。工作时，基于电磁感应的基本原理把三相工频交流电整流后变成直流电，再将直流电变为可调节的中频电流，供给由电容和感应线圈组成的负载，在感应圈中产生高密度的磁力线，并切割感应圈里盛放的金属材料，在金属材料中产生很大的涡流。这种涡流同样具有中频电流的一些性质，即金属自身的自由电子在有电阻的金属体里流动要产生热量。中频炉内的金泥在有交变中频电流的感应圈里加热到发红，直至熔化，而且这种发红和熔化的速度只要调节频率大小和电流的强弱就能实现[1,3]。

图 11-74　中频炉

11.5.9　采金船

采金船是一种建造在工程平底船上并漂浮于水面的采选联合机组，它一般包括挖掘、洗选、尾矿排放以及供水、供电、横移等系统，其特点是生产能力大、劳动生产率高、成本低等。

目前，我国广泛应用的采金船是 H 系列采金船，具有技术先进、结构合理、运转可靠、维修方便的特点，是砂金生产的一种先进的采选联合设备。

H 系列采金船上的设备由 11 个部分和系统组成[1,3]，即：

（1）挖掘系统：由挖斗链、主驱动、斗架等组成，主要用于完成表土和矿砂的采挖作业。

（2）选矿系统：由圆筒筛、密封分配器、粗选设备和精选设备组成，用于完成矿砂的洗矿、碎散、筛分、粗选和精选作业。

（3）尾矿排放系统：由胶带运输机、渣浆泵等组成，用于输送排放砾石和尾矿。

（4）供水及中矿输送系统：由水泵、渣浆泵、水管等组成，用于供水和中矿矿浆输送。

（5）绞车系统：由斗架提升绞车、首绳绞车、提锚绞车、横移绞车和登岸桥绞车等组成，用于进船、调船、系船、船的横移及斗架、桩柱、登岸桥的升降等。

（6）起重设备：由船首起重机、主驱动间起重机和其他起重设备所组成，用于完成各种起重工作。

（7）船体及船体设施：由平底船和各种船体设施所组成，用于安装采金船的各种设备和结构，使采金船能平稳地漂浮在水上作业。

（8）上部钢结构及房屋：由主桁架、前桅架、后桅架、操纵室、办公室、厂房、楼梯走台等组成，用于支撑和布置各种设施和设备，保证采金船在作业时操作方便、安全可靠。

（9）桩柱装置：由桩柱、缓冲装置、滑轮等组成，用于采金船采挖时的船体定位和移步。

（10）供气系统：由空气压缩机、储气罐及管路等组成，用于给斗架提升、提锚机等设备气闸供气。

（11）供电与电气控制系统：由供电、电力拖动、电气控制及照明等部分组成，用于驱动控制采金船各种电力设备及全船照明等。

图 11-75 所示为我国某砂金矿间断斗式采金船处理第四纪河谷砂矿的工艺流程图，该矿含金砂砾层多在冲积层下部，混合矿砂含金 0.265g/t，含矿泥 5%~10%。砂金粒度为中细粒为主，砂金多呈粒状和块状，伴生矿物主要有锆英石、独居石、磁铁矿、金红石等。流程中，粗选跳汰机的精矿用喷射泵输送到脱水斗进行脱水，以使其矿浆浓度适于精选跳汰机的操作要求，横向（粗选）溜槽未能回收的微细粒金可用粗选跳汰机进行捕集，选金总回收率达到 70%~75%[1]。

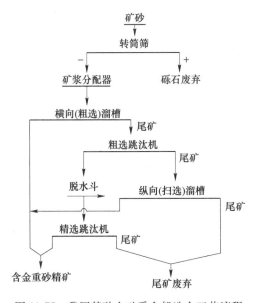

图 11-75　我国某砂金矿采金船选金工艺流程

参 考 文 献

[1] 《选矿设计手册》编委会. 选矿设计手册 [M]. 北京：冶金工业出版社，2011.

[2] 孙传尧. 选矿工程师手册 [M]. 北京：冶金工业出版社，2015.

[3] 《中国选矿设备手册》编委会. 中国选矿设备手册 [M]. 北京：科学出版社，2006.

[4] 周晓四. 选矿厂辅助装备与设施 [M]. 北京：冶金工业出版社，2008：1-59，149-160.

[5] 《运输机械设计选用手册》编辑委员会. 运输机械设计选用手册 [M]. 北京：化学工业出版社，1999.

[6] 北京起重运输机械研究所，武汉丰凡科技开发有限责任公司. DTⅡ（A）型带式输送机设计手册 [M]. 北京：冶金工业出版社，2003.

[7] 中国国际工程集团沈阳设计研究院. 煤炭工业带式输送机工程设计规范 [S]. 北京：中国煤炭建设协会发布，2003.

[8] 李莉，王瑞，党栋. 带式输送机的技术现状及发展趋势 [J]. 橡胶工业，2015（62）：123-127.

[9] 宋伟刚. 特种带式输送机设计 [M]. 北京：机械工业出版社，2007.

[10] 陈培媛. 平面转弯带式输送机设计方法及其应用 [D]. 沈阳：东北大学，2005.

[11] 商振宇，王伟星，国占一. 平面转弯带式输送机设计浅谈 [J]. 科技与企业，2013（21）：334.

[12] 宋伟刚，于野，战悦晖. 圆管带式输送机的发展及其关键技术 [J]. 水泥工程，2005（4）：42-47.

[13] 宋瑞宏，倪新跃，郑晓林，等. 我国气垫带式输送机的现状与发展 [J]. 江苏工业学院学报，2006，18（2）：61-64.

[14] 虎自平，曹新华，宁有才，等. 斗式提升机的结构分析及改进 [J]. 粮油加工（电子版），2014（1）：74-76.

[15] 乌兰图雅，王春光. 螺旋输送装置的研究现状及未来发展 [J]. 农机化研究，2014，11（11）：244-248.

[16] 孙磊. 螺旋输送器在 PTA 装置中的设计和应用 [J]. 石油化工设计，1995，22（22）：19-21.

[17] 李昊，珊珠，张文瑞，等. 关于水平螺旋输送器优化的积计算 [J]. 农村牧区机械化，2006（1）：29-30.

[18] 蒙贺伟，坎杂，李亚萍. 奶牛饲喂装置中螺旋输送器的设计及三维造型 [J]. 农机化研究，2008（10）：61-63.

[19] 初明智. 链式给矿机的设计 [J]. 机械工程与自动化，2004（127）：74-75.

[20] 王青芬，张建辉. 大型矿浆调浆搅拌槽的设计及工业应用 [J]. 有色金属（选矿部分），2013（6）：73-76.

[21] 董干国，王青芬，陈强，等. 调浆搅拌槽的研究与应用 [J]. 有色金属（选矿部分），2013（增刊）：230-235.

[22] 佟立军. 机械搅拌槽挡板的研究 [J]. 有色设备，2005（3）：17-19.

[23] Chudacek M W. Solids suspension behavior in profiled bottom and flat bottom mixing tanks [J]. Chem Eng Sci, 1985, 40 (3): 385-392.

[24] Oldshue J Y, 王英琛，林猛流，等译. 流体混合技术 [M]. 北京：化学工业出版社，1991：302-308.

[25] 陈强，张建辉，张明，等. 双叶轮调浆搅拌槽流场特性分析 [J]. 矿冶工程，2016，36（8）：218-222.

[26] 韩志彬，张建辉，陈强. 矿浆提升搅拌槽内流场的 CFD 仿真 [J]. 矿冶工程，2016，36（8）：227-228.

[27] 张建辉，王青芬，杨丽君，等. BGRIMM 搅拌槽发展概述 [J]. 矿冶，2018（增刊）：106-112.

［28］韩登峰，史帅星，吴峰，等．浮选过程差异性的气泡负载特性对比分析［J］．有色金属（选矿部分），2017（增刊）：114-116.

［29］金国淼．干燥设备［M］．北京：化学工业出版社，2002.

［30］杨松荣，邱冠周，胡岳华，等．含砷难处理金矿石生物氧化工艺及应用［M］．北京：冶金工业出版社，2006：30-33.

［31］《黄金生产工艺指南》编委会．黄金生产工艺指南［M］．北京：地质出版社，2000：193-197.

［32］方兆珩．生物氧化浸矿反应器的研究进展［J］．黄金科学技术，2002（6）：1-7.

［33］廖梦霞，汪模辉，邓天龙．难处理硫化矿生物湿法冶金研究进展Ⅱ氧化机制、强化细菌浸出与生物反应器设计［J］．稀有金属，2004，28（5）：31-35.

［34］张明，冯天然，董干国．HAT6065型氰化浸出搅拌槽清水动力学研究［J］．有色金属（冶炼部分），2013（8）：39-41.

［35］韩志斌，韩登峰．高气泡表面积通量氰化浸出搅拌槽工业试验报告［R］．北京：北京矿冶研究总院，2015.

［36］杨丽君，李晔，刘巍，等．难处理金精矿高效生物预氧化反应器研制研究报告［R］．北京：北京矿冶研究总院，2011.

［37］董干国，李晔，杨丽君，等．一种新型生物氧化反应器的研制［J］．有色金属（冶炼部分），2013（9）：52-55.

［38］Shen Zhengchang, Dong Ganguo, Chen Qiang, et al. Development of a large industrial bio-oxidation reactor in hydrometallurgy［J］. International Journal of Mineral Processing, 2015, 142：134-138.